台科大圖書
since 1997

用 ESP32 輕鬆入門物聯網 IoT 實作應用

使用圖形化 motoBlockly 程式語言

慧手科技
徐瑞茂・林聖修　編著

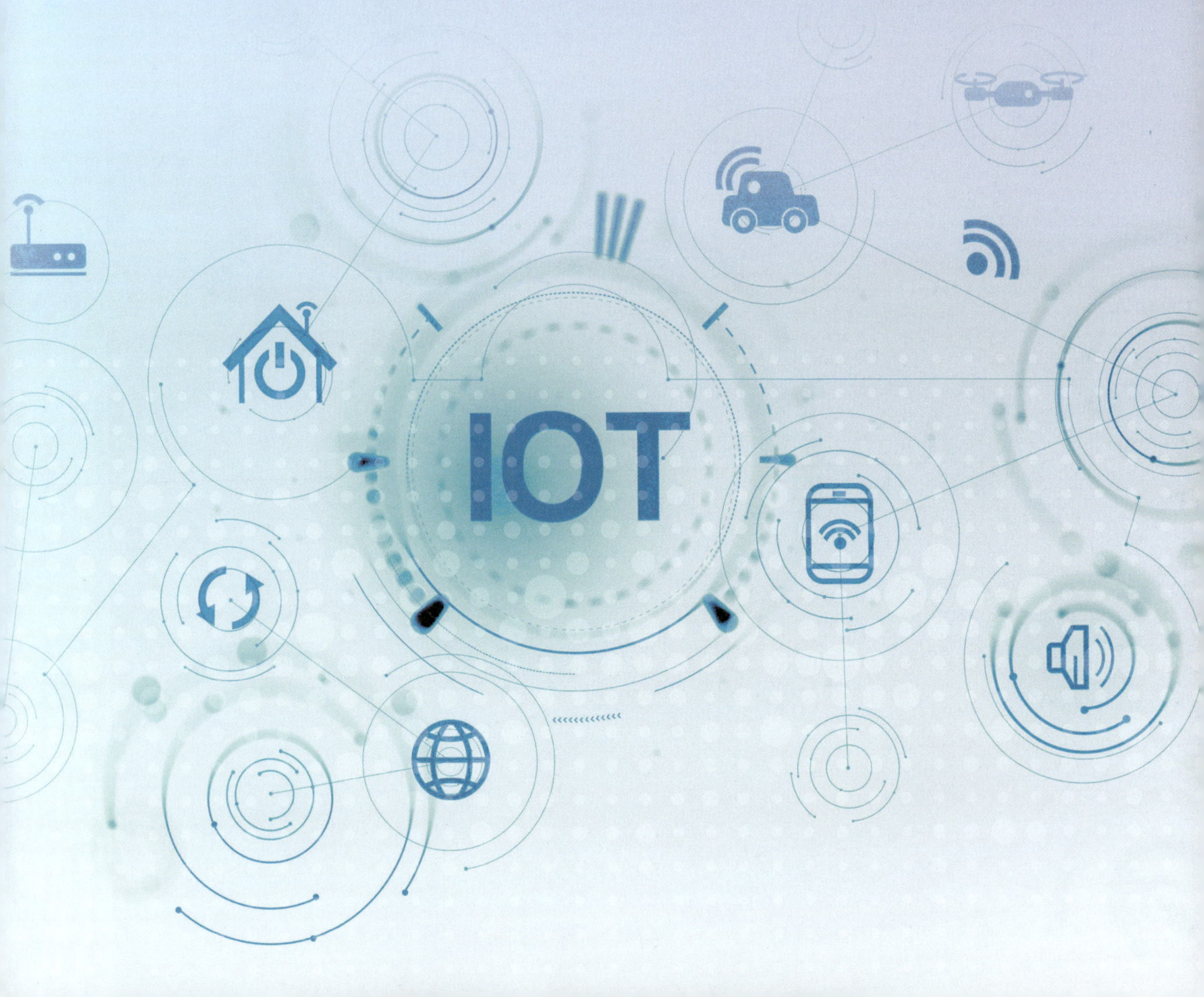

序言

　　隨著各式聯網裝置價格及聯網成本的日益下滑，物聯網（Internet of Things，IoT）時代已正式宣告來臨。而各種如智慧城市、智慧家庭、智慧交通及智慧醫療…等的延伸應用，均是建構在物聯網基礎上，由此可知在未來，物聯網將與我們的生活密不可分。

　　讓各式物件連上網路的目的，不外乎是想遠端控制、收集資訊、監控應對及擷取網路資訊等，依其需求及目的的不同，使用的聯網裝置及協定可能也有所不同。此時便宜易取得又好上手的 ESP32 開發板，便是用來模擬或實作物聯網的最佳選擇。

　　本書將以 ESP32 開發板搭配慧手科技的 ESP32 擴充板，透過 WiFi 上網並搭配各式不同且免費的網路服務平臺來示範各種物聯網的相關應用，包括 Thingspeak 大數據蒐集、各式藍牙應用服務、MQTT 遠端遙控、Google 試算表數據收集、Line Notify 即時通報，以及目前最夯的 ChatGPT 應用。也希望讀者在經過這些拋磚引玉的練習之後，能夠就此衍生出更多更酷的物聯網應用。

　　本書能順利出版，最主要感謝范總經理精準的定位教育市場，以及編輯團隊的合作，特別感謝讀者們對本書的支持，若有任何問題，歡迎隨時來信交流。

編者　謹識

目錄

Chapter 0 ESP32 硬體與開發環境的介紹與設定

0-1 相關硬體介紹　　2
0-2 Arduino IDE 環境設定與 ESP32 驅動程式安裝　　6
0-3 motoBlockly 的前置設定及程式上傳　　13
0-4 motoBlockly 操作介面說明　　22

Chapter 1 I2S 序列音訊介面的入門與實作

1-1 序列音訊傳輸介面（I2S）簡介　　28
1-2 I2S 與 ESP32　　28
1-3 I2S 實作應用 I – 迎賓廣播系統　　32
1-4 I2S 實作應用 II – 整點報時系統　　38
1-5 I2S 實作應用 III – 網路收音機　　46
課後習題　　54
創客學習力認證題目 A040023　　55

Chapter 2 MQTT 通訊協定的入門與實作

2-1 MQTT 簡介　　58
2-2 MQTT 與 ESP32　　59
2-3 MQTT 伺服器（MQTT Broker）　　62
2-4 MQTT 實作應用 I – 遠端呼叫鈴系統　　62
2-5 MQTT 實作應用 II – LED 遙控開關　　72
2-6 MQTT 實作應用 III – 雲端廣播留言機　　81
2-7 MQTT 實作應用 IV – 心跳血氧同步監控系統　　92
課後習題　　104
創客學習力認證題目 A040024　　105

Chapter 3 ThingSpeak 雲端平臺的入門與實作

3-1	ThingSpeak 簡介	108
3-2	ThingSpeak 與 ESP32	109
3-3	ThingSpeak 的帳號註冊（Sign Up）	110
3-4	ThingSpeak 實作應用 I－農場大數據收集系統	113
3-5	ThingSpeak 實作應用 II－雲端叫號系統	132
3-6	ThingSpeak 實作應用 III－強化版雲端叫號系統	142
3-7	ThingSpeak 免費帳號的限制	148
課後習題		150
創客學習力認證題目 A040025		151

Chapter 4 Google 試算表的入門與實作

4-1	Google 試算表（Google Sheet）簡介	154
4-2	Google 試算表與 ESP32	154
4-3	Google 試算表實作應用 I－體溫回報系統	156
4-4	Google 試算表實作應用 II－雲端打卡系統	172
4-5	Google 試算表實作應用 III－智慧公車系統	193
課後習題		203
創客學習力認證題目 A040026		204

目錄

Chapter 5 RTC 與 LINE Notify 服務的入門與實作

- 5-1　RTC 與 LINE Notify 簡介　206
- 5-2　RTC、LINE Notify 與 ESP32　206
- 5-3　LINE Notify 的權杖（Token）取得　209
- 5-4　LINE Notify 實作應用 – 超音波防盜系統　212
- 5-5　RTC 實作應用 – 電器定時開關系統　218
- 5-6　RTC & LINE Notify 實作應用 – 打卡即時通系統　230
- 課後習題　244
- 創客學習力認證題目 A040027　245

Chapter 6 Open Data 資訊開放平臺的入門與實作

- 6-1　Open Data 簡介　248
- 6-2　Open Data 與 ESP32　249
- 6-3　Open Data 實作應用 I – 六都氣象查詢機　249
- 6-4　Open Data 實作應用 II – 空氣品質查詢系統　262
- 6-5　Open Data 實作應用 III – 股價查詢系統　279
- 課後習題　291
- 創客學習力認證題目 A040028　292

Chapter 7 ChatGPT 與 DALL·E 的入門與實作

7-1	ChatGPT 與 DALL·E 簡介	294
7-2	ChatGPT、DALL·E 與 ESP32	296
7-3	OpenAI API Key 取得流程	297
7-4	DALL·E 實作應用 I – 早安長輩圖產生器（Only DALL·E）	301
7-5	DALL·E 實作應用 II – 早安長輩圖產生器（搭配 ChatGPT）	308
7-6	DALL·E 實作應用 III – 早安長輩圖產生器（搭配 RTC）	310
7-7	ChatGPT 實作應用 – 故事創作播放機	313
課後習題		319
創客學習力認證題目 A040029		320

Chapter 8 Bluetooth 藍牙傳輸的入門與實作

8-1	Bluetooth 藍牙傳輸協定簡介	322
8-2	Bluetooth 藍牙與 ESP32	322
8-3	藍牙實作應用 I – 家電遙控 & 數據接收器（傳統藍牙版本）	326
8-4	藍牙實作應用 II – 家電遙控 & 數據接收器（BLE 版本）	336
8-5	藍牙實作應用 III – ESP32 摸魚神器	343
8-6	藍牙實作應用 IV – 藍牙小喇叭	349
課後習題		355
創客學習力認證題目 A04030		356

附錄

課後習題解答	357
實作題參考答案	358

※ 範例程式下載說明：

為方便讀者學習本書範例程式，請至本公司 MOSME 行動學習一點通網站（http://www.mosme.net），於首頁的關鍵字欄輸入本書相關字（例：書號、書名、作者），進行書籍搜尋，尋得該書後即可於【學習資源】頁籤下載程式範例檔案使用。

ESP32 硬體
與開發環境的介紹與設定

在物聯網（IoT，Internet of Things）和人工智慧（AI，Artificial Intelligence）大行其道的年代，輕巧又高效的 ESP32 開發板儼然已成為學生、自造者（Maker）等最喜愛的開發板之一。與 Arduino 相比，ESP32 開發板除了具備更強大的性能和平易近人的價格外，內建的 WiFi 及藍牙傳輸功能更可以滿足大眾對於 IoT 和 AI 相關應用的需求。

本章節將介紹 ESP32 及與其搭配使用的 ESP32 擴充板（ESP32 IO Board）等硬體的功能和優點，並帶著讀者迅速建立 ESP32 圖控式程式編輯軟體 motoBlockly 的程式開發環境，讓使用者可以透過簡單的硬體接線與程式積木拖曳，快速地讓自己的 ESP32 連上雲端，輕鬆地實現遨遊雲端的夢想。

0-1　相關硬體介紹
0-2　Arduino IDE 環境設定與 ESP32 驅動程式安裝
0-3　motoBlockly 的前置設定及程式上傳
0-4　motoBlockly 操作介面說明

0-1 相關硬體簡介

ESP32 開發板簡介

近幾年來，全球興起了一股自造者（Maker）運動及程式教育的浪潮，緊接而來的各類物聯網與人工智慧等殺手級應用，將這股浪潮推升到了頂點。究其原因，軟硬體皆開源（Open Source）的微處理器開發板 – Arduino 問世，是引爆這股風潮的一個最大引信。然而，2005 年問世的 Arduino 本身並不具備聯網功能，而現今科技主流的 IoT 物聯網及 AI 人工智慧等產品開發對運算速度又有著不算低的要求，因此本身能連網且具備高運算效能的 ESP32 出現後，便迅速取代了性能已不敷需求的 Arduino。

ESP32 是一款由 Espressif Systems 開發，具備高性能、低功耗「且專為物聯網應用而設計的微控制器。自從 2016 年首次亮相以來，ESP32 已經成為了許多開發者和製造商的首選方案，主要歸功於其強大的功能、靈活性和易用性。ESP32 主要具備以下特點：

❶ **配置 Wi-Fi 和藍牙功能**：ESP32 內建了 Wi-Fi（802.11 b/g/n）和藍牙雙模功能，使其成為無線通信的理想選擇。

❷ **高性能雙核處理器**：ESP32 配備了一個高性能的雙核 Tensilica Xtensa LX6 處理器，時脈最高可達 240MHz，可滿足各種高性能應用的需求。

❸ **豐富的外設接口**：ESP32 提供了多達 34 個 GPIO 引腳，可支援多種不同的硬體 I/O 傳輸介面：如 ADC、DAC、I2C、SPI、UART…等。

❹ **低功耗模式**：ESP32 具有多種休眠模式，可延長電池壽命，適用於以電池供電的應用。

與 Arduino 相同，根據不同的功能需求，市面上也流通著眾多不同型號的 ESP32 開發板。本書所有的練習範例，均使用左右如上圖兩邊各有 19 個腳位、合計共 38 個腳位 NodeMCU-32S 型號的 ESP32 開發板。其腳位分布與定義請參考下圖。

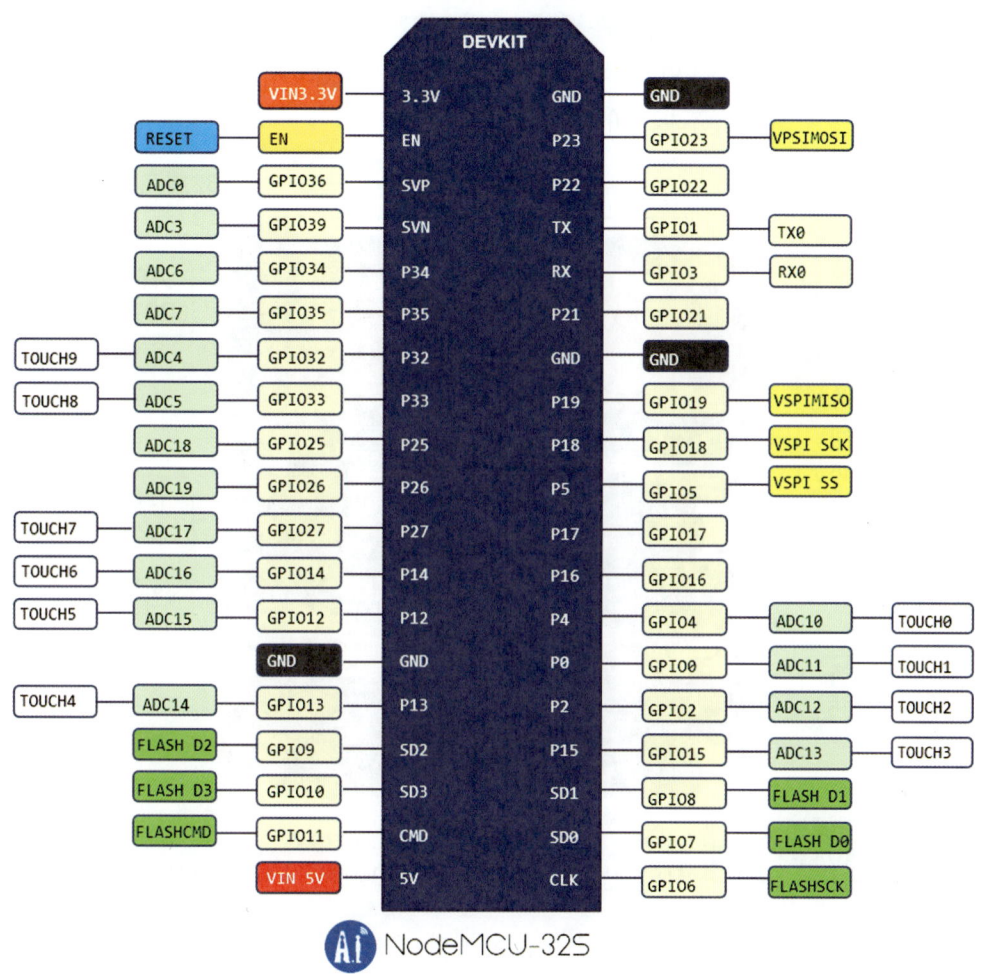

若是第一次接觸 ESP32 開發板的讀者，可以將其想像是一片沒有外接任何輸入（例如鍵盤、滑鼠）及輸出（例如螢幕、喇叭）裝置的小型電腦主機。由於 ESP32 開發板不像電腦一般具有超大容量的硬碟與記憶體空間，自然也就不需安裝作業系統。

ESP32 開發板本身並無配置任何硬碟儲存裝置，但是由於本書所使用的 NodeMCU-32S 有內建 520KB 的 SRAM 與 4MB 的 Flash 可供存取使用，因此若要讓 ESP32 執行指定的運行動作的話，除了得「外接」其他的模組裝置來協助之外，還需自己編寫程式來指揮它。

雖然 ESP32 開發板的執行效能遠不如電腦，但已足夠支援我們應付許多日常的感測監控、危險或重複性的工作。至於 ESP32 能做或要做什麼工作，就得要看它所搭配的外接裝置與程式的設定流程而定。

擴充板與外接裝置簡介

前面提到，ESP32 開發板就像是一台小型的電腦主機，而電腦主機也需要搭配滑鼠、螢幕等介面才能進行輸出入的動作。因此，ESP32 同樣也擁有屬於自己的輸出入裝置，只是這些裝置大多是由一些特殊的感測元件組成，不同的感測元件可以量測不同的感測數值（如溫溼度、亮度等）。但也因為 ESP32 可以使用這些特殊的感測元件，因此 ESP32 開發板和使用者之間便多了許多和電腦大不相同的互動方式。

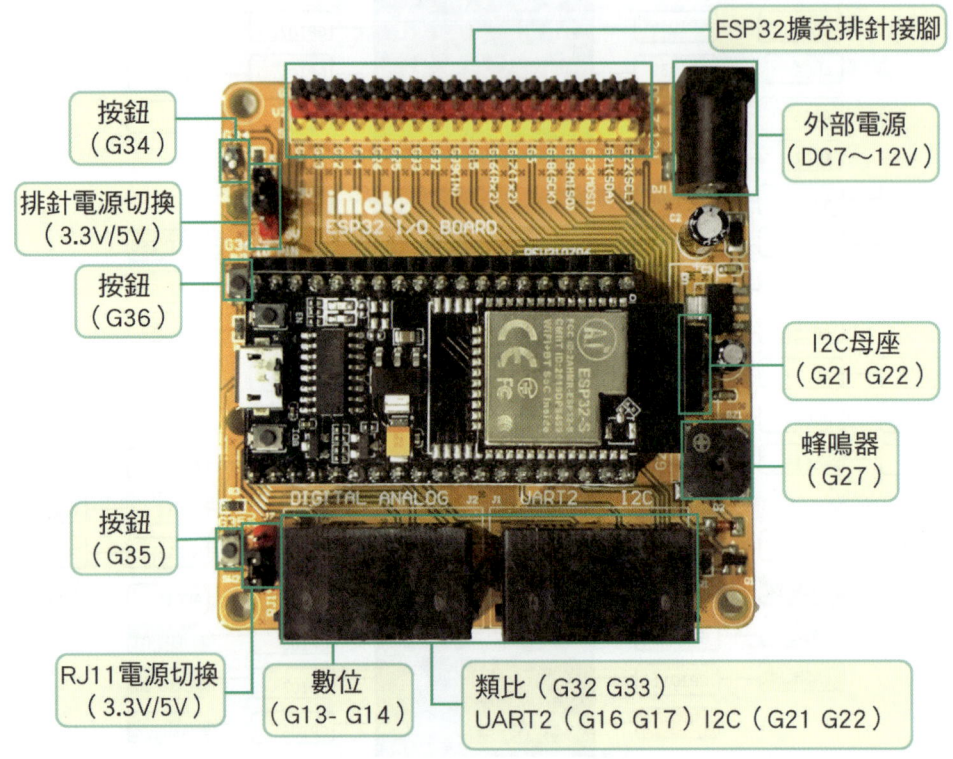

然而，對於非本科系的學生或初學者而言，外接這些陌生的感測元件可能就是一個令人害怕卻步的門檻。為了減少使用者在外接其他元件上的麻煩，本書將使用慧手科技公司的 ESP32 IO Board 擴充板來與 NodeMCU-32S 搭配。

注意： 此擴充板僅支援 NodeMCU-32S 及樂鑫 DevKit（38 pin）開發板，其他非 38 pin ESP32 型號開發板無法相容。

由於這片 ESP32 擴充板無法獨立作業，所以需將 NodeMCU-32S 以如上圖所示的位置及方向（NodeMCU-32S 的 MicroUSB 插槽與 IO Board 的三顆按鈕在同一方向）將其插在擴充板上，如此原先 NodeMCU-32S 上的可程式控制腳位會被擴充板導引成以 G（黑）、V（紅）、S（黃）三個為一組的排針擴充腳位（在上圖最上緣），或如同電話線插座的 RJ11 四芯插孔（在上圖最下緣）。ESP32 IO Board 擴充板已事先在上面配置了三顆按鈕與一個蜂鳴器，因此當使用者對接上 NodeMCU-32S 及擴充板後，即可不需再另行配線，便能夠透過相關的程式軟體來對擴充板上內建的元件進行簡單的操作。

ESP32 硬體與開發環境的介紹與設定

當 ESP32 IO Board 上所配置的按鈕及蜂鳴器不敷使用時，此時便可以透過擴充板上的排針擴充腳位或 RJ11 擴充槽來外接其他元件，藉由外接元件來拓展開發板功能，以此來讓使用者能夠有更多更好的發揮空間。

6P4C 的 RJ11 連接線構造如右圖所示，裡面除了黑、紅兩條線會分別接到 NodeMCU-32S 的接地（GND）和電源（VCC）外，還有綠、黃兩條訊號線可以使用。眼尖的讀者應該會注意到，ESP32 IO Board 上每一個 RJ11 的插槽也都分別連接至 NodeMCU-32S 的 2 個腳位，主要還是因為某些比較特殊的外接擴充模組會需要兩個腳位才能夠操控（例如 HMI 觸控面板、超音波感測器…等），所以 ESP32 IO Board 上的每個 RJ11 插槽才會配合 RJ11 線連接至 ESP32 開發板的兩個腳位。

B（黑）：接地線（GND）　　G（綠）：信號線（S2）
R（紅）：電源線（Vcc）　　Y（黃）：信號線（S1）

可支援 RJ11 插槽的外接裝置如下，讀者可依自己的需求另行添加不同的感測模組。

Relay 繼電器	 LM35 溫度感測模組	 磁簧感測器	 環境光源感測器
 LED 模組	 按鈕開關模組	 可變電阻模組	 水溫感測模組
 傾斜開關	 微動 / 碰撞開關	 溫溼度感測模組	I2C 1602 LCD

0-2 Arduino IDE 環境設定與 ESP32 驅動程式安裝

Arduino IDE 開發環境的安裝與設定

　　Arduino IDE 是由 Arduino 官方所提供的 Arduino 程式開發軟體，原本僅提供 Arduino 程式的編寫與上傳，不過若有加裝 ESP32 開發板的編譯核心，Arduino IDE 也可以支援編輯不同型號的 ESP32 程式。由於本書所使用的 motoBlockly 程式開發軟體目前不支援非 Windows 作業系統的編譯上傳程式作業，因此 MAC 與 Linux 等作業系統必須得透過 Arduino IDE 才能編譯上傳 ESP32 程式，所以電腦作業系統為 MAC 或 Linux 的讀者請先依下列步驟來安裝並設定 Arduino IDE。

 注意：作業系統為 MAC 或 Linux 的讀者，務必得先安裝 Arduino IDE。

Step 1 請先至 Arduino 官網 https://www.arduino.cc 下載 Arduino IDE。下載 Arduino IDE 安裝檔時請選擇舊版的 1.8.x（本例為 1.8.13），由於筆者的電腦是 Win 10 作業系統，所以此處選擇下載「Windows Win 7 and newer」的版本。讀者請依自己的作業系統（例如 Mac 與 Linux）選擇對應的安裝檔下載即可。

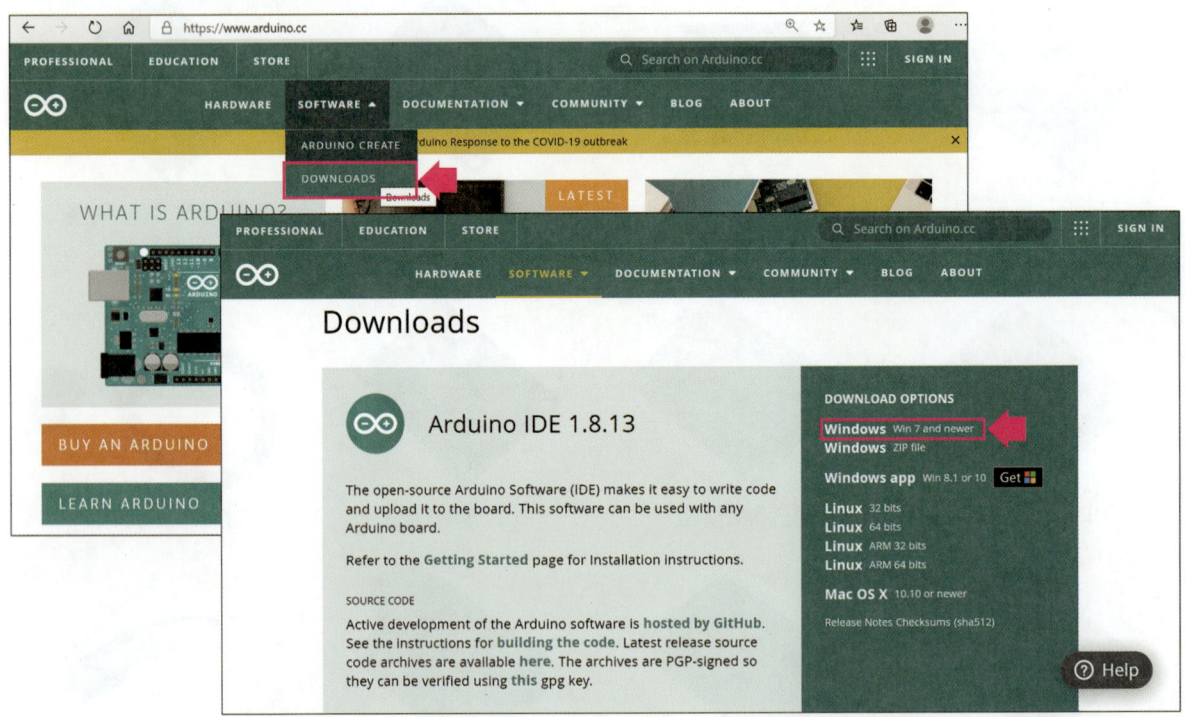

ESP32 硬體與開發環境的介紹與設定

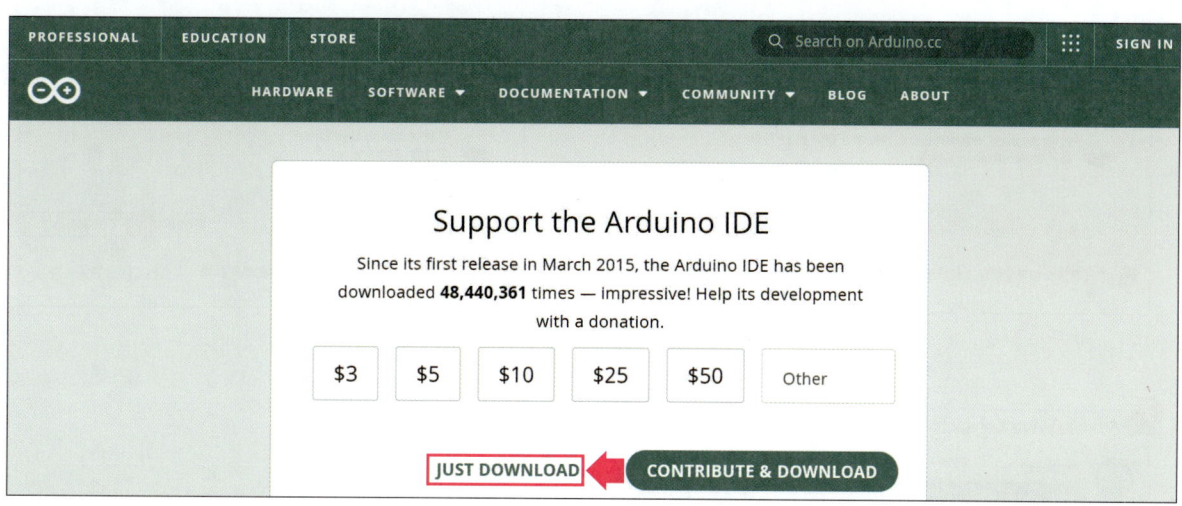

Step 2 執行下載完成 Arduino IDE 的安裝程式（arduino-1.8.13-windows.exe），請依下圖所示的流程直接進行安裝即可。

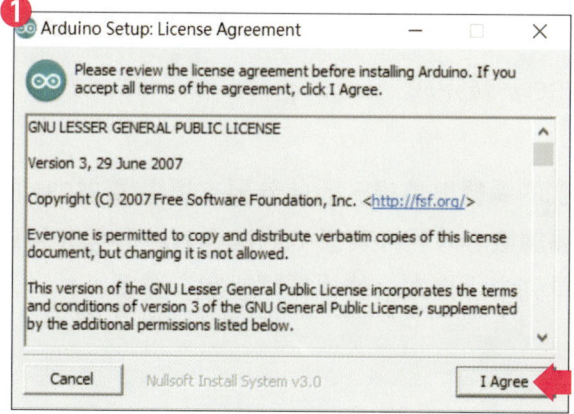
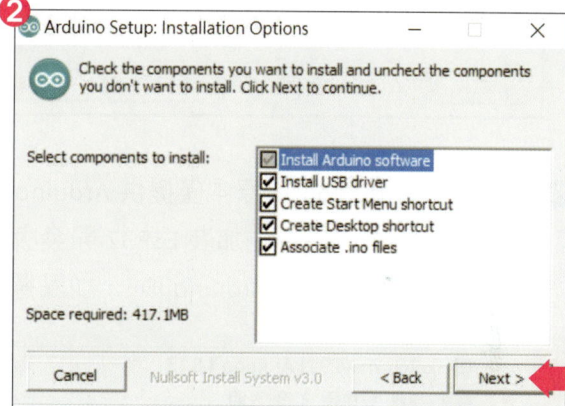
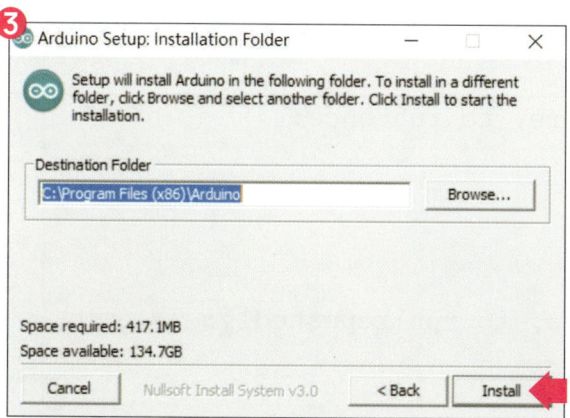
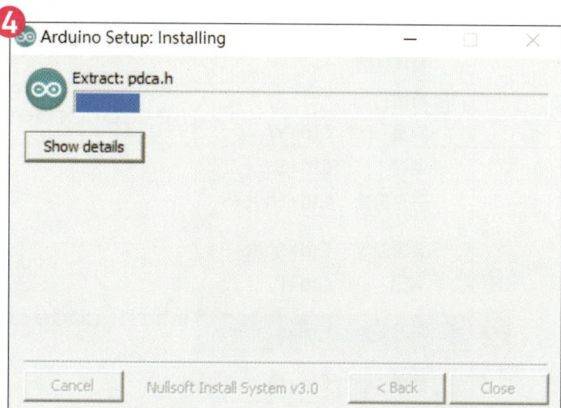

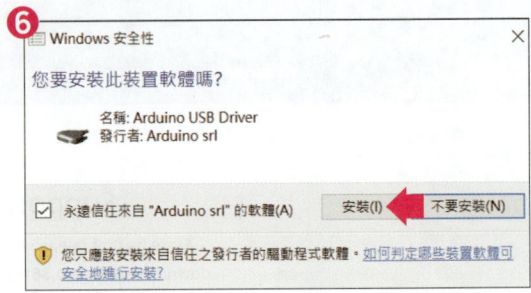

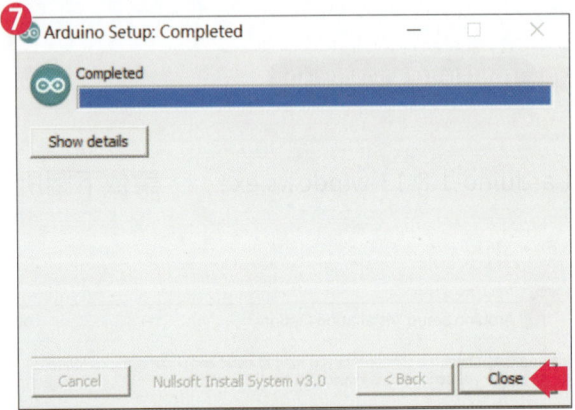

IDE 安裝完成

Step 3 由於 Arduino IDE 原本僅提供 Arduino 程式的編輯與燒錄，因此若要支援編譯 ESP32 的程式碼，必須得先加裝 ESP32 開發板的編譯核心才行。安裝 ESP32 編譯核心需先開啟剛剛安裝完成的 Arduino IDE，並點選工具列中「檔案」的「偏好設定」選項。

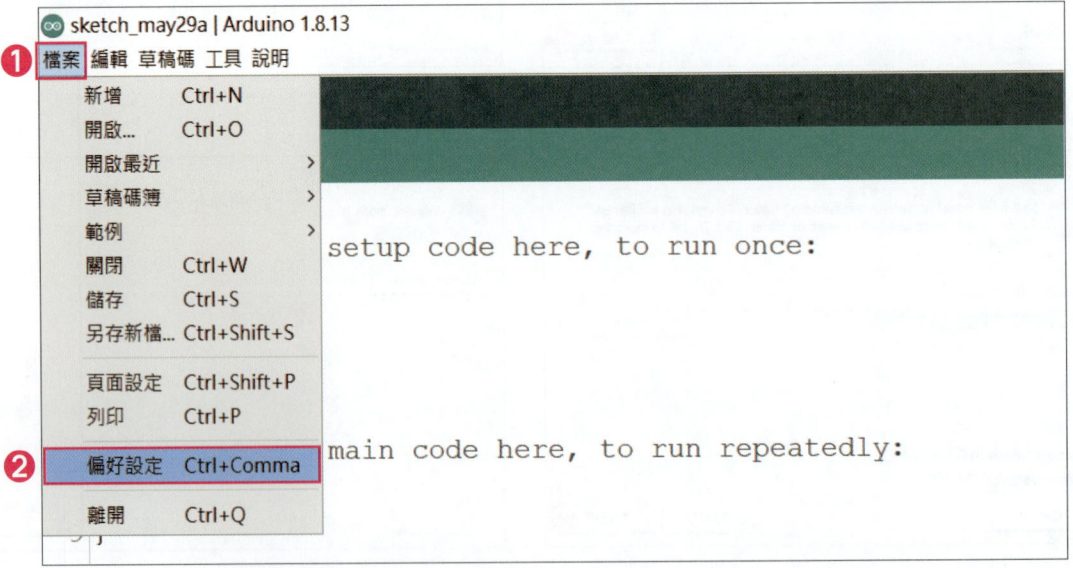

Step 4 接著請在「偏好設定」視窗的「額外的開發板管理員網址」中輸入 ESP32 編譯核心的網址：https://dl.espressif.com/dl/package_esp32_index.json，輸入完成後再按下該視窗中的「確定」鍵離開。

Step 5 如下圖所示，開啟工具列中「工具」的「開發板管理員...」選項，並在「開發板管理員」視窗的類型中以「ESP32」關鍵字進行搜尋，最後再於搜尋結果中選擇 ESP32 較為穩定的 1.0.4 核心版本進行安裝。

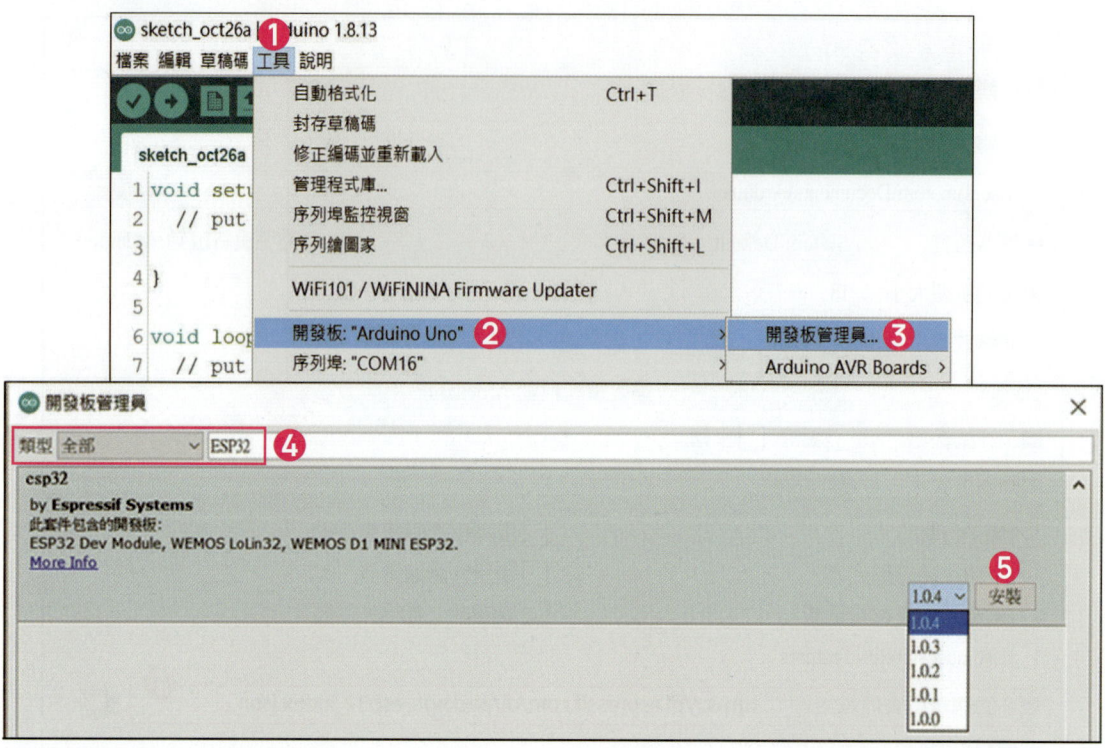

Step 6 當開發板的選擇視窗出現如下圖紅框處的「ESP32 Arduino」選項時，即代表 ESP32 編譯核心已安裝完成，此時的 Arduino IDE 便可開始進行 ESP32 程式的編寫與燒錄。

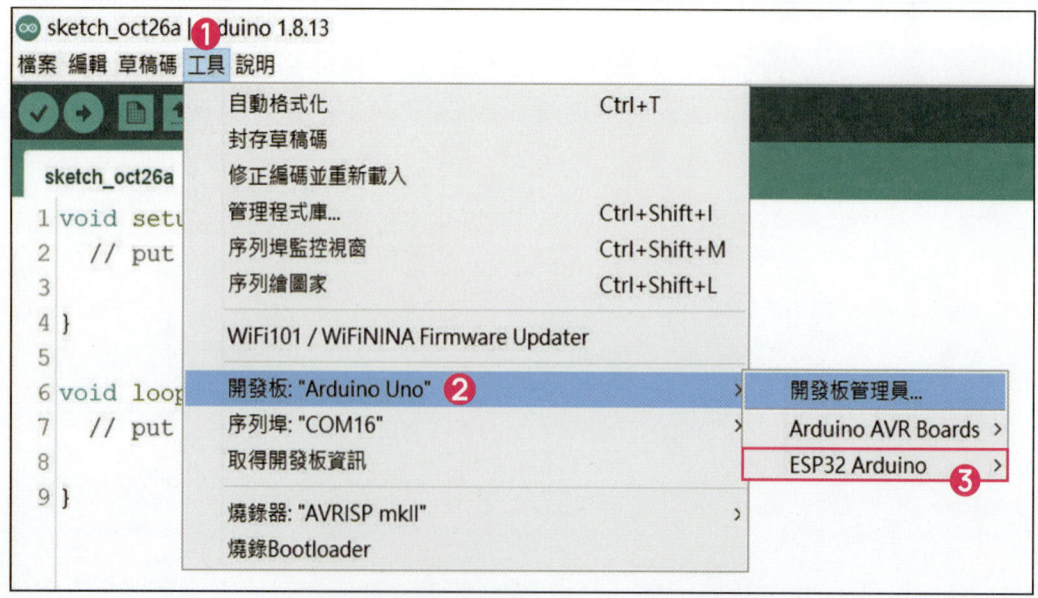

NodeMCU-32S 驅動程式安裝

Step 1 此處以 Windows 作業系統為例

先對接電腦與 NodeMCU-32S 開發板，接著開啟電腦的「裝置管理員」來查詢。若在裝置管理員視窗的「連接埠（COM 和 LPT）」中找到如圖紅框所示的「USB-SERIAL CH340（COMxx）」的字樣，就表示作業系統已幫你找到 NodeMCU-32S 開發板的驅動程式並自動安裝完成，否則請繼續依照步驟 2～5 來繼續完成驅動程式的安裝流程。

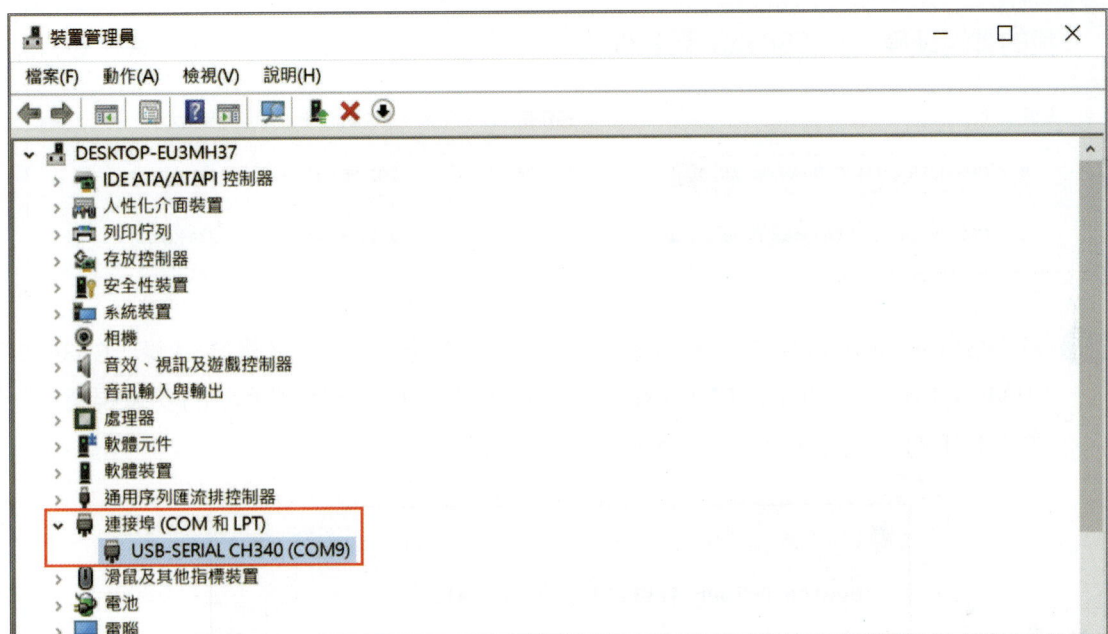

Step 2 若 NodeMCU-32S 開發板連接電腦後，裝置管理員視窗中出現如圖紅框所示的「USB2.0-Serial」畫面，請根據自己 NodeMCU-32S 的 USB-to-UART 晶片種類（CH340 或 CP2102）來下載對應的驅動程式安裝。

Step 3 由於 NodeMCU-32S 以使用 CH340 的 USB-to-UART 晶片最為常見，接下來便以安裝 CH340 的驅動程式流程來示範。

首先請先到 https://reurl.cc/d2EqM8 下載雲端硬碟中的 CH341SER_CH340G_Driver.zip 驅動程式壓縮檔。（若 ESP32 開發板 USB-to-UART 晶片為 CP2102，請下載對應的驅動程式 CP210x_Universal_Windows_Driver.zip 進行安裝）

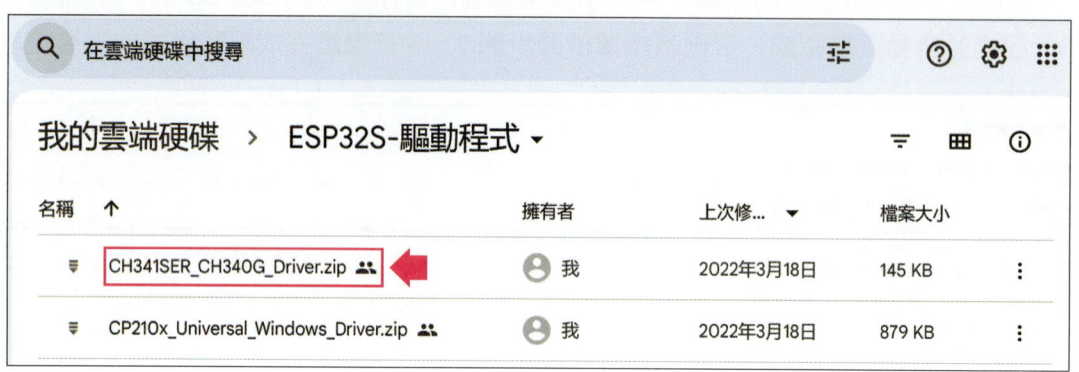

Step 4 將 CH341SER_CH340G_Driver.zip 驅動程式解壓縮後，執行解壓縮目錄「CH341SER_CH340G_Driver」中的「SETUP.EXE」執行檔，並在出現如下圖所示的安裝視窗中，點選「INSTALL」按鈕來安裝 NodeMCU-32S 的驅動程式。

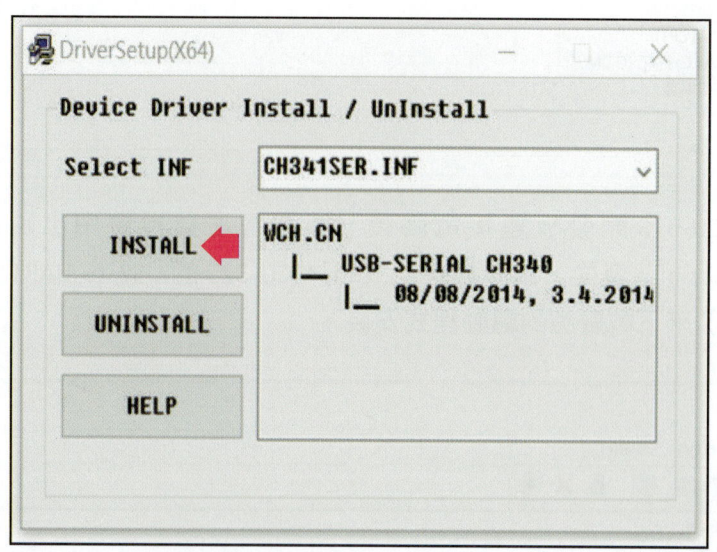

Step 5 驅動程式安裝成功後，再到裝置管理員視窗中進行確認，倘若該視窗出現如步驟 1 附圖所示的「USB-SERIAL CH340（COMxx）」的字樣，就表示 NodeMCU-32S 開發板的驅動程式已經安裝完成，便可以開始讓你的電腦與 NodeMCU-32S 進行傳輸與溝通了。

0-3 motoBlockly 的前置設定及程式上傳

motoBlockly 簡介

在安裝完 Arduino IDE 後便可以開始編寫 Arduino 或 ESP32 程式，但若是對 Arduino C 程式編寫不熟悉的初學者，建議可先試著從圖控式的 ESP32 程式開發軟體開始入門。

motoBlockly 是由慧手科技公司所開發出來的線上 Arduino 及 ESP32 圖控式程式編輯軟體，其利用程式積木堆疊來編寫單晶片開發板程式的方式，與另一款圖控程式軟體：APP Inventor 非常類似，對於想嘗試自行編寫程式的初學者來說非常容易上手。使用 motoBlockly 圖控式程式編輯軟體，最大好處是只要運用自己的邏輯運算思維，透過積木堆疊方式，motoBlockly 就可以將您的積木程式轉換成對應的 ESP32 程式碼，而不用煩惱 C 程式撰寫時的指令與語法，大大地降低程式開發時的障礙。因此，motoBlockly 非常適用於跨領域的開發應用。

使用者只須把 ESP32 開發板預定要執行的動作依序地將程式積木堆疊起來，圖控式程式編輯軟體 motoBlockly 便可將所堆疊的程式積木轉換成對應的程式碼，在 Windows 作業系統下甚至還可以一鍵將其上傳至 ESP32 開發板中。

如上圖所示，欲使用 motoBlockly 編寫程式得先進入慧手科技的官網首頁（網址為：www.motoduino.com），接著再點選頁面中 motoBlockly 最新版（ver6.x.0）的程式積木 Logo（上圖箭頭處）便可進入 motoBlockly 的程式編輯頁面。

motoBlockly 目前僅以線上版的方式提供給大眾開發 Arduino C 程式，使用者只需在有網路及網頁瀏覽器（**慧手官方建議使用 Google Chrome**）的環境下即可上線進行開發，因此 motoBlockly 是可以橫跨不同的作業系統平臺來使用。另外為了因應廣大使用者的需求，不久的將來也會推出離線版 motoBlockly，讓使用者也能在沒有網路的環境下進行 Arduino 及 ESP32 程式的開發。

除了一般外接模組的操控外，motoBlockly 同時提供了多種免費雲端平臺以及通訊協定的物聯網程式積木，並支援將程式積木直接轉換成 Arduino C 程式碼的一鍵切換服務。使用者可藉此功能來比對程式積木與 ESP32 程式碼之間的關聯，對於想更進一步學習使用 IDE 來編寫程式碼的進階使用者會有很大的幫助。

motoBlockly 設定及程式上傳的操作流程

完成動作流程的程式積木堆疊之後，motoBlockly 依照作業系統的不同，也有兩種將程式上傳至單晶片開發板的方式：

1. 在作業系統為 Windows 的環境下，預先下載並開啟 motoBlockly 的中介程式後，便可直接從網頁下達命令來執行程式編譯上傳的動作。
2. 適用所有的作業系統，藉由複製（Copy）來自於 motoBlockly 所轉換出來的 Arduino C 程式碼，再將這些程式碼全部貼到（Paste）自己本地電腦端的 Arduino IDE 中再進行編譯上傳。

兩種不同的上傳方式在前置作業的準備上也稍有不同，其設定步驟也將會在接下來為各位介紹。

上傳方法一 Windows 作業系統

若讀者電腦安裝的是 Windows 作業系統，可以選擇從 motoBlockly 編輯頁面中直接呼叫本地電腦端的 IDE 編譯上傳 ESP32 程式。此種燒錄程式的方式快速又便利，不過在開始使用前還得先下載並安裝負責呼叫本地 IDE 來進行編譯燒錄的 motoBlockly 中介程式（Broker），而該安裝檔也會同時將相關函式庫（Libraries）及 ESP32 的編譯核心一併進行安裝。其設定流程如下：

Step 1 如下圖所示，進入 motoBlockly 程式編輯的頁面後，點選工具列中的 按鈕（紅色箭頭處）來下載 Broker 及相關函式庫的安裝程式。

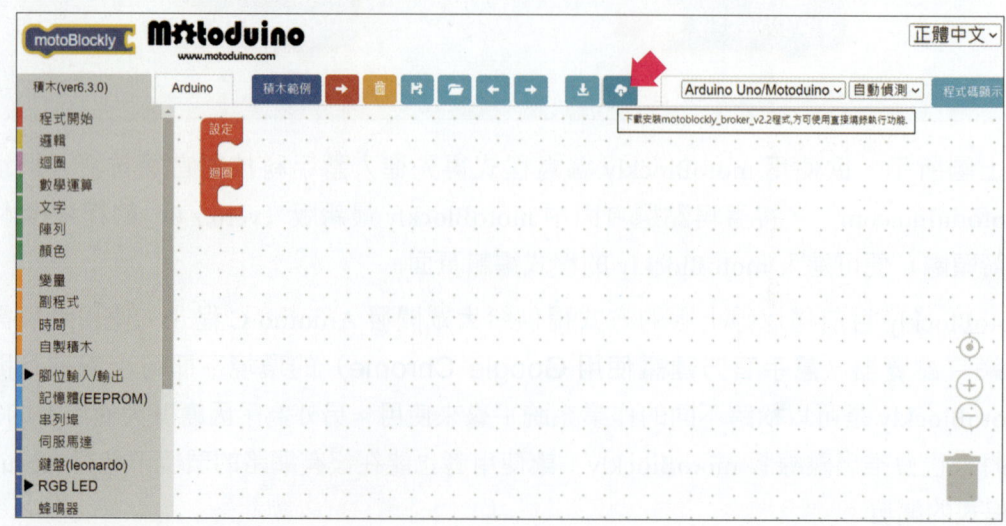

ESP32 硬體與開發環境的介紹與設定

Step 2 如下圖所示，安裝從步驟 1 所下載的 motoblockly_broker_v2_setup.exe 檔案。

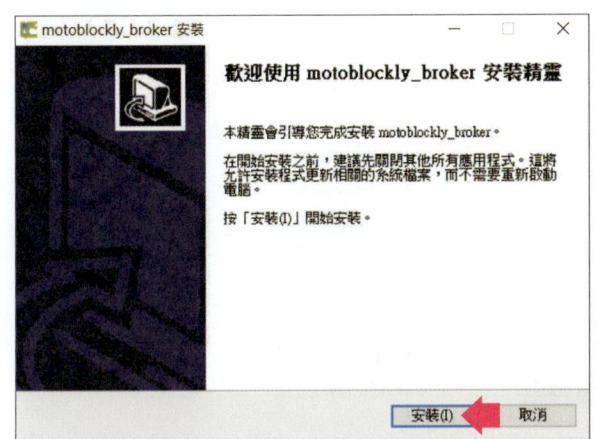
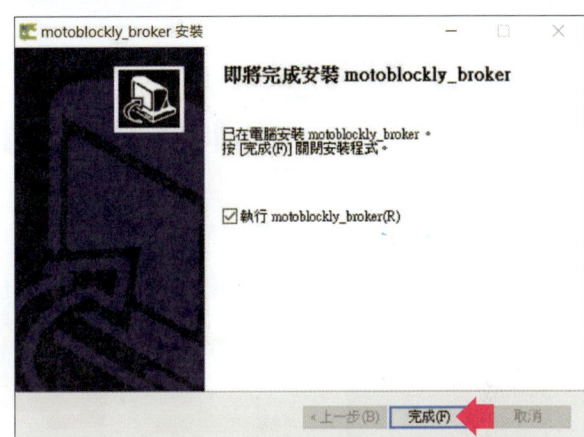

Step 3 在完成 motoBlockly 中介程式的安裝後，桌面會多出一個如下圖白框處所示、名為「motoblockly_broker_v2」的捷徑。若想直接從 motoBlockly 網頁中上傳 ESP32 程式，請務必先將其點選開啟。當 motoblockly_broker_v2 中介程式完成啟動、並出現如下圖所示的「motoblockly_broker_v2 can now be accessed」字樣時，請將此黑色提示視窗保留或最小化（不可關閉），如此在程式完成時其才能協助呼叫本地電腦端的 Arduino IDE 代為執行程式的編譯與上傳。

Step 4 完成了 motoBlockly 中介程式的安裝與啟動、並以 Micro USB 傳輸線連接 ESP32 開發板與電腦後，便可開啟 motoBlockly 所提供的積木範例，並藉此練習如何將程式積木轉成程式碼、以及將程式碼上傳到 NodeMCU-32S 的燒錄動作。

Step 5 如下圖所示，❶ 先選擇正確的開發板型號（使用 NodeMCU-32S 開發板需選擇「ESP32」選項；若程式內容過多則可選擇「ESP32（huge）」選項）以及對應的 COM Port 位置（選擇「自動偵測」即可）。❷ 選擇開啟 motoBlockly 積木範例裡的「LED 閃爍」程式範例，其為控制 NodeMCU-32S 上 D2 腳位 LED 的程式，點選後 motoBlockly 便會匯入並顯示此範例程式的程式積木堆疊狀態，便可進行下一步的上傳動作。

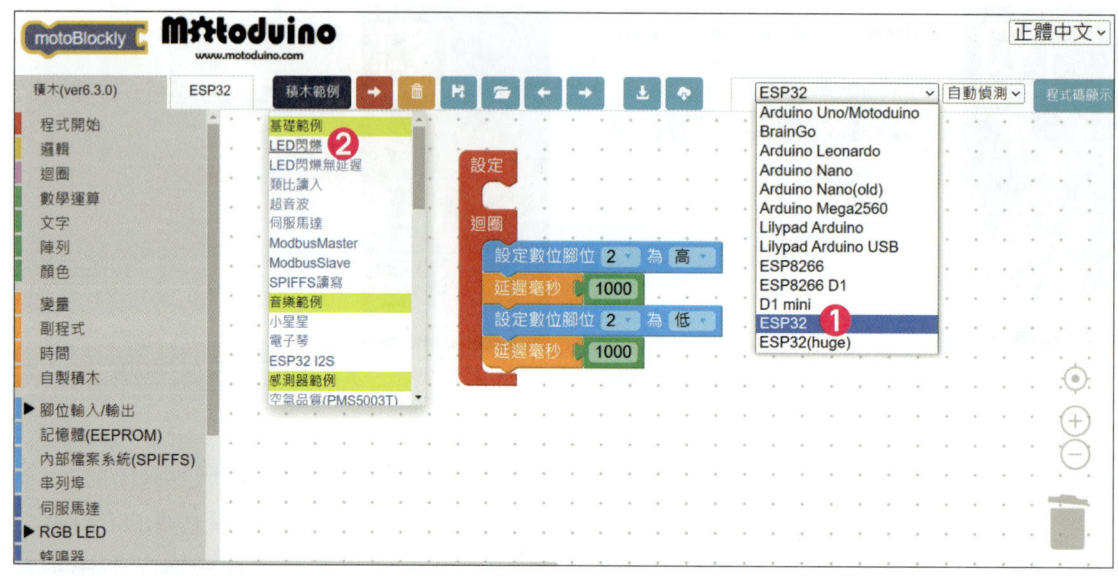

Step 6 範例程式積木開啟完成後，❶ 點選下圖中 motoBlockly 的「ESP32」Tab 選項，即可將範例中的程式積木轉換成 Arduino C 程式碼，❷ 按下工具列中的 ➡ 按鈕，❸ 按下詢問視窗的「確定」鍵即可開始進行程式的燒錄。

ESP32 硬體與開發環境的介紹與設定

Step 7 如下圖所示，當 motoBlockly 開始上傳程式時，預先啟動的中介程式便會將 motoBlockly 產生的程式碼傳送給本地電腦端的 Arduino IDE，IDE 便可在背景中進行程式的編譯與上傳動作。而中介程式視窗也會同步顯示目前程式碼編譯及上傳的狀況。

Step 8 最後當 motoBlockly 頁面跳出如下圖的訊息時，便是代表 motoBlockly 已完成程式上傳的動作，此時的 ESP32 開發板就會開始執行該範例程式所指定的動作了（即數位腳位 D2 的 LED 會以一秒的間隔時間開始閃爍）。

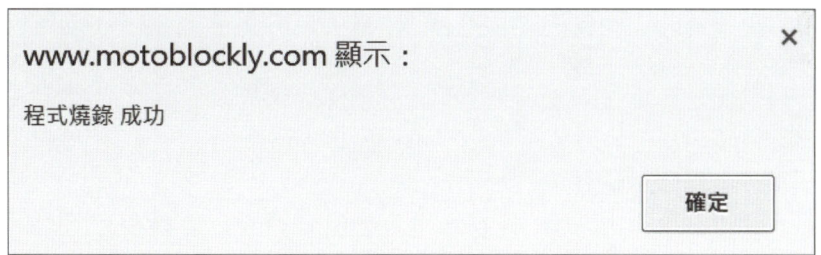

注意： 使用 motoBlockly 上傳 ESP32 程式會比較費時，燒錄時請耐心等候。

上傳方法二 > 所有作業系統通用

Windows 作業系統的電腦可以使用前一種方式來直接燒錄程式碼，但非 Windows OS 的電腦要上傳程式，就得先將 motoBlockly 產生的程式碼複製到 Arduino IDE 中再上傳。

使用此上傳方式除了得先在自己的電腦安裝 Arduino IDE 外，還得另外下載 motoBlockly 會用到的函式庫（Libraries），並在解壓後將其複製到對應的 Arduino IDE libraries 目錄下才行。下載安裝 motoBlockly 函式庫及使用 IDE 上傳程式碼的步驟如下：

Step 1 如下圖所示，進入 motoBlockly 的網頁後，點選工具列中的 ⬇ 按鈕開始下載 motoBlockly 的函式庫壓縮檔。

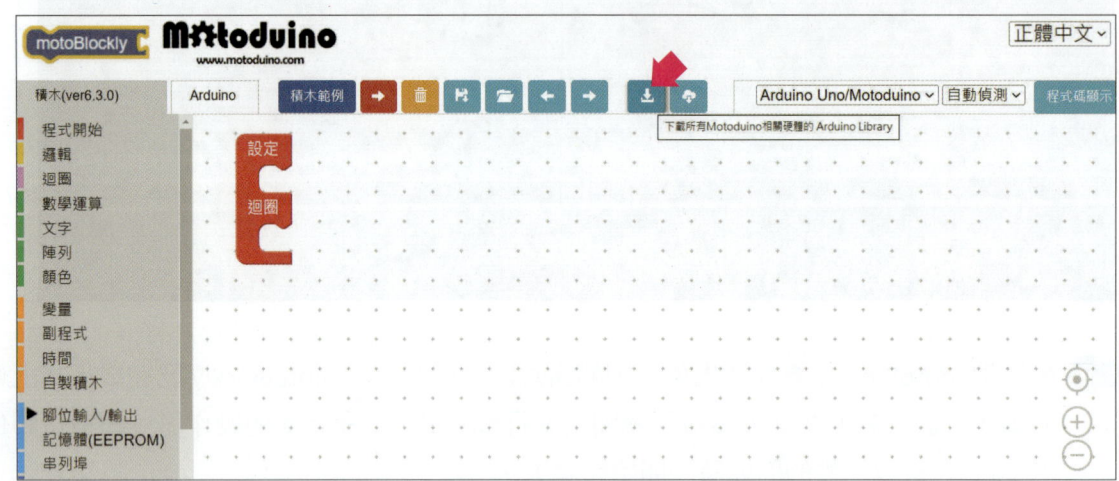

ESP32 硬體與開發環境的介紹與設定

Step 2 將步驟 1 下載的 motoBlockly 函式庫壓縮檔（Moto_library.zip）解壓縮到對應的 Arduino IDE libraries 目錄下（如下圖所示，請將解壓縮後的目錄放至電腦安裝 Arduino IDE 所對應的 libraries 目錄），即可完成相關的前置設定，如此便可避免 IDE 在編譯時會有找不到相關函式庫的錯誤發生。

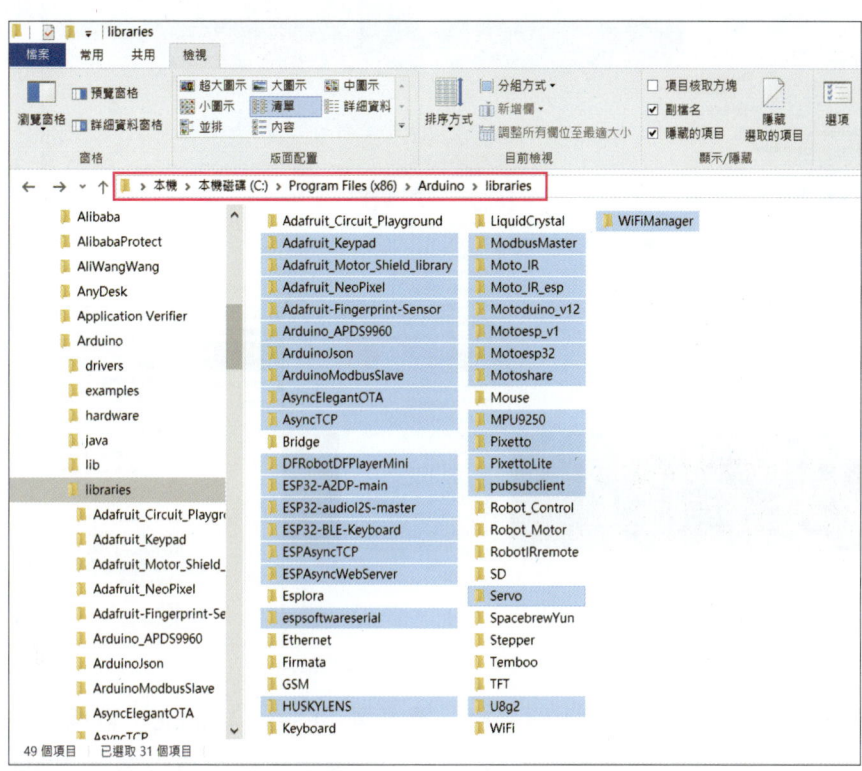

Step 3 完成 motoBlockly 函式庫的安裝之後，一樣載入 motoBlockly 中的「LED 閃爍」範例，接著：❶ 點選下圖中 motoBlockly 的「ESP32」Tab 選項，❷ 點選 motoBlockly 工具列中的 按鈕，motoBlockly 便會自動將轉換後的 Arduino C 程式碼全部複製到電腦的剪貼簿裡暫存備用。

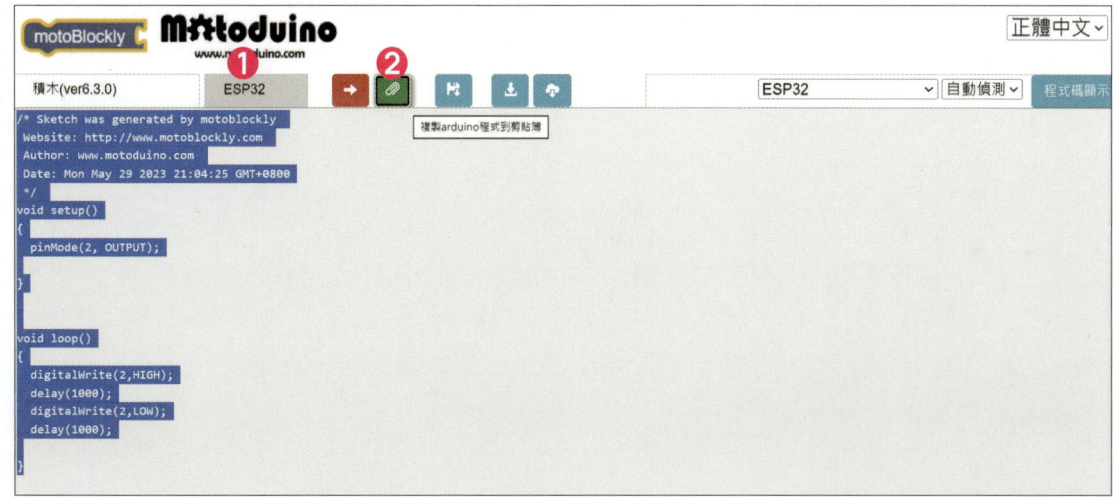

19

Step 4 　將 ESP32 開發板用 Micro USB 傳輸線連接至電腦後，開啟之前所安裝的 Arduino IDE 程式編輯軟體。為了讓 IDE 知道接下來的程式該往哪邊上傳，IDE 這邊還需要做一些簡單的設定。

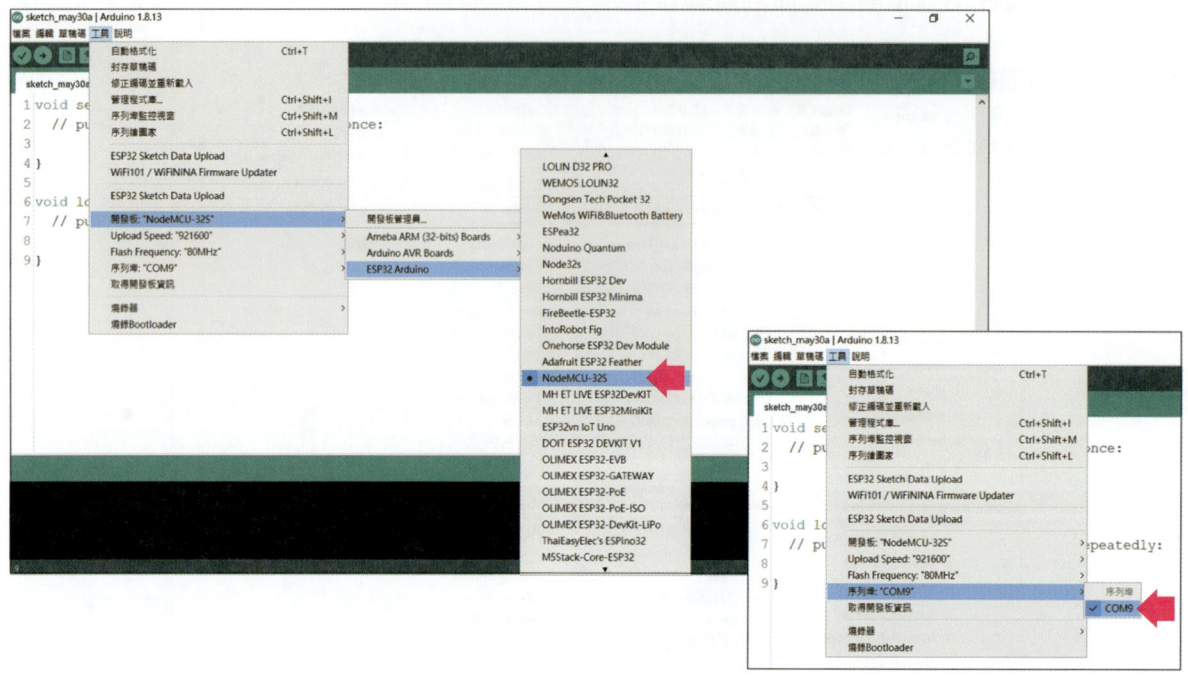

如上圖所示，工具選項中的「開發板」需選擇「ESP32 Arduino」群組中的「NodeMCU-32S」選項，另外的「序列埠」則需選擇在裝置管理員視窗中顯示的 ESP32 開發板的 COM Port。

Step 5 　接著先清除掉 Arduino IDE 中原本的程式碼（Ctrl+A 全選後再按 Del 鍵刪除之），再貼上（Ctrl+V）自步驟 3 中所複製的 ESP32 範例程式碼。貼上 motoBlockly 的範例程式碼後，點選 Arduino IDE 左上角的 ▶ 按鈕開始進行程式上傳。此時 IDE 會跳出如下圖所示的視窗詢問是否要儲存目前的程式碼，由於目前只是練習如何上傳 ESP32 程式，所以此處可以選擇「取消」不儲存。

ESP32 硬體與開發環境的介紹與設定

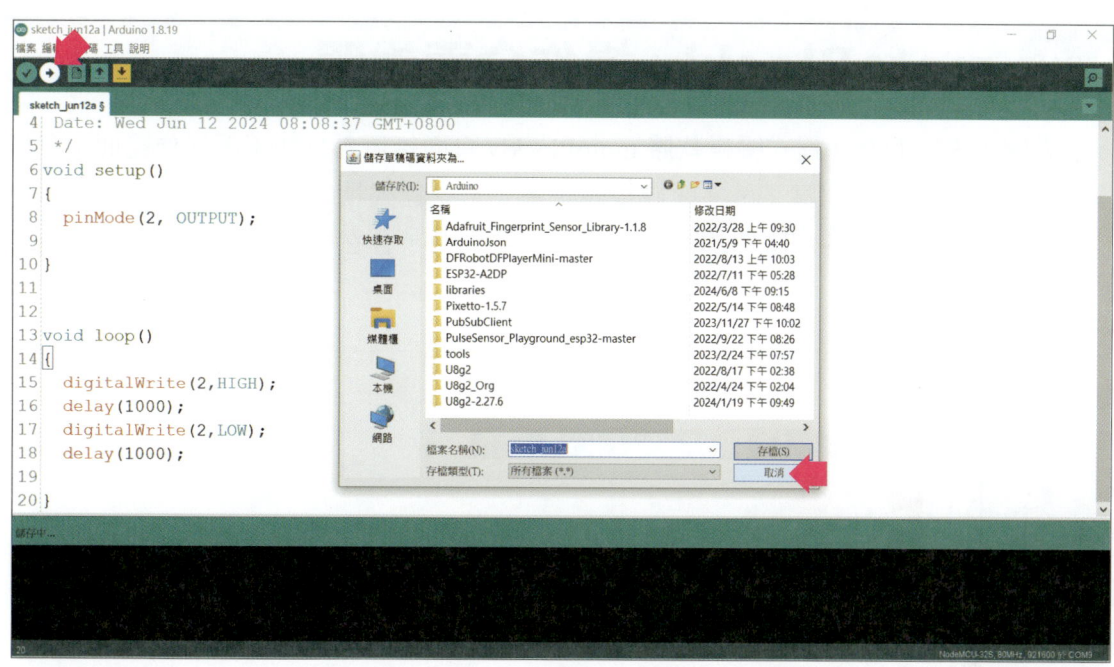

Step 6 程式成功上傳至 ESP32 開發板後，Arduono IDE 底下的狀態列便會顯示如下圖左上角紅框處所示的「上傳完畢。」字樣，並會秀出目前 ESP32 記憶體使用的狀況。此範例程式上傳成功之後，NodeMCU-32S 位在 D2 腳位的內建 LED 燈就會開始依照程式的指令，以 1 秒的間隔時間持續做著閃爍的動作。

21

0-4 motoBlockly 操作介面說明

進入圖控式的 ESP32 程式編輯軟體 motoBlockly 頁面後可看到如下的操作畫面，我們將其操作介面分成「工具列區」、「開發板設定區」、「程式積木區」以及「程式積木堆疊區」等幾個區塊。針對各個區塊的操作方式與功能介紹，會在後續的章節中一一地為各位說明。

工具列區介面說明

按鈕型式	功能
積木(ver6.3.0)	此選項可將積木堆疊區切換成可讓程式積木堆疊的模式。
ESP32	此選項可將積木堆疊區裡堆疊的程式積木，轉換成可上傳至 ESP32 開發板的程式碼。
積木範例	motoBlockly 內建的一些程式積木堆疊範例。
	移除積木堆疊區中目前所有堆疊的程式積木。

ESP32 硬體與開發環境的介紹與設定

按鈕型式	功能
	可以將積木堆疊區裡目前堆疊的程式積木儲存成 xml 檔，並從網路下載（download）到本地（Local）電腦端。
	載入本地電腦端中儲存的 motoBlockly 程式積木 xml 檔，並將其顯示在 motoBlockly 的積木堆疊區中。
	恢復在程式堆疊區的上一個動作。
	恢復在程式堆疊區的下一個動作。
	下載 motoBlockly 會使用到的相關元件函式庫。
	下載 motoBlockly 可支援直接燒錄的中介程式（Broker）及函式庫安裝檔。
程式碼顯示	即時顯示程式堆疊區中程式積木所對應的 Arduino C 程式碼。（程式碼可與程式積木同時顯示）

當按下 ESP32 按鈕，motoBlockly 轉換成 ESP32 程式碼畫面：

23

按鈕型式	功能
➡	將積木轉換的 Arduino C 程式碼透過中介程式上傳至 ESP32 開發板。（目前僅支援 Windows 作業系統）
📎	全選並複製程式積木所轉換出來的 Arduino C 程式碼。
💾	按下 EPS32 按鈕，當程式堆疊區顯示 Arduino C 程式碼狀態時：此按鈕可以將程式積木轉換的 Arduino C 程式碼儲存成 ino 檔，並從網路下載到本地（Local）電腦端。

開發板設定區說明

　　如同在 Arduino IDE 中上傳程式前須先選擇正確的 ESP32 開發板型號與連接埠（COM Port）一樣，motoBlockly 在將程式積木轉換成程式碼上傳前，也需要提供正確的 ESP32 開發板型號與連接埠。因此本開發板設定區，便是提供給使用者能因自己需求而有不同的選擇機會。

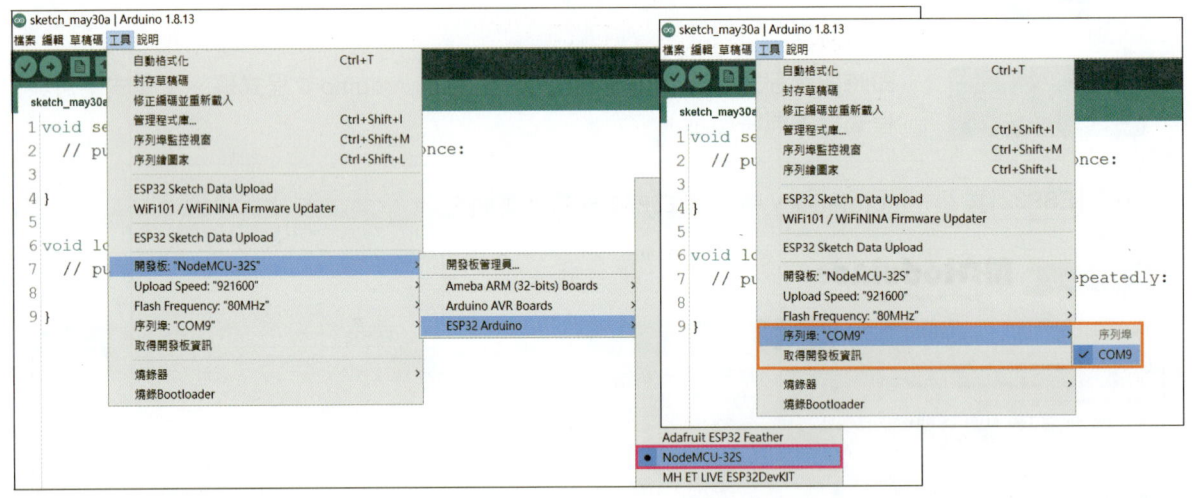

如下圖所示，除了開發板型號的選擇外，motoBlockly 也提供了「自動偵測」COM Port 的功能。一旦選擇了此選項，電腦便會自動尋找 ESP32 開發板所在的 COM Port 位置，讓使用者可以更快完成上傳環境的設定。

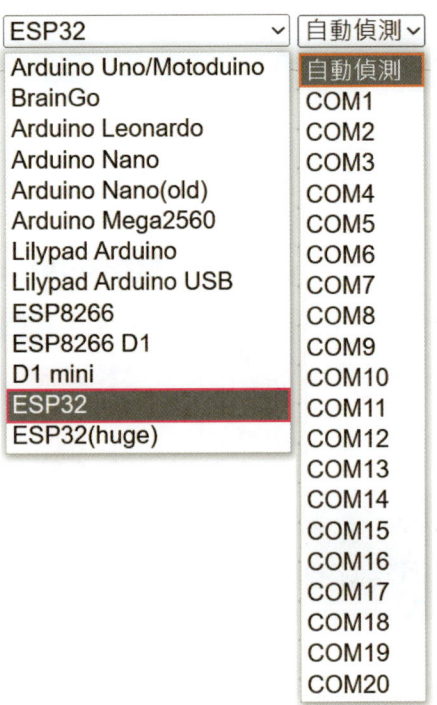

程式積木區說明

　　程式積木區會將不同功能的程式積木放置在不同的積木群組中，使用者可依各積木群組最左邊的顏色來區分，並以此找到書中範例相對所使用的程式積木。而各式程式積木的功能與使用方法，將在其被使用到時再做個別的說明。

程式積木堆疊區說明

　　當工具列區的 積木(ver6.3.0) 按鈕被按下時，積木堆疊區便是提供使用者堆疊程式積木的地方，使用者可將程式積木區裡的積木拖曳到這個區域中來完成自己想要的動作或功能。上傳後 ESP32 開發板便會依照使用者所堆疊出來的積木順序來依序作動。

　　motoBlockly 的程式積木在堆疊過程中，只有在積木缺口格式相符的條件下才「有可能」被組合在一起。倘若兩個程式積木可以成功組合，電腦便會發出「喀」的一聲音效來示意。motoBlockly 程式積木在製作時都有做基本的防呆偵測，因此若有積木缺口格式相同，但其組合的設定型態不相容的話，也是會有可能出現無法組合的狀況。

如下圖所示，在 motoBlockly 積木堆疊區裡面一定需要一塊名為「設定 / 迴圈」的程式積木，這是為了對應 Arduino C 程式碼中一定要具備的 setup() 與 loop() 兩個函式。所以當 motoBlockly 在堆疊程式積木的時候，起手式一定是從這塊「設定 / 迴圈」程式積木來開始設定起。

俗語說「千里之行始於足下」，意思是說：不管是要走多遠多久的路程都得從踏出眼前的第一步開始。ESP32 的程式運作也是一樣，不管是再難再複雜的程式，總會有一個開始執行的起點，而這個程式起點就是 setup()－設定函式。ESP32 開發板在通電啟動後會從 setup() 函式的第一行程式碼一直執行到最後一行，執行一次完畢後便會離開此函式並且自動跳到下一個函式 loop() 中運行。由於這個 setup() 函數只會在一開始執行一次，因此大多會被放置一些只須執行一次的硬體初始化積木，所以此函式才會被稱為 setup（設定）函式。

當 ESP32 執行完 setup() 函式裡的所有程式碼後，會自行跳到 loop()－迴圈函式中繼續運行。和 setup() 不同處在於，當 ESP32 從頭到尾執行完 loop() 函式的每一行程式碼後，又會自動返回重新執行 loop() 函式的第一行程式碼。以此類推，之後的 ESP32 開發板便會一直重複執行 loop() 裡的程式，直到 ESP32 電源關閉為止，這就是此函式被取名為 loop（迴圈）的原因。

位於積木堆疊區右下角的特殊按鈕：其中 ⊕⊖ 為可放大 / 縮小堆疊區中程式積木尺寸的按鈕。當積木堆疊區裡的程式積木太多或太小不方便瀏覽的時候，使用者可利用這兩顆按鈕來進行縮放程式積木的動作。◉ 則是可將目前的程式積木堆疊移動至積木堆疊區正中位置的按鈕。

另外 🗑 則是丟棄無用積木的地方，若有需要刪除的程式積木，除了可將積木拖曳至程式積木區丟棄外，也可將其拖曳到此處刪除（看到垃圾桶蓋打開後再放開即可）。

I2S 序列音訊介面的入門與實作

　　過往使用微處理器開發板所製作的各式專題中，硬體方面大多僅能以 LED 燈光或蜂鳴器聲音來回應或提示使用者目前系統的運行狀態，使用者操作時需要熟悉 LED 或蜂鳴器不同的動作才能了解其所蘊含的意義，如此一來對於開發者之外的使用者而言，雖說是堪用但卻不夠直覺。因此本章節將介紹如何利用 ESP32 的 I2S（Inter-IC Sound）音頻傳輸介面功能來播放語音或音樂，這樣便是能夠妥善處理上述問題的最佳解答。

　　本章將透過 ESP32 開發板搭配 MAX98357A 模組及喇叭來實現 I2S 語音播報的功能。藉由播放更直接明確的語音資訊，讓使用者更能清楚掌握整個系統的運作成果與狀態。

1-1　序列音訊傳輸介面（I2S）簡介
1-2　I2S 與 ESP32
1-3　I2S 實作應用 I – 迎賓廣播系統
1-4　I2S 實作應用 II – 整點報時系統
1-5　I2S 實作應用 III – 網路收音機

1-1　序列音訊傳輸介面（I2S）簡介

　　ESP32 是一款集合 Wi-Fi 和藍牙的高性能微處理器，具備了強大的運算能力和豐富多樣的功能，其中最受歡迎的就是 I2S 序列音訊傳輸功能（或稱 IIS：Inter-IC Sound 或 Integrated Interchip Sound）。I2S 是由 Philips 公司（目前的恩智浦半導體）於 1986 年所開發，最常被使用在傳送 CD 的 PCM[註] 音訊資料到 CD 播放器的 DAC（Digital to Analog Converter，數位類比轉換器）中，但現今已成為數位音訊設備之間的標準通訊協定。

　　ESP32 所支援的 I2S 功能是指它可以使用此協定來進行音頻數據的傳輸。而 I2S 是一種序列音訊資料傳輸協定，通常用於數位音訊設備之間的通信，例如音頻編解碼器、數字信號處理器、音頻數據存儲器等。在 ESP32 上使用 I2S 功能，可以通過程式來配置相關的設定，如音頻格式、取樣率、數據頻寬…等，而以上所列的眾多特性，在在都說明 ESP32 是非常適合製作音頻相關應用的微處理器。

　　I2S 通訊協定主要包括三個重要的信號腳位；LRCLK、BCLK、DIN。以上所述的三個信號腳位，共同確保了 I2S 通訊協定在數位音頻設備之間傳輸音訊資料的同步和正確性。其個別負責的功能如下：

❶ **LRCLK（Left/Right Clock，左右聲道時脈）**：LRCLK 為方波信號，用於區分左聲道和右聲道的數據，頻率等於音頻取樣率。當 LRCLK 為高電位時，表示當前傳輸的是左聲道資料；而當 LRCLK 為低電位時，表示當前傳輸的是右聲道資料。LRCLK 的電位高低是由 I2S 主設備（通常是微處理器，如 ESP32）所決定。

❷ **BCLK（Bit Clock，位元時脈）**：BCLK 為時脈信號，有時也會被標示為 SCK（Continuous Serial Clock，連續序列時脈），用於同步音訊資料的傳輸。BCLK 的頻率決定了音訊資料的傳輸速率。和 LRCLK 左右聲道時脈一樣，也是由 I2S 的主設備來生成。

❸ **DIN（Serial Data In，音訊序列資料）**：DIN 信號腳位用於傳輸音訊資料，音訊資料是以序列方式傳輸的，先傳輸最高有效位元（MSB），再依次傳輸到最低有效位元（LSB）。在左聲道和右聲道之間，音訊資料是交替傳輸的，最後再經由 LRCLK 電位確認當前傳輸的是哪個聲道的音頻數據。

> [註] PCM（Pulse Code Modulation），是在固定的時間間隔中進行採樣，並將類比信號數位化的方法。

1-2　I2S 與 ESP32

　　以 ESP32 為主核心來製作音訊播放器時，需搭配一顆接上喇叭的 I2S DAC 音訊解碼晶片，才能聽到 ESP32 所輸出的聲音。I2S DAC 音訊解碼晶片顧名思義是將 ESP32 透過 I2S 協

I2S 序列音訊介面的入門與實作

定傳送過來的音訊資料解譯並轉換成類比訊號再進行播放。如下圖所示，本書將使用型號為 MAX98357A 的外接模組來做為所有 I2S 範例的 DAC 音訊解碼晶片。

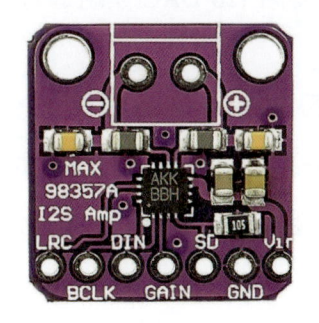

而 ESP32 要提供給 I2S DAC 模組的音訊數據究竟是從何而來？主要可經由以下兩種途徑取得：

途徑一

將 MP3 或 WAV 格式的音訊檔案預先放入 SD 卡，或透過 WiFi 無線網路動態下載到 ESP32 的 SPIFFS（快閃記憶體檔案系統）記憶體中。本章之後要實作的「迎賓廣播」與「整點報時系統」兩個範例都是透過 WiFi 下載的方式來做到 MP3 播放的功能。其運作流程如下圖所示：

❶ NodeMCU-32S 先將純文字訊息上傳到 Google TTS 服務平臺。

❷ 經由 Google 的 TTS 服務（Text to Speech，文字轉語音）將文字轉成 MP3 語音檔後再下載到 NodeMCU-32S 的 SPIFFS 檔案系統中存放。

❸ 等到要播放時再將 MP3 的音訊資料從 SPIFFS 讀出並傳送到 I2S DAC 模組來完成解碼播出。

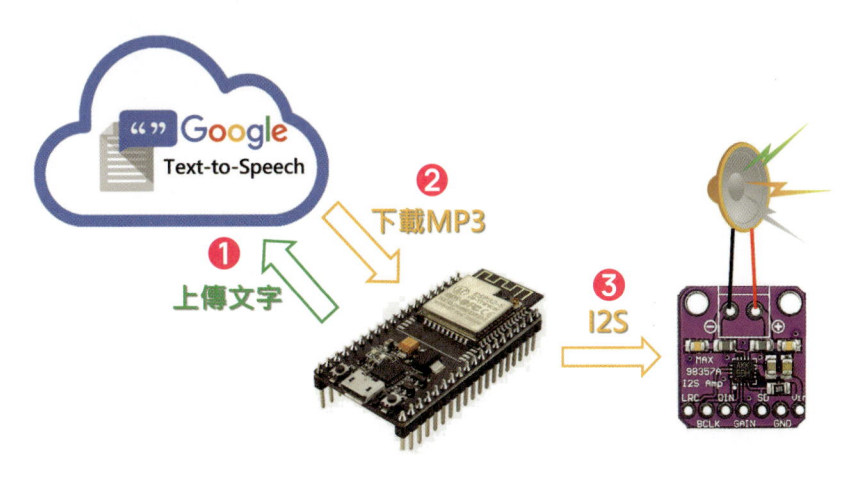

> **註** SPIFFS（SPI Flash File System）：是一種針對 SPI（Serial Peripheral Interface）閃存設備而設計的文件系統。主要用於嵌入式系統中，特別是針對資源有限的微控制器，如 ESP8266 和 ESP32。SPIFFS 的設計目的在這些資源受限的環境中提供一個簡單而高效的文件檔案系統。

途徑二

即時從網路下載音訊串流資料，再馬上轉傳給 I2S DAC 模組進行即時的語音解譯播放。其運作流程如下圖所示：

❶ NodeMCU-32S 可先指定欲收聽的網路電台或 Podcast 網址。

❷ 對接完成後便可以將網路廣播中的音訊資料以 WiFi 串流的方式下載到 NodeMCU-32S 中。

❸ 最後再即時地將這些資料傳送給 I2S DAC 模組進行解碼播放，如此就能達到收聽網路電台或 Podcast 的效果。

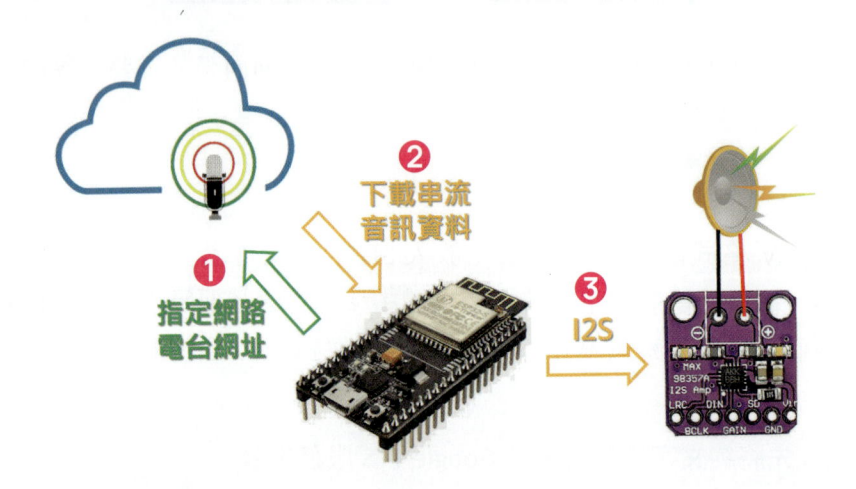

乍看上面的運作流程圖，可能會認為上述的兩種音訊資料的取得方式不是太複雜，不過其實背後實際要運用到的程式碼並沒想像中的簡單。但其實也不需要太過擔心，本書所使用的 ESP32 圖控式程式編輯軟體 motoBlockly 已將這些複雜的 I2S 程式整理成幾個簡潔的程式積木，使用者只要運用得宜，很快就能以 ESP32 的 I2S 功能做出語音播放的效果了。

motoBlockly 與 I2S 相關的程式積木被放置在「ESP32」類別中「ESP32 I2S」的「ESP32 I2S 音訊播放」群組裡。詳細的程式積木功能介紹如下：

程式積木	功能說明
I2S音訊播放模組 設定 LRC腳位 13 BCLK腳位 12 DIN腳位 14	設定 I2S 三個信號腳位的積木。 • LRC 腳位：選擇 ESP32 連接至 I2S DAC 模組 LRCLK 的腳位。 • BCLK 腳位：選擇 ESP32 連接至 I2S DAC 模組 BCLK 的腳位。 • DIN 腳位：選擇 ESP32 連接至 I2S DAC 模組 DIN 的腳位。
I2S音訊播放模組 設定音量大小(0~21) 12	設定 I2S 播放音量的積木。 《設定音量大小（0～21）》：I2S 音訊播放模組的音量大小設定，最小聲為 0，最大聲為 21。
I2S音訊播放模組 檔案 是否仍在播放？	回傳 I2S 目前是否仍在播放音訊的積木。 若仍在播放音訊會回傳「真」（True）；反之則會回傳「否」（False）。
I2S音訊播放模組 停止播放 檔案	強制停止 I2S 播放音訊資料動作的積木。
I2S音訊播放模組 播放GoogleTTS 語系 台灣 " 語音文字 "	設定 I2S 播放指定語音內容的積木。 • 語系：文字轉換語音時使用的語系。 《語音文字》：欲轉成語音播放的文字內容。 此積木中的「語系」與「語音文字」兩個參數需互相對應才能產生正確的語音，例如：當「語系」選擇「日本」時，「語音文字」參數內的文字內容也必須輸入日文才行。 此積木會下載指定語音檔並同時播出內容。
I2S音訊播放模組 儲存GoogleTTS 語系 台灣 " 語音文字 " SPIFFS 檔案路徑 " /TTS/001.mp3 "	設定 I2S 下載指定語音內容檔案的積木。 • 語系：文字轉換語音時使用的語系。 《語音文字》：欲轉成語音播放的文字內容。 • SPIFFS：文字轉換成語音檔後，欲下載存放的空間位置。有 SPIFFS 與 SD 記憶卡可選擇。 《檔案路徑》：文字轉換成語音檔案下載後，欲存放的路徑。 此積木僅會下載指定語音檔但不播出內容。

程式積木	功能說明
I2S音訊播放模組 播放 檔案 從 SPIFFS 檔案路徑 " /TTS/001.mp3 " （SPIFFS / SD記憶卡）	設定 I2S 播放指定路徑語音檔案的積木。 • SPIFFS：指定所要播放的語音檔存放空間。 《檔案路徑》：指定所要播放的語音檔案存放路徑。
I2S音訊播放模組 播放網路電台 URL " http:// "	設定 I2S 播放指定網址串流音訊的積木。 《URL》：所要播放的串流音訊網址。
I2S音訊播放模組 播放檔案直到播放完畢	等待 I2S 播放語音檔案的積木。 若之前 I2S 指定的語音檔案尚未播放完畢，則程式會停留在此積木中等待，直到指定語音檔案全部內容被播放完畢為止。
移除I2S	移除 I2S 功能的積木。

1-3 I2S 實作應用 I – 迎賓廣播系統

在台灣很多大賣場的入口處皆有加裝人員進出感測器，當顧客進入賣場時會有機器代替店員發出「歡迎光臨」的機械語音。本節將利用 NodeMCU-32S 的 I2S 協定來製作相同功能的「迎賓廣播系統」。與只能發出固定迎賓詞的傳統機器相比，使用 NodeMCU-32S 可讓使用者依自身不同的需求來設定不一樣的迎賓詞，使用起來將會更有彈性。

「迎賓廣播系統」運作方式如下：首先連上網路將欲播放的「歡迎光臨」語音檔以文字轉語音的方式預先下載到 NodeMCU-32S 備用，完成後就可以開始以超音波感測模組來偵測是否有人經過。一旦有人經過，系統便會開始播放先前所下載的「歡迎光臨」語音檔案，直到播放完畢為止。

ESP32 硬體組裝

迎賓廣播系統在硬體方面的需求有：
❶ 作為大腦來控制各項硬體的「NodeMCU-32S」及「ESP32 IO Board 擴充板」。
❷ I2S DAC 音訊解碼模組 MAX98357A、喇叭，以及 5 條 20 公分的母母杜邦線。
❸ 負責偵測人員進出的「超音波感測模組」及 4Pin 杜邦轉 RJ11 連接線。

I2S 序列音訊介面的入門與實作

硬體組裝步驟

Step 1 先將 MAX98357A 模組依下圖所示的方式接到 ESP32 的擴充板上：其中
MAX98357A 模組的 LRC 腳位接到 ESP32 擴充板的 G25 信號排針（S）、
MAX98357A 模組的 BCLK 腳位接到 ESP32 擴充板的 G26 信號排針（S）、
MAX98357A 模組的 DIN 腳位接到 ESP32 擴充板的 G12 信號排針（S）、
MAX98357A 模組的 GND 腳位接到 ESP32 擴充板的 G12 接地排針（G）、
MAX98357A 模組的 Vin 腳位接到 ESP32 擴充板的 G12 電源排針（V）。

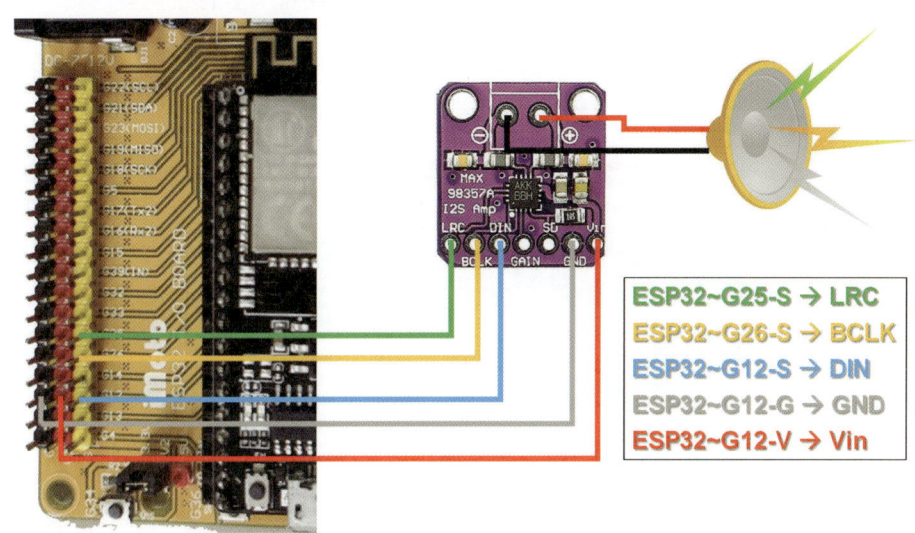

ESP32~G25-S → LRC
ESP32~G26-S → BCLK
ESP32~G12-S → DIN
ESP32~G12-G → GND
ESP32~G12-V → Vin

Step 2 如下圖左所示，將超音波模組與 4 Pins 杜邦轉 RJ11 連接線對接：其中杜邦紅線接到超音波模組的 Vcc 腳位，杜邦黃線接到超音波模組的 Trig 腳位，杜邦綠線接到超音波模組的 Echo 腳位，杜邦黑線接到超音波模組的 Gnd 腳位。最後將超音波模組的 RJ11 連接線端接到 ESP32 擴充板下圖紅框處的 G13/G14 RJ11 插槽中。

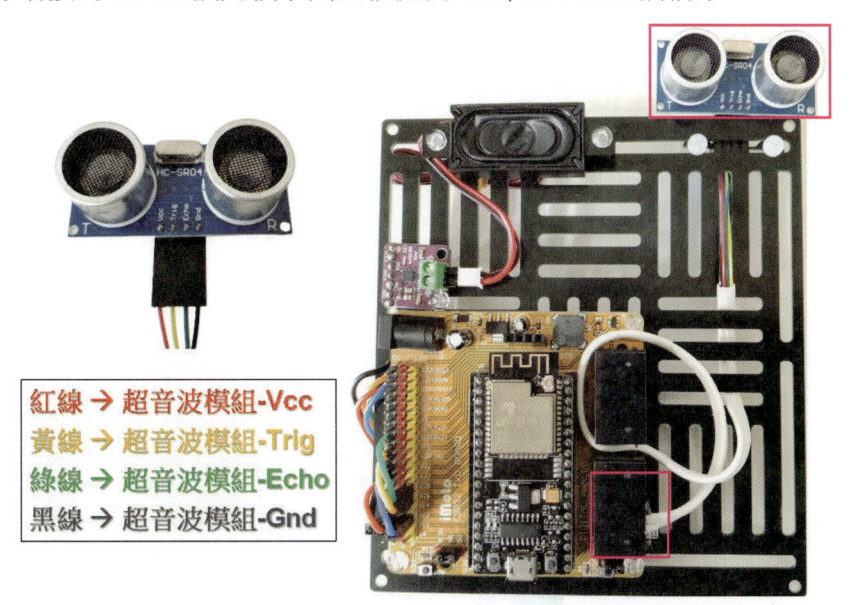

紅線 → 超音波模組-Vcc
黃線 → 超音波模組-Trig
綠線 → 超音波模組-Echo
黑線 → 超音波模組-Gnd

ESP32 圖控程式

完成上述硬體的組裝後，接下來便可開始編寫 motoBlockly 圖控程式來達成偵測廣播的目的。「迎賓廣播系統」的程式積木堆疊流程如下。

Step 1 ❶ 首先需將 motoBlockly 的開發板型號選擇為「ESP32」才能產生正確的 ESP32 程式碼。
❷ 在設定（Setup）積木中完成 ESP32 連接網路的初始化設定。

> **注意**：「WiFi 設定」積木中的「SSID（分享器名稱）」與「Password（密碼）」參數分別為 ESP32 準備連線的路由器或無線網路分享器的名稱與密碼，請依實際狀況來進行設定即可。

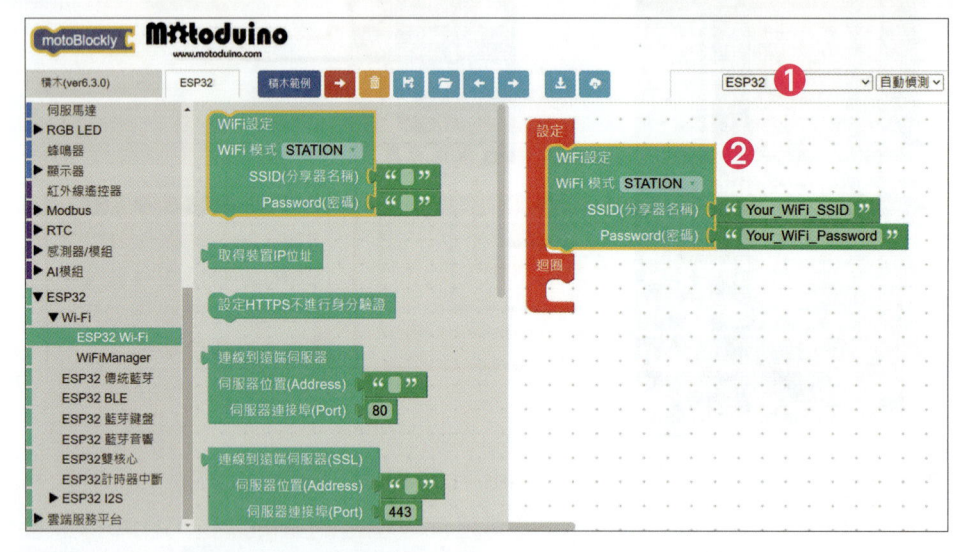

Step 2 初始化 I2S DAC 模組。包括設定 MAX98357A 模組連接到 ESP32 的三個信號腳位，以及 MAX98357A 模組預設的音量大小。

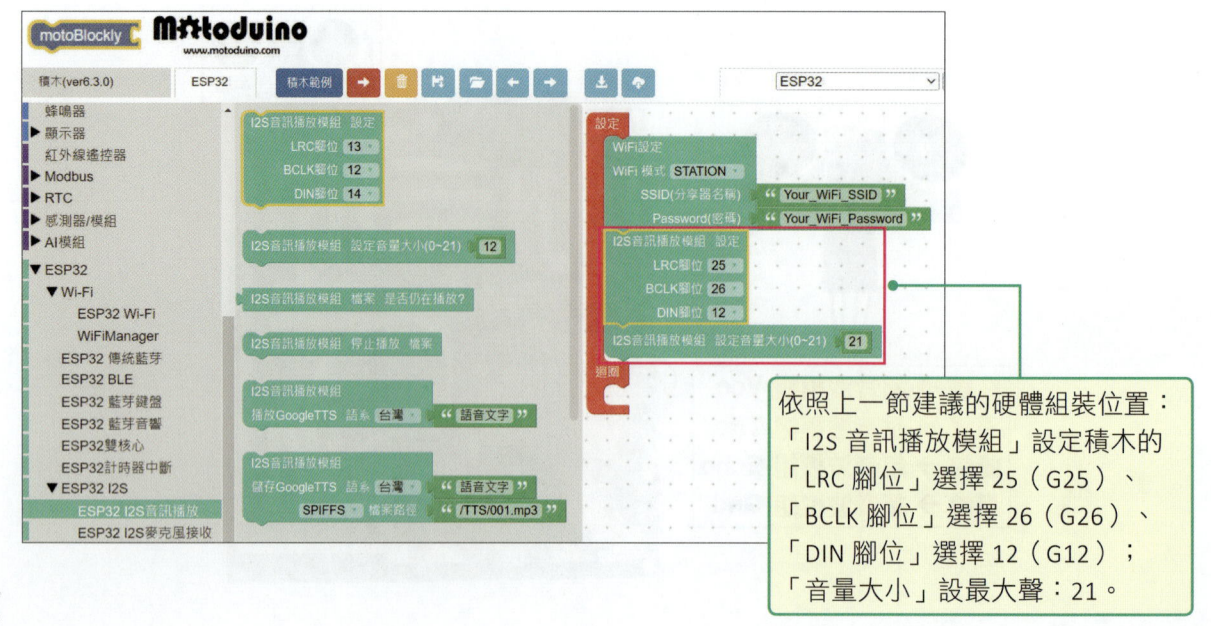

依照上一節建議的硬體組裝位置：
「I2S 音訊播放模組」設定積木的
「LRC 腳位」選擇 25（G25）、
「BCLK 腳位」選擇 26（G26）、
「DIN 腳位」選擇 12（G12）；
「音量大小」設最大聲：21。

Step 3 加入格式化 NodeMCU-32S 的 SPIFFS 檔案系統的積木。此處為了確保 ESP32 的 SPIFFS 檔案系統仍有空間來下載存放指定文字的語音檔案，因此在下圖紅框處新增一個格式化 SPIFFS 空間的積木。

> **注意**：雖然每次在 ESP32 啟動時都格式化一次 SPIFFS 可解決可能因空間不足而產生的問題，但格式化也會拖慢 ESP32 初始化的速度，所以讀者可依自己的需求來斟酌是否加入此積木（意即此處不加此程式積木也不至於影響本系統的運行）。

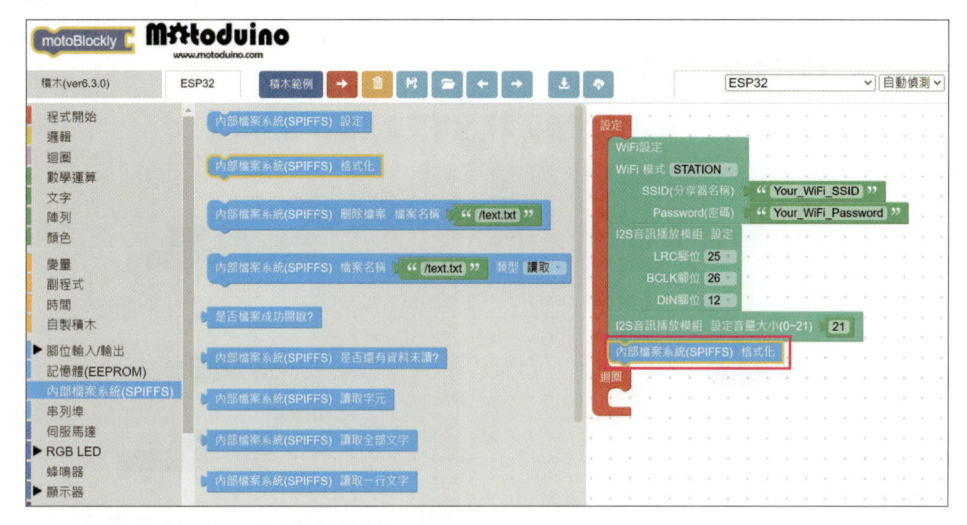

Step 4 加入下載指定文字語音檔案的程式積木。如下圖所示，由於此系統在偵測到人員進出時只會發出「歡迎光臨」的語音，因此只需在執行一次的初始化設定中下載一次即可。

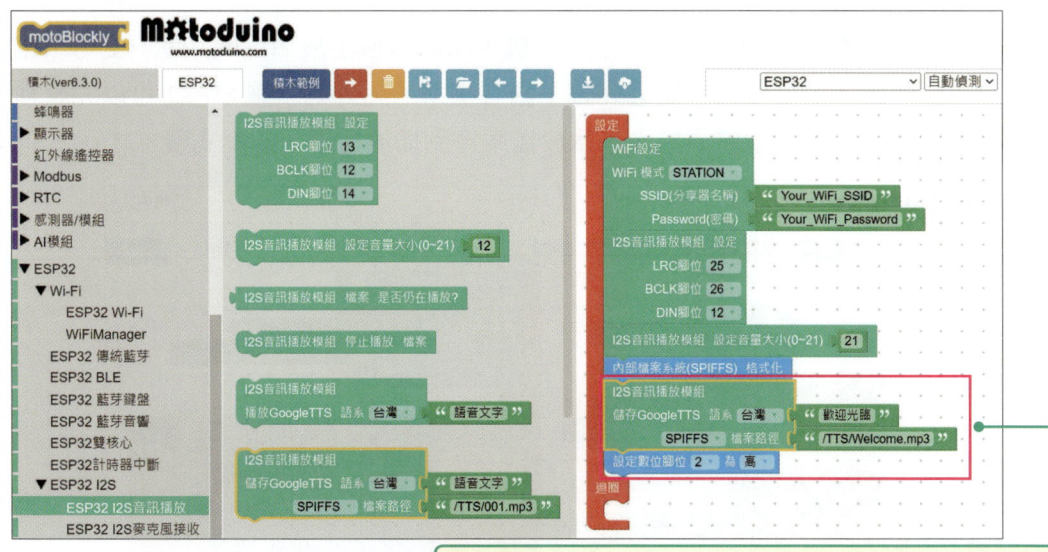

❶ 預先以 Google TTS 服務轉換並下載「歡迎光臨」的語音檔案。
❷ 將其存放至 SPIFFS 的「/TTS/Welcome.mp3」路徑下備用。
❸ 在完成本系統的所有初始化動作後，點亮 NodeMCU-32S 上 G2 腳位的 LED 來告知使用者。

Step 5 由於「迎賓廣播系統」需倚靠超音波距離感測器不斷地偵測是否有人進出，因此需在迴圈積木（Loop）中加入超音波模組的程式積木並設定之。

❶ 超音波 HC-SR04 模組程式積木位於 motoBlockly 的「感測器 / 模組」積木群組中。

❷ 依照上一節建議設定硬體組裝位置：「Trig 腳位」參數請選擇 13（G13），「Echo 腳位」參數請設定為 14（G14）。「超音波傳回偵測距離」的單位請選擇 cm（公分）。

❸ 依實際的狀況設定會觸發廣播動作的臨界距離值（本例的臨界距離設為 20 cm）。

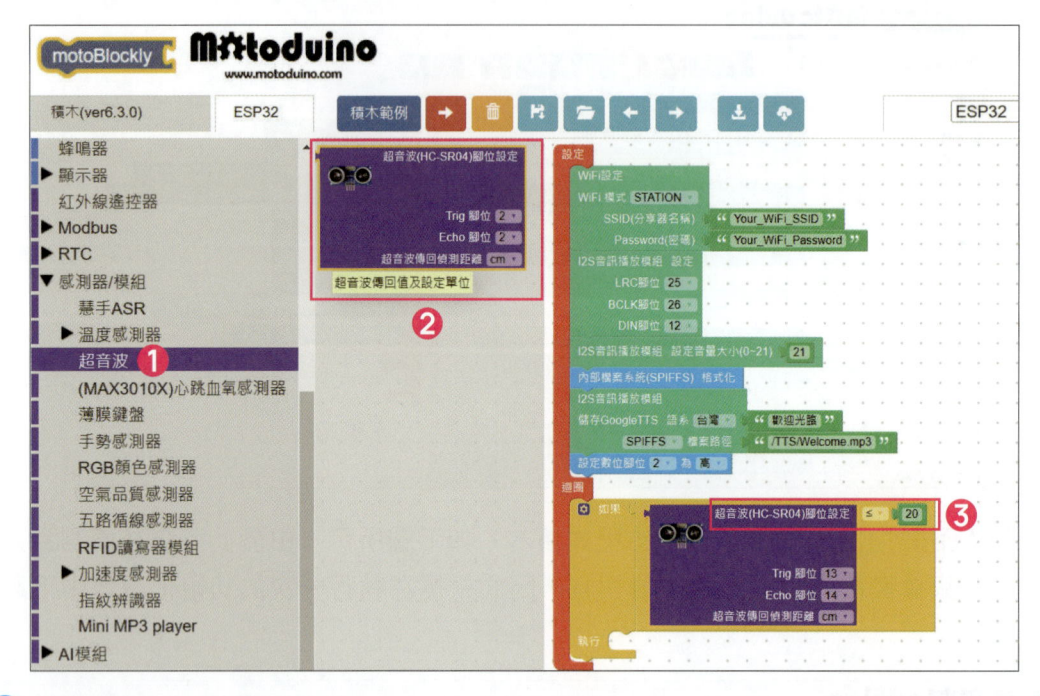

Step 6 當超音波距離感測器偵測到有人越過警戒距離（即回傳值小於 20 cm）時，便可讓喇叭發出預先在步驟 4 所下載的「歡迎光臨」語音檔案。另外為了讓 ESP32 可以完整播完語音檔案的內容，最後還需要加入「播放檔案直到播放完畢」的程式積木才行。

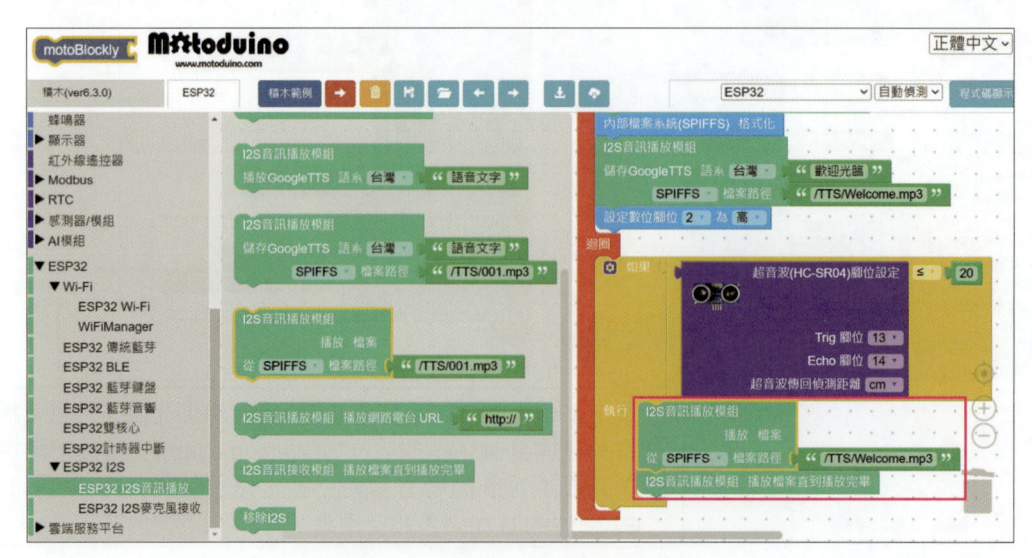

I2S 序列音訊介面的入門與實作

Step 7 完整的「ESP32 迎賓廣播系統」motoBlockly 程式如下圖左所示。請在紅框處填入自己對應的 WiFi 連線資訊，程式才能正常的運作。

若是下圖左的程式執行無誤，便可確定「歡迎光臨」的語音檔案已下載存放至 ESP32 的 SPIFFS 檔案系統中。由於放置在 ESP32 SPIFFS 內的資料即使斷電仍會存在，此時就可將程式改寫成如下圖右所示，藉由移除 ESP32 的 WiFi 連線與下載語音檔案等積木的動作，讓本系統不需連網也能獨立地進行運作。

成果展示： https://youtu.be/iqEPVIARSEM

1-4　I2S 實作應用 II – RTC 整點報時系統

　　ESP32 是一款功能強大的微處理器，除了支援 I2S 協定外還提供了許多有趣的功能，其中之一便是 RTC（Real-Time Clock）功能。RTC 是一種計時器，可以在微處理器進入休眠或重新啟動後持續計時，並且提供準確的時間訊息。ESP32 的 RTC 功能是由一個獨立的低功耗晶體振盪器來提供時鐘信號，因此該振盪器可以在 ESP32 進入深度睡眠模式時繼續運行。ESP32 的 RTC 功能可以分別提供秒、分、時、日、月、年等時間訊息，因此我們就可以利用 ESP32 的 RTC 功能來製作與時間相關的定時開關或提醒裝置。

　　「RTC 整點報時系統」就是利用 ESP32 的 RTC 功能來做到整點語音報時的服務。其運作方式如下：先連上網路將整點時欲播放的「現在時間」語音檔案優先下載到 NodeMCU-32S 備用，接著在完成 RTC 的對時校正之後，便可以利用 RTC 功能與 OLED 顯示器來顯示即時的時間。接下來開始不斷檢查目前的時間是否已經到達整點（以 RTC 程式積木回傳的「分數」是否為 0 來判斷）。若非整點，就不斷更新 OLED 顯示器上的即時時間；反之，若時間到達整點，系統便會開始播放「現在時間：XX 點整」的語音，直到播放完畢為止。

ESP32 硬體組裝

RTC 整點報時系統在硬體方面的需求有：

① 作為大腦來控制各項硬體的「NodeMCU-32S」及「ESP32 IO Board 擴充板」。
② I2S DAC 音訊解碼模組 MAX98357A、喇叭，以及 5 條 20 公分的母母杜邦線。
③ 負責顯示當下時間的 SSD1306 OLED 顯示器。

硬體組裝步驟

Step 1 先將 MAX98357A 模組依下圖所示的方式接到 ESP32 的擴充板上。

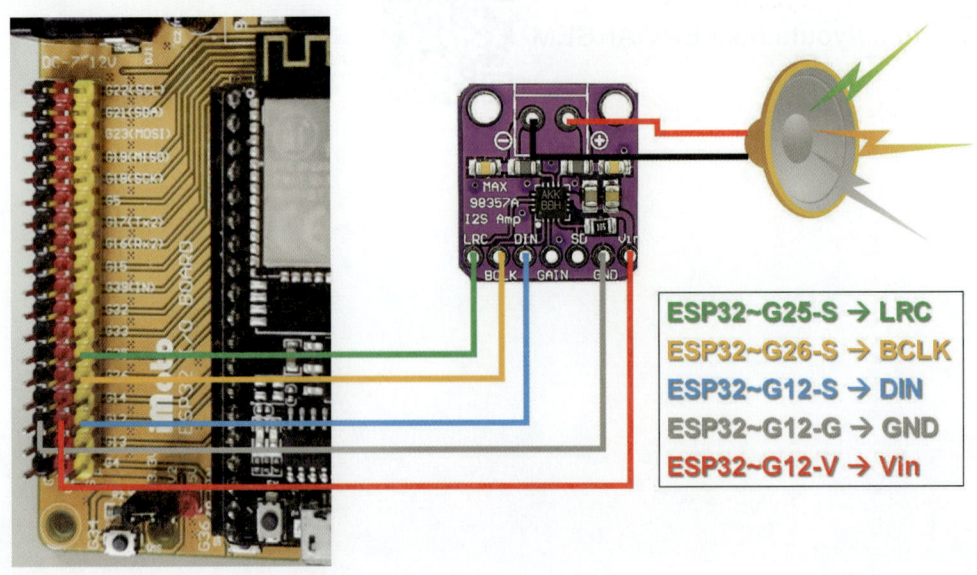

ESP32~G25-S → LRC
ESP32~G26-S → BCLK
ESP32~G12-S → DIN
ESP32~G12-G → GND
ESP32~G12-V → Vin

I2S 序列音訊介面的入門與實作

Step 2 如下圖所示，將 OLED 顯示器接到 ESP32 擴充板 I2C 的插槽中，其中 OLED 的 GND 排針接到擴充板的 G 插槽、OLED 的 VCC 排針接到擴充板的 V 插槽、OLED 的 SDA 排針接到擴充板的 SDA 插槽、OLED 的 SCL 排針接到擴充板的 SCL 插槽。

請特別注意不同廠家的 OLED 的排針腳位順序不同，如果使用的 OLED 跟擴充板的 I2C 插槽腳位順序不同，請利用杜邦線接到擴充板的插槽，以免 OLED 燒壞。

ESP32 圖控程式

Step 1 ❶ 首先需將 motoBlockly 的開發板型號選擇為「ESP32」才能產生正確的 ESP32 程式碼。
❷ 在設定（Setup）積木中完成 ESP32 連接網路的初始化設定。「WiFi 設定」積木中的「SSID（分享器名稱）」與「Password（密碼）」參數分別為 ESP32 準備連線的路由器或無線網路分享器的名稱與密碼，請依實際狀況來進行設定即可。

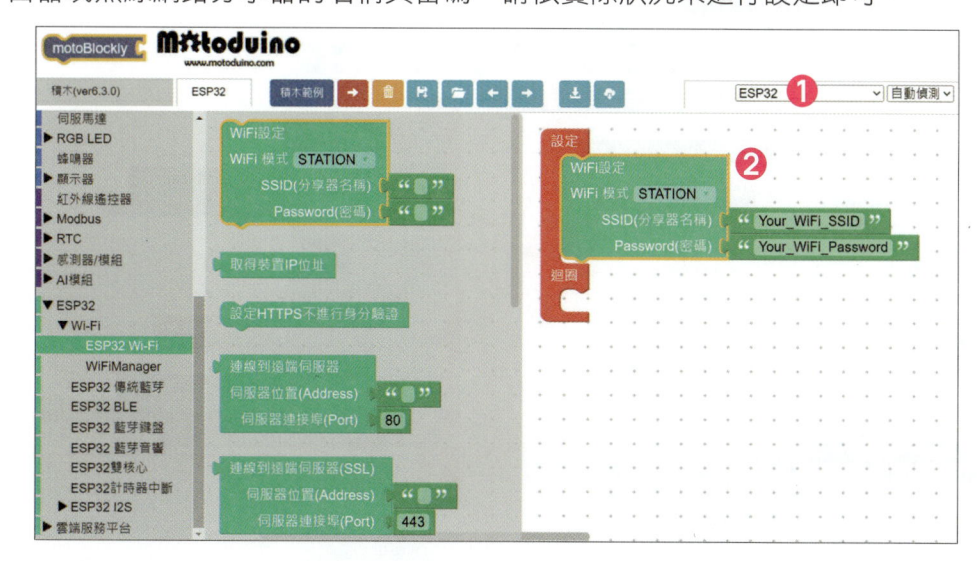

39

Step 2 初始化 I2S DAC 模組。包括設定 MAX98357A 模組連接到 ESP32 的三個信號腳位，以及 MAX98357A 模組預設的音量大小。

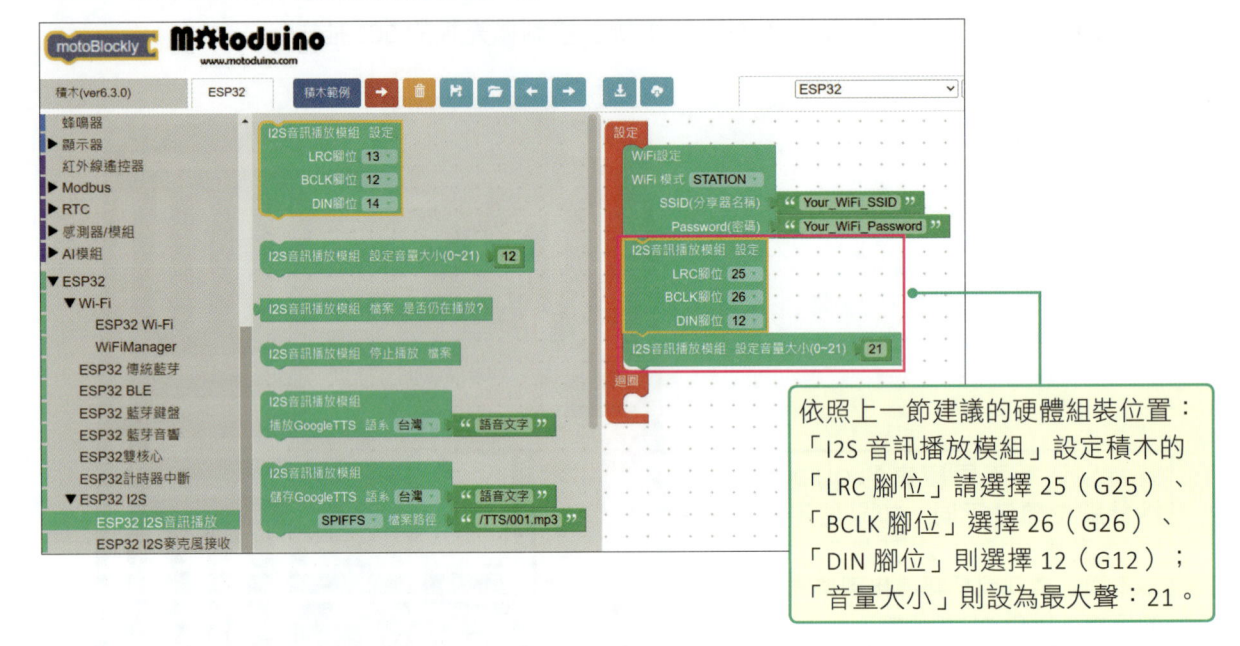

Step 3 如下圖所示，加入下載指定文字語音檔的程式積木。由於此系統在整點的時候都會先播放「現在時間：」的語音後再進行報時，因此先在只會執行一次的初始化設定中，預先以 Google TTS 服務轉換並下載「現在時間：」的語音檔案，並將其存放至 ESP32 的 SPIFFS 檔案系統中備用。

> 依照上一節建議的硬體組裝位置：
> 「I2S 音訊播放模組」設定積木的
> 「LRC 腳位」請選擇 25（G25）、
> 「BCLK 腳位」選擇 26（G26）、
> 「DIN 腳位」則選擇 12（G12）；
> 「音量大小」則設為最大聲：21。

> **注意：** 欲使用 RTC 的時間功能之前，請先依自己所在的時區來進行 RTC 的校正對時。此處依筆者所在位置 - 台灣來將「NTP 伺服器校正時間」積木的「時區」參數設定為 UTC+8。

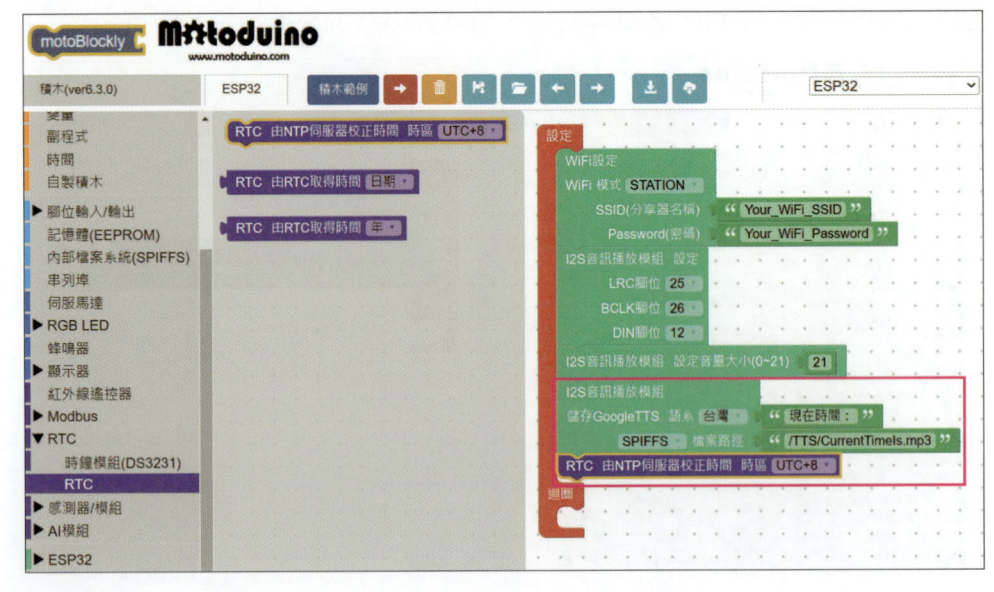

I2S 序列音訊介面的入門與實作

Step 4 由於本系統需使用 OLED 顯示器來顯示當下的日期與時間，因此在使用 OLED 前需要進行一些初始化動作：包括設定 OLED 的「型號」、「I2C 位址」以及螢幕的「寬度」與「高度」解析度。

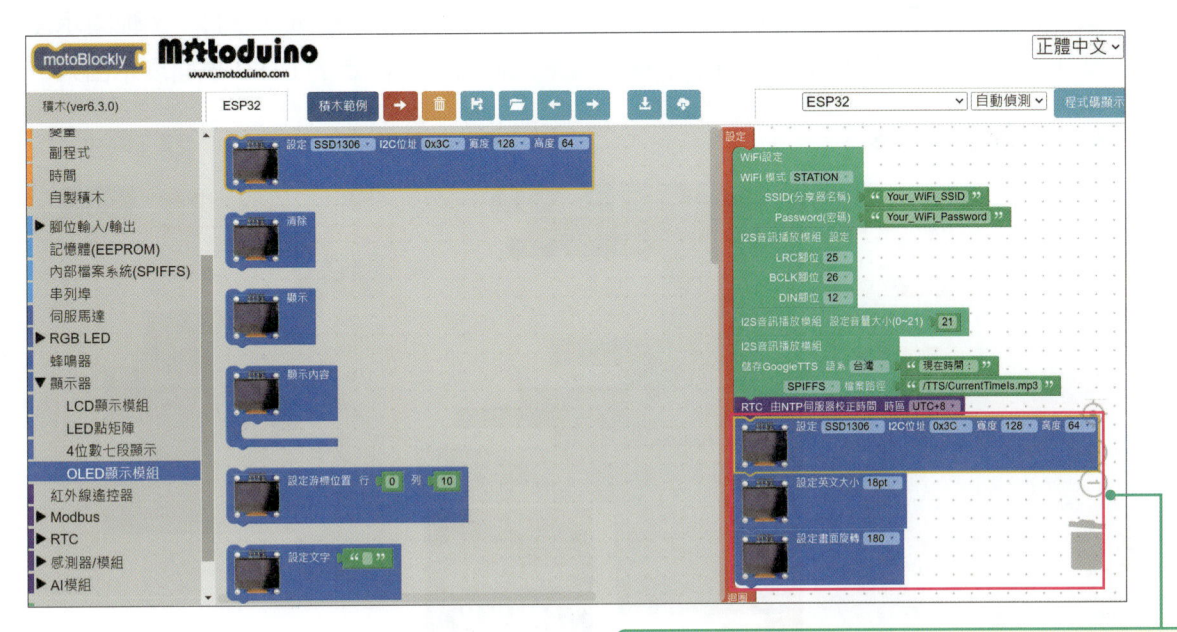

> 若以本範例所使用的 OLED 型號為例，請將上述各參數值分別設定為型號 SSD1306、位址 0x3C、寬度 128 與高度 64。另外 OLED 顯示的英文字體大小則依照螢幕解析度將其設為 18pt 即可。最後將 OLED 的文字顯示角度設為 180 度。

OLED 畫面旋轉角度所對應的顯示畫面如下圖所示。

畫面旋轉：0 度 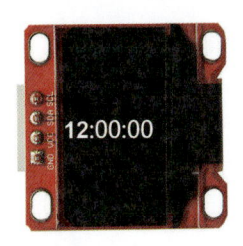　　畫面旋轉：90 度 　　畫面旋轉：180 度 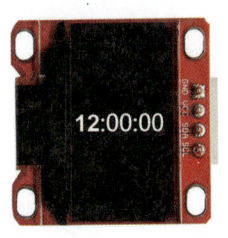　　畫面旋轉：270 度

41

Step 5 由於本系統的 OLED 顯示器會不停更新顯示當下的日期與時間，因此接下來先將 OLED 顯示文字的動作寫成一個副程式來呼叫。

當要更新時間顯示時，請先清除 OLED 螢幕的所有畫面，接著依序設定日期、時間的文字內容與顯示位置（其中的「行」、「列」參數分別代表 OLED 的 X、Y 軸顯示座標），最後記得呼叫「OLED 顯示」程式積木來把目前所設定的 OLED 畫面展示出來。

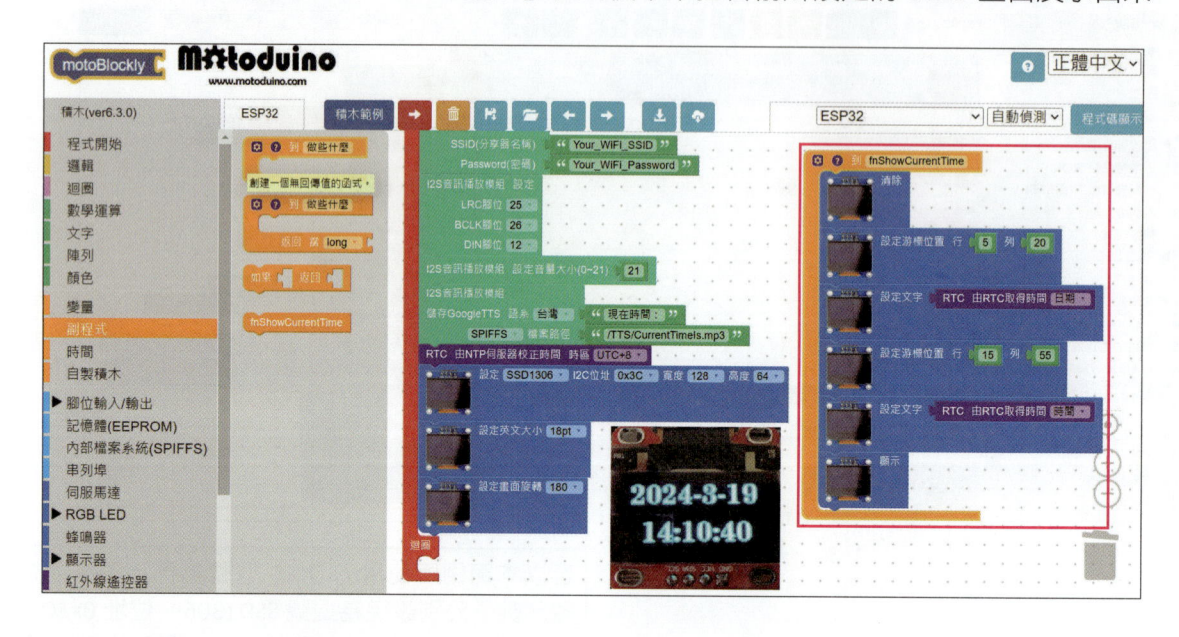

I2S 序列音訊介面的入門與實作

Step 6 完成「設定」積木的動作後，就要開始在「迴圈」中呼叫 fnShowCurrentTime() 副程式來不斷更新 OLED 的日期與時間，還要檢查當下時間是否已經到達整點。其判斷標準為：以 RTC 時間積木取得的「分」數值是否為 0，同時間取得的「秒」數值也要小於 10 才行。

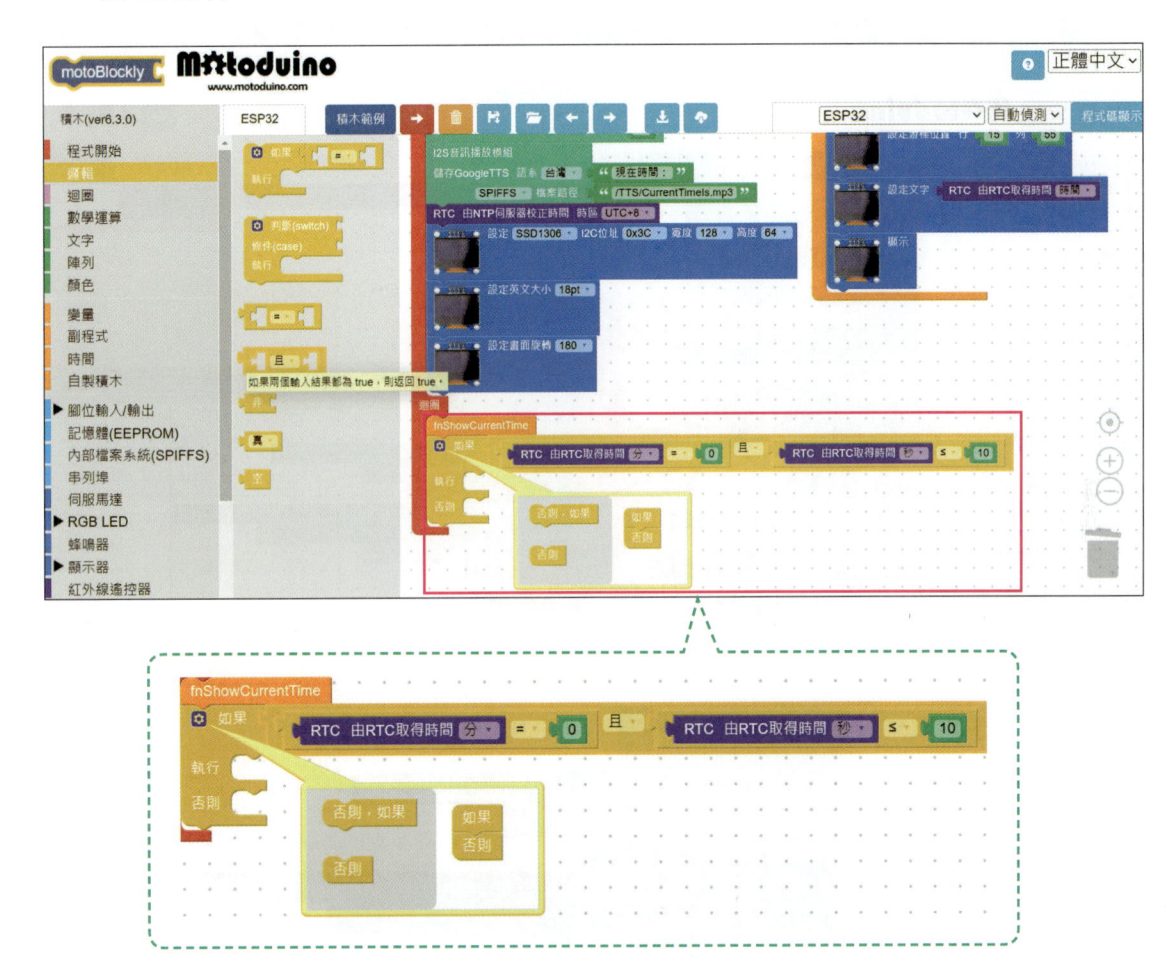

43

Step 7 當 RTC 取得的當下時間為整點時，便可經由 MAX98357A 模組播放預先在初始化動作中下載的「現在時間：」語音檔。等到該語音檔播放完畢後，再以 RTC 積木取得當下的「時數」加上「點整」等文字，即時地從 Google TTS 下載並播放「XX 點整」的文字語音，直到該語音播放完畢為止。反之，當 RTC 取得的時間為非整點時，便讓系統等待 5 秒鐘後再檢查一次（此設定可避免讓 OLED 一直不停地閃爍）。

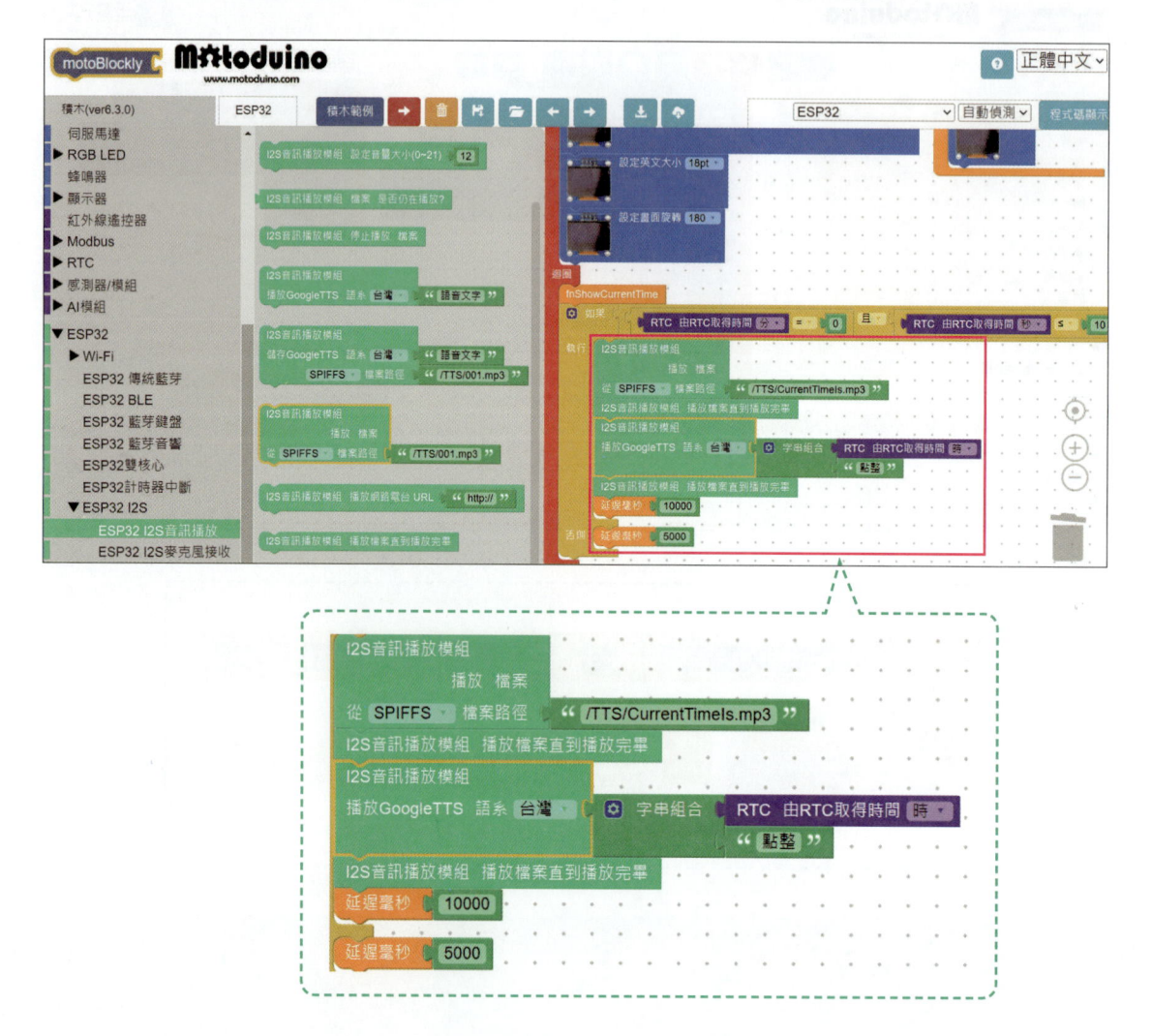

I2S 序列音訊介面的入門與實作

Step 8 完整的「ESP32 RTC 整點報時系統」motoBlockly 程式如下所示。請在紅框處填入自己對應的 WiFi 連線資訊，程式才能正常的運作。

> **注意：** 由於此範例使用到的 OLED 顯示器函式庫程式碼較多，所以使用 motoBlockly 編譯上傳的時間也會比較久，程式上傳時請耐心等候。

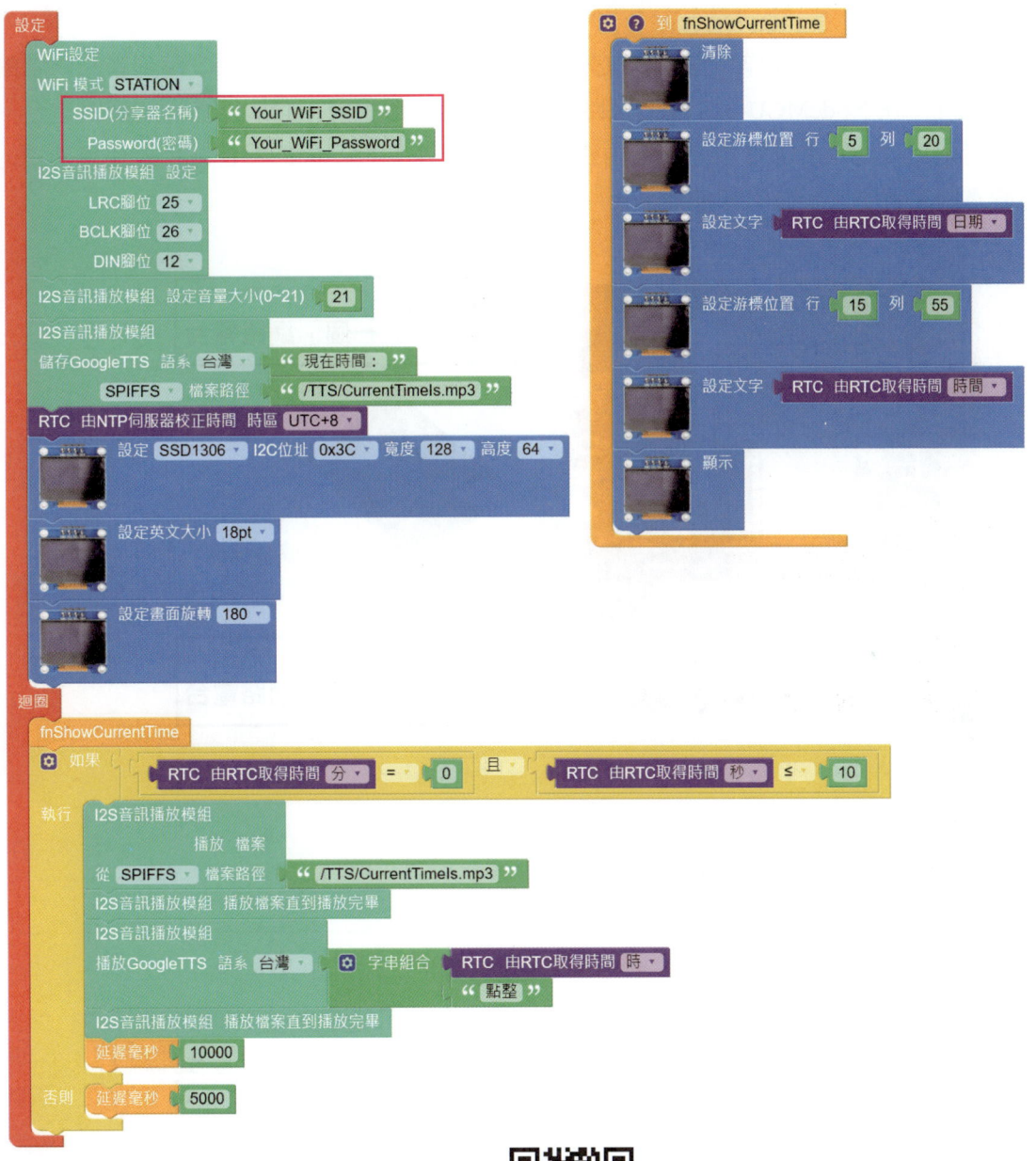

設定

WiFi設定
- WiFi 模式 STATION
- SSID(分享器名稱) "Your_WiFi_SSID"
- Password(密碼) "Your_WiFi_Password"

I2S音訊播放模組 設定
- LRC腳位 25
- BCLK腳位 26
- DIN腳位 12

I2S音訊播放模組 設定音量大小(0~21) 21

I2S音訊播放模組
儲存GoogleTTS 語系 台灣 "現在時間：" SPIFFS 檔案路徑 "/TTS/CurrentTimeIs.mp3"

RTC 由NTP伺服器校正時間 時區 UTC+8

設定 SSD1306 I2C位址 0x3C 寬度 128 高度 64

設定英文大小 18pt

設定畫面旋轉 180

迴圈

fnShowCurrentTime

到 fnShowCurrentTime
- 清除
- 設定游標位置 行 5 列 20
- 設定文字 RTC 由RTC取得時間 日期
- 設定游標位置 行 15 列 55
- 設定文字 RTC 由RTC取得時間 時間
- 顯示

如果 RTC 由RTC取得時間 分 = 0 且 RTC 由RTC取得時間 秒 ≤ 10

執行
- I2S音訊播放模組 播放 檔案 從 SPIFFS 檔案路徑 "/TTS/CurrentTimeIs.mp3"
- I2S音訊播放模組 播放檔案直到播放完畢
- I2S音訊播放模組 播放GoogleTTS 語系 台灣 字串組合 RTC 由RTC取得時間 時 "點整"
- I2S音訊播放模組 播放檔案直到播放完畢
- 延遲毫秒 10000

否則 延遲毫秒 5000

成果展示 https://youtu.be/nuNCYxDV8kw

1-5　I2S 實作應用 III – 網路收音機

　　ESP32 所具備的 I2S 功能除了可以播放存放於 SD 記憶卡或 SPIFFS 檔案系統中的 MP3 或 WAV 音訊檔案之外，也能直接從網路下載串流的音訊資料並即時地解碼播放。所以本節將利用 ESP32 可以播放串流音訊的功能，實際來製作一個可收聽多個不同電台的 ESP32 網路收音機。

　　「網路收音機」的運作流程為：首先找到幾個自己喜愛、且又可以收聽到音訊內容的網路電台網址，在 NodeMCU-32S 連上網路後便讓它開始播放第一個網址指向的網路電台。此時使用者還可以透過 ESP32 擴充板上內建的兩顆按鈕來切換不同的電台，也能使用外接的旋鈕可變電阻來調整收音機的音量大小。

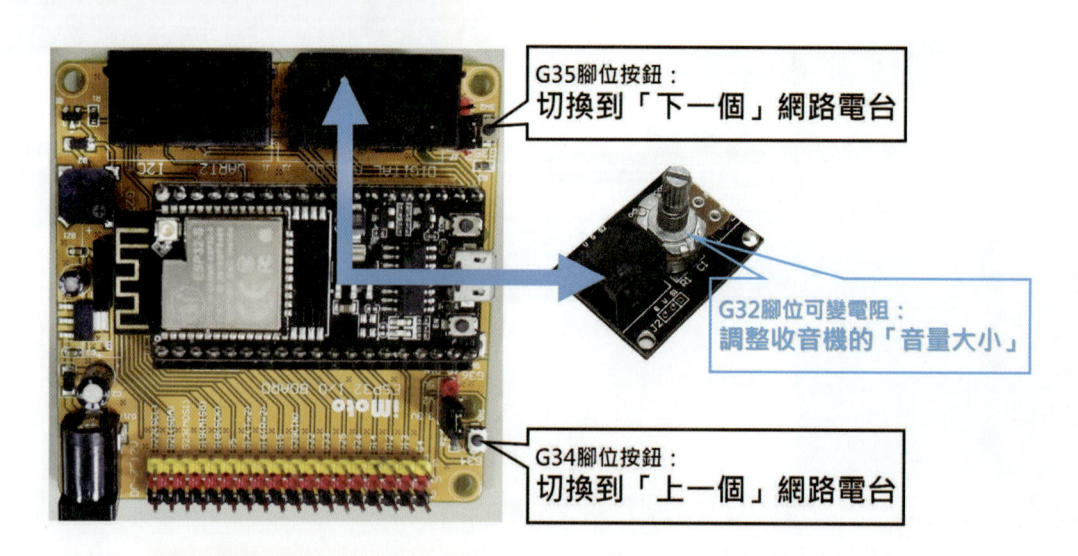

G35腳位按鈕：切換到「下一個」網路電台

G32腳位可變電阻：調整收音機的「音量大小」

G34腳位按鈕：切換到「上一個」網路電台

ESP32 硬體組裝

　　網路收音機在硬體方面的需求有：

❶ 作為大腦來控制各項硬體的「NodeMCU-32S」。
❷ 提供電台切換按鈕的「ESP32 IO Board 擴充板」。
❸ I2S DAC 音訊解碼模組 MAX98357A、喇叭，以及 5 條 20 公分的母母杜邦線。
❹ 負責調整音量大小的「旋鈕可變電阻」及 RJ11 連接線。

I2S 序列音訊介面的入門與實作

硬體組裝步驟

Step 1 先將 MAX98357A 模組依下圖所示的方式接到 ESP32 的擴充板上。

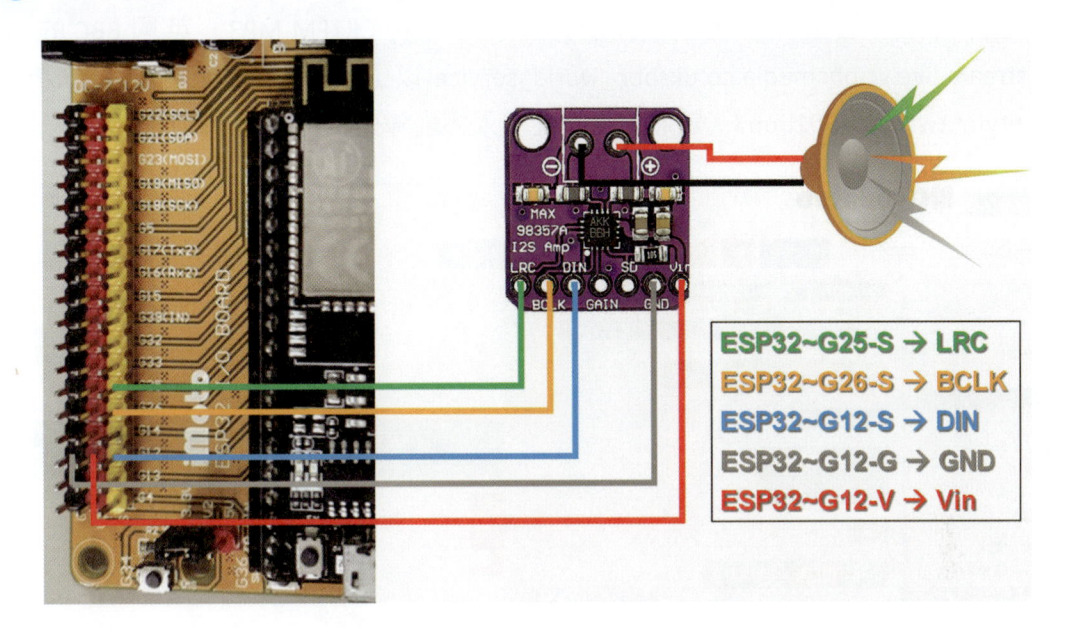

ESP32~G25-S → LRC
ESP32~G26-S → BCLK
ESP32~G12-S → DIN
ESP32~G12-G → GND
ESP32~G12-V → Vin

Step 2 如下圖所示,將旋鈕可變電阻以 RJ11 連接線接到 ESP32 擴充板的 G32/G33 RJ11 插槽中即完成組裝。

47

ESP32 圖控程式

Step 1 如下圖所示，首先宣告一個記錄不同網路電台網址的文字陣列。本範例共記錄三個電台網址，包括 ICRT 的 http://live.leanstream.co/ICRTFM-MP3、英國 BBC 的 http://stream.live.vc.bbcmedia.co.uk/bbc_world_service 以及城市廣播網的 http://fm901.cityfm.tw:8080/901.mp3。請將上述網址填入網址陣列中。

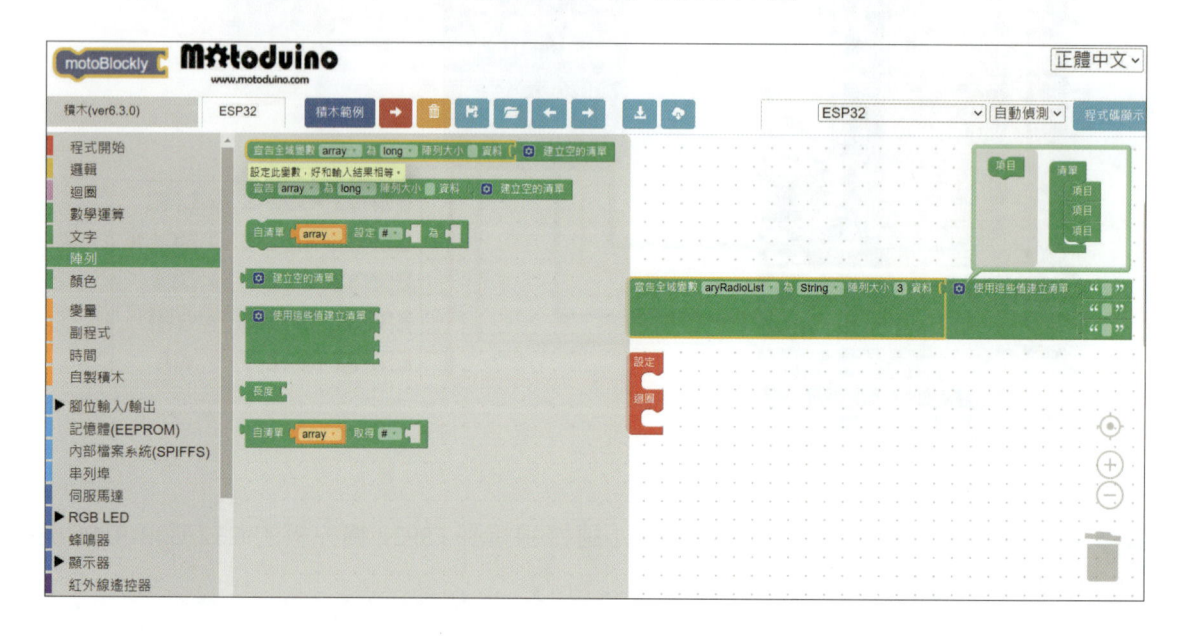

使用者要如何判斷所取得的網路電台網址是否可以透過 NodeMCU-32S 來收聽呢？這裡提供一個簡單的測試方法：將取得的電台網址以瀏覽器開啟後，若出現如下圖所示的畫面並可收聽到廣播內容的話，即代表該網址可以經由 I2S 來解碼收聽。反之，就代表 ESP32 無法支援收聽該電台。

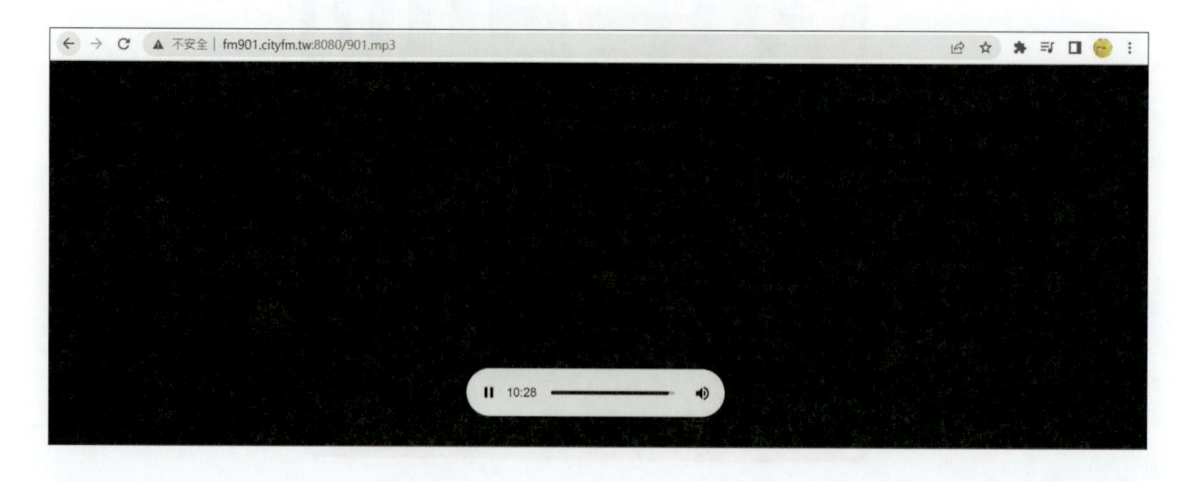

I2S 序列音訊介面的入門與實作

最後再提供給大家幾個 ESP32 可收聽的網路電台網址，若有需要可自行將網址增加至網址陣列中（記得程式積木中的「陣列大小」要跟網址數量一致）。

- New98： https://stream.rcs.revma.com/pntx1639ntzuv.m4a
- IC 之音： https://n10.rcs.revma.com/7mnq8rt7k5zuv
- 中廣流行網： https://sonnykuo.appspot.com/bcc/?id= 中廣流行網
- 中廣音樂網： https://sonnykuo.appspot.com/bcc/?id= 中廣音樂網
- 中廣新聞網： https://sonnykuo.appspot.com/bcc/?id= 中廣新聞網
- 教育廣播電台： https://cast.ner.gov.tw/1
- 飛碟聯播網： https://stream.rcs.revma.com/em90w4aeewzuv.m4a
- Asia 亞洲電台： https://stream.rcs.revma.com/xpgtqc74hv8uv
- Asia 亞太電台： https://stream.rcs.revma.com/kydend74hv8uv
- 漁業廣播電台： https://stream.rcs.revma.com/mk0c5vq122hvv

Step 2 宣告一個 unsigned int 型態的全域變數 nRadioNum，用來記錄目前正在播放的網路電台在網址陣列中的號次。

由於之後可能會透過 Arduino IDE 的序列埠監控視窗觀看一些除錯訊息，因此在「設定」積木中需先加入一個「設定串列埠傳輸率」的程式積木，並將「傳輸率」參數設定為 115200 bps（傳輸率可依自己的喜好來進行設定，但開啟 IDE 序列埠監控視窗時所選擇的傳輸率需和此處所設定的傳輸率相同）。

最後在設定（Setup）積木中完成 ESP32 連接網路的初始化設定。「WiFi 設定」積木中的「SSID（分享器名稱）」與「Password（密碼）」參數分別為 ESP32 準備連線的路由器或無線網路分享器的名稱與密碼，請依實際狀況來進行設定即可。

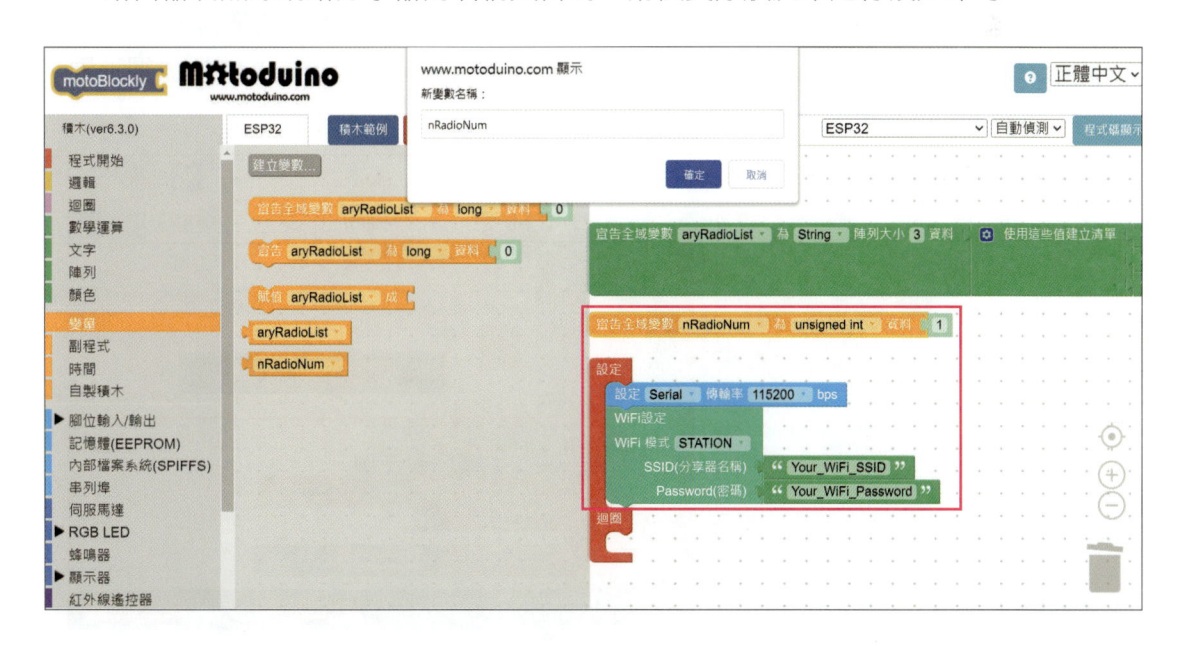

Step 3 初始化 I2S DAC 模組。包括設定 MAX98357A 模組連接到 ESP32 的三個信號腳位，以及 MAX98357A 模組預設的音量大小。

依照上一節建議的硬體組裝位置：「I2S 音訊播放模組」設定積木的「LRC 腳位」請選擇 25（G25）、「BCLK 腳位」選擇 26（G26）、「DIN 腳位」則選擇 12（G12）。MAX98357A 模組初始化動作完成後，就可以使用「播放網路電台 URL」這個程式積木開始播放網址陣列中的第一個網路電台。

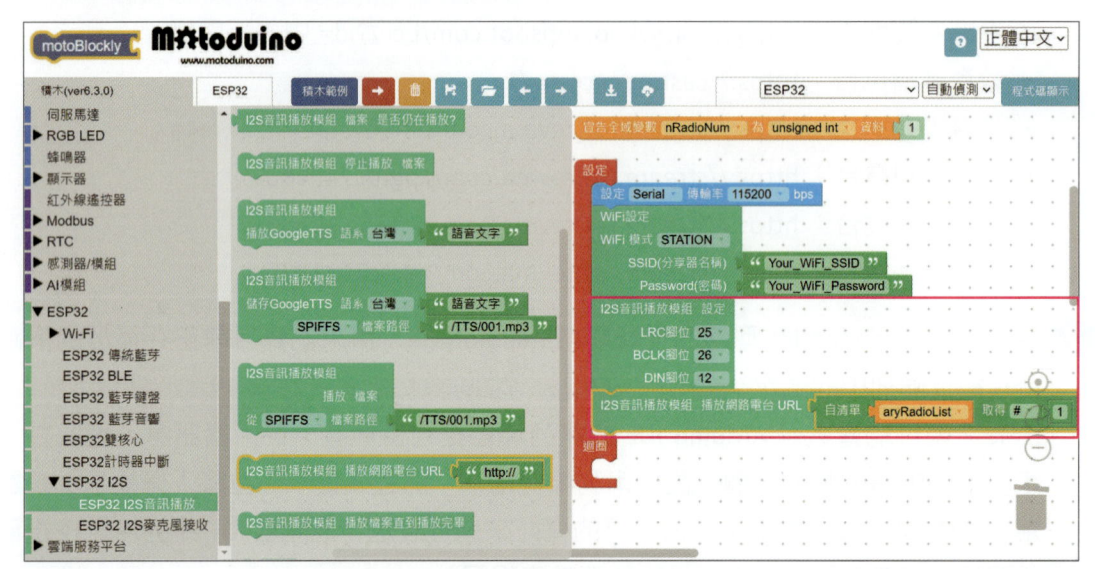

Step 4 在「迴圈」積木中開始偵測 ESP32 擴充板上內建的 G35 腳位按鈕是否有被按下。一旦 G35 腳位按鈕被按下，會先在序列埠監控視窗秀出「Next Radio!」的訊息（切換到「下一個」電台），接著判斷目前是否已在播放電台網址陣列的最後一個網路電台。若已是最後一個電台，便將記錄當下播放的電台網址陣列號次的變數 nRadioNum 直接改設為 1，否則就將原本的變數 nRadioNum 加 1，最後再讓 ESP32 播放網址陣列中第 nRadioNum 個網址所指向的網路電台。

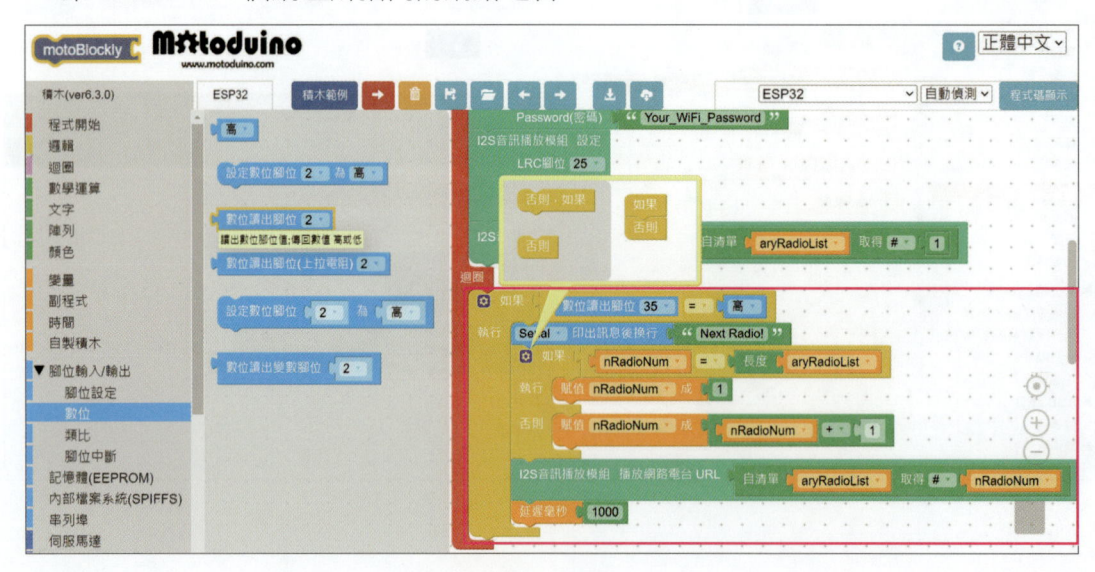

Step 5 如下圖紅框處所示，在「迴圈」積木中加入偵測 G34 腳位按鈕狀態的積木。若 G34 腳位按鈕被按下，即代表使用者想要切回到「上一個」網路電台，此時先檢查當下播放的電台網址陣列號次變數 nRadioNum 是否為 1。

若該變數等於 1，即表示當下播放的電台是網址陣列的第一個電台，此時直接把號次變數 nRadioNum 改設為與網址陣列大小相同的數值再進行電台切換（代表要將收音機切換到網址陣列的最後一個電台）。

反之，若原本的號次變數 nRadioNum 不等於 1，便直接把變數 nRadioNum 減 1 再進行電台切換即可。

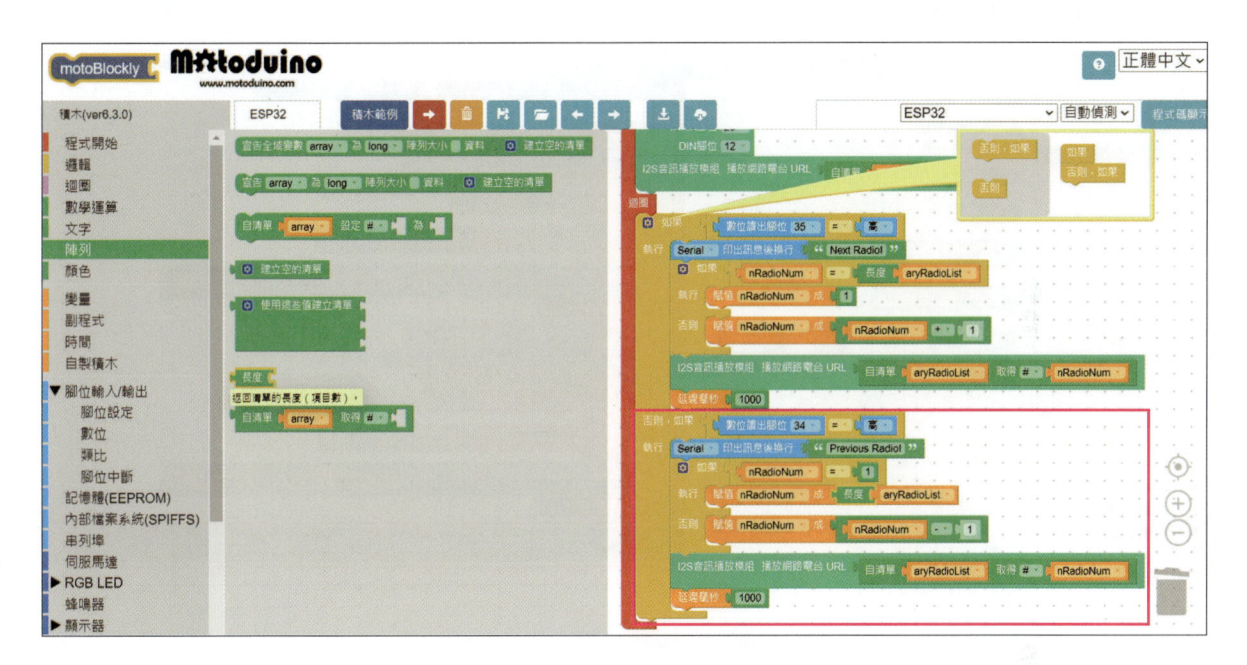

Step 6 由於本節的「網路收音機」是將旋鈕可變電阻對接在 ESP32 擴充板的 G32/G33 類比腳位 RJ11 插槽中，所以旋鈕可變電阻的數據會透過數字較小的 G32 腳位回傳給 NodeMCU-32S。

由於在 ESP32 的類比腳位回傳的數值區間是 0～4095，而 I2S 函式庫的音量大小範圍是 0～21，因此可藉由「數據對應」的程式積木，將可變電阻所回傳的 0～4095 數值換算成 0～21 的音量大小，再將其設定到 MAX98357A 模組中，藉此達成以可變電阻來即時調整收音機音量大小的目標。

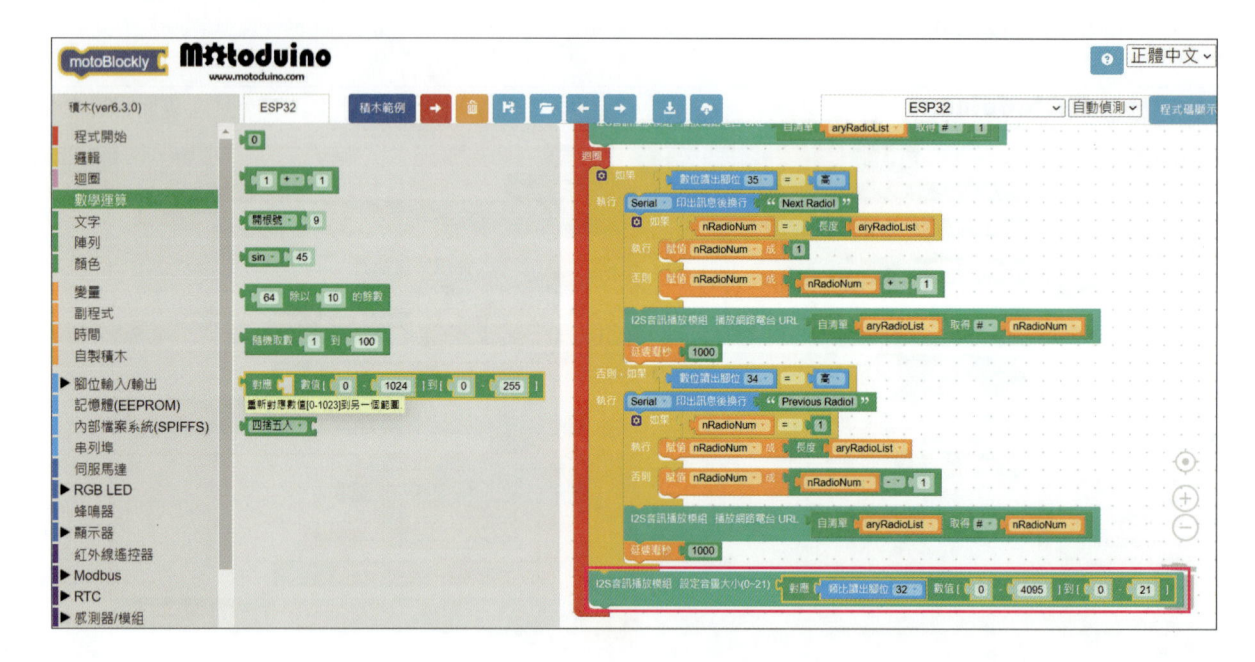

I2S 序列音訊介面的入門與實作

Step 7 完整的「ESP32 網路收音機」motoBlockly 程式如下所示。請在紅框處填入自己對應的 WiFi 連線資訊以及喜愛的網路電台網址，程式便能正常的運作。

此外，若程式中有宣告全域變數者，請如下圖所示將全域變數積木放置在主程式積木（即「設定／迴圈」積木）的正上方，避免 motoBlockly 因產生程式碼的順序有誤而造成不可預期的錯誤發生。

宣告全域變數 aryRadioList 為 String 陣列大小 3 資料 使用這些值建立清單
- "http://live.leanstream.co/ICRTFM-MP3"
- "http://stream.live.vc.bbcmedia.co.uk/bbc_world_s…"
- "http://fm901.cityfm.tw:8080/901.mp3"

宣告全域變數 nRadioNum 為 unsigned int 資料 1

設定
　設定 Serial 傳輸率 115200 bps
　WiFi設定
　　WiFi 模式 STATION
　　SSID(分享器名稱) "Your_WiFi_SSID"
　　Password(密碼) "Your_WiFi_Password"
　I2S音訊播放模組 設定
　　LRC腳位 25
　　BCLK腳位 26
　　DIN腳位 12
　I2S音訊播放模組 播放網路電台 URL 自清單 aryRadioList 取得 # 1

迴圈
　如果 數位讀出腳位 35 = 高
　執行 Serial 印出訊息後換行 "Next Radio!"
　　如果 nRadioNum = 長度 aryRadioList
　　執行 賦值 nRadioNum 成 1
　　否則 賦值 nRadioNum 成 nRadioNum + 1
　　I2S音訊播放模組 播放網路電台 URL 自清單 aryRadioList 取得 # nRadioNum
　　延遲毫秒 1000
　否則，如果 數位讀出腳位 34 = 高
　執行 Serial 印出訊息後換行 "Previous Radio!"
　　如果 nRadioNum = 1
　　執行 賦值 nRadioNum 成 長度 aryRadioList
　　否則 賦值 nRadioNum 成 nRadioNum - 1
　　I2S音訊播放模組 播放網路電台 URL 自清單 aryRadioList 取得 # nRadioNum
　　延遲毫秒 1000
　I2S音訊播放模組 設定音量大小(0~21) 對應 類比讀出腳位 32 數值 [0 - 4095] 到 [0 - 21]

成果展示 https://youtu.be/E0uJRLdImTo

Chapter 1 課後習題

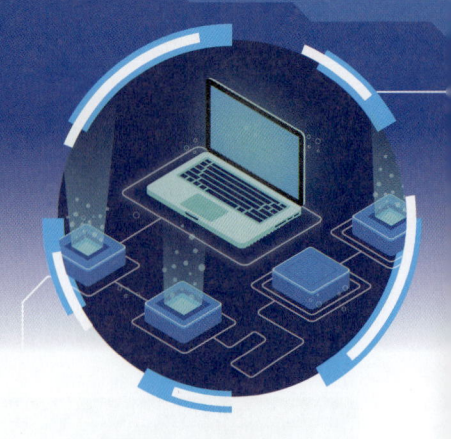

I2S 序列音訊介面的入門與實作

選擇題

(　　) 1. 請問 ESP32 是運用何種技術來播放聲音？
  (A) I2C　　　　　　　　　　(B) I2S
  (C) SPI　　　　　　　　　　(D) UART

(　　) 2. 請問本章的 ESP32 開發板所播放的文字語音 MP3 是使用哪一個網站的字串轉語音（TTS）服務？
  (A) Amazon　　　　　　　　(B) OpenAI
  (C) Azure　　　　　　　　　(D) Google

(　　) 3. 請問 MAX98357A 的 DAC 音訊解碼晶片<u>無法</u>播放下列何種格式的音訊資料？
  (A) MP3　　　　　　　　　　(B) MP4
  (C) WAV　　　　　　　　　 (D) 網路串流音訊

(　　) 4. 請問 ESP32 可以運用何種內建功能來取得時間資訊？
  (A) RTC　　　　　　　　　　(B) RPG
  (C) CLK　　　　　　　　　　(D) MRT

(　　) 5. 請問 motoBlockly 的 RTC 程式積木可以個別提供下列何種時間資訊？
  (A) 月 / 日　　　　　　　　　(B) 時 / 分 / 秒
  (C) 星期（幾）　　　　　　　(D) 以上皆可

實作題

題目名稱：實作問候系統

創客題目編號：A040023

題目說明：

請實作一個韓語問候系統。當 ESP32 的超音波模組偵測到有人經過時，請以 I2S 播放韓文的「您好（안녕하세요）」語音。

30 mins

創客力指標

外形	機構	電控	程式	通訊	人工智慧	創客總數
0	0	3	3	2	0	8

綜合素養力指標

空間力	堅毅力	邏輯力	創新力	整合力	團隊力	素養總數
0	0	3	1	1	1	6

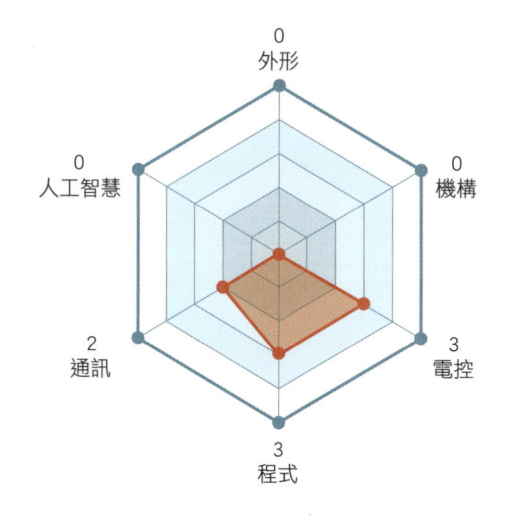

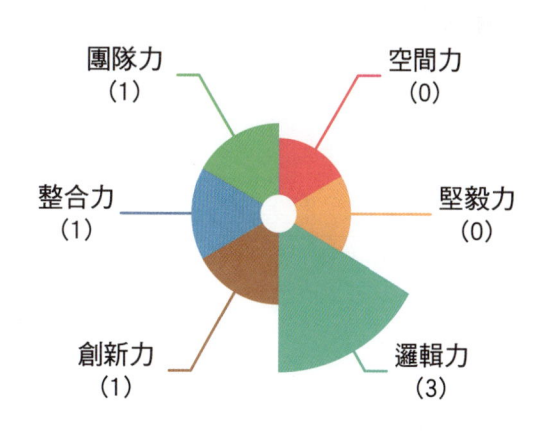

Note

MQTT 通訊協定的入門與實作

在現今網路發達的時代，全球的商業經濟活動不再被國家或地理位置等因素所侷限，如同蘋果、臉書、Nike⋯等大型的跨國企業已比比皆是。即便是台灣的中小型企業，也能藉由網路的發展與普及，讓自己能夠清楚掌握並有效指揮位於國外的各個據點，藉此來擴展自身企業的經營版圖。而既然連商業活動都可以藉助網路之便來進行遠距的跨區運作，那麼本身就具備了聯網功能的 ESP32 當然也能透過網路的協助來執行遠端的遙控或通訊，其所憑藉的工具，便是本章所要介紹的 MQTT（Message Queuing Telemetry Transport）通訊協定。

2-1　MQTT 簡介
2-2　MQTT 與 ESP32
2-3　MQTT 伺服器（MQTT Broker）
2-4　MQTT 實作應用 I – 遠端呼叫鈴系統
2-5　MQTT 實作應用 II – LED 遙控開關
2-6　MQTT 實作應用 III – 雲端廣播留言機
2-7　MQTT 實作應用 IV – 心跳血氧同步監控系統

2-1　MQTT 簡介

微處理器開發板常見的無線遙控方式有藍牙（Bluetooth）、紅外線（IR）、以及 2.4G 無線遙控…等，不過上述的這些均是短距離遙控的方式，發送和接收端的裝置至少均得在可見的範圍內才能正常操控。若是想要達到跨區、甚至是跨國的方式來遙控 NodeMCU-32S 的話，利用 MQTT 這個通訊協定來協助是最方便的。

MQTT（Message Queuing Telemetry Transport）通訊協定在西元 1999 年時由 IBM 公司所建立，當時主要是讓沙漠裡的輸油管路感測數據能使用此協定，再經由衛星網路的傳遞方式將量測數據傳送到大城市的控制中心。由於使用衛星網路傳遞數據資料的成本高昂，因此也造就了 MQTT 資料量小、傳遞速度快的特性。

MQTT 通訊協定是基於發佈 / 訂閱（Publish/Subscribe）的模式來進行資料的傳遞，因此在使用前需要有一個安裝 MQTT Server 服務的伺服器（Broker），並由該伺服器來管理所有使用 MQTT 服務的用戶端（Client）裝置。MQTT 通訊協定的運作流程如下圖所示：

❶ 準備接收命令的用戶端（MQTT 稱之為訂閱者（Subscriber）），需將欲接收的命令主題（Topic）向 MQTT 伺服器進行訂閱的動作。

❷ 訂閱成功後，MQTT 伺服器便會開始幫該「訂閱者」用戶端留意是否有其他用戶發出同樣的主題封包。

❸ 一旦有「訂閱者」訂閱的主題被位於同一個 MQTT 伺服器的其他用戶端發佈出來（此用戶端 MQTT 稱之為發佈者（Publisher）），伺服器便會主動將該 MQTT 封包傳送給所有訂閱該主題的「訂閱者」用戶。

由此可知，不同的聯網用戶端（Client），只要能連到位在網際網路（Internet）上的同一個 MQTT Broker（Server），並在遵守 MQTT 協定的規範下，即便兩個用戶不在同一區域或同一個國家，也能做到遠距離的資料傳送或遠端遙控的動作。

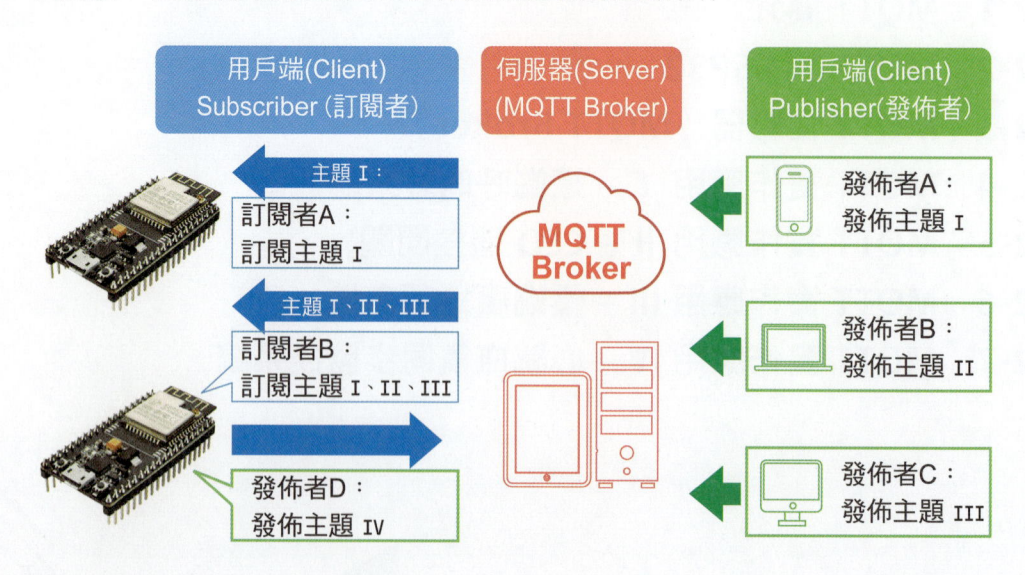

如上圖所示，MQTT 協定支援多個不同的用戶端訂閱相同的主題（如訂閱者 A、B 同時訂閱了主題 I），也允許同一個用戶端同時訂閱多個不同的主題（如訂閱者 B 同時訂閱了主題 I、II、III）。

另外，圖左下角的 ESP32，除了擔任「訂閱者 B」的角色之外，同時也可以當「發佈者 D」的身分。其實只要在訂閱與發佈的主題並不相同的前提下，在 MQTT 通訊協定中同一個用戶端同時具備訂閱與發佈兩種身分是可以被接受的。

2-2 MQTT 與 ESP32

科技始終來自於人性一直是推動科技進步的動力之一，例如：電視、冷氣這些家電遙控器的問世，讓我們可以隨時隨地來遙控開關這些電器用品。然而由於紅外線或藍牙傳輸距離的限制，上述這些遙控方式並無法使用在遠距離的裝置控制上，例如：若已到公司才想要關閉家裡的電器用品，即使帶了對應的遙控器出門也是無能為力。因此在需要遠距遙控電器的場合，便可以利用 NodeMCU-32S 搭配 MQTT 傳輸協定來達成。

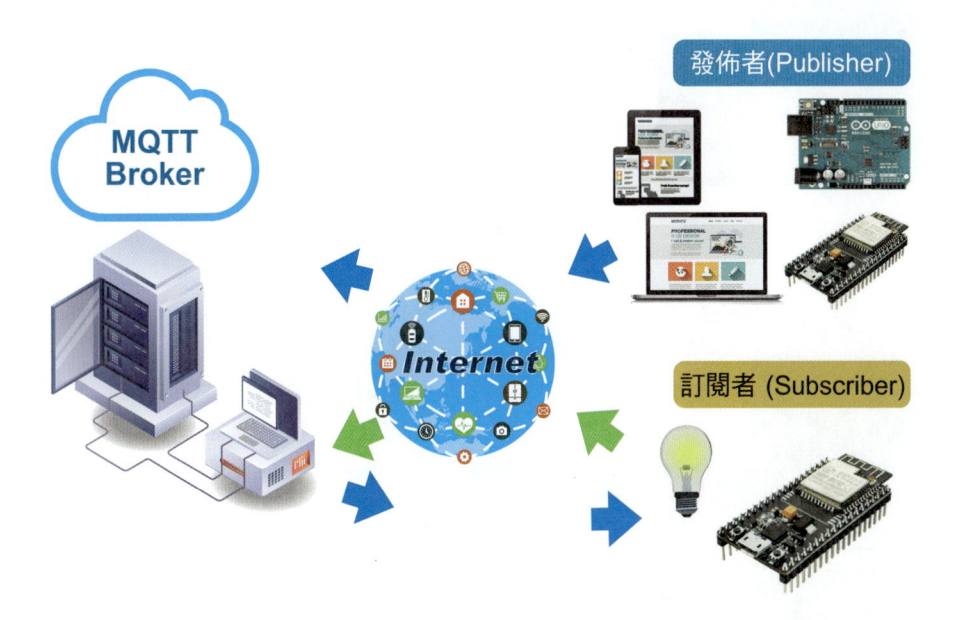

如果連接至 ESP32 開發板上的輸出元件（如：LED、蜂鳴器、馬達…等）想要做到能無視空間距離限制的被遠端遙控，那麼可如上圖所示，將準備接收命令來動作的 ESP32 開發板（訂閱者）透過 WiFi 功能連上網際網路，並向 MQTT 伺服器（Broker）進行「訂閱」MQTT 主題的動作。完成訂閱之後，準備發送命令的各項聯網裝置（發佈者，例如手機、電腦、甚至是另一片 ESP32 開發板），就可以在連上與訂閱者同一個 MQTT 的伺服器之後，「發佈」訂閱者所訂閱的 MQTT 主題封包，藉此達到遠距遙控的目的。

motoBlockly 與 MQTT 相關的程式積木均放置在「雲端服務平臺」類別裡的「MQTT 物聯網」群組中。詳細的 MQTT 程式積木功能介紹如下：

程式積木	功能說明
是否MQTT已連線	回傳與 MQTT 伺服器連線狀態的積木。連線中會回傳 true，沒有連線則會回傳 false。
MQTT 物聯網服務 MQTT Server(伺服器) "test.mosquitto.org" Client(客戶) ID ""	無需使用帳密的 MQTT 伺服器連線積木。 • MQTT Server（伺服器）：欲連線的 MQTT 伺服器網址。 • Client（客戶）ID：MQTT 連線者獨一無二的認證字串，例如自己的手機號碼或學號。
MQTT 物聯網服務 MQTT Server(伺服器) "www.motoblockly.com" Client(客戶) ID "" 名稱(Username) "" 密碼(Password) ""	需使用帳密的 MQTT 伺服器連線積木。 • MQTT Server（伺服器）：欲連線的 MQTT 伺服器網址。 • Client（客戶）ID：MQTT 連線者獨一無二的認證字串，例如自己的手機號碼或學號。 • 名稱（Username）：與該 MQTT 伺服器連線時需輸入的帳號。 • 密碼（Password）：與該 MQTT 伺服器連線時需輸入的密碼。
MQTT 物聯網服務 MQTT Server(伺服器) "www.motoblockly.com" Client(客戶) ID "" 名稱(Username) "" 密碼(Password) "" Port 8083	需使用帳密及指定連接埠的 MQTT 伺服器連線積木。 • MQTT Server（伺服器）：欲連線的 MQTT 伺服器網址。 • Client（客戶）ID：MQTT 連線者獨一無二的認證字串，例如自己的手機號碼或學號。 • 名稱（Username）：與該 MQTT 伺服器連線時需輸入的帳號。 • 密碼（Password）：與該 MQTT 伺服器連線時需輸入的密碼。 • Port：與該 MQTT 伺服器連線的埠號。
MQTT服務功能需求(必須放置程式迴圈內)	motoBlockly 使用 MQTT 服務時必須放在迴圈函式（loop()）中的積木。 此積木放在迴圈函式後，便會一直檢查開發板是否有接收到來自於 MQTT 伺服器的封包。

程式積木	功能說明
callback訊息接收副程式(必須放置程式迴圈外)	設定收到 MQTT 封包時的應對動作積木。 此積木為 callback 函式。當開發板收到來自 MQTT 伺服器的封包時，所有的應對動作都需寫在此函式中。
取得Topic(主題) " " 資料	回傳指定 MQTT 主題封包內容的積木。 • 取得 Topic（主題）：開發板所訂閱 MQTT 主題。
取得MQTT callback回傳 topic ✓ topic 資料	回傳 MQTT callback 函式中的參數積木。 • callback 回傳： 《topic》：回傳自 MQTT callback 函式中取得的主題名稱（Topic）。 《資料》：回傳自 MQTT callback 函式中取得的封包內容（Payload）。
MQTT 物聯網服務 Subscribe Topic(訂閱主題) " "	設定開發板欲訂閱的 MQTT 主題名稱的積木。 • Subscribe Topic（訂閱主題）：開發板所要訂閱的 MQTT 封包主題名稱。
MQTT 物聯網服務 Publish(發出) Topic " " Publish(發出) Data " "	設定開發板發佈 MQTT 主題與內容的積木。 • Publish（發出）Topic：開發板所要發佈的 MQTT 封包主題名稱。 • Publish（發出）Data：開發板所要發佈的 MQTT 封包內容。
MQTT內容長度 512	設定 MQTT 發佈封包大小的積木。 MQTT 函式庫內建封包內容最大長度為 256 bytes，若不敷使用可以此程式積木來進行調整。

2-3　MQTT 伺服器（MQTT Broker）

　　MQTT 傳輸協定雖然方便好用，但是得先找到一個 MQTT 伺服器來供給用戶端裝置使用。不過我們不必為了要喝杯牛奶就要自己養頭牛，網路上就有一些免費的 MQTT 伺服器提供免註冊就可以使用的服務。不過由於免費伺服器沒有限制提供服務的對象，若該伺服器的使用人數較多，可能就會導致 MQTT 訊息的傳輸速度也跟著下降。

　　另外，當自己訂閱的主題名稱不夠獨特時，也會容易收到來歷不明的發佈者所送出的 MQTT 封包。因此若是有較高安全性考量的遠距遙控要求，建議還是自行架設 MQTT 伺服器較為保險。

　　以下列出幾個網際網路上可以免費使用的 MQTT 伺服器網址供讀者參考，若是後續範例程式中使用的 MQTT 伺服器出現問題，請自行改用其他的 MQTT 伺服器來取代即可：

- broker.emqx.io:1883
- test.mosquitto.org:1883
- broker.hivemq.com:1883
- gpssensor.ddns.net:1883
- broker.mqttgo.io:1883

2-4　MQTT 實作應用 I – 遠端呼叫鈴系統

　　台灣規模較大的醫療院所中，每張病床前都有一個可以直接通知護理人員的緊急呼叫鈴，此裝置提供病人及家屬在危險緊急的時刻，可以有個簡單迅速與醫院人員求援的方式。而在家中，若有臥病或行動不便的家人，也可以利用 NodeMCU-32S 搭配 MQTT 的組合，做出一套簡單且又不需佈線的遠端呼叫鈴系統。

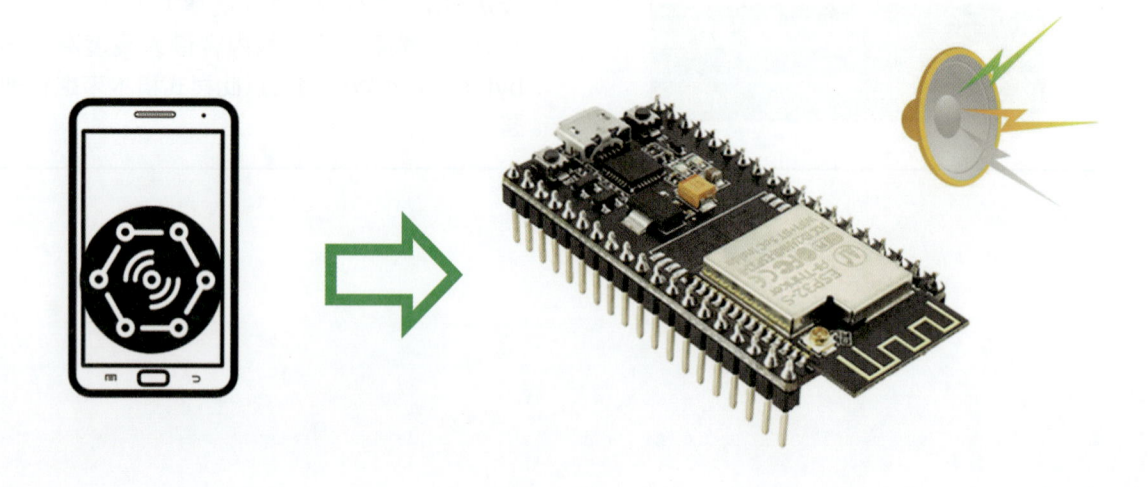

「遠端呼叫鈴」運作流程如下：行動不便的使用者可以用手機作為 MQTT 發佈者的角色（發出命令者），當想要尋求協助時便可按下 MQTT APP 中的呼叫鈕。NodeMCU-32S 則作為 MQTT 主題訂閱者角色（接收命令者）並放置在相關人員旁邊，當收到手機傳送過來的 MQTT 封包時，ESP32 擴充板內建的 G27 腳位蜂鳴器便會發出警示聲音來通知護理人員或家人，藉此來達到遠端呼叫的效果。

ESP32 硬體組裝

多功能遙控器之遠端呼叫鈴在硬體方面的需求有：

❶ 作為大腦來控制各項硬體的「NodeMCU-32S」（訂閱者）。

❷ 配置有蜂鳴器（G27），準備來被遠端控制的「ESP32 IO Board 擴充板」。

❸ 作為發佈者的 Android 手機（需先安裝「MQTT Dash」APP）。

硬體組裝步驟

將 NodeMCU-32S 與 ESP32 IO Board 依下圖所示的方式組裝在一起。

ESP32 圖控程式

由於本範例所使用的 MQTT 伺服器不需任何註冊的動作，因此在完成 ESP32 的硬體組裝後，便可開始透過 motoBlockly 來編寫 NodeMCU-32S 端的相關程式，藉此來對 MQTT 伺服器進行訂閱及設定收到訂閱主題封包後的應對動作。

Step 1 ❶ 首先需將 motoBlockly 的開發板型號選擇為「ESP32」才能產生正確的 ESP32 程式碼。
❷ 在設定（Setup）積木中完成 ESP32 連接網路的初始化設定。「WiFi 設定」積木中的「SSID（分享器名稱）」與「Password（密碼）」參數分別為 ESP32 準備連線的路由器或無線網路分享器的名稱與密碼，請依實際狀況來進行設定即可。

> **注意**：若 WiFi 連線成功，NodeMCU-32S 會點亮內建的 G2 腳位 LED 來告知使用者。

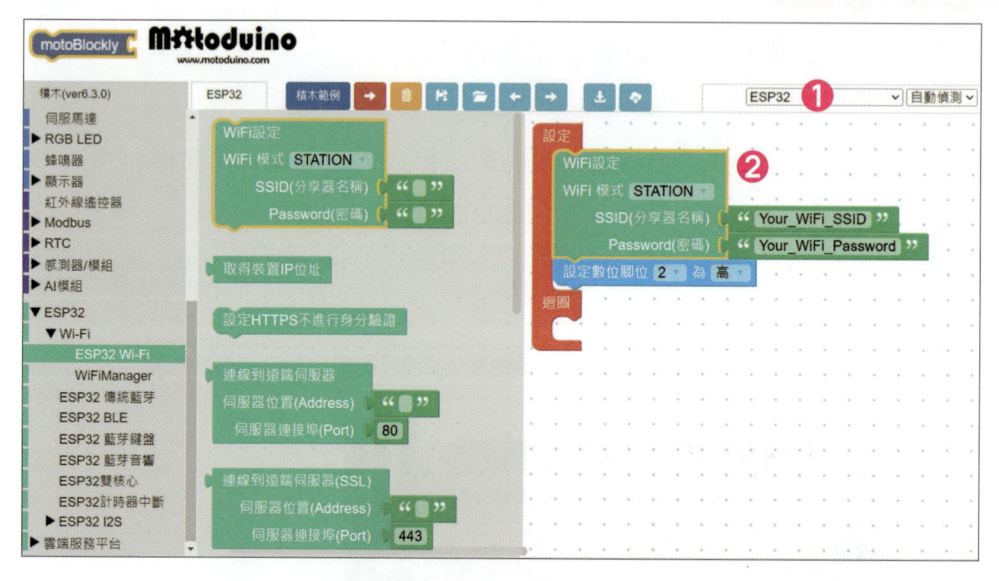

Step 2 NodeMCU-32S 在開始進行 MQTT 主題的訂閱動作前必須先連線至 MQTT 伺服器，因此需使用如下圖紅框處所示的 MQTT 伺服器連線積木：

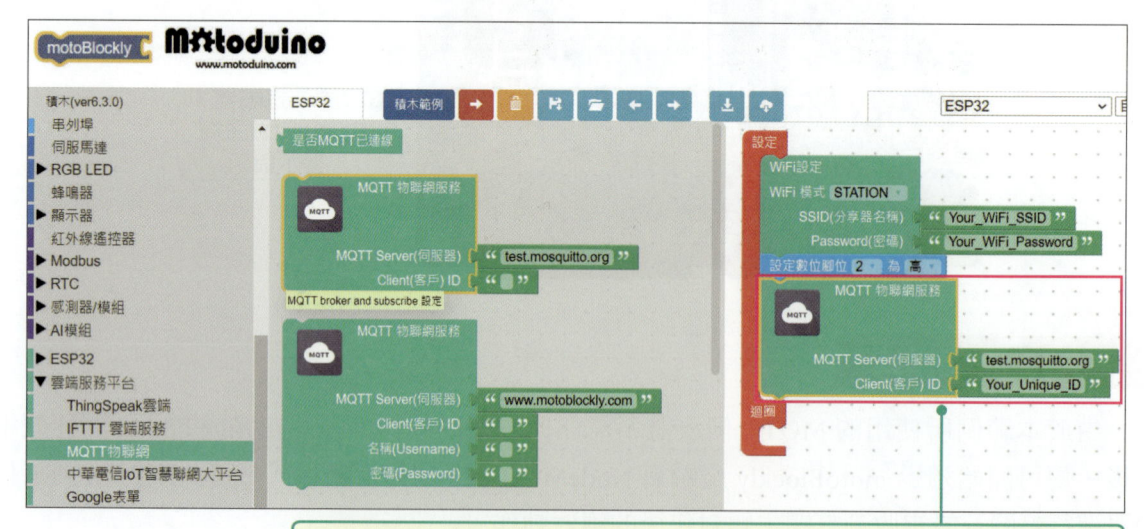

- 「MQTT Server（伺服器）」參數：填入欲連線的 MQTT 伺服器網址（預設的網址位置為「test.mosquitto.org」，可直接使用）。
- 「Client（客戶）ID」參數：為了讓 MQTT 伺服器知道是哪個用戶端所訂閱的主題以方便日後回覆，所以此參數必須設定獨一無二的 ID 避免伺服器混淆，建議可以輸入自己的學號或手機號碼。

MQTT 通訊協定的入門與實作

Step 3 接著設定向 MQTT 伺服器訂閱指定主題（Topic）的程式積木。

「**Subscribe Topic（訂閱主題）**」**參數**：請務必輸入一個獨一無二的半形英數字串主題，以免受到其他用戶端發佈相同 MQTT 主題封包的干擾，建議可將自己的學號或手機號碼反過來輸入即可，或是以階層式主題，如：/home/bell。

最後整個 MQTT 初始化的動作完成後，將原本點亮的 G2 腳位 LED 關閉。

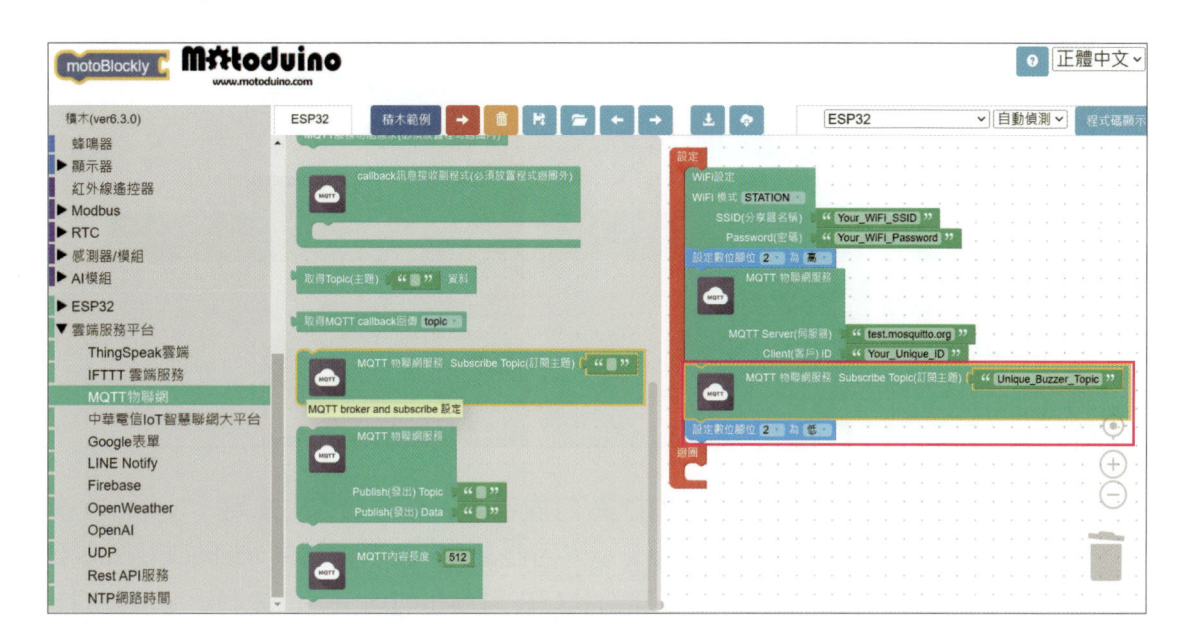

Step 4 由於「遠端呼叫鈴」需要不停地檢查是否有自己訂閱的 MQTT 主題封包從所連結的 MQTT 伺服器傳送過來，因此需在迴圈積木（Loop）中加入一塊「MQTT 的服務功能需求（必須放置程式迴圈內）」積木（如下圖紅框處）來不斷偵測之。

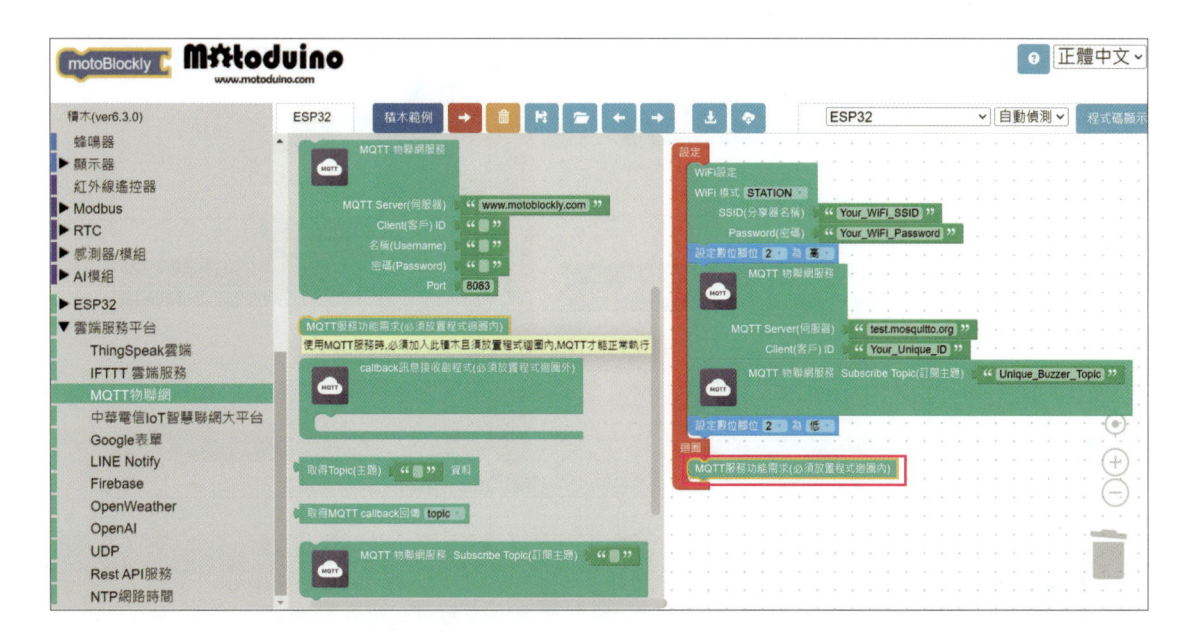

Step 5 當收到自己訂閱的主題 MQTT 封包時，由於訂閱者 ESP32 是以 callback 的方式來執行應對動作，而該 callback 函式並不屬於「設定」或「迴圈」函式的一員，因此需新增一個 MQTT 的「callback 訊息接收副程式」程式積木來設定應對的動作。

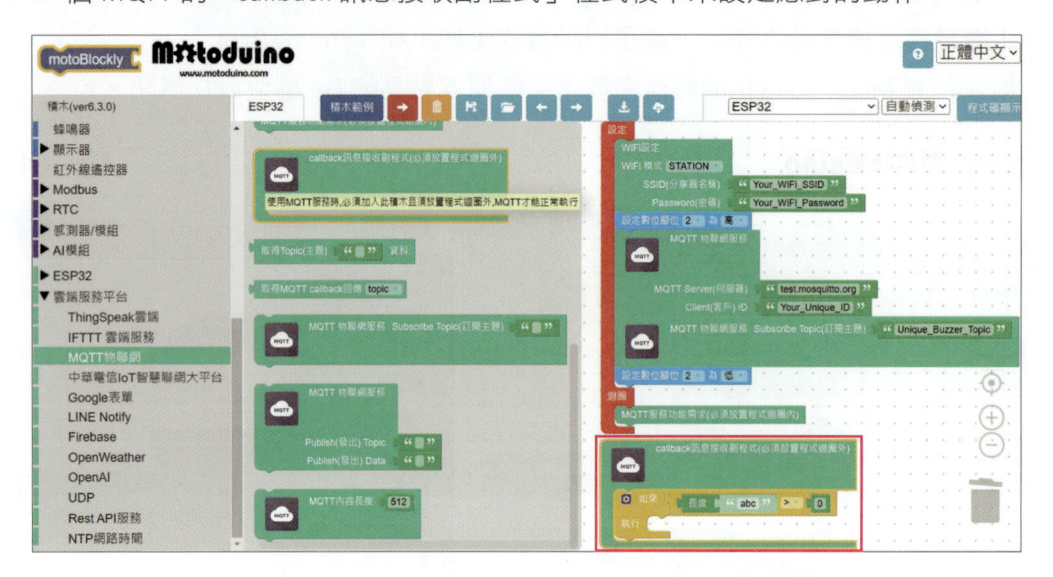

Step 6 如同作文一般，發佈者送出的 MQTT 封包內容除了有封包的「主題（Topic）」外，還需要有該封包的「內容（Payload）」。因此當 ESP32 訂閱端的 callback 函式收到來自發佈者送出的 MQTT 封包，並要開始執行應對動作的前夕，需先判斷所收到的封包主題是否為自己所訂閱。

此處判斷方式為：確認自己收到的 MQTT 主題封包中，是否包含有任何的內容（即內容長度是否大於 0）。

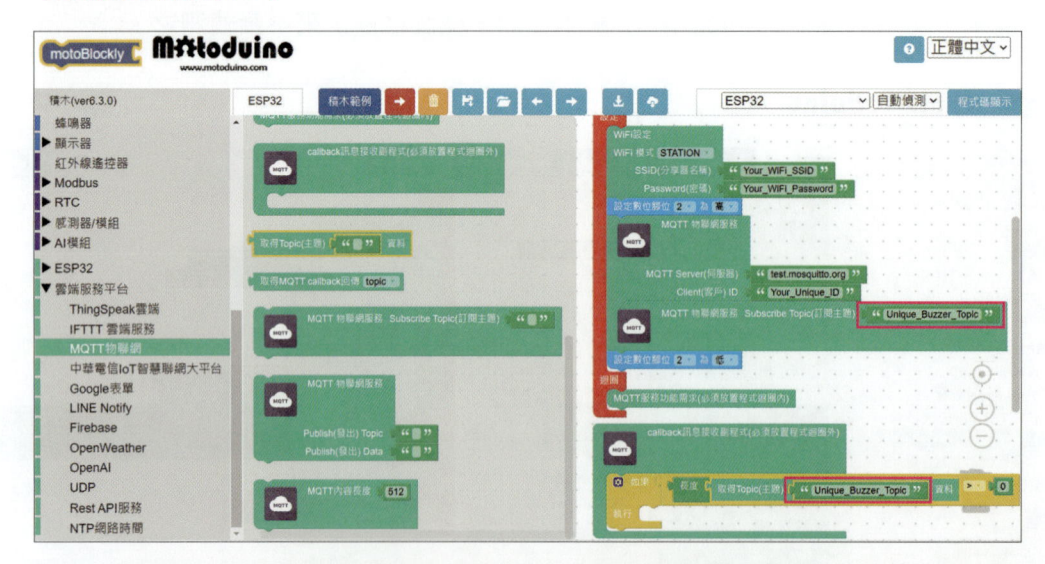

注意： 如圖所示由於要判斷收到的 MQTT 封包是否為自己所訂閱，因此上圖兩個紅框裡面的主題內容請務必要一模一樣。

MQTT 通訊協定的入門與實作

Step 7 當訂閱者收到發佈者所送出的訂閱主題 MQTT 封包時,「遠端呼叫鈴」會讓擴充板上 G27 腳位的蜂鳴器連續發出三次救護車的聲音。

如下圖所示,在確認所收到的封包主題確實為訂閱者所訂閱的主題之後,產生的應對動作會讓蜂鳴器發出各為 650、900 的聲音頻率,NodeMCU-32S 上內建的 G2 腳位 LED 也會跟著閃爍,最後再用「重複 3 次」的程式積木包覆以上這些聲光積木即可。

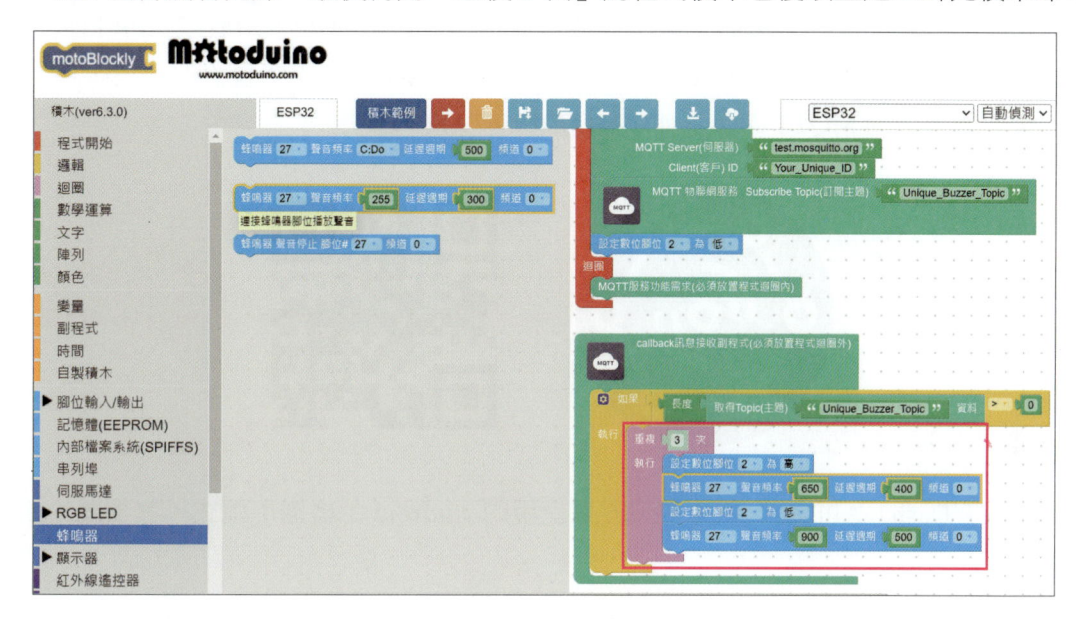

Step 8 完整的「ESP32 遠端呼叫鈴」motoBlockly 程式如下所示。請在紅框與橘框處填入自己對應的 WiFi 與 MQTT 相關資訊。

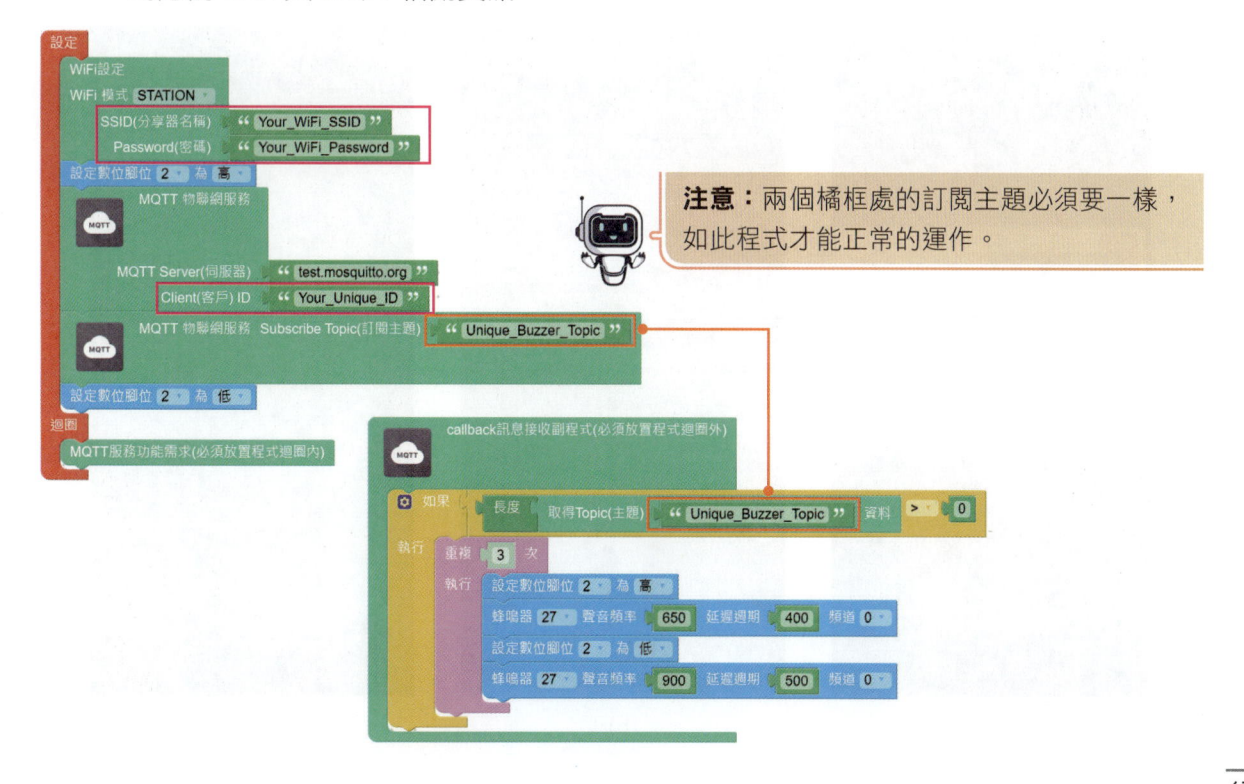

注意:兩個橘框處的訂閱主題必須要一樣,如此程式才能正常的運作。

手機 APP 的設定

當「遠端呼叫鈴」向 MQTT 伺服器訂閱準備接收的 MQTT 封包主題後，使用者便可在遠端利用自己的手機或其他的可聯網裝置，向同一個 MQTT 伺服器發佈訂閱端所訂閱的主題封包，進而觸發訂閱端所設定的 callback 應對動作。

以下所要介紹「MQTT Dash」屬於方便且實用的 MQTT APP，由於該 APP 目前僅支援 Android 作業系統（如下圖的 QR code 所示），使用 Apple iOS 作業系統的讀者，請至 APP Store 另外下載類似的 MQTT 工具（如「MQTTool」APP）使用。

「MQTT Dash」APP 是一款免費又容易使用的 Android 手機應用程式，其相關的設定流程如下：

Step 1 如圖 (a) 所示，下載並安裝好 MQTT Dash 後，一開始進入時會看到空無一物的畫面。這時點選右上角的「+」按鈕來新增欲連線的 MQTT 伺服器。

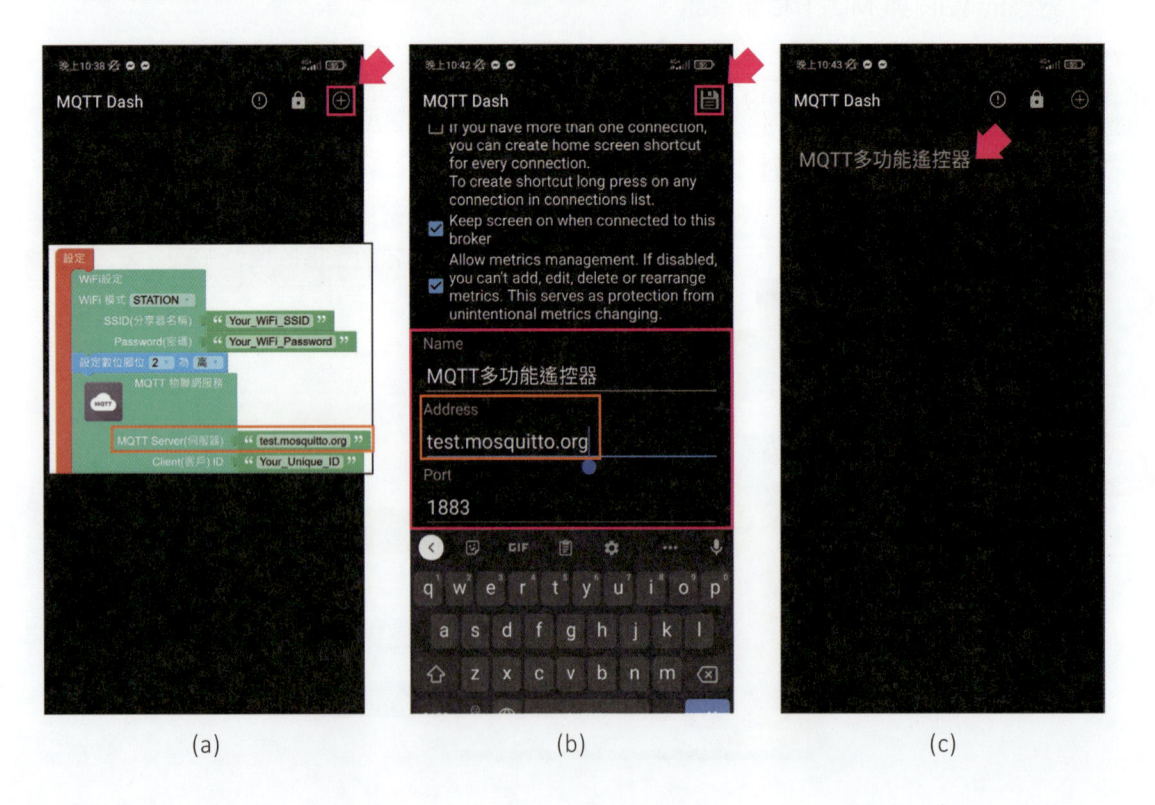

(a)　　　　(b)　　　　(c)

MQTT 通訊協定的入門與實作

如圖 (b) 所示，伺服器設定頁中的：

- 「Name」欄位：是設定這個 MQTT 伺服器選項的名稱，建議可依它的功能來進行設定（本例設為「MQTT 多功能遙控器」）。
- 「Address」欄位：需填入欲連線的 MQTT 伺服器網址，且該伺服器網址必需與「遠端呼叫鈴」ESP32 程式中設定的 MQTT 伺服器相同（如上圖的橘框所示，本例兩處均設定為「test.mosquitto.org」）。
- 「Port」欄位：填入不需加密的「1883」連接埠號即可。設定完成後請記得按下畫面右上角的磁碟片圖示按鈕來儲存上述的 MQTT 伺服器相關設定。

最後如圖 (c) 所示，點選剛剛才建立的伺服器選項（本例為「MQTT 多功能遙控器」）開始進行連線。

Step 2 如下圖 (a) 所示，請點選右上角的「+」按鈕來建立一個「Switch/button」的操作介面。由於此處建立的操作介面是一個擁有雙相型態的按鈕開關（Switch），所以在開（On）與關（Off）的不同型態下可以傳送不同的 MQTT 封包內容。

如圖 (c) 紅框處所示，雖然「On/Off」兩格都是必填的欄位，但是因為在本範例的 ESP32 程式中並不會在意 MQTT 封包內的內容為何，所以「On/Off」欄位的內容可隨意輸入（本例均設為「1」，讀者可依自己喜好來設定）。

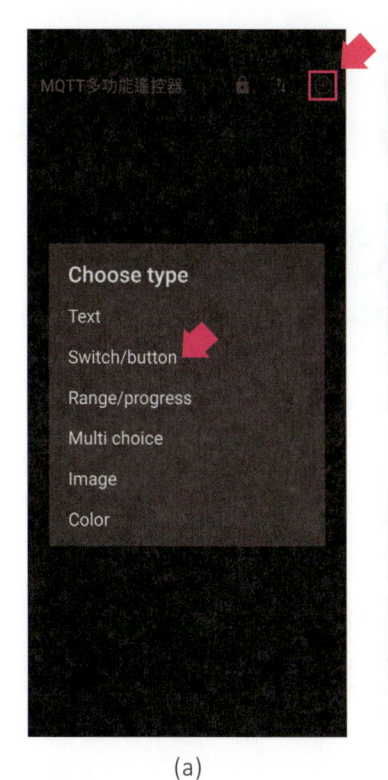

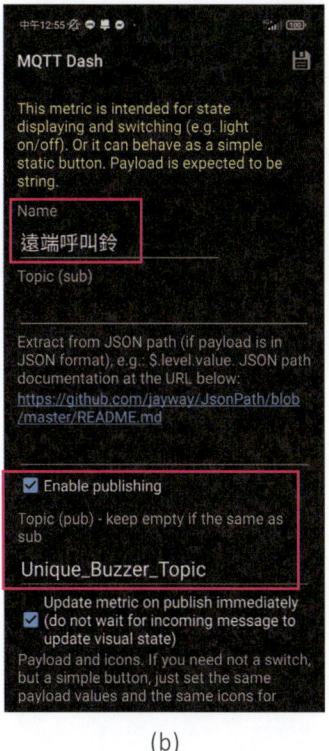

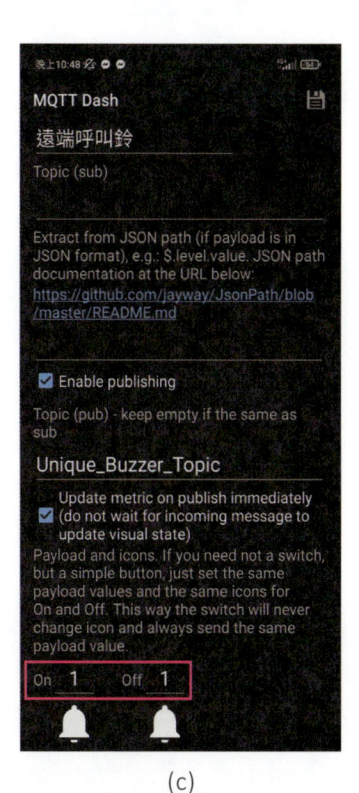

(a)　　　　　　(b)　　　　　　(c)

69

如圖 (b) 所示，「Name」欄位是提示使用者此按鈕的作用，本例將其設定為「遠端呼叫鈴」。而下方的「Topic（pub）」欄位則需與 ESP32 訂閱端所訂閱的主題相同，如此才能確保從手機 APP 發佈的 MQTT 封包可以傳送到 ESP32。

注意：請務必確定下圖中的三個紅框處所設定的主題都要一樣，由手機遙控 ESP32 的動作才能正常地運行。

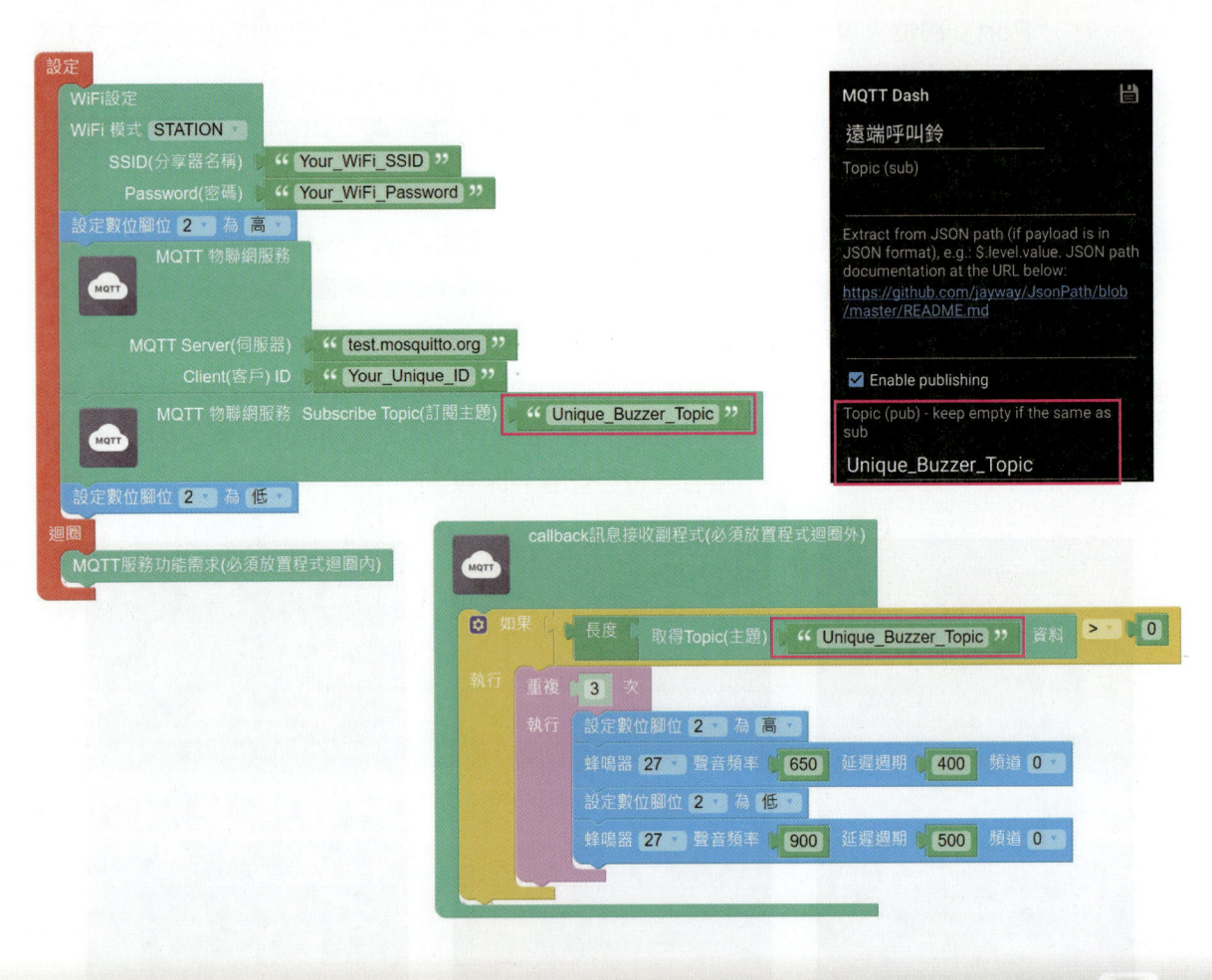

MQTT 通訊協定的入門與實作

Step 3 ❶ 如圖 (a) 所示「Other Settings」設定中的「QoS」與「Retained」欄位可先維持原本「0」及「沒有勾選」的預設狀態，而實際用途會在後面的章節再作介紹。❷ MQTT Dash APP 上的按鈕開關上除了提示文字外也能設定提示圖案。❸ 本例選擇如圖 (b) 中的小鈴鐺作為「遠端呼叫鈴」按鈕的提示圖案。❹ 完成後儲存以上設定。❺ 開始遙控觸發 ESP32 擴充板的蜂鳴器。

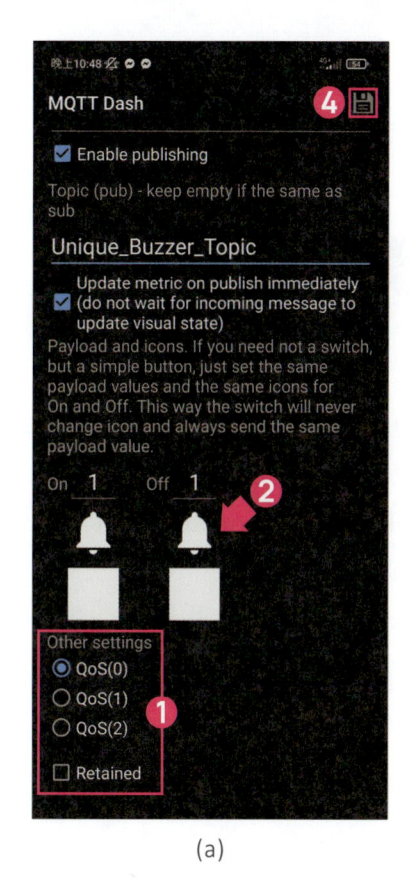

(a)　　　　　　(b)　　　　　　(c)

成果展示　https://youtu.be/TTPPUvMd0e0

2-5　MQTT 實作應用 II – LED 遙控開關

在一般的家庭中，可以無線遙控的電器大多為電視、冷氣、電風扇等常見家電，相對來說可以遠端遙控開關的電燈較為少見。但如果在冷颼颼的冬夜裡，能夠不需離開暖呼呼的被窩就能以手機控制電燈的開關，相信絕對可以造福不少怕冷的民眾。

本節範例以 NodeMCU-32S 內建的 LED 作為手機遙控標的，同時為了驗證本章一開始所提到的論點：「MQTT 通訊協定允許一個用戶端同時訂閱多個不同的主題」，將會把 LED 遙控開關的程式繼續建構在前一個「遠端呼叫鈴」的範例程式中。意即 NodeMCU-32S 除了原本所訂閱的「遠端呼叫鈴」主題之外，還會再多訂閱一個可遠端操控 LED 的 MQTT 主題。完成後，訂閱兩個 MQTT 主題的受控端（即 NodeMCU-32S）便可同時具備以手機遠端遙控呼叫鈴及 LED 開關的能力。

ESP32 硬體組裝

硬體組裝步驟

將 NodeMCU-32S 與 ESP32 IO Board 依下圖所示的方式組裝在一起，完成。

G2腳位LED：
「LED遙控開關」的LED

G27腳位蜂鳴器：
「遠端呼叫鈴系統」警示鈴

ESP32 圖控程式

由於「LED 遙控開關」將同時具備上一節的「遠端呼叫鈴」功能，因此其 ESP32 的 motoBlockly 程式將直接以「遠端呼叫鈴」的程式碼來繼續擴展，其流程如下：

Step 1 在設定（Setup）積木中完成 NodeMCU-32S 的 WiFi 設定並連上指定的 MQTT 伺服器（test.mosquitto.org）之後，除了原本遠端呼叫鈴所訂閱的 MQTT 主題外，如下圖紅框處所示，請再多訂閱一組新的 MQTT 主題用以遙控 NodeMCU-32S 上的 LED。

此時 LED 所訂閱的 MQTT 主題也需要獨一無二的半形英數字串來避免不必要的干擾，且絕對要和原本「遠端呼叫鈴」所訂閱的 MQTT 主題不同。至此 MQTT 多功能遙控器的主程式部分便已完成。

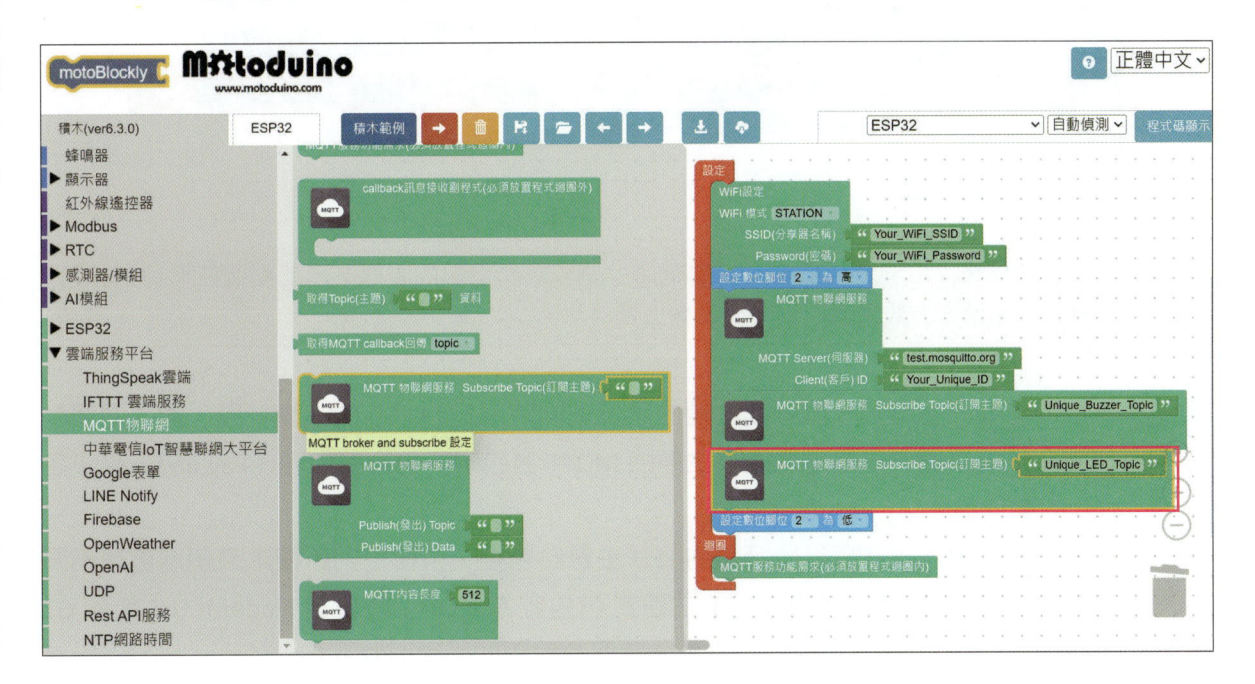

Step 2 接著跳到 MQTT 協定的 callback 函式中。首先需保留「遠端呼叫鈴」收到訂閱的 MQTT 封包後要做的應對動作，接著再檢查其他的 MQTT 主題封包中，是否是新訂閱的 LED 主題封包（以內容長度是否大於 0 來判斷）；若確定是 ESP32 所訂閱的 LED 主題封包，便可以準備設定新的應對動作。

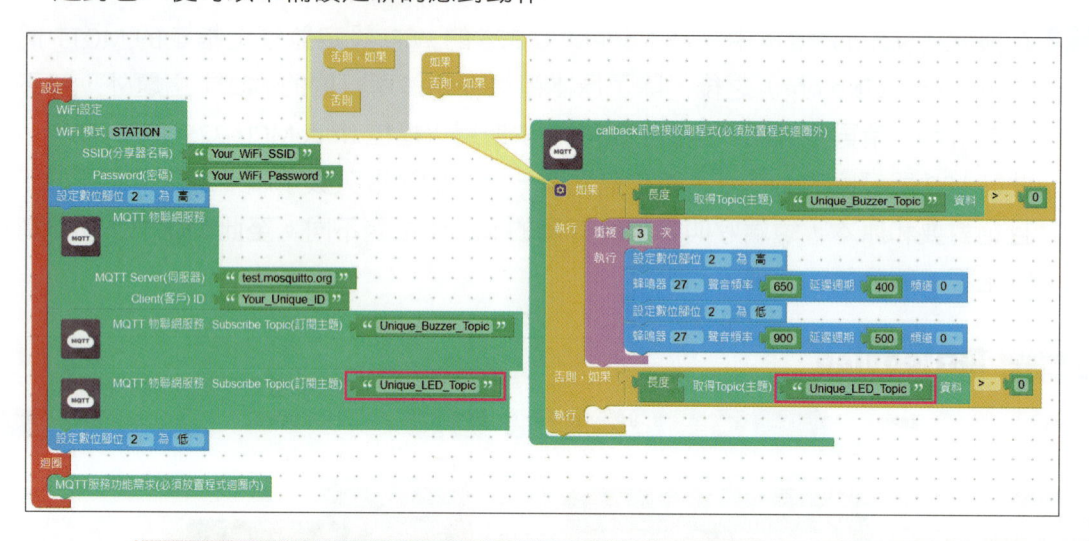

注意： 由於要判斷收到的主題命令是否為新訂閱的主題，因此兩個紅框處的主題請務必要設定成一模一樣，如上圖所示。

Step 3 那麼如何在只多增加一個訂閱主題的狀況下同時來控制 LED 的「開」與「關」兩個動作呢？最簡單的方式便是透過該主題的 MQTT 封包中所包含的內容（Payload）來決定 LED 的開或關。

因此如下圖所示，在取得所訂閱的 LED 主題封包後，再使用判斷積木來個別處理不同的封包內容：當所收到的 MQTT 主題封包內容為「On」時會讓 NodeMCU-32S 的 G2 腳位 LED 點亮，而封包內容為「Off」時便會關閉同一顆 LED。

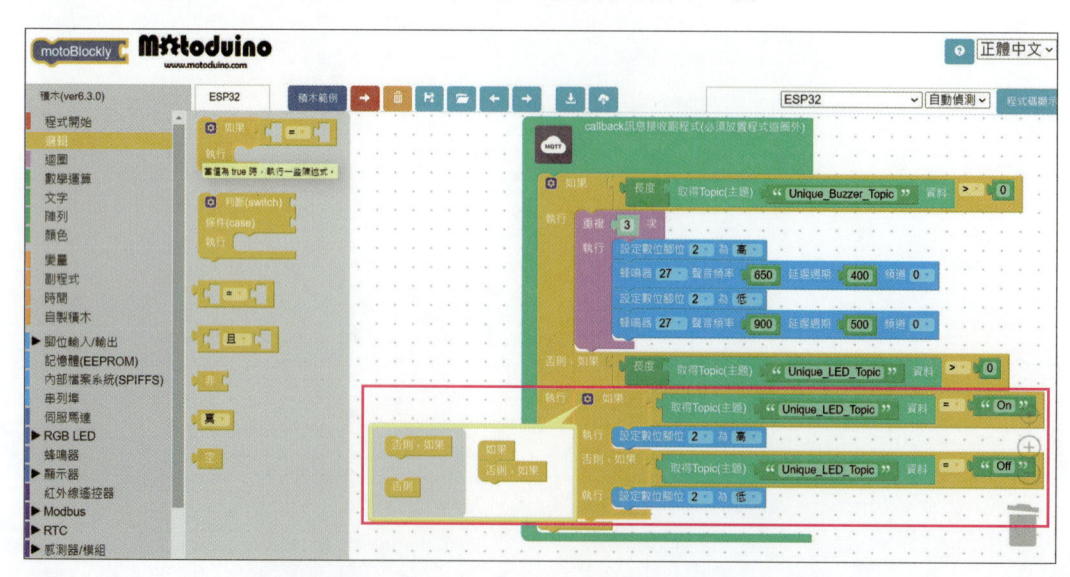

MQTT 通訊協定的入門與實作

Step 4 完整包含「遠端呼叫鈴」及「LED 遙控開關」的多功能遙控器 motoBlockly 程式碼如下圖所示。請在程式積木紅框與橘框處填入自己對應的 WiFi 與 MQTT 相關資訊，四個橘框處的訂閱主題也必須相同，如此程式才能正常的運作。

手機 APP 的設定

在配合 NodeMCU-32S「遠端呼叫鈴」的 MQTT APP 中，由於 APP 僅需單純地發送出一個 MQTT 封包給 ESP32 就可以觸發蜂鳴器，因此 APP 僅需建立一顆「按鈕」的介面便可達到遙控蜂鳴器的需求。但「LED 遙控開關」則是需要一個可同時控制 LED「開」與「關」的介面，因此雖然同樣都是以按鈕來操控，但其設定的方式會略有不同。「MQTT Dash」APP 的設定流程如下：

Step 1 如圖 (a) 所示，先點選在上一個「遠端呼叫鈴」範例中所建立的 MQTT 伺服器選項（即「MQTT 多功能遙控器」）。❶ 按下圖 (b) 中右上角的「+」按鈕。❷ 建立一個擁有雙相狀態的「Switch/button」的按鈕開關，使其在開（On）或關（Off）不同的狀態可以傳送不同的 MQTT 封包內容來控制 LED 的亮暗。❸ 如圖 (c) 所示，按鈕開關的「Name」欄位是告知使用者此按鈕有何功用，所以本例將其名稱設定為「LED 遙控開關」。

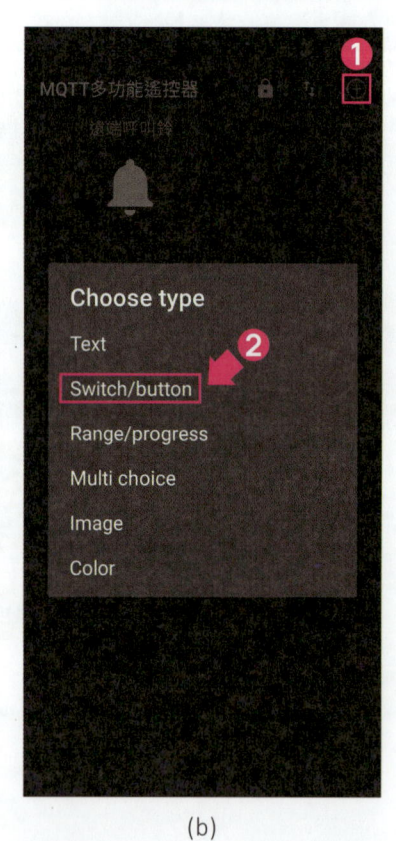

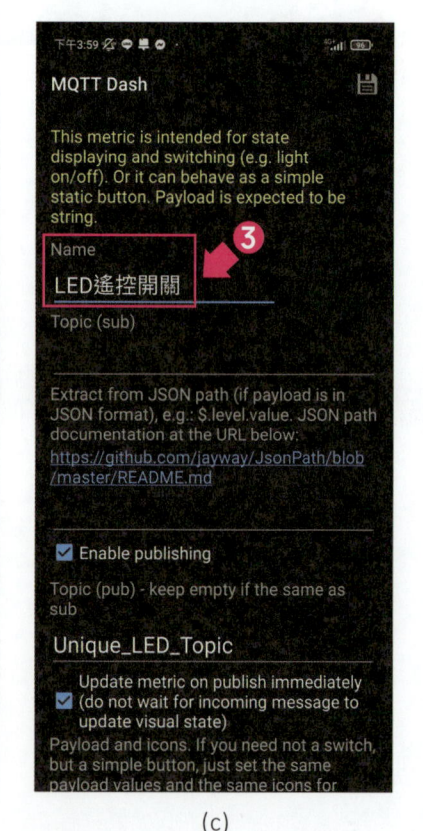

(a)　　　　　(b)　　　　　(c)

MQTT 通訊協定的入門與實作

Step 2 接著設定按鈕開關介面的各項內容：APP 的「Topic（pub）」欄位需與 ESP32 程式碼中所訂閱的「LED 遙控開關」的 MQTT 主題一模一樣（因此下圖的四個紅框處內容均需相同）。

而主題命令的內容「Payload（On）」與「Payload（Off）」也必須和 ESP32 程式碼設定的相同（如下圖橘框處所示：「Payload（On）」欄位請設定為 On，「Payload（Off）」則設定為 Off）。

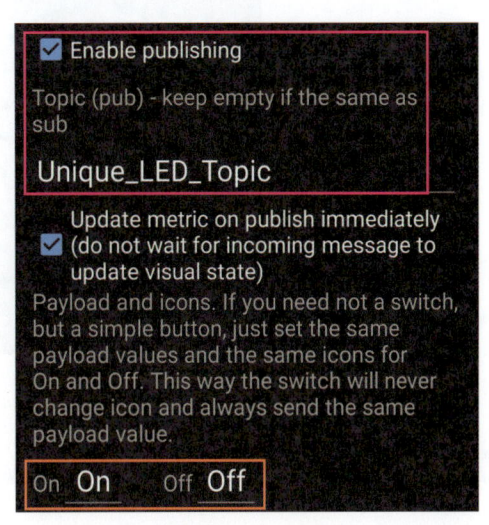

Step 3 圖 (a) ❶ MQTT Dash 的按鈕開關上也可以設定提示圖案與顏色，❷ 可以選擇如圖 (b) 中的小燈泡作為「LED 遙控開關」按鈕開關的提示圖案，❸ 提示顏色可以把「On」時設定為亮黃色、「Off」時設定為暗灰色，❹ 完成後記得儲存以上設定。

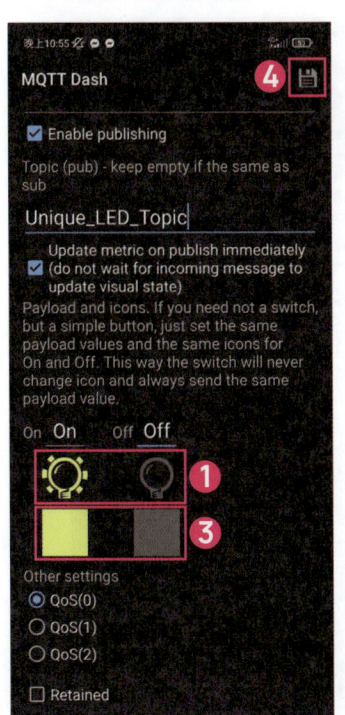

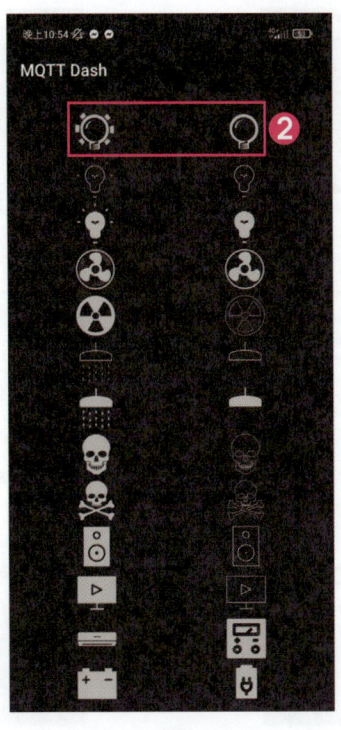

(a)　　　　　　　　　(b)　　　　　　　　　(c)

77

Step 4 至此，整個「遠端呼叫鈴」及「LED 遙控開關」發佈端的 APP 便已設定完畢。當 ESP32 訂閱端與手機 APP 均成功連線至同一個 MQTT 伺服器後，點下 APP 上的「遠端呼叫鈴」按鈕時，ESP32 擴充板上的蜂鳴器會連續發出三次救護車聲音。若是點下 APP 上的「LED 遙控開關」按鈕時，NodeMCU-32S 的內建 LED 則是可以進行遙控開關的動作。

成果展示 https://youtu.be/bIFPR5ZLFwU

MQTT 的 QoS 與 Retained

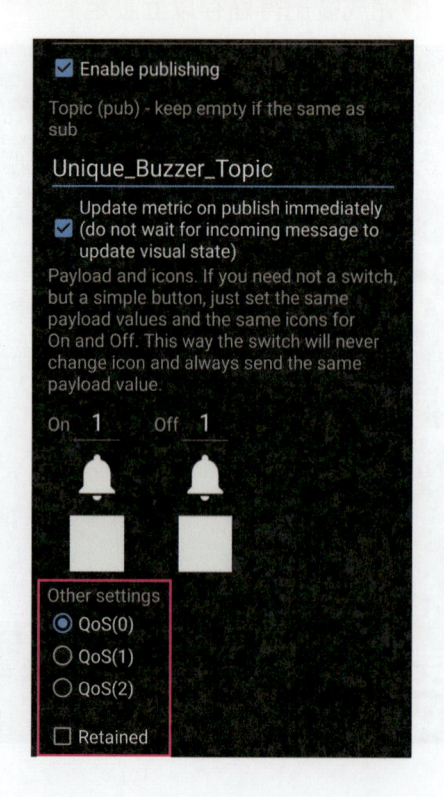

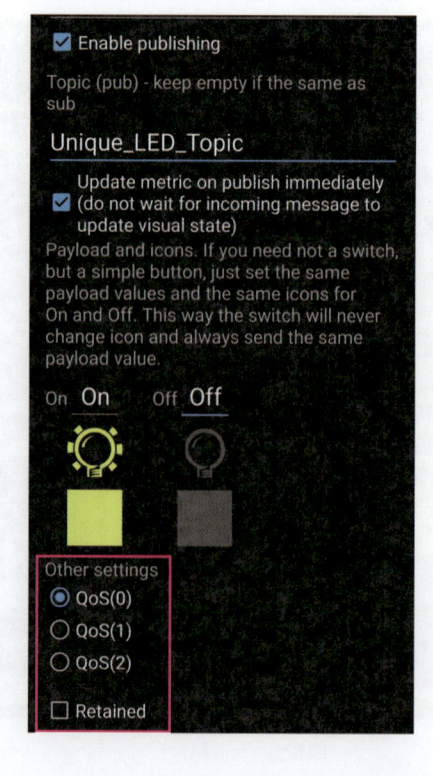

在前面兩個範例練習的 MQTT APP 發送端設定畫面中，都可以看到如上圖所示的「QoS」與「Retained」兩個設定欄位。

「QoS」欄位：

代表著 MQTT 伺服器與各用戶端之間的 MQTT 訊息傳遞服務品質（Quality of Service），共有 0、1、2 三種不同的服務品質可供選擇，其個別代表的服務內容如下：

數字	服務品質	說明
0	最多一次 （at most once）	如同現實世界的「平信」一般，MQTT 發佈端僅僅負責將 MQTT 的訊息發送出去，並不在乎這個封包最後是否有傳遞到 MQTT 主題訂閱者的手中。一旦因為各種的原因而造成訂閱端的訊息漏接，發佈端也不會再重新發送一個新訊息封包給訂閱者（即最多只發出這一次訊息）。換句話說，不管訂閱者是否有收到 MQTT 的訊息，發佈端就是只發出這次的訊息就算已經完成 MQTT 訊息發佈的使命。
1	最少一次 （at least once）	如同現實世界的「掛號信」一般，MQTT 發佈端在將 MQTT 的訊息發送出去之後，便會開始等待 MQTT 主題訂閱者收到封包後所回傳的確認訊息。若在一定時間內沒有收到來自訂閱者的確認訊息，發佈端將會再次發出同樣的 MQTT 封包，直到收到來自訂閱者的確認封包為止。換句話說，在收到來自訂閱者的確認封包前，發佈端會在相隔一段時間後，持續地發佈同樣的訊息封包出去（即最少發出一次訊息）。因此訂閱者就可能會因為網路壅塞或確認封包較晚送達給發佈者的緣故，進而同時收到好幾個相同主題與內容的 MQTT 封包。
2	確保一次 （exactly once）	用戶發佈端與 MQTT 伺服器間會以封包多次來回確認的方式，確保能將發佈端每次所發送的訊息，準確地送至 MQTT 主題訂閱者的手中。即使是在網路壅塞的狀況下，發佈端既不需發送第二次相同的 MQTT 訊息，訂閱端也不會收到兩個以上的相同封包。雖說此種服務品質可以確保所發出的主題封包可以準確且不重複地送達給訂閱者，但因為發佈端與 MQTT 伺服器間需頻繁來回地確認流程，其實也會耗費相對多的流量與時間，所以建議還是要斟酌自身使用的狀況來選用適當的 QoS 為佳。

「Retained」（保留）欄位：

代表是否需要 MQTT 伺服器協助保留發送端所發送的最後一個 MQTT 主題封包（MQTT 伺服器只會代為保留最後、最新的那一筆，並非保留所有的命令主題）。一旦選擇保留訊息，之後加入同樣主題的新訂閱者、或是重新連線的舊訂閱者，均會收到來自 MQTT 伺服器所保留的最後一筆 MQTT 主題封包。

以「LED 遙控開關」為例，當不勾選「Retained」欄位，且利用 APP 上的 Switch 按鈕點亮 NodeMCU-32S 的 LED 後，重新插拔 USB 傳輸線讓 ESP32 系統重啟，此時即便 APP 上的 Switch 按鈕仍是停留在 On 的狀態下，但是重新連上 MQTT 伺服器的 NodeMCU-32S LED 依然會是熄滅的狀態。

反之，若是先勾選了「Retained」欄位，再使用 APP 上的 Switch 按鈕點亮 LED，此時即便讓 NodeMCU-32S 斷電重啟，NodeMCU-32S 在重新連上 MQTT 伺服器後便會立即接收到之前所保留的 LED On 訊息，進而自動點亮 NodeMCU-32S 的 LED。

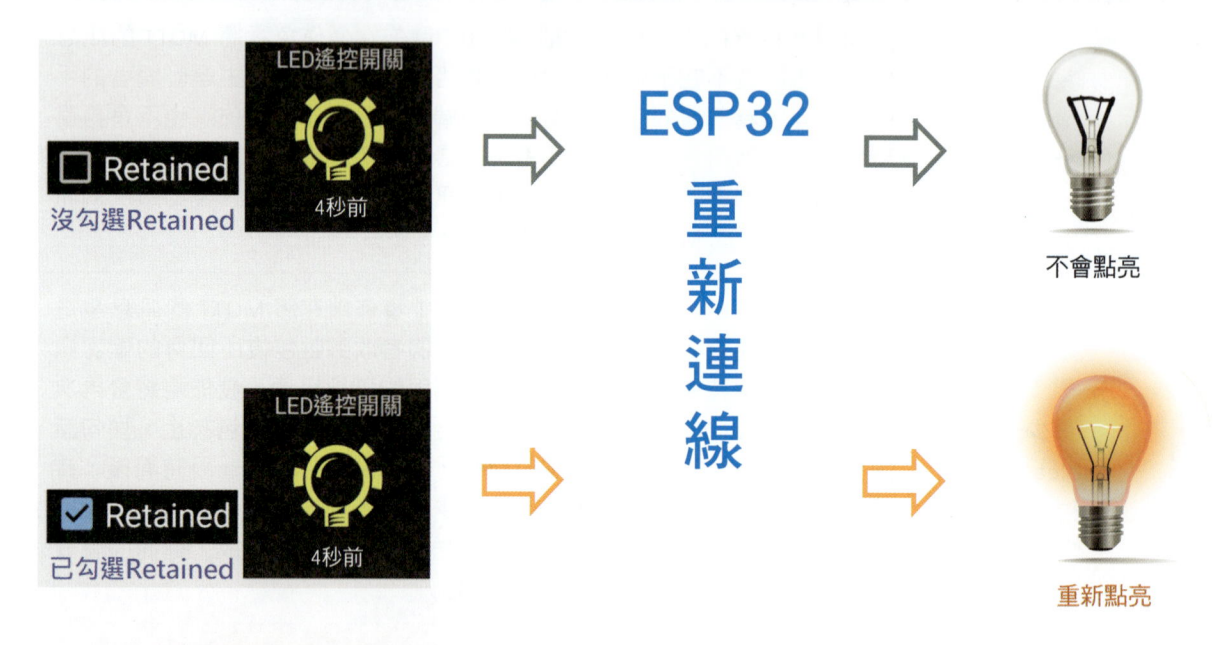

免費 MQTT 伺服器的限制

使用網際網路上的免費 MQTT 伺服器固然省錢方便，但在使用前還是得先了解該 MQTT 伺服器所支援的服務限制。例如有些 MQTT 伺服器只提供 QoS 0 與 QoS 1 的服務（不支援 QoS 2），有些甚至僅僅提供 QoS 0 的服務；而有一些伺服器則是因在國外或使用者眾多之故，因此訊息傳遞的速度就會比較慢；另外還有一些 MQTT 伺服器則是會主動與一段時間沒接收到新主題命令的訂閱者用戶端切斷連線⋯等。因此在使用免費的 MQTT 伺服器前，請務必事先斟酌自身的需求以及伺服器的能力，再來決定是否要使用該 MQTT 伺服器。

2-6　MQTT 實作應用 III – 雲端廣播留言機

在本章第一個 MQTT 實作範例「遠端呼叫鈴」中，使用者只能利用手機的 MQTT APP 來讓 ESP32 擴充板上的蜂鳴器發出警報聲。那麼如果利用 MQTT 封包中可以夾帶文字內容的特性，再搭配之前所學過的 I2S 文字轉語音功能，是否就能遠端操控 NodeMCU-32S 以真人語音的方式念出從手機 APP 所輸入的不同文字內容呢？答案當然是肯定的。接著本節將會以此為概念來進行「雲端廣播留言機」的實作練習。完成之後，父母可將此系統放置在子女房間、老師可將此系統放置在學校教室、老闆也可將此系統放置在公司工廠，再搭配手機 APP 的使用，就能達到遠端傳訊及語音廣播的效果了。

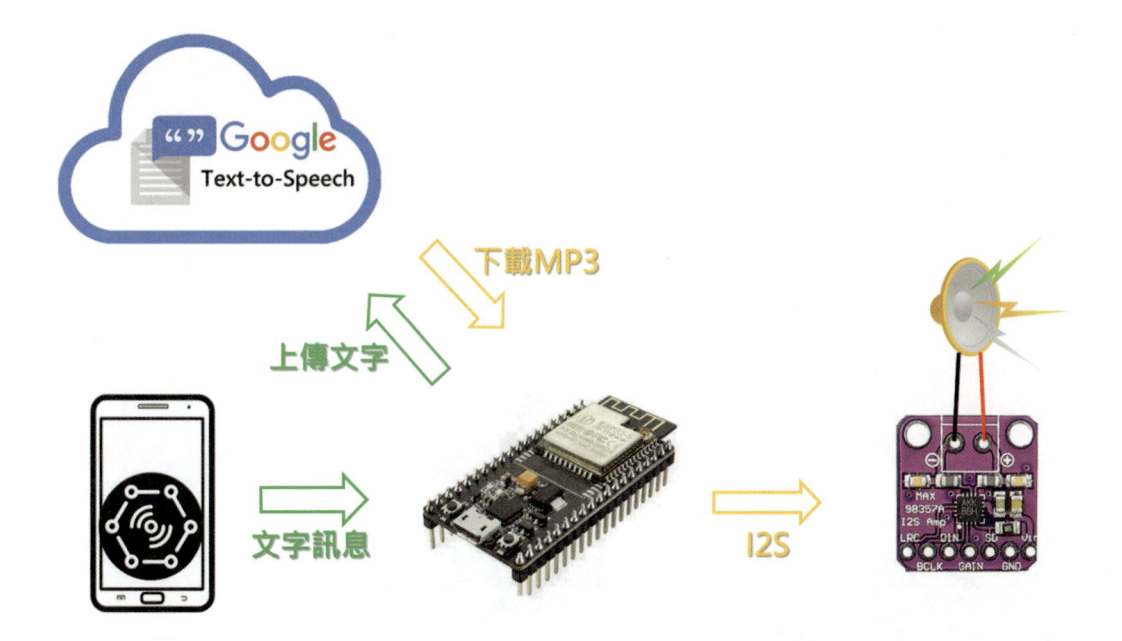

「雲端廣播留言機」運作流程如上圖所示：手機 APP 利用 MQTT 協定將自己想要語音播出的內容透過文字輸入的方式傳送到 NodeMCU-32S 中，NodeMCU-32S 收到 MQTT 封包後再將封包內容的文字上傳到 Google TTS 平臺，並在將文字轉換成語音檔案下載後立即將其播出。當該筆文字語音被播放完畢之後，NodeMCU-32S 也會將該語音檔案暫時留存在 SPIFFS 檔案系統之中，使用者可再透過按壓 ESP32 擴充板上 G34 腳位按鈕的方式來重新聆聽之前留存的訊息。

用 ESP32 輕鬆入門物聯網 IoT 實作應用

> ### ESP32 硬體設定

　　雲端廣播留言機在硬體方面的需求有：

❶ 作為大腦來控制各項硬體的「NodeMCU-32S」（訂閱者）。

❷ 配置有按鈕（G34），便於重複聆聽留言內容的「ESP32 IO Board 擴充板」。

❸ I2S DAC 音訊解碼模組 MAX98357A、喇叭，以及 5 條 20 公分的母母杜邦線。

❹ 作為命令發佈者的 Android 手機（需先安裝「MQTT Dash」APP）。

> 硬體組裝步驟

將 MAX98357A 模組依下圖所示的方式接到 ESP32 的擴充板上即完成，其中：

MAX98357A 模組的 LRC 腳位接到 ESP32 擴充板的 G25 信號排針（S）、

MAX98357A 模組的 BCLK 腳位接到 ESP32 擴充板的 G26 信號排針（S）、

MAX98357A 模組的 DIN 腳位接到 ESP32 擴充板的 G12 信號排針（S）、

MAX98357A 模組的 GND 腳位接到 ESP32 擴充板的 G12 接地排針（G）、

MAX98357A 模組的 Vin 腳位接到 ESP32 擴充板的 G12 電源排針（V）。

ESP32~G25-S → LRC
ESP32~G26-S → BCLK
ESP32~G12-S → DIN
ESP32~G12-G → GND
ESP32~G12-V → Vin

G34腳位按鈕：
重新播放「最後一筆」留言

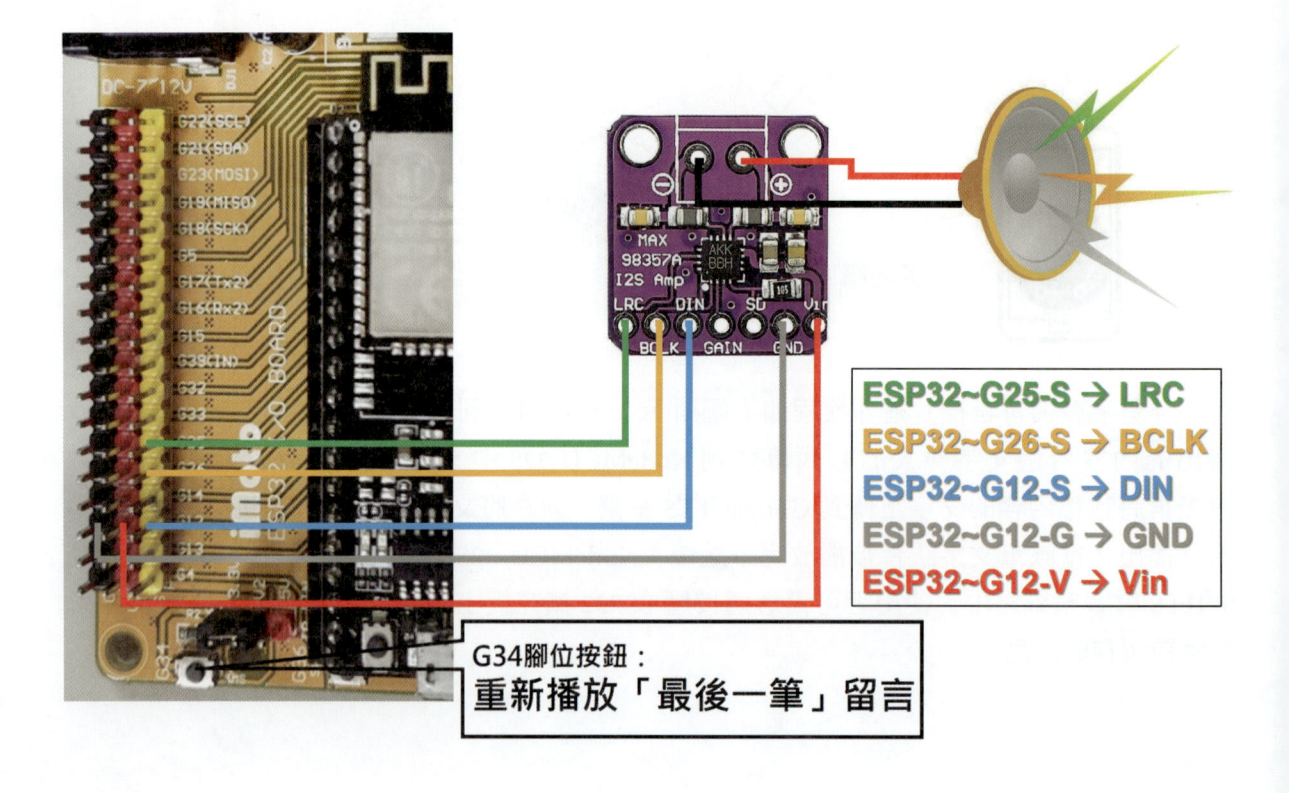

ESP32 圖控程式

完成上述硬體的組裝後，接下來便可開始透過所編寫的 motoBlockly 圖控程式來達成遠端傳訊廣播的目的，「雲端廣播留言機」的程式積木堆疊流程如下：

Step 1 ❶ 首先需將 motoBlockly 的開發板型號選擇為「ESP32」才能產生正確的 ESP32 程式碼。
❷ 接著建立一個 String 型態的全域變數 szMQTTMsg 來存放收到的 MQTT 文字訊息。
❸ 最後在設定（Setup）積木中完成 ESP32 連接網路的初始化設定。「WiFi 設定」積木中的「SSID（分享器名稱）」與「Password（密碼）」參數分別為 ESP32 準備連線的路由器或無線網路分享器的名稱與密碼，請依實際狀況來進行設定即可。

> **注意：**若 WiFi 連線成功，NodeMCU-32S 會點亮內建的 D2 腳位 LED 來告知使用者。

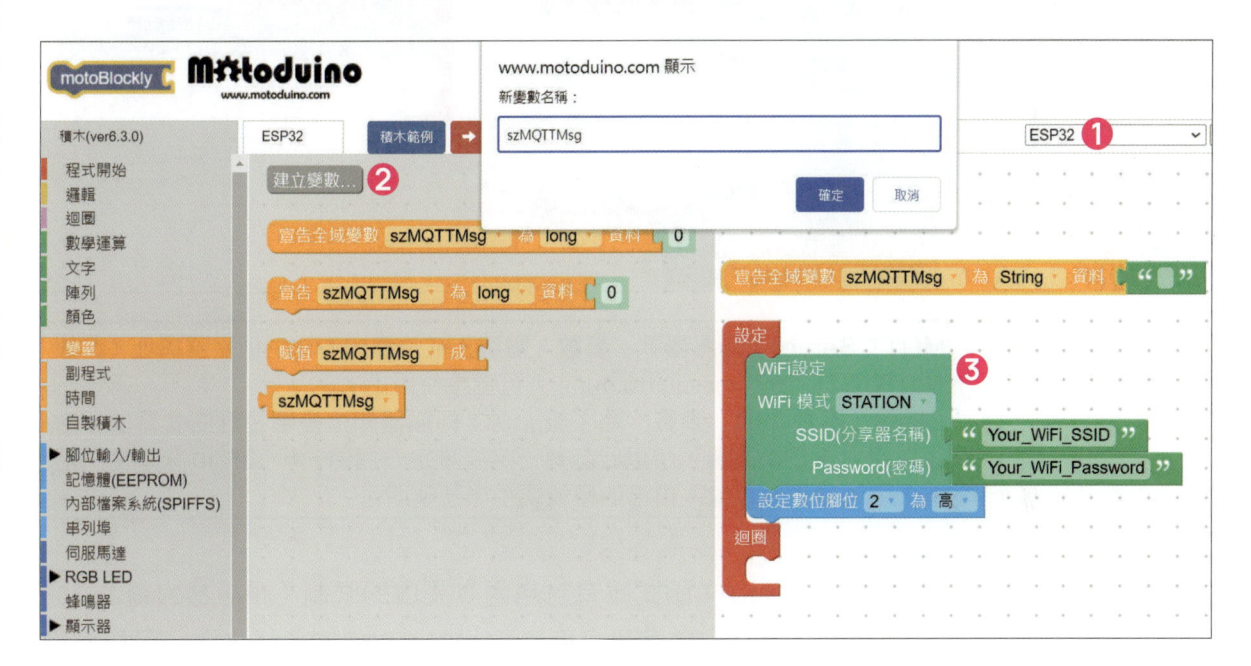

Step 2 NodeMCU-32S 在開始進行 MQTT 主題的訂閱動作前必須先連線至 MQTT 伺服器，因此需使用如下圖紅框處所示的 MQTT 伺服器連線積木。

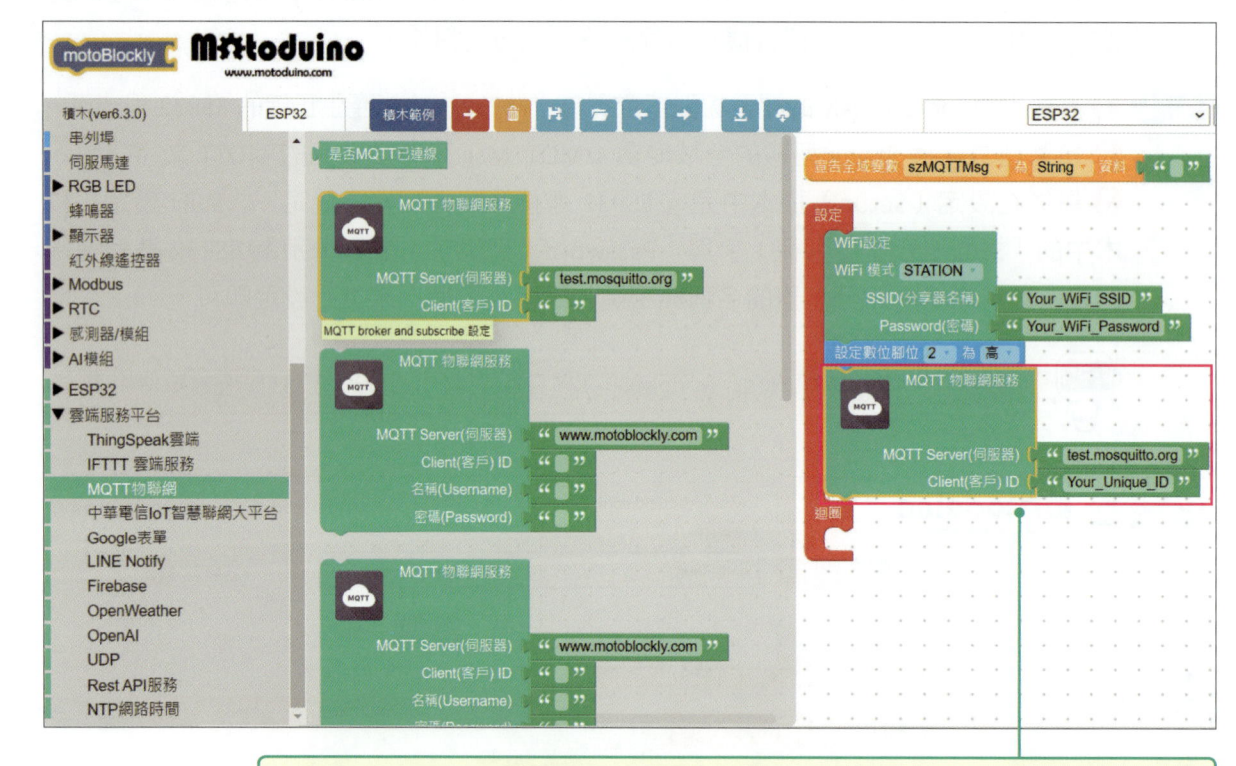

- 「MQTT Server（伺服器）」參數：需填入欲連線的 MQTT 伺服器網址（預設的網址位置為「test.mosquitto.org」，可直接使用之）。
- 「Client（客戶）ID」參數：為了讓 MQTT 伺服器知道是哪位訂閱者訂閱了哪個主題以方便日後回覆，所以此參數一定要設定一個獨一無二的 ID 來避免伺服器的混淆，建議可以輸入自己的學號或手機號碼即可。

Step 3 由於 motoBlockly 所使用的 MQTT 函式庫有封包內容長度的限制（預設最大值為 256 bytes），因此為避免發佈過長的文字訊息而導致 MQTT 封包的傳送失敗，可以利用下圖紅框處的「MQTT 內容長度」程式積木將封包內容限制的長度依自己的需求來進行調整。

注意：另外 Google TTS（文字轉語音）服務限制一次只能轉換 200 個中文字（含標點符號），使用時需小心留意。

MQTT 通訊協定的入門與實作

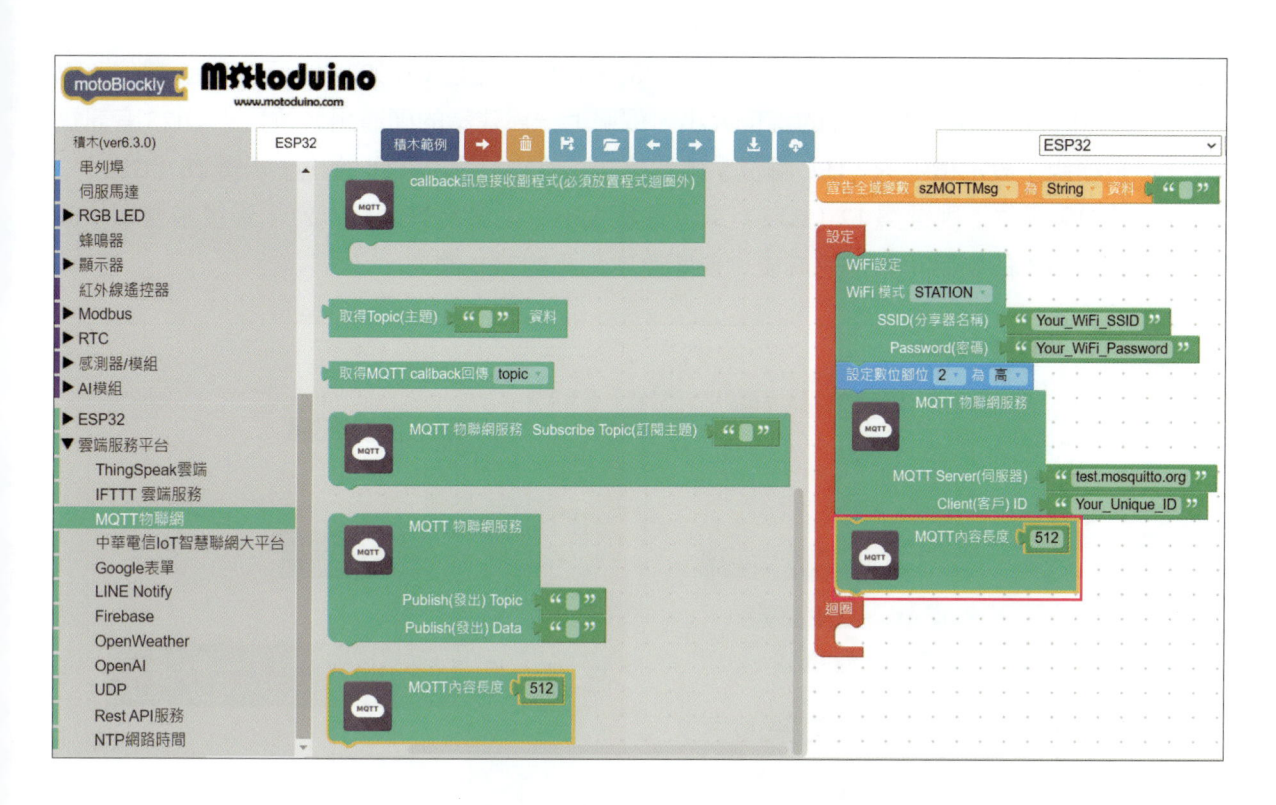

Step 4 設定 MQTT 伺服器訂閱主題（Topic）的程式積木，其中「Subscribe Topic（訂閱主題）」參數請務必輸入一個獨一無二的半形英數主題來避免其他裝置的干擾。

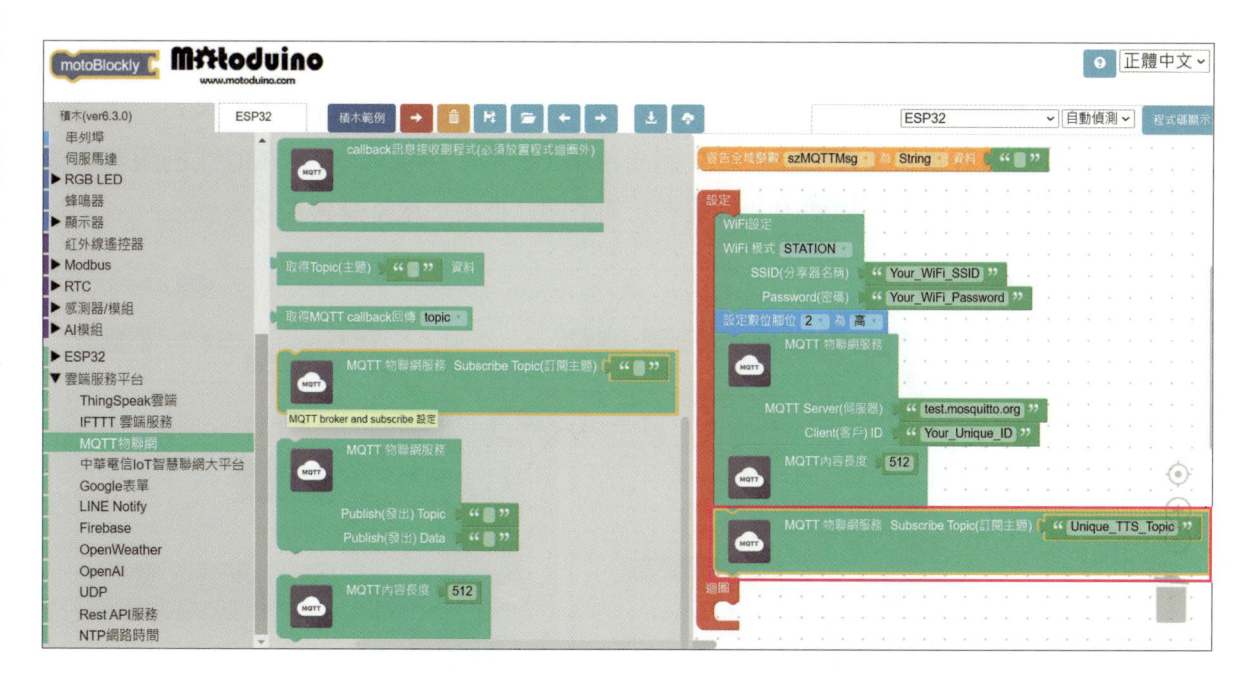

Step 5 初始化 I2S DAC 模組：包括設定 MAX98357A 模組連接到 ESP32 的三個信號腳位，以及 MAX98357A 模組預設的音量大小。依照上一節建議的硬體組裝位置：「I2S 音訊播放模組」設定積木的「LRC 腳位」請選擇 25（G25）、「BCLK 腳位」選擇 26（G26）、「DIN 腳位」則選擇 12（G12）；「音量大小」則設為最大聲：21。最後當整個「設定」積木的初始化動作完成後，便將原本點亮的 LED 關閉。

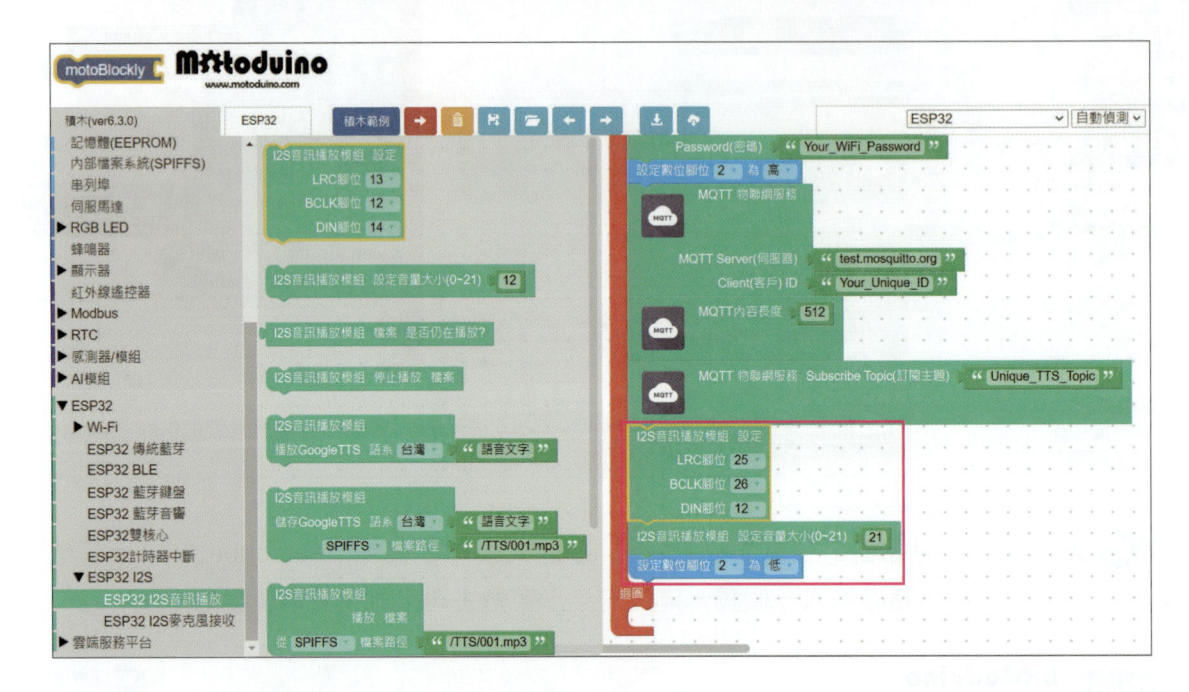

Step 6 由於「雲端廣播留言機」需要不停檢查是否有自己訂閱的 MQTT 主題封包從連結的 MQTT 伺服器傳送過來，因此需在迴圈積木（Loop）中加入一塊「MQTT 的服務功能需求（必須放置程式迴圈內）」積木（如下圖紅框處）來不斷偵測之。

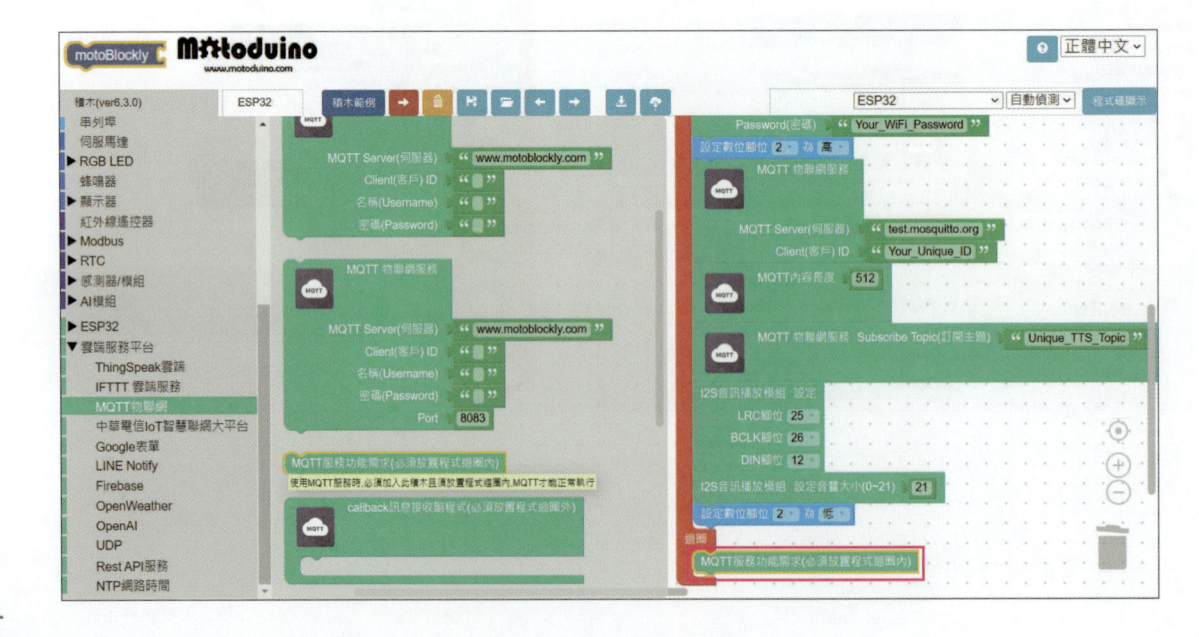

MQTT 通訊協定的入門與實作

Step 7 新增一個 MQTT 服務的「callback 訊息接收副程式」程式積木來備用（須獨立放置於主程式外）。當 NodeMCU-32S 收到 MQTT 封包時，先將所收到的封包內容存放至全域變數 szMQTTMsg 之中。

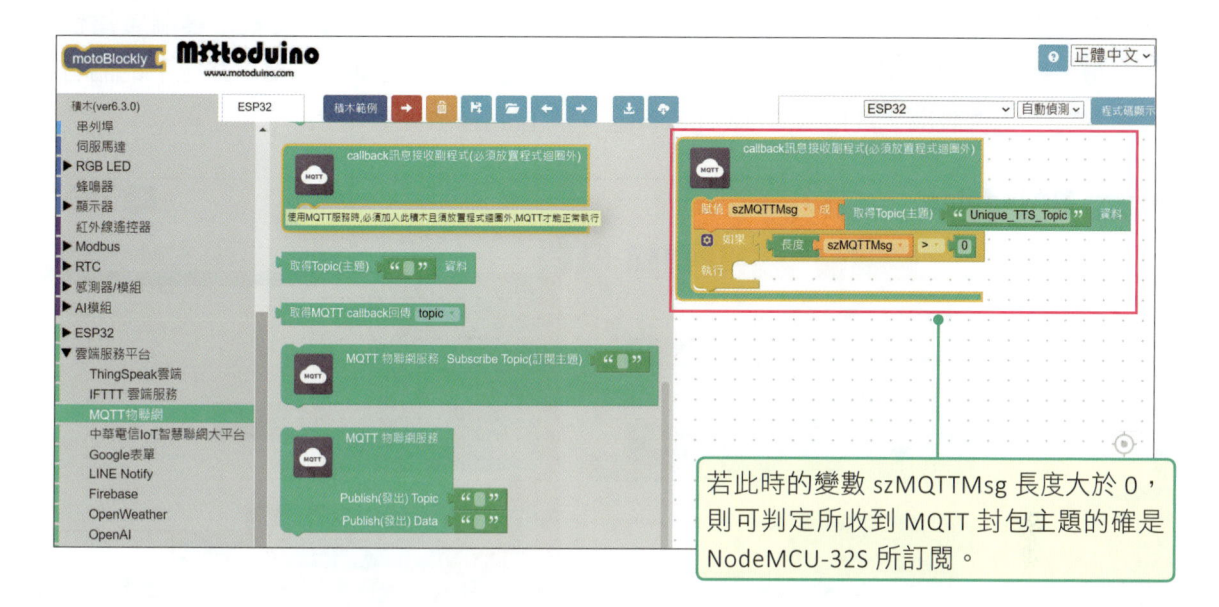

若此時的變數 szMQTTMsg 長度大於 0，則可判定所收到 MQTT 封包主題的確是 NodeMCU-32S 所訂閱。

Step 8 若確定所收到 MQTT 封包主題是由 NodeMCU-32S 所訂閱，接下來「雲端廣播留言機」所採取的應對措施為：❶ 先關閉所有 I2S 的語音播放程序。❷ 再將 MQTT 傳送過來的文字上傳給 Google TTS 服務。❸ 轉換成語音檔後下載到 SPIFFS 的指定路徑下（本範例設為「/TTS/MQTTMsg.mp3」）。❹ 最後再將下載的語音檔案立即透過 I2S 的方式播出。

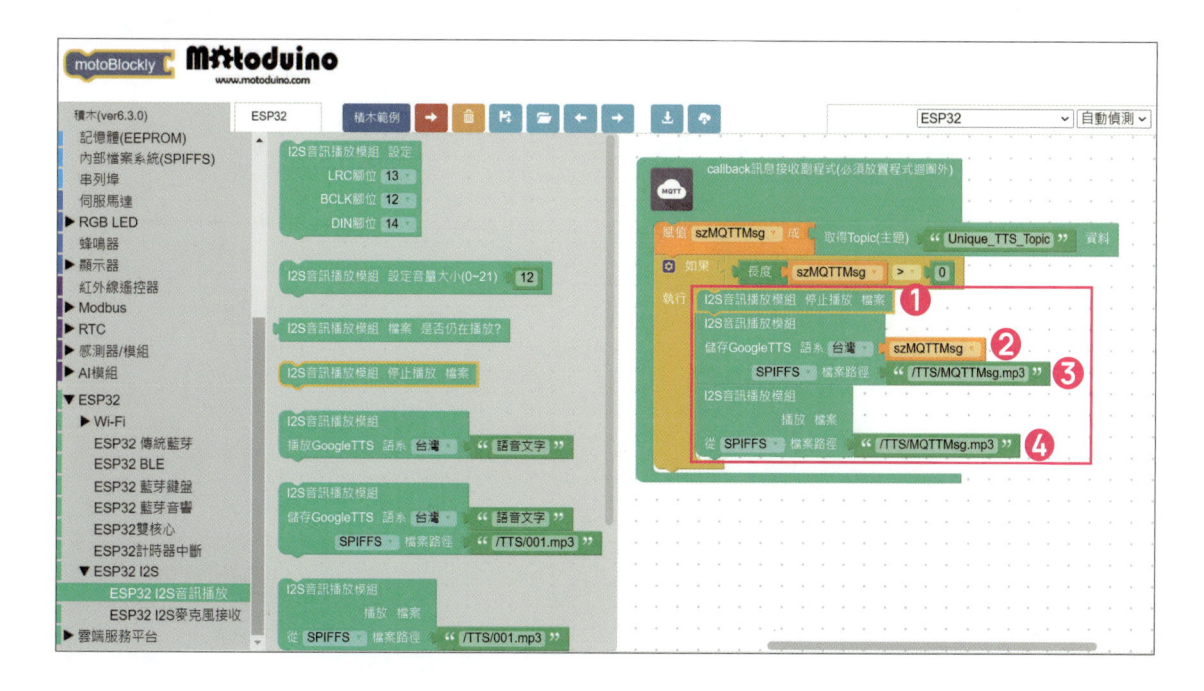

87

Step 9 回到主程式的「迴圈」積木中，加入條件判斷式積木不斷檢查 ESP32 擴充板上的 G34 腳位按鈕是否有被按下。一旦該按鈕被按下，便是代表使用者想重新播放最後一筆接收到的文字語音。

此時若存放 MQTT 文字訊息的變數 szMQTTMsg 長度大於 0，即代表「雲端廣播留言機」系統中的確留有之前的語音檔案，可直接播放備份在 SPIFFS 指定路徑下的語音檔案（本範例設為「/TTS/MQTTMsg.mp3」），直到播放完畢為止。

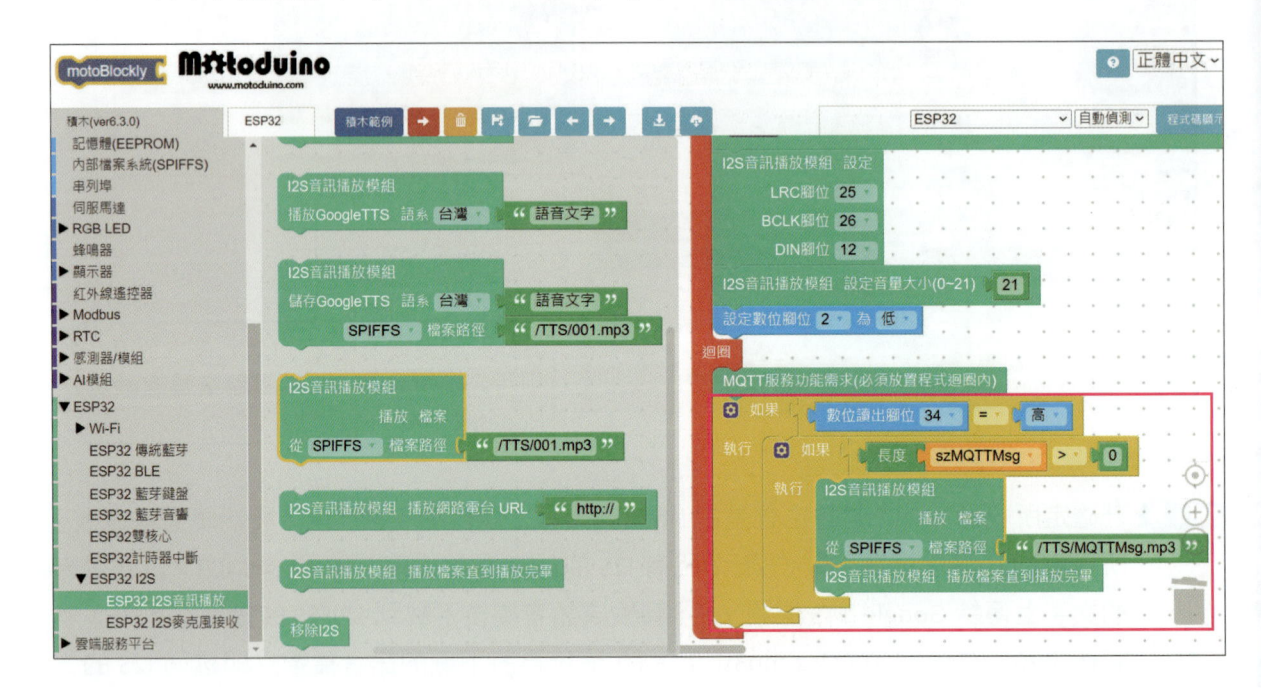

MQTT 通訊協定的入門與實作

Step 10 完整的「ESP32 雲端廣播留言機」motoBlockly 程式如下圖所示。請在程式積木紅框與橘框處填入對應的 WiFi 與 MQTT 相關資訊，兩個橘框處的訂閱主題必須一致，如此程式才能正常的運作。

手機 APP 的設定

由於配合「雲端廣播留言機」的手機跟「多功能遙控系統」一樣都屬於發送 MQTT 封包的發佈端角色,因此兩者的 APP 設定方式大同小異,詳細的「雲端廣播留言機」MQTT Dash APP 設定流程如下:

Step 1 ❶ 如圖 (a) 所示,點選 APP 右上角的「+」按鈕來新增欲連線的 MQTT 伺服器。

❷ 如圖 (b) 所示,MQTT 伺服器設定頁:

- 「Name」欄位:設定 MQTT 伺服器選項的名稱,可以依照它的功能來進行設定(本例設為「雲端廣播留言機」)。
- 「Address」欄位:需填入欲連線的 MQTT 伺服器網址,並且該網址必須與「雲端廣播留言機」程式所設定的 MQTT 伺服器相同(本例均設定為「test.mosquitto.org」)。
- 「Port」欄位:請填入不需加密的「1883」連接埠號即可。

設定完成後請記得按下畫面右上角的磁碟片圖示按鈕來儲存上述的 MQTT 伺服器相關設定。

❸ 最後如圖 (c) 所示,點選剛才所建立的伺服器選項「雲端廣播留言機」開始進行連線。

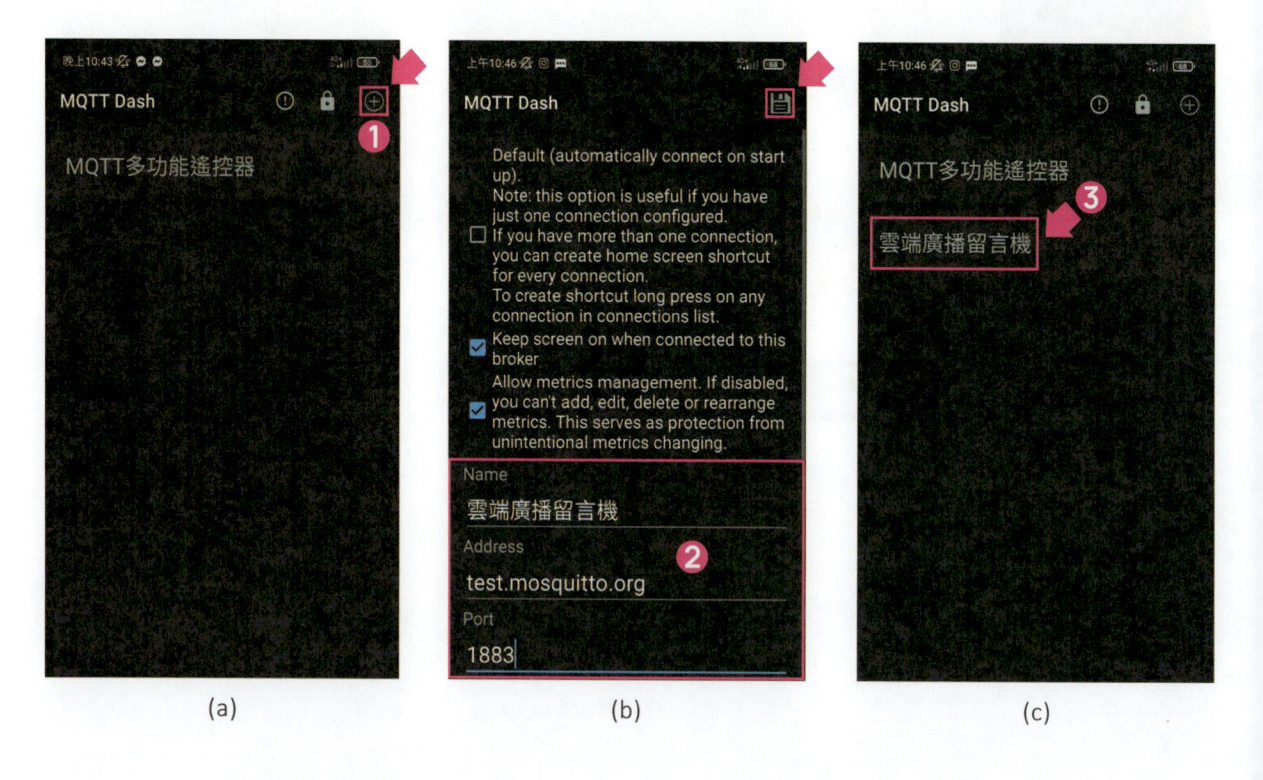

(a)　　　　　(b)　　　　　(c)

MQTT 通訊協定的入門與實作

Step 2 ❶ 如圖 (a) 所示，點選右上角的「+」按鈕來建立一個「Text」的文字輸入介面，讓使用者可以透過此介面來輸入不同文字內容的 MQTT 封包。

❷ 如圖 (b) 所示，「Name」欄位是提示使用者此輸入介面的功用，因此本例將其設定為「MQTT 文字訊息」。而下方的「Topic（pub）」欄位則需與 NodeMCU-32S 程式中所訂閱的主題相同，如此才能確保從手機 APP 發佈的 MQTT 封包可以傳送到 ESP32（本例均設定為「Unique_TTS_Topic」）。

❸ 如圖 (c) 所示，MQTT Dash 的文字輸入介面可以選擇文字顯示的尺寸大小，因為此欄位可能會輸入大量的文字，因此建議將文字顯示的尺寸設為最小（Small）。另外請勾選「Retained」選項，讓 NodeMCU-32S 即使重啟，也能再次收到最後一筆的訊息。

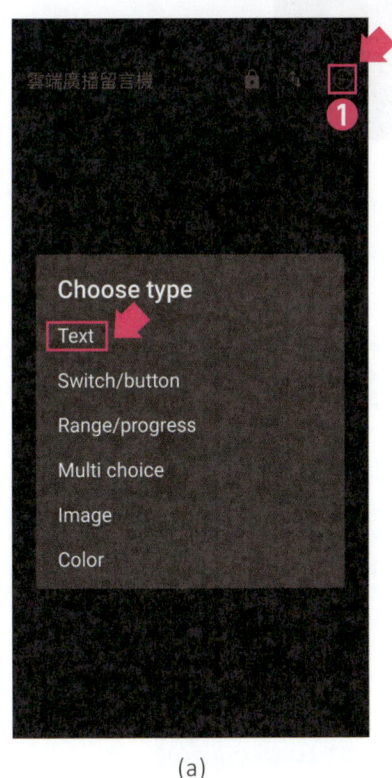

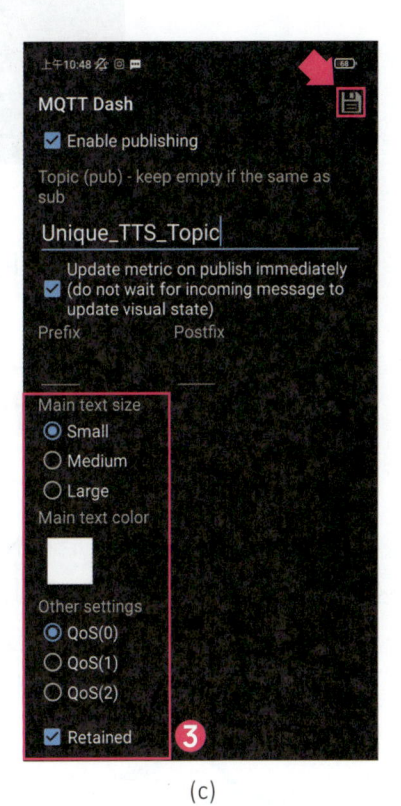

(a)　　　　　　　　(b)　　　　　　　　(c)

91

Step 3 最後點選完成設定的文字輸入介面,並在輸入完想要用語音播放的文字訊息之後,按下「SET」按鈕即可將 MQTT 訊息送出。若 NodeMCU-32S 的程式也運作正常的話,此時的 I2S 喇叭就會開始以語音播放剛剛從 APP 所送出的文字內容。

成果展示 https://youtu.be/i-BVUi0_iZI

2-7 MQTT 實作應用 IV – 心跳血氧同步監控系統

完成前面的幾個練習後,相信大家對於 MQTT 協定的設定與運作方式已有初步的認識。不過前幾個練習,都只是將 NodeMCU-32S 當成是接收 MQTT 封包的訂閱者,而手機則是發出命令的發佈者來操作。因此接下來本練習將反其道而行,由 NodeMCU-32S 改為擔任訊息發佈端,將所量測到的數據發送給改為訊息訂閱端的手機 APP,藉此做出一套可以遠端查看心跳血氧即時量測數值的同步監控系統。

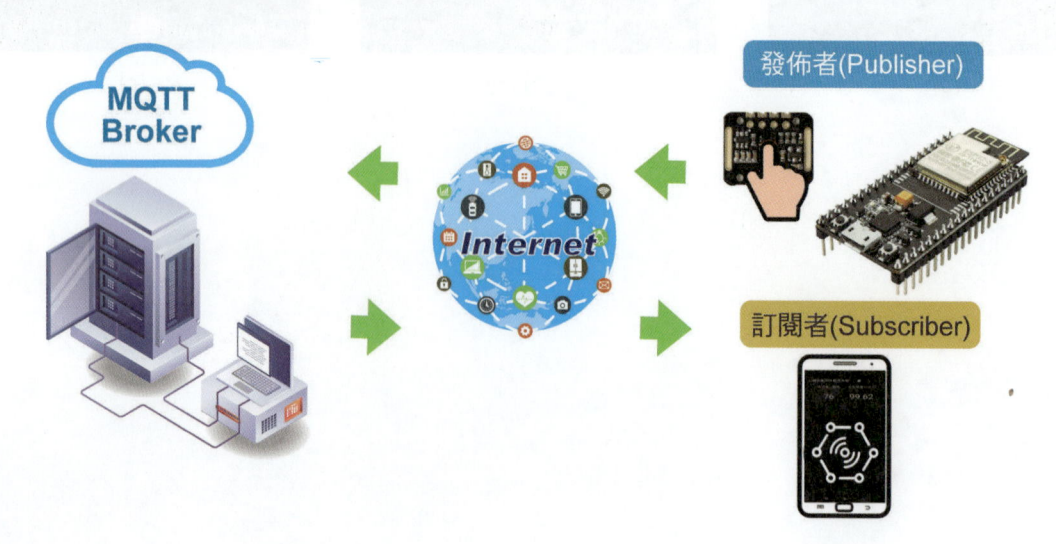

「心跳血氧同步監控系統」運作流程如圖所示：首先將 NodeMCU-32S 及手機 APP 連上同一個 MQTT 伺服器。當 NodeMCU-32S 透過 MAX30102 模組量測心跳與血氧時，除了 NodeMCU-32S 本身外接的 OLED 會即時顯示量測到的數據給測量者觀看外，也會同步將這些數據寫成 MQTT 封包發佈出去。此時遠端的醫療人員或家人若有訂閱 NodeMCU-32S 所發佈的 MQTT 主題，就能透過手機或電腦同步觀看測量者的心跳血氧即時數據，如果發現異常狀況，便可即時處理，降低風險。

MAX30102 模組簡介

MAX30102 內含 660nm 紅光 LED、880nm 紅外光 LED、光電檢測器、以及帶有環境光抑制的低噪聲電子電路，是一款以紅外線來量測血氧含量和心跳速率的生物感測器模組。其可以利用程式來達到零待機電流，屬於低功耗產品。和 SSD1306 OLED 顯示器相同，本書所使用的 MAX30102 模組一樣是走標準的 I2C 通訊界面。

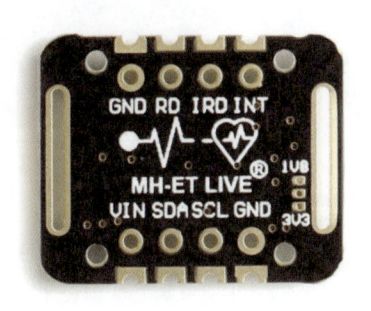

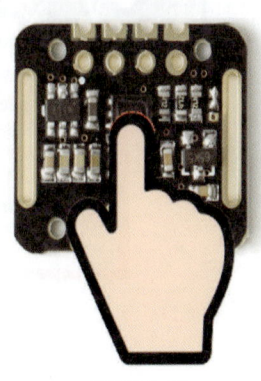

| MAX30102 量測面 | MAX30102 背面 | 量測方法 |

MAX30102 心跳血氧量測模組是透過手指內紅血球對於紅外線及紅光的吸收差異來計算血氧濃度：含氧血紅蛋白會吸收更多的紅外線並反射回紅光，因此量測模組便可依紅光的反射量來計算出血液中的含氧量，是可提供準確數據又能連續測量的非侵入性生物檢測工具。

ESP32 硬體設定

心跳血氧同步監控系統在硬體方面的需求如下：

❶ 作為大腦來控制各項硬體的「NodeMCU-32S」及「ESP32 IO Board 擴充板」。
❷ 負責量測心跳血氧的 MAX30102 量測模組，以及 4 Pins 杜邦轉 RJ11 連接線。
❸ 負責顯示目前心跳、血氧量測結果的 SSD1306 OLED 顯示器。
❹ 作為訂閱者角色，接收並顯示 MQTT 數據的 Android 手機。

硬體組裝步驟

Step 1 先將負責量測心跳血氧的 MAX30102 模組依下圖所示的方式，使用 4 Pins 杜邦轉 RJ11 線將 MAX30102 模組串接到 ESP32 擴充板的 G21/G22 RJ11 插槽中（G21/G22 即是 NodeMCU-32S 的 I2C 腳位）。

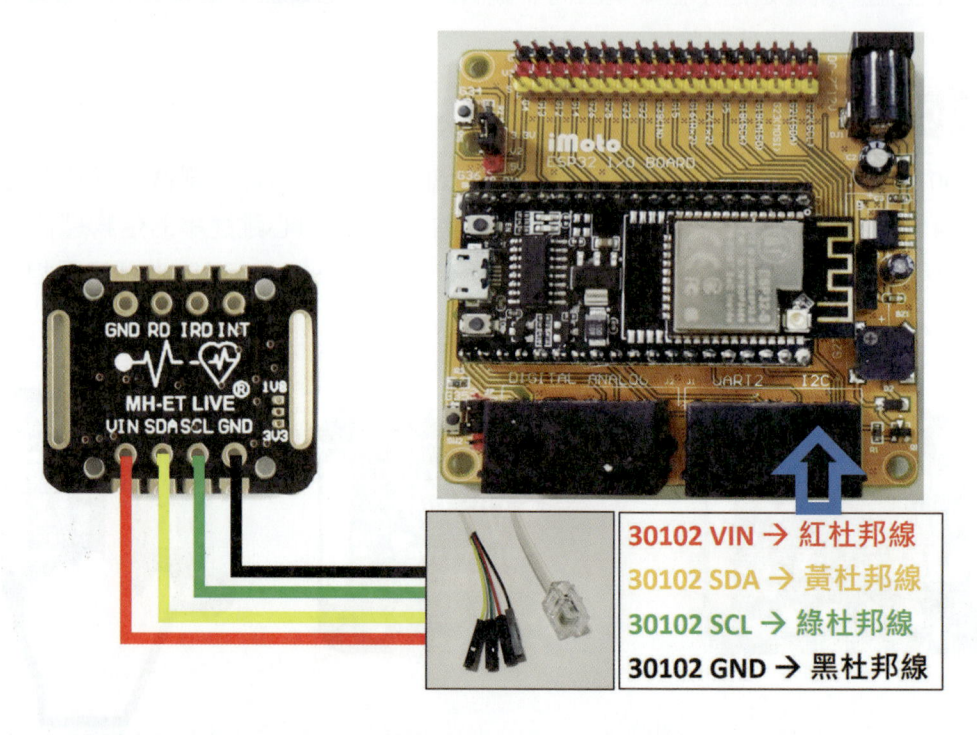

30102 VIN → 紅杜邦線
30102 SDA → 黃杜邦線
30102 SCL → 綠杜邦線
30102 GND → 黑杜邦線

Step 2 如下圖所示，將 OLED 顯示器直接接到 ESP32 擴充板 I2C 的排針插槽中，其中 OLED 的 GND 排針接到擴充板的 G 插槽、OLED 的 VCC 排針接到擴充板的 V 插槽、OLED 的 SDA 排針接到擴充板的 SDA 插槽、OLED 的 SCL 排針接到擴充板的 SCL 插槽。「心跳血氧同步監控系統」硬體組裝至此完成。

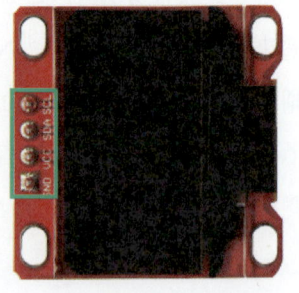

ESP32 圖控程式

完成上述硬體的組裝後，接下來便可開始透過所編寫的 motoBlockly 圖控程式來達到心跳血氧同步監控的目的。程式積木堆疊流程如下：

Step 1 如下圖所示，❶ 首先需將 motoBlockly 的開發板型號選擇為「ESP32」才能產生正確的 ESP32 程式碼。❷ 建立一個 OLED 待機畫面的副程式 fnOLEDInit( ) 備用，其運作流程為：(1) 先清除 OLED 上所有的字樣，(2) 因為有中文字的顯示需求，所以需載入 OLED 中文字庫（此處請務必選擇「字庫 2（益師傅 7383 字）」），(3) 最後開始設定要顯示的文字位置與內容，(4) 設定完畢後再將其顯示出來。

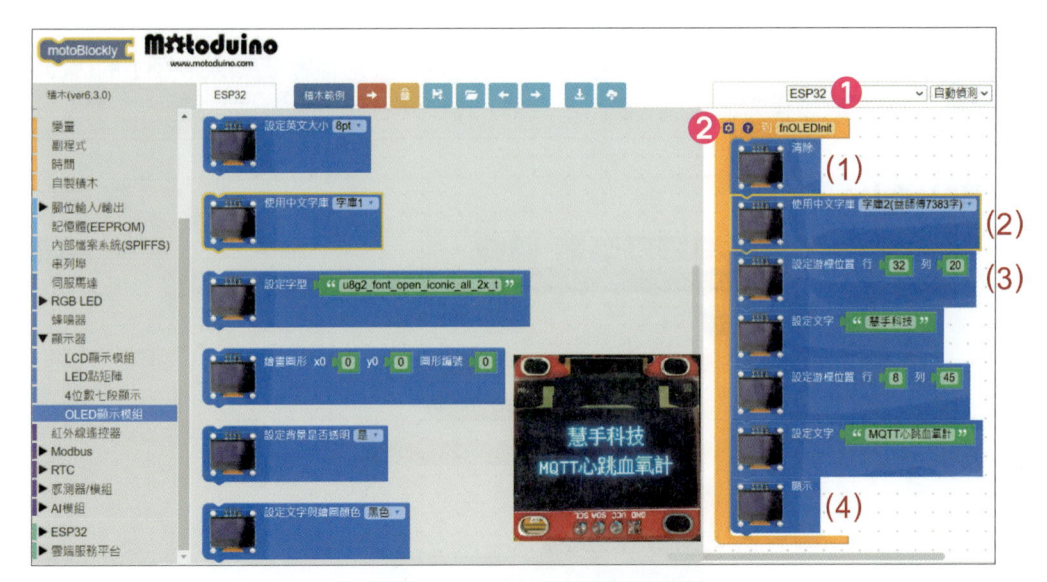

Step 2 建立三個全域變數：分別是 (1) 型態為 int 整數，用來存放每分鐘平均心跳數的 nBMPAvg；(2) float 浮點數型態，用來存放血氧含量值的 fSPO2；(3) bool 布林值型態，用來判斷手指是否已經放到感測器上的 bFingerTouch。

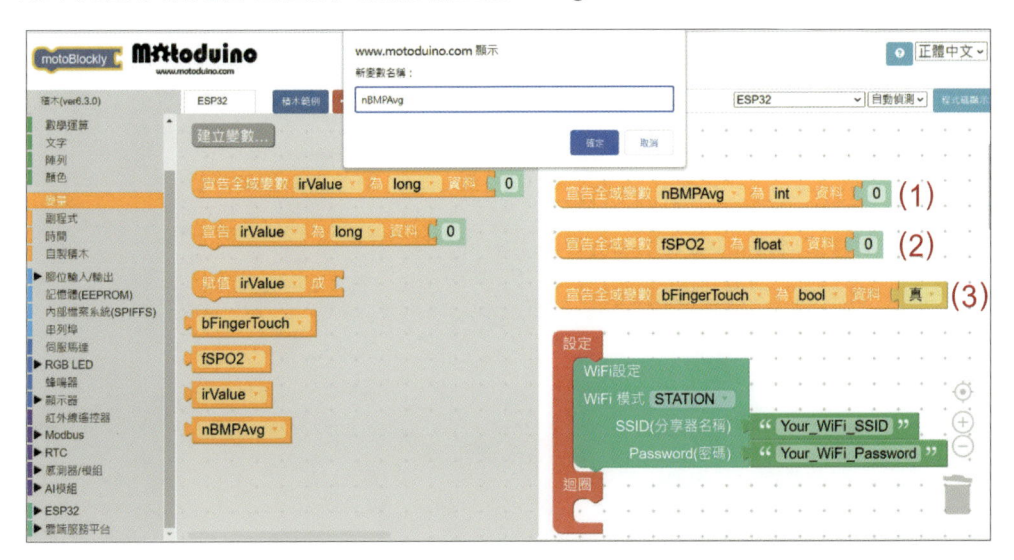

另外請在設定（Setup）積木中完成 ESP32 連接網路的初始化設定。「WiFi 設定」積木中的「SSID（分享器名稱）」與「Password（密碼）」參數分別為 ESP32 準備連線的路由器或無線網路分享器的名稱與密碼，請依實際狀況來進行設定即可。

Step 3 NodeMCU-32S 要開始發佈 MQTT 封包之前，得先連上一個 MQTT 伺服器，因此需使用如下圖紅框處的 MQTT 伺服器連線積木：

- 「MQTT Server（伺服器）」參數：填入欲連線的 MQTT 伺服器網址（預設網址為「test.mosquitto.org」）；

- 「Client（客戶）ID」參數：為了讓 MQTT 伺服器方便日後連繫，請務必填寫一個獨一無二的半形英數字串，建議可以輸入自己的學號或手機號碼即可。

> **注意：** 使用 motoBlockly 的 MQTT 服務時，一定都需要加入 MQTT 的「callback 訊息接收副程式」的程式積木，否則 MQTT 運行時就會發生問題。

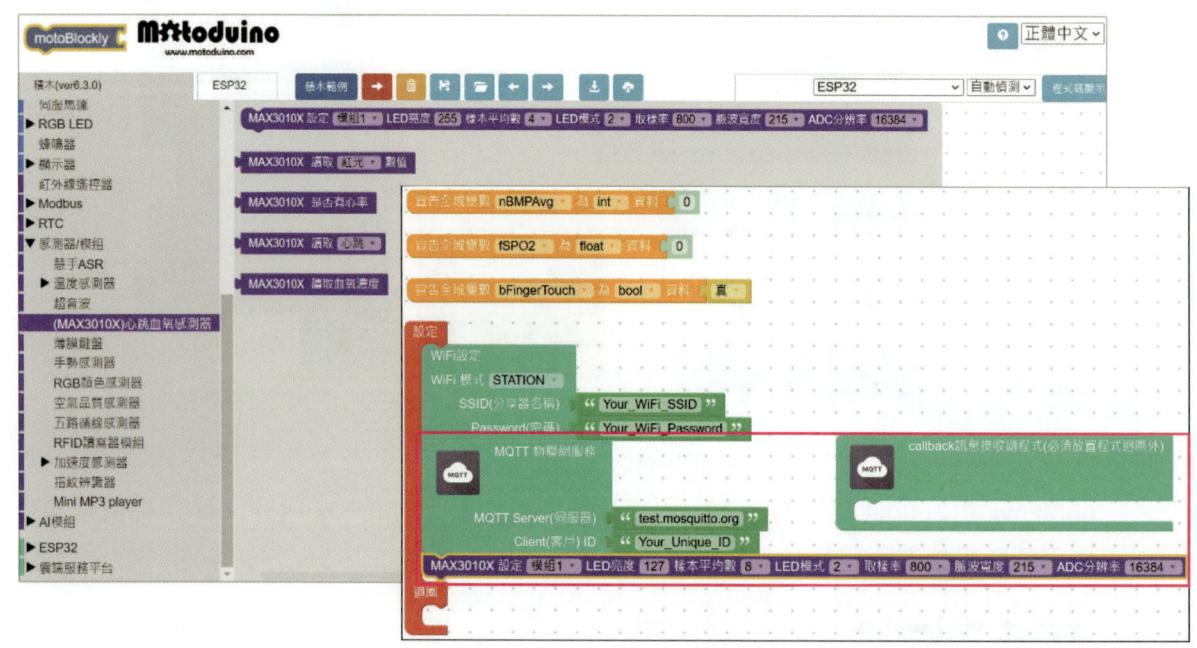

配合上頁圖示來介紹「MAX30102 設定」程式積木各參數的意義與設定方式：

❶ **模組**：由於市面上 MAX30102 的模組種類繁多，電路設計也有所不同，因此使用者可依自己的模組樣式，比對下圖來選擇正確的模組型號。本範例使用的 MAX30102 為常見的「模組 1」型態。

模組 1　　　　　　　　　　　　模組 2

❷ **LED 亮度**：由於 MAX30102 也會使用紅光來量測心跳，此參數便可調整 LED 紅光的亮度，範圍為 0～255（255 為最亮值）。此處我們取中間值「127」為設定值。

❸ **樣本平均數**：顧名思義便是設定數據量測取樣的次數。若此參數設定值為「8」，即代表每次回傳的量測數據都是以累積 8 次量測到的數據再加以平均的數值，以此類推…因此樣本平均數設定的多，量測誤差值會較小，但相對耗費的時間也會較長；反之，樣本平均數設定的少，量測誤差值較大，不過耗費的時間就會縮短，讀者可依自己的需求來進行調整。本範例樣品平均數設為「8」次。

❹ **LED 模式**：分成 1、2、3 三種模式。1 是只有開啟紅光 LED，此時僅能量測每分鐘心跳數。2 是同時開啟紅光與紅外線，此時便可測量心跳與血氧。3 會開啟綠光 LED，不會用到。本例因需同時量測心跳和血氧，所以將此參數設為「2」。

❺ **取樣率（Samples per Second）**：每秒鐘取樣次數。本例設定為每秒鐘「800」次。

❻ **脈衝寬度**：LED 燈每次點亮的時間。此處設為「215」μs（百萬分之一秒）。

❼ **ADC 分辨率**：量測數值的類比數值解析度。此處設為 2 的 14 次方「16384」。

Step 4 由於本系統需使用 OLED 來顯示量測到的心跳與血氧數據，因此在使用 OLED 前需要進行一些初始化動作：包括設定 OLED 的「型號」、「I2C 位址」以及螢幕的「寬度」與「高度」解析度。若以本範例所使用的 OLED 型號為例，請將上述各參數值分別設定為型號 SSD1306、位址 0x3C、寬度 128 與高度 64。最後記得再呼叫 fnOLEDInit()來顯示出「心跳血氧同步監控系統」的待機畫面。

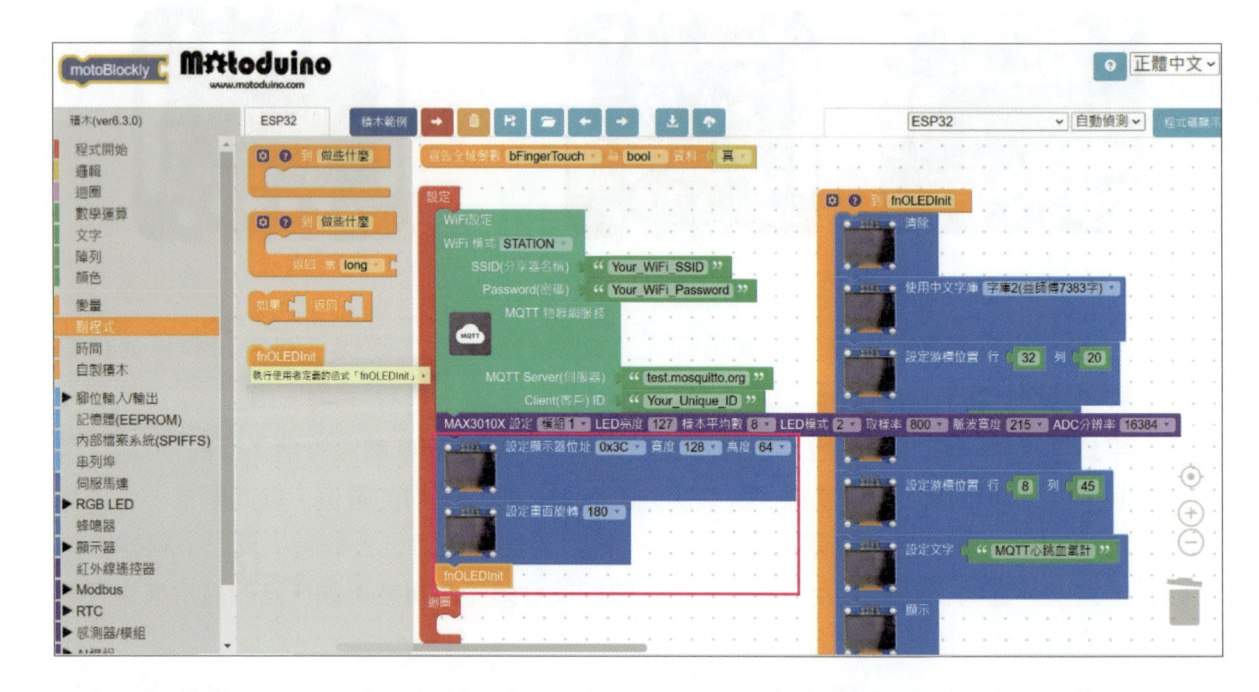

本例將 OLED 的文字顯示角度設為 180 度，其所對應的顯示畫面如下圖所示。

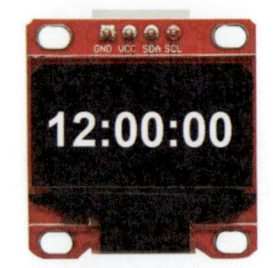

畫面旋轉：0 度　　畫面旋轉：90 度　　畫面旋轉：180 度　　畫面旋轉：270 度

Step 5 建立 OLED 顯示心跳血氧量測結果畫面的副程式 fnShowBPMSPO2()。邏輯和之前所建立的 fnOLEDInit() 副程式類似：❶ 首先清除畫面並設定英文顯示字體的大小。❷ 設定提示文字與量測結果的內容與位置（提示文字為：BPM（每分鐘心跳數）與 SpO2（血氧含量百分比））。為避免血氧的量測數值有誤，BPM 小於 30 次時 SPO2 血氧含量百分比僅會顯示「--」，等到 BPM（每分鐘心跳數）大於或等於 30 次，SPO2 才會開始顯示量測到的數值。❸ 最後還要呼叫「OLED 顯示」的程式積木將剛剛所有設定的 OLED 畫面顯示出來。

MQTT 通訊協定的入門與實作

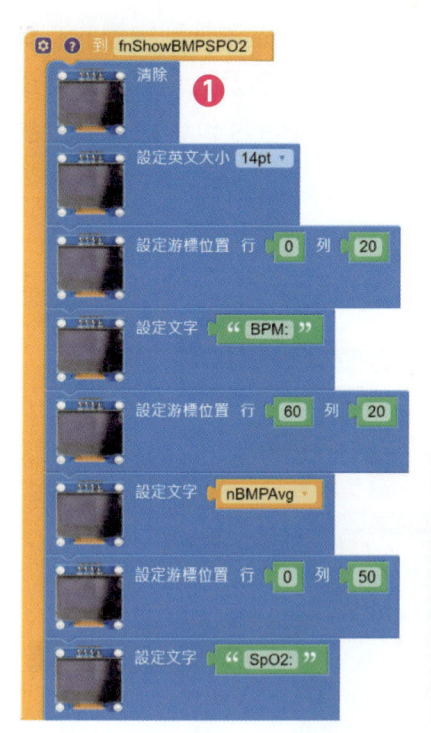

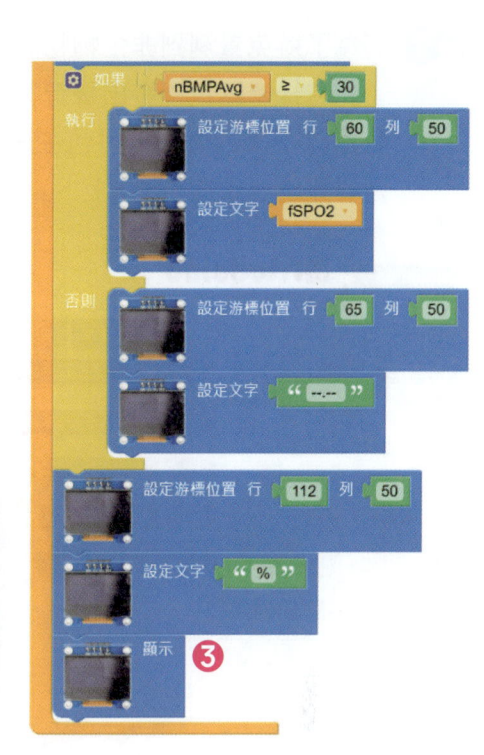

Step 6 開始編寫「迴圈」這個函式。首先放入使用 MQTT 時必要的功能需求積木，接著宣告一個 long 型態的變數 irValue，用來存放 MAX30102 量測到的紅外線數值。該數值可用來判斷是否有物體遮蔽住 MAX30102 模組。

若 MAX30102 回傳的紅外線數值大於 7000，就表示 MAX30102 模組上已有遮蔽的物體了，此時姑且不論遮蔽的物體為何，直接呼叫 fnShowBPMSPO2() 副程式把 OLED 切換到顯示心跳、血氧量測數值的顯示畫面。

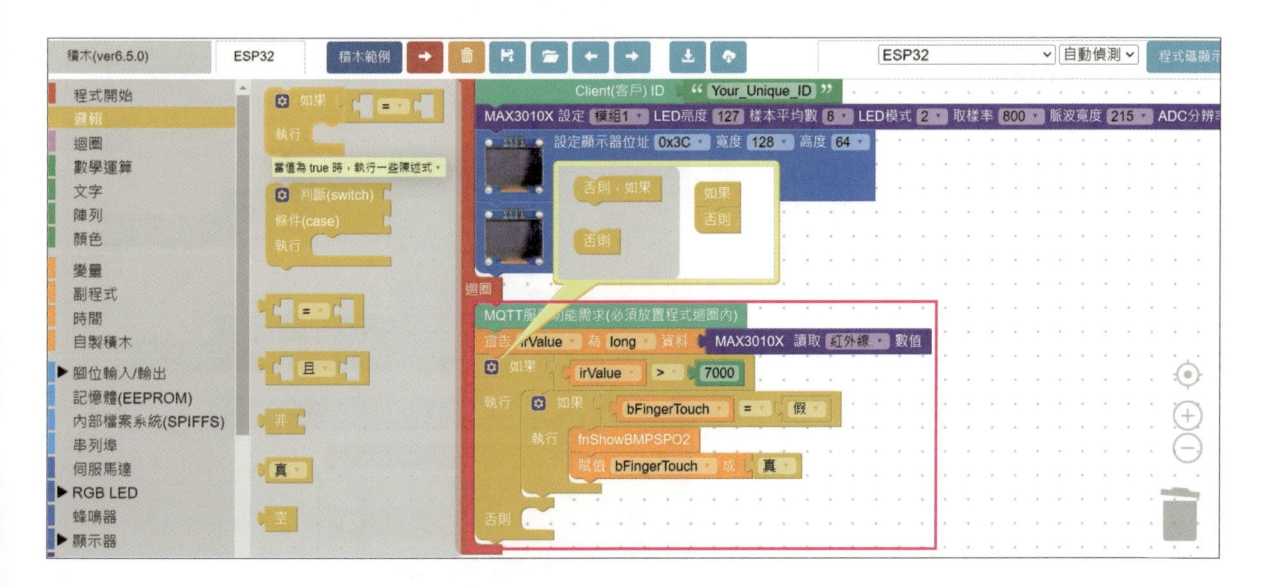

Step 7 而為了避免量測到非生物物體的血氧含量，在量測過程中會先確定測量到物體的心跳（此時蜂鳴器也會發出聲音），才會開始將量測到的每分鐘心跳數及血氧含量百分比分別以不同的 MQTT 封包主題發佈出去。除此之外，NodeMCU-32S 也會把量測到的數值即時更新在 OLED 上。

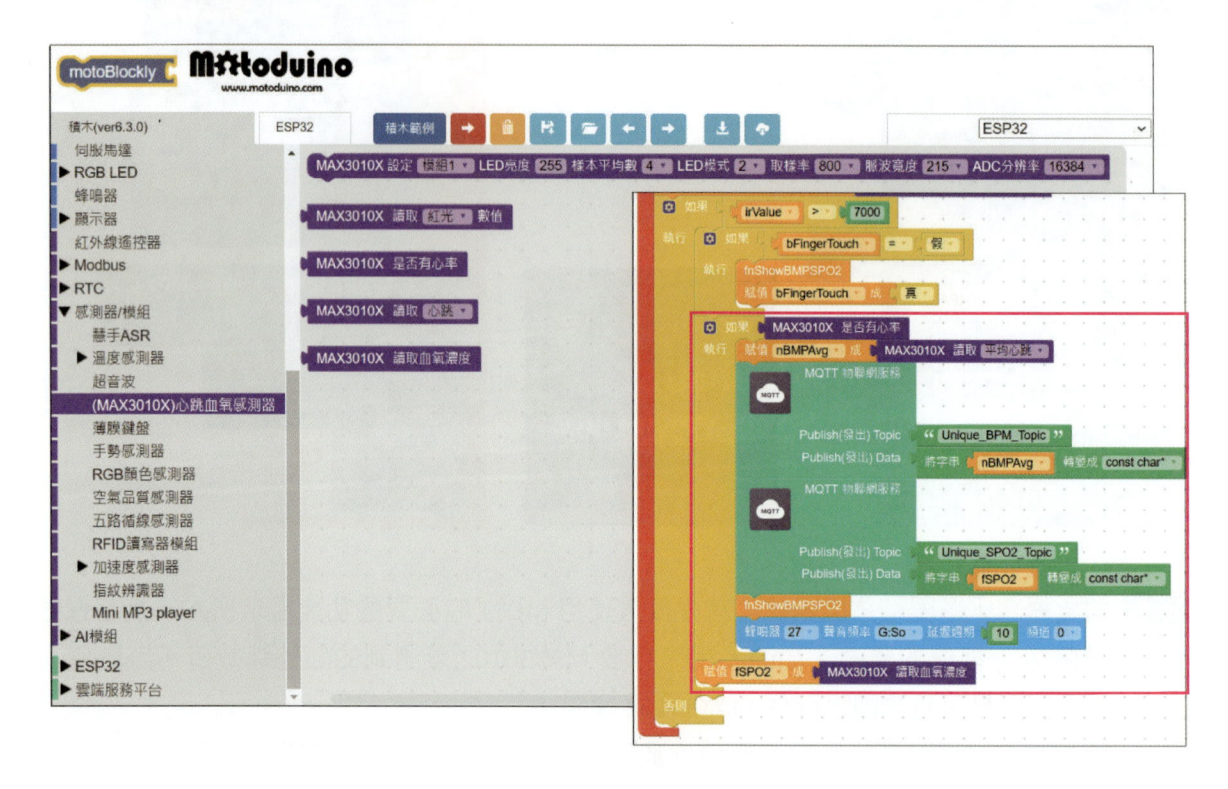

Step 8 當 MAX30102 回傳的數值小於 7000 時，即代表遮蔽 MAX30102 模組的物體已經抽離，此時便將 OLED 上的畫面切回一開始的待機畫面。

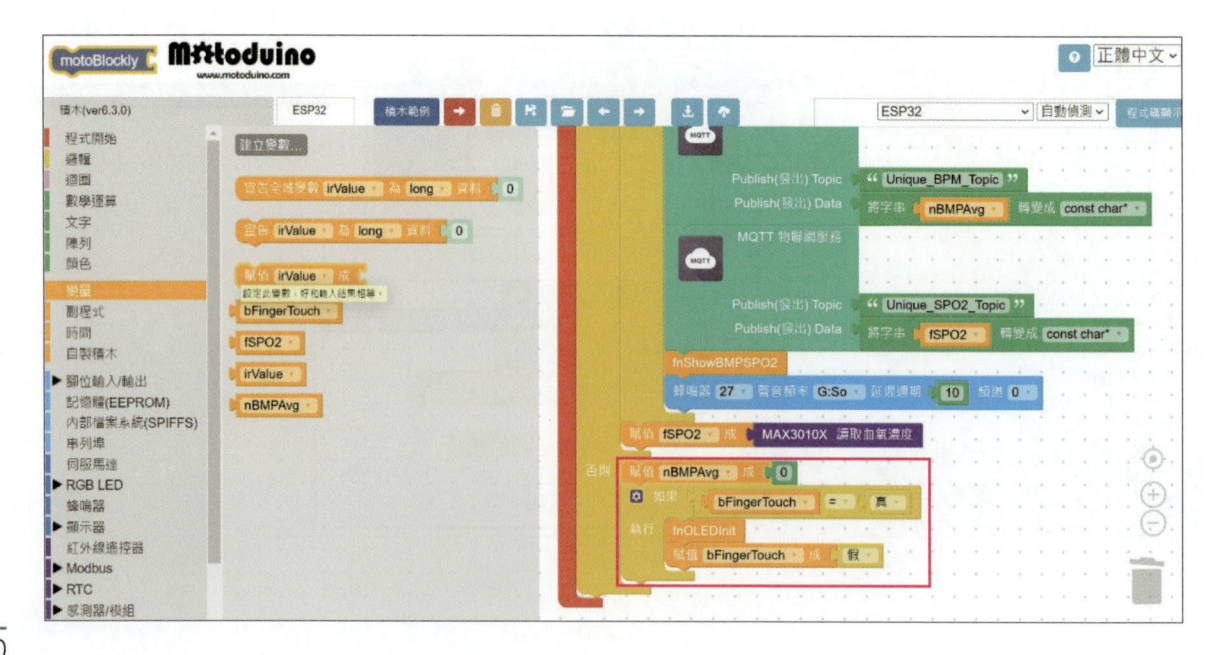

MQTT 通訊協定的入門與實作

Step 9 完整的「ESP32 心跳血氧同步監控系統」motoBlockly 程式如下所示。請在程式積木紅框處填入對應的 WiFi 與 MQTT 相關資訊，如此程式才能正常的運作。另外由於此範例程式需載入 OLED 顯示器的 7000 字中文字庫，所以使用 motoBlockly 編譯上傳的時間會比較久，程式上傳時請耐心等候。

101

用 ESP32 輕鬆入門物聯網 IoT 實作應用

> ### 手機 APP 的設定

由於配合「心跳血氧同步監控系統」的手機是屬於接收 MQTT 封包的訂閱端用戶，因此其設定方式與之前擔任 MQTT 封包發送端的方式略有不同，MQTT Dash APP 的設定流程如下。

Step 1 ❶ 如圖 (a) 所示，點選 APP 右上角的「+」按鈕來新增欲連線的 MQTT 伺服器。

❷ 如圖 (b) 所示，伺服器頁中的設定：

- 「Name」欄位：是設定這個 MQTT 伺服器選項的名稱，可以依照它的功能來進行設定（本例設為「心跳血氧同步監控系統」）。
- 「Address」欄位：則是需填入欲連線的 MQTT 伺服器網址，並且該伺服器網址必須與「心跳血氧同步監控系統」ESP32 程式所設定的 MQTT 伺服器相同（本例兩處均設定為「test.mosquitto.org」）。
- 「Port」欄位：請填入不需加密的「1883」連接埠號即可。

❸ 最後如圖 (c) 所示，點選剛才所建立的伺服器選項「心跳血氧同步監控系統」開始進行連線。

(a)　　　　　　(b)　　　　　　(c)

Step 2 ❶ 如圖 (a) 所示，點選右上角的「+」按鈕來建立兩個「Text」的文字輸出介面，讓 APP 可以透過此文字介面來顯示不同的 MQTT 封包內容（心跳及血氧數據）。

❷ 如圖 (b)(c) 所示，「Name」欄位是用來說明目前顯示的是何種數據，所以本例分別將其設定為「每分鐘心跳數」與「血氧含量百分比」。而 Text 設定頁面下方的「Topic（sub）」欄位則需與「心跳血氧同步監控系統」ESP32 端所發佈的主題相同，如此才能確保 MQTT Dash APP 能夠收到來自於 NodeMCU-32S 所發佈的心跳血氧數據封包並顯示之。

MQTT 通訊協定的入門與實作　**2**

❸ 如圖 (b)(c) 橘框處所示，由於這兩個文字輸出介面只需要單純的顯示數據，因此兩個 Text 設定頁面的「Enable publishing」選項請不要勾選。「Main text size」文字顯示尺寸則可選擇最大的「Large」選項以便於觀看。

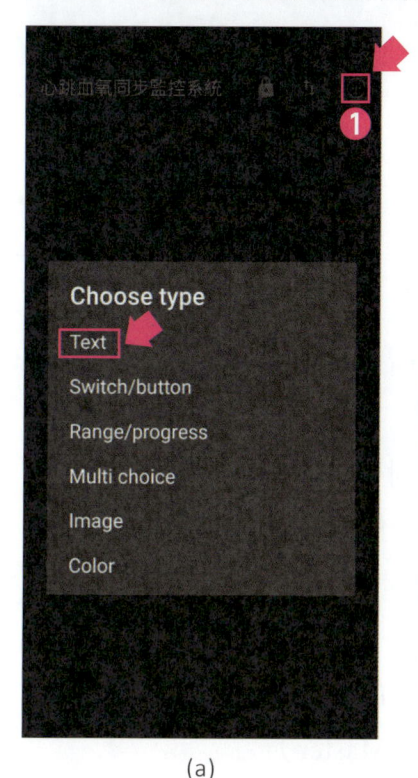

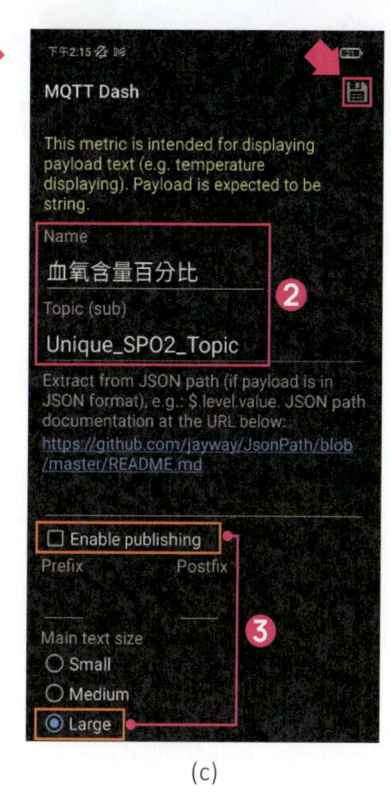

(a)　(b)　(c)

Step 3 當 MQTT Dash APP 設定完畢後，若 NodeMCU-32S 的程式也運作正常的話，從 MAX30102 模組量測到的心跳與血氧數值，便會如下圖所示同步顯示在手機 APP 中。

成果展示　https://youtu.be/J5uBVfnryR8

103

Chapter 2 課後習題

MQTT 通訊協定的入門與實作

選擇題

(　　) 1. 請問 MQTT 協定中的訂閱者及發佈者必須將何種 MQTT 參數設為一致才能互相傳遞訊息？
　　　(A) MQTT 封包內容　　　　　　(B) MQTT 封包主題
　　　(C) MQTT 封包 QoS　　　　　　(D) 訂閱及發佈端的 Client ID

(　　) 2. 請問若想以電腦或手機透過 MQTT 協定來遙控 ESP32，那麼此時的電腦或手機所扮演的 MQTT 角色為何？
　　　(A) 訂閱端（Subscriber）　　　　(B) 發送端（Publisher）
　　　(C) 伺服器端（Server）　　　　　(D) 主控端（Master）

(　　) 3. 承上題，此時的 ESP32 又扮演什麼樣的 MQTT 角色？
　　　(A) 訂閱端（Subscriber）　　　　(B) 發送端（Publisher）
　　　(C) 伺服器端（Server）　　　　　(D) 從動端（Slave）

(　　) 4. 請問 MQTT 協定中 Client ID 的用途為何，為何需要獨一無二的字串？
　　　(A) 用於識別主題　　　　　　　(B) 用於識別訊息內容
　　　(C) 用於識別伺服器端　　　　　(D) 用於識別客戶端

(　　) 5. 請問 MAX30102 感測器，可以量測下列何種數據？
　　　(A) 只能測量血氧含量
　　　(B) 只能測量每分鐘心跳數
　　　(C) 可量測血氧含量與每分鐘心跳數
　　　(D) 只能測量體溫

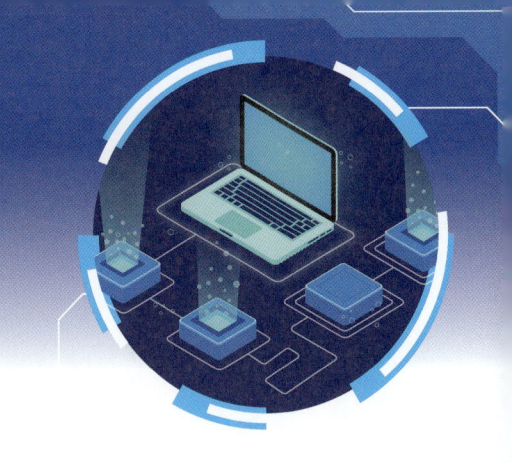

實作題

題目名稱：**實作溫溼度回報系統**

創客題目編號：A040024

題目說明：

請實作一個溫溼度回報系統。讓 ESP32 每隔 10 秒鐘就會以 MQTT 協定來回傳目前所量測到的溫度及濕度。

30 mins

創客力指標

外形	機構	電控	程式	通訊	人工智慧	創客總數
0	0	3	4	2	0	9

綜合素養力指標

空間力	堅毅力	邏輯力	創新力	整合力	團隊力	素養總數
0	0	3	1	1	1	6

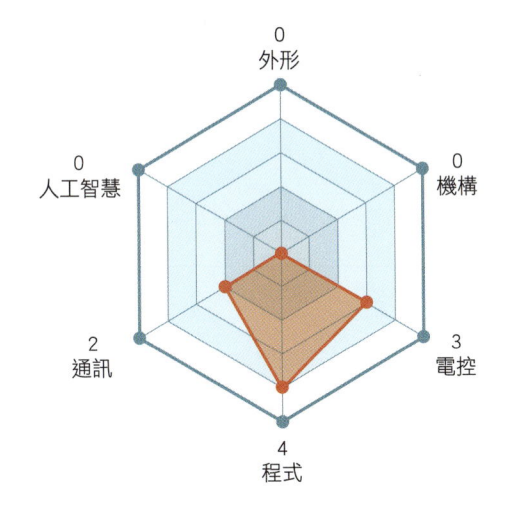

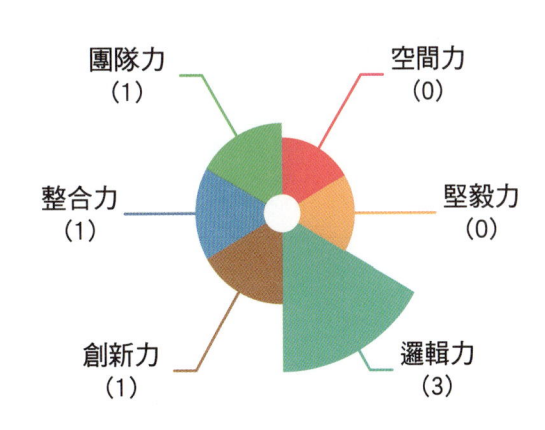

105

Note

3

ThingSpeak 雲端平臺的入門與實作

　　利用各式的物聯網裝置來收集大數據是企業或個人從中挖掘金礦的第一步。但對一般人而言，要想建置一個可收集不同感測數值據的自有伺服器平臺，不僅費時費力還浪費金錢。而本章所要向讀者介紹的 ThingSpeak 雲端服務平臺，便是一個可以協助解決伺服器建構問題的良方。ThingSpeak 平臺不但提供了方便的對接 API 可讓 ESP32 簡單又快速地將感測器所收集到的數據上傳記錄，並且提供了手持裝置的 APP 支援，讓使用者即使身在他處，也可以輕鬆掌握各項監控數值的變化。

3-1　ThingSpeak 簡介
3-2　ThingSpeak 與 ESP32
3-3　ThingSpeak 的帳號註冊（Sign Up）
3-4　ThingSpeak 實作應用 I – 農場大數據收集系統
3-5　ThingSpeak 實作應用 II – 雲端叫號系統
3-6　ThingSpeak 實作應用 III – 強化版雲端叫號系統
3-7　ThingSpeak 免費帳號的限制

3-1　ThingSpeak 簡介

　　隨著網路由 4G 慢慢地進入到 5G 的世代，網路傳輸速度也有了飛躍性的成長，許多過往被認為難以解決的問題，到了今日卻已變成理所當然的存在。而號稱萬物皆可聯網的各式物聯網（Internet Of Things，IoT）應用，便是順應在這股潮流下的產物。

　　除了科技進步和網路發達等因素造就了物聯網應用的普及外，其能迅速擴散到各領域的原因，不外乎就是透過物聯網所收集累積的大數據中，充滿了俯拾即是的龐大商機。舉例來說：藉由大數據的幫助，保險公司可經由客戶平時開車的習慣來調整不同保戶的保費高低，讓行車紀律較差的保戶繳納較高的保費；賣場或超商亦可藉由客戶過往消費記錄來推出大眾可能會感興趣的新商品；即便是警察或保全人員，都可以依據過往的犯罪熱點來機動調整巡邏的路線⋯。以上種種的各式案例皆為大數據已被落實在一般生活的有力證明。

　　然而在開始進行大數據的資料「分析」前，首先得設法「收集」到數據資料。自己架設收集數據的伺服器固然可以調整的自由度較高，但隨之而來的一些防毒、防駭，以及資料如何串接上傳的設定工作也是需要付出不少的時間與精力，更遑論租借伺服器時所需支付的費用了。也因此，目前仍有提供免費使用額度的 ThingSpeak 雲端服務平臺（如下圖所示，網址為：https://thingspeak.com），便成為微處理器搭配感測元件來收集各類數據的最佳拍檔。

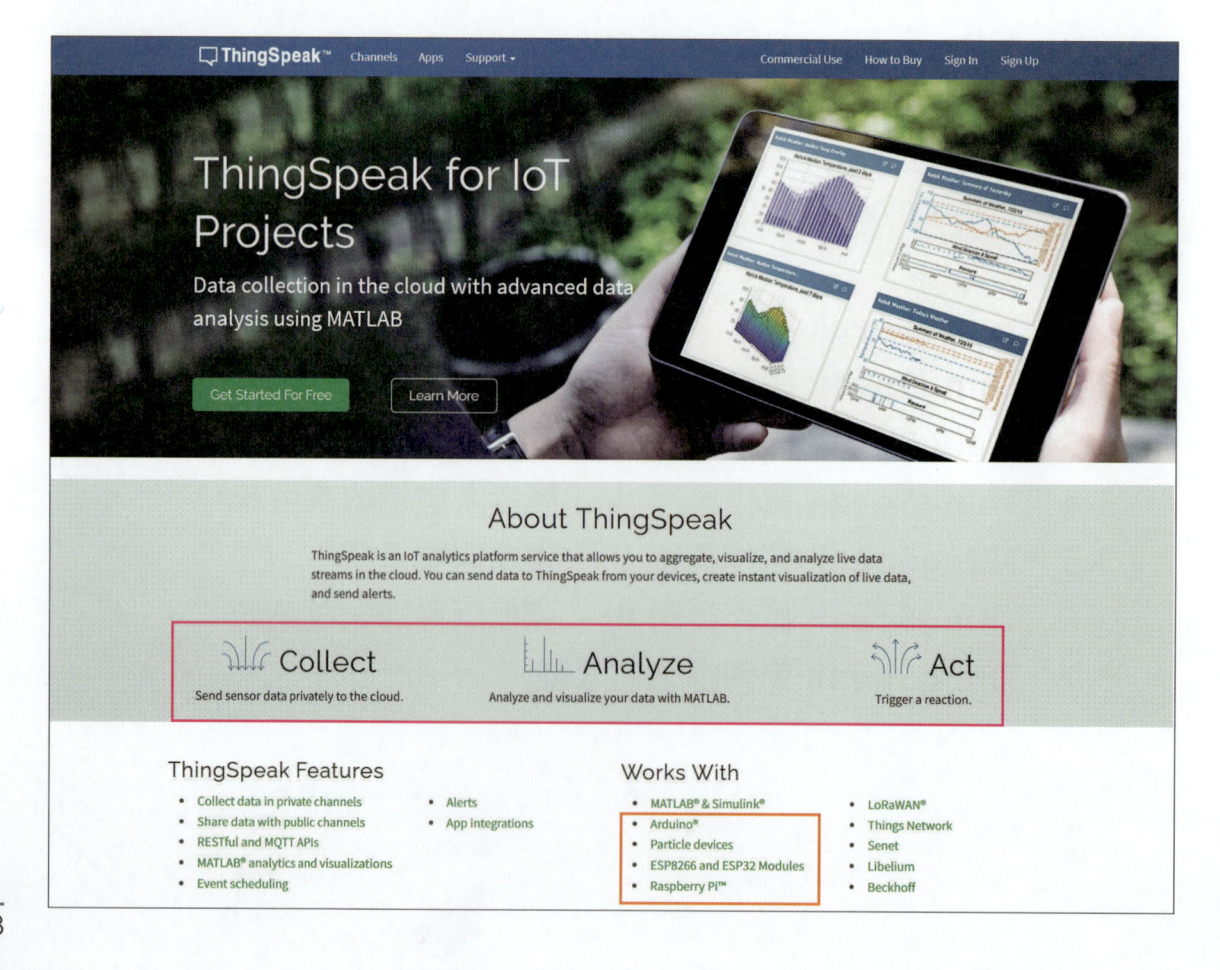

如上圖紅框處所示，ThingSpeak 服務平臺的首頁就直接地告知使用者它可以協助做到「收集感測器資訊（Collect）」、「分析及具體化所收集的資訊（Analyze）」以及「觸發動作（Act）」…等三大服務。

另外橘框處則標示了此服務平臺可支援的各項硬體：包括本書所配合使用的 ESP32 控制板，以及其他如 Arduino、ESP8266 與樹莓派…等多種不同種類的硬體平臺。不過本章僅會聚焦在 ThingSpeak 所提供的數據收集（Collect）服務上，並會利用此項服務做出一些簡單有趣的實用範例。

3-2 ThingSpeak 與 ESP32

上一節介紹了 ThingSpeak 雲端服務平臺可以協助收集並記錄各式感測器所取得的感測值，其中也包括了 ESP32 開發板以及它的各式外接感測元件。而開發板與雲端平臺之間數據資料的傳輸溝通，靠的就是由 ThingSpeak 平臺所提供的串接 API。

簡單的 ESP32 開發板與 ThingSpeak 平臺的運作流程如下圖所示：ESP32 開發板外接的各式感測元件會先將量測到的數據回傳給 ESP32，接著 ESP32 在透過 WiFi 無線網路與 ThingSpeak 平臺搭上線之後，再利用 ThingSpeak 所提供的串接 API 將所取得的數據資料上傳。之後使用者只需在遠端以手機或電腦等帶有螢幕的聯網裝置連接上網，就可以即時掌握第一手的數據變化。

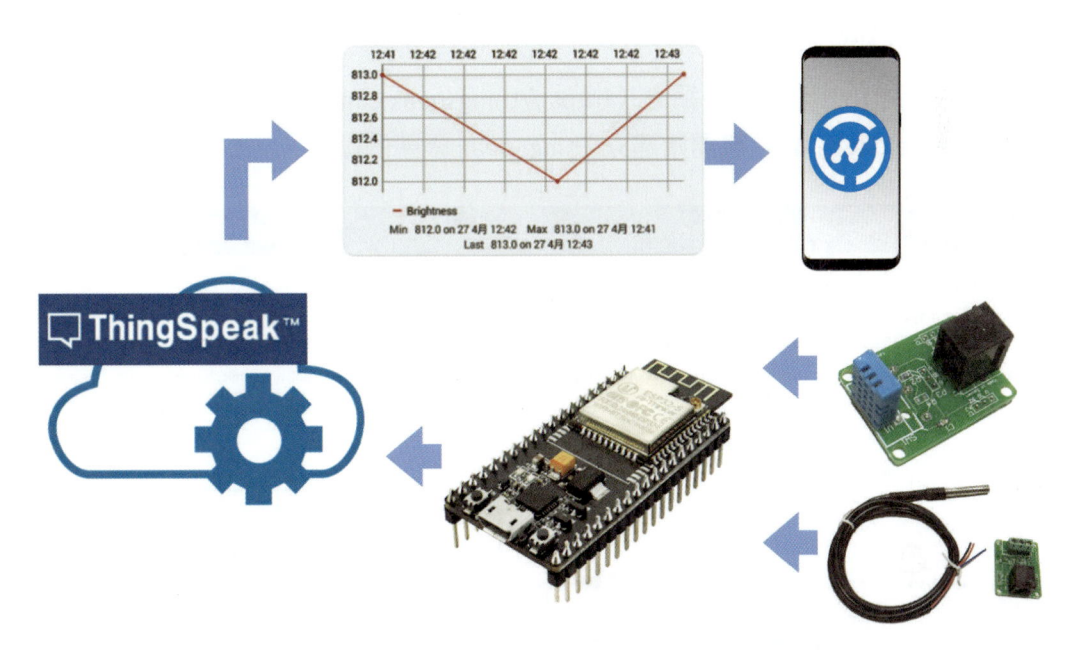

因此我們可利用 ESP32 搭配 ThingSpeak 平臺來持續量測並記錄一些惡劣或特殊環境下的數據（例如：農地的土壤溼度、光照時間或魚池裡的水溫變化…等），並藉由經年累月所累積下來的資訊，找出更適合栽種或養殖的時間與方法。

motoBlockly 與 ThingSpeak 相關的程式積木放置在「雲端服務平臺」類別的「ThingSpeak 雲端」群組中。詳細的 ThingSpeak 相關程式積木功能介紹如下：

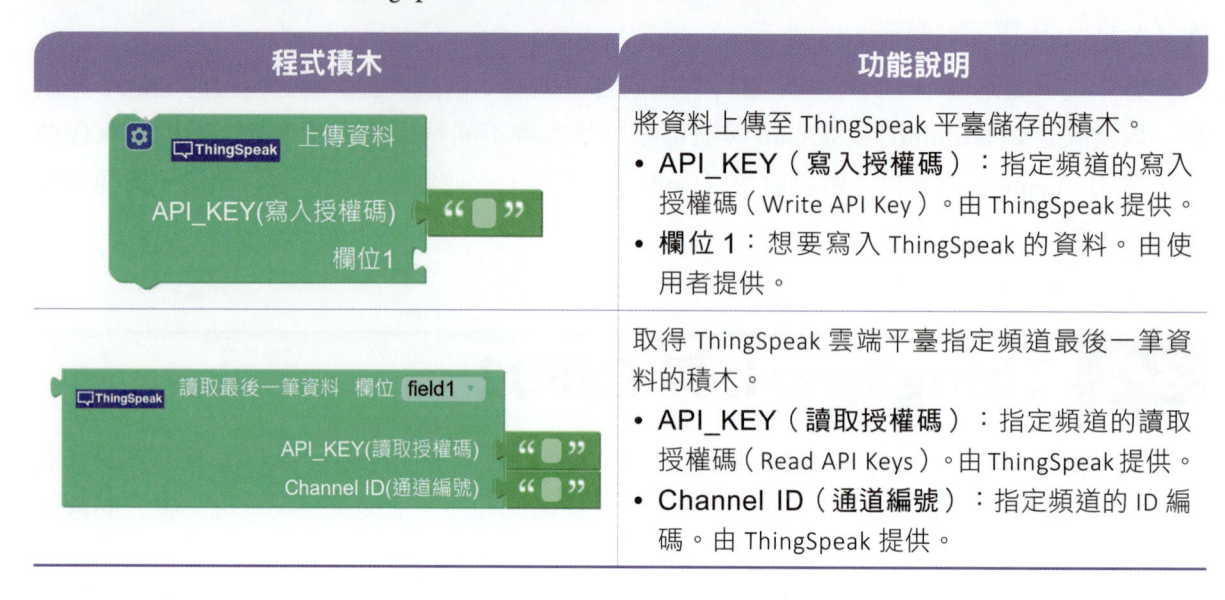

程式積木	功能說明
上傳資料 ThingSpeak API_KEY(寫入授權碼) 欄位1	將資料上傳至 ThingSpeak 平臺儲存的積木。 • API_KEY（寫入授權碼）：指定頻道的寫入授權碼（Write API Key）。由 ThingSpeak 提供。 • 欄位 1：想要寫入 ThingSpeak 的資料。由使用者提供。
ThingSpeak 讀取最後一筆資料 欄位 field1 API_KEY(讀取授權碼) Channel ID(通道編號)	取得 ThingSpeak 雲端平臺指定頻道最後一筆資料的積木。 • API_KEY（讀取授權碼）：指定頻道的讀取授權碼（Read API Keys）。由 ThingSpeak 提供。 • Channel ID（通道編號）：指定頻道的 ID 編碼。由 ThingSpeak 提供。

3-3 ThingSpeak 的帳號註冊（Sign Up）

開始使用 ThingSpeak 雲端平臺所提供的服務前，須先完成帳號的註冊才能建立屬於自己的資料收集空間。其註冊步驟如下。

Step 1 第一次來到 ThingSpeak 的網站（https://thingspeak.com）時，請先到 Sign Up 頁面點選「Create one!」選項來開始建立 ThingSpeak 帳號的動作。

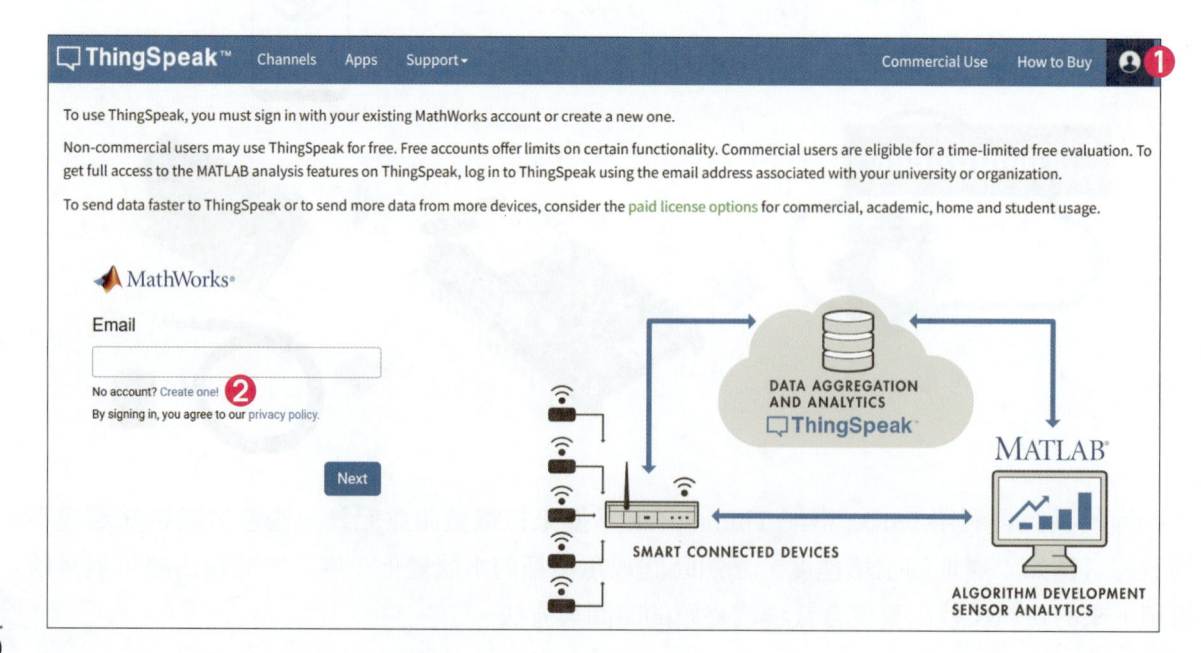

ThingSpeak 雲端平臺的入門與實作

Step 2 請依註冊頁面欄位的指示。❶ 依序填入自己的 E-Mail 郵件信箱、Location（所在區域，本例選擇「Taiwan」）、First Name（名字）、Last Name（姓氏）來進行註冊，其中的名字跟姓氏都必須以半形英文輸入。❷ 完成後請按下「Continue」繼續。

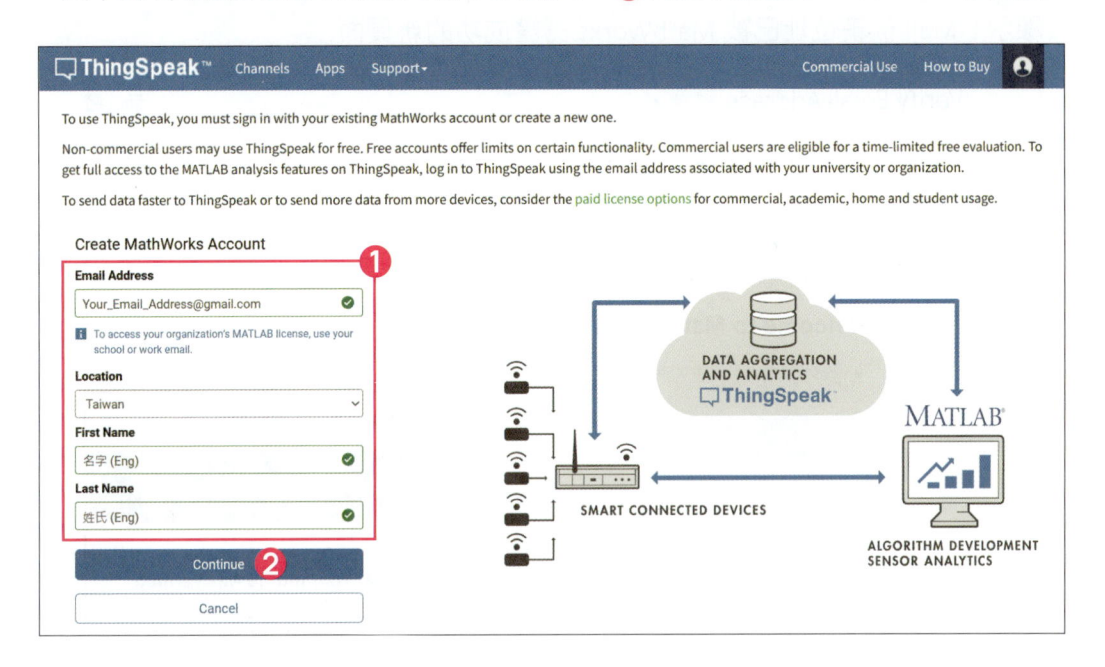

Step 3 依下圖左欄位的指示。❶ 請再重新輸入一次步驟 2 所輸入過的 E-Mail 郵件信箱（Email Address），並記得勾選「Use this email for my MathWorks Account」選項。❷ 設定完畢後再按下該頁面下方的「Continue」鍵繼續。

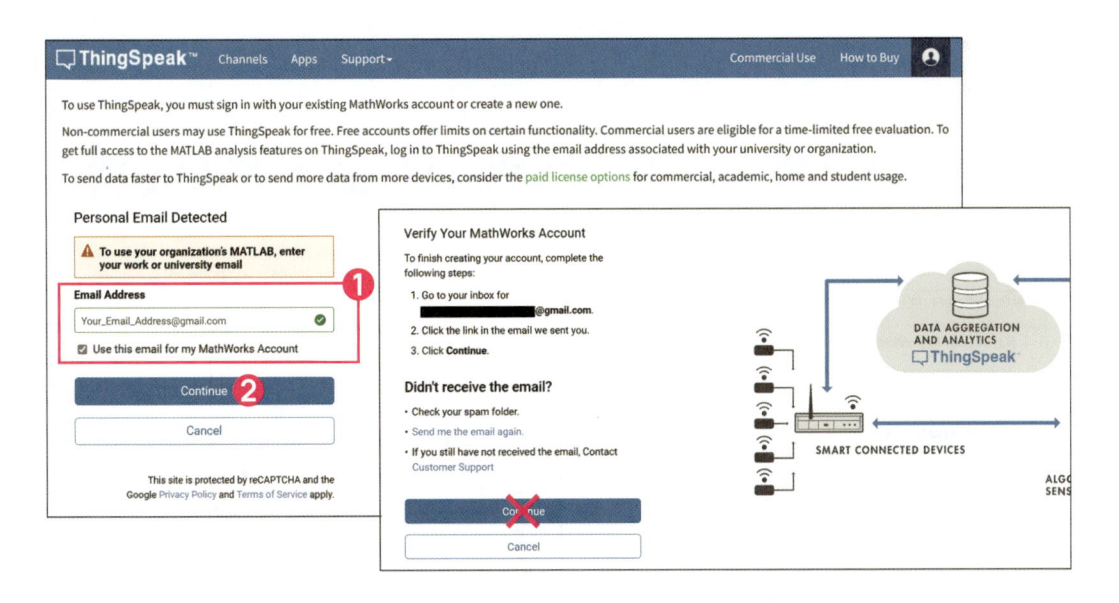

注意：當註冊頁面跳到如上圖右所示的畫面時，代表 ThingSpeakc 會發送確認信函到此步驟所註冊的 E-Mail 帳號中，此時請先「不要」按下此頁面的「Continue」鍵。

111

Step 4 如下圖所示,請到步驟 3 自己所註冊的 E-Mail 信箱中收取由 ThingSpeak 官方（MathWorks）所發出的確認郵件。❶點選信件裡的「Verify email」（確認）按鈕來完成註冊 E-Mail 的認證。❷按下該確認鈕之後,瀏覽器便會跳出一個如右下角所示,顯示 E-Mail 信箱位址已被 MathWorks 認證成功的新頁面。

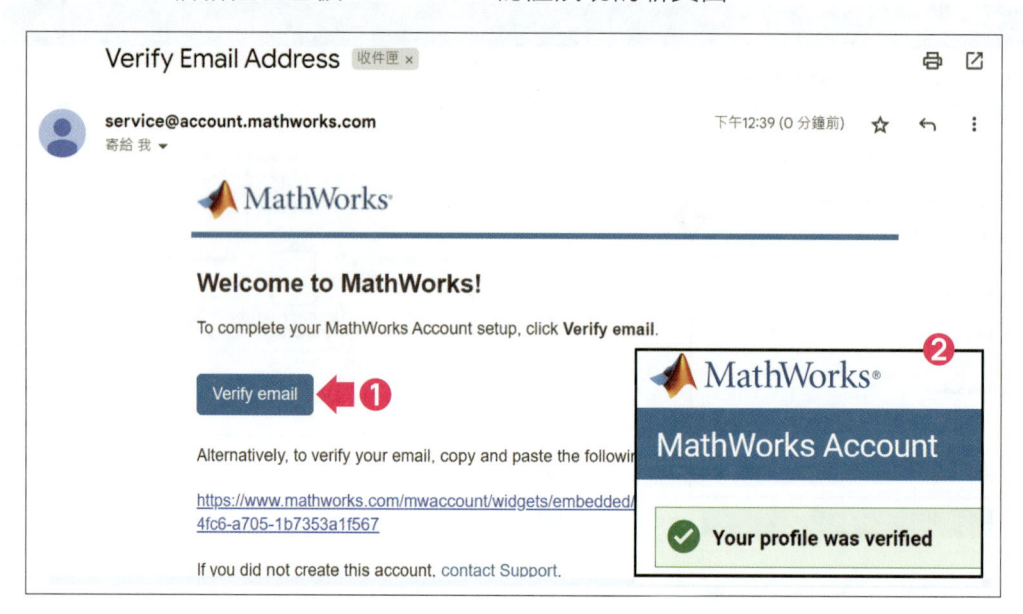

Step 5 E-Mail 信箱認證成功之後,請再回到步驟 3 的 ThingSpeak 註冊流程頁面中。❶此時可按下圖左側的「Continue」鍵繼續,畫面就會跳到如圖右側紅框處所示的 Password（密碼）設定頁面。❷密碼請依長度需在 8～50 個字元間,至少須包含大、小寫英文字母與阿拉伯數字各一等官方規範來設定。❸最後在勾選「I accept the Online Services Agreement」選項後,按下此頁面的「Continue」鍵來完成整個 ThingSpeak 帳號的註冊流程。

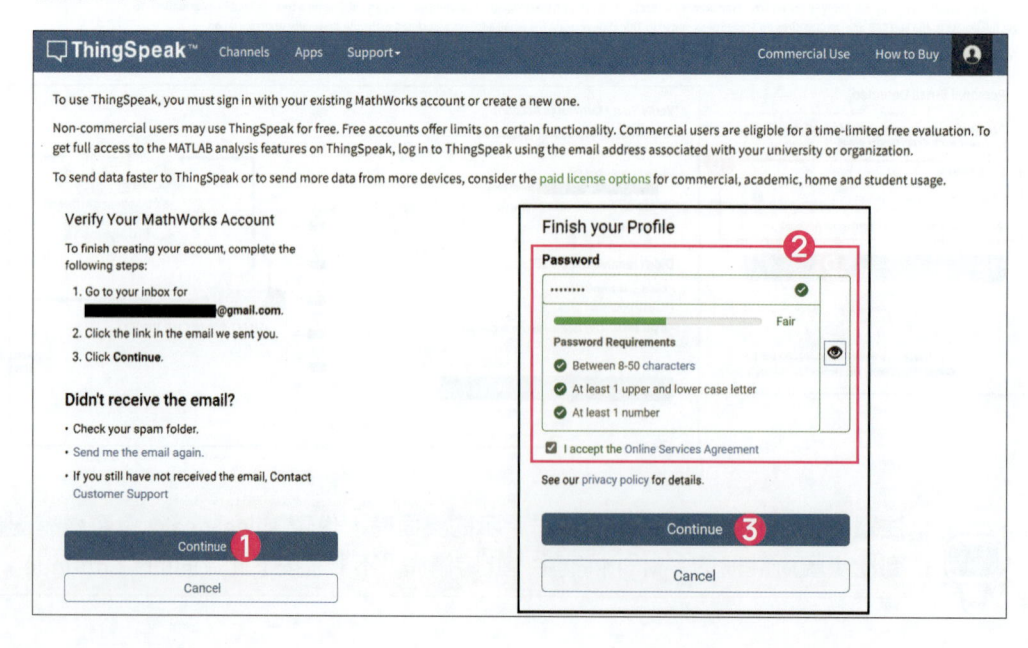

Step 6 如圖左側所示，看到此頁面的「Sign-up successful」字樣即代表帳號註冊成功。此註冊動作只需進行一次，之後就可以利用此次註冊的帳號密碼來登入使用 ThingSpeak 雲端平臺的服務了。

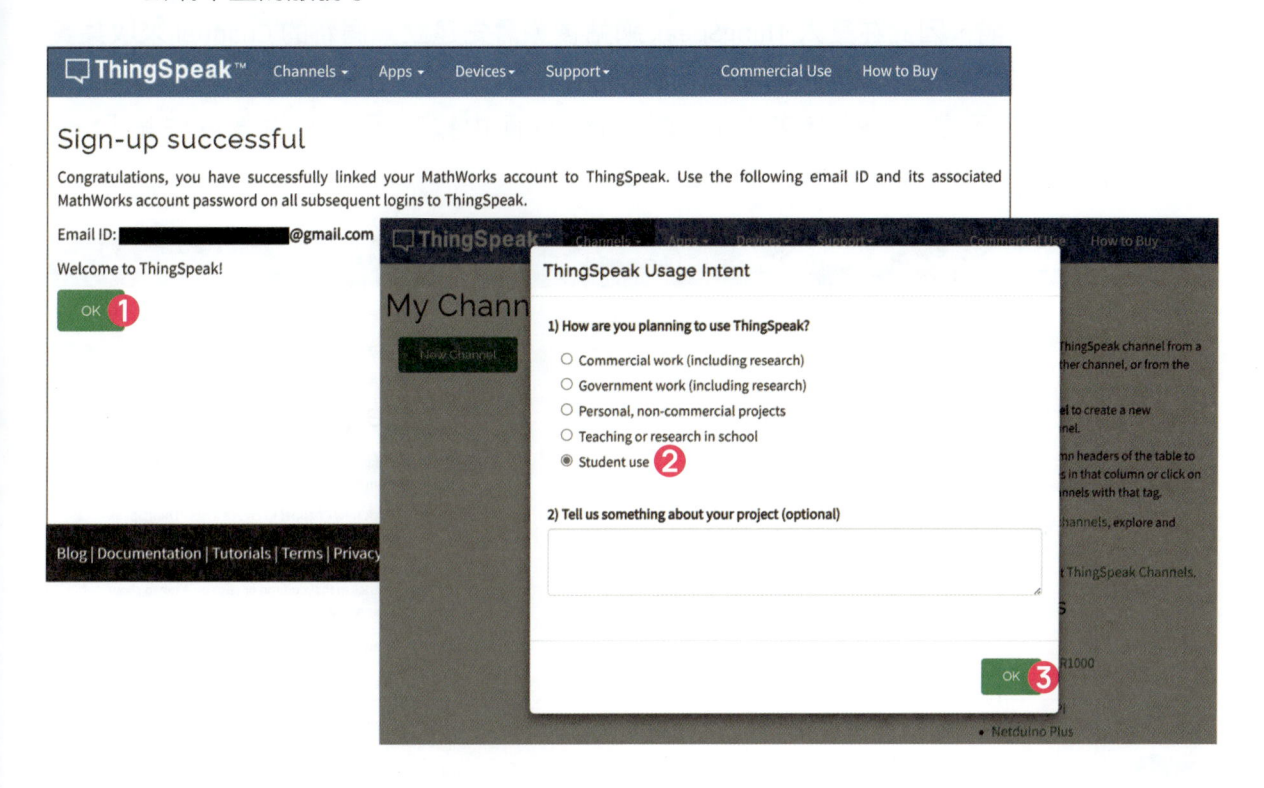

3-4 ThingSpeak 實作應用 I – 農場大數據收集系統

　　隨著地球環境與天氣愈來愈不穩定，許多農作物的種植地點也逐漸從露天改為半開放式的網室或溫室栽種，此舉除了可以大幅減低大自然不確定因素的影響外，也能因為較好的作物品相而賣到較高的價錢。由於在溫室栽種植物時，對於溫溼度的控管會相當地要求，因此在 ESP32 與 ThingSpeak 的第一個實作練習中，我們將利用 NodeMCU-32S 及 DHT11 溫溼度感測元件，再搭配 ThingSpeak 雲端平臺來收集溫室中溫度以及溼度的變化。經由實際的數據收集，便可觀察分析溫溼度對於農作物的實際生長狀況會有什麼樣的影響。

　　「農場大數據收集系統」運作流程如下：NodeMCU-32S 會以每 30 秒一筆的頻率，將 DHT11 溫溼度感測模組所量測到的溫溼度數據上傳到 ThingSpeak 雲端平臺上記錄。接著使用者便可以利用各式的連網裝置，透過 ThingSpeak 對應的 APP 來即時觀看數據的變化。

建立 ThingSpeak 資料收集頻道

Step 1 由於在 ThingSpeak 平臺上收集不同主題的數據專案是以建立不同的 Channel（頻道）來作為區隔，因此在登入 ThingSpeak 網站後，需先建立一個新的 Channel 來收集資訊。❶ 如下圖所示，請先在頁面上方的工具列 Channels 選項裡選擇「My Channels」（紅色箭頭處）。❷ 接著在 My Channels 頁面中按下最左邊的綠色按鈕「New Channel」來建立新的資料收集頻道。

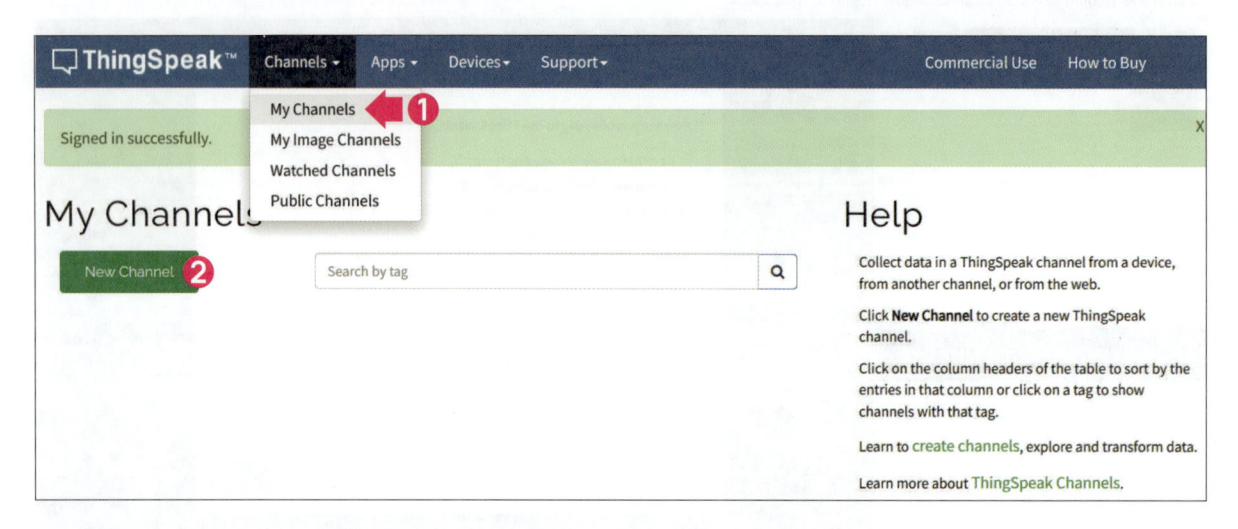

Step 2 進入 Channel 的設定頁面後，請依欄位名稱來設定欄位的內容。以下兩個欄位是為「必填」的重要項目。

- **Name**：設定 Channel 的名稱，可支援各國語言，請依記錄的數據內容來命名。本例將其設為「農場大數據收集系統」。

- **Field N**：Channel 記錄數據資訊的欄位。每個 Channel 最多可同時支援記錄 8 個不同的數據 Field，欲增加 Field 數量時直接勾選 Field 後面的 Check-box 即可。Field 的欄位名稱同樣可支援各國語言。

因此本例分別將 Field 1 欄位名稱設定為中文的「溫度」，再以英文的「Humidity」（溼度）來當成 Field 2 的欄位名稱。

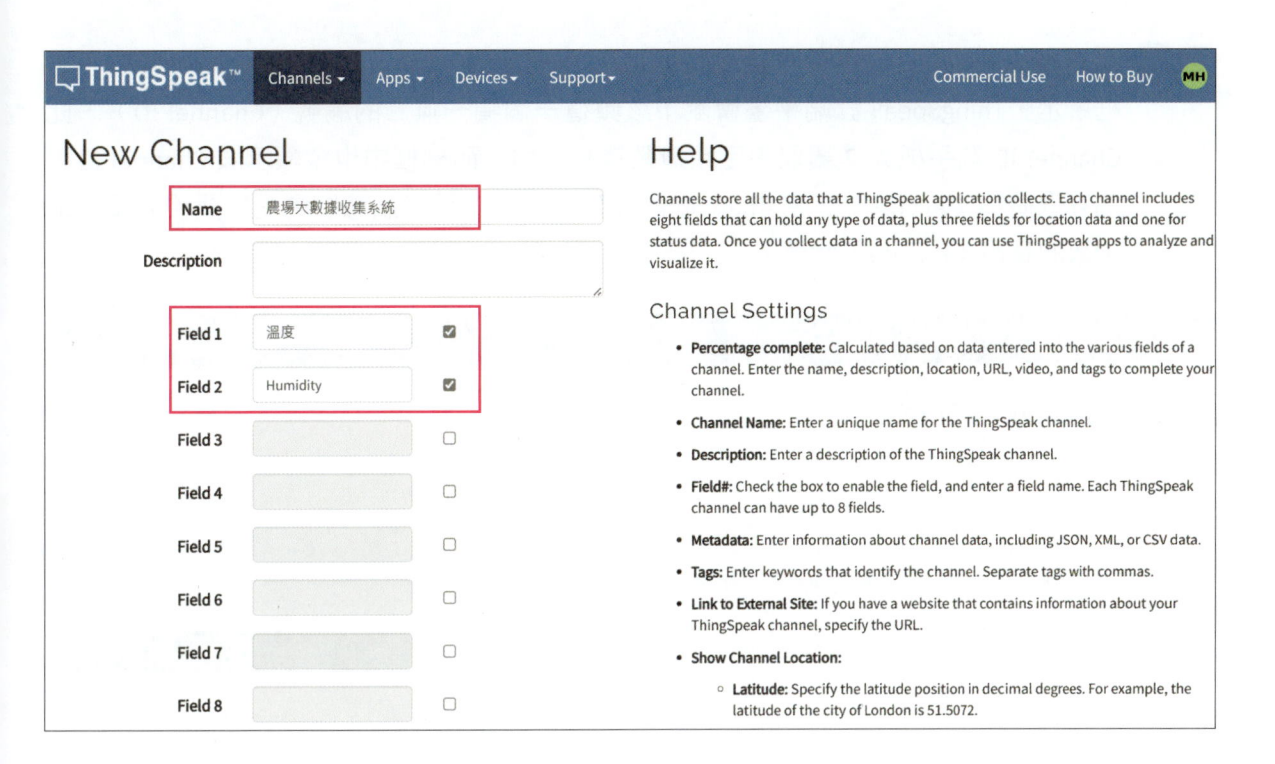

Step 3 在與步驟 2 的同一頁面中將 Channel 設定完成之後，按下該頁面最下方的「Save Channel」按鈕儲存設定並建立新的 Channel。

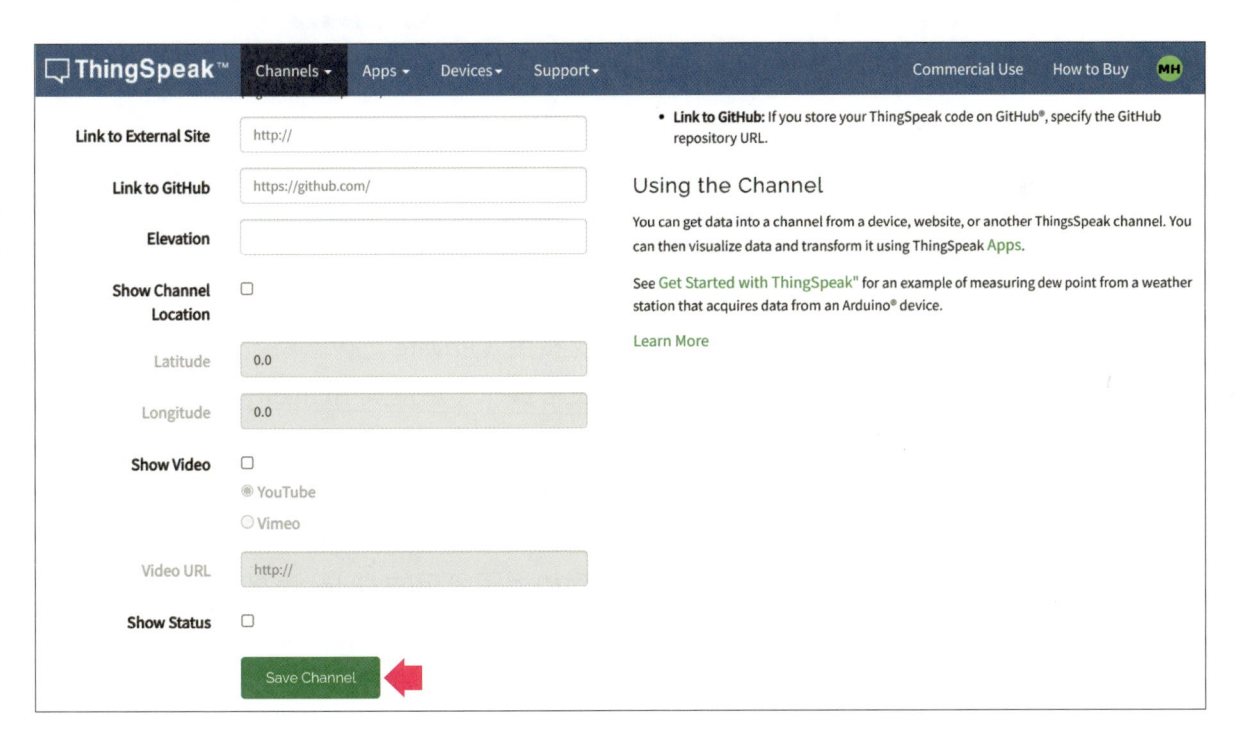

Step 4 新 Channel 被建立之後便會自動進入如下圖所示的「Private View」頁面。如橘色方框所示，ThingSpeak 雲端平臺會賦予該頻道一個獨一無二的編號（Channel ID），此 Channel ID 為手機 APP 讀取指定頻道數據時專用。而橘框中也會顯示該 Channel 目前的存取狀態（Access），當 Channel 剛被建立時，其預設狀態將會是需要授權碼才能讀取的私用（Private）狀態。

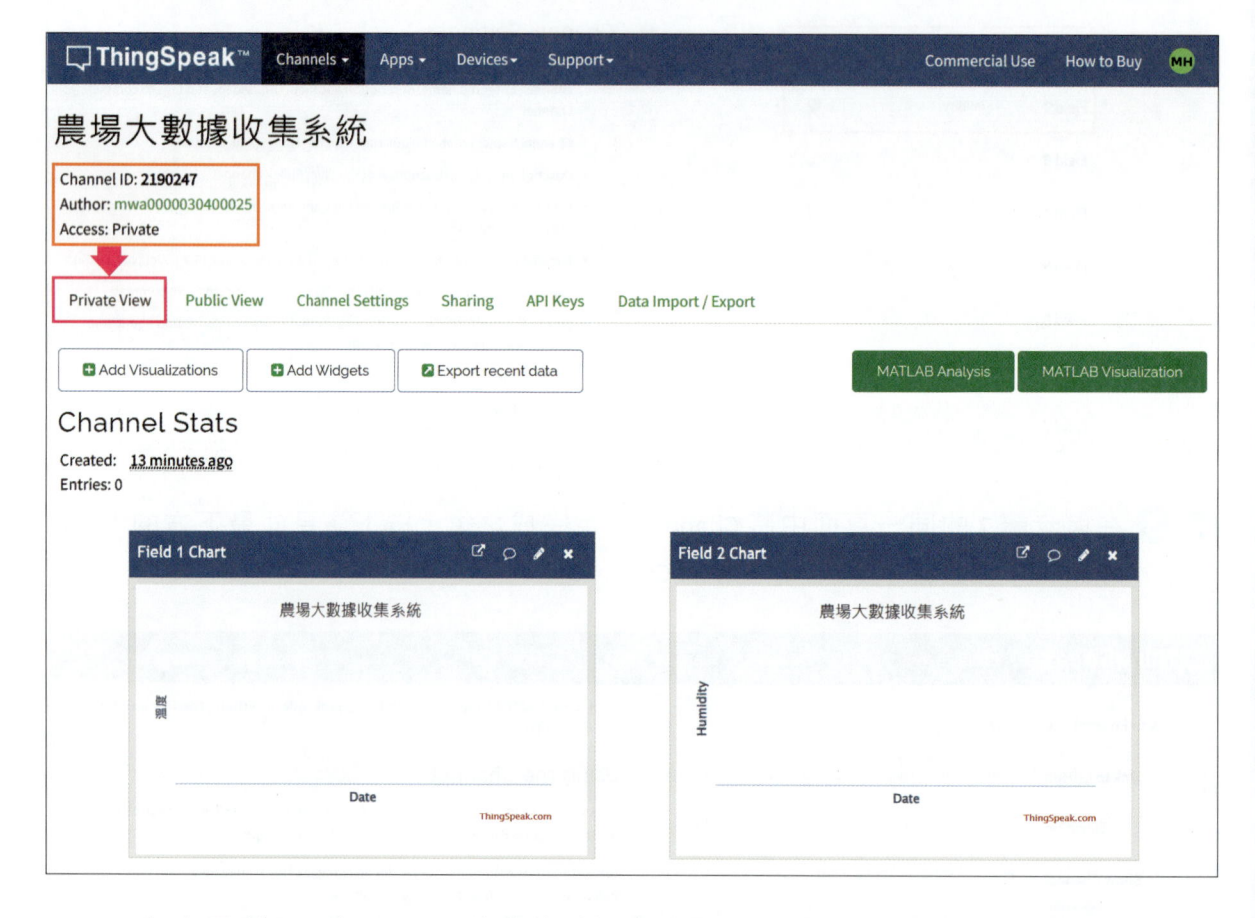

如上圖所示，當 Channel 的狀態被設定成私用（Private）狀態時，只能在「Private View」頁面中看到步驟 2 所建立的 Field 表格資訊（溫度與 Humidity（溼度））。一旦將顯示頁面切換到「Public View」，此時就只能看到如下圖所示的「This channel is not public.」提示字樣。

反之，若 Channel 的存取狀態被設定成公開（Public）狀態時，不管是在「Private View」或是「Public View」頁面，均可看到如上圖所示的 Fields 表格資訊。而如何修改 Channel 的存取狀態，則會在步驟 6 中揭露。

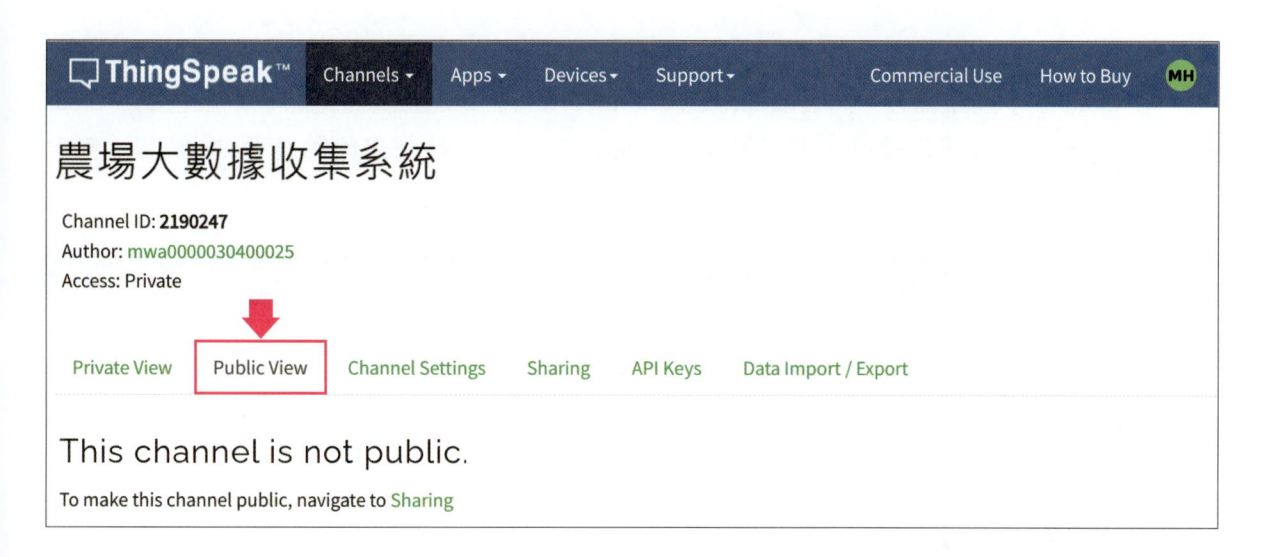

ThingSpeak 雲端平臺的入門與實作

Step 5 Channel 建立完畢之後，若欲修改原先的 Channel 設定，可至這個「Channel Settings」頁面中進行修改。

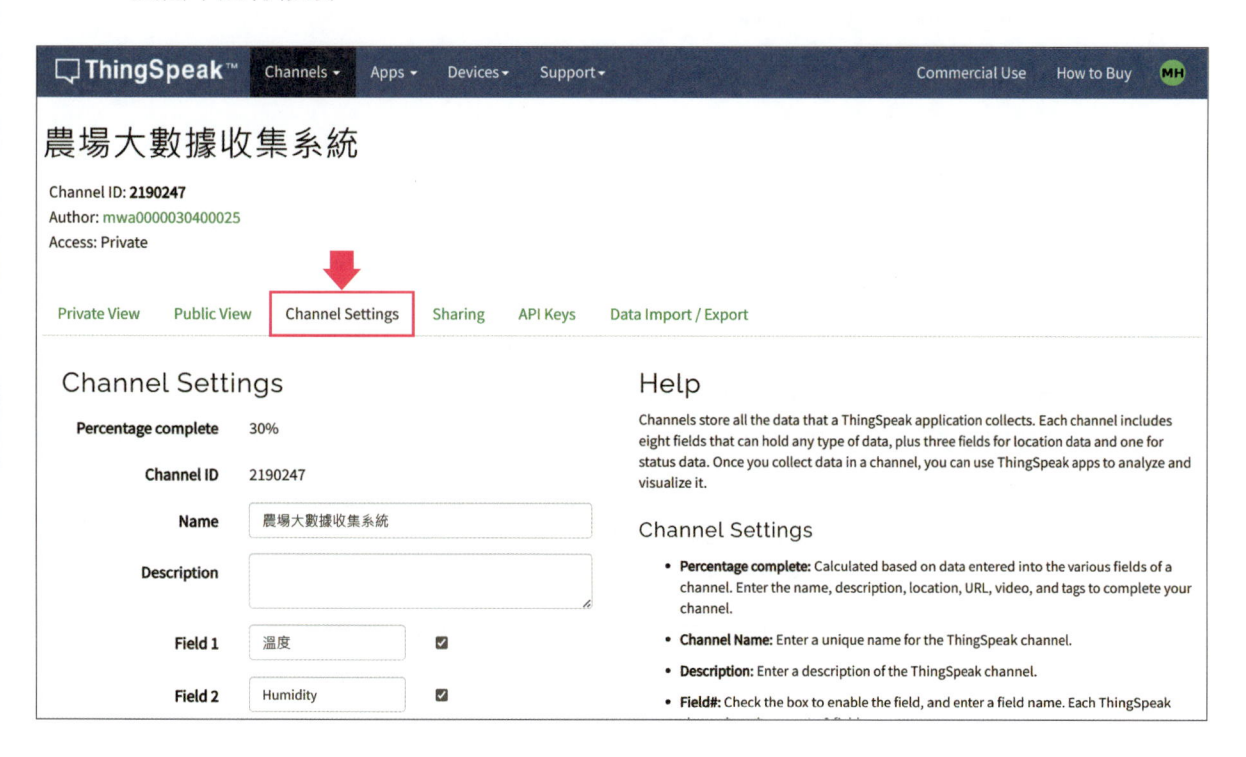

若是在本頁面有進行任何設定的修改，結束後記得要按下頁面下方的綠色「Save Channel」按鈕儲存。而若要清除此 Channel 所有記錄的數據，則可按下紅色的「Clear Channel」按鈕來進行，抑或點選「Delete Channel」按鈕來刪除整個 Channel（包含頻道的設定與記錄的數據）。

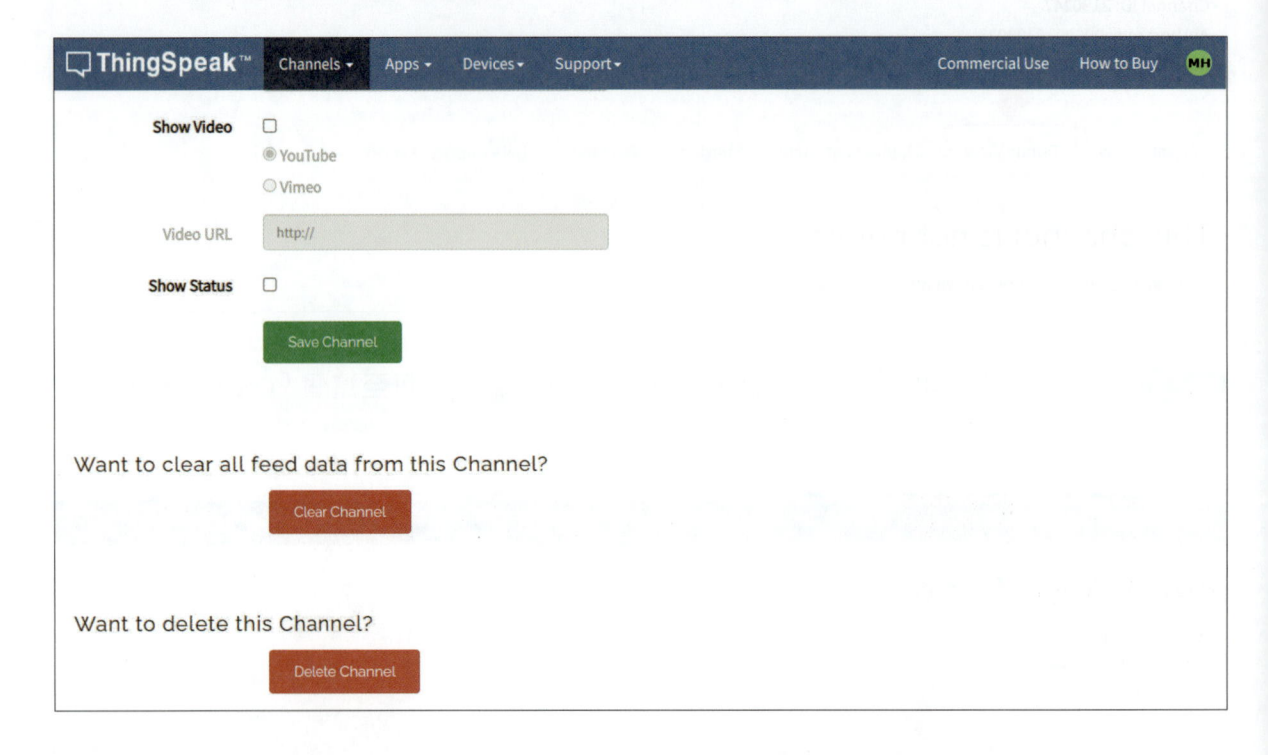

Step 6 「Sharing」是設定 Channel 存取狀態（Access）的頁面。其狀態選項有三：

(1) **Keep channel view private**：將 Channel 設定為私用（Private）狀態。此時若要以其他裝置來讀取此 Channel 所記錄的數據，除了步驟 4 提到的 Channel ID 外，還需要輸入對應的授權碼（Read API Keys）（請參考 P.119）才能讀取。

(2) **Share channel view with everyone**：將 Channel 設定為開放（Public）狀態。此時只要知道步驟 4 所提供的 Channel ID，所有人皆可讀取此 Channel 的數據。

(3) **Share channel view only with the following users**：僅開放給特定人士讀取（以 Email Address 判斷）。

ThingSpeak 雲端平臺的入門與實作

如下圖所示，本例將此 Channel 的存取狀態設定為私用（Private）狀態。

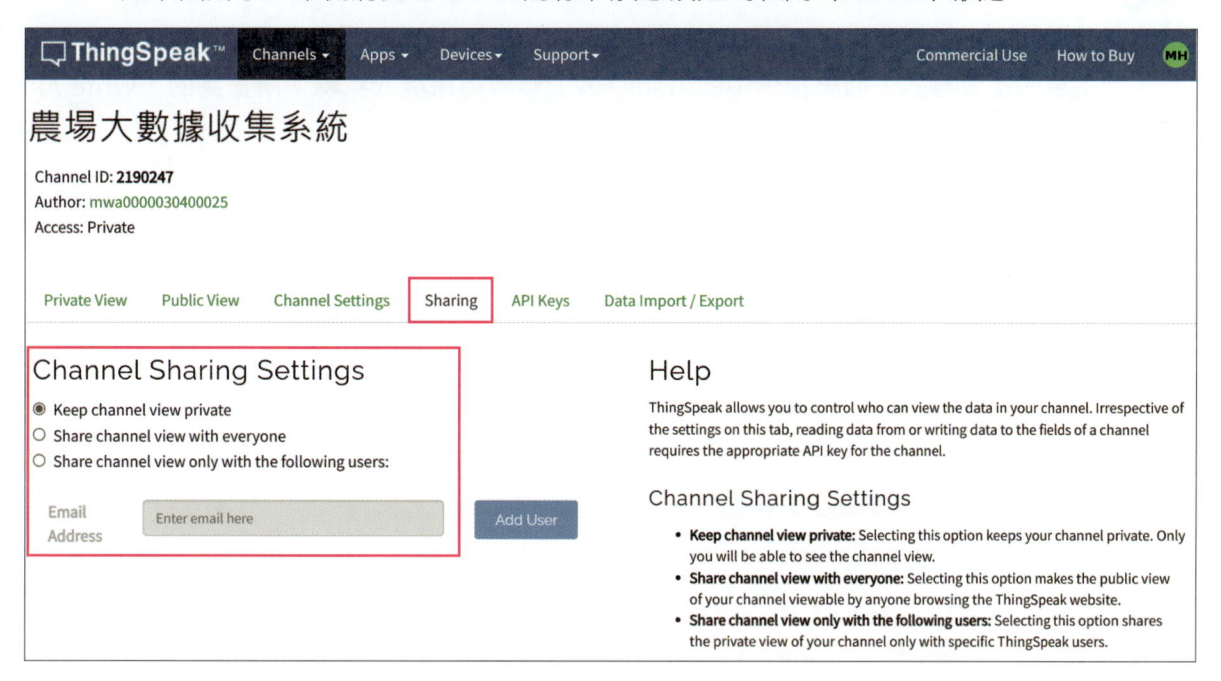

Step 7 如下圖所示，「API Keys」頁面所提供的「Write API Key」是當某物聯網裝置要把資料上傳至 ThingSpeak 平臺的指定 Channel 時，其串接 API 所需要的「寫入」授權碼。而「Read API Key」則是當 Channel 被設定為私用狀態時，其他裝置（例如手機或平板）要取得此 Channel 資料時所需的「讀取」授權碼。

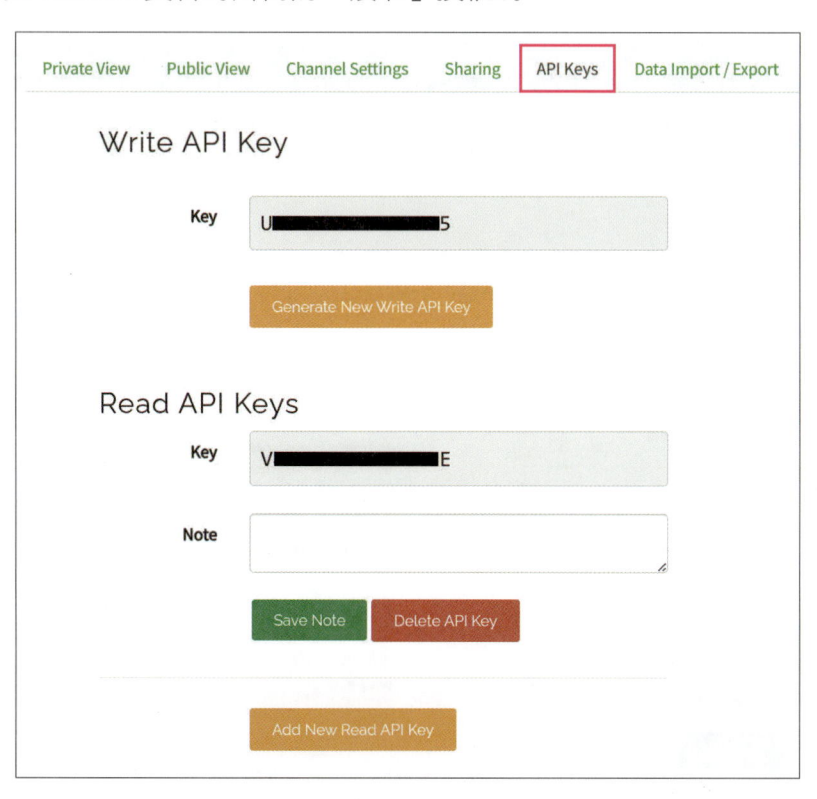

Step 8 在「API Keys」頁面右下角，為 ThingSpeak 雲端平臺提供給其他物聯網裝置與其串接溝通的 API（API Requests）。其中「Write a Channel Feed」便是上傳資料至 ThingSpeak 平臺的指令格式，而該指令中的「api_key」參數則需填入步驟 7 所提到的「Write API Key」。

Step 9 Data Import/Export 頁面可以提供將記錄數據載入或輸出成 CSV 檔案的服務。

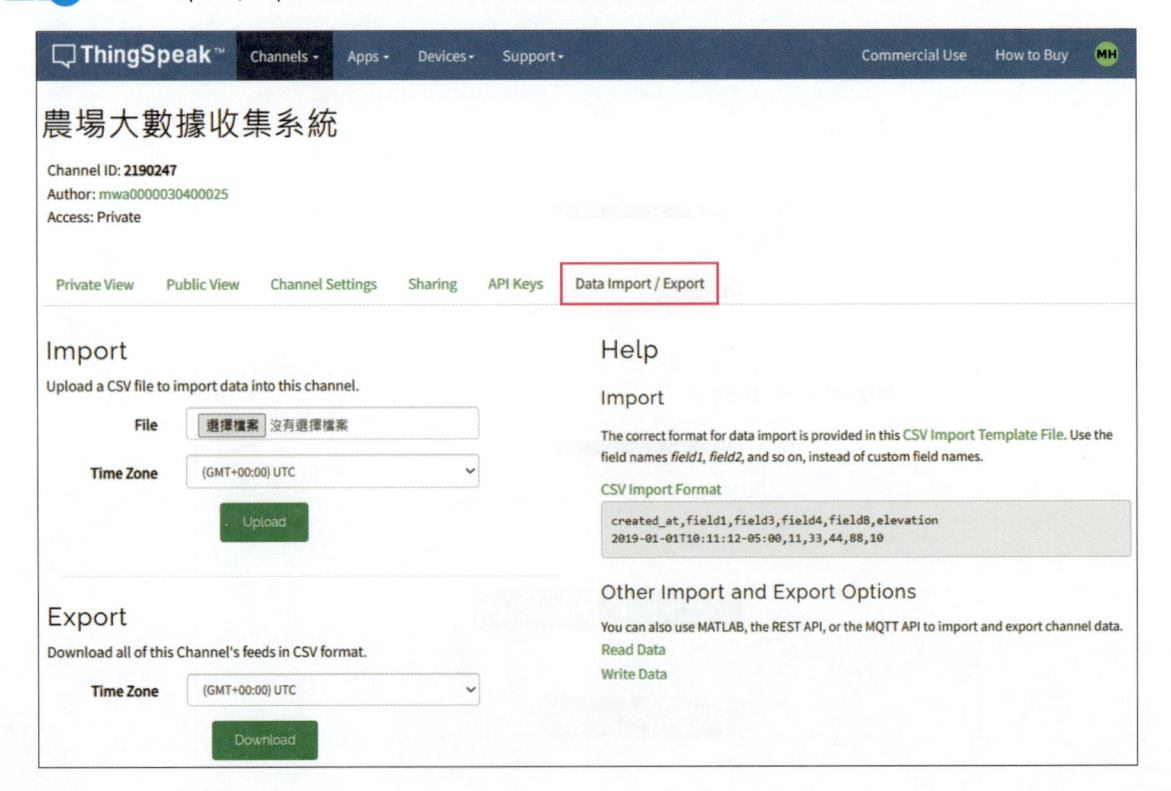

ESP32 硬體設定

農場大數據收集系統在硬體方面的需求有：

❶ 作為大腦來控制各項硬體的「NodeMCU-32S」及「ESP32 IO Board 擴充板」。

❷ 負責量測環境溫溼度的 DHT11 量測模組，以及雙頭 RJ11 連接線。

❸ 負責顯示目前溫度、溼度量測結果的 SSD1306 OLED 顯示器。

硬體組裝步驟

Step 1 將 DHT11 以 RJ11 連接線接到 ESP32 擴充板的 G32/G33 RJ11 插槽。

Step 2 如下圖所示，再將 OLED 顯示器接到 ESP32 擴充板 I2C 的插槽中，其中 OLED 的 GND 排針接到擴充板的 G 插槽、OLED 的 VCC 排針接到擴充板的 V 插槽、OLED 的 SDA 排針接到擴充板的 SDA 插槽、OLED 的 SCL 排針接到擴充板的 SCL 插槽。「農場大數據收集系統」硬體組裝至此完成。

ESP32 圖控程式

完成 ThingSpeak 雲端平臺的設定與 NodeMCU-32S 的硬體組裝後，接下來便可以開始透過所編寫的 motoBlockly 圖控程式，將 DHT11 所量測的數據記錄在 ThingSpeak 平臺之中。

Step 1 ❶ 首先需將 motoBlockly 的開發板型號選擇為「ESP32」才能產生正確的 ESP32 程式碼。
❷ 接著在設定（Setup）積木中完成 ESP32 連接網路的初始化設定。「WiFi 設定」積木中的「SSID（分享器名稱）」與「Password（密碼）」參數分別為 ESP32 準備連線的路由器或無線網路分享器的名稱與密碼，請依實際狀況來進行設定即可。

> **注意**：若 WiFi 連線成功，NodeMCU-32S 會點亮內建的 G2 腳位 LED 來告知使用者。

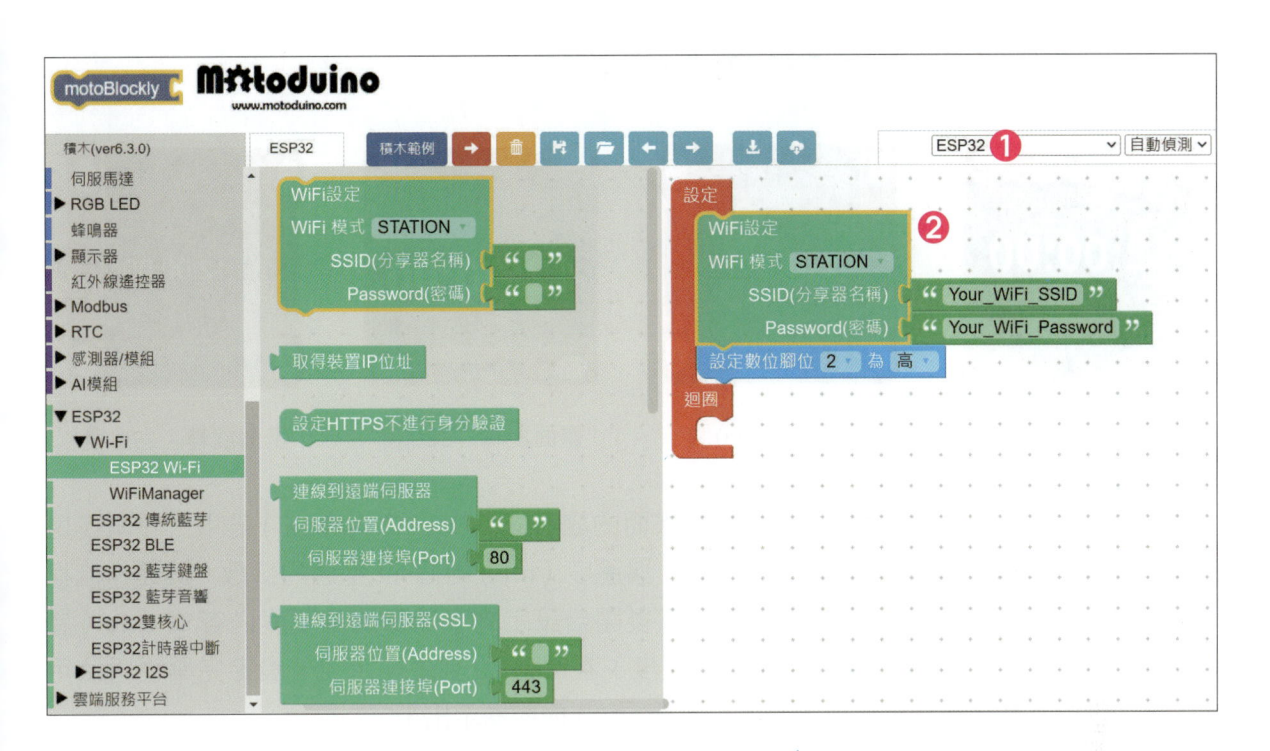

ThingSpeak 雲端平臺的入門與實作　3

Step 2 由於本系統需使用 OLED 來顯示 DHT11 所量測到的溫度與溼度，因此在使用 OLED 前需要進行一些初始化動作：包括設定 OLED 的「型號」、「I2C 位址」以及螢幕的「寬度」與「高度」解析度。

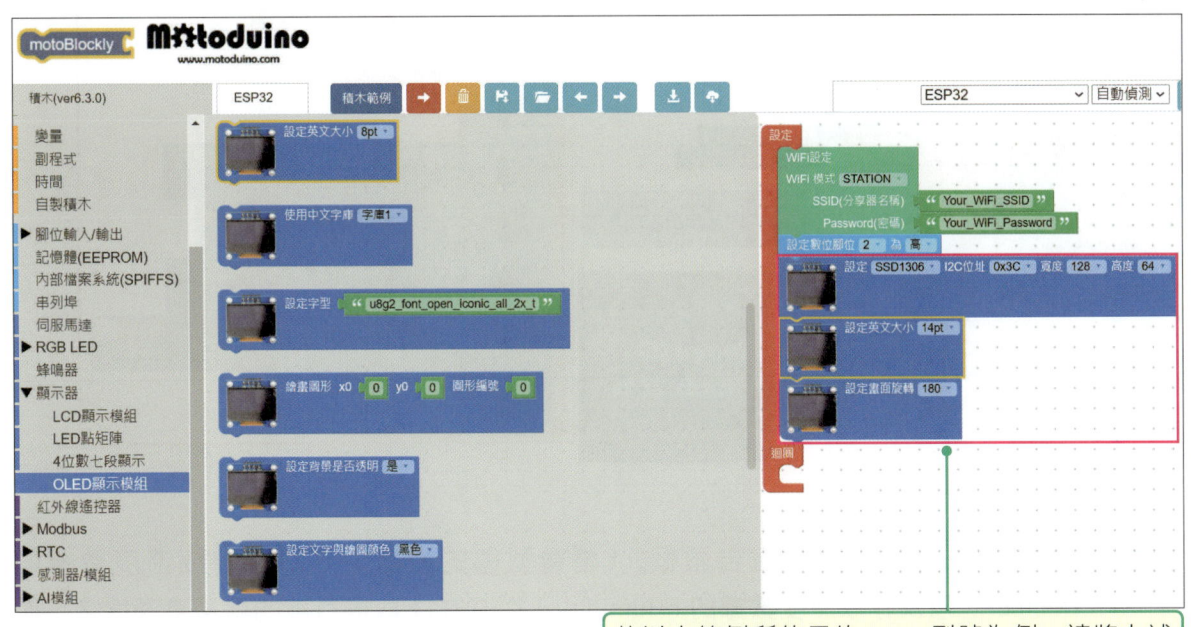

若以本範例所使用的 OLED 型號為例，請將上述各參數值分別設定為型號 SSD1306、位址 0x3C、寬度 128 與高度 64。另外 OLED 顯示的英文體大小則依照螢幕解析度將其設為 14pt 即可。最後將 OLED 的文字顯示角度設為 180 度。

123

SSD1306 OLED 對應的文字顯示角度如下圖所示。

畫面旋轉：0 度 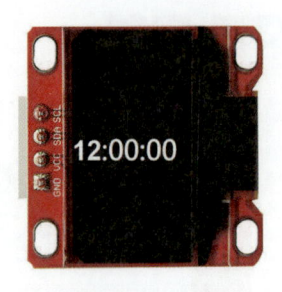　　　　畫面旋轉：90 度 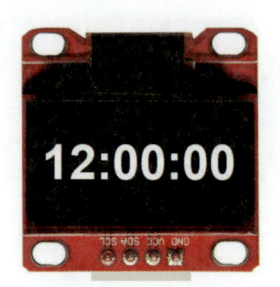　　　　畫面旋轉：180 度 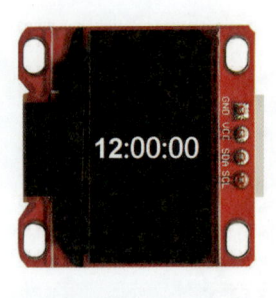　　　　畫面旋轉：270 度

Step 3 接著建立一個 OLED 顯示量測數據畫面的副程式 fnOLEDShowData( ) 備用，呼叫使用此副程式時，還需要輸入溫度（nT）與溼度（nH）兩個 int 型態的參數。其運作流程為：先清除 OLED 上所有的文字，然後開始設定文字顯示的位置與內容（Temp（溫度）在 Y 軸 20 列處顯示、Humi（溼度）在 Y 軸 50 列處顯示），設定完畢後再使用「OLED 顯示」的程式積木將所設定的 OLED 內容顯示出來。

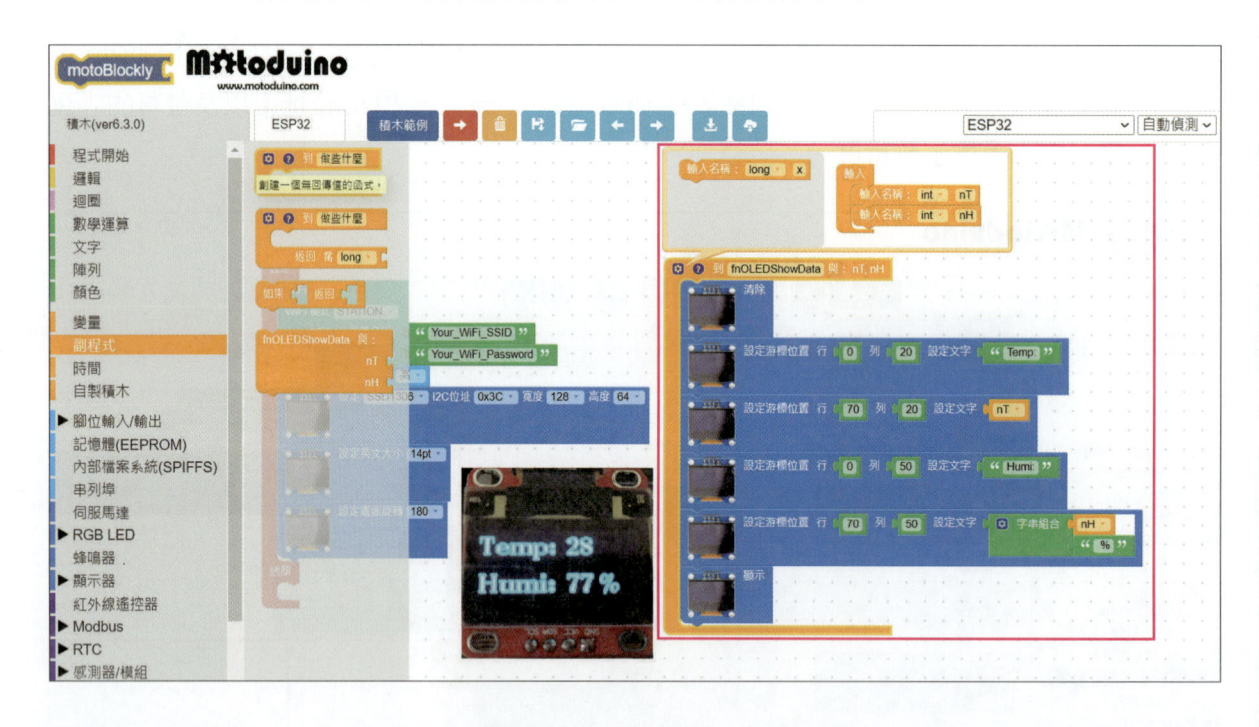

Step 4 在迴圈（Loop）積木中宣告兩個 int 整數型態的變數，分別是存放溫度數據的 nTemper、以及存放溼度數據的 nHumidity。從 DHT11 取得目前的環境溫溼度後，便可呼叫 fnOLEDShowData( ) 副程式來讓 OLED 即時顯示當下所量測到的數據。其中副程式的「nT」欄位輸入「nTemper」、「nH」欄位輸入「nHumidity」。

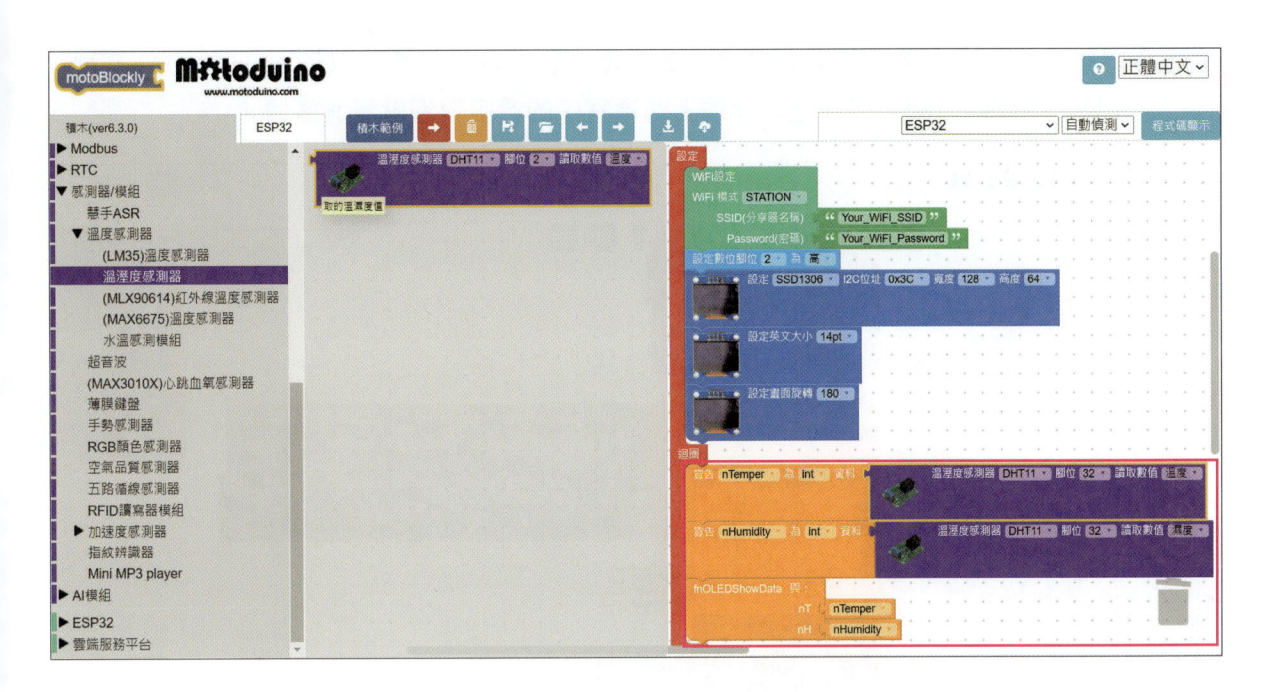

ThingSpeak 雲端平臺的入門與實作

Step 5 加入可將量測數據上傳至 ThingSpeak 平臺的程式積木。由於上傳數據對於 ThingSpeak 而言是寫入的動作，因此程式積木中的「API_KEY（寫入授權碼）」欄位請填入在 ThingSpeak 平臺設定步驟 7、「API Keys」頁面中所取得的 Write API Key。

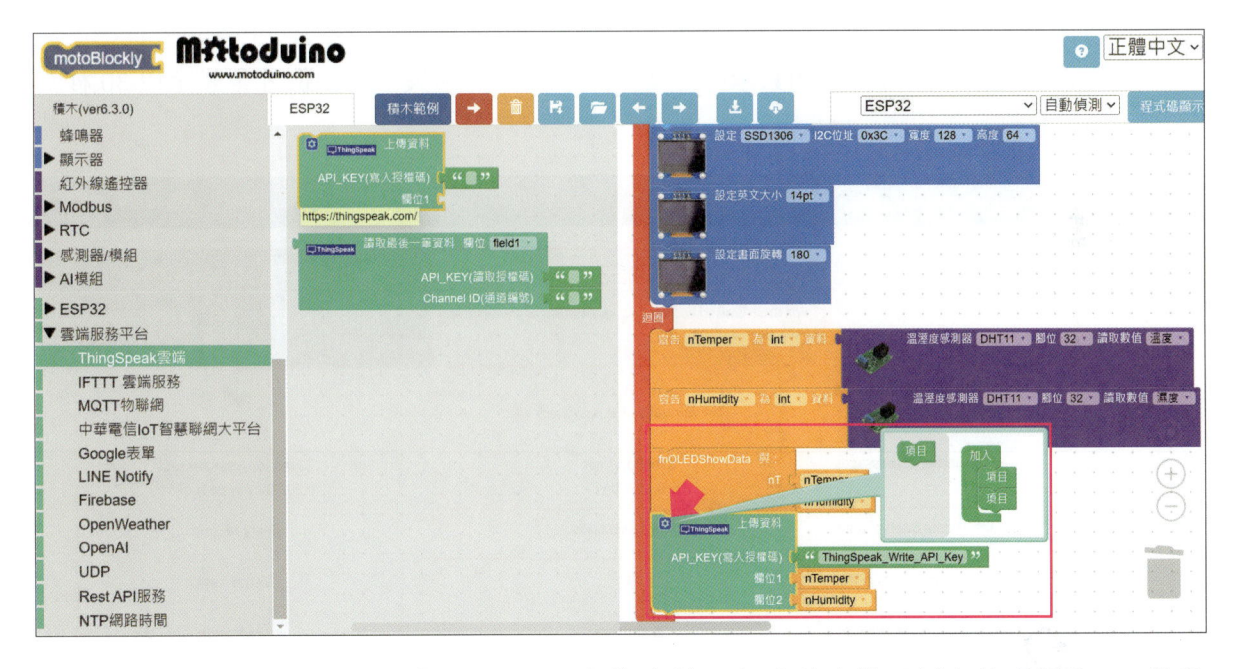

如上圖所示，預設的「ThingSpeak 上傳資料」程式積木僅可以上傳「欄位 1」的數據，此時使用者可點擊「ThingSpeak 上傳資料」積木左上角的藍色齒輪（上圖紅色箭頭處）來新增其他的數據上傳欄位（本例只需新增一個「欄位 2」）。最後再將存放溫度與存放溼度數據的變數 nTemper、nHumidity 分別填入 ThingSpeak 程式積木的「欄位 1」與「欄位 2」即可完成設定。

Step 6 最後加入延遲 30,000 毫秒的積木，讓農場大數據收集系統能以每 30 秒（1000 毫秒 = 1 秒）的間隔時間，不斷地收集並上傳溫室中的溫度與溼度量測數據。

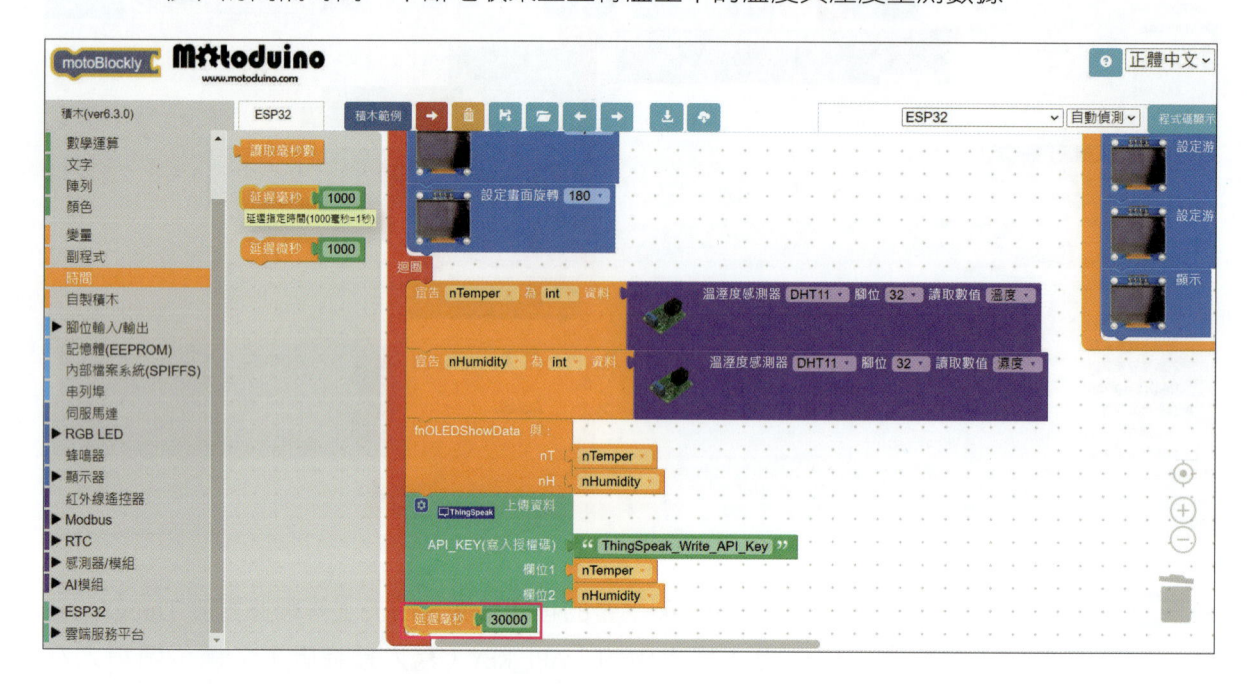

如下圖紅框處所示，由於 ThingSpeak 官方限定免費版（FREE）的用戶每筆資料上傳的間隔時間（Message update interval limit）至少需要 15 秒（Every 15 seconds）。所以為了避免資料因太過頻繁的上傳而造成數據的遺失，此範例才會設定以 30 秒為每筆資料上傳的間隔時間。

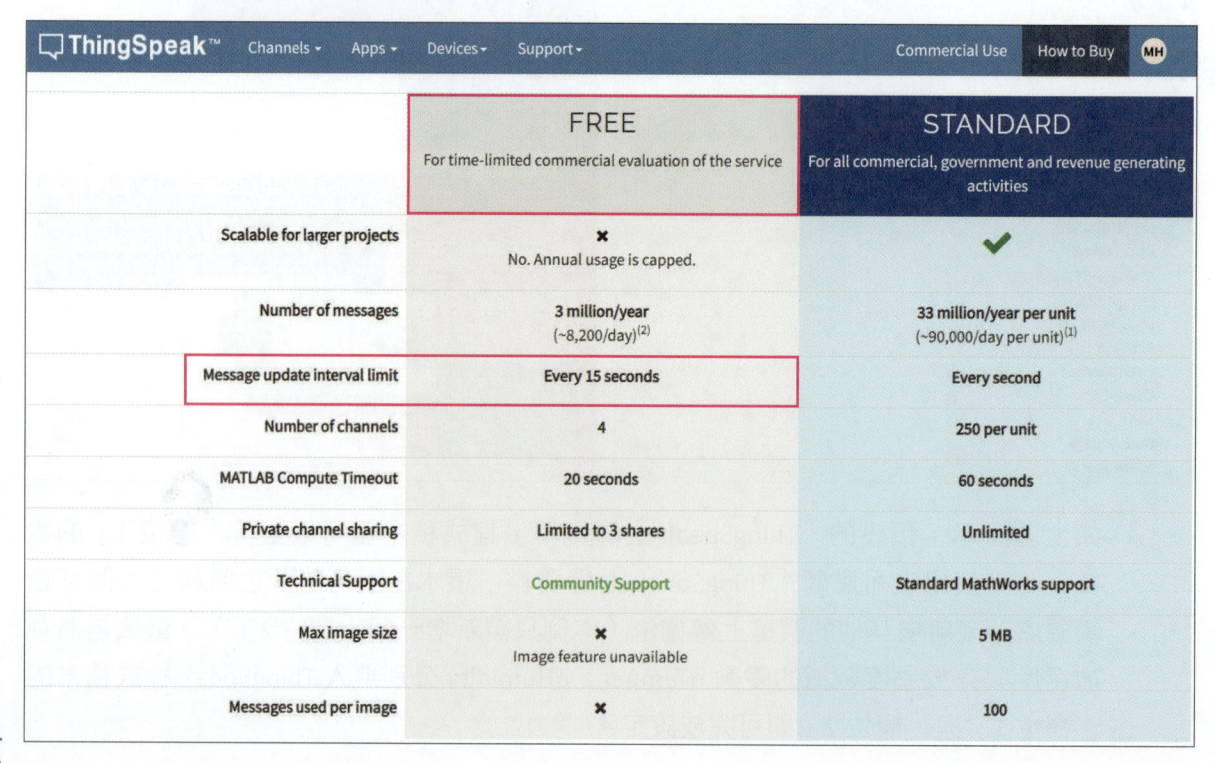

	FREE For time-limited commercial evaluation of the service	STANDARD For all commercial, government and revenue generating activities
Scalable for larger projects	✗ No. Annual usage is capped.	✓
Number of messages	3 million/year (~8,200/day)[2]	33 million/year per unit (~90,000/day per unit)[1]
Message update interval limit	Every 15 seconds	Every second
Number of channels	4	250 per unit
MATLAB Compute Timeout	20 seconds	60 seconds
Private channel sharing	Limited to 3 shares	Unlimited
Technical Support	Community Support	Standard MathWorks support
Max image size	✗ Image feature unavailable	5 MB
Messages used per image	✗	100

ThingSpeak 雲端平臺的入門與實作

Step 7 完整的「ESP32 農場大數據收集系統」motoBlockly 程式如下所示。請在紅框處填入自己對應的 WiFi 與 ThingSpeak 連線資訊，程式才能正常的運作。

> **注意：**由於此範例使用到的 OLED 顯示器函式庫程式碼較多，所以使用 motoBlockly 編譯上傳的時間也會比較久，程式上傳時請耐心等候。

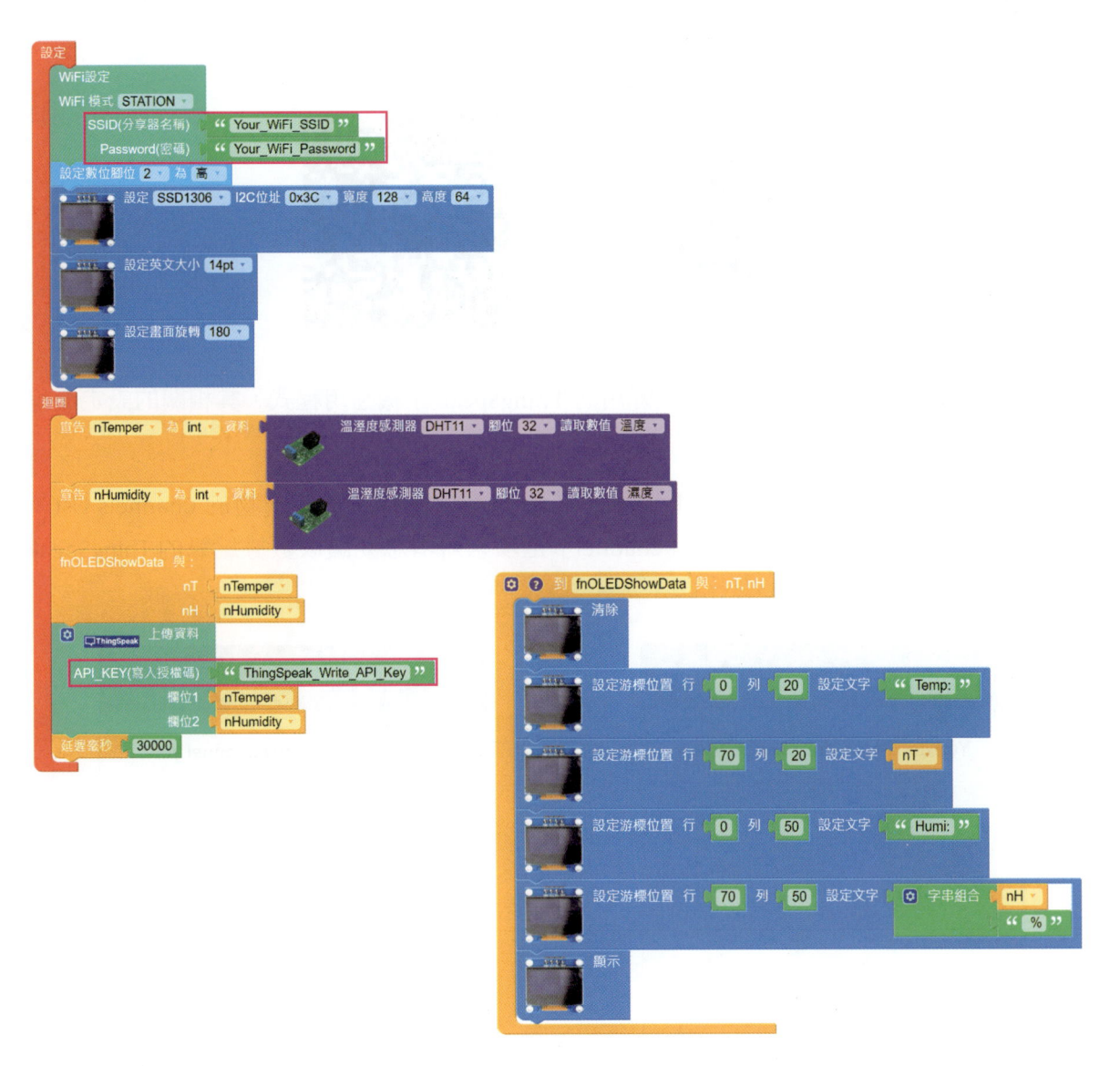

手機 APP 的設定

當 NodeMCU-32S 開始傳送 DHT11 感測器的溫溼度數據至 ThingSpeak 平臺上之後，使用者便可以在遠端利用自己的手機或其他的行動裝置監看這些資訊。而接下來要介紹的應用程式「ThingView」，就是個可與 ThingSpeak 平臺順暢溝通的好用 APP。該 APP 除了支援 Android 系統外（如下圖的 QR code 所示），也有支援 iOS 的版本，使用 iPhone 或 iPad 的讀者可自行至 iStore 下載安裝（須付費）。

「ThingView」APP 是一款簡單又好用的 ThingSpeak 手機應用程式，其相關的設定流程如下：

Step 1 下載並安裝好 ThingView APP 後，一開始進入時會看到空無一物的 Channels List。這時請點選右下角的「+ Add channel」選項來新增想要讀取數據紀錄的 ThingSpeak Channel。

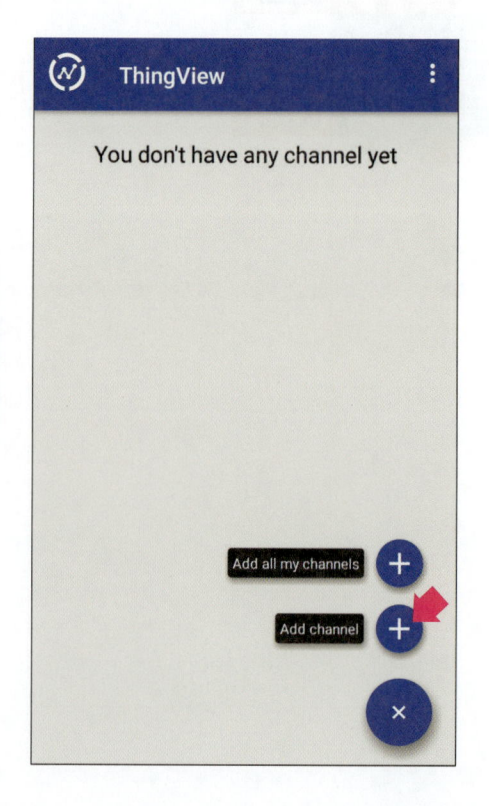

ThingSpeak 雲端平臺的入門與實作

Step 2 如右下圖所示，APP 在新增 Channel 時，設定頁面會要求填入欲連線的 Channel ID。此 Channel ID 就是在 ThingSpeak 平臺設定步驟 4 所提到的 Channel 代表編號，輸入指定的 Channel ID 之後，APP 便可藉由這個獨一無二的 ID 連線到正確的 ThingSpeak 頻道中。

Step 3 ❶ 當想要連線的 Channel 存取狀態是為私用（Private）的時候，在下圖左設定頁面中箭頭處的「Public」欄位便不可勾選。❷ 除此之外還需要填入在 ThingSpeak 平臺設定步驟 7 所取得的讀取授權碼（Read API Key），如此才能順利進行連線並顯示之前記錄的數據。

Step 4 完成上述的設定步驟後，ThingView APP 便會列出已設定完成並且可以成功連線的 Channel 列表（下圖左），此時再點選進入要觀察的 Channel 中，便可看到該 Channel 所上傳的數據紀錄（下圖右）。另外若想要看到最新的數據資料，可以自行按下右下圖紅色箭頭處的畫面更新鈕即可。

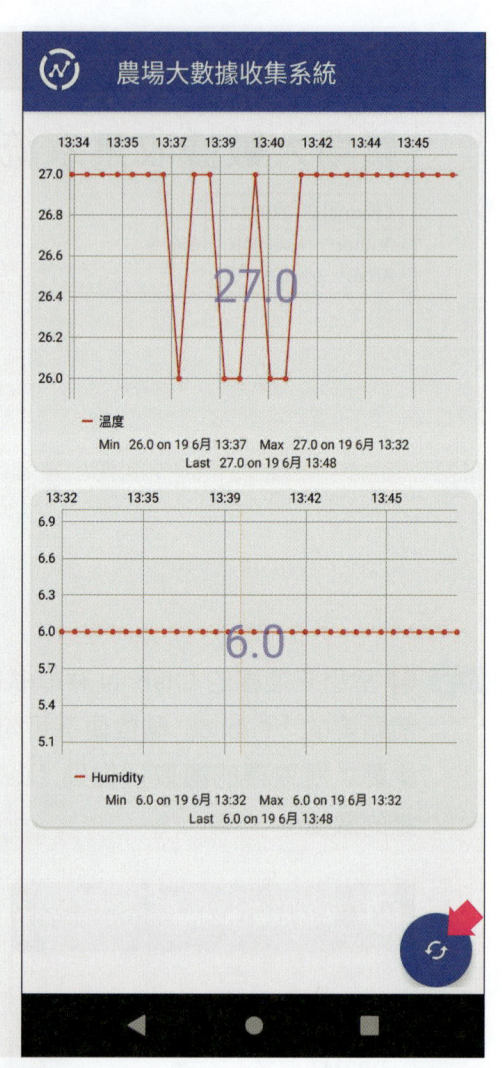

成果展示：https://youtu.be/vKp6d7GxcYo

　　以上是以手機的 ThingView APP 來觀看 ThingSpeak 數據紀錄的設定方式。若想利用另一組 ESP32 來讀取並顯示 ThingSpeak 頻道上的數據的話，可使用簡易的 NodeMCU-32S 加上 OLED，再搭配 motoBlockly 提供的「ThingSpeak 讀取最後一筆資料」程式積木，將其中的「API_Key（讀取授權碼）」及「Channel ID（通道編號）」欄位分別填入在 ThingSpeak 平臺設定步驟 7、步驟 4 所取得的讀取授權碼（Read API Key）及 Channel ID 編號，即可將數據讀出並顯示在 OLED 顯示器上。

ThingSpeak 雲端平臺的入門與實作

　　完整的「ESP32 農場大數據收集系統」讀取版 motoBlockly 程式如下所示。請在紅框處填入自己對應的 WiFi 及 ThingSpeak 連線資訊，程式才能正常的運作。

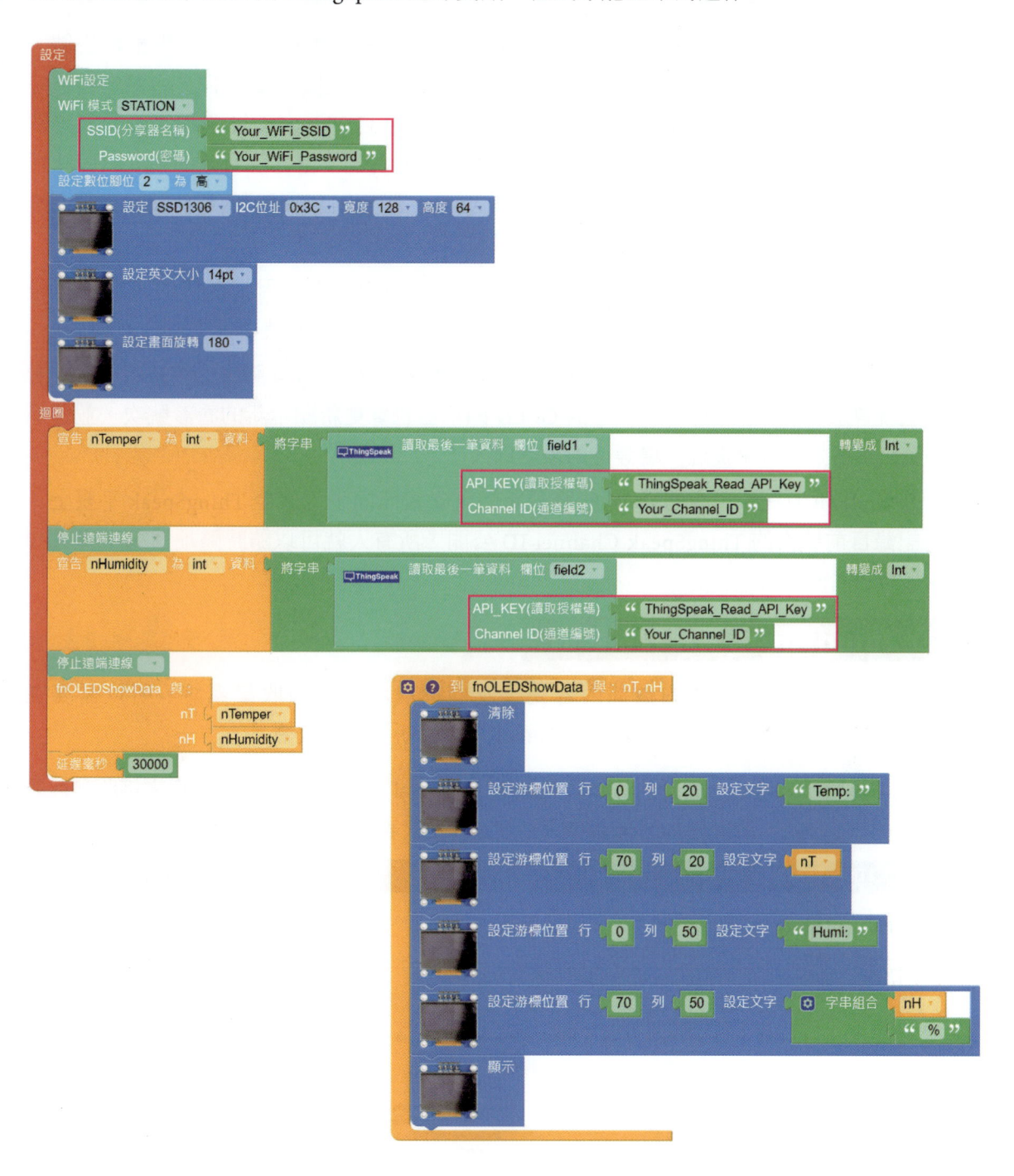

3-5 ThingSpeak 實作應用 II – 雲端叫號系統

到醫院看病時最難熬的就是等待看診的時間。若是先以網路或電話完成預約掛號，由於醫生看診的速度有快有慢，所以預約的病人其實並不好拿捏報到的時間。台灣的醫療院所大多已有設立在現場的叫號系統，若是能利用 ESP32 結合 ThingSpeak 雲端平臺與對應的 APP，便可讓原有的叫號系統輕鬆升級成可供雲端查詢的功能。當醫院看診的號次可即時地同步到網際網路時，病人或家屬就可以利用手機 APP 遠端查詢目前醫院的看診號次，從而推估到醫院報到的時間，進而節省大家寶貴的時間。

「雲端叫號系統」算是 ThingSpeak 平臺中比較另類的應用，因其上傳的資料不再是 NodeMCU-32S 上感測器所量測到的數據，而是改為醫生目前看診的號次。

其運作流程如下：每當醫生診治完病人按下 ESP32 擴充板上 G34 腳位的按鈕時，目前看診的號次就會加 1，而連接在 ESP32 上的 OLED 顯示器也會更新顯示新的看診號次，並透過蜂鳴器發出跳號提示音來提醒現場等待的候診病人。

此外 NodeMCU-32S 也會透過 WiFi 將最新的號次資訊同步上傳至 ThingSpeak 平臺上，只要將記錄目前號次的 ThingSpeak Channel ID 公開，所有人就可以隨時隨地透過手機 APP 來查詢最新的看診號次。

建立 ThingSpeak 資料收集頻道

因為雲端叫號系統上傳的數據內容完全不同於農場大數據收集系統，所以需要在 ThingSpeak 雲端平臺上再建立一個新的 Channel 來儲存新的上傳數據。

Step 1 如下圖所示，建立一個新的資料收集頻道「Hospital」。因為該 Channel 只需接收儲存最新的看診號次，所以在 Field 項目中只要建立一個代表目前看診號次的「Number」欄位。

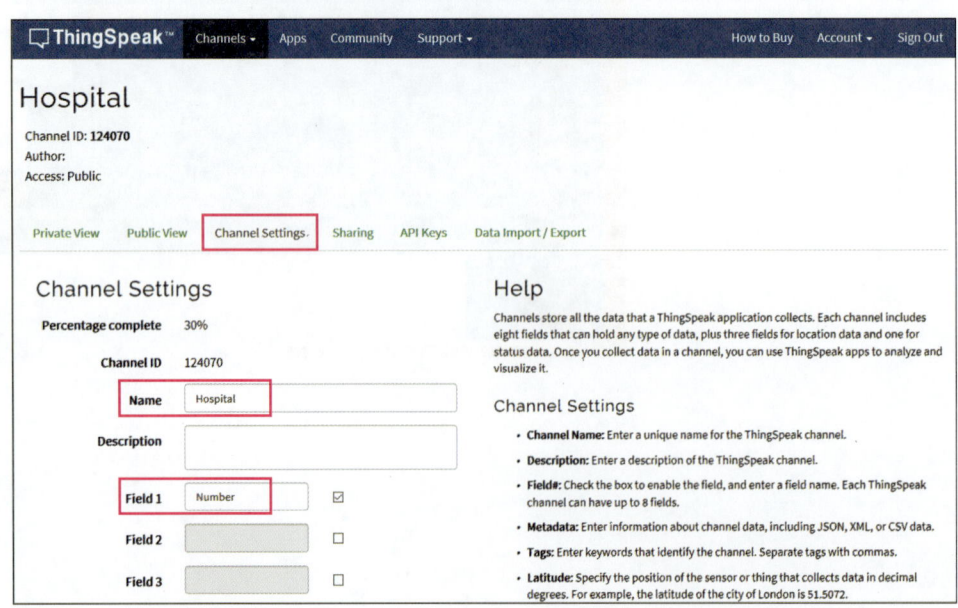

ThingSpeak 雲端平臺的入門與實作

Step 2 由於建立此 Channel 的目的是要讓所有人都可以直接上網查詢醫院目前最新的看診號次，因此在「Sharing」設定頁面中記得要將 Channel 的存取狀態設定為公開（如下圖紅框處所示，請點選「Share channel view with everyone」）。最後記得要將 ThingSpeak 產生的 Channel ID（本例為 124070）予以公告，並讓民眾輸入在 ThingView APP 中才有意義。

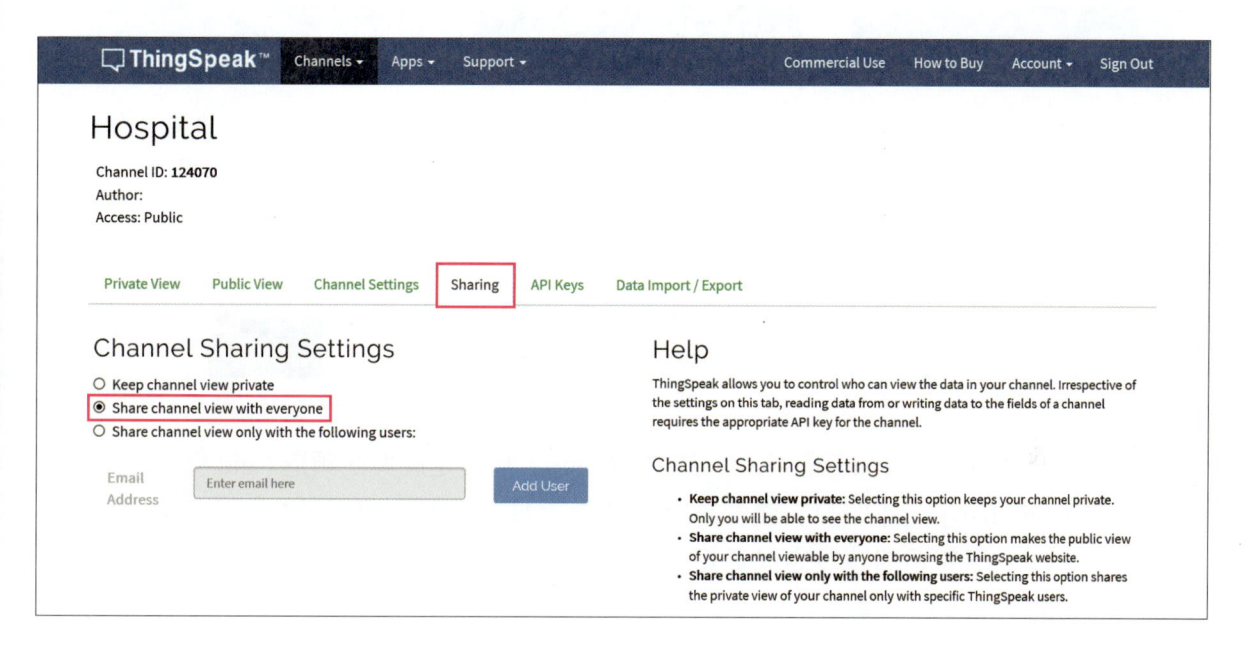

Step 3 為了讓一般人在使用 ThingView APP 時能夠更直覺的看到目前的看診號次，因此可在如下圖所示的「Public View」設定頁面中，點選「Add Widgets」鍵來增加一個較大的數字面板，並將其用來顯示當下的看診號次。

> **注意：**因為「雲端叫號系統」的 Channel 存取狀態被設定為公開，因此數字面板 Widget 請務必建立在「Public View」設定頁面中，否則 ThingView APP 會無法顯示。

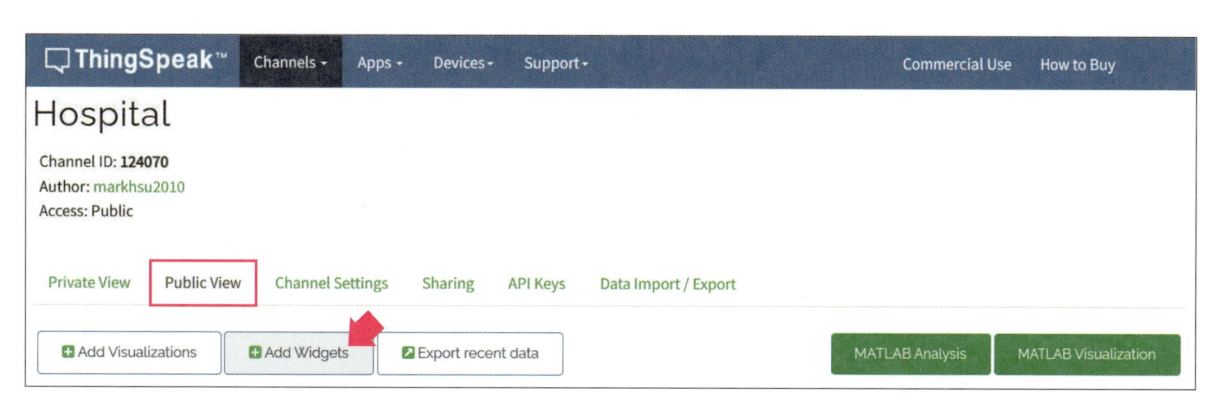

133

Step 4 點選「Add Widgets」鍵後會跳出如下圖所示的視窗，此時會有三種不同格式的部件（Widget）可供選擇，請點選中間只會顯示數字的「Numberic Display」即可。

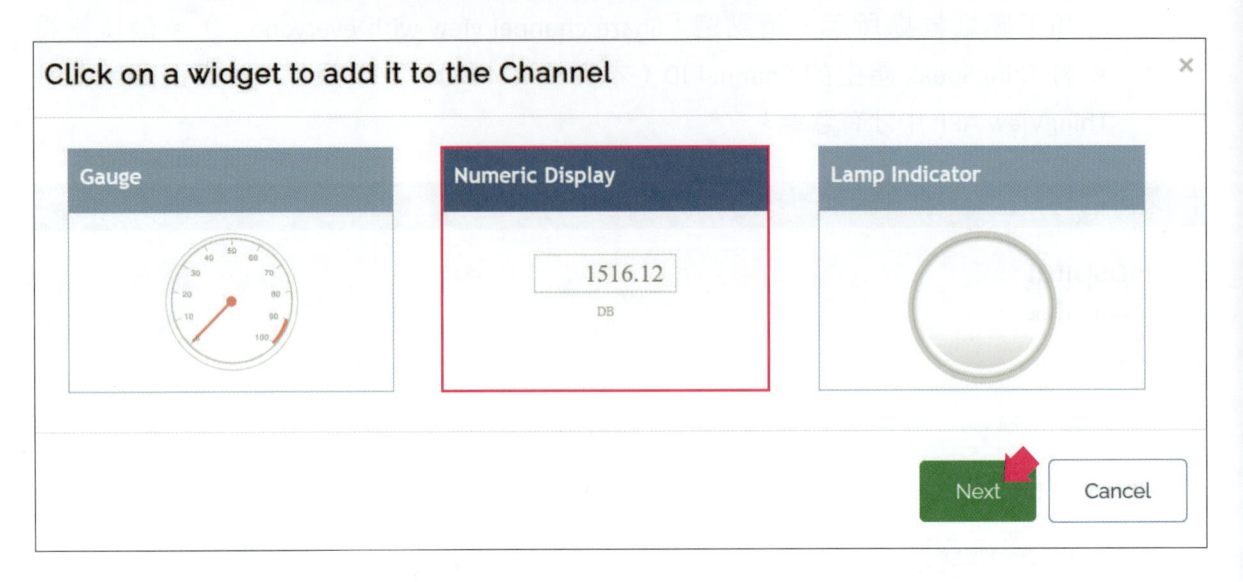

部件參數設定視窗如下圖所示，其中「Name」請設定成與此頻道 Field 欄位名稱相同的「Number」，「Field」欄位請選擇要與之連動的資料欄位「Field 1」、「Update Interval」更新週期請設定成最短的「15」秒，而「Data Type」資料格式則選擇代表整數的「Integer」選項。

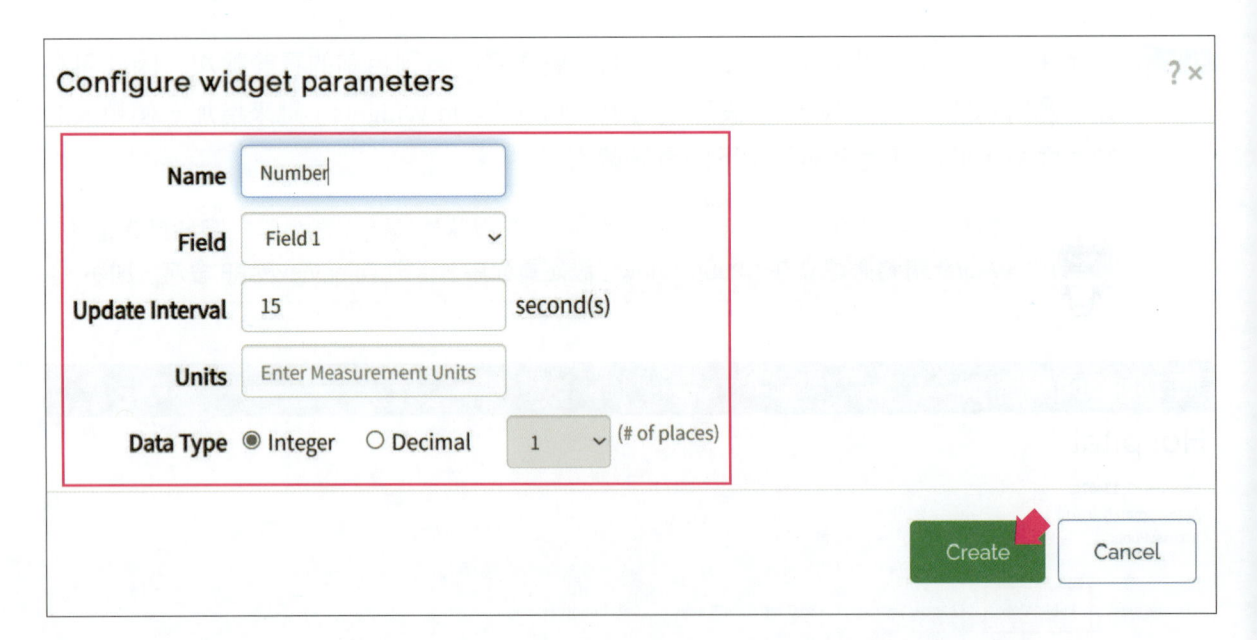

Step 5 請將新增的 Widget 部件拖曳到左邊，這樣在 APP 顯示時會比較美觀。

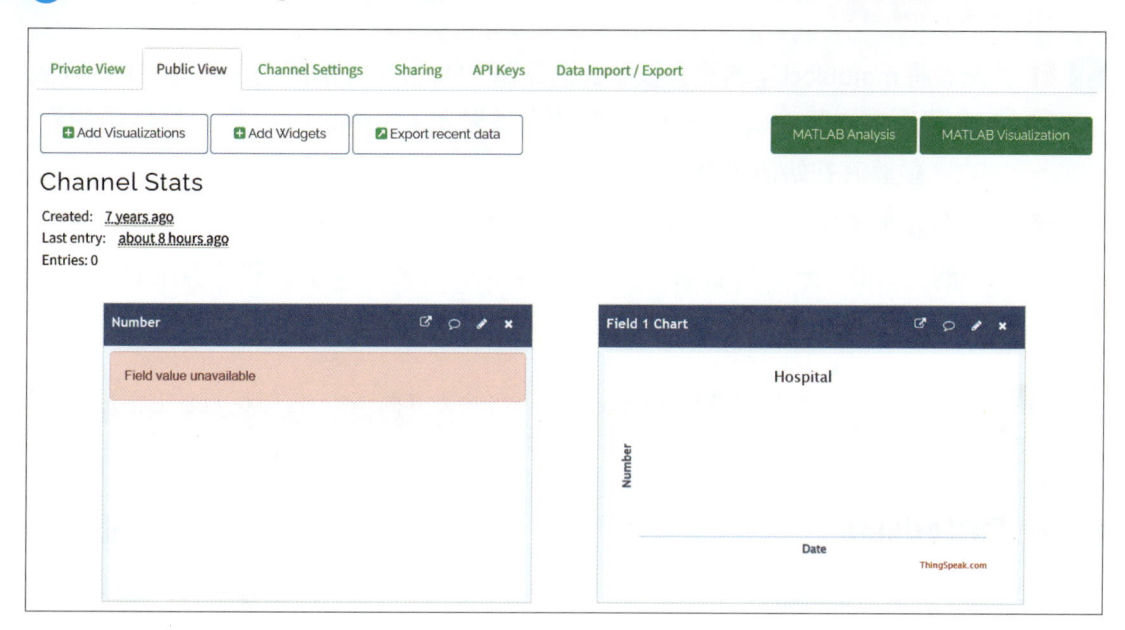

ESP32 硬體設定

雲端叫號系統在硬體方面的需求有：

❶ 作為大腦來控制各項硬體的「NodeMCU-32S」。
❷ 內建按鈕與蜂鳴器的慧手科技「ESP32 IO Board 擴充板」。
❸ 負責顯示目前看診號次的 SSD1306 OLED 顯示器。

硬體組裝步驟

如下圖所示，將 OLED 顯示器接到 ESP32 擴充板 I2C 的插槽中，其中 OLED 的 GND 排針接到擴充板的 G 插槽、OLED 的 VCC 排針接到擴充板的 V 插槽、OLED 的 SDA 排針接到擴充板的 SDA 插槽、OLED 的 SCL 排針接到擴充板的 SCL 插槽。完成。

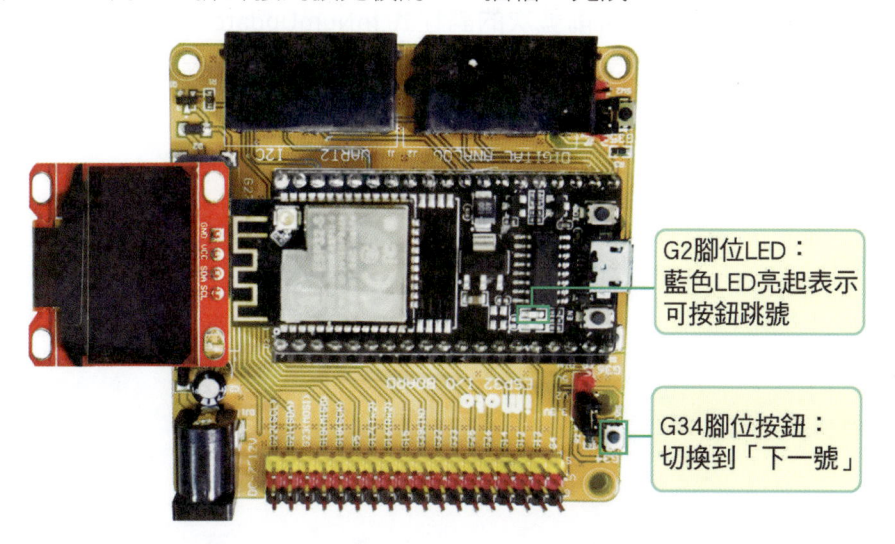

G2腳位LED：
藍色LED亮起表示可按鈕跳號

G34腳位按鈕：
切換到「下一號」

ESP32 圖控程式

Step 1 ❶ 首先需將 motoBlockly 的開發板型號選擇為「ESP32」才能產生正確的 ESP32 程式碼。

❷❸ 接著建立一個 unsigned int 型態的全域變數 nCurrentNum 來記錄目前的看診號次，並將其初始值設為 0。

❹ 最後在設定（Setup）積木中完成 ESP32 連接網路的初始化設定。「WiFi 設定」積木中的「SSID（分享器名稱）」與「Password（密碼）」參數分別為 ESP32 準備連線的路由器或無線網路分享器的名稱與密碼，請依實際狀況來進行設定即可。

> **注意**：若 WiFi 連線成功，NodeMCU-32S 會點亮內建的 G2 腳位 LED 來告知使用者。

Step 2 接著建立一個 OLED 顯示目前號次的副程式 fnNumUpdate() 來備用，其運作流程為：先清除 OLED 上所有的文字，然後開始設定要顯示的文字大小、位置與內容，全部設定完畢後再使用「OLED 顯示」積木將 OLED 內容顯示出來。

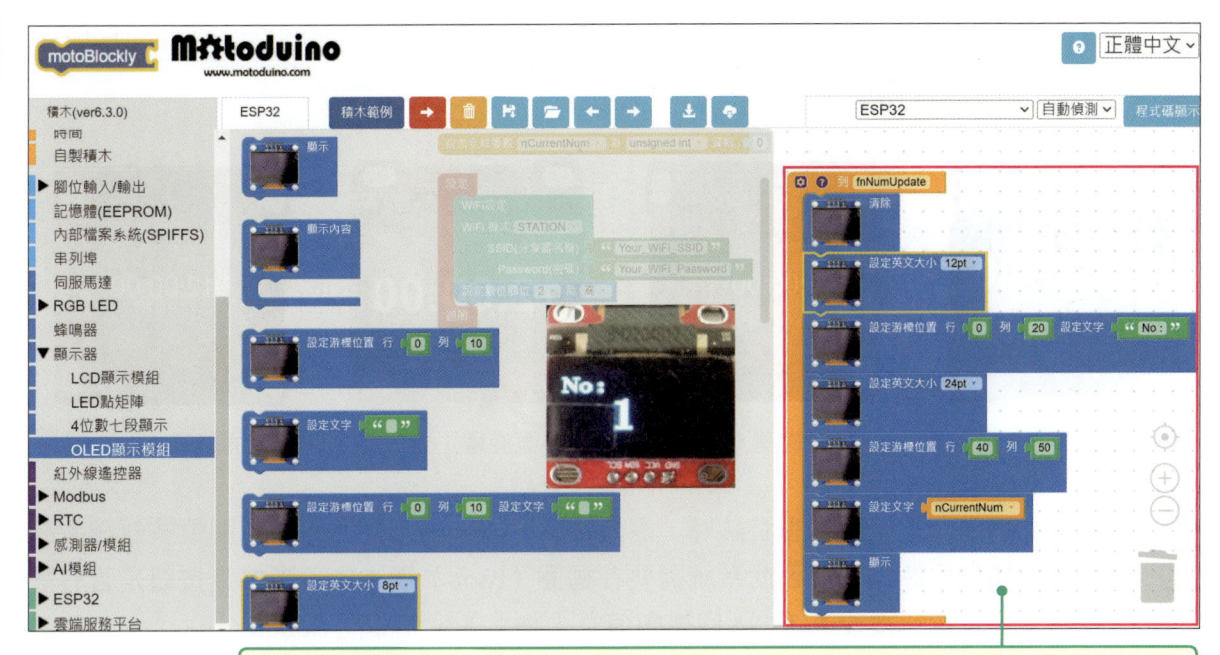

ThingSpeak 雲端平臺的入門與實作

本例中副程式 fnNumUpdate() 的文字顯示流程為：在 OLED 顯示器行（X軸）為 0、列（Y軸）為 20 的地方顯示字體大小為 12 pt 的「No：」字樣，並在行（X軸）為 40、列（Y軸）為 50 的地方以最大的字體尺寸 24 pt 來顯示當下的號次。

Step 3 由於本系統需使用 OLED 來顯示當下的號次，因此在使用 OLED 前需要進行一些初始化動作：包括設定 OLED 的「型號」、「I2C 位址」以及螢幕的「寬度」與「高度」解析度。

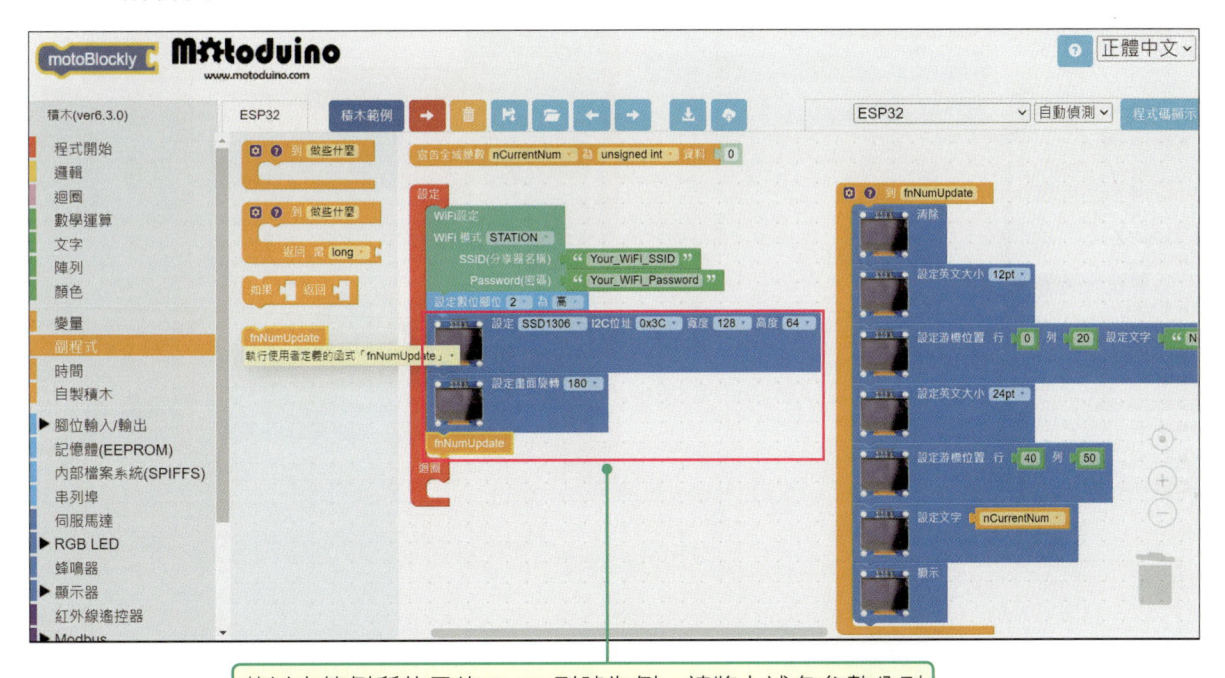

若以本範例所使用的 OLED 型號為例，請將上述各參數分別設定為型號 SSD1306、位址 0x3C、寬度 128 與高度 64。最後將 OLED 的文字顯示角度設為 180 度。

137

OLED 所對應的顯示畫面如下圖所示。OLED 初始動作完成後，便可呼叫 fnNumUpdate( ) 副程式來顯示目前的號次。

| 畫面旋轉：0 度 | 畫面旋轉：90 度 | 畫面旋轉：180 度 | 畫面旋轉：270 度 |

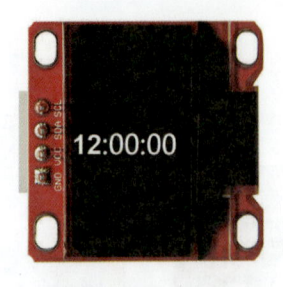

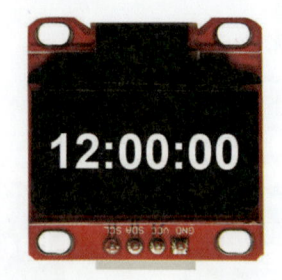

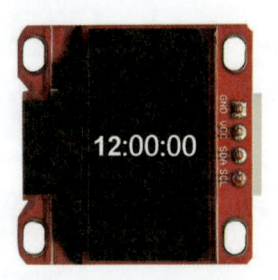

Step 4 當醫生準備為下一個病患看診時，需先按下 ESP32 擴充板上的 G34 腳位按鈕讓系統跳號來通知候診病人，因此系統需要在迴圈（Loop）積木中不斷檢查按鈕是否有被按下。一旦按鈕被按下（G34 回傳數值為「高」），先關閉 NodeMCU-32S 上內建的 LED，並把記錄看診號次的變數 nCurrentNum 加 1 後，再將此變數所記錄的號次立即顯示在 OLED 顯示器上，最後讓蜂鳴器發出「叮咚」的跳號提示音來提醒現場候診的病人。

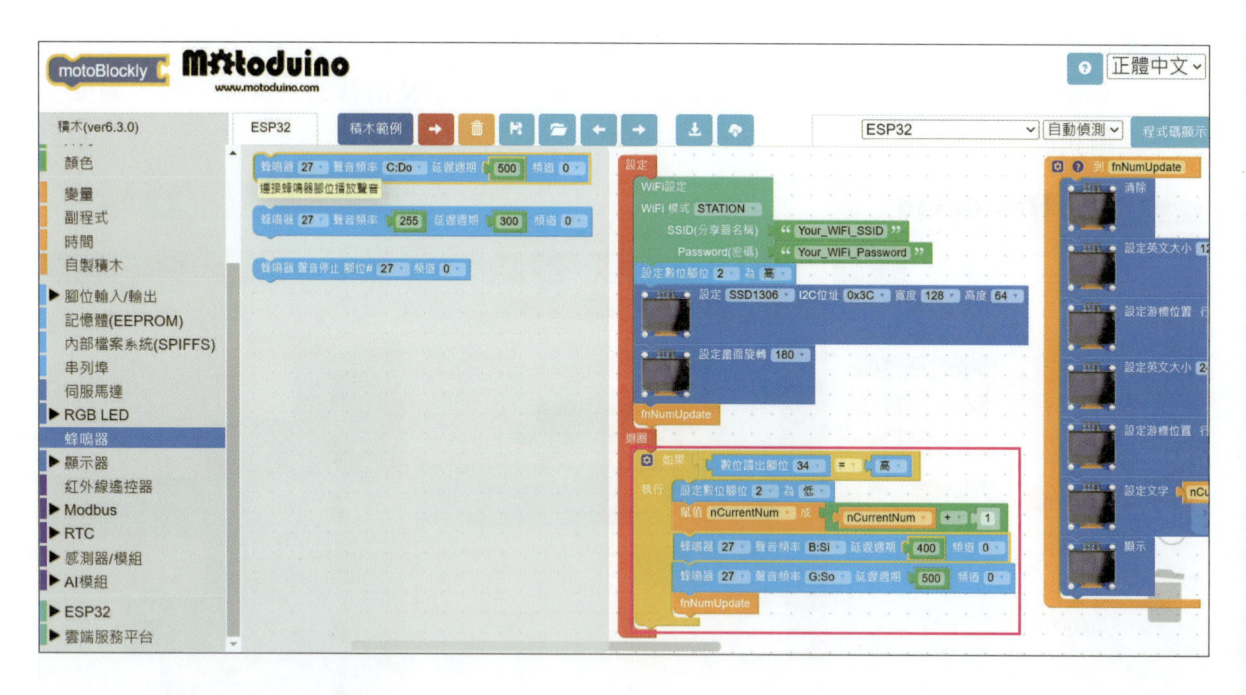

ThingSpeak 雲端平臺的入門與實作

Step 5 如下圖紅框處所示，接下來加入將目前號次上傳資料到 ThingSpeak 雲端平臺的程式積木。

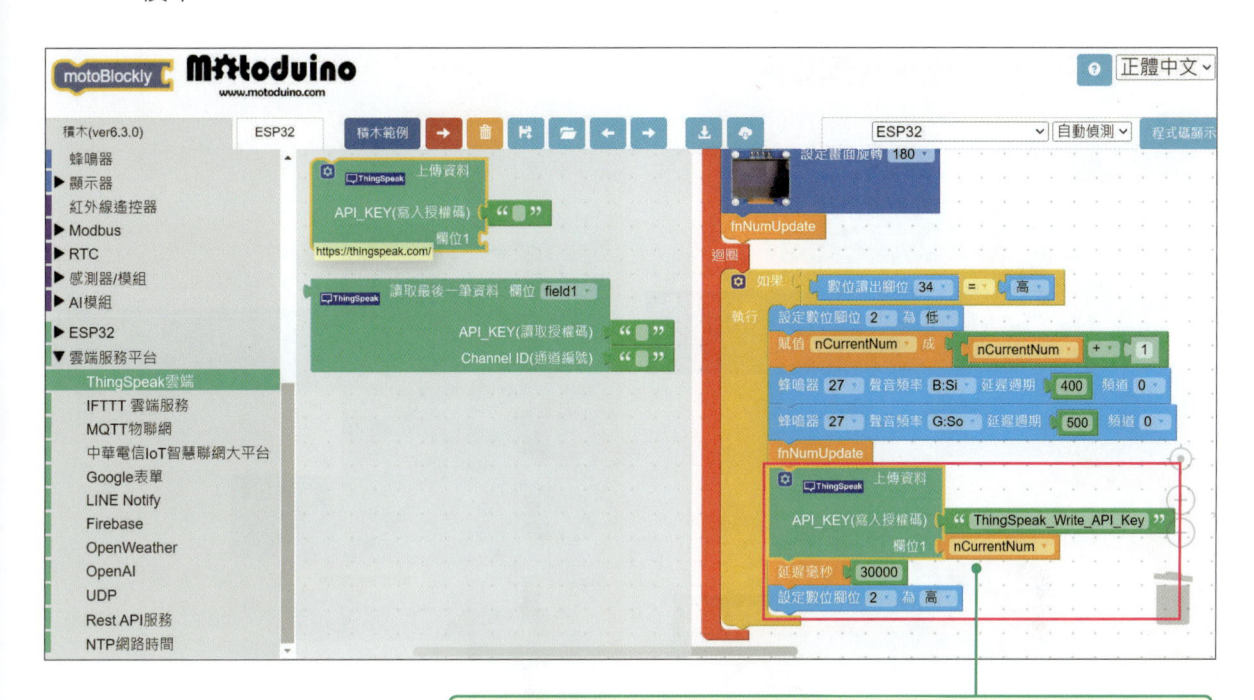

由於上傳數據對於 ThingSpeak 而言是寫入的動作，因此程式積木中的「API_KEY（寫入授權碼）」欄位請填入在 ThingSpeak 平臺「API Keys」頁面中所取得的 Write API Key，「欄位 1」則需填入記錄目前號次的 nCurrentNum 變數。

> **註** 上傳號次資料後會再放上一個「延遲 30000 毫秒」程式積木，主要是為了避免因太慢放開按鈕而造成連續跳號的狀況發生，加上 ThingSpeak 平臺上傳資料原本就有至少要間隔 15 秒的限制，因此在每次按鈕跳號後會讓系統再多等 30 秒。當 30 秒過後 NodeMCU-32S 內建的 LED 再度被點亮時，就代表系統可以繼續按鈕進行下一個跳號動作了。

Step 6 完整的「ESP32 雲端叫號系統」motoBlockly 程式如下所示。請在紅框處填入自己對應的 WiFi 及 ThingSpeak 連線資訊，程式才能正常的運作。

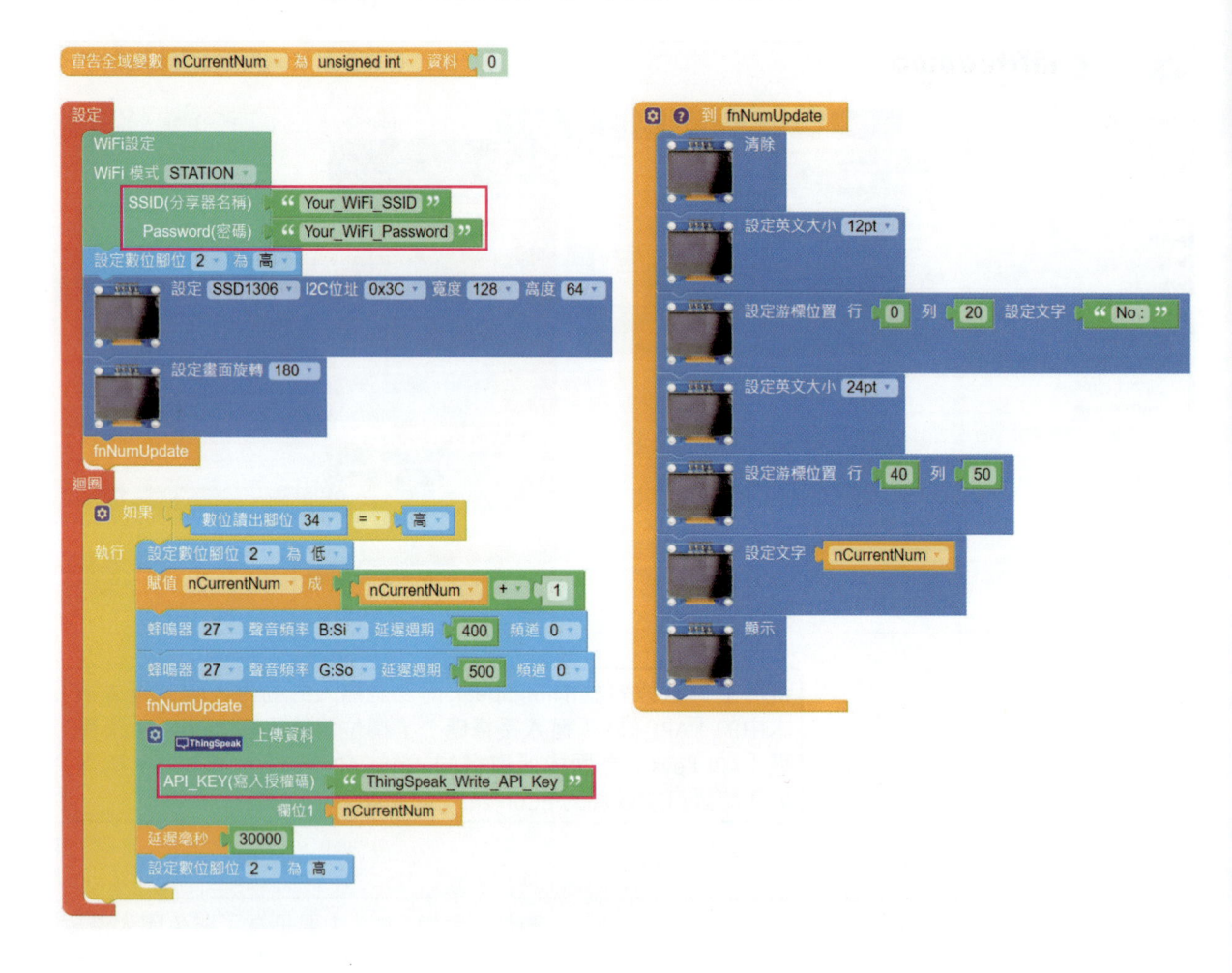

手機 APP 的設定

Step 1 如下圖所示，在新增 Channel 的頁面中填入醫院公告的 Channel ID 後（本例為 124070），將「Hospital」Channel 加入到 ThingView APP 的觀察名單中。

Step 2 完成上述的設定步驟後，APP 便會列出設定完成並且可以成功連線的 Channel 列表（如下圖左所示），此時再點選進入要觀察的 Hospital Channel 中，便可看到該 Channel 所記錄的最新看診號次（如下圖右所示）。

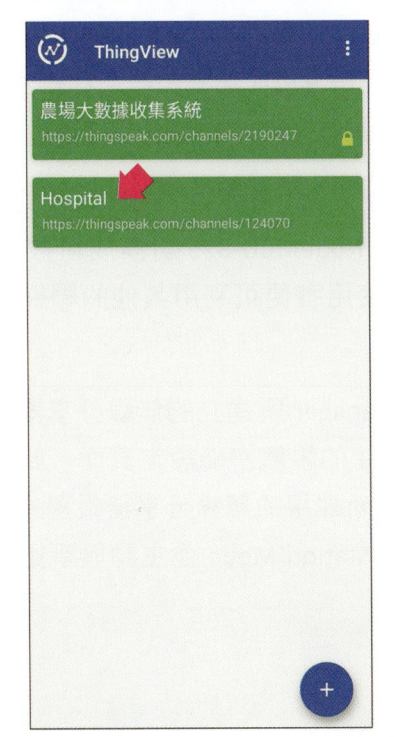

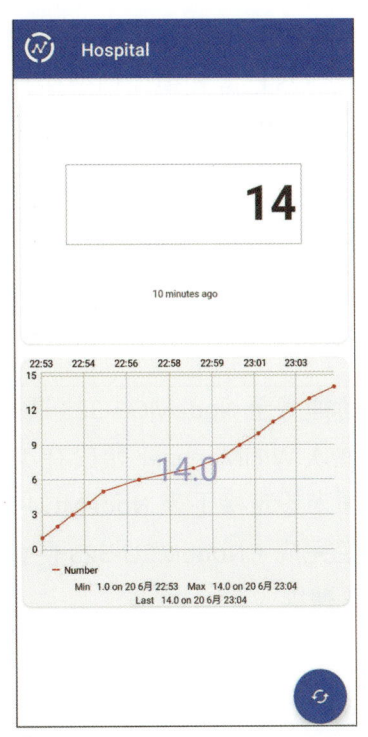

成果展示 https://youtu.be/IliA3gibREA

3-6 ThingSpeak 實作應用 III – 強化版雲端叫號系統

若以上一節所完成的「雲端叫號系統」程式來運行，只要將 NodeMCU-32S 斷電，即便馬上恢復供電，NodeMCU-32S 上記錄的號次也會自行歸零，所以一旦遇到跳電或停電時，看診號次就會因此大亂。另外由於「雲端叫號系統」的 WiFi 連線帳密是寫死在 ESP32 程式中，因此若是將此系統遷移到其他場域，系統中原本設定的 WiFi 帳密可能就無法連上新場域的無線分享器，此時的程式碼就得再重新修改燒錄，如此便會大大阻礙此系統的推廣。

本節所要練習的「強化版雲端叫號系統」將可一次解決上述的兩個問題，其動作流程如下：首先在 ESP32 程式中導入 WiFiManager 的服務，讓使用者可以透過其他聯網設備（如：手機、平板或筆電…等）來動態修改 NodeMCU-32S 的 WiFi 連線帳密。而當網路連線成功之後，NodeMCU-32S 也會優先從 ThingSpeak 雲端平臺將最新的號次讀取下來，並將該號次當成是新的預設值來繼續累加。

WiFiManager - WiFi 管理員

WiFiManager（WiFi 管理員）是一個用於 ESP8266 及 ESP32 的無線網路服務函式庫，主要是應用在簡化 WiFi 連接帳密的設定與管理。此服務的運作的流程如下：

Step 1 WiFiManager 會保留上次連線成功的無線分享器（WiFi AP）的帳號與密碼。若是 NodeMCU-32S 已經知道如何連接到某個無線分享器，那麼即便是在斷電後重新供電，WiFiManager 也會自動使用之前保存的帳密來嘗試與該無線分享器建立連線。

Step 2 若是 WiFiManager 自動嘗試連線的動作失敗，即表示之前所保存的無線分享器連線帳密已經失效，這時 WiFiManager 會將 NodeMCU-32S 切換成可被其他裝置連線的無線分享器模式（AP Mode）。而此時使用者便可利用其他的聯網裝置連線到此 WiFiManager 所建立的 WiFi 網路中。

Step 3 當使用者連線至 NodeMCU-32S 透過 WiFiManager 所建立的無線分享器後，便可透過瀏覽器進入 WiFiManager 預設在 192.168.4.1 的帳號密碼設定頁面。此時使用者可經由此頁面來設定接下來 NodeMCU-32S 要重新連線的無線分享器帳密。一旦新的連線帳密設定完成，NodeMCU-32S 便會切換為 Station Mode 並主動與新指定的無線分享器來建立連線。

ThingSpeak 雲端平臺的入門與實作

ESP32 硬體設定

硬體組裝圖

本範例所需的硬體與組裝方式和雲端叫號系統一模一樣。組裝完成圖如下：

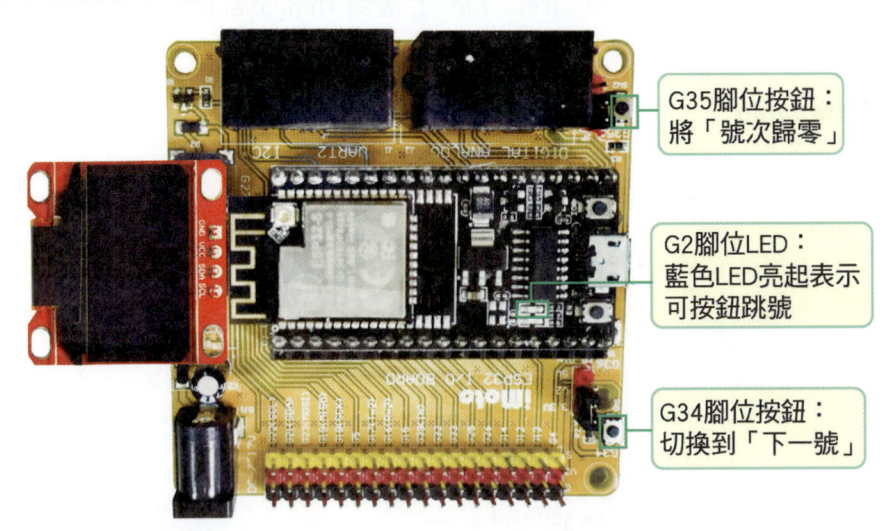

G35腳位按鈕：
將「號次歸零」

G2腳位LED：
藍色LED亮起表示
可按鈕跳號

G34腳位按鈕：
切換到「下一號」

ESP32 圖控程式

　　本範例的 motoBlockly 程式可以直接使用上一節的「雲端叫號系統」程式來進行修改，ThingSpeak 平臺也一樣沿用之前所建立的「Hospital」頻道即可。

Step 1 在設定（Setup）積木中使用「WiFiManager（WiFi 管理員）」積木來取代原本的「WiFi 設定」積木。「WiFiManager（WiFi 管理員）設定 AP」積木便是提供 WiFiManager 服務的積木。其中的「SSID（分享器名稱）」與「Password（密碼）」參數分別是 NodeMCU-32S 切換成 AP 模式時的無線分享器名稱與密碼（其他聯網裝置要連線進來時的帳密），請以半形的英數字串來自行訂定即可。

注意：「密碼」參數最少要有 8 個字，否則與 NodeMCU-32S 的連線會產生問題。

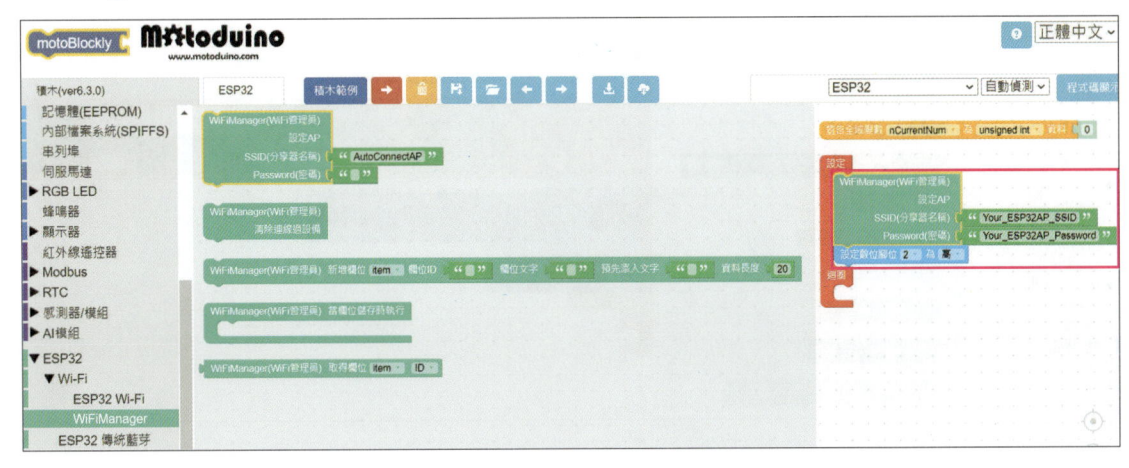

143

Step 2 除了建立一個可讓 OLED 顯示當下號次畫面的副程式 fnNumUpdate( ) 之外，也要建立一個按鈕後會上傳最新號次到 OLED 顯示器與 ThingSpeak 平臺的副程式 fnUploadNum( )。其動作流程包括：❶ 一開始先關閉 NodeMCU-32S 內建的 LED。❷ 接著呼叫副程式 fnNumUpdate( ) 來更新 OLED 上顯示的號次，並在發出「叮咚」的提示音後，將最新的號次 nCurrentNum 上傳到 ThingSpeak 雲端平臺上。❸ 最後在等待 30 秒之後，重新點亮 NodeMCU-32S 內建的 LED。

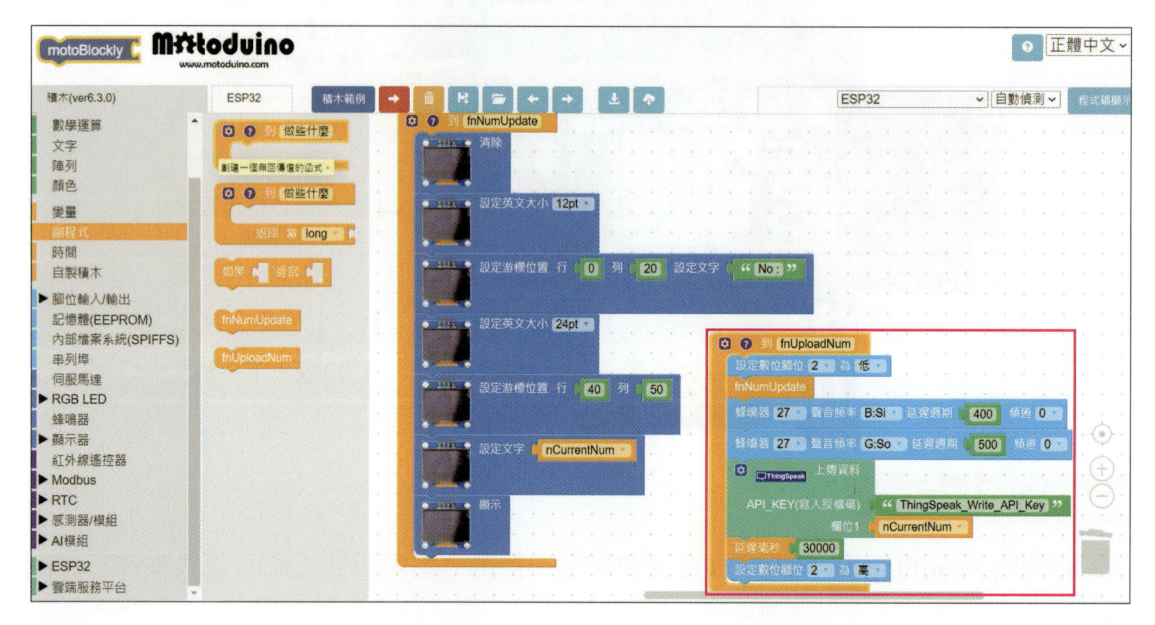

Step 3 回到主程式的設定（Setup）函式，當 NodeMCU-32S 使用原先保存或是新的帳密與無線分享器連線成功之後，便可插入「ThingSpeak 讀取最後一筆資料」的程式積木向指定的 ThingSpeak 平臺頻道讀取所記錄的最後一筆資料，並將取得的數據存入變數 nCurrentNum 中。如此一來就可解決斷電重開後，號次會自行歸零的問題了。

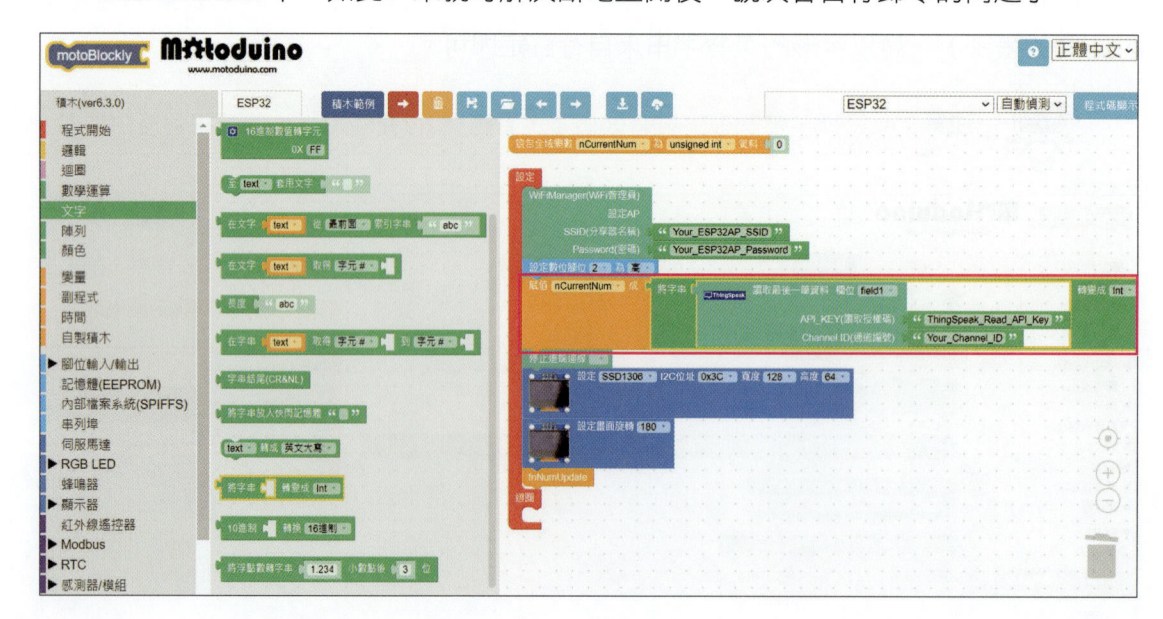

ThingSpeak 雲端平臺的入門與實作

Step 4 在「迴圈」積木中不斷檢查 ESP32 擴充板上的按鈕是否有被按下。若 G34 腳位的按鈕被按下就表示要進行跳號的動作，此時將變數 nCurrentNum 加 1 後呼叫副程式 fnUploadNum( ) 來更新 OLED 及 ThingSpeak 上的號次。若按下的是 G35 腳位按鈕，則表示要將當下的號次歸零，此時將變數 nCurrentNum 設為 0 後一樣呼叫 fnUploadNum( ) 副程式來更新 OLED 及 ThingSpeak 上的號次。

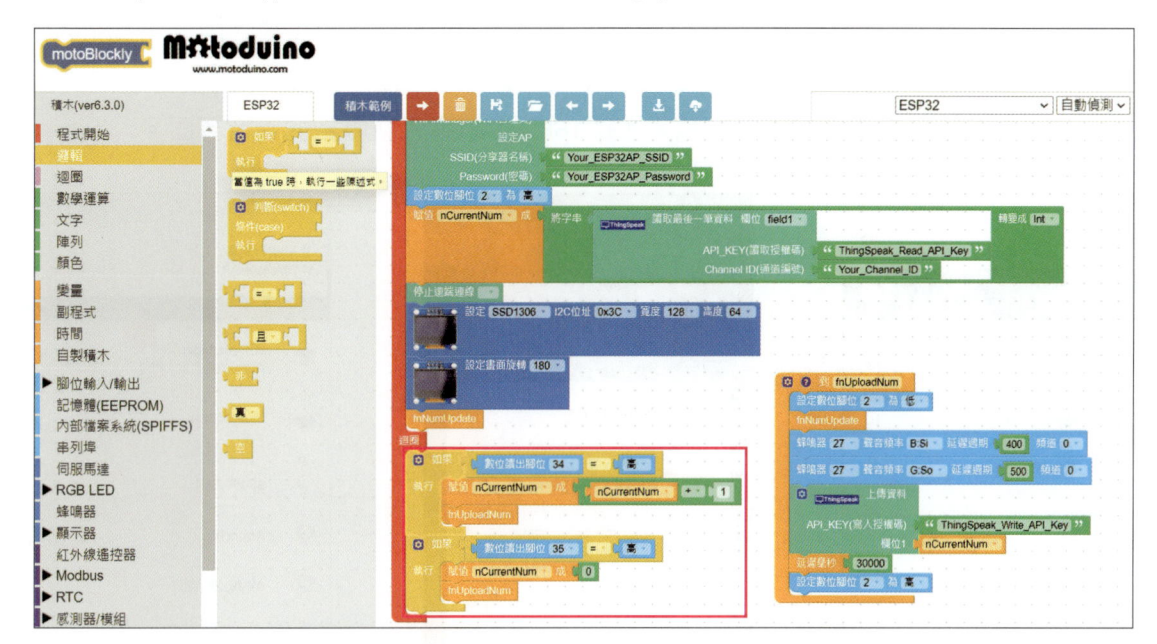

Step 5 完整的「加強版雲端叫號系統」motoBlockly 程式碼如下所示。請在紅框處填入自己對應的 WiFi 及 ThingSpeak 連線資訊，程式才能正常的運作。

注意： 由於此範例使用到的 OLED 顯示器函式庫程式碼較多，所以使用 motoBlockly 編譯上傳的時間也會比較久，程式上傳時請耐心等候。

145

手機 APP 的設定

完整的手機 WiFiManager 連線帳密設定流程如下：

Step 1 開啟手機的 WiFi 設定頁面，找到由 AP 模式 NodeMCU-32S 化身的無線分享器後與之連線（本例為圖 (a) 紅框處所示的 WiFiManagerAP），與此 NodeMCU-32S AP 連線的密碼（如圖 (b) 橘框所示）設定在 ESP32 的 motoBlockly 步驟 1 程式中。和 NodeMCU-32S 連線成功之後，就可直接點選該 AP 名稱來進入 WiFiManager 的帳密設定頁面，也可以開啟瀏覽器並在網址列輸入 192.168.4.1 來進入新帳密的設定頁面。

(a)　　　　　　　　　(b)　　　　　　　　　(c)

ThingSpeak 雲端平臺的入門與實作　**3**

Step 2 進入 WiFiManager 的帳密設定頁面後，點選下圖 (a) 的「Configure WiFi」按鈕，就可以設定新的無線分享器連線帳密給 NodeMCU-32S。當輸入完畢並按下圖 (b) 中的「Save」按鈕儲存之後，該 NodeMCU-32S 便會自動切回 Station 模式，並與新指定的無線分享器（本例為 Motoduino）進行連線。一旦 NodeMCU-32S 與新指定的無線分享器連線成功，NodeMCU-32S 便會保持在 Station 模式下，其所建立的無線分享器的名稱也會消失在手機的 WiFi 列表中。

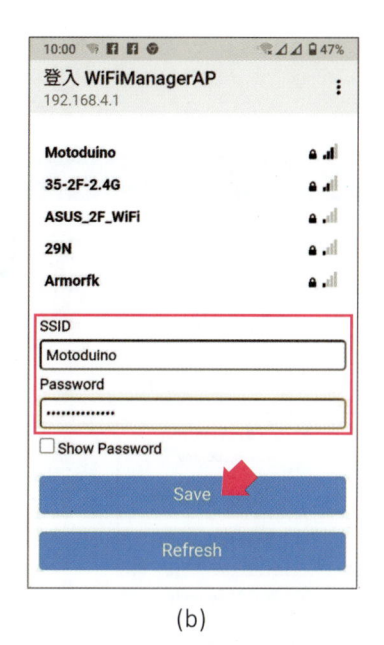

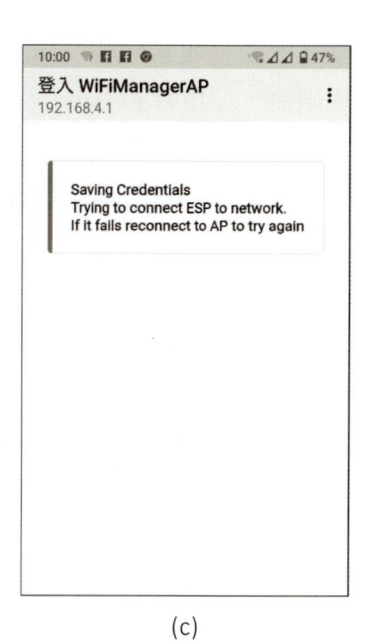

(a)　　　　　　　　　　(b)　　　　　　　　　　(c)

成果展示　https://youtu.be/UNc_NIH9nHk

147

3-7　ThingSpeak 免費帳號的限制

　　ThingSpeak 雲端平臺雖然提供免費的雲端數據儲存服務，不過對於免費用戶仍有若干的使用限制。如下圖紅框處所示，除了前面就有提到的每筆資料上傳間隔時間（Message update interval limit）至少需要超過 15 秒外。另外 ThingSpeak 每年僅提供每個免費帳號 3,000,000 筆的資料傳輸次數（Number of messages，平均每天約 8,200 筆），還有每個帳號最多只能建立 4 個資料收集頻道（Number of channels）…等，都是 ThingSpeak 平臺對於免費用戶的使用限制，使用時必須小心留意。

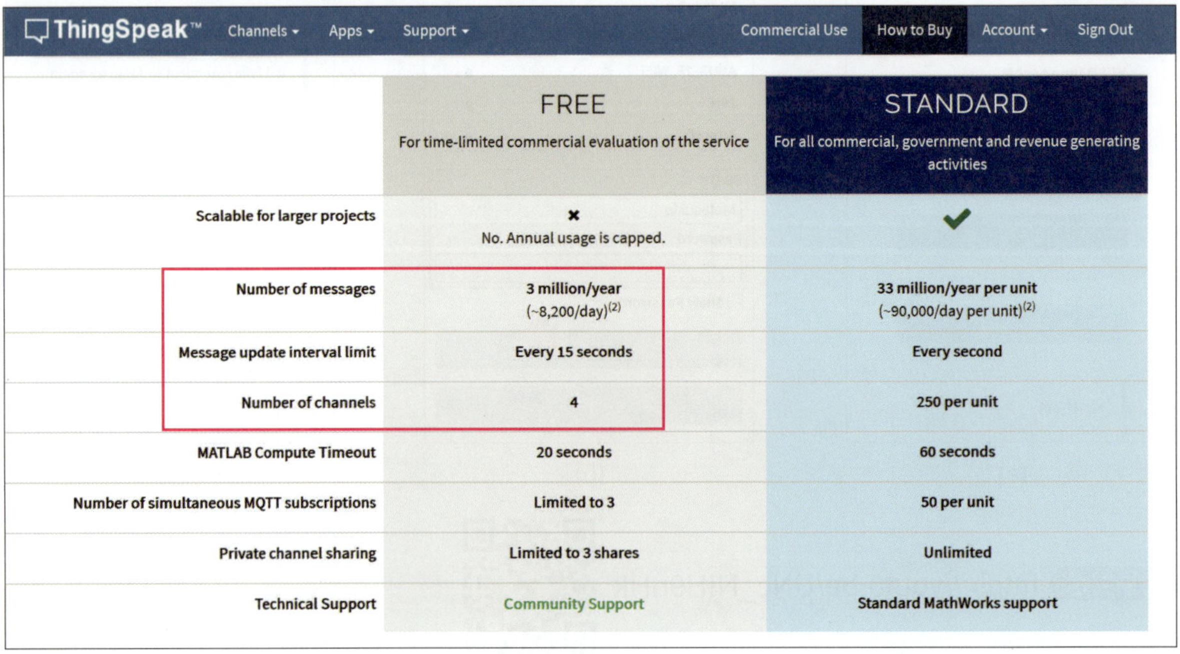

	FREE For time-limited commercial evaluation of the service	STANDARD For all commercial, government and revenue generating activities
Scalable for larger projects	✗ No. Annual usage is capped.	✓
Number of messages	3 million/year (~8,200/day)[2]	33 million/year per unit (~90,000/day per unit)[2]
Message update interval limit	Every 15 seconds	Every second
Number of channels	4	250 per unit
MATLAB Compute Timeout	20 seconds	60 seconds
Number of simultaneous MQTT subscriptions	Limited to 3	50 per unit
Private channel sharing	Limited to 3 shares	Unlimited
Technical Support	Community Support	Standard MathWorks support

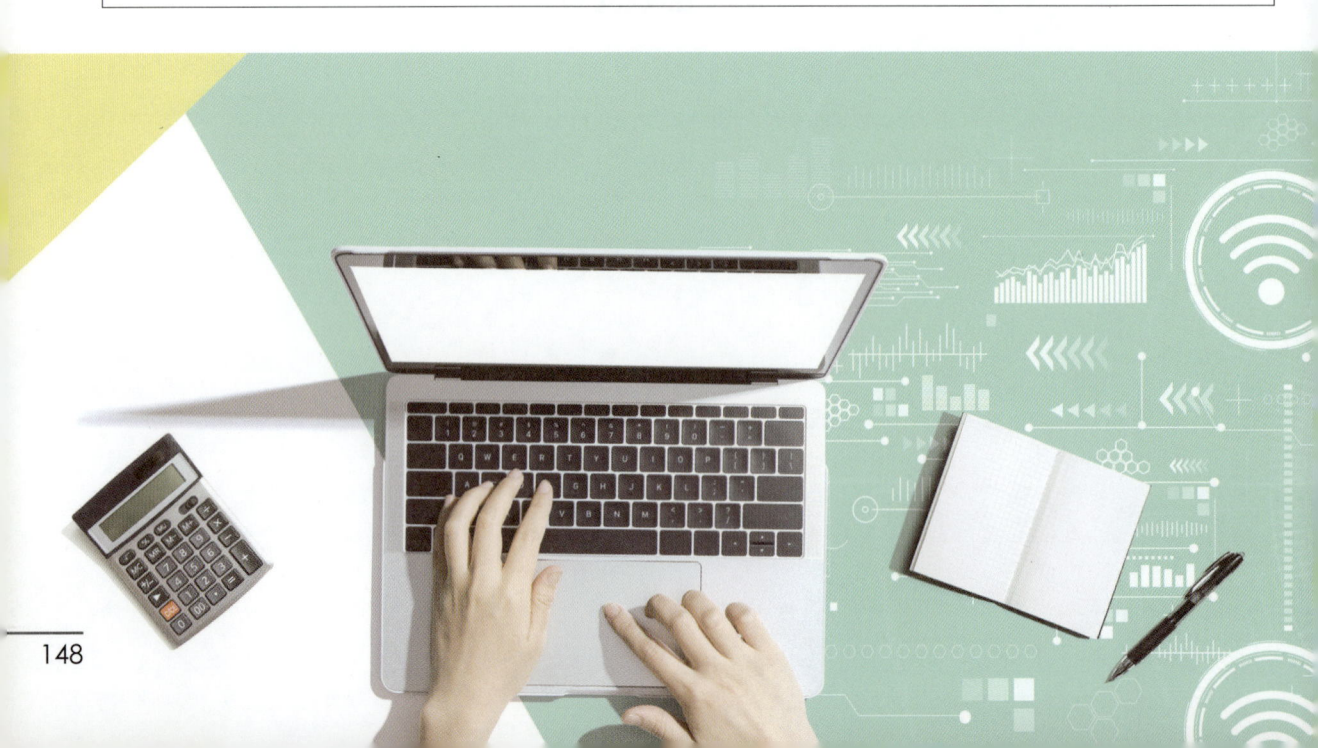

ThingSpeak 雲端平臺的入門與實作　3

　　如下圖紅框處所示，每個帳號剩餘（Remaining）的資料傳輸次數及資料收集頻道數量，分別可在 My Account 頁面中的「Messages」與「Channels」欄位來查詢，讀寫資料量較多的使用者可在此處確認自己剩餘的傳輸次數。

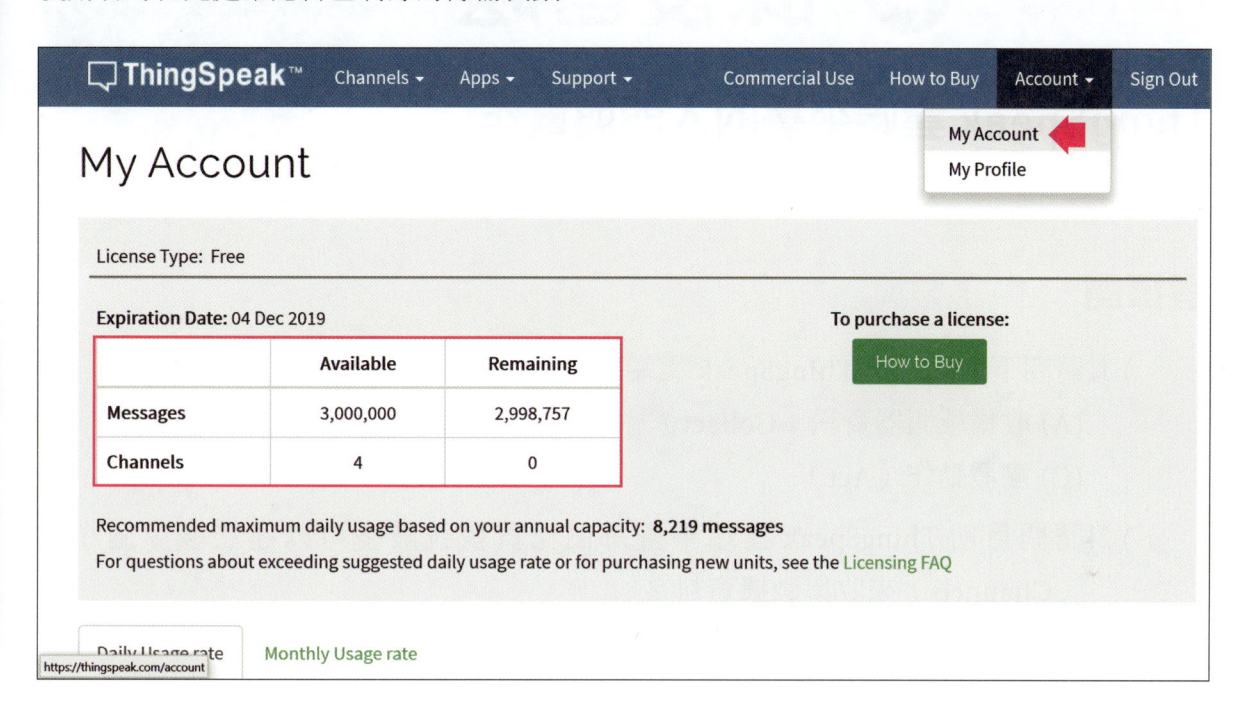

149

Chapter 3 課後習題

ThingSpeak 雲端平臺的入門與實作

選擇題

( ) 1. 請問下列何者是 ThingSpeak 雲端平臺可以提供的服務？
    (A) 收集感測器資訊（Collect）　　(B) 分析所收集的資訊（Analyze）
    (C) 觸發動作（Act）　　　　　　　(D) 以上皆是

( ) 2. 請問目前 ThingSpeak 雲端平臺每個免費帳號最多可以建立多少個頻道（Channels）來收集數據資料？
    (A) 1 個　　　　　　　　　　　　　(B) 2 個
    (C) 3 個　　　　　　　　　　　　　(D) 4 個

( ) 3. 請問目前免費版的 ThingSpeak 雲端平臺每個頻道（Channel）最多可以建立多少個欄位（Fields）來收集數據資料？
    (A) 8 個　　　　　　　　　　　　　(B) 6 個
    (C) 4 個　　　　　　　　　　　　　(D) 2 個

( ) 4. 請問下列何者不是上傳數據至 ThingSpeak 雲端平臺記錄時所需要的參數？
    (A) 寫入授權碼　　　　　　　　　　(B) 欄位（Field）號次
    (C) 欄位（Field）名稱　　　　　　　(D) 欲儲存的數據資料

( ) 5. 請問下列何者不是自 ThingSpeak 雲端平臺讀取數據記錄時所需要的參數？
    (A) 讀取授權碼　　　　　　　　　　(B) 頻道（Channel）ID
    (C) 頻道（Channel）名稱　　　　　　(D) 欄位（Field）號次

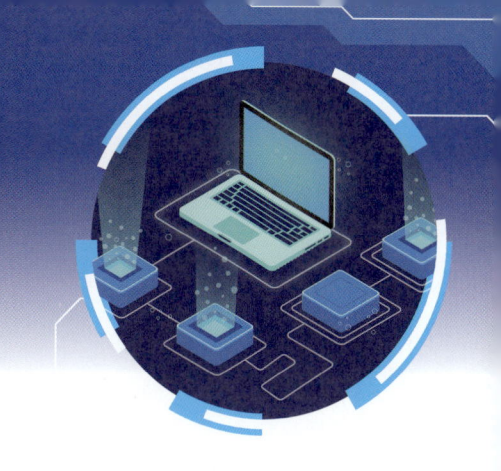

實作題

題目名稱：實作樂透號碼產生器

創客題目編號：A040025

題目說明：

請實作一個樂透號碼產生器。當使用者按下擴充板上 G34 腳位的按鈕時，ESP32 就會從 1～42 中隨機產生一個樂透號碼顯示在 OLED 上，並將其記錄在 ThingSpeak 中。

30 mins

創客力指標

外形	機構	電控	程式	通訊	人工智慧	創客總數
0	0	3	3	2	0	8

綜合素養力指標

空間力	堅毅力	邏輯力	創新力	整合力	團隊力	素養總數
0	0	3	1	1	1	6

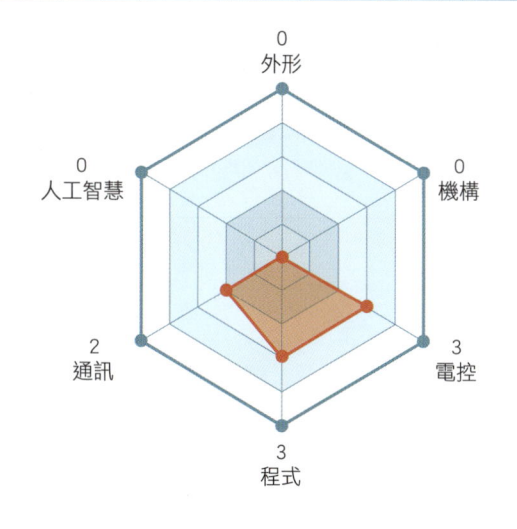

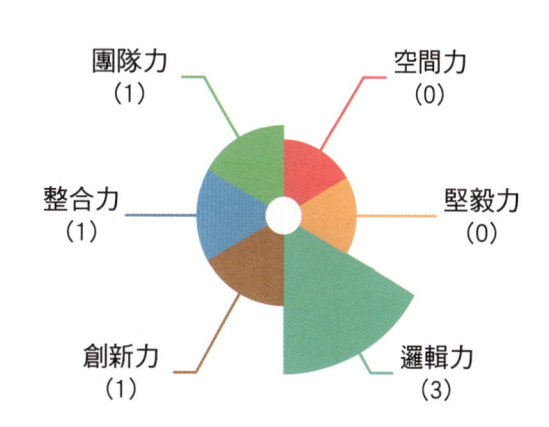

Note

4
Google 試算表的入門與實作

　　Google 是目前全球市值排名前段的網路公司之一，該公司提供了琳瑯滿目的各項網路服務，除了一般人較為熟知的搜尋引擎及電子郵件之外，相信大家對於該公司所提供的 Google 試算表（Google Sheet）服務應該也不陌生。Google 試算表服務主要是能將使用者所上傳的文字或數值儲存於雲端之中，因為 Google 是全球數一數二的知名企業，所以對於記錄在其中的資料所提供的備援防毒等安全防護措施，自然也具備了一流的水平。本章將會利用 Google 試算表搭配 ESP32 開發板，作出能充分展現兩者特色的實用物聯網系統。

4-1　Google 試算表（Google Sheet）簡介
4-2　Google 試算表與 ESP32
4-3　Google 試算表實作應用 I – 體溫回報系統
4-4　Google 試算表實作應用 II – 雲端打卡系統
4-5　Google 試算表實作應用 III – 智慧公車系統

4-1　Google 試算表（Google Sheet）簡介

　　Google 表單（Google Form）為 Google 所推出的眾多服務之一，一般多被用來作為線上的問卷、投票或報名系統使用。使用者除了可依自己的喜好來設計表單格式外，也可以與他人一同協作規劃不同的表單內容。但其最大的亮點還是在於它能將表單所回饋的資料轉換成如同 Excel 的試算表（Sheet）格式，讓使用者可在透過統計、分析後，將資料輸出成不同樣態的圖表來呈現。

　　Google 試算表除了有不需付費就能使用的最大優勢之外，不需自己動手架設伺服器以及容易上手的設定方式，都是它能普及受歡迎的原因。而 Google 試算表除了前面所提到可作為線上問卷或報名系統的結果統計之外，也可以和 ThingSpeak 雲端平臺一樣，將透過網路上傳的各種資料都儲存記錄下來，相關的範例均會在本章陸續中為大家進行展示。

4-2　Google 試算表與 ESP32

　　如圖所示，NodeMCU-32S 收集資料上傳至 Google 試算表的流程與上傳至 ThingSpeak 雲端平臺的方式相同。先藉由所外接的各式感測元件將量測到的數據回傳給 NodeMCU-32S，接著透過 WiFi 與 Google 試算表取得連線之後，再利用資料上傳命令格式將取得的數據進行上傳。

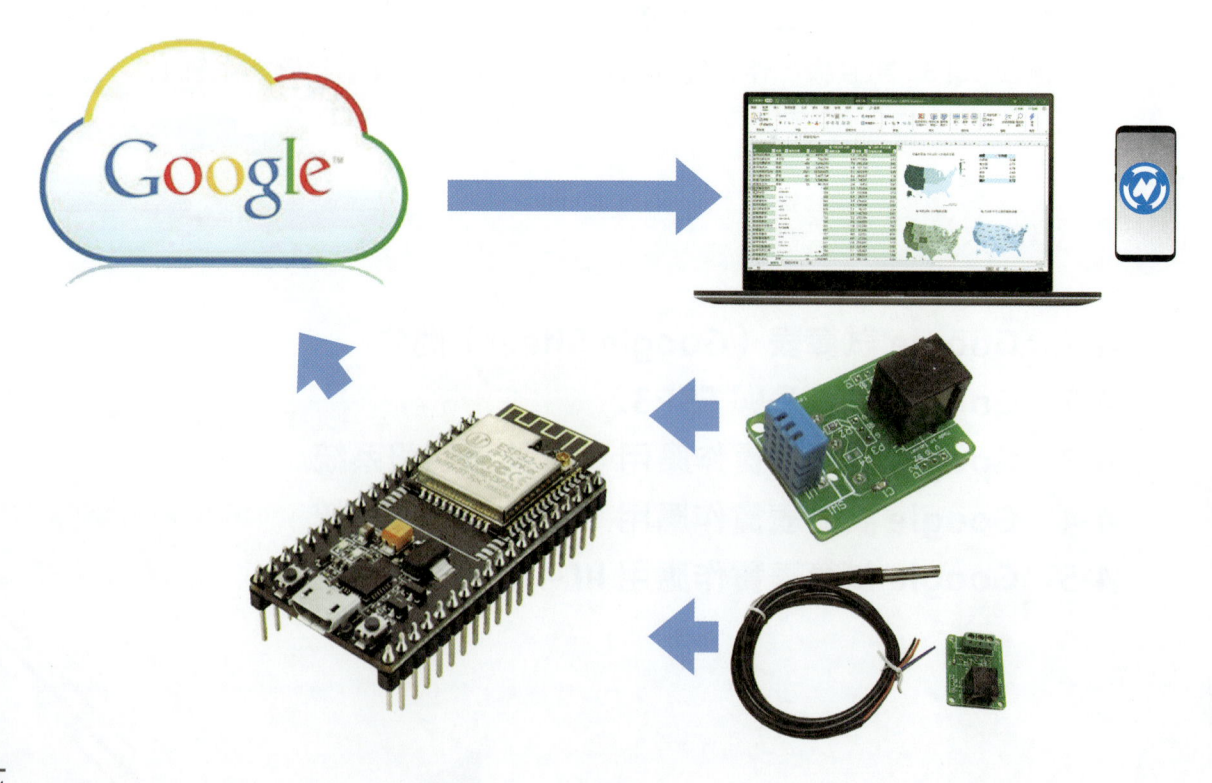

如下圖左所示，在建立一個「溫溼度量測裝置」的 Google 表單後，Google 便會自動產生一個可代表此表單的授權碼（如下圖右所示的 **<Your_GoogleForm_Key>**）。有了此授權碼，Google 就可以知道目前所上傳的資料是要填到哪個表單中。

另外 Google 表單建立了「溫度」與「溼度」兩個簡答格式的欄位，Google 也會幫這些問題欄位產生可代表該欄位的 ID 號碼（如圖示，表單中的「溫度」欄位 ID 為 **<Form's_entry1_ID>**、「溼度」欄位 ID 為 **<Form's_entry2_ID>**，若有第三個欄位其 ID 即為 **<Form's_entry3_ID>**…以此類推）。利用這些 ID 號碼，Google 就可以知道所上傳的資料是要填到該表單的哪個欄位中了。

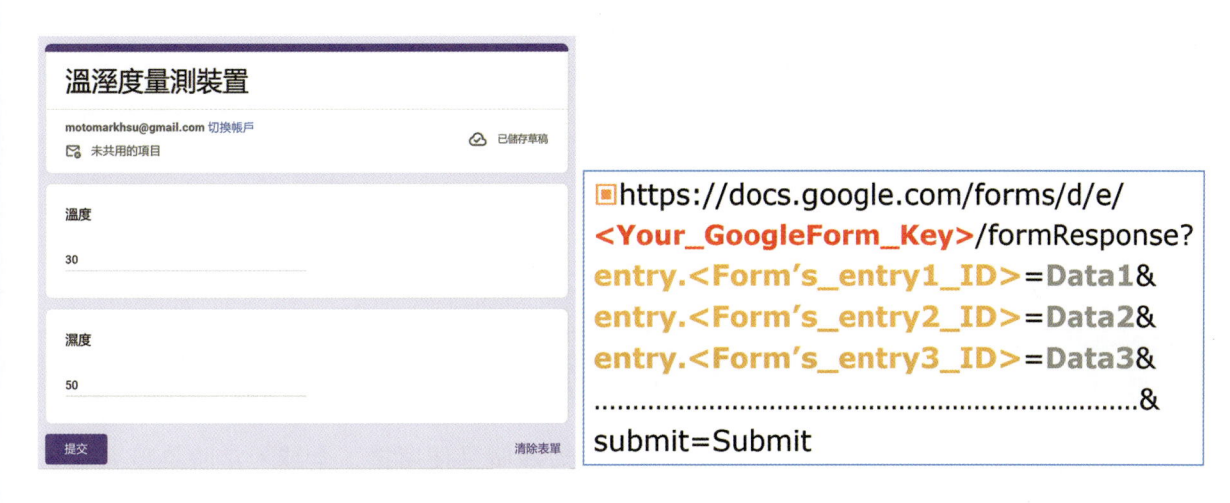

```
https://docs.google.com/forms/d/e/
<Your_GoogleForm_Key>/formResponse?
entry.<Form's_entry1_ID>=Data1&
entry.<Form's_entry2_ID>=Data2&
entry.<Form's_entry3_ID>=Data3&
............................................................&
submit=Submit
```

總而言之，若想把 NodeMCU-32S 外接模組所量測到的數據上傳至 Google 試算表的話，就必須先取得該 Google 表單的授權碼以及各個問題欄位的 ID 號碼。有了這些資訊，使用者便可將資料上傳到指定表單的指定欄位中儲存了。

motoBlockly 與 Googleg 試算表相關的程式積木放置在「雲端服務平臺」類別的「Google 表單」群組中。詳細的 Google 試算表程式積木功能介紹如下：

❶ 將資料上傳至 Google 試算表的積木。

- **API_KEY（寫入授權碼）**：指定資料寫入的「Google 表單」授權碼。
- **輸入 ID1**：指定資料寫入的問題欄位 ID。
- **資料 1**：想要寫入 Google 試算表的資料。

❷ 回傳 Google 試算表中指定欄位資料的積木。

```
GOOGLE 試算表 取得欄位 SheetID " " 行 1 列 1
```

- **SheetID**：指定讀取資料的「Google 試算表」授權碼。
- **行**：指定讀取試算表中的第幾行欄位。
- **列**：指定讀取試算表中的第幾列欄位。

❸ 將資料寫入 Google 試算表指定欄位的積木。

```
GOOGLE 試算表 寫入指定欄位內容 SheetID " " 工作表名稱 " 工作表1 " 行 1 列 1 資料 " "
```

- **SheetID**：指定寫入資料的「Google 試算表」授權碼。
- **工作表名稱**：指定寫入資料的「Google 試算表」工作表名稱。
- **行**：指定將資料寫入試算表的第幾行。
- **列**：指定將資料寫入試算表的第幾列。
- **資料**：想要寫入 Google 試算表的資料。

4-3 Google 試算表實作應用 I – 體溫回報系統

　　西元 2019 年底，新冠肺炎疫情突然爆發，短短幾個月便席捲了全球。當時染疫者除了有咳嗽、呼吸困難⋯等症狀之外，體溫是否過高也是判斷染疫與否的重要指標之一，因此各式可以量測體溫的工具便成為了當時全民搶購的標的。由於當時體溫計一機難求的緣故，於是 Maker 就想出了使用 ESP32 搭配 MLX90614 紅外線溫度感測模組來做為非接觸式的體溫測量工具。因此本節的「體溫回報系統」練習除了會分享如何使用 MLX90614 模組搭配 NodeMCU-32S 來測量體溫之外，同時也會將量測結果上傳到 Google 試算表中記錄，讓主管單位也能透過網路來遠距同步掌握染疫者的體溫變化。

　　「ESP32 體溫回報系統」的運作流程如下：

❶ 由於本系統會加入 WiFiManager 的服務，需先使用手機來設定系統的 WiFi 連線帳密及使用者的連絡電話。

❷ 利用 MLX90614 紅外線感測模組來進行量測體溫的動作（額頭靠近該模組並按下 ESP32 擴充板上的 G34 腳位按鈕）。

❸ 當體溫測量完畢後，OLED 顯示器會顯示量測的結果，並將該數據連同使用者的連絡電話同時上傳至 Google「體溫回報系統」試算表中記錄。

Google 試算表的入門與實作 **4**

建立體溫回報 Google 試算表

Step 1 ❶首先進入 Google 搜尋的頁面（https://www.google.com）。❷再點選如圖示箭頭處的「Google 表單」選項來建立並設定「體溫回報系統」的 Google 表單。

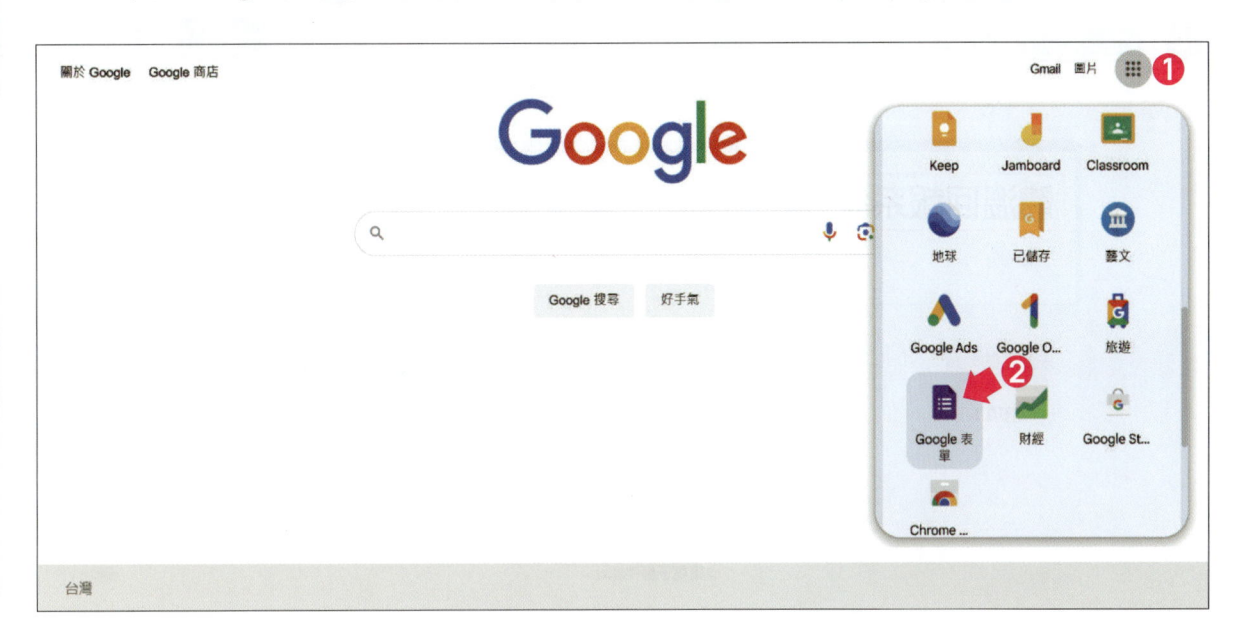

Step 2 如下圖所示，進入 Google 表單設定頁面後，請點選該頁面右下角的彩色「+」按鈕來建立新的表單。

157

Step 3 如下圖左所示，建立新表單後先設定該表單的標題名稱（本範例將其設為「體溫回報系統」，可依自己的需求命名之），此標題名稱支援各國語言，無論使用何種語言與內容都不會影響 ESP32 上傳資料記錄的動作。

> **注意：** 若是建立表單的 Google 帳號為 Google Apps for Work 或 Google Apps for Education 所提供，請在建立此表單之後，務必至表單的「設定」頁面中，將「僅限 XXXX 及其信任機構中的使用者」的限制關閉（如圖右橘框處所示）。

Step 4 回到「問題」頁面開始設定表單的問題欄位，此處的問題欄位雖然同樣支援各國語言，不過請務必要選擇「簡答」的問題類型，如此 NodeMCU-32S 才能把體溫回報的相關資訊以「文字字串」的格式上傳到所建立的試算表中。（如下圖所示，本範例需建立 2 個問題，分別為「連絡電話」與「回報體溫」）

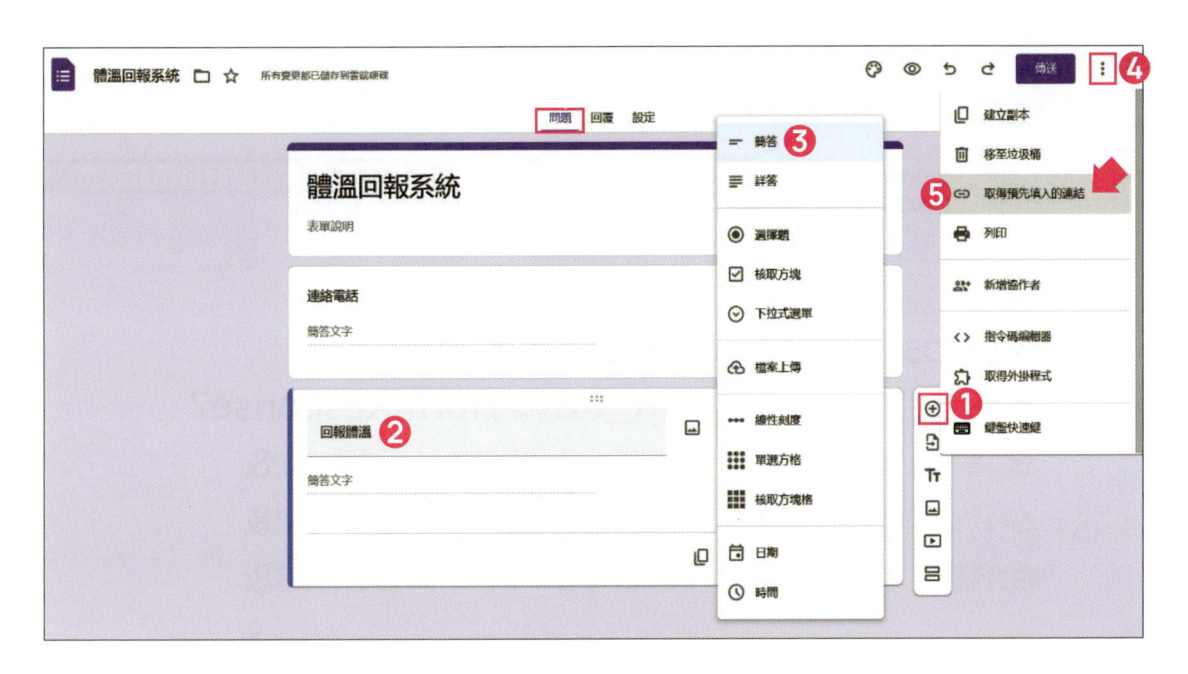

Google 試算表的入門與實作

問題設定完畢後，便可按下上圖紅色箭頭處所示的「取得預先填入的連結」選項來取得上傳資料時所需的表單授權碼及問題欄位 ID 等重要參數。

Step 5 進入「取得預先填入的連結」頁面時便可看到如下的畫面。接著請依如下的步驟來取得上傳 Google 試算表資料時所需的所有參數資訊：

❶ 請隨意填入「連絡電話」與「回報體溫」兩個欄位的資料（本例分別填入「09xxYYYzzz」與「36.0」）。

❷ 點選畫面下方的「取得連結」藍色按鈕。

❸ 當畫面左下方出現「共用這個連結即可加入欲先填妥的回應內容」字樣時，請點選畫面中的「複製連結」按鈕，此時便可取得此頁面資料的預填連結。

159

Step 6 開啟記事本,將上一個步驟取得的網址連結貼到記事本上並儲存之。

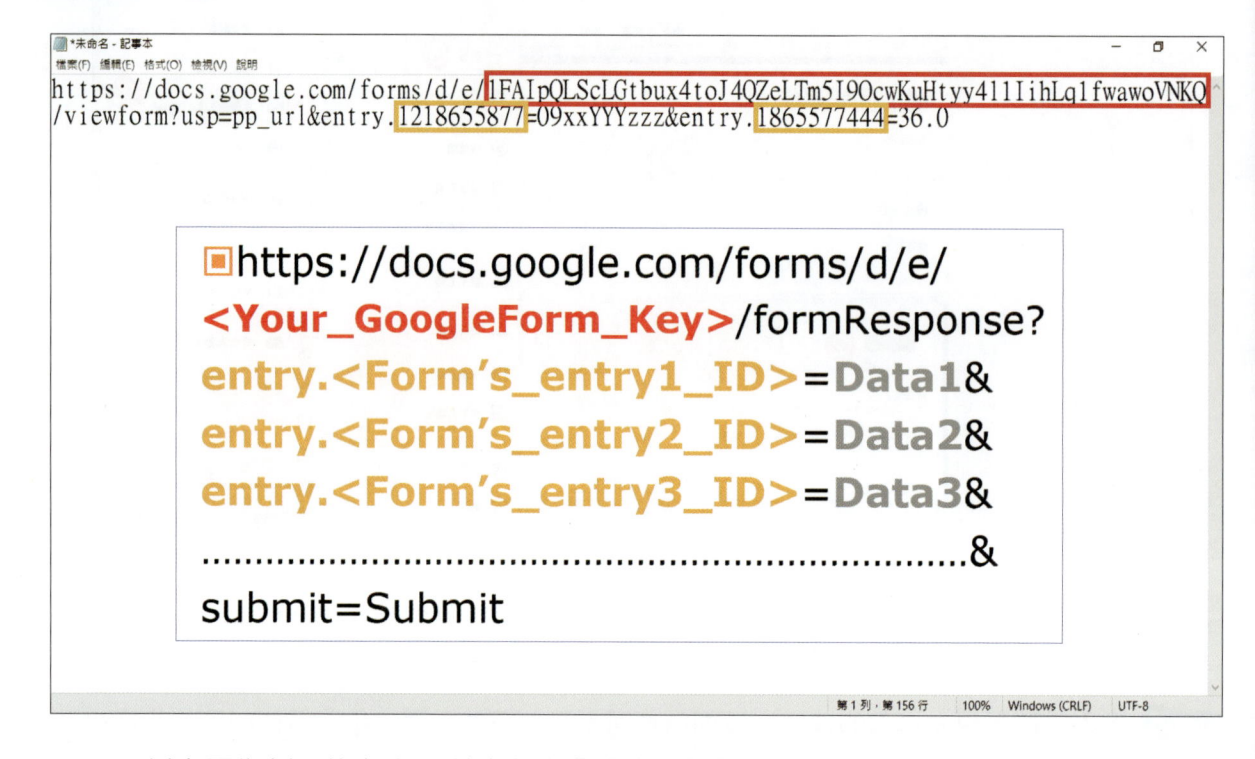

```
https://docs.google.com/forms/d/e/1FAIpQLScLGtbux4toJ4QZeLTm5I9OcwKuHtyy4l1IihLq1fwawoVNKQ
/viewform?usp=pp_url&entry.1218655877=09xxYYYzzz&entry.1865577444=36.0
```

▣https://docs.google.com/forms/d/e/
\<Your_GoogleForm_Key\>/formResponse?
entry.\<Form's_entry1_ID\>=Data1&
entry.\<Form's_entry2_ID\>=Data2&
entry.\<Form's_entry3_ID\>=Data3&
....&
submit=Submit

以上圖為例,筆者自己所建立的「體溫回報系統」試算表預填連結網址為:https://docs.google.com/forms/d/e/1FAIpQLScLGtbux4toJ4QZeLTm5I9OcwKuHtyy4l1IihLq1fwawoVNKQ/viewform?usp=pp_url&entry.1218655877=09xxYYYzzz&entry.1865577444=36.0,而 Google 表單授權碼就是夾在「docs.google.com/forms/d/e/」與「/viewform」之間的這串文字—「1FAIpQLScLGtbux4toJ4QZeLTm5I9OcwKuHtyy4l1IihLq1fwawoVNKQ」。
連絡電話答題欄的欄位 ID 為「1218655877」,資料為「09xxYYYzzz」。
回報體溫答題欄的欄位 ID 則為「1865577444」,資料為「36.0」。

Step 7 在步驟 5、6 取得表單的授權碼和答題欄位 ID 後,便可先利用瀏覽器來測試取得的表單授權碼和欄位 ID 是否正確,請依以下的命令格式將資料上傳:

https://docs.google.com/forms/d/e/\<Your_Form_Key\>/formResponse?entry.\<Your_entry_ID1\>=\<Data1\>&entry.\<Your_entry_ID2\>=\<Data2\>&submit=Submit。

在瀏覽器的網址列以上述的命令格式改填入自己的表單授權碼與答題欄位 ID,並在填入想要上傳的資料後按下 Enter 鍵,便可直接把 Data1、2 的資料上傳到自己所建立的表單中。

以筆者所取得的授權碼和欄位 ID 為例，當在瀏覽器的網址列輸入如下指令時：
https://docs.google.com/forms/d/e/1FAIpQLScLGtbux4toJ4QZeLTm5I9OcwKuHtyy4l1IihLq1fwawoVNKQ/formResponse?entry.1218655877=09xxYYYzzz&entry.1865577444=36.0&submit=Submit，Google 表單會出現如上圖左所示的「我們已經收到您回覆的表單。」字樣，此時請回到表單編輯頁面，並點選頁面上方紅箭頭處所示的「回覆 ❶」圖示來繼續進行設定。

Step 8 最後再以下圖所示的步驟建立「體溫回報系統」的試算表，便可讓使用者的體溫量測記錄一目瞭然。

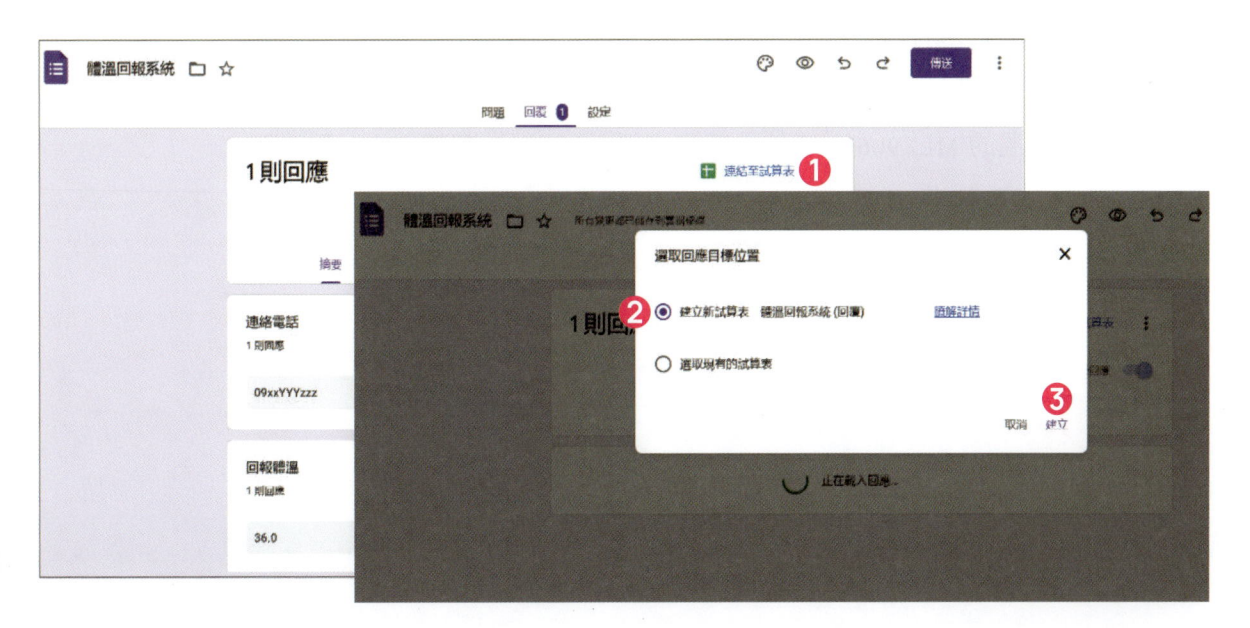

Step 9 如下圖所示,在如同 Excel 般顯示的「體溫回報系統」試算表中,若有看到之前測試上傳的資料出現(連絡電話為「09xxYYYzzz」,回報體溫為「36」),即代表配合系統記錄體溫的表單已經建立完成。另外試算表中「時間戳記」欄位內的時間資訊,則是 Google 自動產生用以記錄各筆資料上傳的時間。

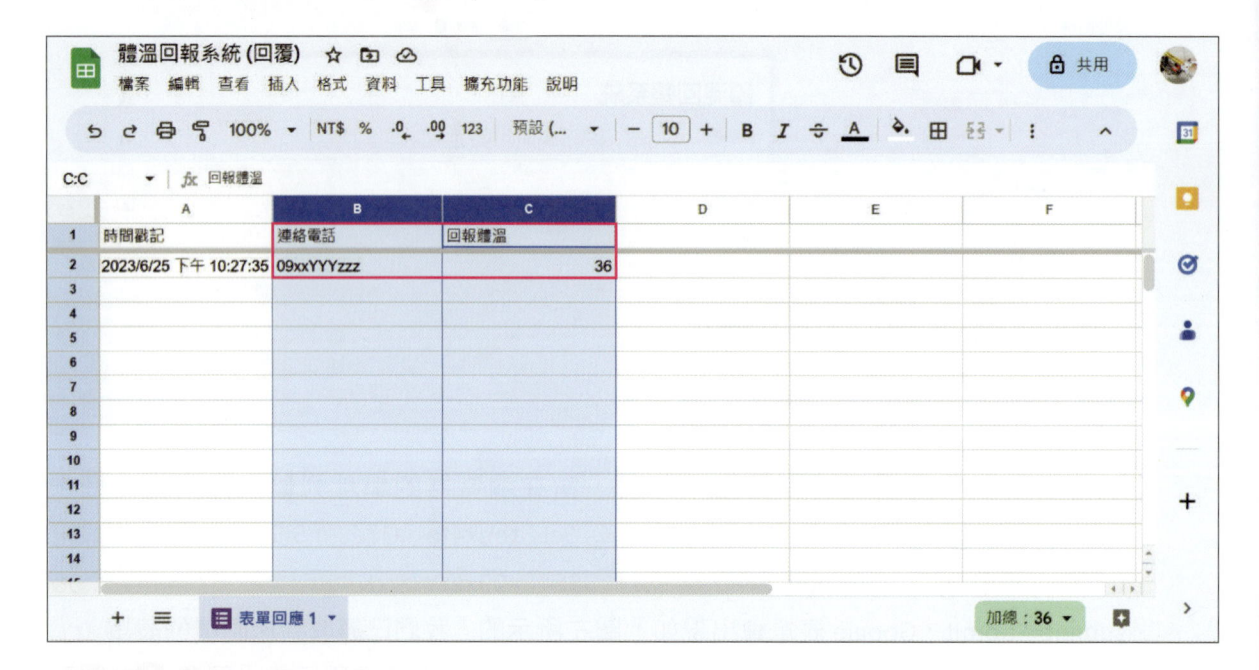

ESP32 硬體設定

體溫回報系統在硬體方面的需求有:

❶ 作為大腦來控制各項硬體的「NodeMCU-32S」。
❷ 內建按鈕與蜂鳴器的慧手科技「ESP32 IO Board 擴充板」。
❸ 負責顯示體溫數據的 SSD1306 OLED 顯示器。
❹ 負責量測體溫的 MLX90614 紅外線感測模組 + 4Pins 杜邦轉 RJ11 連接線。

Google 試算表的入門與實作 **4**

硬體組裝步驟

Step 1 請將 MLX90614 體溫量測模組以下圖所示的方式連接至 I2C RJ11 連接埠。

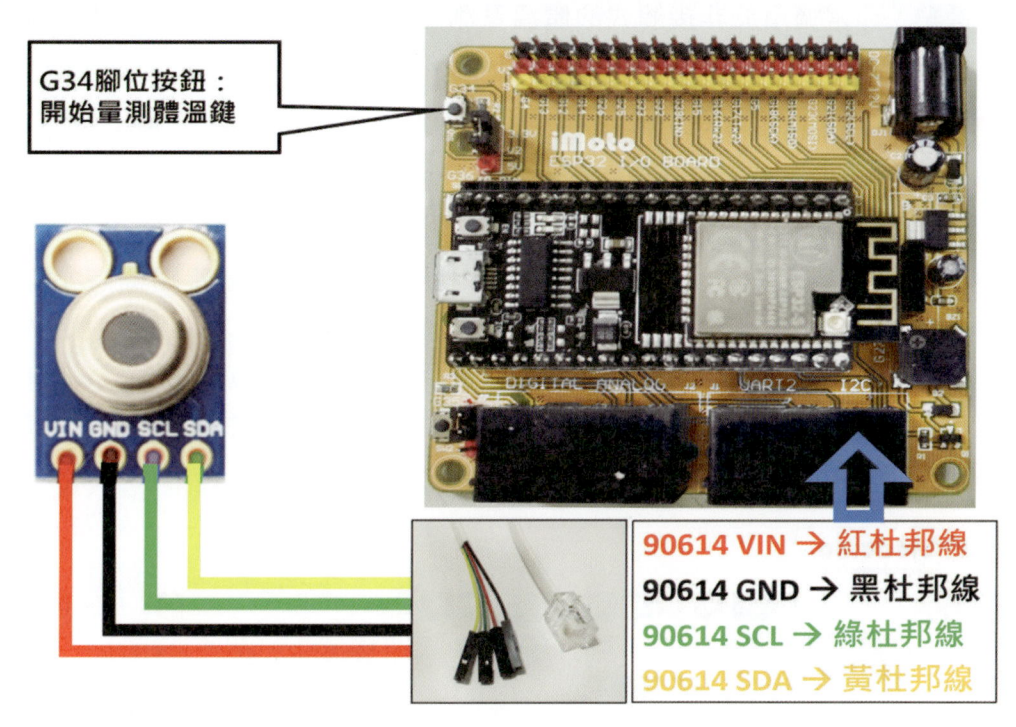

G34腳位按鈕：開始量測體溫鍵

90614 VIN → 紅杜邦線
90614 GND → 黑杜邦線
90614 SCL → 綠杜邦線
90614 SDA → 黃杜邦線

Step 2 如下圖所示，將 OLED 顯示器接到 ESP32 擴充板 I2C 的插槽中：
OLED 的 GND 排針接到擴充板的 G 插槽、OLED 的 VCC 排針接到擴充板的 V 插槽、
OLED 的 SDA 排針接到擴充板的 SDA 插槽、OLED 的 SCL 排針接到擴充板的 SCL 插槽。

ESP32 圖控程式

MLX90614 模組是一款常見的紅外線溫度量測模組，其具有非接觸、體積小、精度高、成本低等優點，非常適用於非接觸式的體溫量測之用。其與 ESP32 搭配的程式編寫流程如下：

Step 1
❶ 首先需將 motoBlockly 的開發板型號選擇為「ESP32」才能產生正確的 ESP32 程式碼。
❷ 建立一個 float 浮點數型態的全域變數「fBodyTemper」，用來存放包含小數點的體溫量測數據，初始值設為 0。

由於本系統在消毒後可以重複使用，因此在系統每次重新開機時，需要使用 WiFiManager（WiFi 管理員）的「清除連線過設備」程式積木來重新設定 WiFi 連線的帳密。系統為了要讓主管機關知道目前回報體溫是哪位使用者，故於 ESP32 的 WiFiManager 設定頁面中新增一個「連絡電話」的欄位，讓相關單位在發現異常時能儘快進行後續的處理。

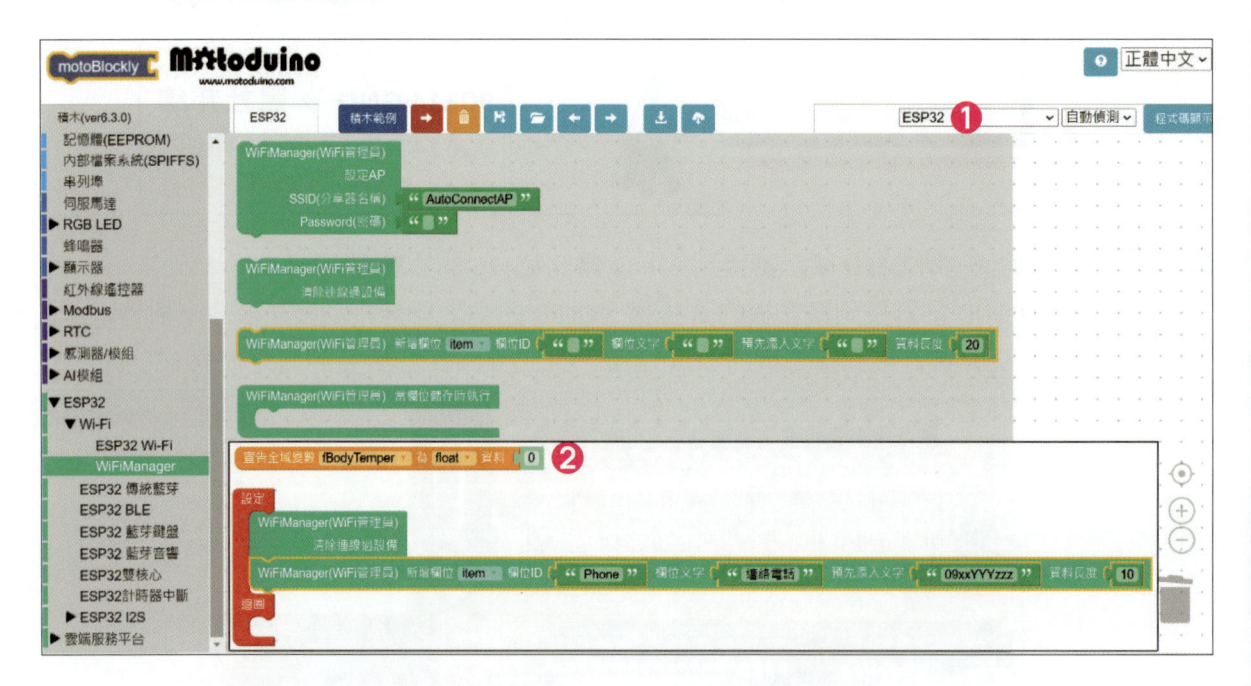

Google 試算表的入門與實作 **4**

Step 2 由於本系統需使用 OLED 來顯示量測到的體溫，因此在使用 OLED 前需要進行一些初始化動作：包括設定 OLED 的「型號」、「I2C 位址」以及螢幕的「寬度」與「高度」解析度。

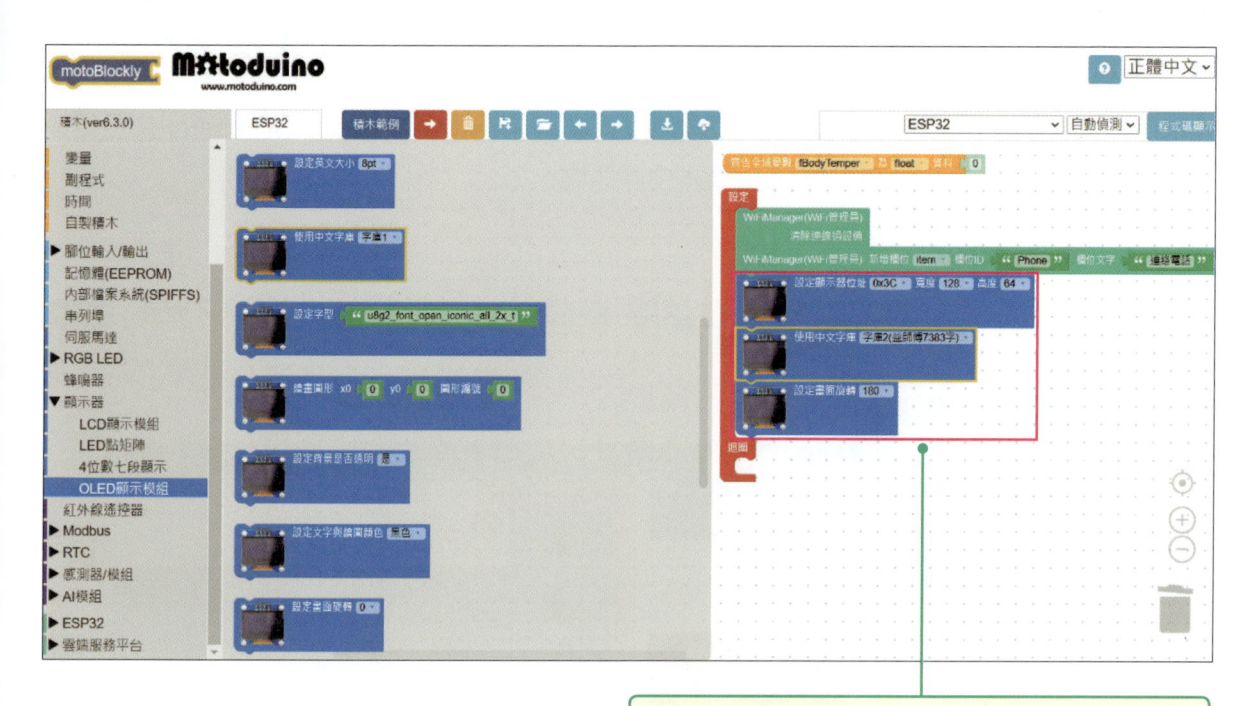

若以本範例所使用的 OLED 型號為例，請將上述各參數值分別設定為型號 SSD1306、位址 0x3C、寬度 128 與高度 64。因為本系統有中文顯示的需求，也需載入 OLED 的中文字庫（此處請選擇「字庫 2（益師傅 7383 字）」選項）。最後將 OLED 的文字顯示角度設為 180 度。

OLED 所對應的文字角度顯示畫面如下圖所示。

畫面旋轉：0 度 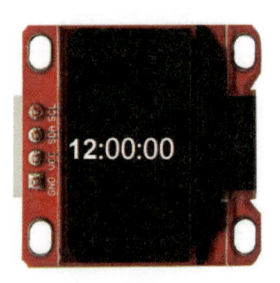　　畫面旋轉：90 度 　　畫面旋轉：180 度 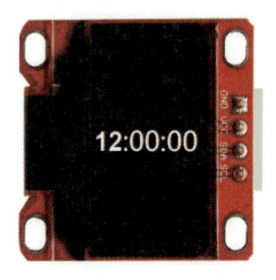　　畫面旋轉：270 度

165

用 ESP32 輕鬆入門物聯網 IoT 實作應用

Step 3 因為使用者一開始可能不知該如何重新設定系統的 WiFi 分享器連線帳密，因此先將開機後會在 OLED 上顯示的提示文字（本範例設為：「請先以手機連線至 WiFiManagerAP 設定系統新的帳密」）寫成一個副程式 fnOLEDInit()，該副程式動作流程如下：❶ 清除 OLED 螢幕上的所有畫面。❷ 依序設定每行的文字內容與顯示位置（其中的「行」、「列」參數分別代表的是 OLED 的 X 與 Y 軸顯示座標）。❸ 呼叫「OLED 顯示」程式積木把設定的 OLED 內容顯示出來。副程式 fnOLEDInit() 建立完成之後，記得要在設定（Setup）積木中呼叫它。

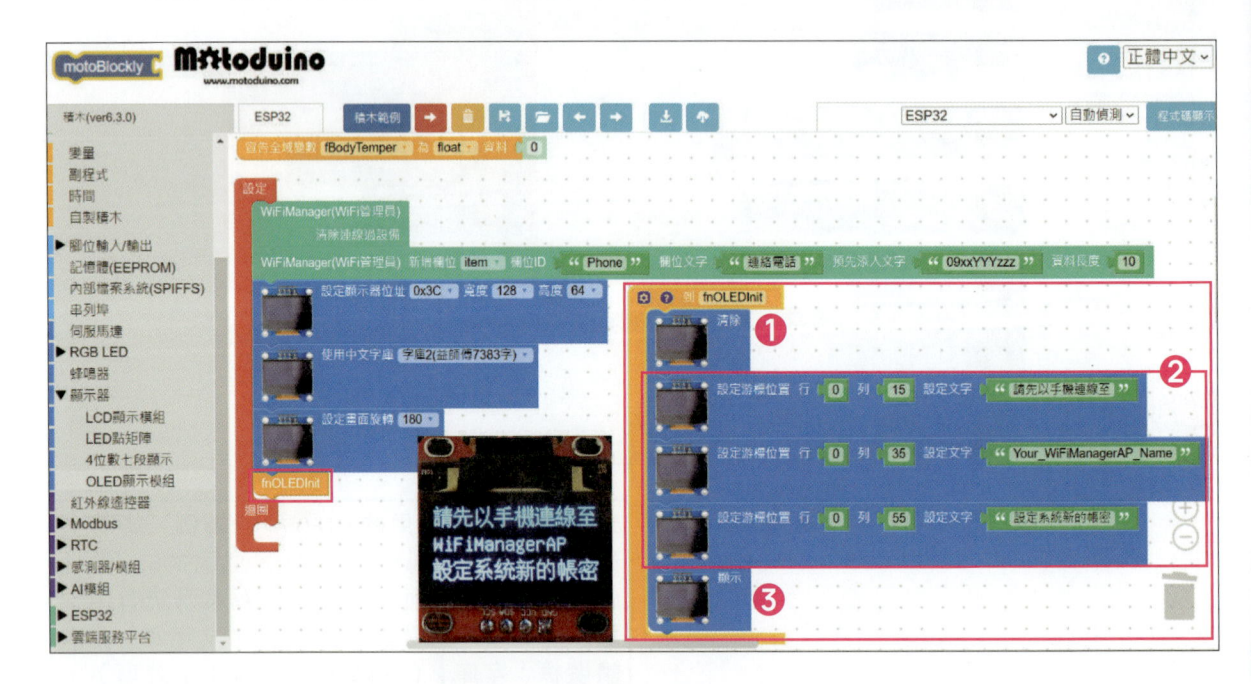

Step 4 在設定（Setup）積木中加入「WiFiManager（WiFi 管理員）設定 AP」程式積木來啟動 WiFiManager 服務。其中的「SSID（分享器名稱）」與「Password（密碼）」參數分別是 NodeMCU-32S 切換成 AP 模式時的無線分享器名稱與連線密碼（其他聯網裝置要連線進來時的帳密），請以半形的英數文字字串自行訂定。

注意：「密碼」參數最少要有 8 個字，否則連線時會有問題。

Google 試算表的入門與實作

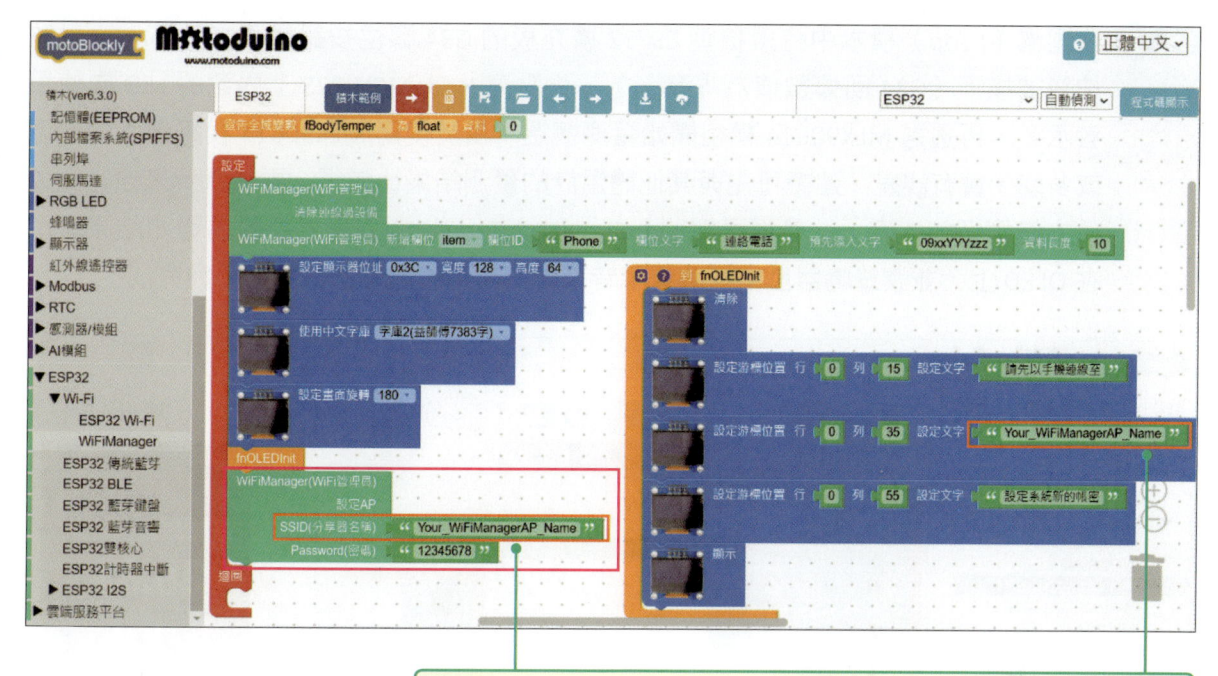

圖中兩個橘框處的內容均為 NodeMCU-32S 的分享器名稱，請輸入相同的文字內容。

Step 5 建立一個 OLED 顯示體溫量測結果的副程式 fnShowBodyTemper() 備用。其運作流程為：先清除 OLED 上所有的文字，然後開始設定要使用的文字字庫、字體大小、顯示位置與文字內容，設定完畢後再將其展示出來。

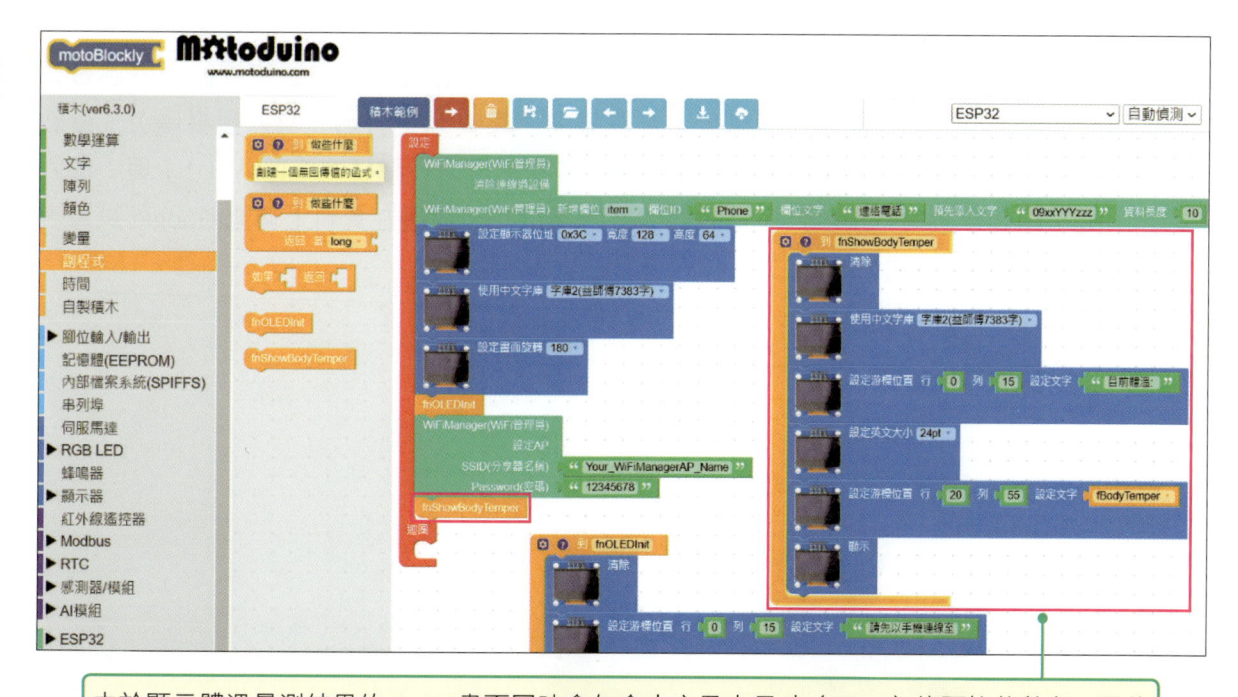

由於顯示體溫量測結果的 OLED 畫面同時會包含中文及大尺寸（24 pt）的阿拉伯數字，因此 fnShowBodyTemper() 副程式內也會有重新載入中文字庫及調整英數文字字體大小的動作。

Step 6 在迴圈（Loop）積木中持續檢查 ESP32 擴充板的 G34 腳位按鈕是否被按下。一旦該按鈕被按下（G34 回傳數值為「高」），先點亮 NodeMCU-32S 上內建的 LED 向使用者示意，再透過 MLX90614 模組開始量測體溫。由於使用 MLX90614 模組量測的體溫或多或少會有誤差，建議可先與其他體溫計的量測結果比較後，再依狀況來自行調校（本範例多加 4 度）。最後再呼叫 fnShowBodyTemper() 副程式將體溫量測結果顯示在 OLED 上，並讓蜂鳴器發出一個提示音來告知使用者體溫測量動作已經完成。

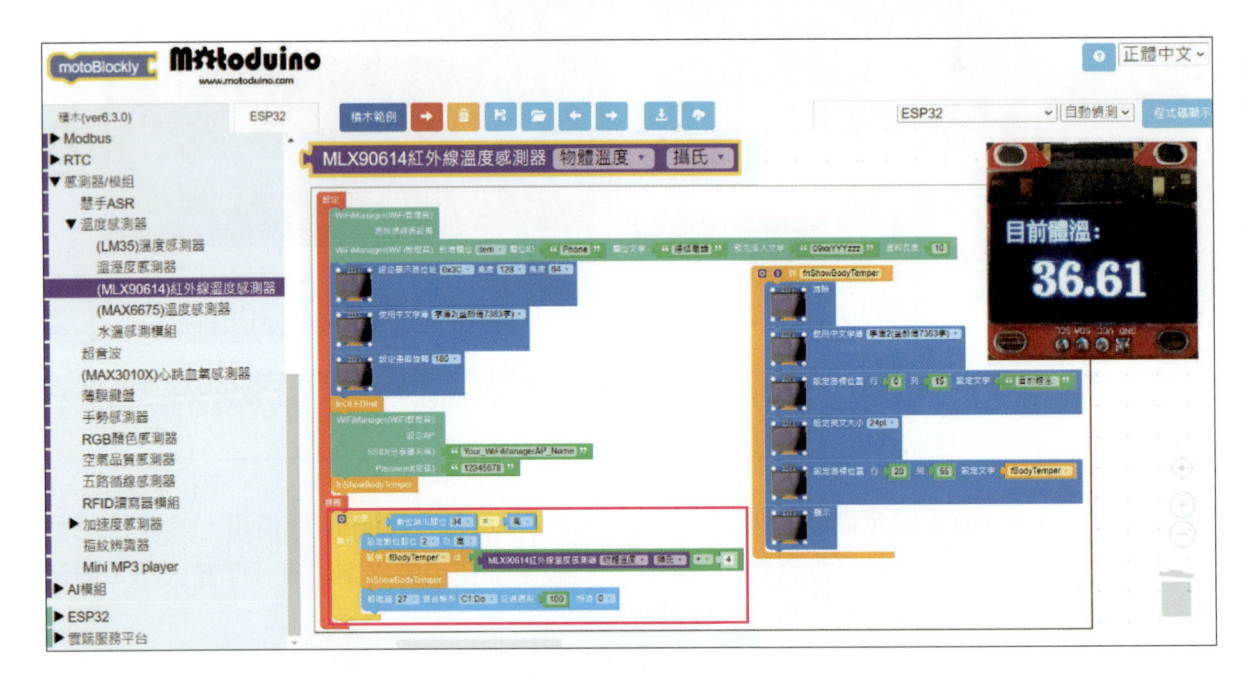

Step 7 最後再加入「Google 表單上傳資料」的程式積木，將使用者的連絡電話與體溫數據上傳至 Google 的「體溫回報系統」試算表中。其中「API_Key（寫入授權碼）」參數請填入在 Google 表單建立流程步驟 6 中所取得的表單授權碼，「輸入 ID1」與「輸入 ID2」兩個參數則分別填入表單的兩個答題欄位 ID。最後在資料上傳至 Google 試算表之後，關閉示意的 LED。

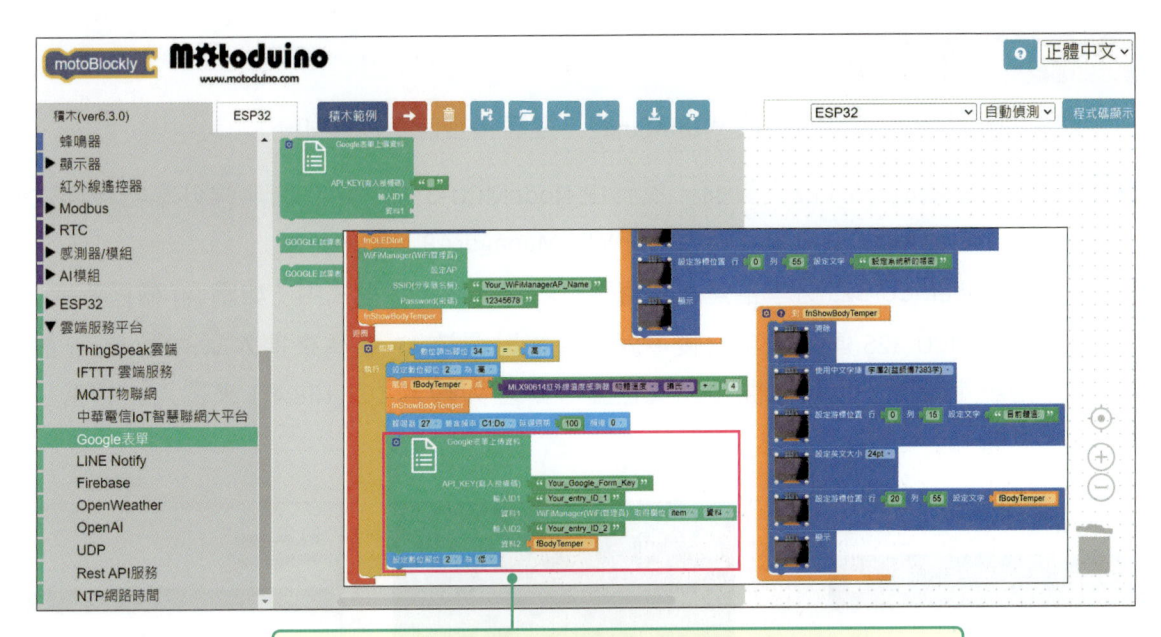

Google 試算表的入門與實作　4

「資料1」的內容為從 WiFiManager 輸入的連絡電話。
「資料2」則是填入體溫量測的數據。

Step 8 完整的「ESP32 體溫回報系統」motoBlockly 程式如下所示。請在紅框處填入自己對應的 WiFi 連線及 Google 試算表相關資訊，程式才能正常的運作。

169

手機 APP 的設定

「體溫回報系統」完整的手機 WiFiManager 連線帳密設定流程如下：

Step 1 ❶ 開啟手機的 WiFi 設定頁面，找到由 NodeMCU-32S 所建立的無線分享器後與之連線（本例為圖 (a) 紅框處所示的「WiFiManagerAP」）。

❷ 該 NodeMCU-32S 分享器連線的密碼也設定在 ESP32 程式中（如圖 (a) 橘框所示）。

❸ NodeMCU-32S 連線成功之後，就可直接點選該 AP 名稱來進入 WiFiManager 的帳密設定頁面，也可以開啟瀏覽器並在網址列輸入 192.168.4.1 來進入該帳密設定頁面。

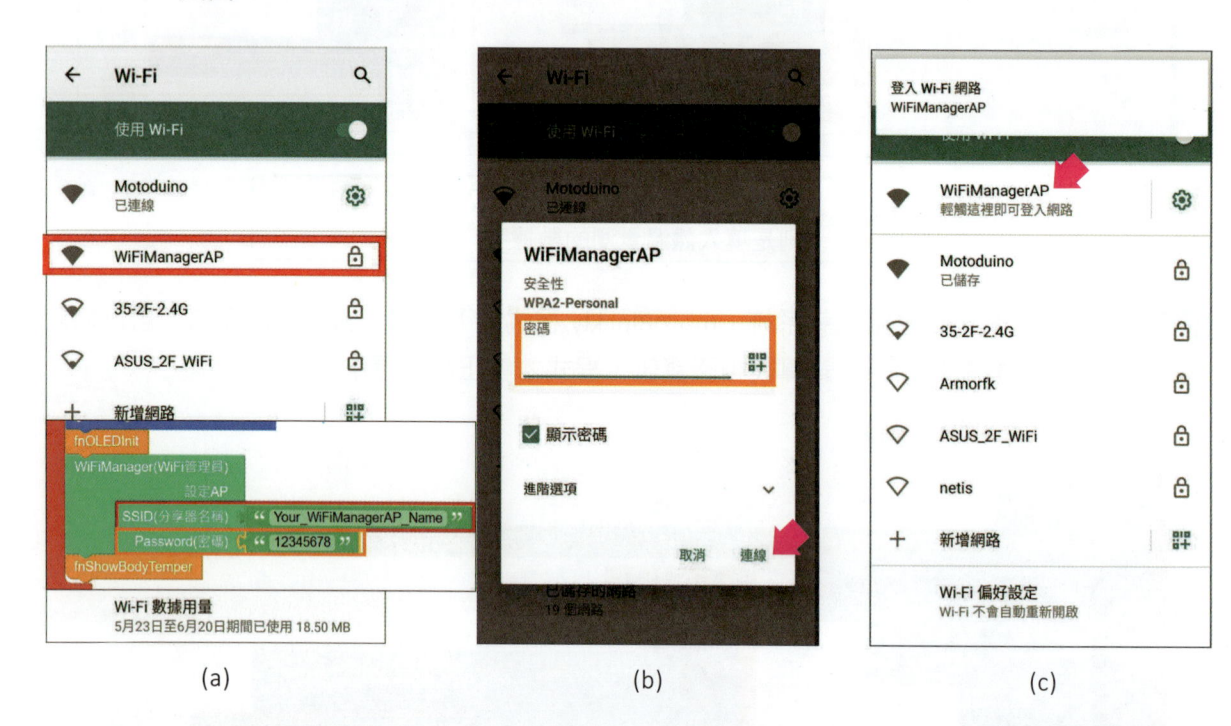

(a)　　　(b)　　　(c)

Step 2 進入 WiFiManager 的帳密設定頁面後，點選圖 (a) 的「Configure WiFi」按鈕，就可以設定新的無線分享器連線帳密給 NodeMCU-32S。當新帳密與連絡電話都輸入完畢並按下圖 (b) 中的「Save」按鈕儲存之後，該 NodeMCU-32S 便會自動切回 Station 模式，並與新指定的無線分享器（本例為 Motoduino）進行連線。一旦 NodeMCU-32S 與新指定的無線分享器連線成功，NodeMCU-32S 便會保持在 Station 模式下，其所建立的無線分享器的名稱也會消失在手機的 WiFi 列表中。

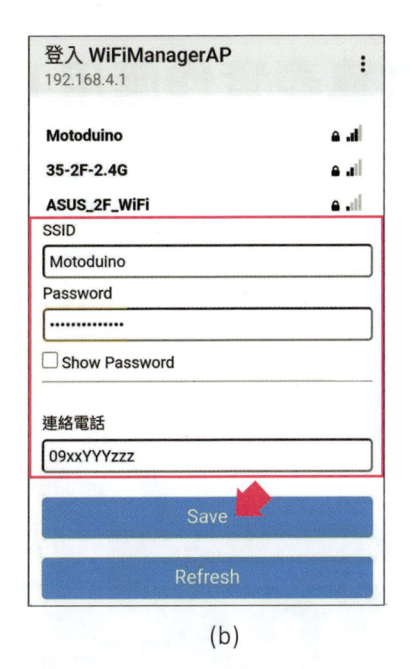

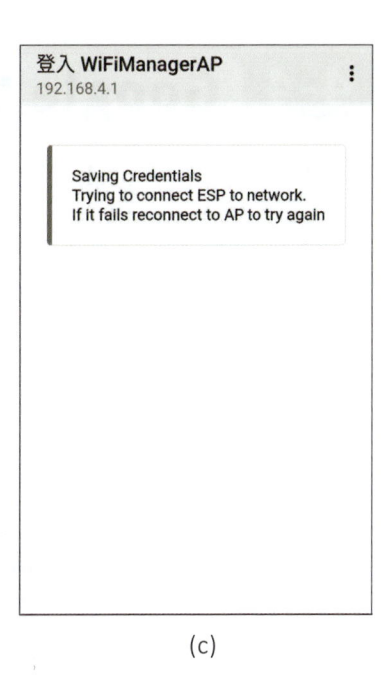

Google 試算表的入門與實作 **4**

(a)　　　(b)　　　(c)

體溫回報系統的運作成果

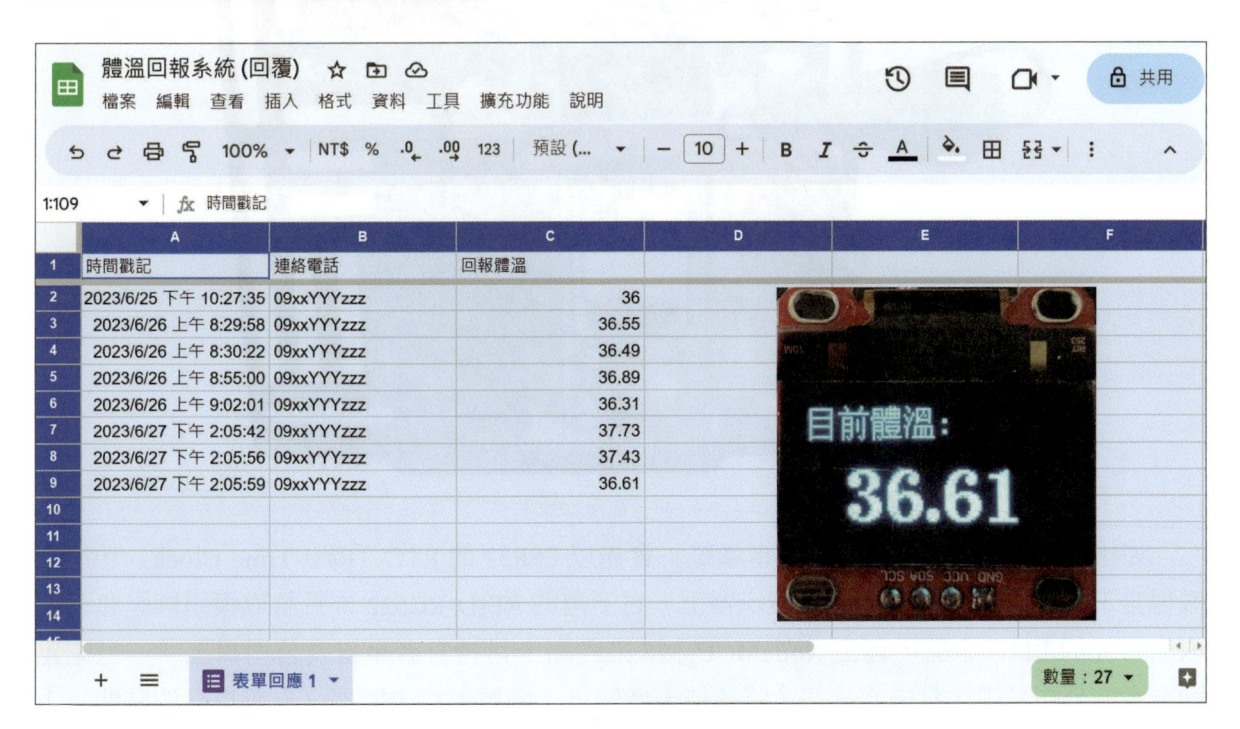

	A	B	C
1	時間戳記	連絡電話	回報體溫
2	2023/6/25 下午 10:27:35	09xxYYYzzz	36
3	2023/6/26 上午 8:29:58	09xxYYYzzz	36.55
4	2023/6/26 上午 8:30:22	09xxYYYzzz	36.49
5	2023/6/26 上午 8:55:00	09xxYYYzzz	36.89
6	2023/6/26 上午 9:02:01	09xxYYYzzz	36.31
7	2023/6/27 下午 2:05:42	09xxYYYzzz	37.73
8	2023/6/27 下午 2:05:56	09xxYYYzzz	37.43
9	2023/6/27 下午 2:05:59	09xxYYYzzz	36.61

成果展示。https://youtu.be/ZYny3kEM1rk

171

4-4　Google 試算表實作應用 II – 雲端打卡系統

　　相較於 ThingSpeak 雲端平臺，使用各式開發板將資料上傳到 Google 試算表時，除了沒有上傳間隔時間的限制外，也能上傳阿拉伯數字以外的文字資料，另外還能記錄資料被寫入試算表時的時間。本節練習利用 Google 試算表的上述幾項優點，藉由 NodeMCU-32S 與 RFID 讀卡模組的搭配來做出一套能夠同時記錄打卡者員工編號與打卡時間的「雲端打卡系統」。透過這套系統，不但能讓老闆遠距輕鬆掌握員工的出勤狀況，詳實的出勤記錄相對也能保障勞工朋友的勞動權益。

　　如上圖所示，「ESP32 雲端打卡系統」會先以 ESP32 的 RTC（Real-Time Clock）功能來取得當下的時間並顯示在 OLED 顯示器上。右上角的 RFID-RC522 卡片讀取模組則是負責讀取卡片裡的 RFID 卡號，再由 NodeMCU-32S 來判斷卡片持有者是否為公司員工。一旦確定刷卡者為公司員工，打卡系統便會將該持卡者的員工編號與打卡時間（系統自身的時間）上傳至 Google 試算表中，藉此來記錄該員工的上下班時間。反之，若刷卡者非公司員工，系統將不會有任何的應對動作。

Google 試算表的入門與實作

建立雲端打卡 Google 試算表

Step 1 及 **Step 2** 與 4-3 節範例的「體溫回報系統」操作步驟相同。

Step 3 同 4-3 節操作步驟，本範例表單標題名稱設為「雲端打卡系統」，可依自己的需求命名之。

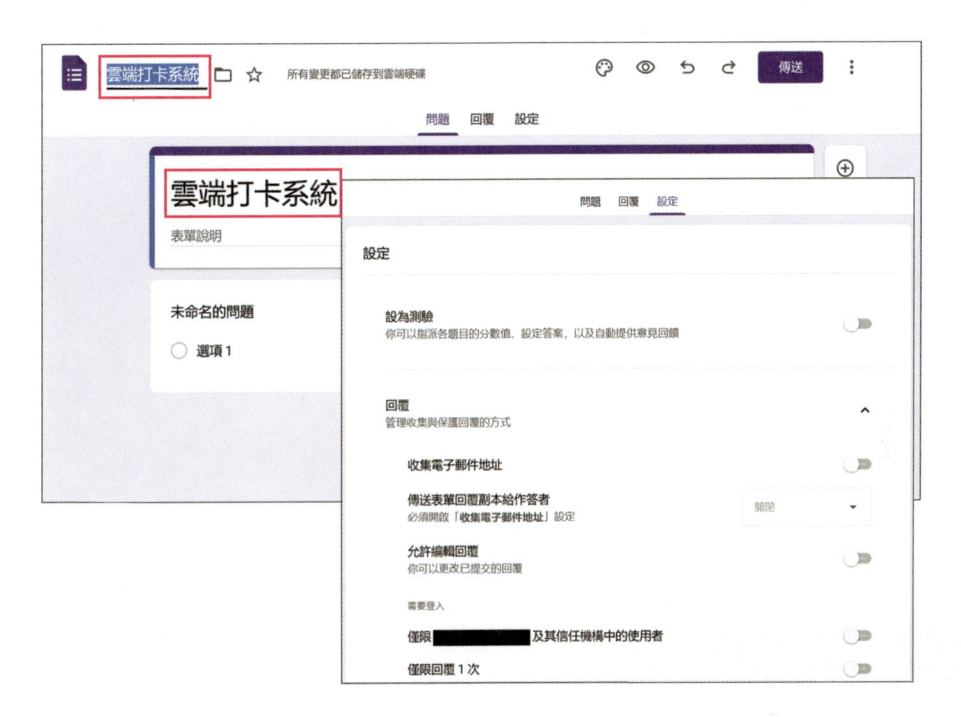

Step 4 同 4-3 節操作步驟，此範例需建立 2 個問題，分別為「員工編號」與「打卡時間」。

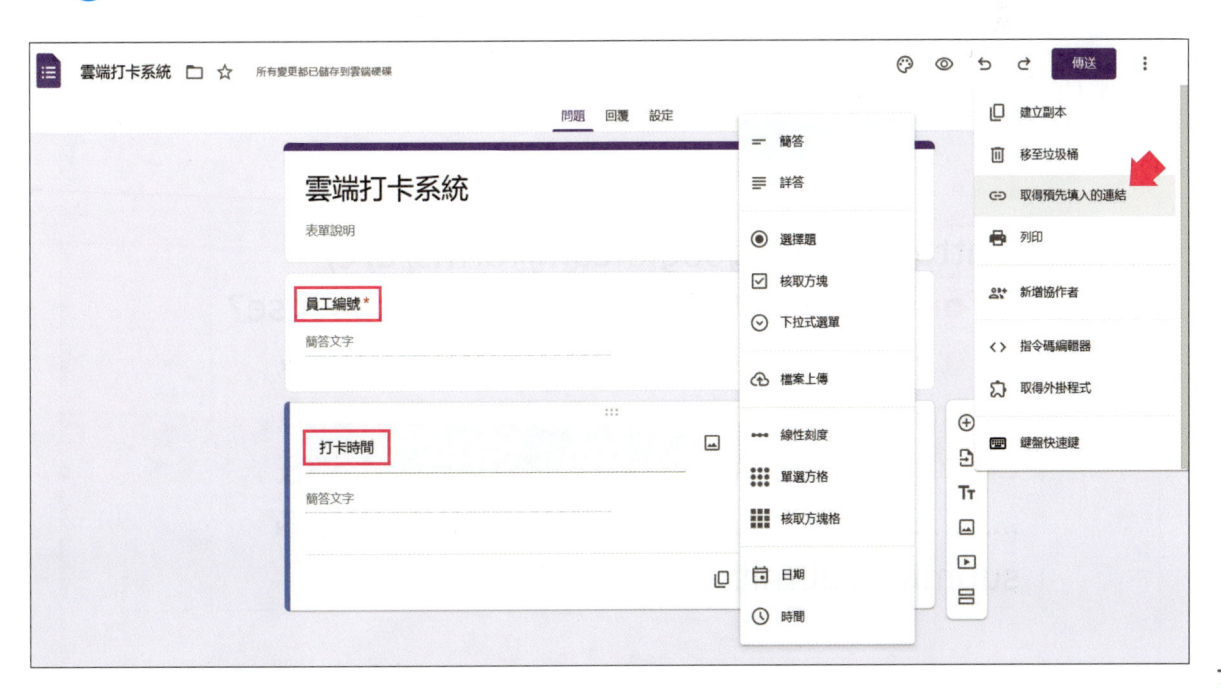

173

Step 5 進入「取得預先填入的連結」頁面。接著依以下的步驟取得上傳 Google 試算表資料時所需的所有參數資訊：

❶ 請隨意填入「員工編號」與「打卡時間」兩個欄位的資料（本例分別填入「Guest」與「00:00」）。

❷ 點選畫面下方的「取得連結」藍色按鈕。

❸ 當畫面左下方出現「共用這個連結即可加入欲先填妥的回應內容」字樣時，請點選畫面中的「複製連結」按鈕，此時便可取得此頁面資料的預填連結。

Step 6 開啟記事本，將上一個步驟取得的網址連結貼到記事本上並儲存之。

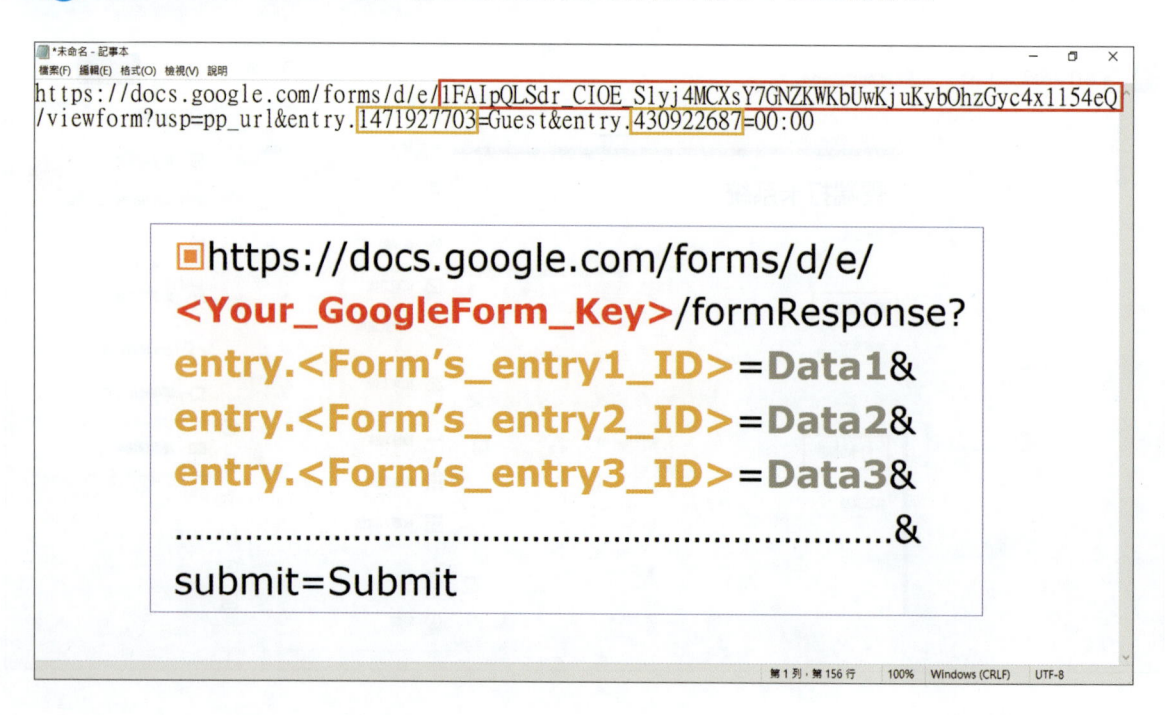

以上圖為例，筆者自己所建立的「雲端打卡系統」試算表預填連結網址為：https://docs.google.com/forms/d/e/1FAIpQLSdr_CIOE_S1yj4MCXsY7GNZKWKbUwKjuKybOhzGyc4x1154eQ/viewform?usp=pp_url&entry.1471927703=Guest&entry.430922687=00:00，而 Google 表單授權碼就是夾在「docs.google.com/forms/d/e/」與「/viewform」之間的這串文字－「1FAIpQLSdr_CIOE_S1yj4MCXsY7GNZKWKbUwKjuKybOhzGyc4x1154eQ」。

員工編號答題欄的欄位 ID 為「1471927703」，資料為「Guest」。

打卡時間答題欄的欄位 ID 則為「430922687」，資料為「00:00」。

Step 7 在步驟 5、6 取得表單的授權碼和答題欄位 ID 後，便可先利用瀏覽器來測試取得的表單授權碼和欄位 ID 是否正確，請依以下的命令格式將資料上傳：

https://docs.google.com/forms/d/e/<Your_Form_Key>/formResponse?entry.<Your_entry_ID1>=<Data1>&entry.<Your_entry_ID2>=<Data2>&submit=Submit。

在瀏覽器的網址列以上述的命令格式改填入自己的表單授權碼與答題欄位 ID，並在填入想要上傳的資料後按下 Enter 鍵，便可直接把 Data1、2 的資料上傳到自己所建立的表單中。

以筆者所取得的授權碼和欄位 ID 為例，當在瀏覽器的網址列輸入如下指令時：
https://docs.google.com/forms/d/e/1FAIpQLSdr_CIOE_S1yj4MCXsY7GNZKWKbUwKjuKybOhzGyc4x1154eQ/formResponse?entry.1471927703=Guest&entry.430922687=00:00&submit=Submit，Google 表單會出現如上圖左所示的「我們已經收到您回覆的表單。」字樣，此時請回到表單編輯頁面，並點選頁面上方紅箭頭處所示的「回覆 ❶」圖示來繼續進行設定。

Step 8 最後再依圖所示的步驟建立「雲端打卡系統」的試算表，便可讓員工打卡的記錄一目瞭然。

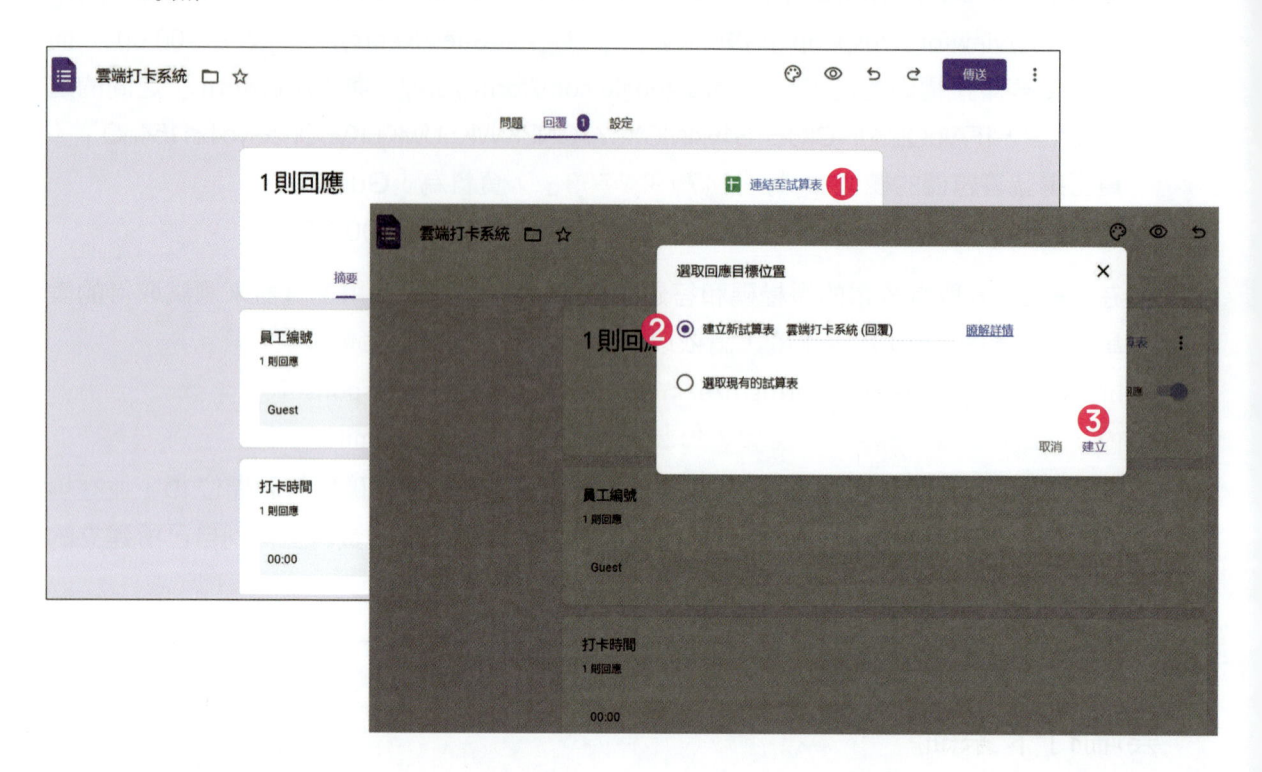

Step 9 如下圖所示，在如同 Excel 般顯示的「雲端打卡系統」試算表中，若有看到之前測試上傳的資料出現（員工編號為「Guest」，打卡時間為「00:00」），即代表配合系統儲存打卡記錄的表單已經建立完成。

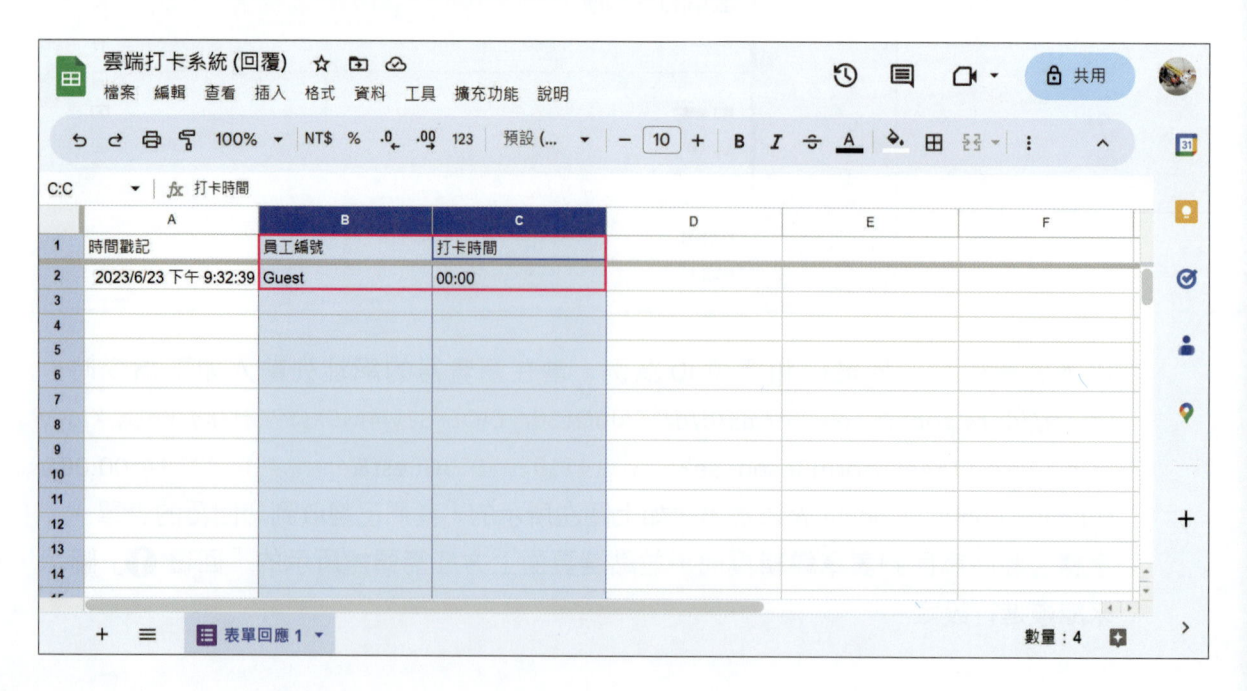

ESP32 硬體設定

雲端打卡系統在硬體方面的需求有：

❶ 作為大腦來控制各項硬體的「NodeMCU-32S」。

❷ 內建按鈕與蜂鳴器的慧手科技「ESP32 IO Board 擴充板」。

❸ 負責顯示當下時間的 SSD1306 OLED 顯示器。

❹ 負責讀取 RFID 卡片資訊的 RFID-RC522 模組 + 7 條 20 公分的母母杜邦線。

硬體組裝步驟

Step 1 如下圖所示，將 OLED 顯示器接到 ESP32 擴充板 I2C 的插槽中。

Step 2 請將 RFID-RC522 讀卡模組以如下圖所示的方式進行接線，總共需要 7 條母母杜邦線進行對接。

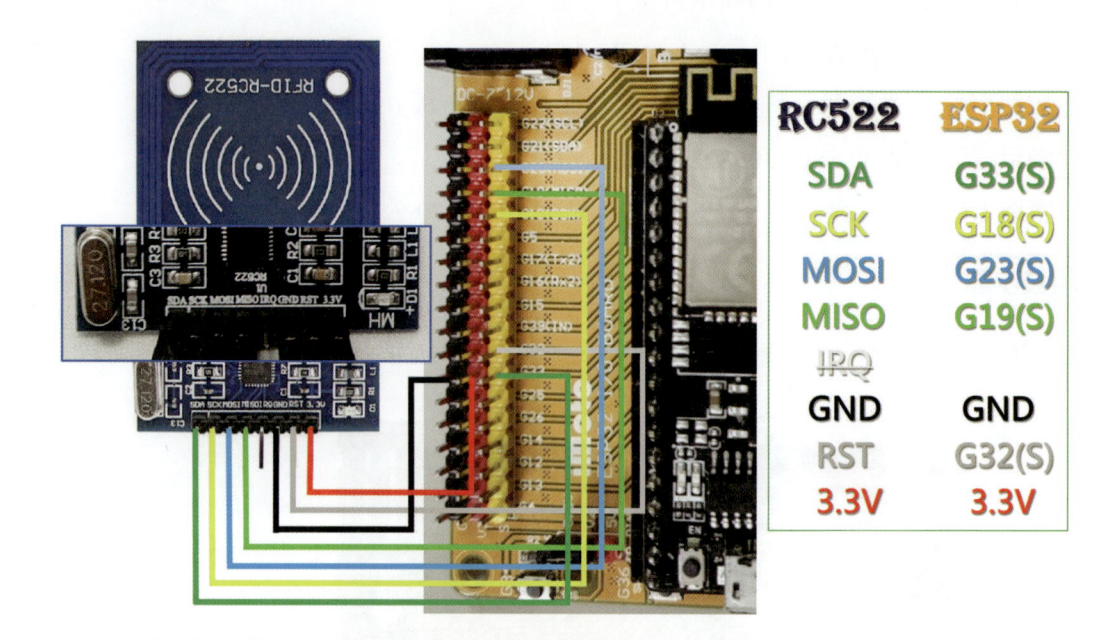

RC522	ESP32
SDA	G33(S)
SCK	G18(S)
MOSI	G23(S)
MISO	G19(S)
~~IRQ~~	
GND	GND
RST	G32(S)
3.3V	3.3V

ESP32 圖控程式 I – RFID 卡號讀取機

在正式開始編寫「ESP32 雲端打卡系統」程式前，我們得先收集所有員工卡片的 ID 卡號，才能將這些 ID 卡號預先記錄在 NodeMCU-32S 中以方便日後比對。因此，本節會先練習編寫一個「RFID 卡號讀取機」的程式，除了可以藉此取得 RFID 的卡號資訊外，也可以趁機了解 motoBlockly 的「RFID 讀取器模組」相關程式積木的功能與使用方式。其程式的編寫流程如下：

Step 1 首先記得將開發板的型號先選擇為「ESP32」才能產生正確的 ESP32 程式碼。因為系統需將所讀取到的 RFID 卡號資訊顯示在 Arduino IDE 的序列埠監控視窗中，因此一開始需先設定 NodeMCU-32S 與電腦之間的串列埠傳輸速率。

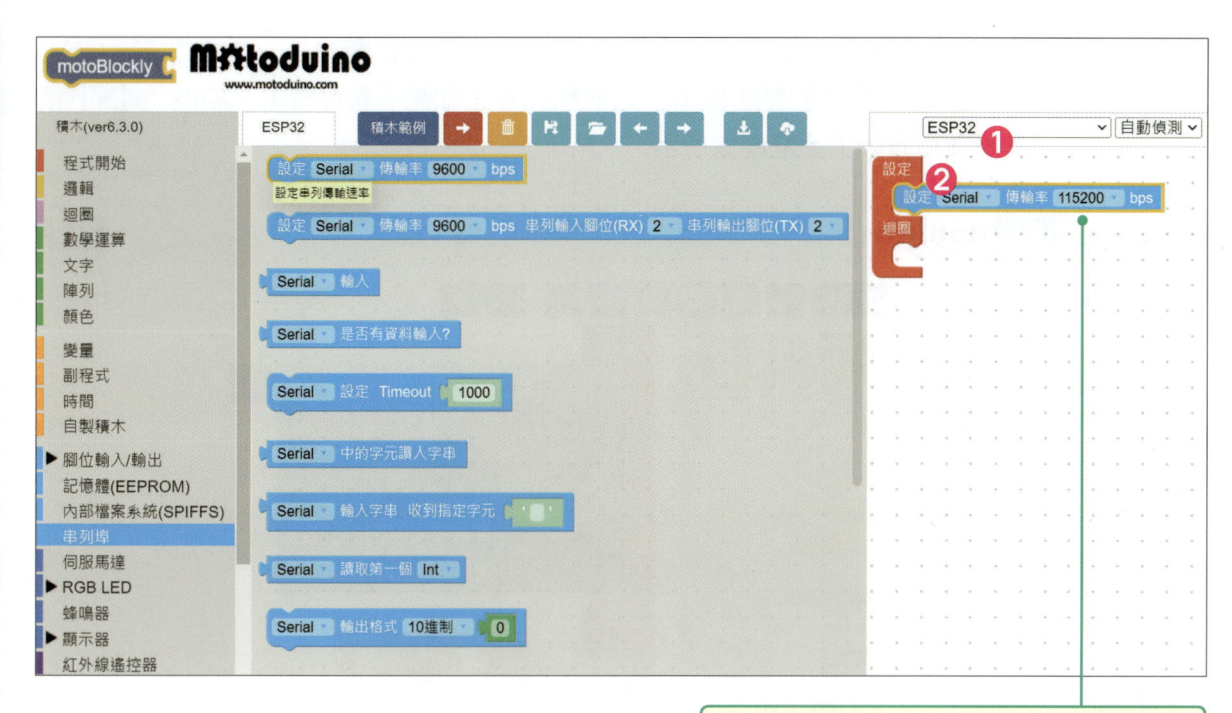

Google 試算表的入門與實作 **4**

使用「設定【Serial】傳輸率」程式積木，其中「傳輸率」參數設為 115200 bps）。

Step 2 初始化 RFID-RC522 讀取模組，依前面所示範的硬體接線位置進行設定。

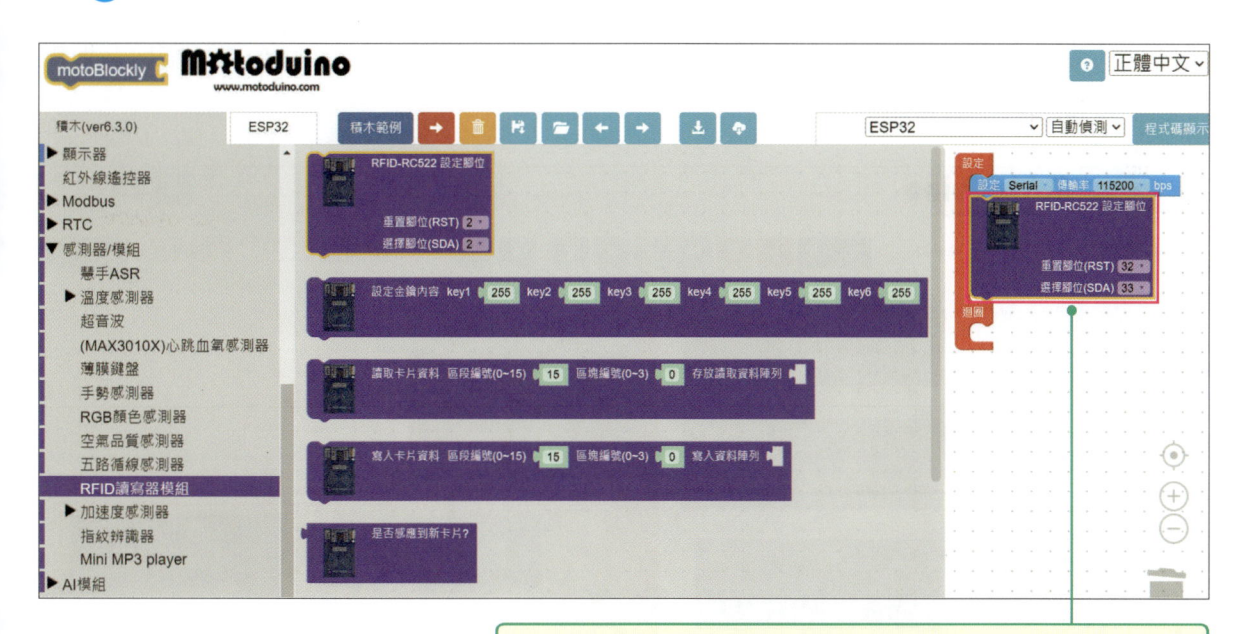

RFID 設定積木「重置腳位（RST）」選擇 32 號腳位（G32）、「選擇腳位（SDA）」則請選擇 33 號腳位（G33）。

Step 3 在讀取 RFID 卡號資訊前需同時符合兩個條件，系統才會開始進行讀取並顯示該卡資訊。因此需以「【且】程式積木」來取代原本「如果 / 執行積木」中的「【=】積木」，其擺放位置如下圖紅框處所示。

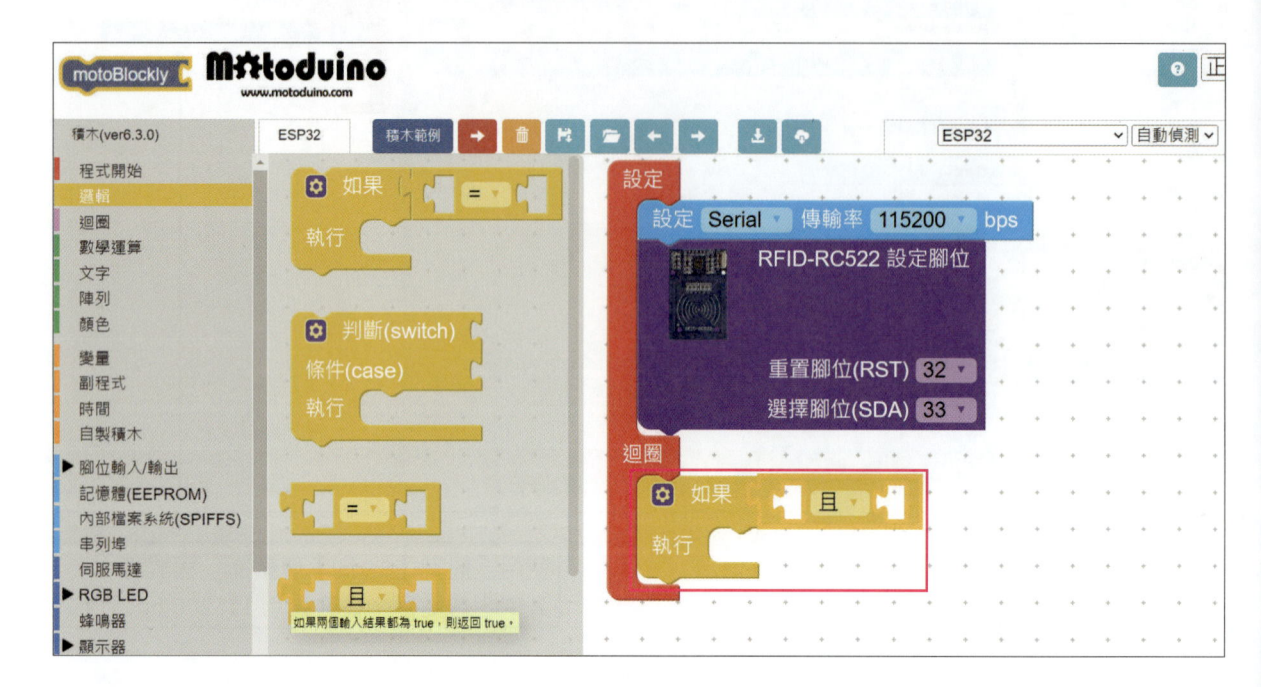

Step 4 如下圖所示，將步驟 3 需判斷的兩個條件填入，分別是「是否感應到新卡片？」與「是否取得卡片資訊？」。當以上這兩個條件同時成立時，系統才會開始讀取並揭露 RFID 卡的卡號資訊。

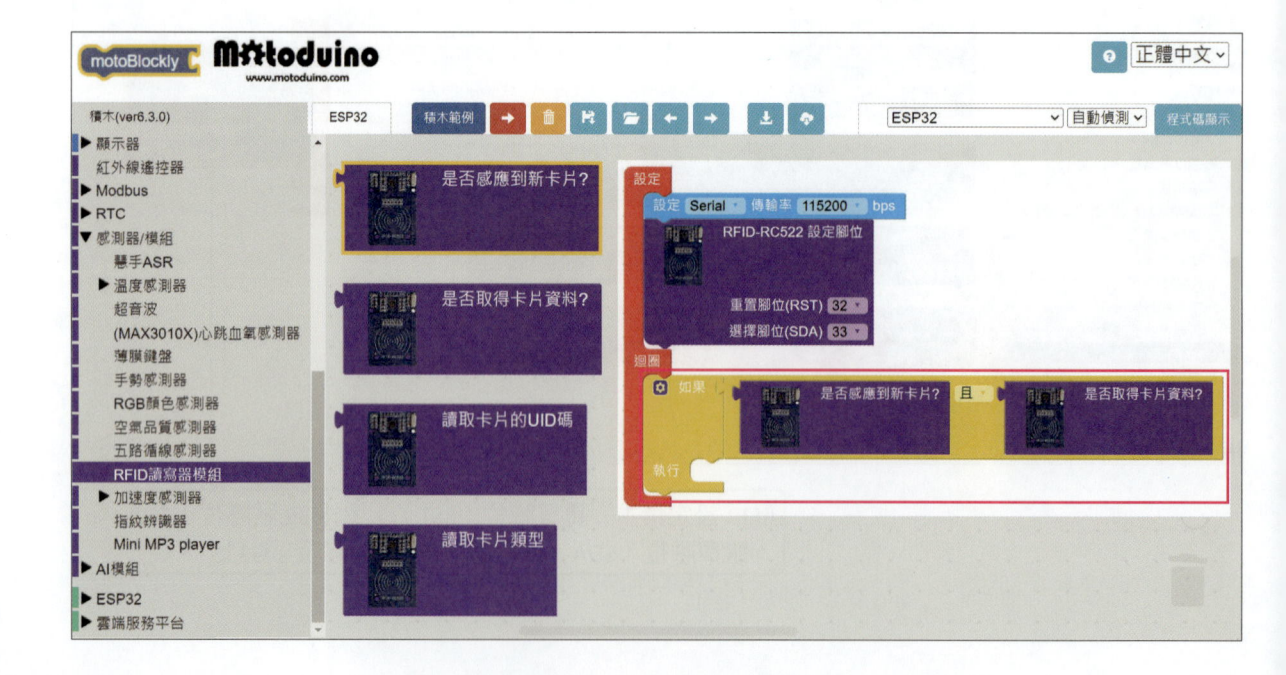

Google 試算表的入門與實作 **4**

Step 5 為了避免不同的 RFID 卡號資訊顯示在同一行會不好進行判讀，系統需要一行一行地分開顯示每一筆讀取到的 RFID 卡號，因此接下來會使用「串列埠」積木群組中的「印出訊息後換行」程式積木，便可達到顯示一筆 RFID 卡號就立即換行的效果。

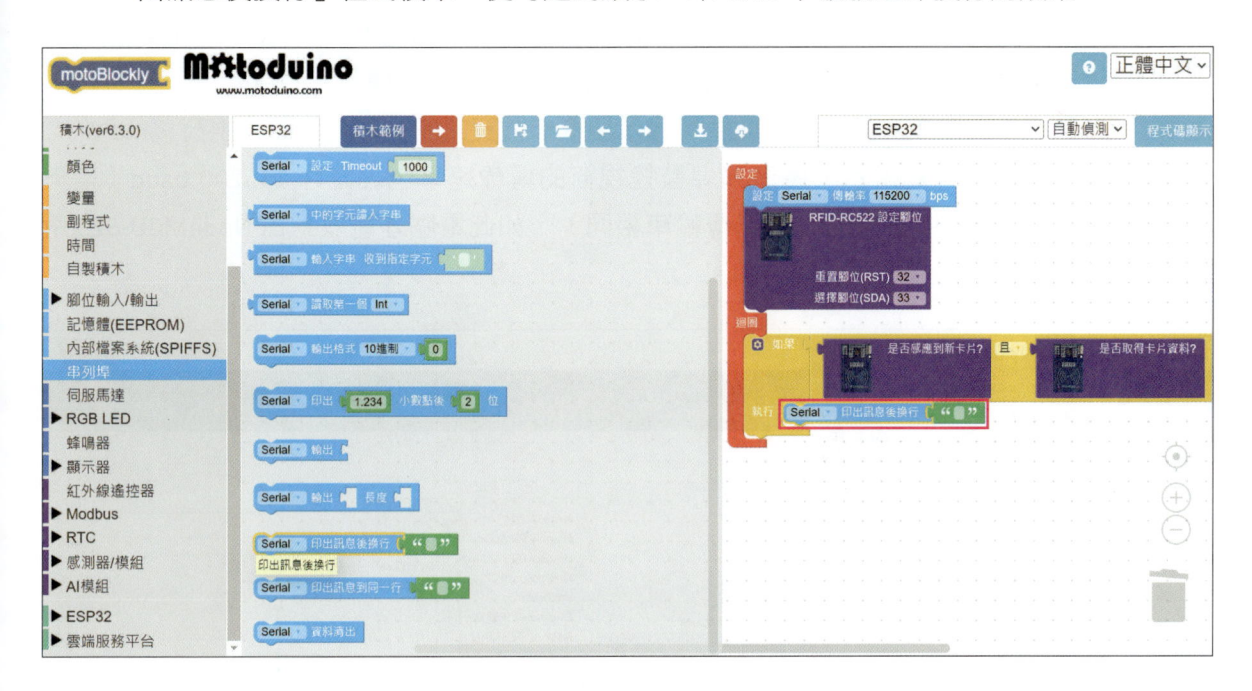

Step 6 將原本「印出訊息後換行」程式積木中的空白訊息改為所讀取到的卡號資訊，並在最後加入「停止連續讀取」的程式積木，便可避免一直重複讀取相同的 RFID 卡號資訊。至此，「RFID 卡號讀取機」程式完成。

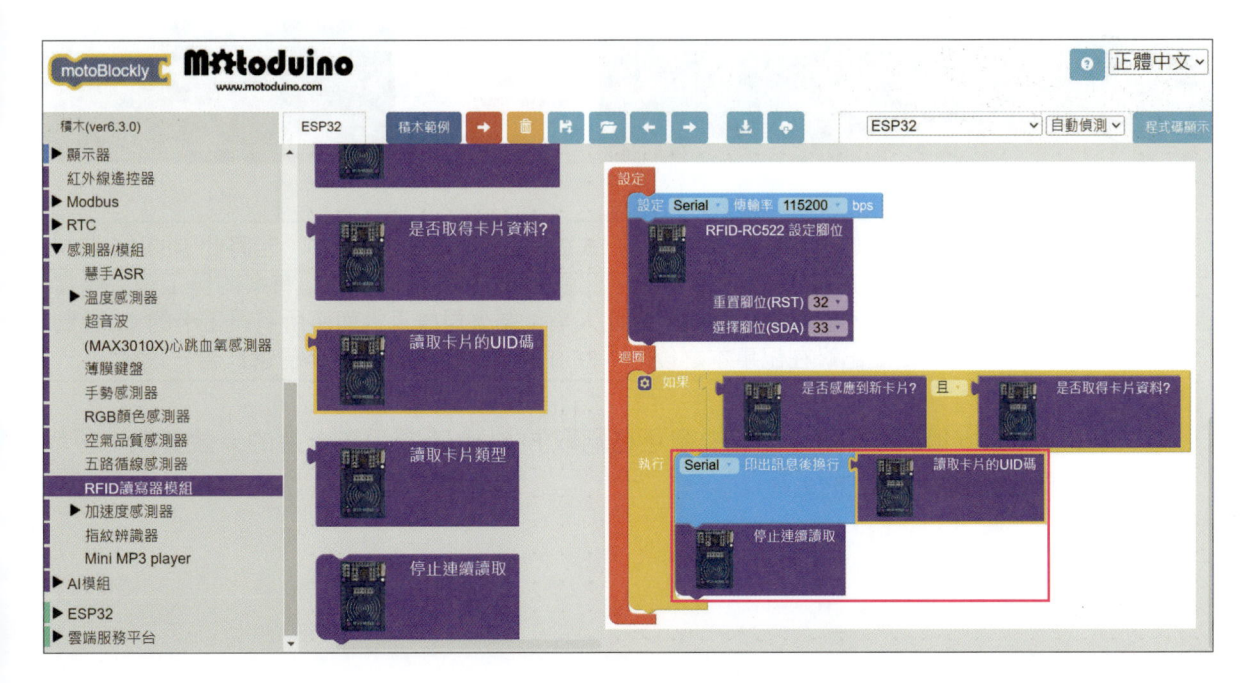

181

用 ESP32 輕鬆入門物聯網 IoT 實作應用

Step 7 程式上傳完畢後便可開始確認能否正常地運作。

① 請先以 MicroUSB 傳輸線連接電腦與 NodeMCU-32S，並在開啟 Arduino IDE 後，將工具欄中「工具」的「開發板」選項設為「ESP32 Arduino」的「NodeMCU-32S」。

② 選擇對應的 Arduino「序列埠」（如下圖所示，本例的 NodeMCU-32S 與電腦的連接埠為「COM9」，請依自己電腦顯示的埠口來進行選擇）。

③ 點選下圖箭頭處的按鈕，開啟可顯示讀取卡號資訊的「序列埠監控視窗」。

④ 如下圖紅框處所示，將序列埠監控視窗的傳輸速率也設定在 115200 baud（需與 ESP32 程式中設定的串列埠傳輸率相同），如此電腦才能收到由 NodeMCU-32S 所傳出的卡號資訊並予以顯示。

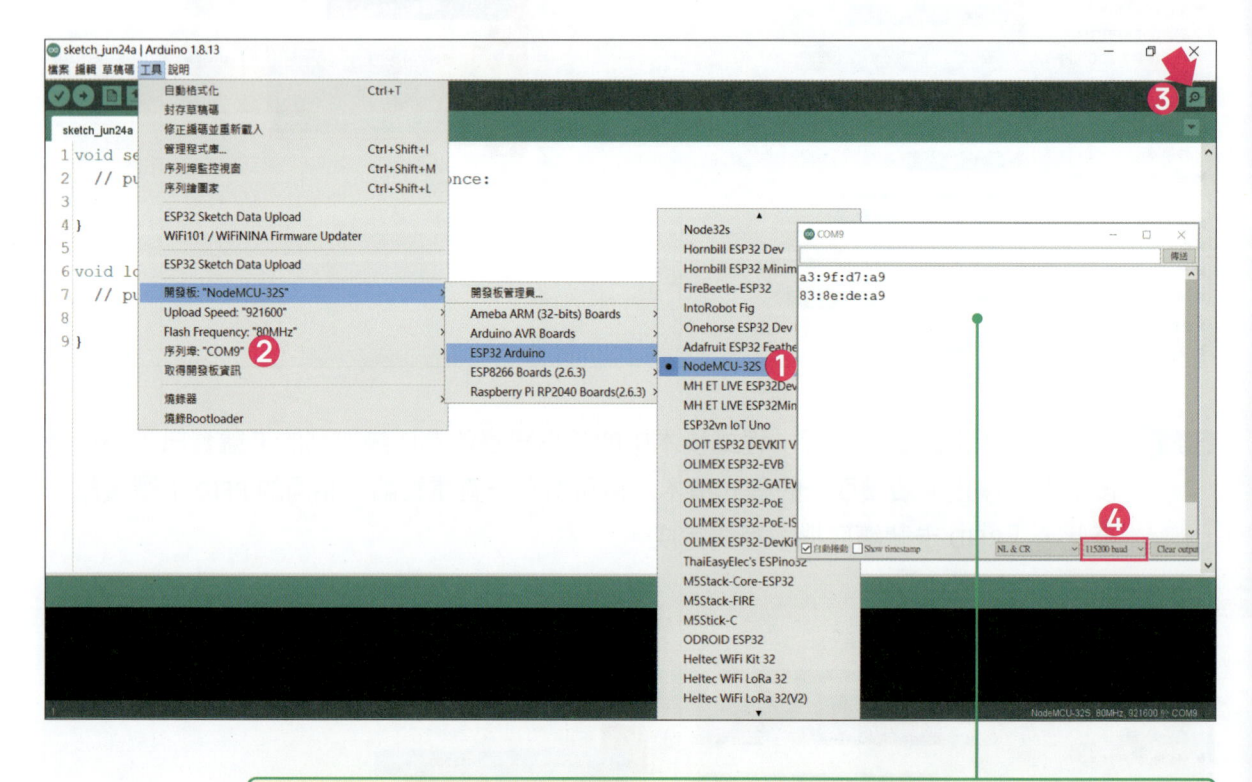

此範例程式取得了某張 RFID 卡的 16 進制 ID 碼：a3:9f:d7:a9，若將此卡的 16 進制 ID 碼記錄在 NodeMCU-32S 之中，此張 RFID 卡便變成了登記有案的員工證。每當有人刷卡時，系統便可藉此判斷此人是否為公司員工。而將所有員工卡的 16 進制 ID 碼讀出並記錄在記事本之後，「RFID 卡號讀取機」的工作便就此告一段落。

若是 Arduino IDE 的序列埠監控視窗可在刷取 RFID 卡時顯示該卡片的卡號資訊，便代表此程式的運作沒有問題。

ESP32 圖控程式 II – 雲端打卡系統

「雲端打卡系統」完整的程式編寫流程介紹如下：

Step 1 ❶ 首先需將 motoBlockly 的開發板型號選擇為「ESP32」才能產生正確的 ESP32 程式碼。

❷ 接著建立一個名為 CardIDArray 的 String 字串陣列，並將之前以「RFID 卡號讀取機」取得的所有員工卡 ID 卡號均寫入其中。其中 ID 碼的字串格式需為小寫的 ww:xx:yy:zz。本陣列的內容請依自己實際的 RFID 卡片數量與卡號資訊來填寫，填入陣列中的卡號數量請務必與自己設定的陣列大小相同。

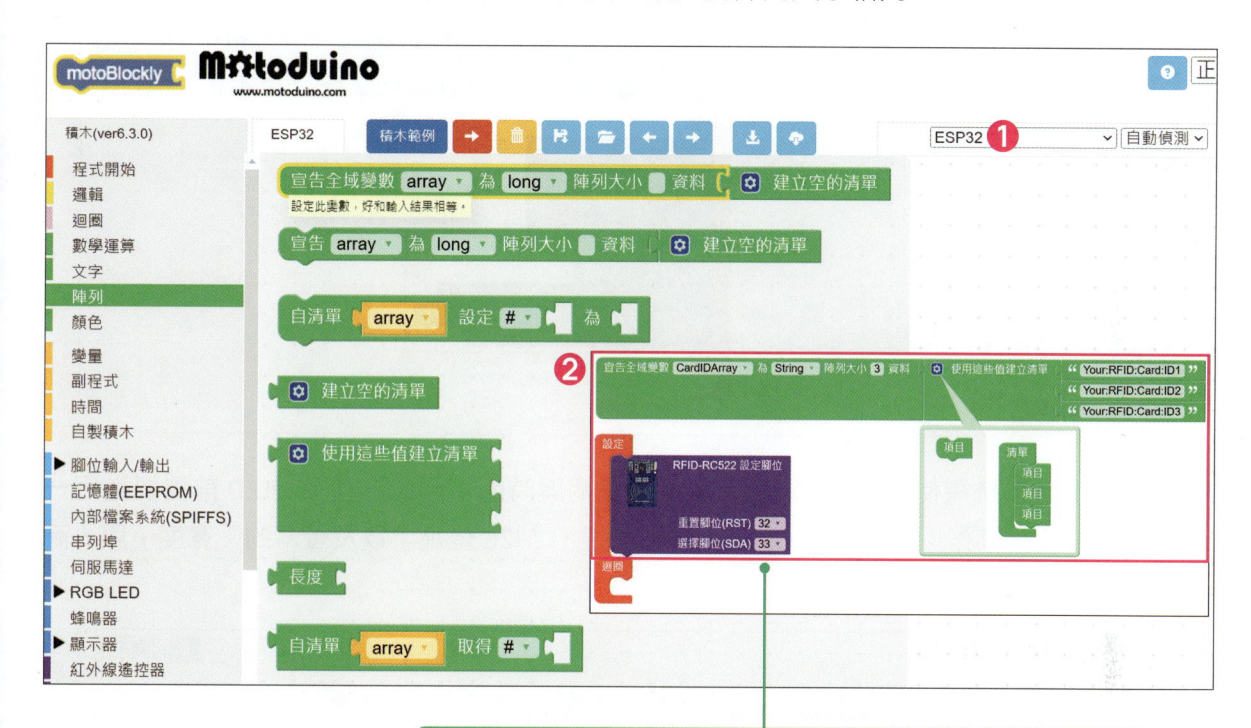

初始化 RFID-RC522 讀取模組，依前面所示範的硬體接線位置而言：RFID 設定積木的「重置腳位（RST）」需選擇 32 號腳位（G32）、「選擇腳位（SDA）」則請選擇 33 號腳位（G33）。

Step 2 接著在設定（Setup）積木中完成 ESP32 連接網路的初始化設定。「WiFi 設定」積木中的「SSID（分享器名稱）」與「Password（密碼）」參數分別為 ESP32 準備連線的路由器或無線網路分享器的名稱與密碼，請依實際狀況來進行設定即可。另外，由於本系統會使用到 ESP32 的 RTC 功能，因此需先依自己所在的時區來進行 NTP 時間校正，所以此處依筆者的所在位置 - 台灣來將「NTP 伺服器校正時間」積木的「時區」參數設定為 UTC+8。

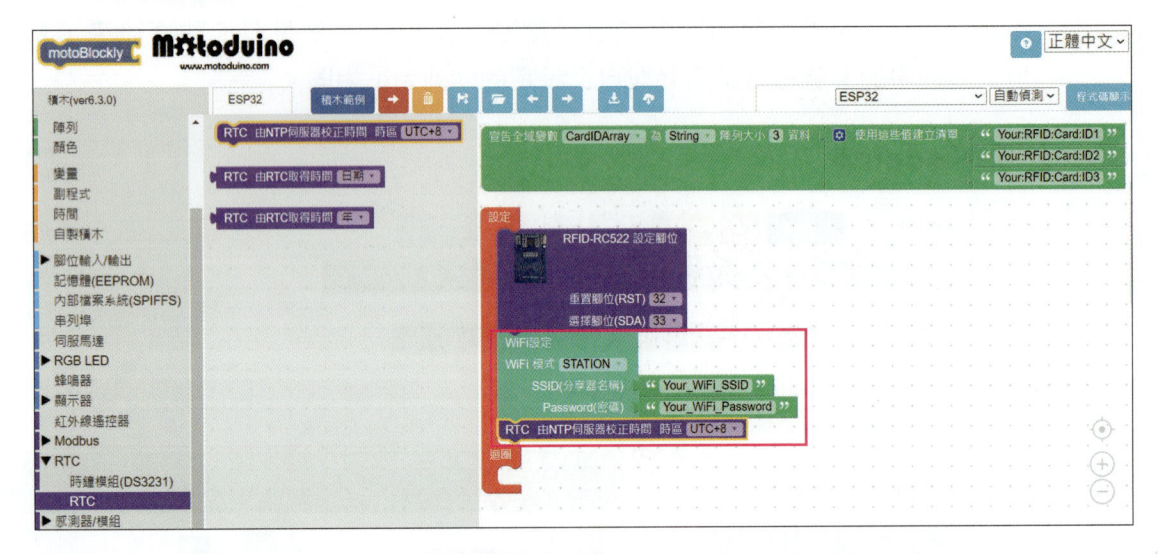

Step 3 由於本系統需使用 OLED 來顯示當下的日期與時間，因此在使用 OLED 前需要進行一些初始化動作：包括設定 OLED 的「型號」、「I2C 位址」以及螢幕的「寬度」與「高度」解析度。

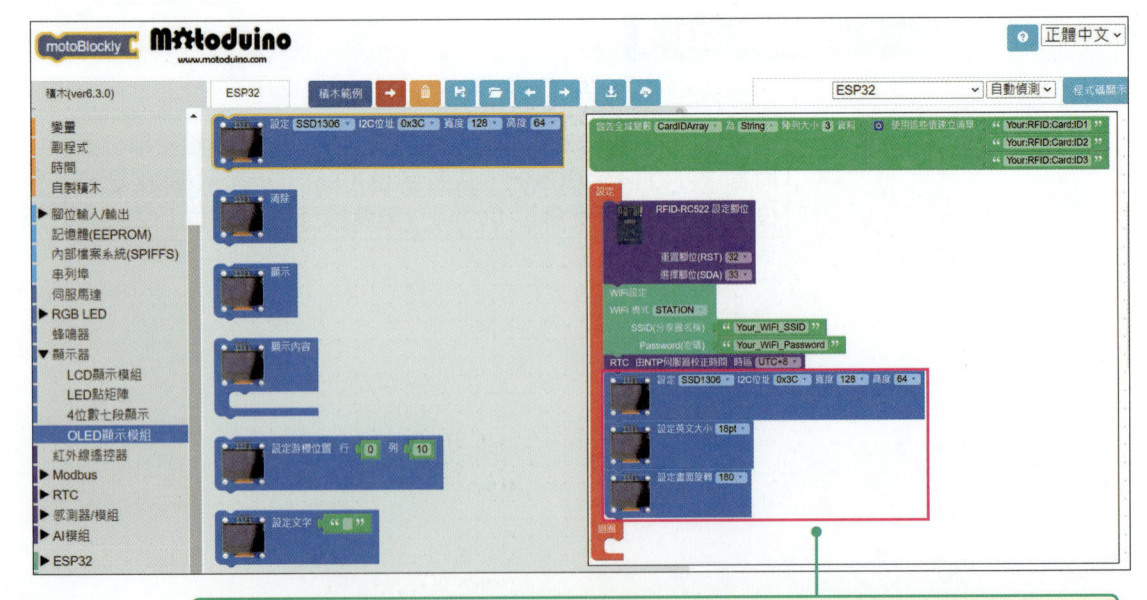

若以本範例所使用的 OLED 型號為例，請將上述各參數值分別設定為型號 SSD1306、位址 0x3C、寬度 128 與高度 64。另外 OLED 顯示的英文字體大小依系統所需將其設為 18pt 即可。最後將 OLED 的文字顯示角度設為 180 度。

Google 試算表的入門與實作

OLED 所對應的文字顯示角度畫面如下圖所示。

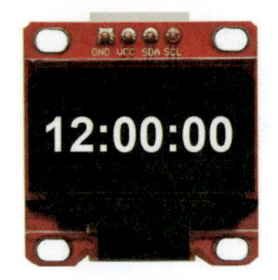

畫面旋轉：0 度 　　　畫面旋轉：90 度 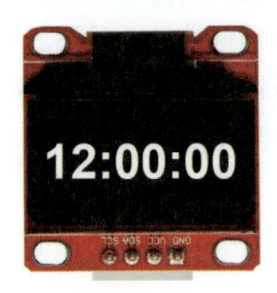　　　畫面旋轉：180 度 　　　畫面旋轉：270 度

Step 4 由於本系統的 OLED 顯示器會不停地顯示當下的日期與時間，因此需將 OLED 顯示文字的動作寫成一個副程式。當要更新日期與時間時，先清除 OLED 螢幕的所有畫面，接著依序設定日期、時間顯示的位置及文字內容（其中的「行」、「列」參數分別代表的是 OLED 的 X 與 Y 軸顯示座標），最後記得呼叫「OLED 顯示」程式積木來把之前所設定的 OLED 畫面展示出來。

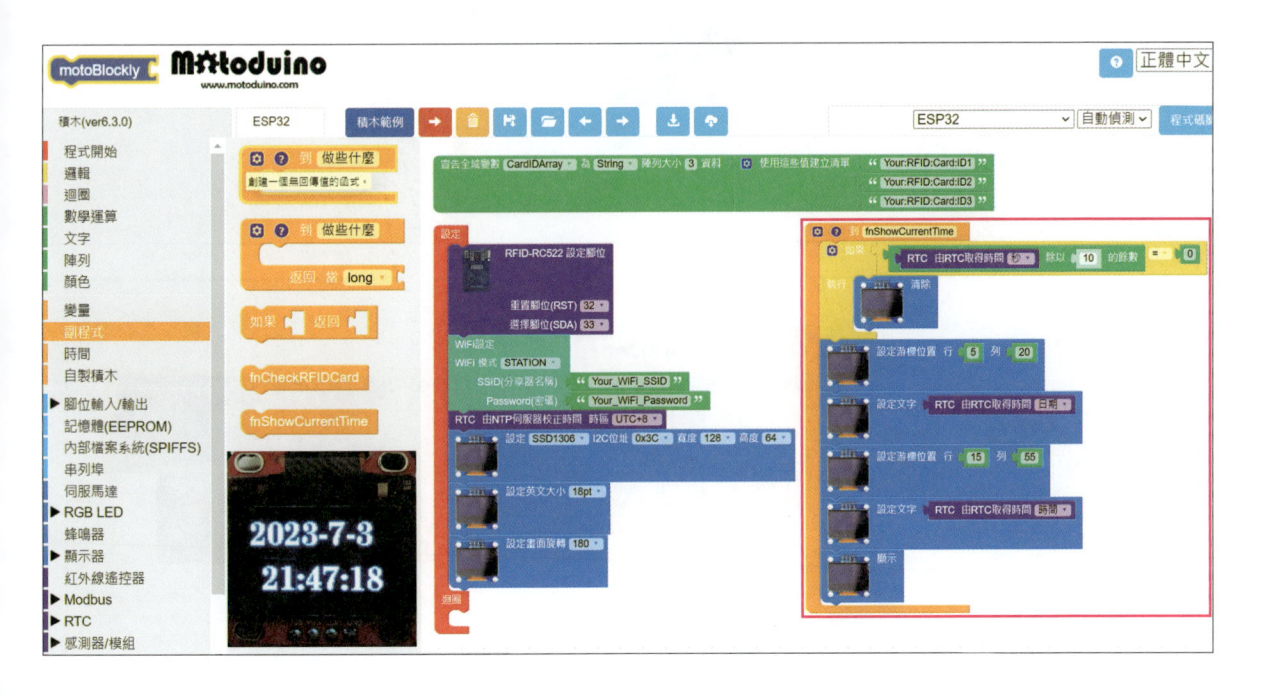

Step 5 如下圖所示,建立一個可以比對卡號資訊的副程式 - fnCheckRFIDCard()。此副程式中會有一個判斷式,判斷刷卡時的卡片是否有同時符合「感應到新卡片」與「取得卡片資訊」兩個條件。一旦兩條件同時成立,系統才會將所讀取到的卡號放入 szEmployeeID 變數中,再準備以該變數與記錄在 NodeMCU-32S 裡的員工卡號做比對。反之,若兩個條件有一個不成立時,系統便會休息一下(250 毫秒)後再重新檢查一次。

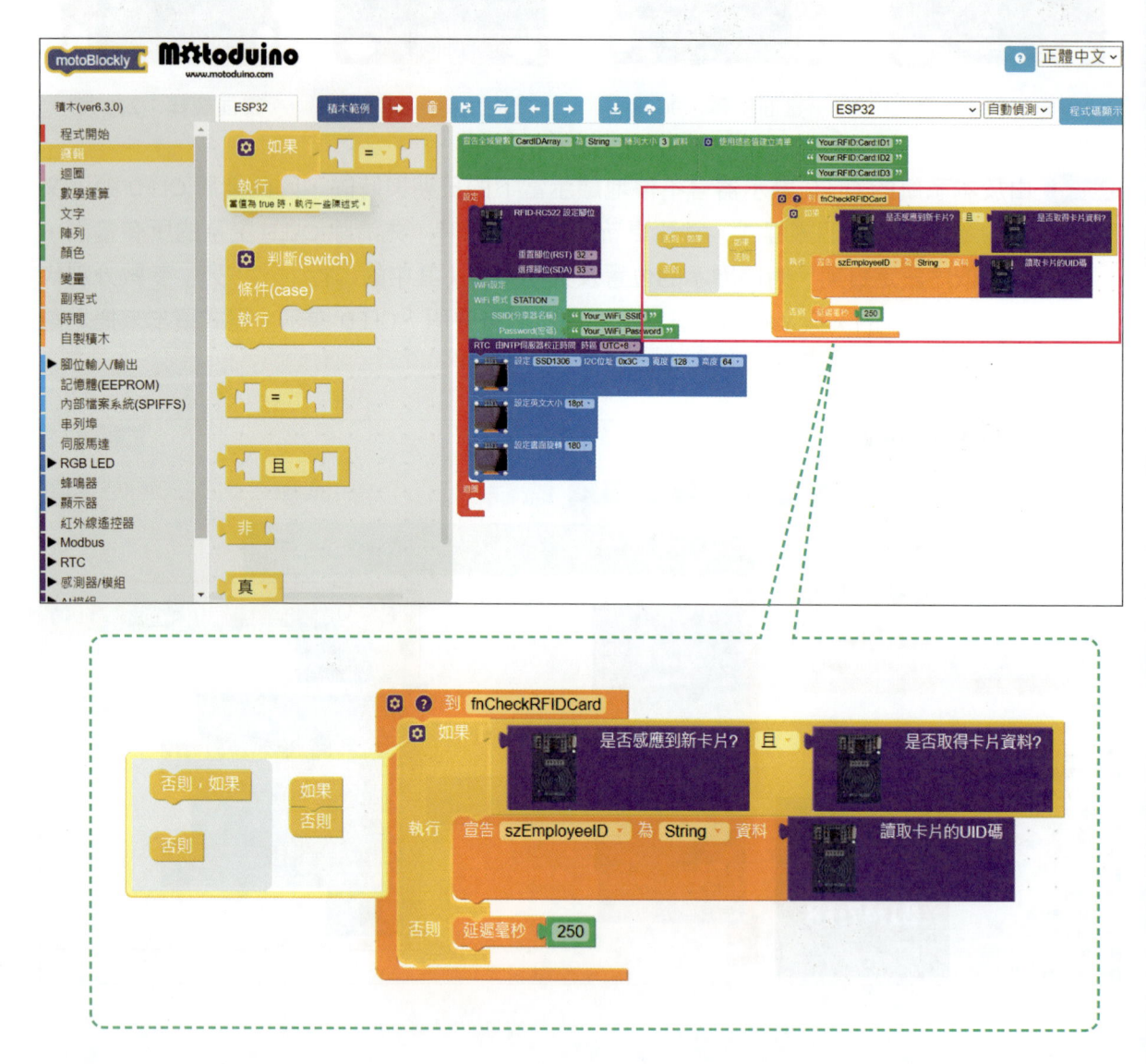

Google 試算表的入門與實作

Step 6 將在上一步驟取得的 szEmployeeID 卡號資訊，用迴圈的方式開始一個一個地與原先記錄在 CardIDArray 陣列中的員工卡號做批次的個別比對。

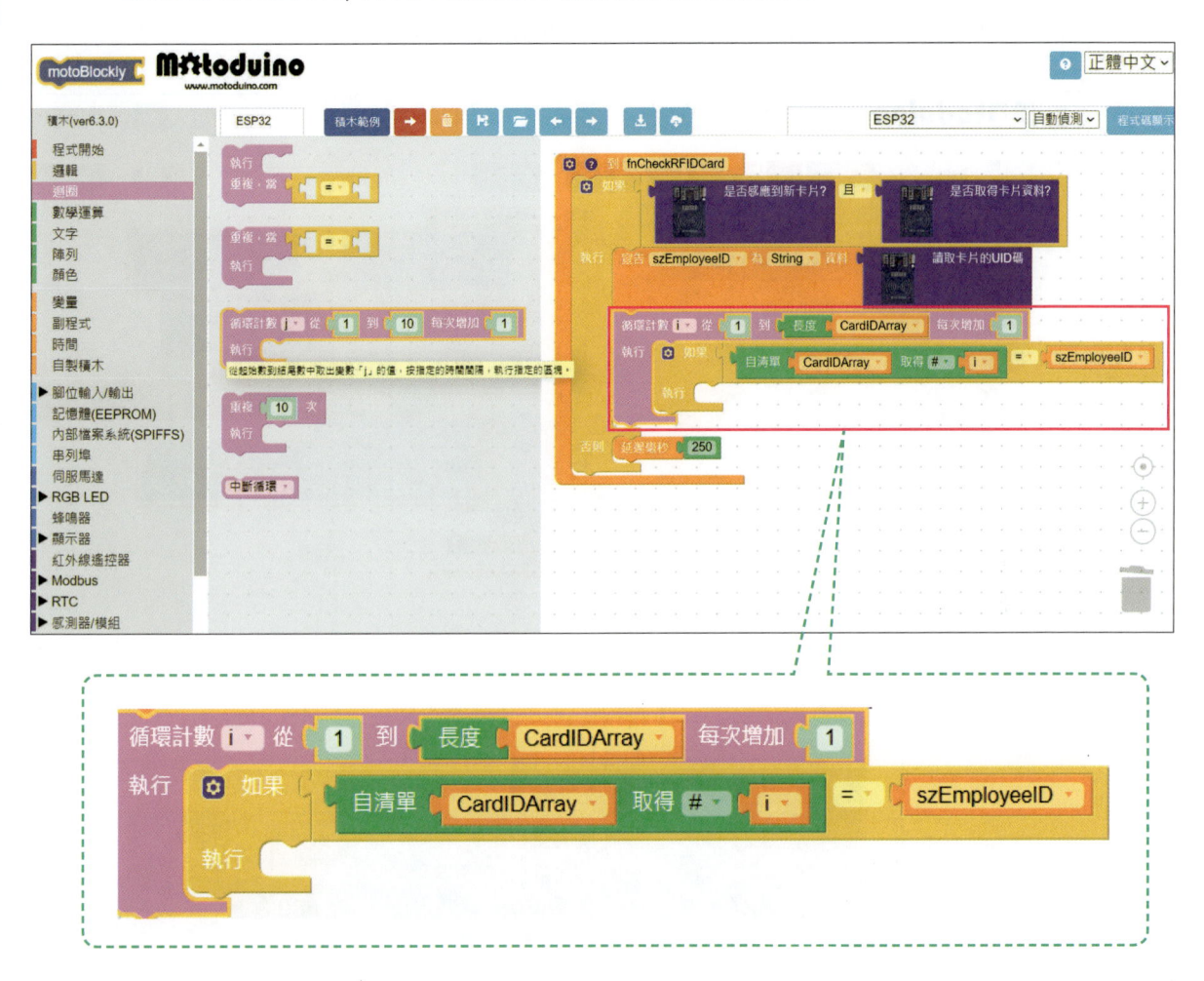

Step 7 當刷卡的 RFID 卡號與 CardIDArray 陣列中登記在案的員工卡號相同時,便要開始執行刷卡比對成功的應對動作:除了先點亮 NodeMCU-32S 內建的 G2 腳位 LED 來示意之外,位於 G27 腳位的蜂鳴器也會發出刷卡通過的叮咚聲。

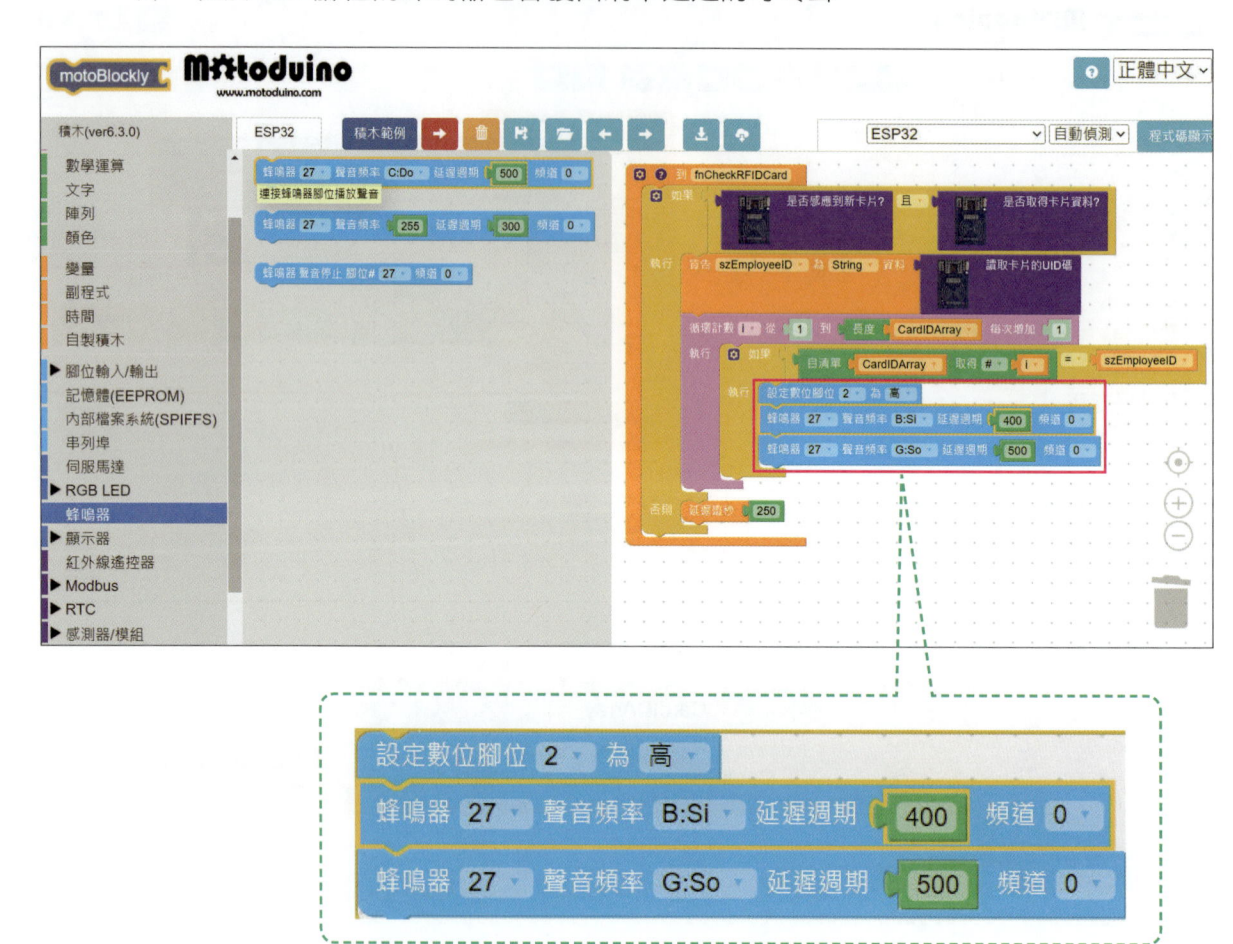

Step 8 最後再將從 RTC 功能取得的刷卡時間以及對應的員工編號上傳至 Google「雲端打卡系統」的試算表上。其中的其中「API_Key(寫入授權碼)」參數請填入在 Google 表單建立流程 Step 6 中所取得的表單授權碼,「輸入 ID1」與「輸入 ID2」兩個參數則分別填入表單的兩個答題欄位 ID。

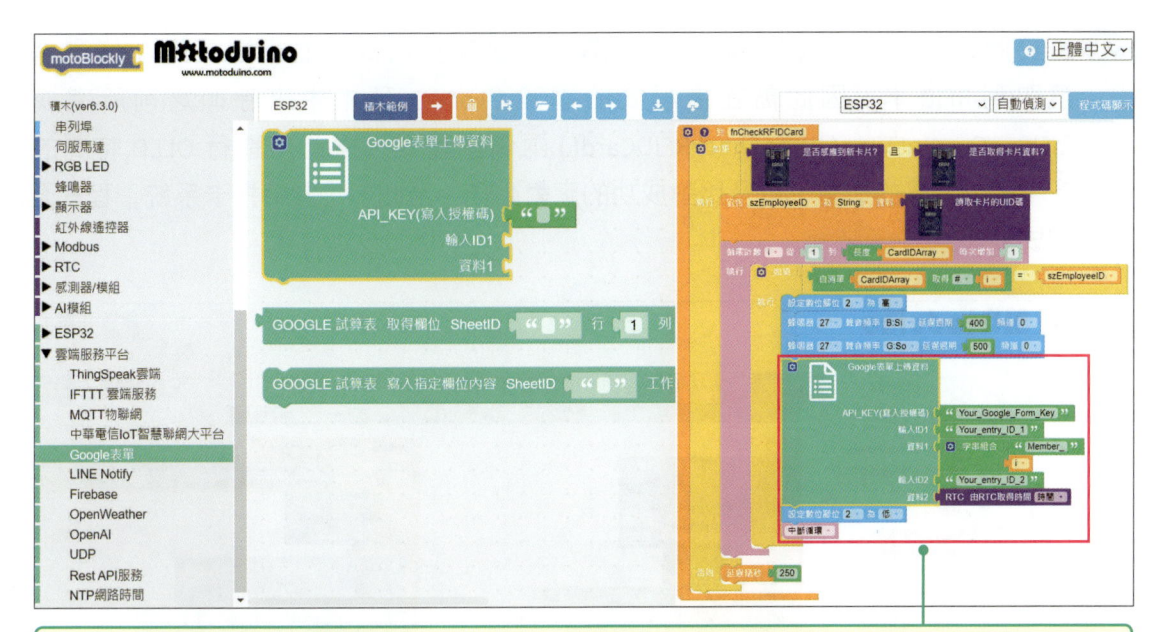

Google 試算表的入門與實作

「資料1」的內容為對應的刷卡人員工編號。「資料2」則是填入從 RTC 功能取得的刷卡時間。最後在資料上傳至 Google 試算表之後，關閉示意的 LED。

> **注意：** 由於記錄在 CardIDArray 陣列中的員工編號可能會有很多筆，因此一旦比對成功就可以使用「中斷迴圈」的程式積木來跳離卡號比對迴圈，如此便能減少不必要的比對動作進而提升整個系統的運作效率。

Step 9 不管有無找到相同的員工卡號，程式的最後需再加入一個「停止連續讀取」的程式積木，藉此來避免系統重複讀取同一塊 RFID 的卡號資訊。至此，比對卡號的副程式 fnCheckRFIDCard() 便大功告成。

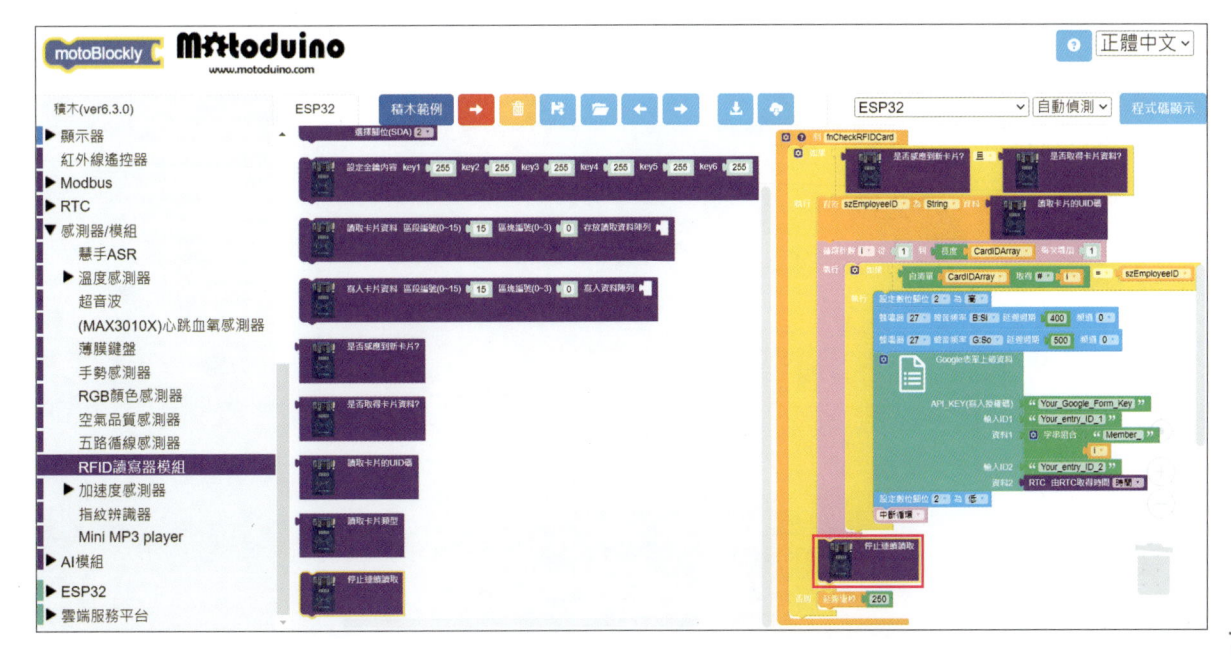

Step 10 由於此系統需要不斷更新 OLED 所顯示的日期與時間，並且還要時時偵測是否讀取到 RFID 卡，因此需在主程式的迴圈（Loop）積木中來呼叫之前所完成的 fnShowCurrentTime()、fnCheckRFIDCard() 兩個副程式，以此來進行 OLED 時間的更新、刷卡資訊的比對，以及比對成功的應對動作。至此，「雲端打卡系統」程式全部完成。

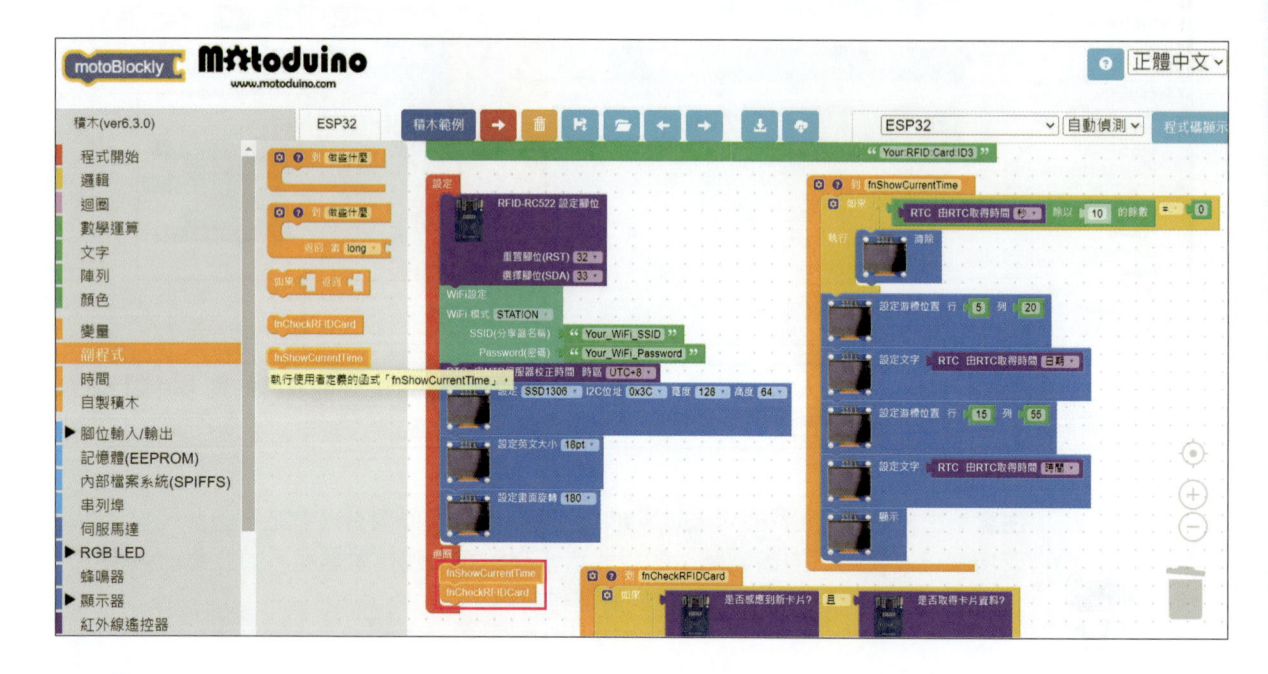

Step 11 完整的「ESP32 雲端打卡系統」motoBlockly 程式如下所示。請在紅框處填入自己對應的 RFID 卡號、WiFi 連線帳密，以及 Google 試算表認證的相關資訊，程式才能正常的運作。另外由於此範例程式需載入 OLED 顯示器的 7000 字中文字庫，所以使用 motoBlockly 編譯上傳的時間會比較久，程式上傳時請耐心等候。

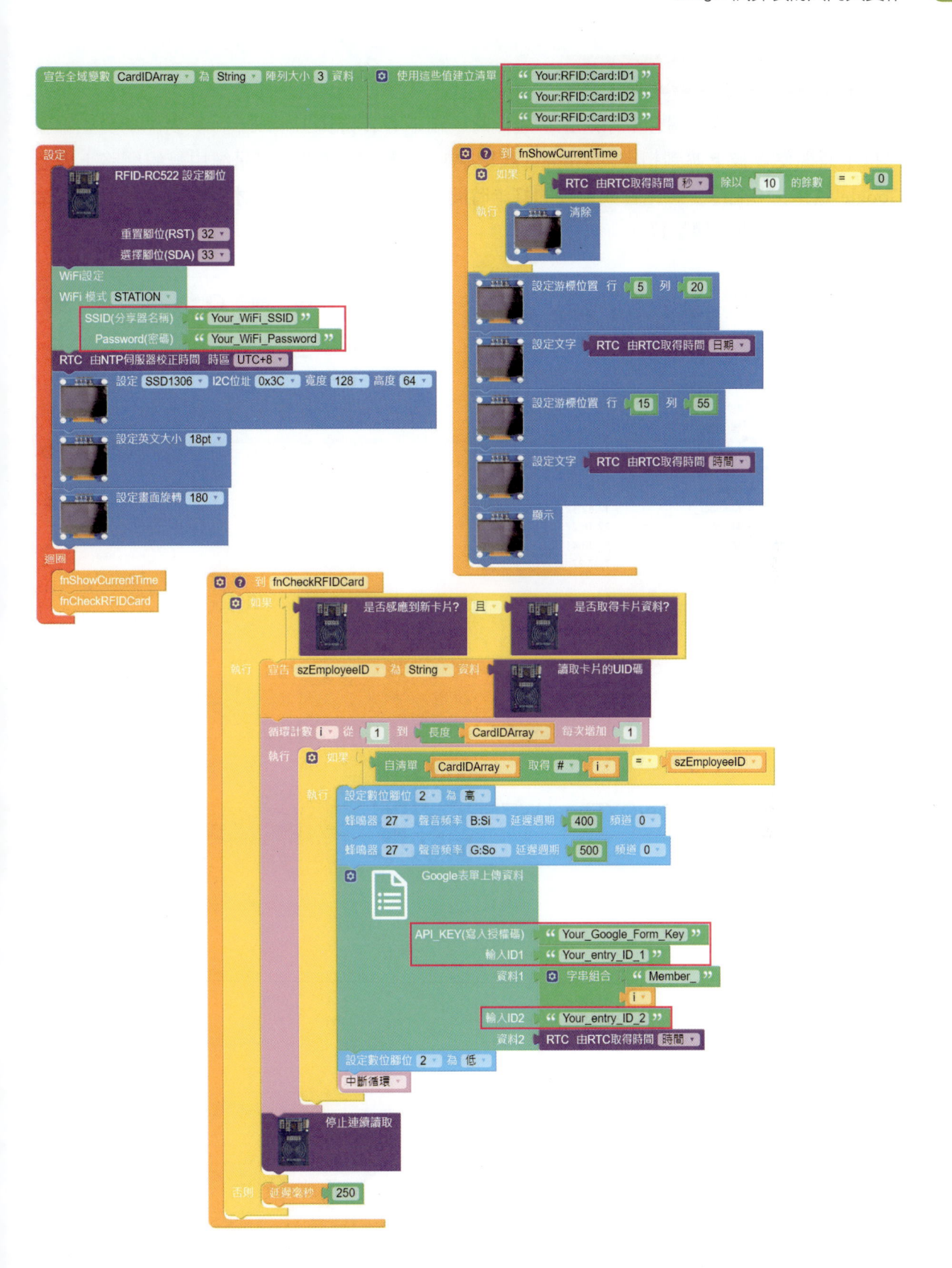

Google 試算表的入門與實作

雲端打卡系統的運作成果

如下圖所示,當雲端打卡系統正常運作時,刷卡者若持員工卡刷卡,其對應的員工編號與打卡時間便會被上傳到指定的 Google 表單中。不過由於打卡資訊是經由無線網路上傳至 Google 試算表中記錄,難免會與實際的打卡時間有所落差,因此系統才會把打卡當下從 RTC 取得的時間也一併上傳記錄。

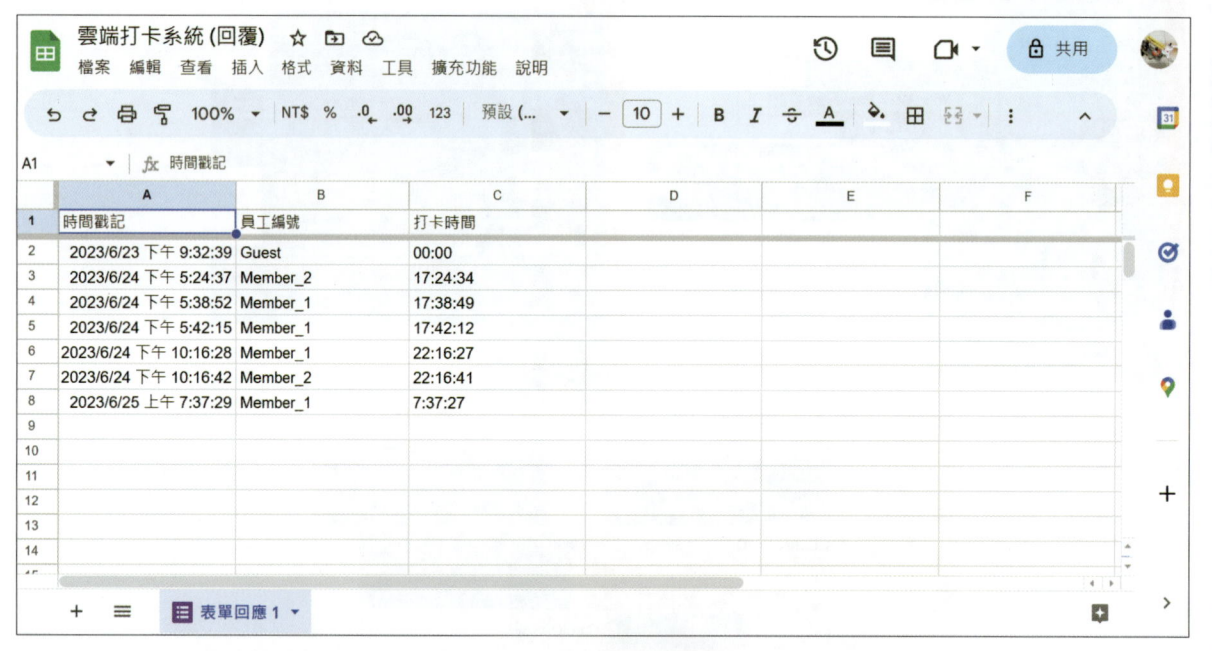

	A	B	C
1	時間戳記	員工編號	打卡時間
2	2023/6/23 下午 9:32:39	Guest	00:00
3	2023/6/24 下午 5:24:37	Member_2	17:24:34
4	2023/6/24 下午 5:38:52	Member_1	17:38:49
5	2023/6/24 下午 5:42:15	Member_1	17:42:12
6	2023/6/24 下午 10:16:28	Member_1	22:16:27
7	2023/6/24 下午 10:16:42	Member_2	22:16:41
8	2023/6/25 上午 7:37:29	Member_1	7:37:27

成果展示 ● https://youtu.be/QYFbqakWf7E

4-5　Google 試算表實作應用 III – 智慧公車系統

　　本章前兩個範例都是單向的由 NodeMCU-32S「寫入」數據至 Google 試算表中,那麼 NodeMCU-32S 是否有辦法從 Google 試算表中「讀出」資料出來呢?答案當然是肯定的。如下圖所示,相較於 NodeMCU-32S 可以「直接地」將文字、數據寫入 Google 試算表,NodeMCU-32S 得「間接地」透過 GAS(Google APP Script)上的讀取程式方能將數據資料從 Google 試算表中取出。所以相對而言,從 Google 試算表讀取資料所花費的時間就會比較久。

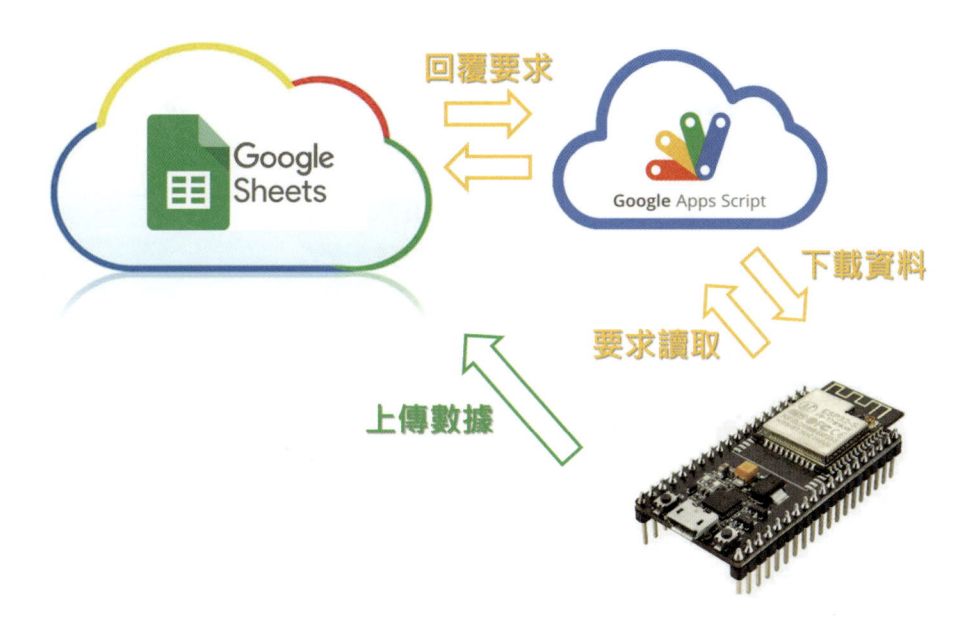

　　「智慧公車系統」利用 NodeMCU-32S 搭配同時讀、寫 Google 試算表的動作,讓公車目前的所在位置連上雲端,一般人便可即時的從架設在公車站牌處的螢幕顯示器中得知當下公車的位置,藉此便可估算車子抵達的大概時間。「智慧公車系統」分為公車與站牌兩端,其運作流程為:

❶ 先將指定公車的沿線各站名依序寫在 Google 試算表中。
❷ 公車端系統隨著公車的前進,司機可按下某按鈕來即時更新公車中的文字公告。
❸ 乘客可由螢幕得知目前公車的所在及下一站的站名。

　　本範例以 ESP32 擴充板上內建的 G34 腳位按鈕與外接的 OLED 分別代表上述的跳站按鈕以及公車螢幕。每當司機按下按鈕,公車端的 NodeMCU-32S 會動態地從 Google 試算表中將下一站的站名讀出,並把目前所在與下一站的站名同時顯示在 OLED 之上。另外公車端的 NodeMCU-32S 也會將目前所在的站名寫入至 Google 試算表的特定位置中,這樣架設在站牌端的 NodeMCU-32S 就可以透過讀取該 Google 試算表特定位置的資料,進而精準掌握當下公車的位置。

建立公車路線 Google 試算表

Step 1 ❶ 首先進入 Google 搜尋的頁面（https://www.google.com）。

❷ 點選如下圖箭頭處的「Google 試算表」選項來建立及設定公車路線的 Google 試算表。

Step 2 從試算表的第二行第一列開始把指定的公車沿線各站名依序寫入，並將公車回報當下所在站名的 Google 試算表位置指定在第二行第三列（下圖橘框處）。

Google 試算表的入門與實作

Step 3 由於使用 motoBlockly 的 Google 試算表讀取與寫入積木均需要填入「SheetID」與「工作表名稱」兩個參數,而這兩個參數均可在如下的頁面中取得。

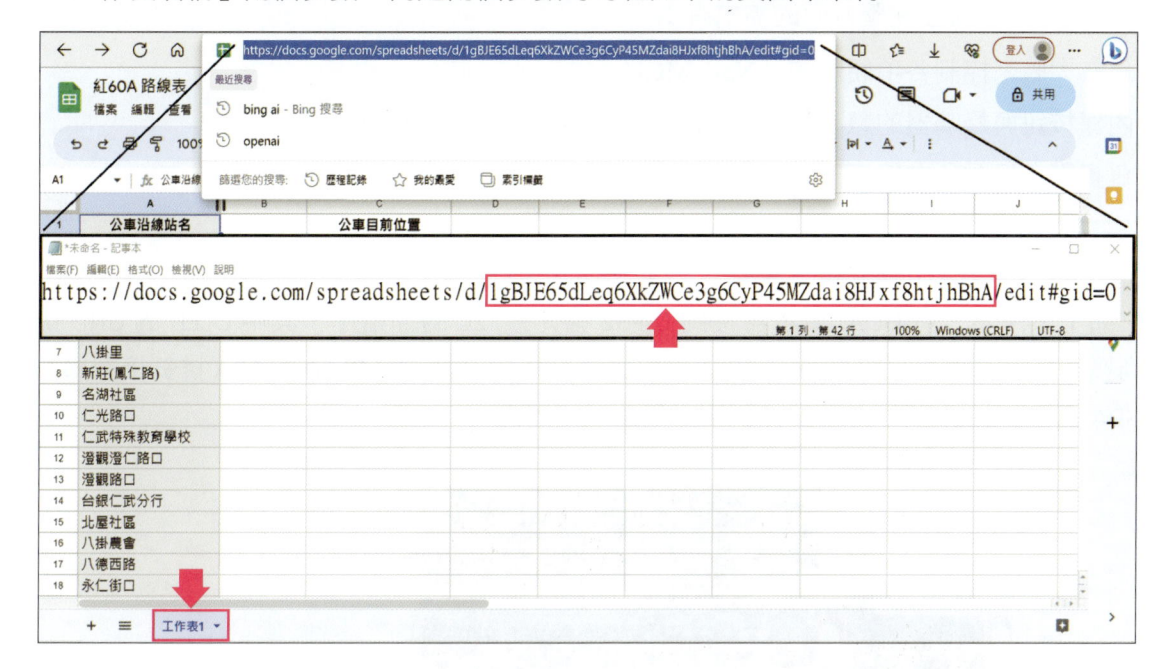

如上圖所示,建立後由 Google 所提供的「智慧公車系統」試算表網址為:
https://docs.google.com/spreadsheets/d/1gBJE65dLeq6XkZWCe3g6CyP45MZdai8HJxf8htjhBhA/edit#gid=0,而「SheetID」是夾在「docs.google.com/spreadsheets/d/」與「/edit#gid=0」之間的這串文字 –

「1gBJE65dLeq6XkZWCe3g6CyP45MZdai8HJxf8htjhBhA」。

另外,本例的「工作表名稱」則為上圖左下角所示的「工作表 1」。請先把這兩個參數複製到記事本中備用。

Step 4 最後將此 Googleg 試算表設定為「知道連結的任何人」的共用模式即完成「智慧公車系統」試算表的設定。

195

ESP32 硬體設定

智慧公車系統在硬體方面的需求有：

❶ 作為大腦來控制各項硬體的「NodeMCU-32S」。
❷ 內建按鈕與蜂鳴器的慧手科技「ESP32 IO Board 擴充板」。
❸ 負責顯示目前所在與下一站站名的 SSD1306 OLED 顯示器。

硬體組裝步驟

如下圖所示，將 OLED 顯示器接到 ESP32 擴充板 I2C 的插槽中，其中 OLED 的 GND 排針接到擴充板的 G 插槽、OLED 的 VCC 排針接到擴充板的 V 插槽、OLED 的 SDA 排針接到擴充板的 SDA 插槽、OLED 的 SCL 排針接到擴充板的 SCL 插槽。

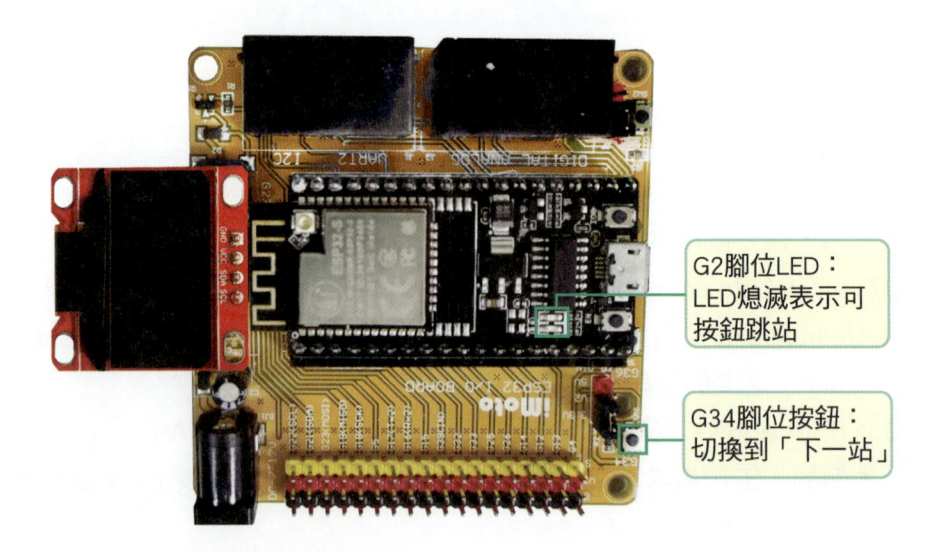

G2腳位LED：
LED熄滅表示可按鈕跳站

G34腳位按鈕：
切換到「下一站」

ESP32 圖控程式（公車端）

Step 1 ❶ 首先需將 motoBlockly 的開發板型號選擇為「ESP32」才能產生正確的 ESP32 程式碼。

❷ 建立三個不同型態的全域變數，分別是記錄「目前所在」和「下一站」站名的 String 型態變數 szCurrStation 及 szNextStation，兩個變數的預設值分別為「起站」與「」（空字串）；另外還有一個記錄目前公車到達第幾站的 int 型態變數 nStationID，此變數的初始值為 1。

❸ 三個變數的宣告之後，最後在設定（Setup）積木中完成連接網路的初始化設定。「WiFi 設定」積木中的「SSID（分享器名稱）」與「Password（密碼）」參數分別為 ESP32 準備連線的路由器或無線網路分享器的名稱與密碼，請依實際狀況來進行設定即可。

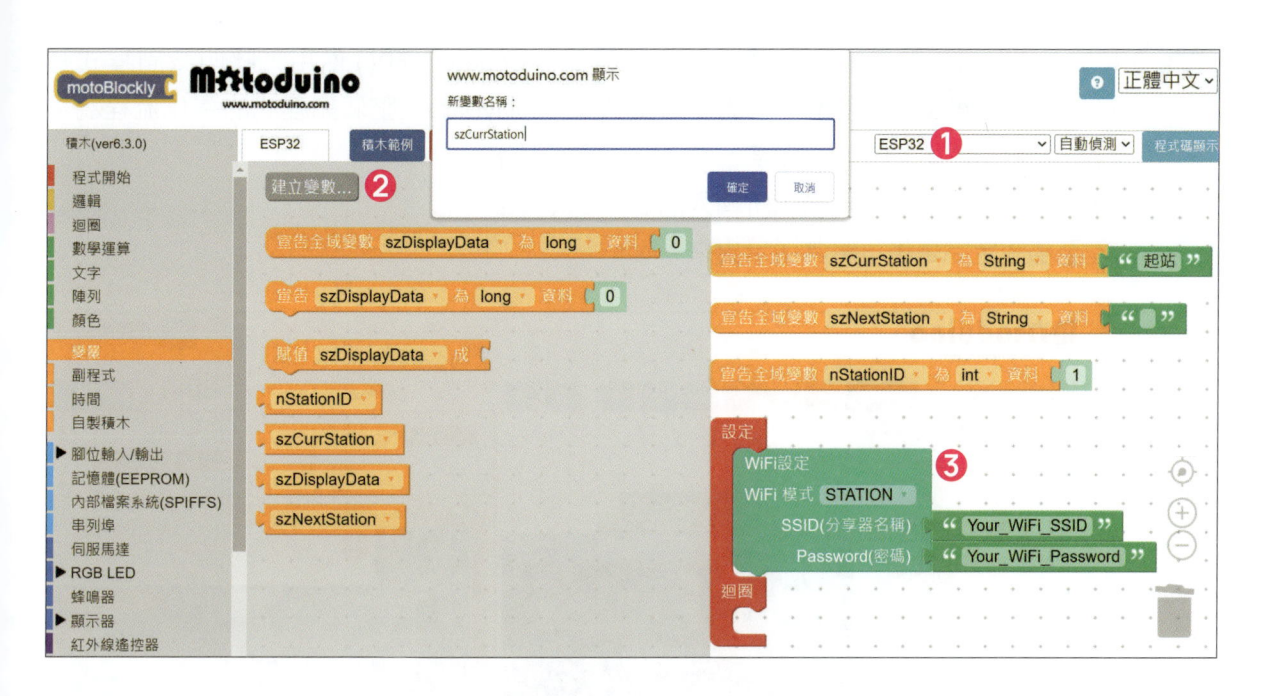

Google 試算表的入門與實作　4

Step 2 由於本系統需使用 OLED 來顯示公車各站站名，因此在使用 OLED 前需要進行一些初始化動作：包括設定 OLED 的「型號」、「I2C 位址」以及螢幕的「寬度」與「高度」解析度。

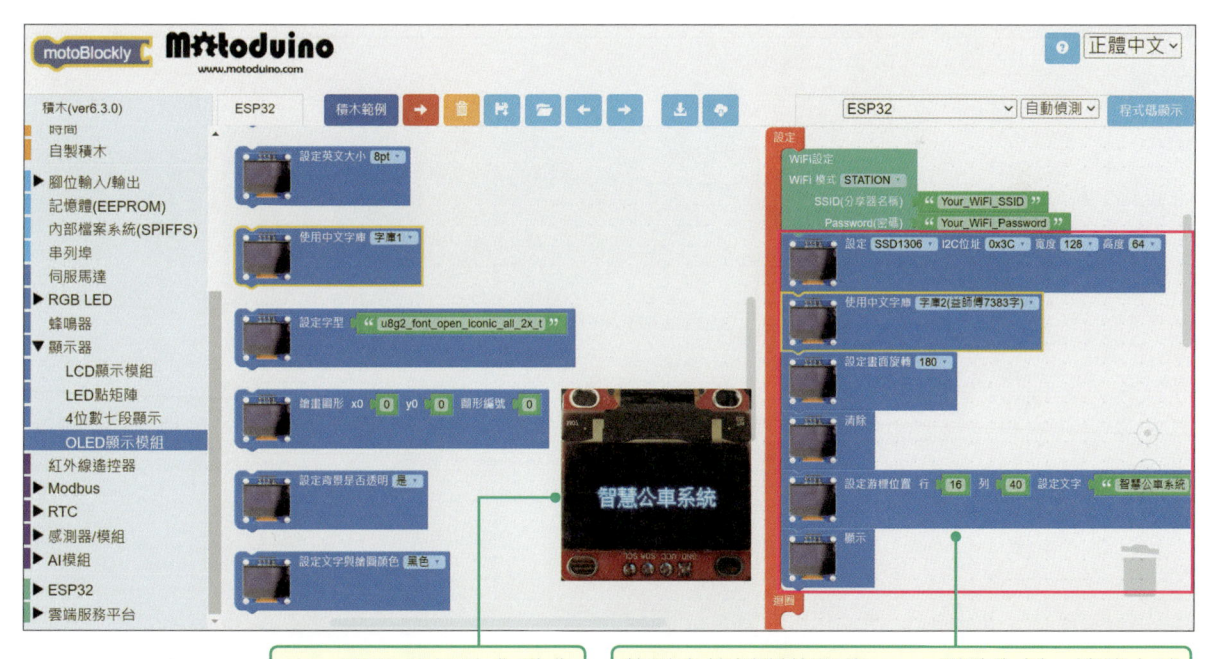

OLED 顯示器初始化動作完成後，馬上讓 OLED 顯示出「智慧公車系統」的提示字樣。

若以本範例所使用的 OLED 型號為例，請將上述各參數值分別設定為型號 SSD1306、位址 0x3C、寬度 128 與高度 64。也由於所顯示的公車站名多為中文字，因此需預先載入中文字庫備用（此處請務必選擇「字庫 2（益師傅 7383 字）」）。另外 OLED 的文字顯示角度請設為 180 度。

用 ESP32 輕鬆入門物聯網 IoT 實作應用

Step 3 建立一個 OLED 顯示指定文字內容的副程式 fnUpdateOLED( ) 備用，呼叫該副程式時需多輸入一個 String 字串型態的參數變數 szDisplayData。整個副程式的運作流程為：

❶ 先清除 OLED 上所有的文字，然後顯示目前站名。

❷ 在調整位置之後，再顯示所輸入的 szDisplayData。

❸ 全部設定完畢後再將其顯示出來。

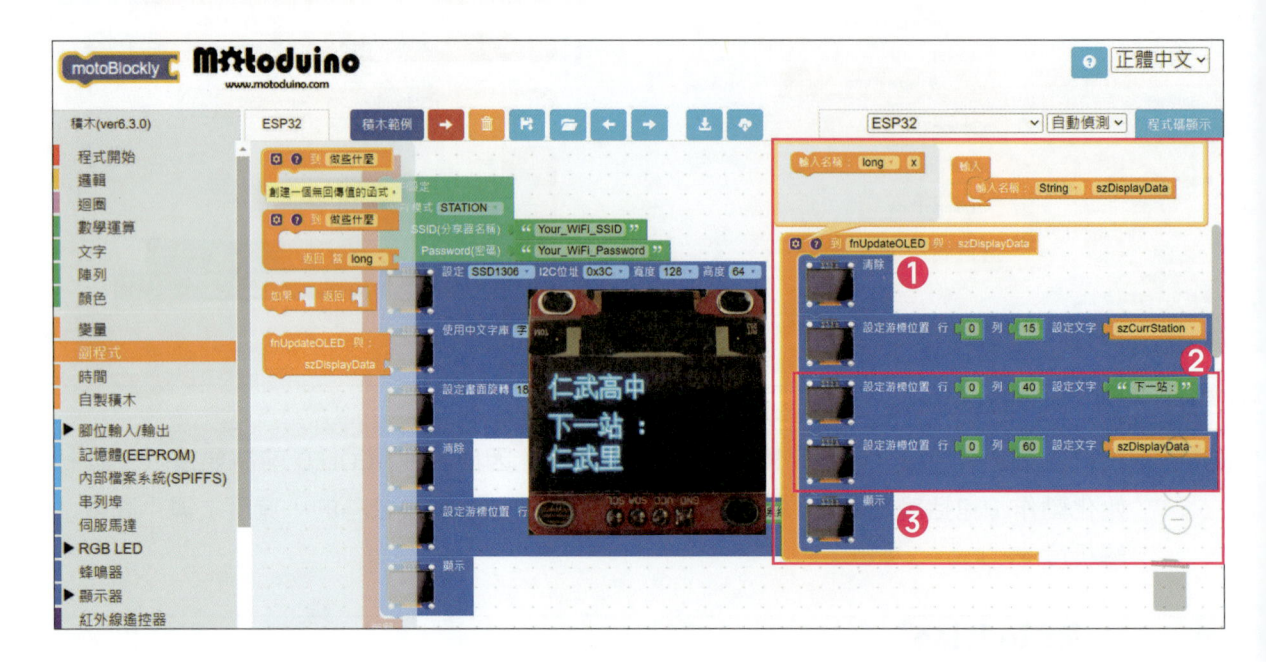

198

Google 試算表的入門與實作

Step 4 在迴圈（Loop）積木中持續檢查按鈕是否有被按下。一旦按鈕被按下（G34 回傳數值為「高」）時，先把記錄目前公車到達第幾站的變數 nStationID 加 1，再點亮 NodeMCU-32S 上內建的 LED 告知司機。由於要透過網路從 Google 試算表讀取下一個站名需花費一點時間，因此先讓螢幕顯示「載入中，請稍候⋯」的字樣。接著讓蜂鳴器發出「叮咚」提示音的同時，也讓 NodeMCU-32S 開始把位於 Google 試算表中第 nStationID 行的下一站站名資料讀取出來並存放至 szNextStation 變數中備用。

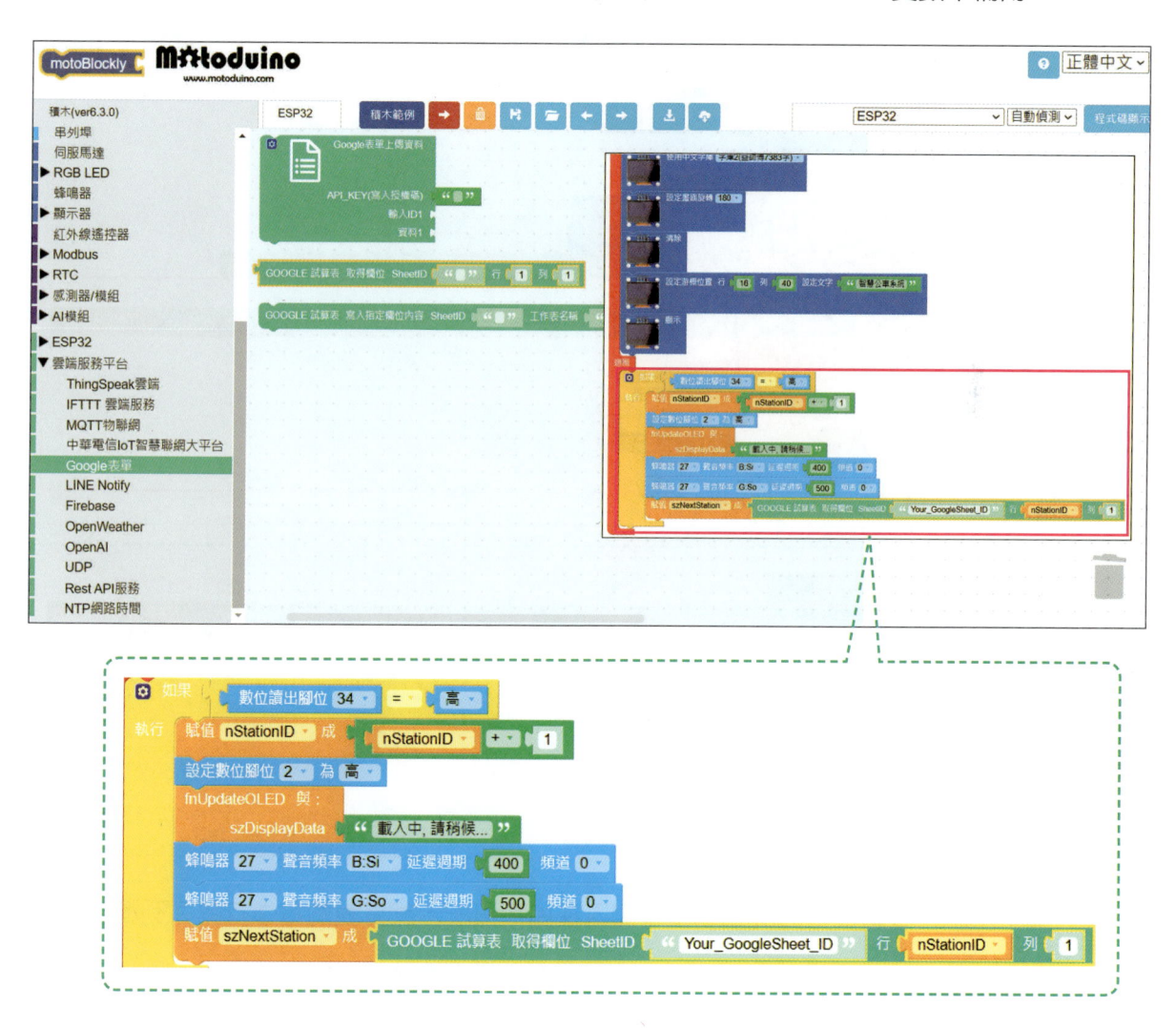

Step 5 最後以 szNextStation 變數的字串長度是否大於 1 來判斷是否仍有下一站。若仍有下一站資訊，則以「Google 試算表 - 寫入欄位內容」程式積木將目前的站名寫到 Google 試算表的特定欄位位置中（本例為第二行、第三列的位置），並在 OLED 顯示之。反之若無下一站資訊，則 OLED 的下一站站名就會顯示出「已抵達終點站」的字樣。

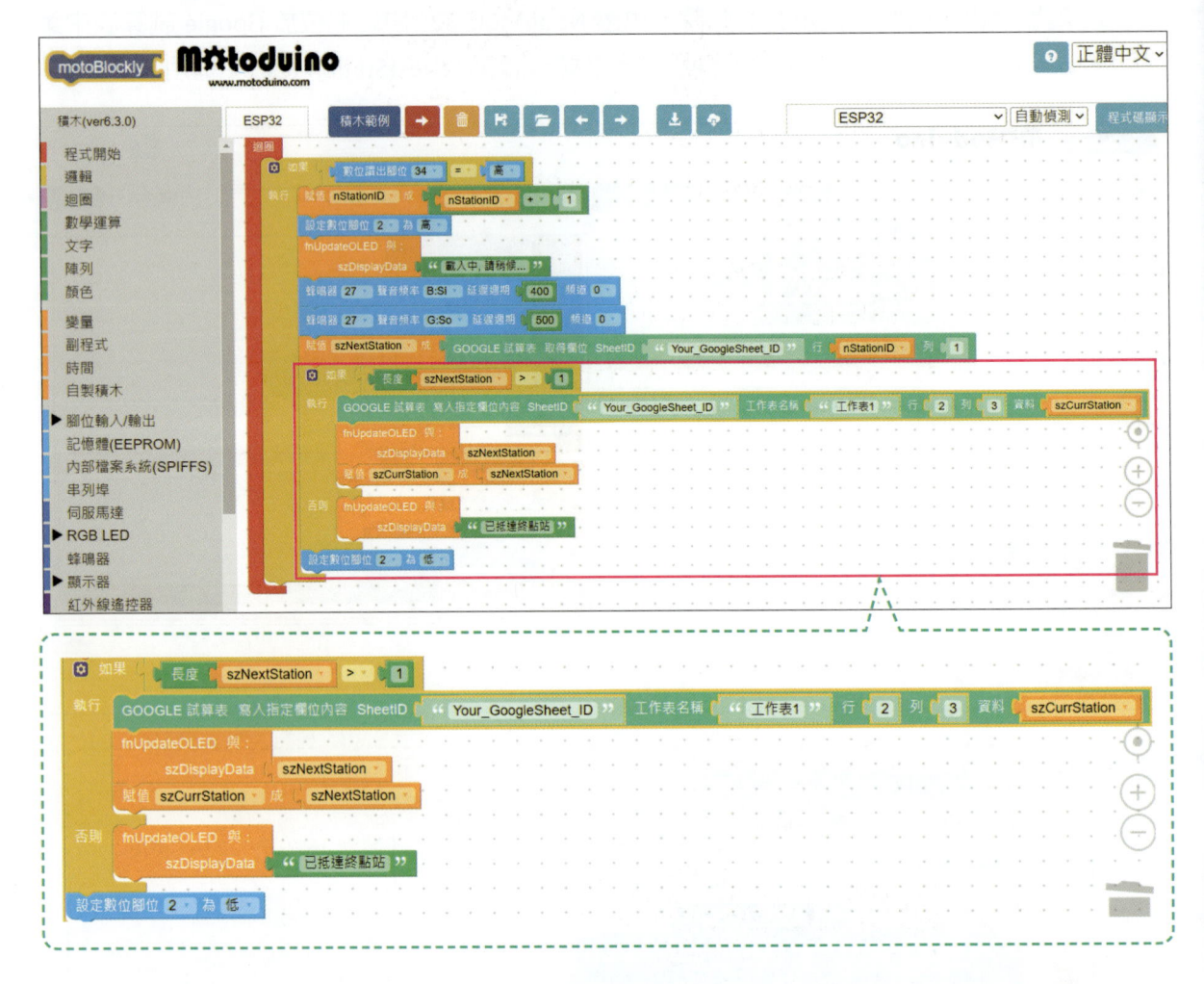

如下所示，公車目前的所在位置會寫入在如下圖所示試算表的第 2 行第 3 列欄位中。

Google 試算表的入門與實作　4

Step 6 完整的「ESP32 智慧公車系統」公車端 motoBlockly 程式如下所示。請在紅框處填入自己對應的 WiFi 連線及 Google 試算表讀寫資訊，程式才能正常的運作。另外由於此範例程式需載入 OLED 顯示器的 7000 字中文字庫，所以使用 motoBlockly 編譯上傳的時間會比較久，程式上傳時請耐心等候。

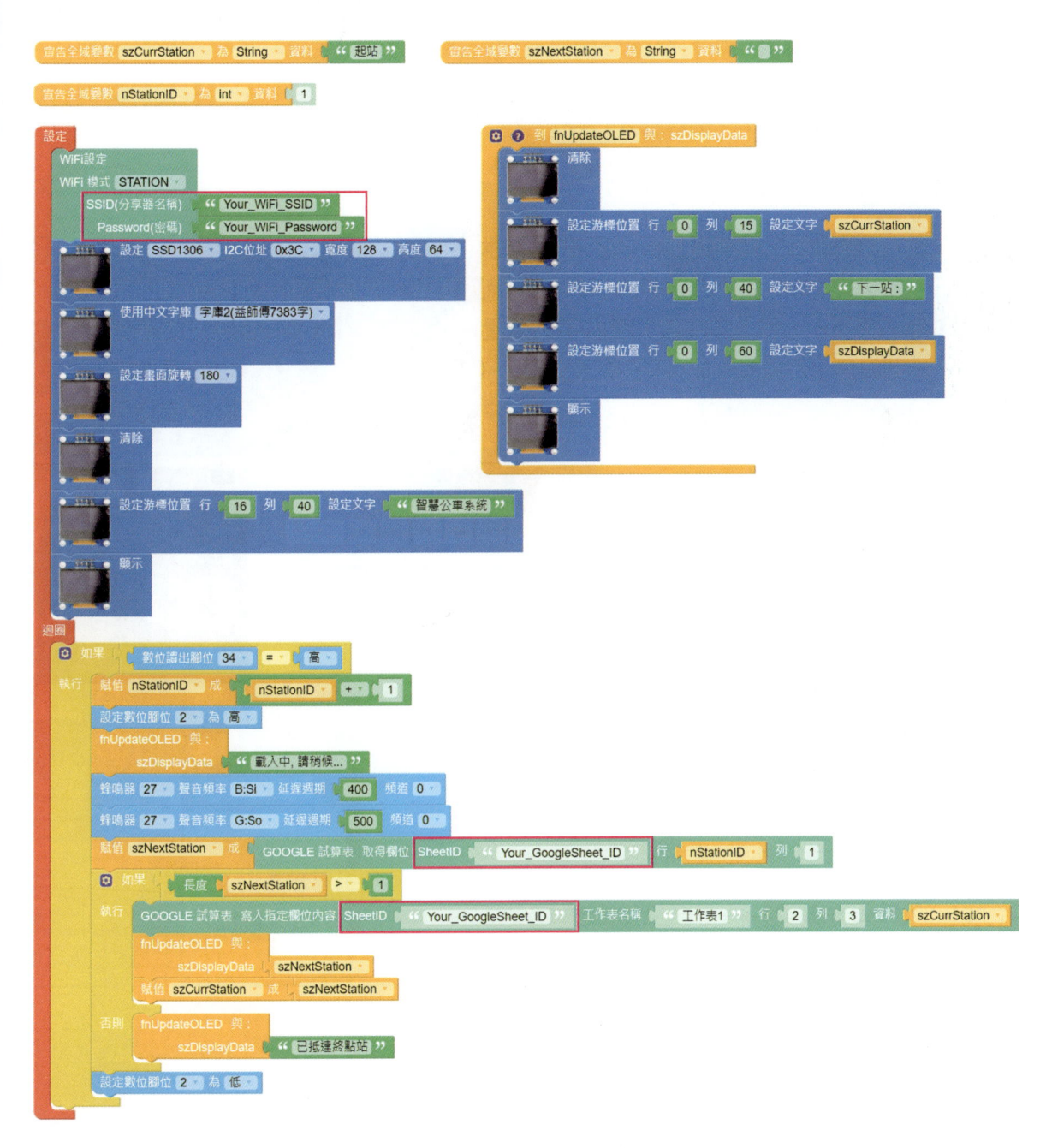

成果展示　https://youtu.be/GRqVh0PPcQY

201

ESP32 圖控程式（站牌端）

完整的「ESP32 智慧公車系統」站牌端 motoBlockly 程式如下所示。請在紅框處填入自己對應的 WiFi 連線及 Google 試算表讀寫資訊，程式才能正常的運作。此程式可與公車端的「智慧公車系統」程式相互配合，站牌端的系統架設在公車站之後，便可讓候車的乘客隨時掌握公車當下的行車資訊。

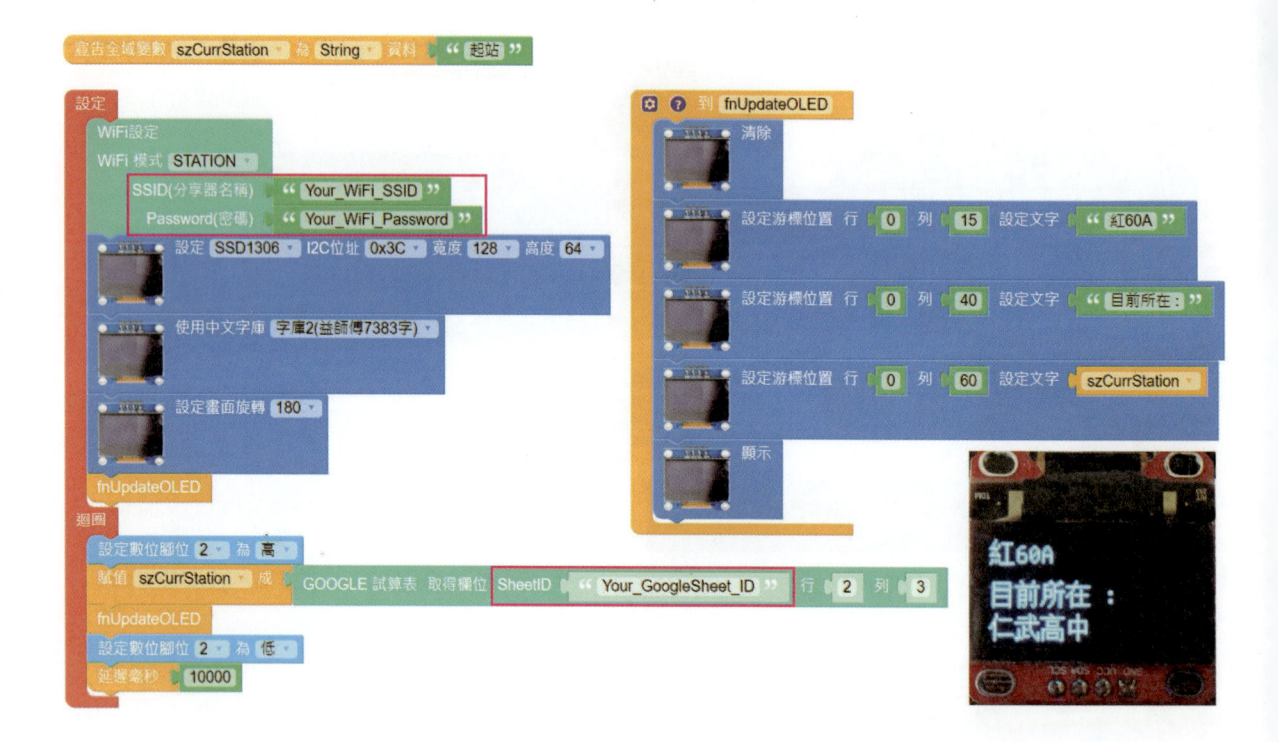

Chapter 4 課後習題

Google 試算表的入門與實作

選擇題

(　　) 1. 請問下列何者是 Google 試算表（Google Sheet）的優點？
(A) 可以不同樣態的圖表來呈現數據
(B) 免費使用
(C) 自動備援
(D) 以上皆是

(　　) 2. 請問下列何者是 Google 試算表（Google Sheet）優於 ThingSpeak 雲端平臺的地方？
(A) 可以記錄非數字文字
(B) 不需間隔時間可連續記錄多筆資料
(C) 一次可記錄超過 8 個欄位的資料
(D) 以上皆是

(　　) 3. 請問 MLX90614 模組可以量測何種健康數據？
(A) 體溫　　　　　　　　　　(B) 血氧
(C) 血糖　　　　　　　　　　(D) 血壓

(　　) 4. 承上題，請問 MLX90614 模組是以何種媒介量測該健康數據？
(A) 超音波　　　　　　　　　(B) 紅外線
(C) 水銀　　　　　　　　　　(D) 空氣

(　　) 5. 請問下列何者不是上傳資料至 Google 試算表（Google Sheet）記錄時所需要的參數？
(A) 寫入授權碼　　　　　　　(B) 欄位 ID
(C) 欄位名稱　　　　　　　　(D) 欲儲存的資料

實作題

題目名稱：實作溫溼度上傳系統

創客題目編號：A040026

題目說明：
請實作一個溫溼度上傳系統。讓 ESP32 每隔 60 秒鐘就會上傳目前所量測到的溫度及濕度到 Google 試算表上。

30 mins

創客力指標

外形	機構	電控	程式	通訊	人工智慧	創客總數
0	0	3	3	2	0	8

綜合素養力指標

空間力	堅毅力	邏輯力	創新力	整合力	團隊力	素養總數
0	0	3	1	1	1	6

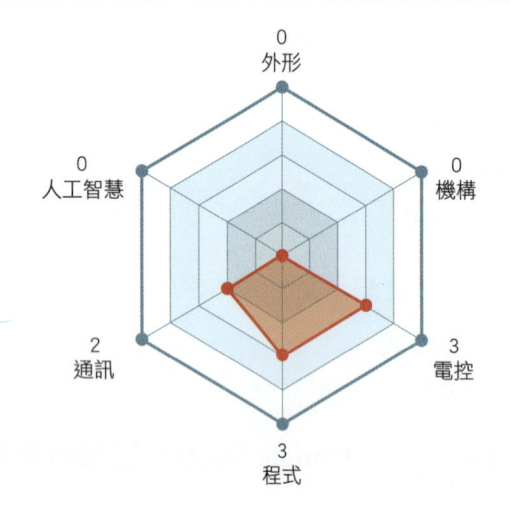

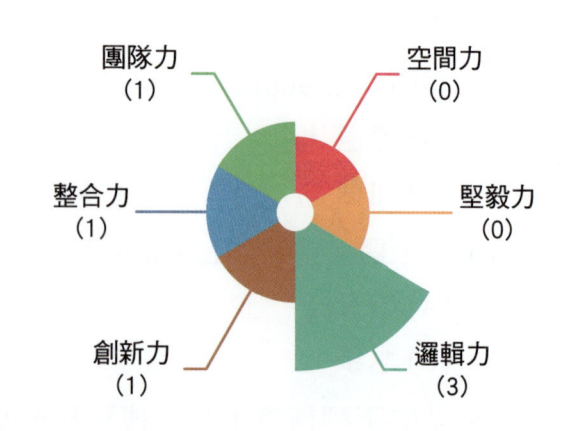

5

RTC 與 LINE Notify 服務的入門與實作

在現今科技發達的年代，不管是家庭還是工廠，許多電器設備皆配有定時開關作業的功能，而內建有 RTC 計時器功能的 ESP32 開發板，自然也可以做到這個現代科技標配的功能。

在過往 Arduino 開發板的專題中，需要使用型號為 DS-3231 的外接時鐘模組才能取得目前的時間。而本章將展示 ESP32 如何透過網路與名為 Network Time Protocol（NTP）的網路協定進行溝通，再經由內建的 RTC 計時器功能執行各種定時開關的動作。最後再加上 LINE Notify 雲端傳訊服務，便可變化出更多更有趣的應用，就讓我們一起動手來練習吧。

5-1　RTC 與 LINE Notify 簡介
5-2　RTC、LINE Notify 與 ESP32
5-3　LINE Notify 的權杖（Token）取得
5-4　LINE Notify 實作應用 – 超音波防盜系統
5-5　RTC 實作應用 – 電器定時開關系統
5-6　RTC & LINE Notify 實作應用 – 打卡即時通系統

5-1 RTC 與 LINE Notify 簡介

實時時鐘 - RTC

　　RTC（Real Time Clock）是一種計時器，可以在微處理器休眠或重新啟動後持續計時，並且提供準確的時間資訊給主控板。但若是微處理器沒有自帶電池來持續維持內部 RTC 功能運作的話，在使用前就必須先進行 RTC 的時間調校。不過即使有持續的電源供應，RTC 計時器仍會因為累積的誤差而造成時間的失準。因此在使用 RTC 計時器時，建議每隔一段時間都要做一次 RTC 的時間調校，以藉此保證 RTC 計時器的準確性。

LINE 通知 - LINE Notify

　　LINE Notify 為即時通訊軟體大廠 LINE 提供給用戶代為傳送通知訊息的服務。我們可以把 LINE Notify 想像成是一個 LINE 的機器人好友，使用者可以經由相互的串聯讓 LINE Notify 能夠代為發送來自 ESP32、IFTTT 或其他網路平臺的訊息。由於 LINE 是目前台灣最為普及的即時通訊軟體，因此讓它與單晶片開發板搭配之後，便可將其做為觀察監控或排程管理的聯絡通知之用。

5-2 RTC、LINE Notify 與 ESP32

RTC 與 ESP32

　　ESP32 的 RTC 功能是由一個獨立的低功耗晶體振盪器來提供時鐘信號，該振盪器可以在 ESP32 進入深度睡眠模式時繼續運行。motoBlockly 的 RTC 功能積木可以個別提供秒、分、時、日、月、年等時間訊息，因此就可以利用這項服務製作以 ESP32 為核心的定時開關或提醒裝置。

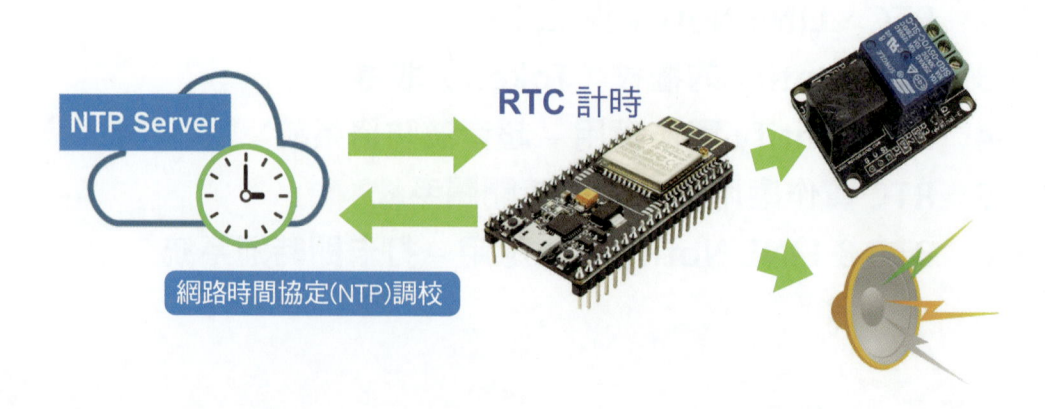

如上圖所示，NodeMCU-32S 使用 RTC 功能前，需先連上網路並透過網路時間協定（Network Time Protocol，NTP）來進行時間的校正。時間校正結束後，ESP32 內部的 RTC 就會持續進行計時的動作，使用者便可藉由程式的編寫來讓 ESP32 在指定的時間點做出指定的動作。

LINE Notify 與 ESP32

如下圖所示，ESP32 開發板與 LINE Notify 連結之後，便可搭配感測器或 RTC 計時器來監控某個狀態或設定某個時間觸發點。一旦所設立的條件被觸發，ESP32 開發板馬上就能透過 LINE Notify 所提供的傳訊服務將指定的訊息傳送給指定的人員。當然，前提是須先取得 LINE Notify 的授權，並加上正確的設定才行。

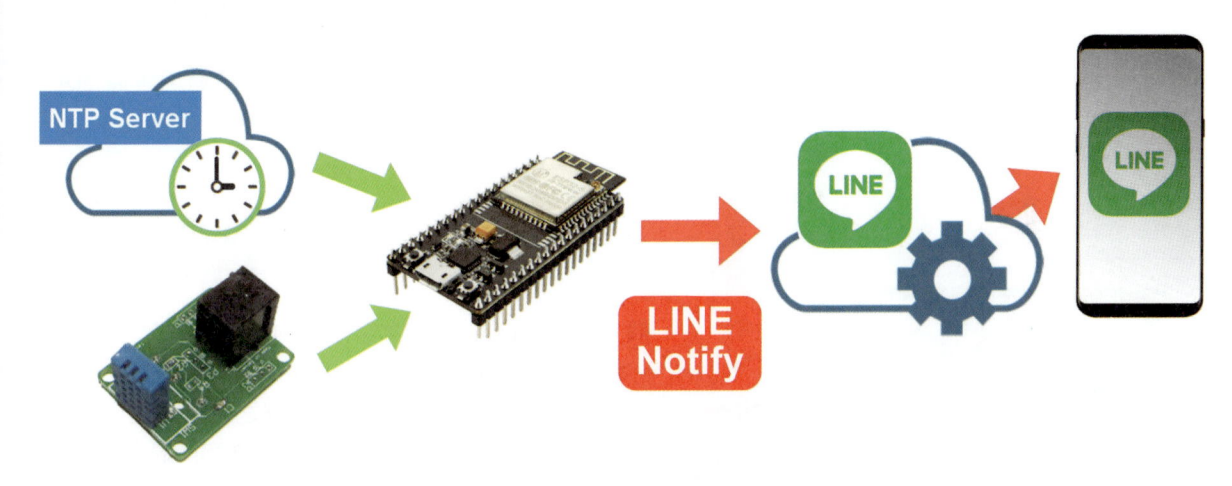

motoBlockly 與 RTC 相關的程式積木放置在「RTC」類別的「RTC」群組中，LINE Notify 的相關程式積木則放置在「雲端服務平臺」類別的「LINE Notify」群組中。詳細的 RTC 與 LINE Notify 程式積木功能介紹如下：

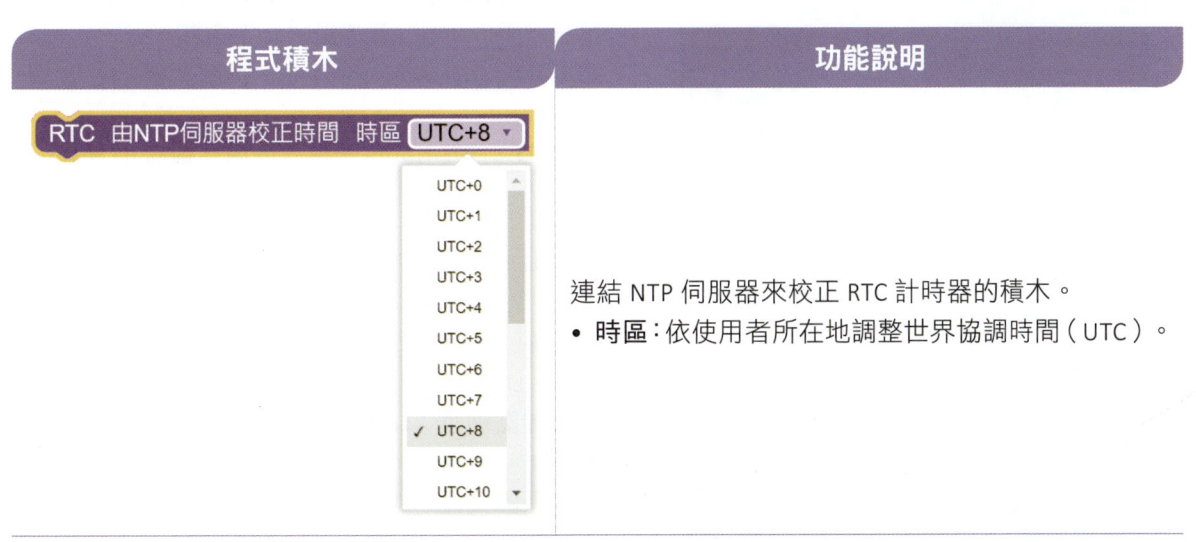

程式積木	功能說明
RTC 由NTP伺服器校正時間 時區 UTC+8 ▼ UTC+0 UTC+1 UTC+2 UTC+3 UTC+4 UTC+5 UTC+6 UTC+7 ✓ UTC+8 UTC+9 UTC+10	連結 NTP 伺服器來校正 RTC 計時器的積木。 ● 時區：依使用者所在地調整世界協調時間（UTC）。

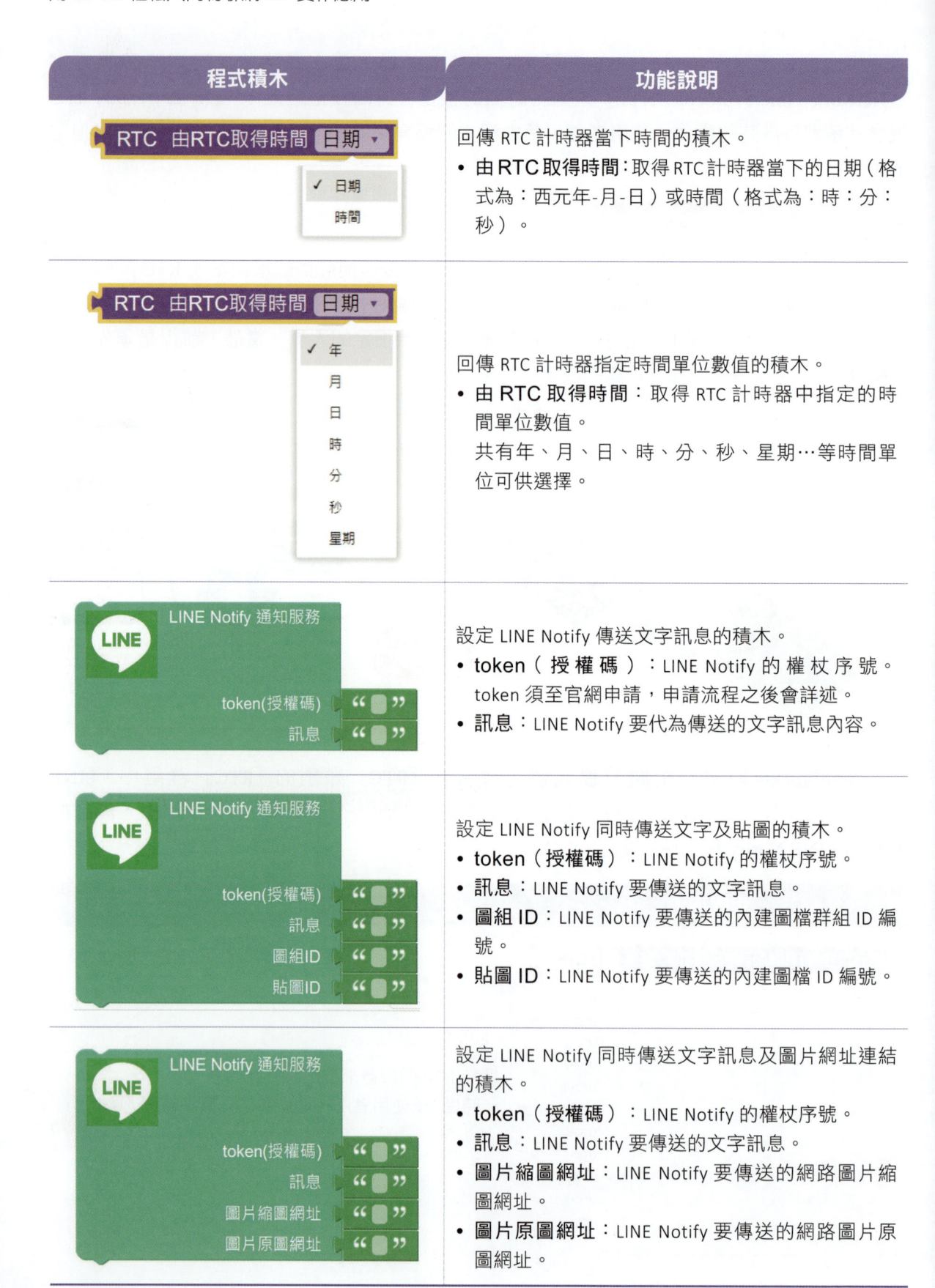

程式積木	功能說明
RTC 由RTC取得時間 日期 ▼ / 日期 / 時間	回傳 RTC 計時器當下時間的積木。 • **由 RTC 取得時間**：取得 RTC 計時器當下的日期（格式為：西元年-月-日）或時間（格式為：時：分：秒）。
RTC 由RTC取得時間 日期 ▼ / 年 / 月 / 日 / 時 / 分 / 秒 / 星期	回傳 RTC 計時器指定時間單位數值的積木。 • **由 RTC 取得時間**：取得 RTC 計時器中指定的時間單位數值。 共有年、月、日、時、分、秒、星期…等時間單位可供選擇。
LINE Notify 通知服務 token(授權碼) " " 訊息 " "	設定 LINE Notify 傳送文字訊息的積木。 • **token（授權碼）**：LINE Notify 的權杖序號。token 須至官網申請，申請流程之後會詳述。 • **訊息**：LINE Notify 要代為傳送的文字訊息內容。
LINE Notify 通知服務 token(授權碼) " " 訊息 " " 圖組ID " " 貼圖ID " "	設定 LINE Notify 同時傳送文字及貼圖的積木。 • **token（授權碼）**：LINE Notify 的權杖序號。 • **訊息**：LINE Notify 要傳送的文字訊息。 • **圖組 ID**：LINE Notify 要傳送的內建圖檔群組 ID 編號。 • **貼圖 ID**：LINE Notify 要傳送的內建圖檔 ID 編號。
LINE Notify 通知服務 token(授權碼) " " 訊息 " " 圖片縮圖網址 " " 圖片原圖網址 " "	設定 LINE Notify 同時傳送文字訊息及圖片網址連結的積木。 • **token（授權碼）**：LINE Notify 的權杖序號。 • **訊息**：LINE Notify 要傳送的文字訊息。 • **圖片縮圖網址**：LINE Notify 要傳送的網路圖片縮圖網址。 • **圖片原圖網址**：LINE Notify 要傳送的網路圖片原圖網址。

5-3　LINE Notify 的權杖（Token）取得

在使用 LINE Notify 的訊息傳送服務前，必須先建立與 LINE Notify 的服務連結，並且要取得該 LINE Notify 的權杖授權（Token）後，才有辦法進一步讓 LINE 來協助 NodeMCU-32S 發送指定的訊息。LINE Notify 權杖取得的步驟如下：

Step 1 進入 LINE Notify 的登入首頁（網址為：https://notify-bot.line.me/zh_TW/），

❶ 以自己 LINE 帳號的註冊 Email 與密碼進行登入。

❷ 登入後請再點選右上角的「個人頁面」選項來進行下一步。

> **注意**：註冊 LINE 帳號的 Email 可在手機 LINE 設定的「我的帳號」中找到，若忘記密碼也可以利用手機的 LINE 來重新進行設定）

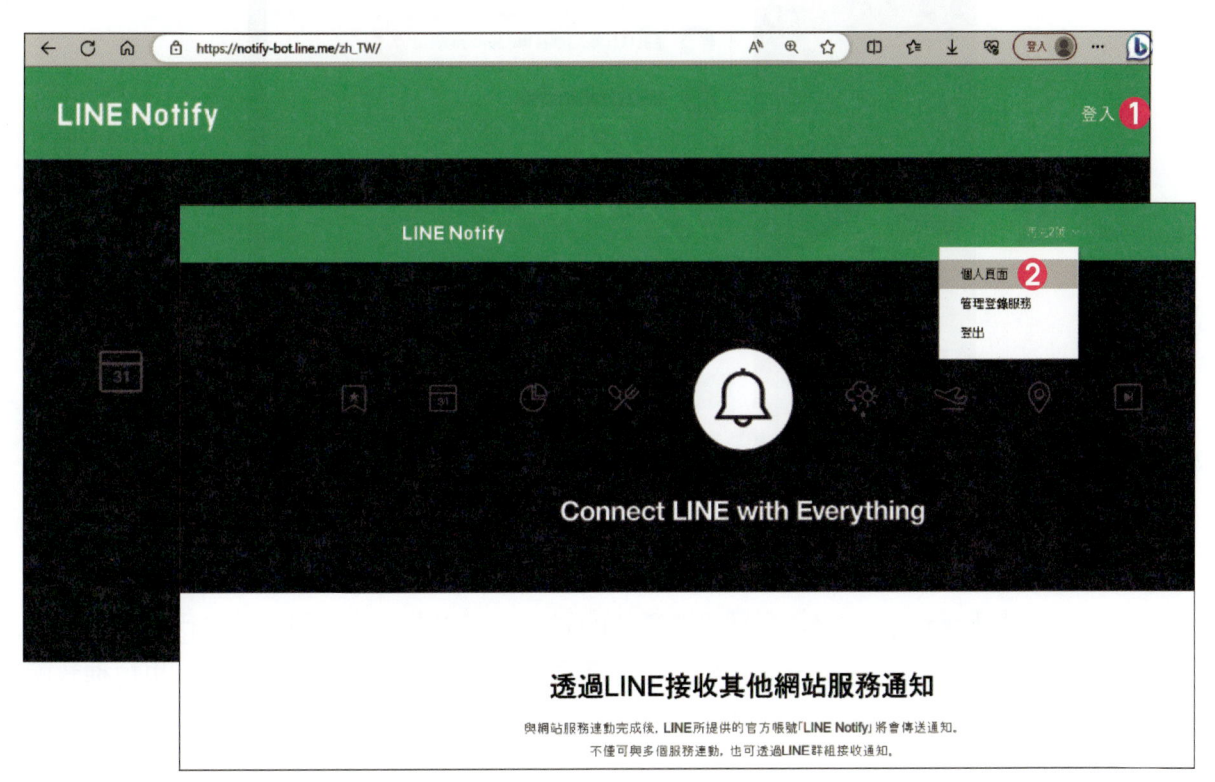

Step 2 如下圖所示，進入 LINE Notify 的個人頁面後，首先便可看到所有使用這個 LINE 帳號來連動的雲端服務。倘若之前有使用其他的雲端平臺（例如 IFTTT）來透過此帳號發送訊息的話，此時該雲端平臺就會被列在「已連動的服務」之中。不過此設定步驟的重點為取得 LINE Notify 的權杖授權碼，因此 ❶ 點選畫面左下方的「發行權杖」按鈕來繼續進行下一個動作。

如上圖所示，在發行權杖的設定視窗中，❷ 設定 LINE Notify 的名稱。與 LINE 的好友名稱一樣，權杖名稱會於 LINE Notify 傳送訊息時顯示（本例將權杖名稱設為「ESP32 Notify 傳訊服務」）。❸ 選擇訊息通知的對象（可以選擇「一對一」自行接收就好，也可以選擇讓某一個聊天群組的人同時接收，不過此舉需先把 LINE Notify 也拉進該聊天群組才行）。❹ 填寫完畢後按下「發行」的按鈕即可完成申請程序。

RTC 與 LINE Notify 服務的入門與實作

Step 3 如下圖所示，完成權杖的設定程序後便可取得在 motoBlockly 程式積木中所需的 LINE Notify 權杖授權碼。該權杖授權碼由 LINE Notify 自行產生，除了不能修改之外，關閉此視窗後也無法再次取得這個授權碼，因此請務必將其先複製到記事本中儲存以利後續的操作。

Step 4 關閉顯示權杖的視窗後，「已連動的服務」列表便會新增一個剛剛所建立的連動服務，且在該帳號的 LINE APP 中也會收到來自 LINE Notify 傳送的「已發行個人存取權杖。」的確認訊息。至此，建立 LINE Notify 權杖的步驟便已全部完成。

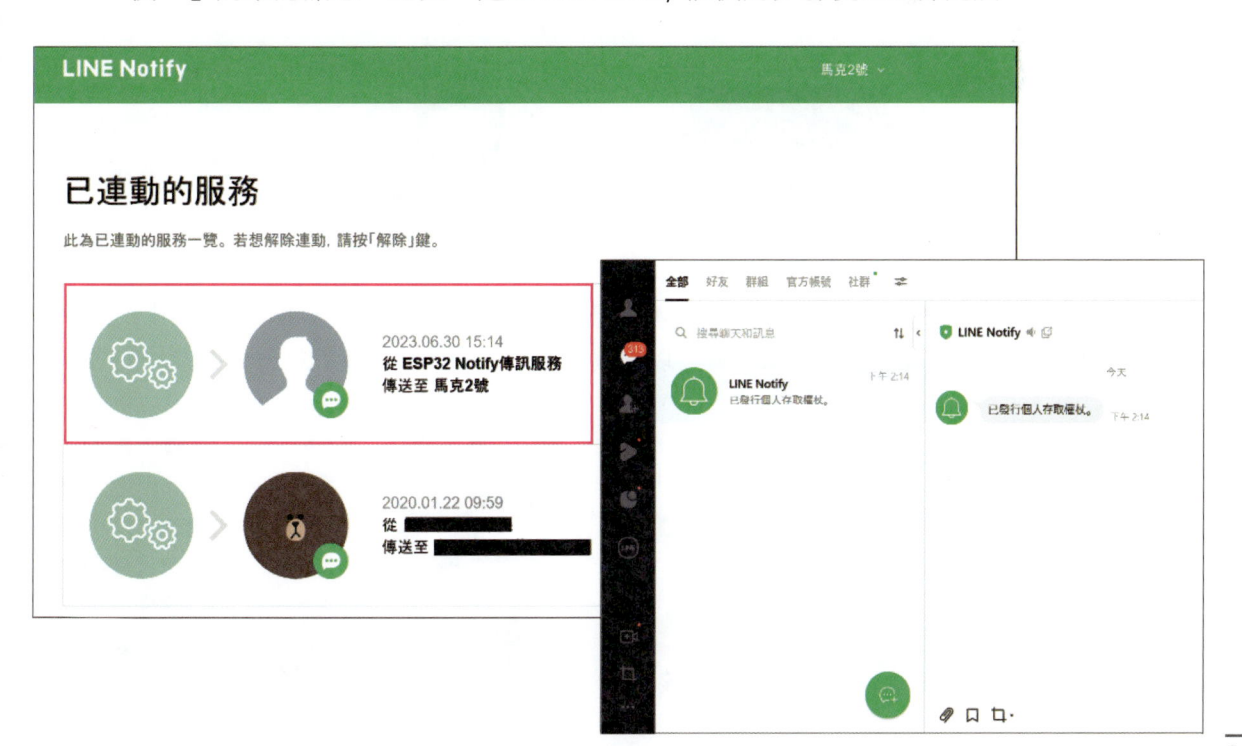

211

5-4 LINE Notify 實作應用 – 超音波防盜系統

新冠疫情寒冬已過，苦熬數年邊境管制的國人都迫不急待地想要踏出國門奔向世界。但全家都出門了，居家安全要由誰來守護呢？在 LINE Notify 的第一個實作練習中，NodeMCU-32S 將搭配超音波距離感測器及 LINE Notify 的即時通訊服務，做出一個可以偵測入侵並可緊急通知的簡易型防盜系統。

「ESP32 超音波防盜系統」的動作流程如下：先利用超音波可以偵測物體遠近的功能來判斷是否有人入侵，一旦感應到有人接近且越過所設定的安全距離時，NodeMCU-32S 便會立即啟動警報器（蜂鳴器鳴叫 + LED 閃爍），於此同時還要透過 WiFi 以 LINE Notify 來傳遞警告訊息給指定的人員。另外本系統為了要讓 NodeMCU-32S 能夠「同時」做出啟動警報器及發送 LINE Notify 的動作，因此本練習還會使用到 ESP32 的「雙核心」運算功能。

雙核心處理器

熟悉金庸武俠小說的讀者應該知道，在「射鵰英雄傳」及「神鵰俠侶」中都有提到一門名為「雙手互搏」的武功，其可以讓人的雙手在同一時間中施展出不同的武學招式（左手畫方、右手畫圓）。而能夠讓處理器在「同一時間」內進行不同工作、提供不同服務的這個功能，其實也就是雙手互搏—「雙核心」的概念。

如下圖所示，在過往單核心時代，不論是 Arduino 或是 ESP8266 開發板，若要讓其執行多項任務，就必須以批次進行的方式，將第一件工作完成才能執行下一件工作，如此勢必花費較長的時間才能完成所有的任務。

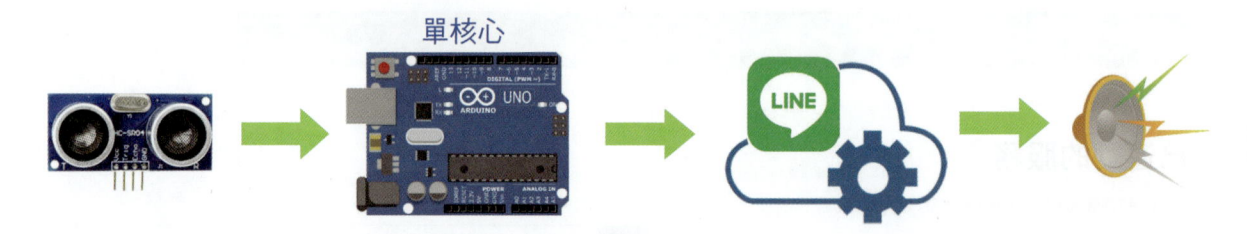

單核心

然而，有了具備雙核心處理器的 NodeMCU-32S 之後，就可以如下圖所示地利用不同的核心在同一時間內進行不同的工作，如此就可以大幅縮短工作的時間，進而提升系統運作的效率。

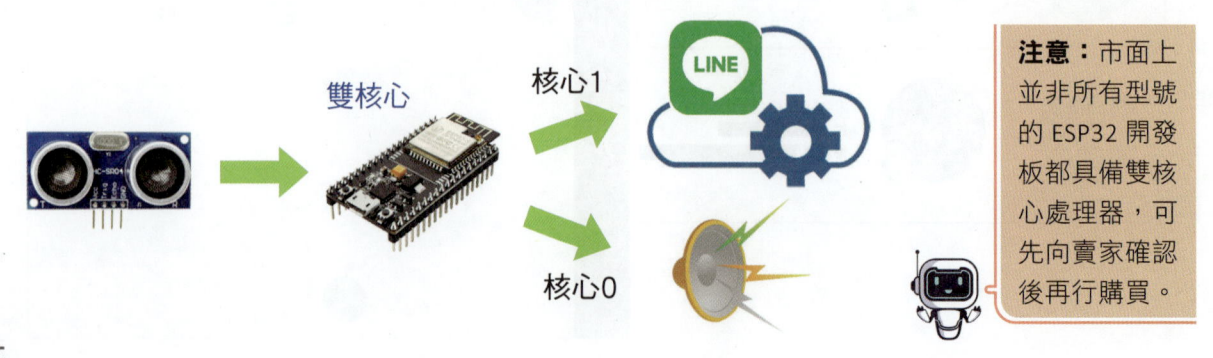

雙核心
核心1
核心0

注意：市面上並非所有型號的 ESP32 開發板都具備雙核心處理器，可先向賣家確認後再行購買。

motoBlockly 與雙核心相關的程式積木放置在「ESP32」類別的「ESP32 雙核心」群組中。詳細的 ESP32 雙核心程式積木功能介紹如下：

程式積木	功能說明
ESP32 雙核心 設定核心 0 / 任務名稱 "task0" / 堆疊空間 1024 / 優先權 0	設定並啟動雙核心工作任務的積木。 • **設定核心**：負責執行指定工作任務的核心處理器編號，只有 0、1 可選擇。NodeMCU-32S 執行主程式（setup() 或 loop()）的核心處理器編號為 1。其他工作任務的負責核心可由使用者以程式碼來進行指定。 《任務名稱》：指定的核心要執行的工作任務名稱。 《堆疊空間》：配發給指定工作任務的堆疊空間，單位是 byte。 《優先權》：指定工作任務的優先執行順序。0 為最低，數字越高越優先執行。
ESP32 雙核心 執行任務名稱 "task0"	設定雙核心要執行的任務內容積木。 • **執行任務名稱**：指定的核心要執行的工作任務名稱。此處需對應上一個設定積木的「任務名稱」。工作任務中實際要執行的動作需全部包含在此積木之中。
ESP32 雙核心 延遲任務 1	設定雙核心執行任務休息時間的積木。 • **延遲任務**：工作任務中要休息的時間。單位為毫秒（1 毫秒 = 1/1000 秒）。 此積木建議至少要放一個在指定的工作任務內容中（即上一個介紹的程式積木中）。
ESP32 雙核心 輸出執行此函式的核心編號	取得目前執行此工作任務核心編號的積木。

ESP32 硬體設定

超音波防盜系統在硬體方面的需求有：

❶ 作為大腦來控制各項硬體的「NodeMCU-32S」。
❷ 內建蜂鳴器的慧手科技「ESP32 IO Board 擴充板」。
❸ 負責偵測是否有人入侵的「超音波感測模組」及 4Pin 杜邦轉 RJ11 連接線。

> **硬體組裝步驟**

如下圖所示，將超音波模組與 4 Pins 杜邦轉 RJ11 連接線對接：其中杜邦紅線接到超音波模組的 Vcc 腳位，杜邦黃線接到超音波模組的 Trig 腳位，杜邦綠線接到超音波模組的 Echo 腳位，杜邦黑線接到超音波模組的 Gnd 腳位。完成。

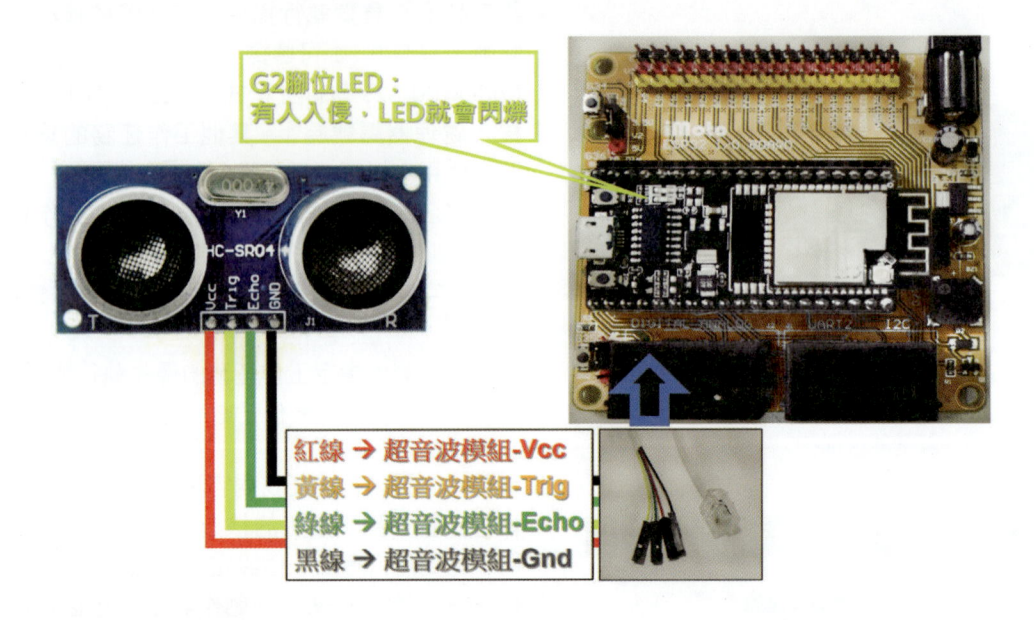

G2腳位LED：
有人入侵，LED就會閃爍

紅線 → 超音波模組-Vcc
黃線 → 超音波模組-Trig
綠線 → 超音波模組-Echo
黑線 → 超音波模組-Gnd

ESP32 圖控程式

完成上述硬體的組裝後，接下來便可開始編寫 motoBlockly 圖控程式來達到防盜偵測的目的。「超音波防盜系統」的程式積木堆疊流程如下：

Step 1
❶ 首先需將 motoBlockly 的開發板型號選擇為「ESP32」才能產生正確的 ESP32 程式碼。
❷ 建立一個 bool 布林型態的全域變數 bAlarmFlag，用來存放目前超音波的偵測狀態，並將該變數的初始值設為「假」（False，代表無人入侵）。
❸ 最後在設定（Setup）積木中完成 ESP32 連接網路的初始化設定。「WiFi 設定」積木中的「SSID（分享器名稱）」與「Password（密碼）」參數分別為 ESP32 準備連線的路由器或無線網路分享器的名稱與密碼，請依實際狀況來進行設定即可。

> **注意**：若 WiFi 連線成功，NodeMCU-32S 會點亮內建的 G2 腳位 LED 來告知使用者。

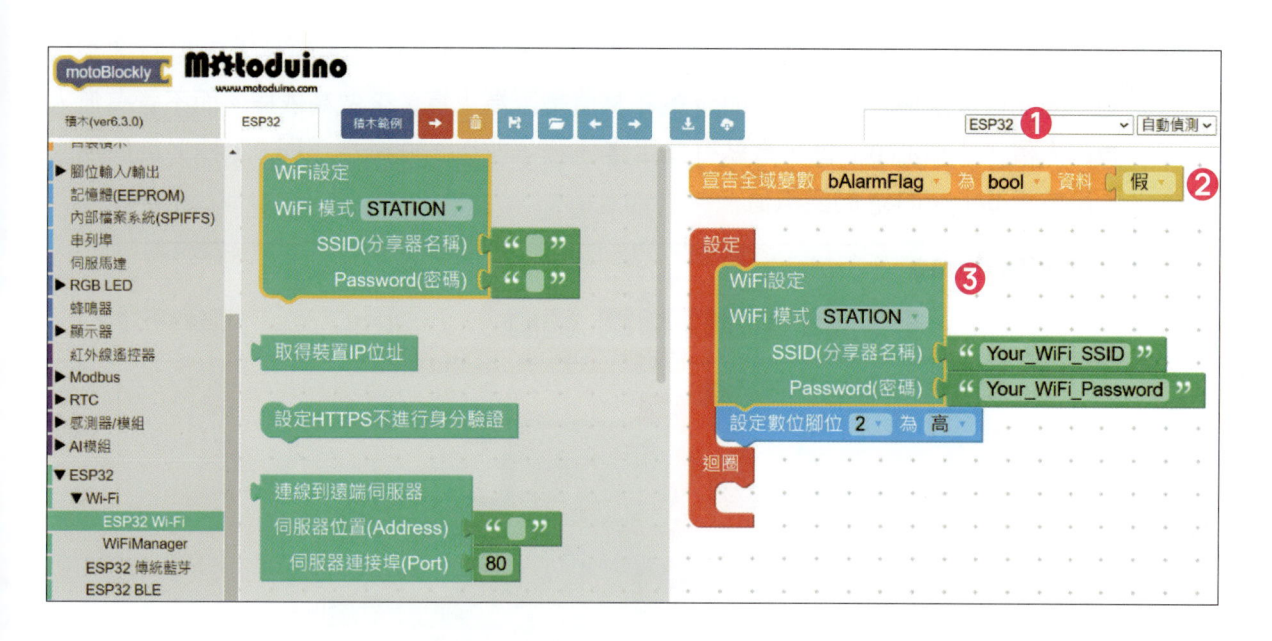

RTC 與 LINE Notify 服務的入門與實作

Step 2 使用「ESP32 雙核心」程式積木來啟動 NodeMCU-32S 的雙核心功能，其中：「設定核心」指定編號 0 的核心來執行其他任務，「任務名稱」可以自行以半形英數文字命名，「堆疊空間」與「優先權」則分別使用預設的數值：1024 與 0 即可。最後在雙核心功能成功啟用之後，關閉 NodeMCU-32S G2 腳位的 LED。

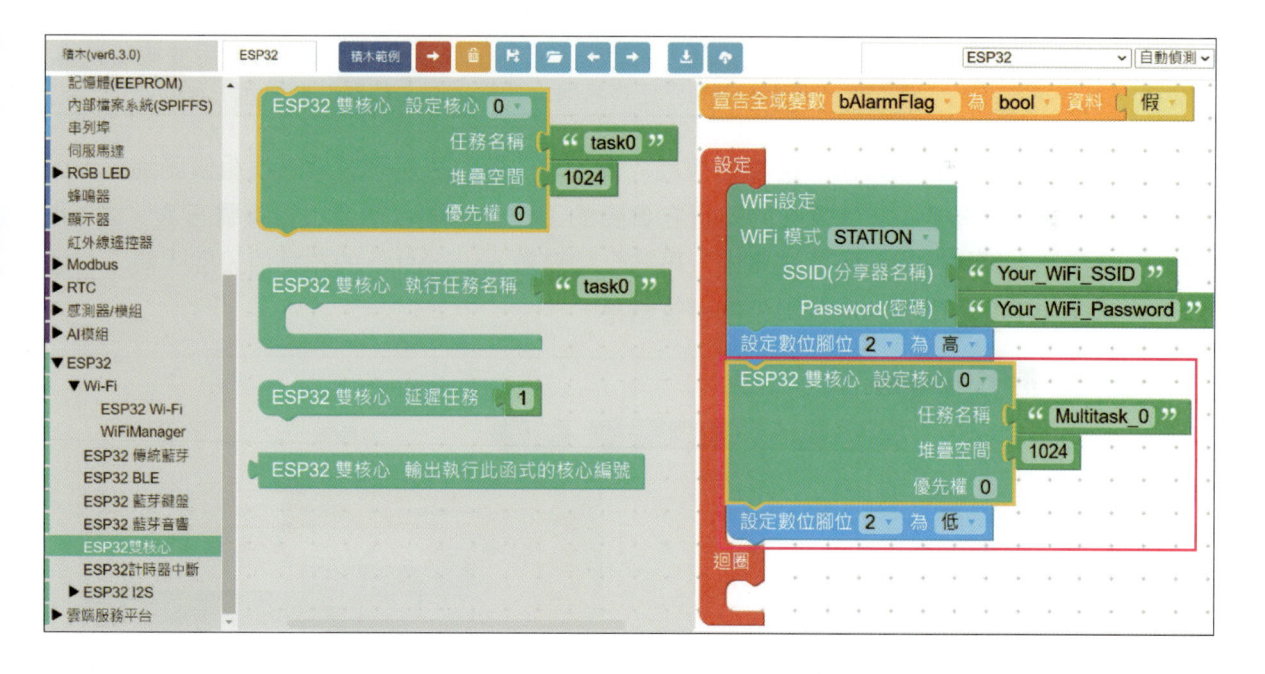

Step 3 建立給「核心 0」執行的工作任務，由於此工作任務要在偵測到外人入侵時才會啟動，因此會以全域變數 bAlarmFlag 的布林值是否為「真」來做為依據。而不管有無人員的入侵，「核心 0」會一直執行此工作任務，並以 100 毫秒（即 0.1 秒）為周期來不斷檢查 bAlarmFlag 的變數值。

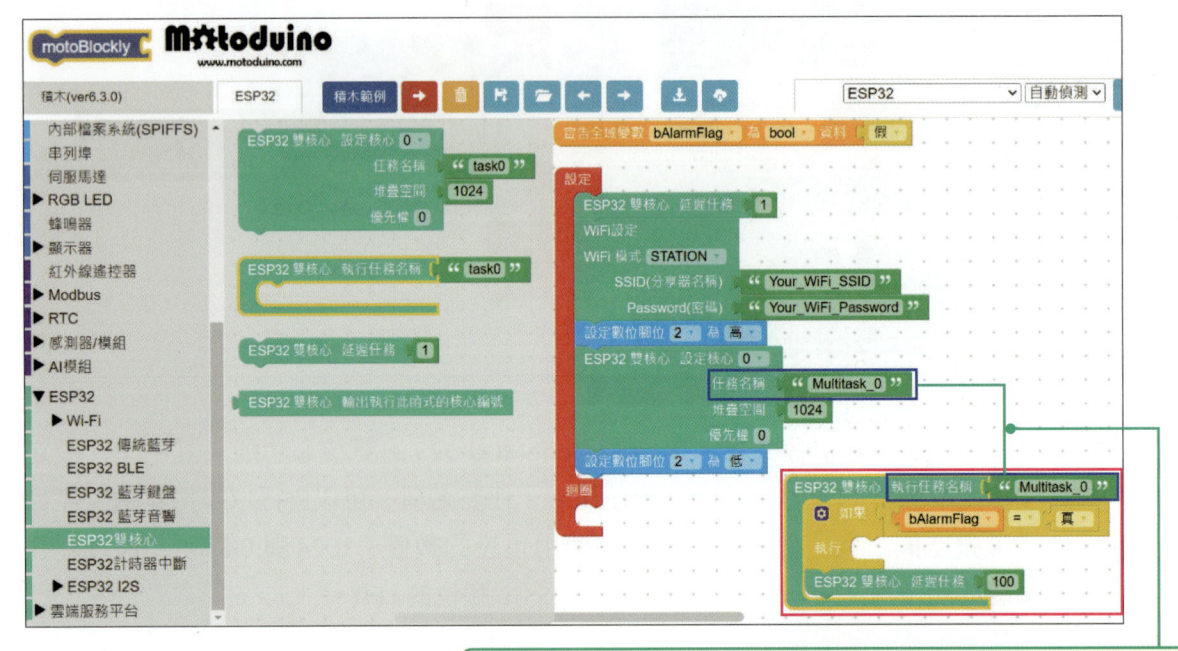

此處的「執行任務名稱」請務必與步驟 2 中啟用雙核功能積木中的「任務名稱」參數相同（如圖藍框所示）。

Step 4 如下圖所示，當 bAlarmFlag 變數值為「真」時，即代表超音波感應模組偵測到有人入侵，此時「核心 0」就會開始執行它實際的工作任務：包括發出警報聲三次，LED 也會跟隨著閃爍三次。警報結束後，再將全域變數 bAlarmFlag 的布林值設回「假」，繼續等待下一次超音波感應模組的偵查結果。

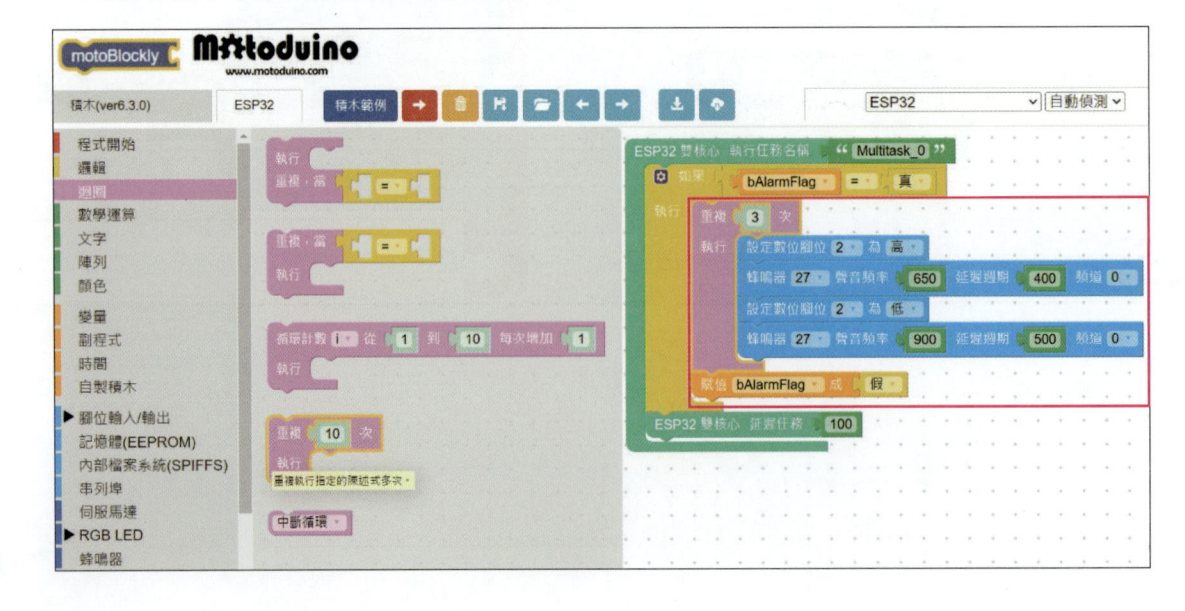

RTC 與 LINE Notify 服務的入門與實作

Step 5 回到主程式，在迴圈（Loop）積木中持續檢查超音波感應模組的回傳數值是否小於或等於自己設定的警戒距離，以此來判斷是否有人入侵。本例將警戒距離設為 20 公分，讀者可依自身的需求自行調整之。

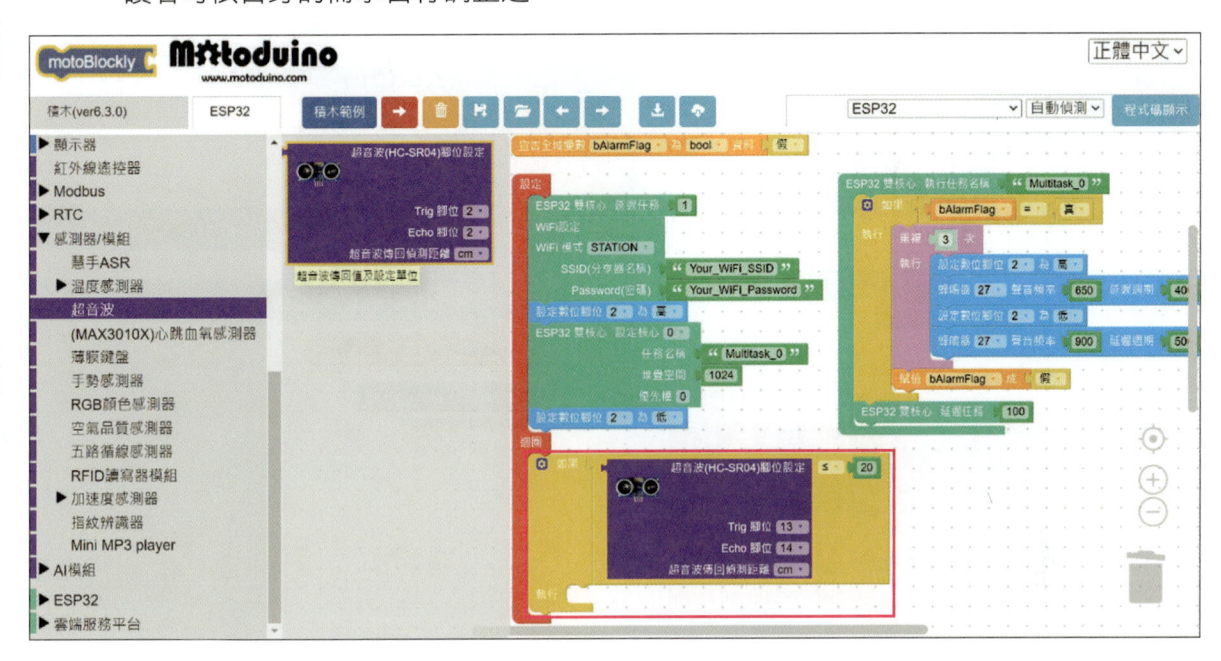

Step 6 當超音波感應模組偵測到有人入侵時，立刻將全域變數 bAlarmFlag 的值設為「真」，此時「核心 0」便會開始執行發出聲光警報的工作任務。而在主程式這邊，「核心 1」則會執行發出指定 LINE 訊息給指定對象的工作。

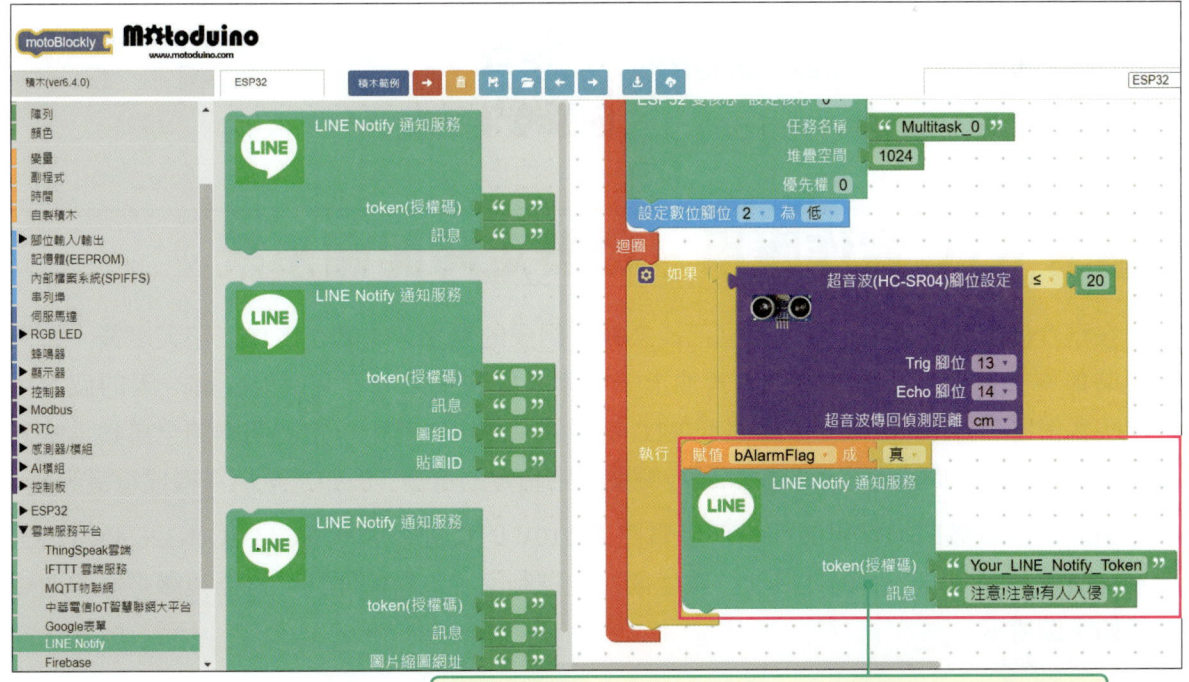

LINE Notify 通知服務的「token（授權碼）」參數請填入在 5-3 節所取得備用的 LINE Notify 權杖授權碼。

217

Step 7 完整的「ESP32 超音波防盜系統」motoBlockly 程式如下所示。請在紅框處填入自己對應的 WiFi 連線及 LINE Notify 相關資訊，程式才能正常的運作。

成果展示 https://youtu.be/e23nlrHe1Qw

5-5　RTC 實作應用 – 電器定時開關系統

　　在現今的工商社會中，雙薪家庭已成為社會組成的常態。夫妻在工作一整天之後，如果下班時能有一個空氣清新的空間，再加上一頓剛煮好的飯菜，肯定就能紓解一天的疲憊。因此，本節將利用 NodeMCU-32S 搭配 RTC 計時器來做出一套可以定時開關的全自動系統，使其能在指定的時間協助用戶自動開啟或關閉家中指定的電器（例如空氣清淨機或電鍋等）。

　　由於台灣多數的家電用品都是使用電壓為 110V 的電源，因此 NodeMCU-32S 必須透過名為「繼電器（Relay）」的外接元件才能間接地控制家中電器的開關。電器與繼電器的連接方式如下圖所示。

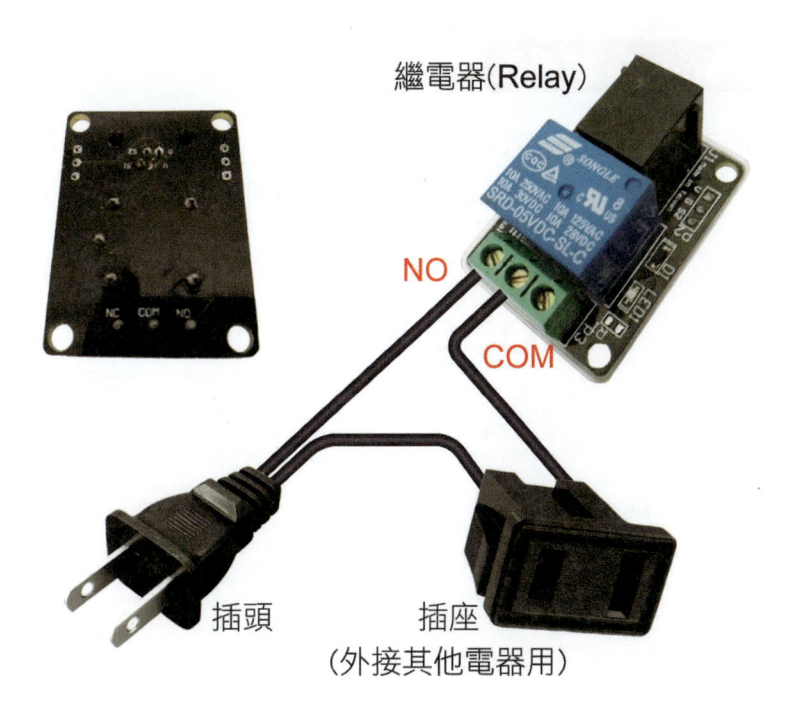

RTC 與 LINE Notify 服務的入門與實作

「ESP32 電器定時開關系統」的動作流程如下圖所示：為了讓系統在重新設定開關時間時不需要重新修改及燒錄 ESP32 程式，因此本例會將定時開關的時間設定在指定的 Google 試算表的指定欄位中，接著利用 RTC 計時器取得目前時間並將其顯示在 OLED 上，最後再不斷地讀取 Google 試算表中的開關時間，並與 RTC 所提供的當下時間進行比對。一旦到達所設定的開關時間，NodeMCU-32S 便會立即依照所設定的時間來對外接於 G13 腳位的繼電器進行開關切換的動作。

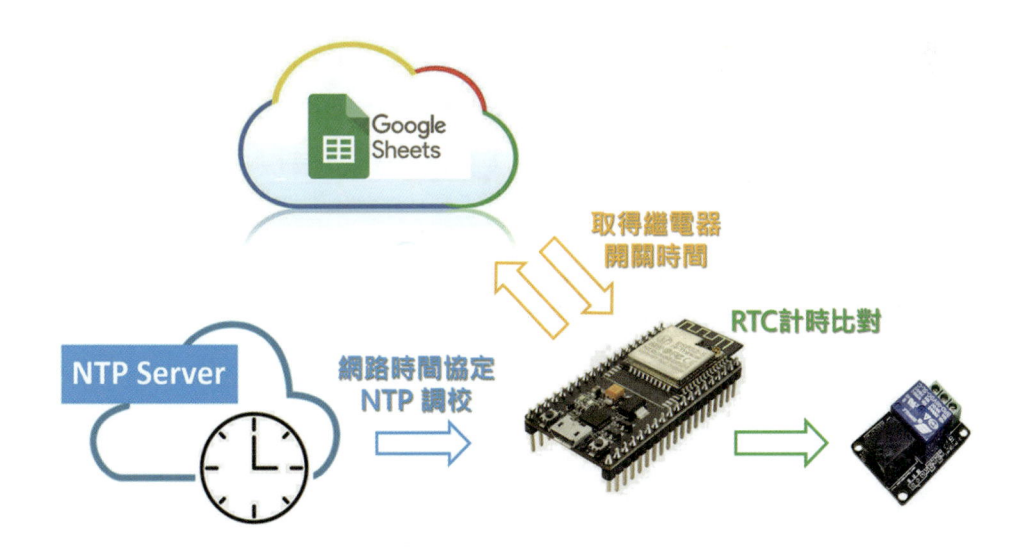

建立定時開關 Google 試算表

Step 1 首先進入 Google 搜尋的頁面（https://www.google.com）。接著再點選如下圖箭頭處的「Google 表單」選項來建立及設定「電器定時開關系統」的 Google 試算表。

Step 2 將 Google 試算表的第二行第一列設為定時開關的開啟時間（紅框處），第二行的第三列則設為定時開關的關閉時間（橘框處）。時間設定格式必須為 HH：MM。

RTC 與 LINE Notify 服務的入門與實作

Step 3 如下圖所示，請將設定定時開關時間的那一行格式修改為「純文字」顯示格式，否則 Google 試算表會自動將該行設定為「時間」顯示格式，進而造成 NodeMCU-32S 無法讀取該行文字的狀況發生。

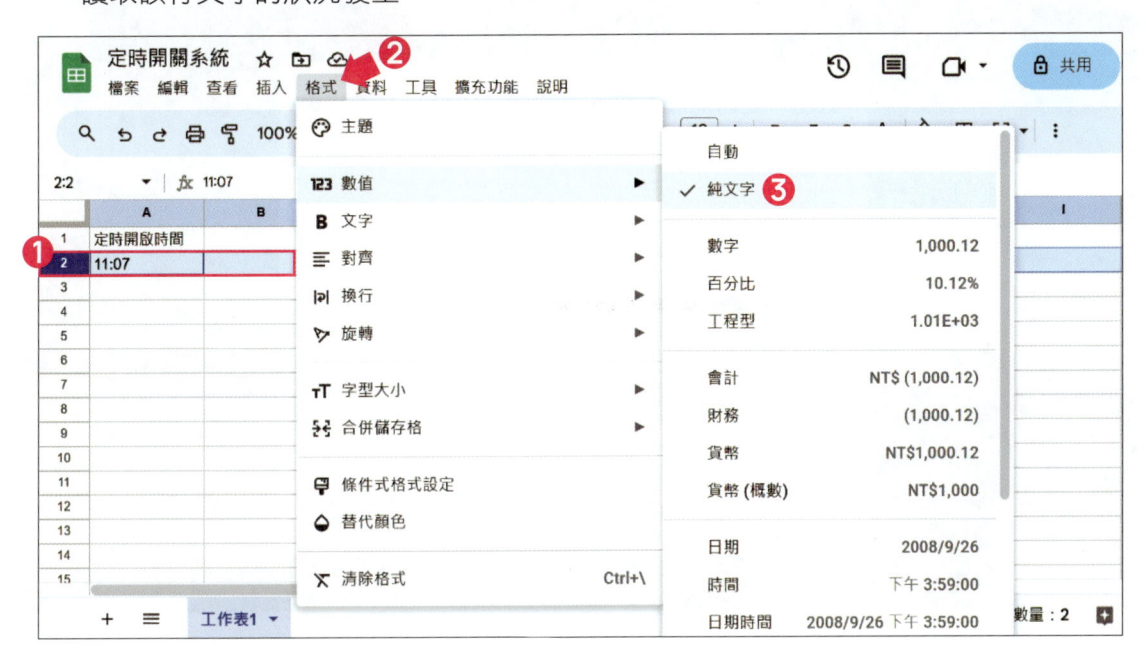

Step 4 由於使用 motoBlockly 的 Google 試算表讀取積木需要填入「SheetID」的參數，而這個參數可在此頁面中取得。以下圖為例，建立後由 Google 所提供的「電器定時開關系統」試算表網址為：https://docs.google.com/spreadsheets/d/1usANl4sNQtThGBt8l62mbD5OQX38tsLBPw9Z-Ie6B2U/edit#gid=0，而「SheetID」是夾在「docs.google.com/spreadsheets/d/」與「/edit#gid=0」之間的這串文字－「1usANl4sNQtThGBt8l62mbD5OQX38tsLBPw9Z-Ie6B2U」。

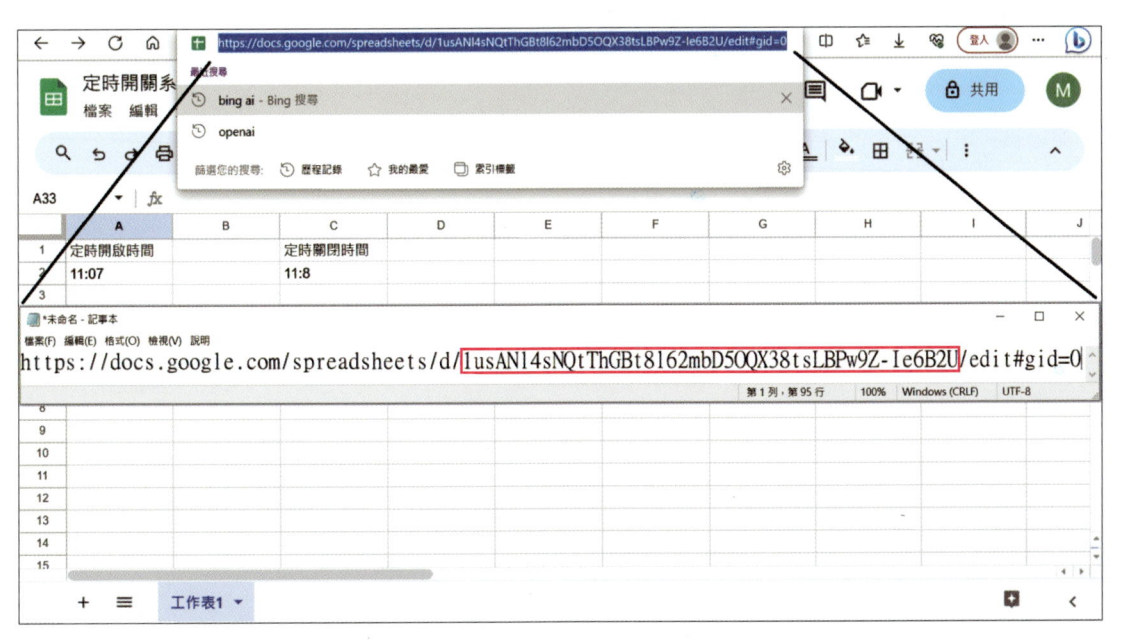

Step 5 最後將此 Googleg 試算表設定為「知道連結的任何人」的共用模式即完成「電器定時開關系統」試算表的設定。

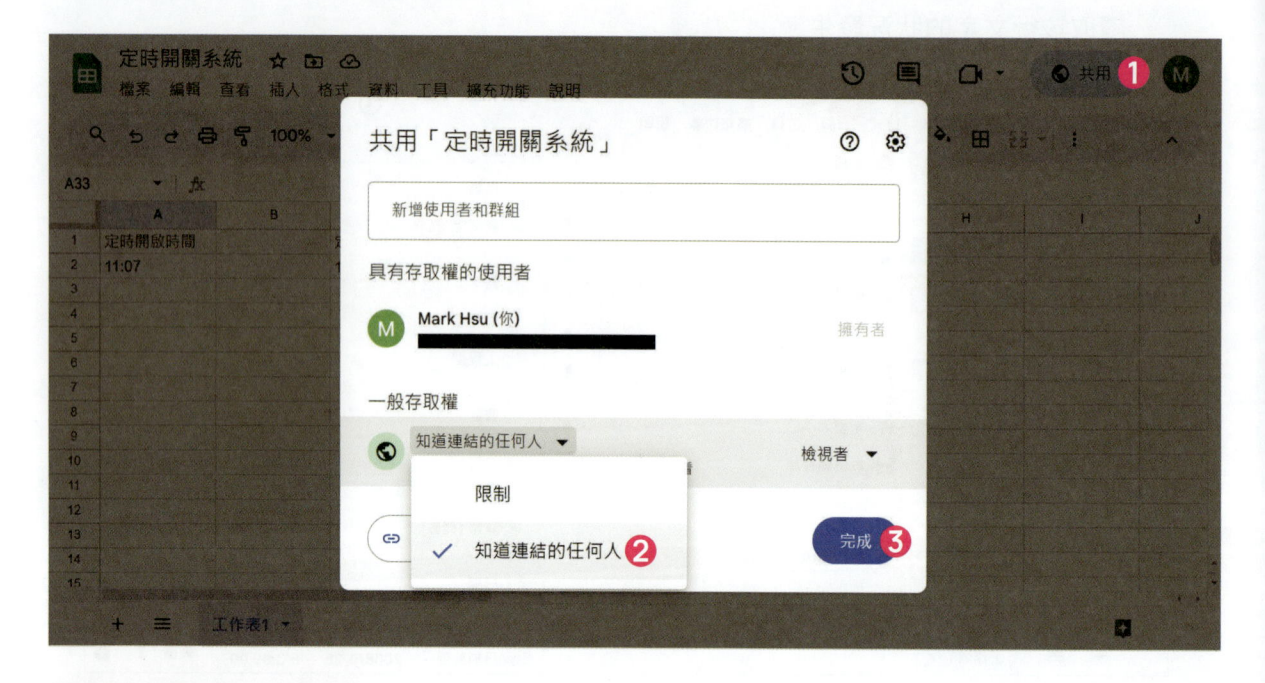

ESP32 硬體設定

電器定時開關系統在硬體方面的需求有：

❶ 作為大腦來控制各項硬體的「NodeMCU-32S」。
❷ 內建蜂鳴器的慧手科技「ESP32 IO Board 擴充板」。
❸ 負責顯示當下時間的 SSD1306 OLED 顯示器。
❹ 間接用來控制電器開關的「繼電器」+ RJ11 連接線。

RTC 與 LINE Notify 服務的入門與實作　5

硬體組裝步驟

Step 1 先將繼電器以 RJ11 連接線接到 ESP32 擴充板的 G13/G14 RJ11 插槽。

Step 2 如下圖所示，再將 OLED 顯示器接到 ESP32 擴充板 I2C 的排針插槽中。「電器定時開關系統」硬體組裝至此完成。

223

ESP32 圖控程式

完成「電器定時開關系統」的 ESP32 硬體組裝後，接著便可利用 ESP32 圖控式軟體 motoBlockly 開始編寫程式。其流程如下：

Step 1
① 首先需將 motoBlockly 的開發板型號選擇為「ESP32」才能產生正確的 ESP32 程式碼。

② 接著建立兩個 String 字串型態的全域變數，分別是記錄繼電器「開啟時間」的 szTurnOnTime，以及記錄繼電器「關閉時間」的 szTurnOffTime，兩變數的預設值均為空字串。

③ 完成全域變數的宣告後，最後在設定（Setup）積木中完成 ESP32 連接網路的初始化設定。「WiFi 設定」積木中的「SSID（分享器名稱）」與「Password（密碼）」參數分別為 ESP32 準備連線的路由器或無線網路分享器的名稱與密碼，請依實際狀況來進行設定即可。

注意：若 WiFi 連線成功，NodeMCU-32S 便會點亮內建的 G2 腳位 LED 來告知使用者。

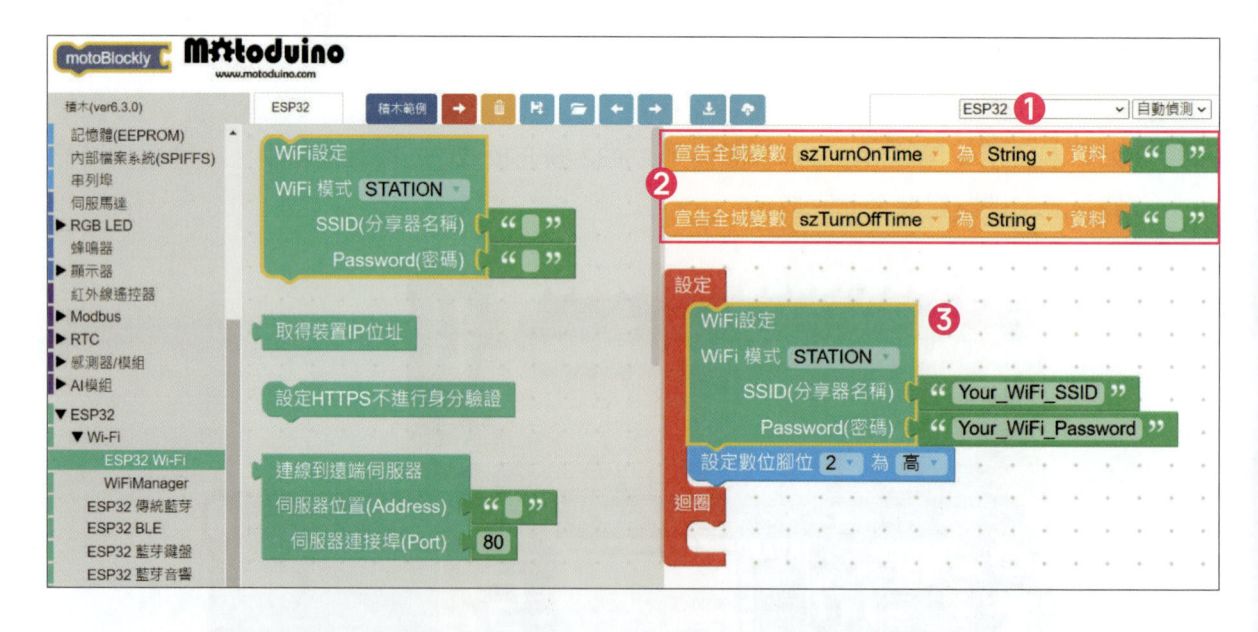

Step 2 如下圖紅框處所示，欲取得 RTC 計時器的時間前，請先依自己所在的時區進行 NTP 校正，所以此處依筆者的所在位置來將「NTP 伺服器校正時間」積木的「時區」參數設定為 UTC+8。另外由於本系統需使用 OLED 來顯示各項時間，因此在使用 OLED 前需要進行一些初始化動作：包括設定 OLED 的「型號」、「I2C 位址」以及螢幕的「寬度」與「高度」解析度。

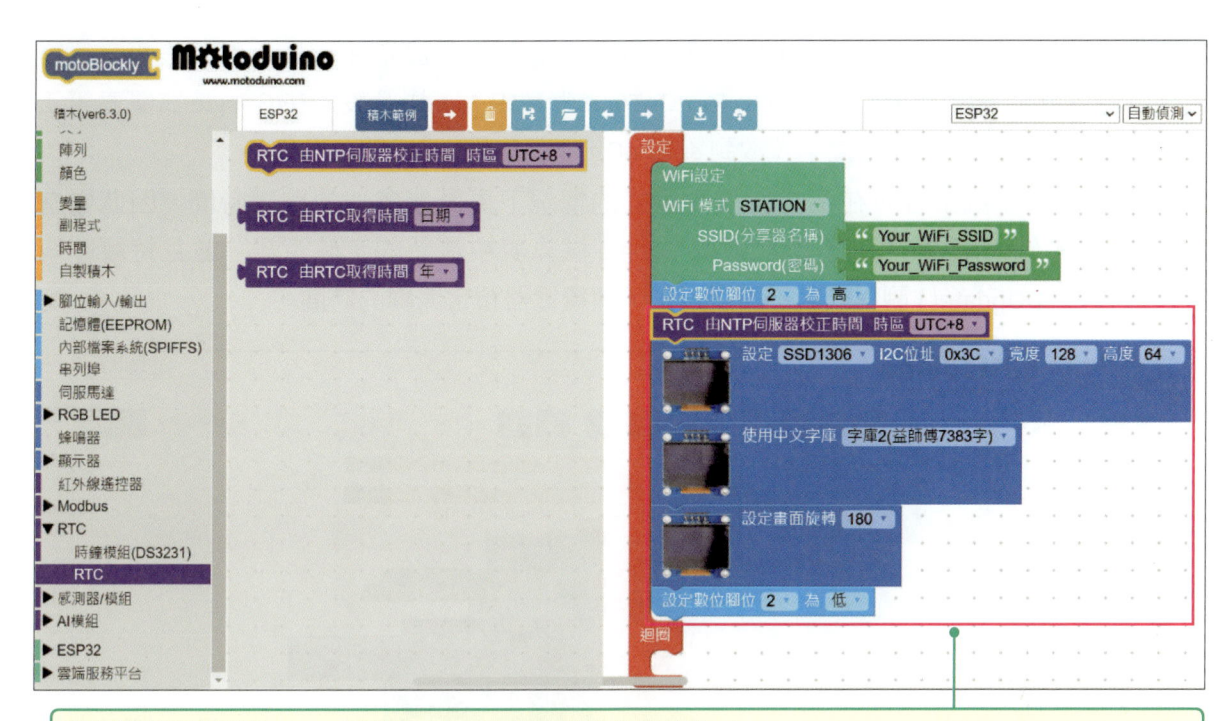

RTC 與 LINE Notify 服務的入門與實作

以本範例所使用的 OLED 型號為例，各參數值分別設定為：
- 型號 SSD1306、位址 0x3C、寬度 128 與高度 64。
- 本系統需顯示中文字，需預先載入中文字庫備用（此處務必選擇「字庫 2（益師傅 7383 字）」）。
- OLED 的文字顯示角度設定為 180 度，完成後關閉 NodeMCU-32S 內建的 G2 腳位 LED。

Step 3 建立一個 OLED 可顯示指定文字的副程式 fnOLEDUpdate() 備用，其運作流程為：先清除 OLED 上所有的文字，並在調整位置之後，依序設定「目前時間」、「開啟時間」以及「關閉時間」等顯示內容，待全部設定完畢後再將其自 OLED 上顯示出來。

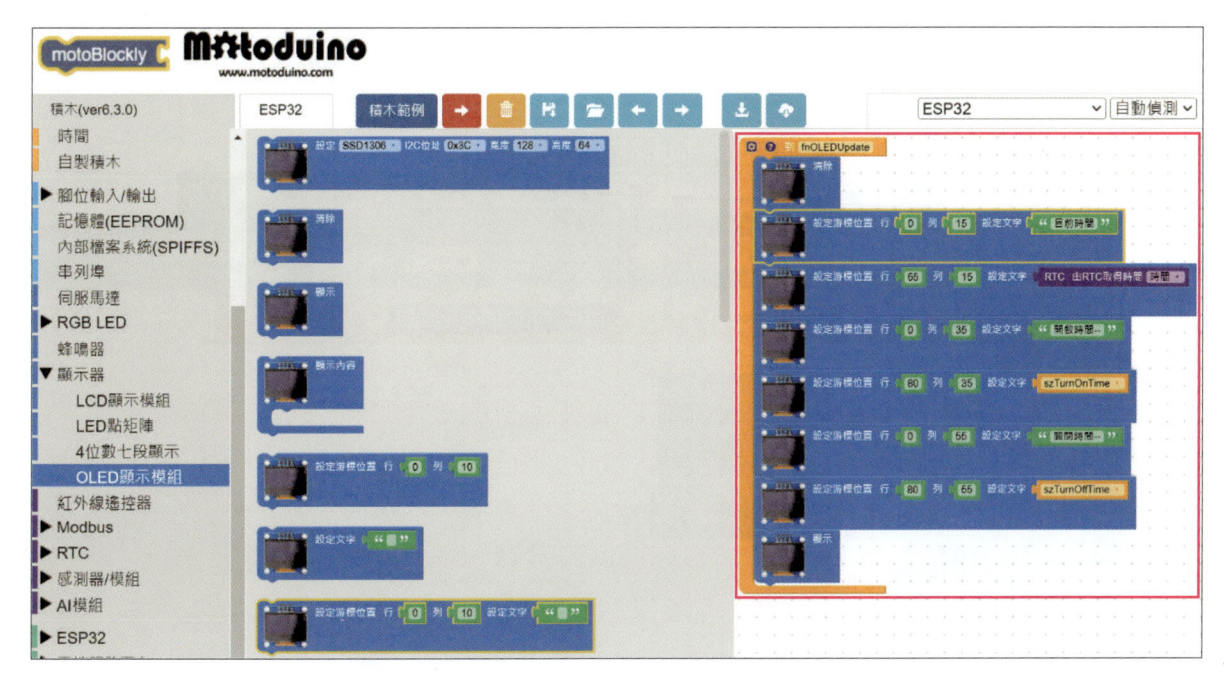

Step 4 使用「Google 試算表取得欄位」程式積木，分別取得設定在 Google 試算表第二行第一列的「開啟時間」（放到 szTurnOnTime 變數中），以及設定在 Google 試算表第二行第三列的「關閉時間」（放到 szTurnOffTime 變數中）。

因為本系統主打可在不重新修改程式的情況下更動繼電器的開關時間，因此需在迴圈（Loop）積木中不斷地讀取 Google 試算表中最新的定時資訊，並且持續呼叫 fnOLEDUpdate() 副程式來不斷更新當下與繼電器預定開關的時間。

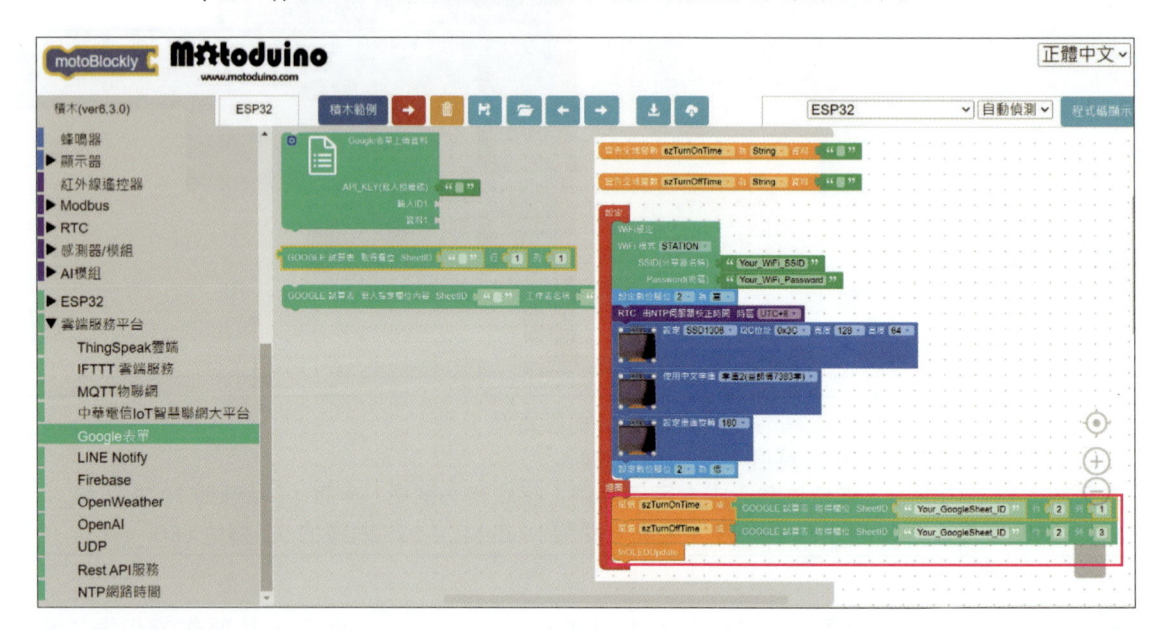

Step 5 建立一個檢查是否已到「開啟」繼電器時間的副程式 fnOnTimeCheck() 備用，其運作流程為：因為 Google 試算表中設定的時間格式需為 HH：MM，因此可以「：」符號為區隔，分別將 szTurnOnTime 變數中的「時」與「分」個別抽離出來，並將其轉換成 int 整數型態的 nHour 與 nMinute 變數。

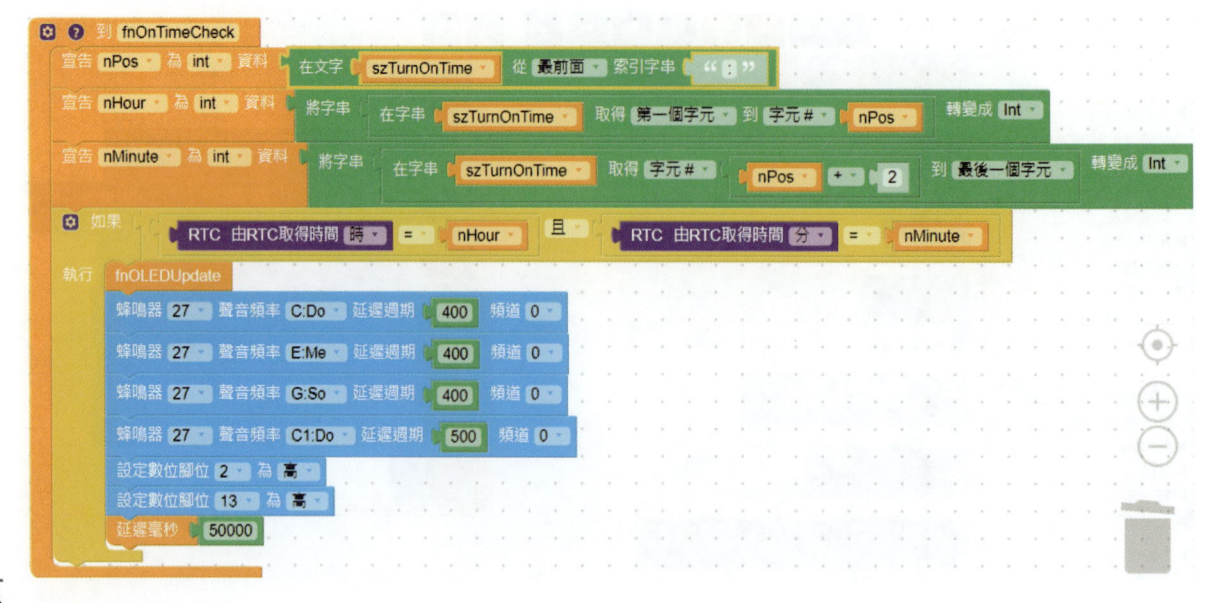

RTC 與 LINE Notify 服務的入門與實作

接著再以 nHour 和 nMinute 變數與 RTC 當下所取得的「時」與「分」兩數值進行比對，當兩邊的「時」、「分」數值都相同，即代表繼電器的「開啟」時間已到。此時會先讓蜂鳴器發出聲音提醒使用者，接著會開啟 G2 腳位的 LED 與 G13 腳位的繼電器。最後讓系統休息 50 秒後再繼續進行下一輪的比對動作。

Step 6 與上一個步驟大同小異，建立一個檢查是否已到「關閉」繼電器時間的副程式 fnOffTimeCheck()，其運作流程為：因為 Google 試算表中設定的時間格式為 HH：MM，因此可以「：」符號為區隔，分別將 szTurnOffTime 變數中的「時」與「分」抽離出來，並將其個別轉換成整數型態的 nHour 與 nMinute 變數。

接著再以 nHour 和 nMinute 變數與 RTC 當下所取得的「時」與「分」兩數值進行比對，當兩邊的「時」、「分」數值都相同，即代表繼電器「關閉」時間已到。此時會先讓蜂鳴器發出聲音提醒使用者即將關閉繼電器，接著便會關閉內建的 G2 腳位 LED 與外接的 G13 腳位的繼電器。最後同樣讓系統休息 50000 毫秒（即 50 秒）後再繼續進行下一輪的比對動作。

227

Step 7 在迴圈（Loop）積木中持續呼叫副程式 fnOnTimeCheck( ) 及 fnOffTimeCheck( ) 來檢查是否已到繼電器的開關時間。無論是否已到開啟或關閉時間，系統每隔 5000 毫秒（5 秒）都會繼續進行下一輪的檢查動作。

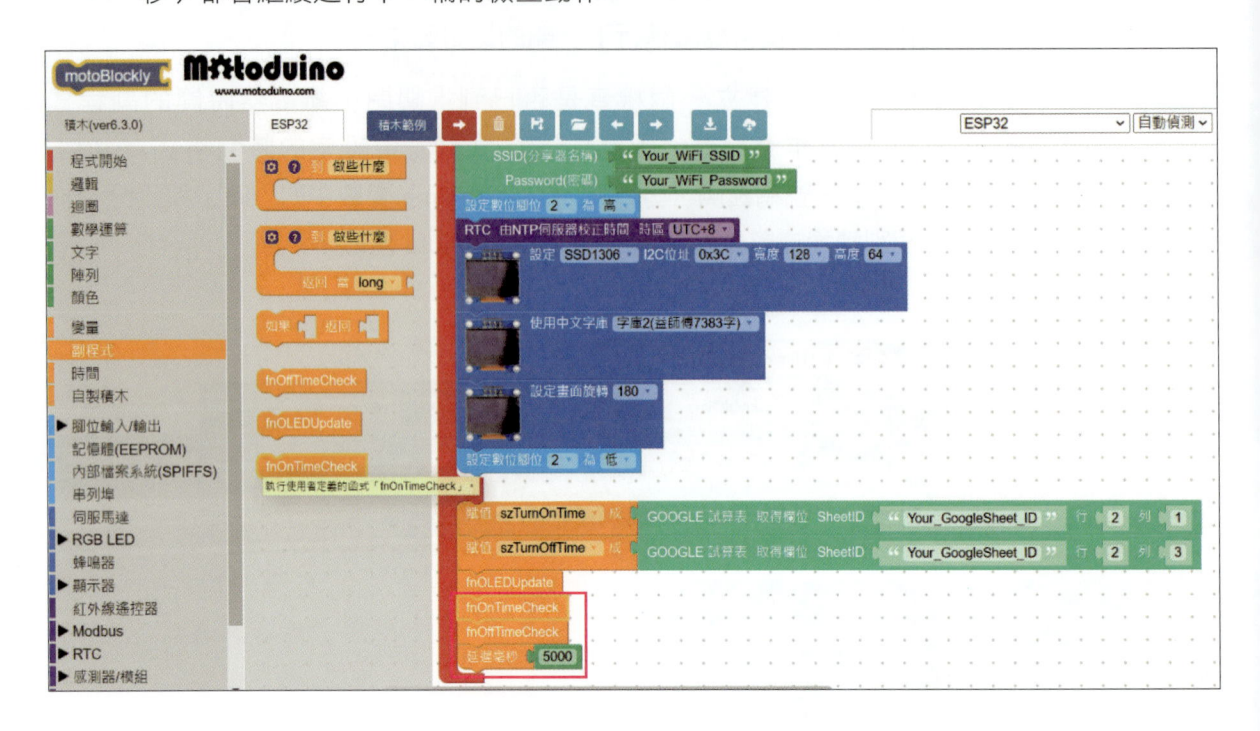

RTC 與 LINE Notify 服務的入門與實作　5

Step 8 完整的「ESP32 電器定時開關系統」motoBlockly 程式如下所示。請在紅框處填入自己對應的 WiFi 連線及 Google 試算表相關資訊，程式才能正常的運作。

成果展示　https://youtu.be/Mxq1xwlrnSQ

229

5-6 RTC & LINE Notify 實作應用 – 打卡即時通系統

隨著網路的普及，每天要消化的資訊量已成爆炸性的倍數成長，不論是學生還是老師，都有越來越多的東西需要學習。因此，為了讓老師能在課堂上免去點名動作來減少授課的負擔，本節將製作一套簡便的「打卡即時通系統」，讓學生可以簡單地藉由刷取 RFID 卡來輕鬆達成點名報到的效果。當然，這套系統也可以導入在員工較少的公司行號中使用。

製作「打卡即時通系統」前，必須先將對應的持卡者資料寫入 RFID 卡片中。首先學生或員工要先將自己的照片上傳至 imgur 雲端圖片存放平臺，接著再將自己的姓名與 imgur 所回傳的照片連結寫入 RFID 卡片中，最後就可以拿著這張帶有持卡者相關資訊的 RFID 進行刷卡。當刷卡成功時，系統便會將持卡者的姓名、照片以及刷卡時間以 LINE Notify 的方式傳送給指定的老師或主管，刷卡者便可藉此來達到打卡報到的目的。

ESP32 硬體設定

打卡即時通系統在硬體方面的需求有：

❶ 作為大腦來控制各項硬體的「NodeMCU-32S」。
❷ 內建蜂鳴器的慧手科技「ESP32 IO Board 擴充板」。
❸ 負責顯示目前時間的 SSD1306 OLED 顯示器。
❹ 負責讀取 RFID 卡片資訊的 RFID-RC522 讀卡模組 + 七條 20 公分的母母杜邦線。

硬體組裝步驟

Step 1 將 OLED 顯示器接到 ESP32 擴充板 I2C 的插槽中，參考 5-5 節範例「電器定時開關系統」之圖示。

RTC 與 LINE Notify 服務的入門與實作 **5**

Step 2 請將 RFID-RC522 讀卡模組以如下圖所示的方式進行接線,總共需要用到 7 條母母杜邦線來進行對接。

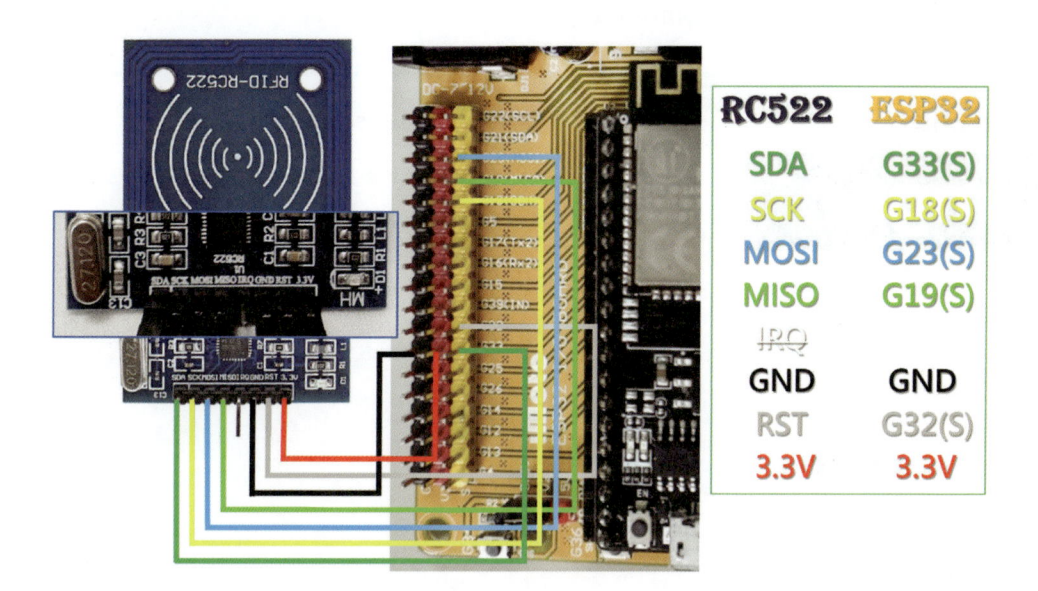

RC522	ESP32
SDA	G33(S)
SCK	G18(S)
MOSI	G23(S)
MISO	G19(S)
~~IRQ~~	
GND	GND
RST	G32(S)
3.3V	3.3V

ESP32 圖控程式(RFID 寫入篇)RFID 個資修改

開始編寫「打卡即時通系統」的程式之前,必須製作對應此系統的 RFID 卡片。其製作與程式編寫的流程如下:

Step 1 首先進入 https://www.ifreesite.com/upload/ 的網頁中,並將自己的照片(本例以日本女星新垣結衣為例)上傳至 imgur 照片雲端平臺上存放。

Step 2 選擇要上傳的相片之後，請按下箭頭處的「上傳圖片」按鈕將相片上傳至 imgur 平臺中，上傳成功後 imgur 平臺就會回傳一個該相片在雲端上面的連結網址（如下圖紅框處所示的 https://i.imgur.com/wxyz.jpg）。

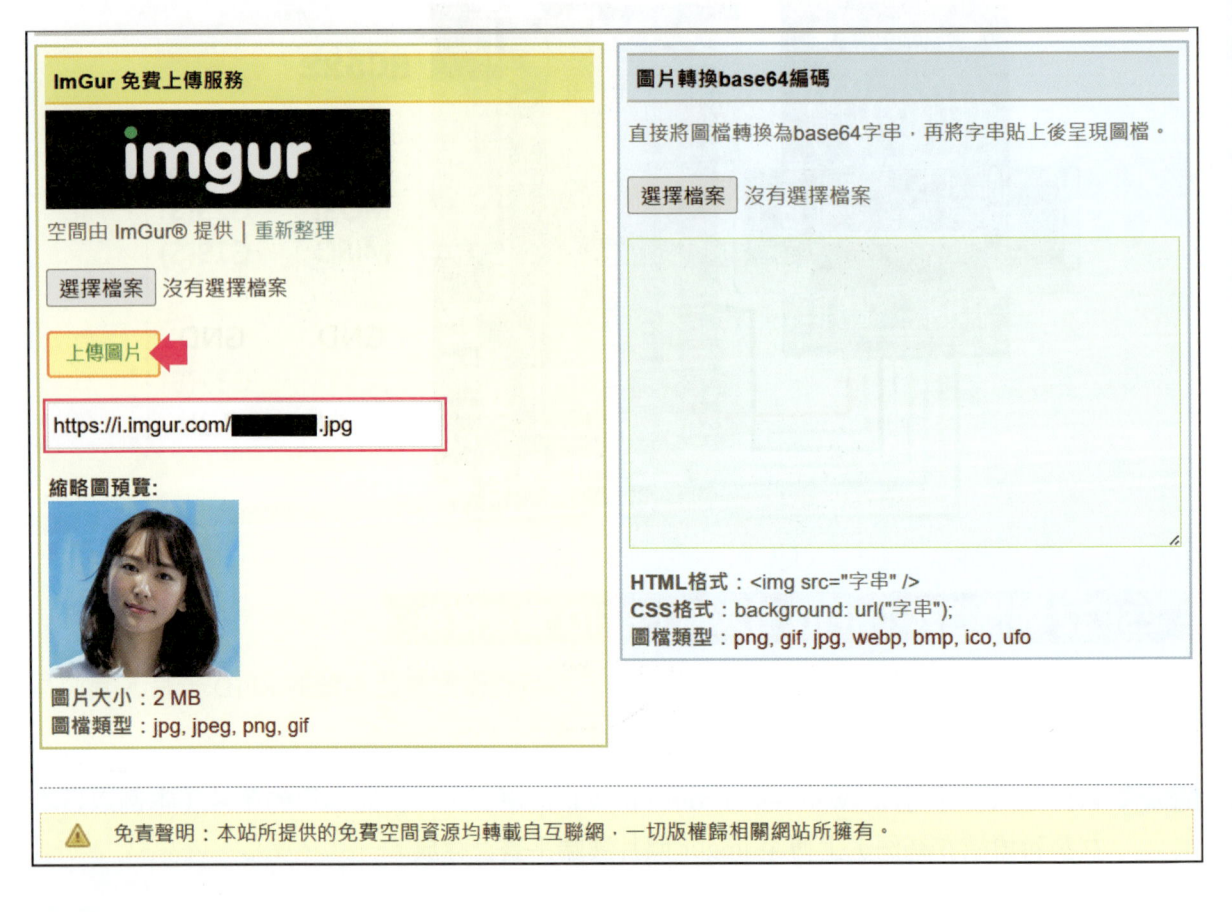

Step 3 回到 motoBlockly 開始編寫 ESP32 程式以製作內含持卡者資訊的 RFID 卡。

❶ 需將 motoBlockly 的開發板型號選擇為「ESP32」才能產生正確的 ESP32 程式碼。

❷ 建立三個全域陣列變數，分別是 16 bytes 存放「持卡者姓名」的 byEmployeeName，16 bytes 存放「持卡者相片連結」的 byEmployeePic，還有 18 bytes 預備存放 RFID 卡讀取資料的 byBlockData。其中存放「持卡者相片連結」的變數 byEmployeePic 因為只有 16 bytes 的大小，所以請輸入 imgur 回傳連結的最後檔名（本例為 wxyz.jpg）即可，每張上傳相片最前面都相同的「https://i.imgur.com/」網址字串就不要再輸入了。

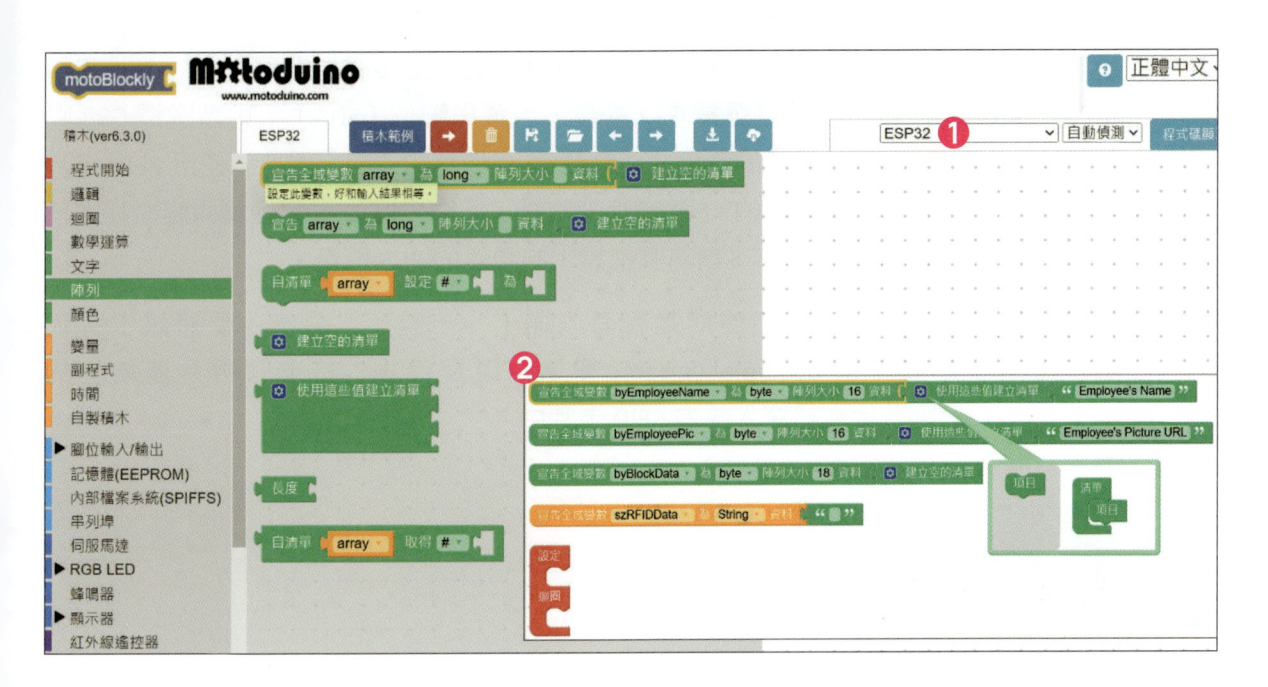

RTC 與 LINE Notify 服務的入門與實作

另外還要建立一個 String 字串型態的全域變數 szRFIDData，以備將讀取到的 RFID 資料顯示在串列埠監控視窗中之用。

Step 4 因為系統需將所讀取到的 RFID 個人資訊顯示在 Arduino IDE 的序列埠監控視窗中驗證，因此一開始需先設定 NodeMCU-32S 與電腦之間的串列埠傳輸速率（使用「設定【Serial】傳輸率」程式積木，其中「傳輸率」本例設為 115200 bps）。

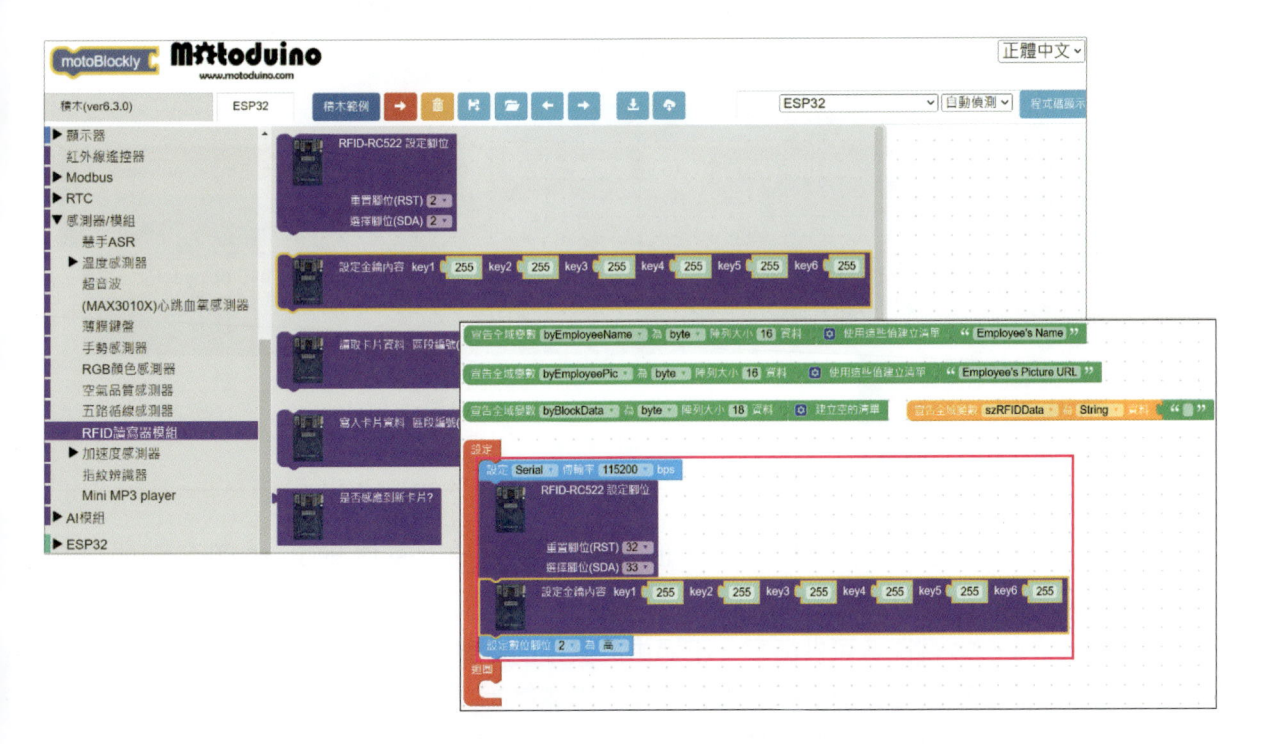

接著初始化 RFID-RC522 讀取模組，依前面所示範的硬體接線位置而言：RFID 設定積木的「重置腳位（RST）」需選擇 G32 腳位、「選擇腳位（SDA）」則請選擇 G33 腳位。另外由於需要 RFID 卡片的金鑰才能讀寫 RFID 卡片的內容，因此請使用 RFID 卡片讀取模組 RFID-RC522 所附贈的 RFID 卡片來測試，此時「RFID 設定金鑰內容」程式積木中的 key1～key6 參數內容，請將其都設定為預設的 255 即可。

Step 5 開始在迴圈（Loop）積木中偵測是否有人刷卡。一旦有人刷卡，便將該卡片代表「持卡者姓名」的 byEmployeeName 變數，以及代表「持卡者相片連結」的 byEmployeePic 變數等資訊寫入該張 RFID 卡片中。

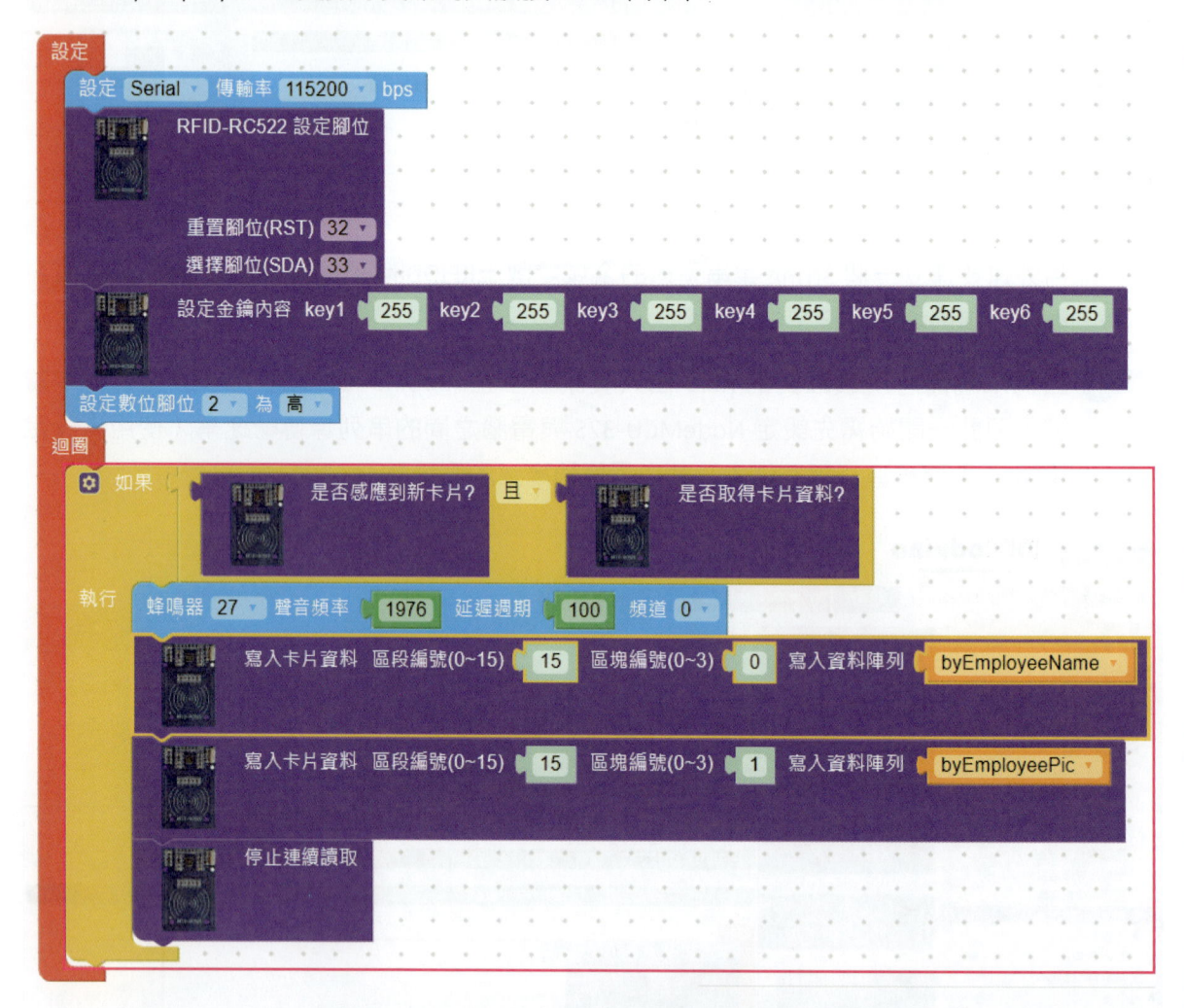

一般 RFID-RC522 模組所附贈的 RFID 卡內部都具有 0～15 號共 16 個各別的區段（Sector），每個區段又包含 0～3 號共 4 個不同的區塊（Block），所以理論上會共有 16×4 = 64 個區塊可供讀寫。不過由於其中的 0 號區段有重要資料不能輕易更動，每區段的 3 號區塊又是重要的控制區塊也不能更改。因此本例選擇將「持卡者姓名」寫入至 RFID 卡的第 15 號區段的第 0 號區塊中，「持卡者相片連結」則存放至 RFID 卡的第 15 號區段的第 1 號區塊中。

Step 6 分別將第 15 號區段的第 0、第 1 號區塊的資料讀出，並將其從串列埠中輸出顯示，藉此來檢查「持卡者姓名」與「持卡者相片連結」兩個變數的內容是否有確實地寫入 RFID 卡片中。

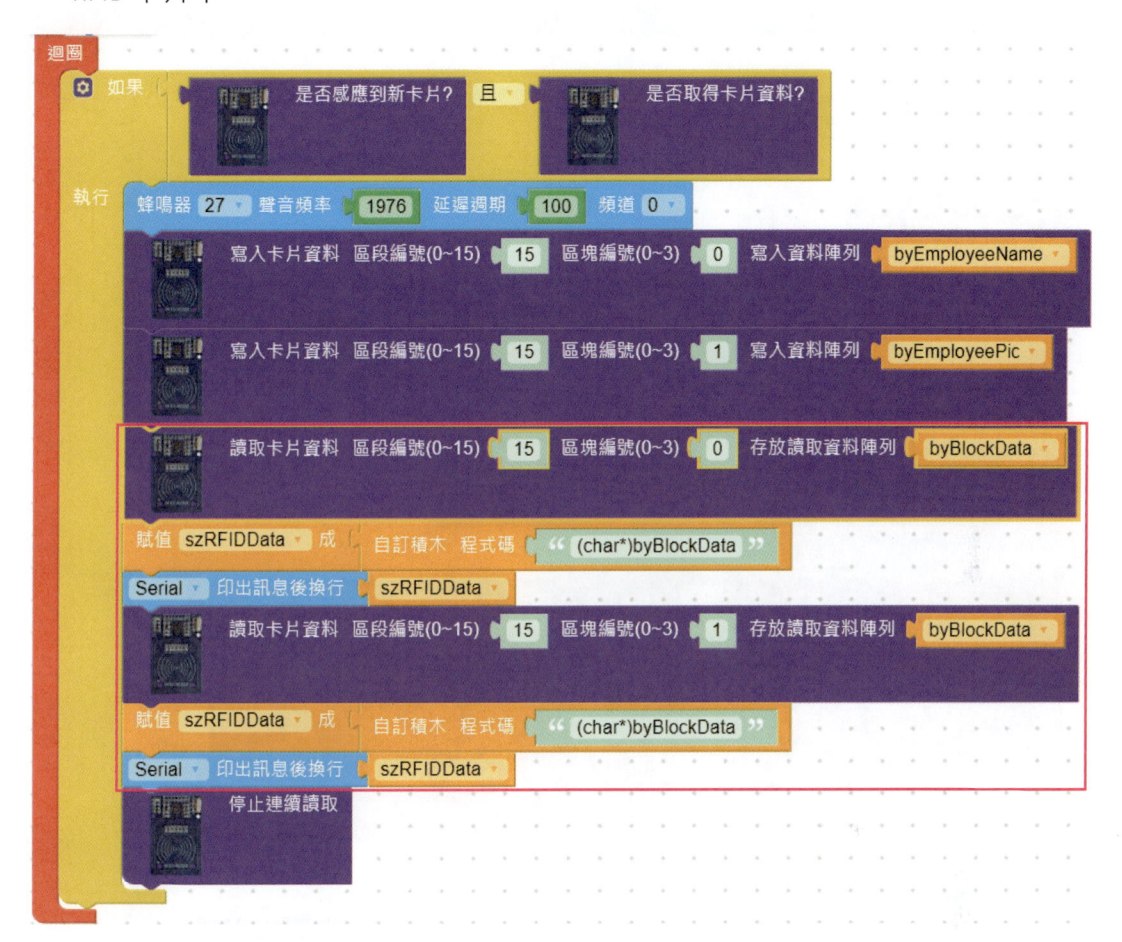

另外本處使用到的「自訂積木」程式積木是讓使用者可以自己寫 Arduino C 程式碼來彌補 motoBlockly 積木的不足之處。此處的「程式碼」參數內容均為「（char*）byBlockData」（用指標指向的方式，將原本 byte 型態的 byBlockData 變數轉為 char 型態）。

Step 7 完整的 motoBlockly「打卡即時通系統-RFID 個資修改」程式如下所示。請在紅框處填入自己對應的持卡者姓名與持卡者相片連結，程式才能正常的運作。再次提醒，若是相片上傳後從 imgur 圖片存放平臺回傳的相片網址連結為「https://i.imgur.com/1234567.xxx」，則持卡者相片連結變數 byEmployeePic 宣告時的預設值（Employee's Picture URL）請輸入相片連結最後的「1234567.xxx」檔名即可，最前面的「https://i.imgur.com/」字串請不要輸入。

> **注意：**由於此程式會修改 RFID 卡中的資訊，所以請不要拿重要證件的 RFID 卡來進行測試，以免造成 RFID 卡重要資料的毀損。

程式積木區

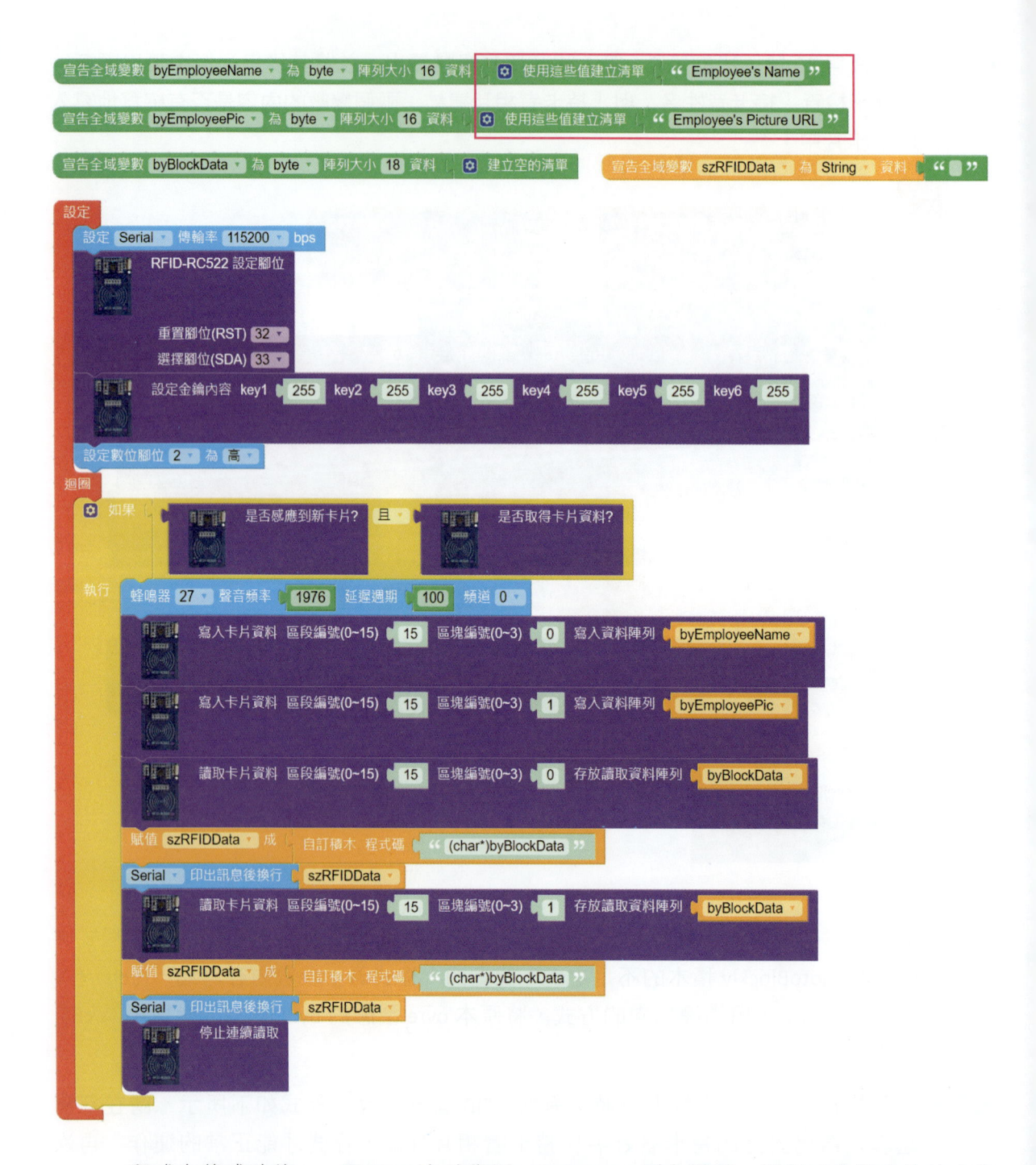

- 宣告全域變數 byEmployeeName 為 byte 陣列大小 16 資料 | 使用這些值建立清單 "Employee's Name"
- 宣告全域變數 byEmployeePic 為 byte 陣列大小 16 資料 | 使用這些值建立清單 "Employee's Picture URL"
- 宣告全域變數 byBlockData 為 byte 陣列大小 18 資料 | 建立空的清單
- 宣告全域變數 szRFIDData 為 String 資料 " "

設定
- 設定 Serial 傳輸率 115200 bps
- RFID-RC522 設定腳位
  - 重置腳位(RST) 32
  - 選擇腳位(SDA) 33
- 設定金鑰內容 key1 255 key2 255 key3 255 key4 255 key5 255 key6 255
- 設定數位腳位 2 為 高

迴圈
- 如果 是否感應到新卡片？ 且 是否取得卡片資料？
  - 執行
    - 蜂鳴器 27 聲音頻率 1976 延遲週期 100 頻道 0
    - 寫入卡片資料 區段編號(0~15) 15 區塊編號(0~3) 0 寫入資料陣列 byEmployeeName
    - 寫入卡片資料 區段編號(0~15) 15 區塊編號(0~3) 1 寫入資料陣列 byEmployeePic
    - 讀取卡片資料 區段編號(0~15) 15 區塊編號(0~3) 0 存放讀取資料陣列 byBlockData
    - 賦值 szRFIDData 成 自訂積木 程式碼 "(char*)byBlockData"
    - Serial 印出訊息後換行 szRFIDData
    - 讀取卡片資料 區段編號(0~15) 15 區塊編號(0~3) 1 存放讀取資料陣列 byBlockData
    - 賦值 szRFIDData 成 自訂積木 程式碼 "(char*)byBlockData"
    - Serial 印出訊息後換行 szRFIDData
    - 停止連續讀取

程式上傳成功後，一旦 RFID 卡片靠近 RFID-RC522 刷卡模組，則程式中設定的持卡者姓名變數 byEmployeeName 與持卡者相片連結變數 byEmployeePic 的內容就會被寫入該卡片中。每製作修改完一張 RFID 卡，程式中的 byEmployeeName 與 byEmployeePic 變數均需修改再重新燒錄，否則就會做出多張相同內容的 RFID 卡片，進而造成整個打卡系統的混亂。

ESP32 圖控程式（RFID 讀取篇）

前一部分完成的 RFID 寫入篇 motoBlockly 圖控程式僅負責「打卡即時通系統」RFID 個資修改功能，而本系統實際進行打卡傳訊的動作，則由本單元介紹的程式來完成。該程式完整編寫流程如下：

Step 1 ❶ 需將 motoBlockly 的開發板型號選擇為「ESP32」才能產生正確的 ESP32 程式碼。

❷ 宣告三個全域變數，分別是 18 bytes 預備存放 RFID 讀取資料的 byRFIDData，以及發送 LINE Notify 時需要的兩個 String 字串型態變數：szEmployeeName 與 szEmployeePic。

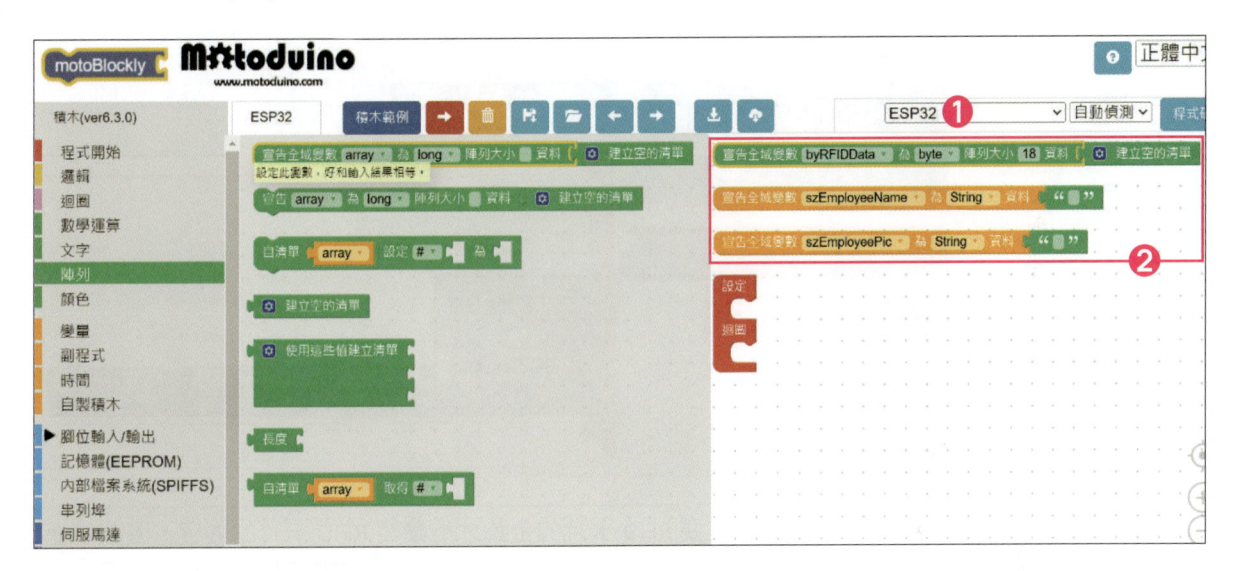

Step 2 在設定（Setup）積木中完成 ESP32 連接網路的初始化設定。「WiFi 設定」積木中的「SSID（分享器名稱）」與「Password（密碼）」參數分別為 ESP32 準備連線的路由器或無線網路分享器的名稱與密碼，請依實際狀況來進行設定即可。

> **注意**：若 WiFi 連線成功，NodeMCU-32S 會點亮內建的 G2 腳位 LED 來告知使用者。

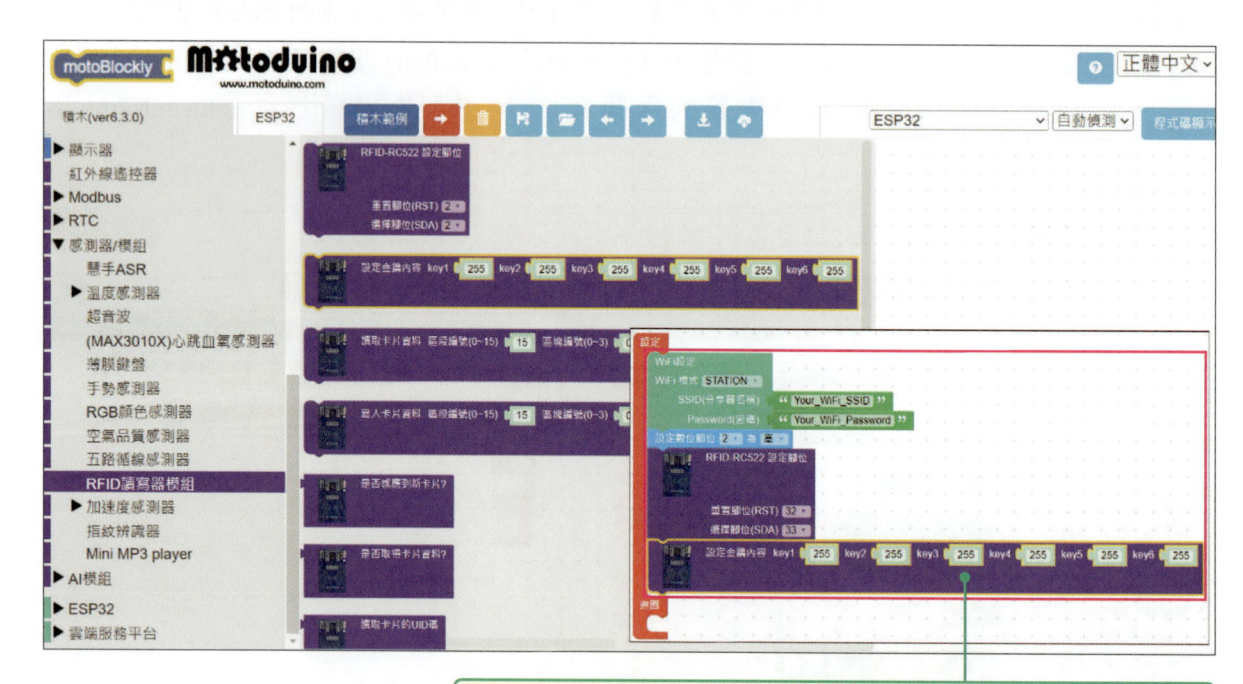

由於需要 RFID 卡片的金鑰才能讀寫 RFID 卡片的內容，因此請使用 RFID 卡片讀取模組 RFID-RC522 所附贈的 RFID 卡片來進行測試，此時「RFID 設定金鑰內容」程式積木中的 key1 ～ key6 參數內容，請將其都設定為預設的 255 即可。

接著初始化 RFID-RC522 讀取模組，依前面所示範的硬體接線位置而言：RFID 設定積木的「重置腳位（RST）」需選擇 G32 腳位、「選擇腳位（SDA）」則請選擇 G33 腳位。

RTC 與 LINE Notify 服務的入門與實作 | 5

Step 3 由於本系統會使用到 ESP32 的 RTC 功能，因此需先依自己所在的時區進行 NTP 校正，所以此處依筆者的所在位置來將「NTP 伺服器校正時間」積木的「時區」參數設定為 UTC+8。另外本系統也需要使用 OLED 來顯示當下的日期與時間，因此在使用 OLED 前需要進行一些初始化動作：包括設定 OLED 的「型號」、「I2C 位址」以及螢幕的「寬度」與「高度」解析度。

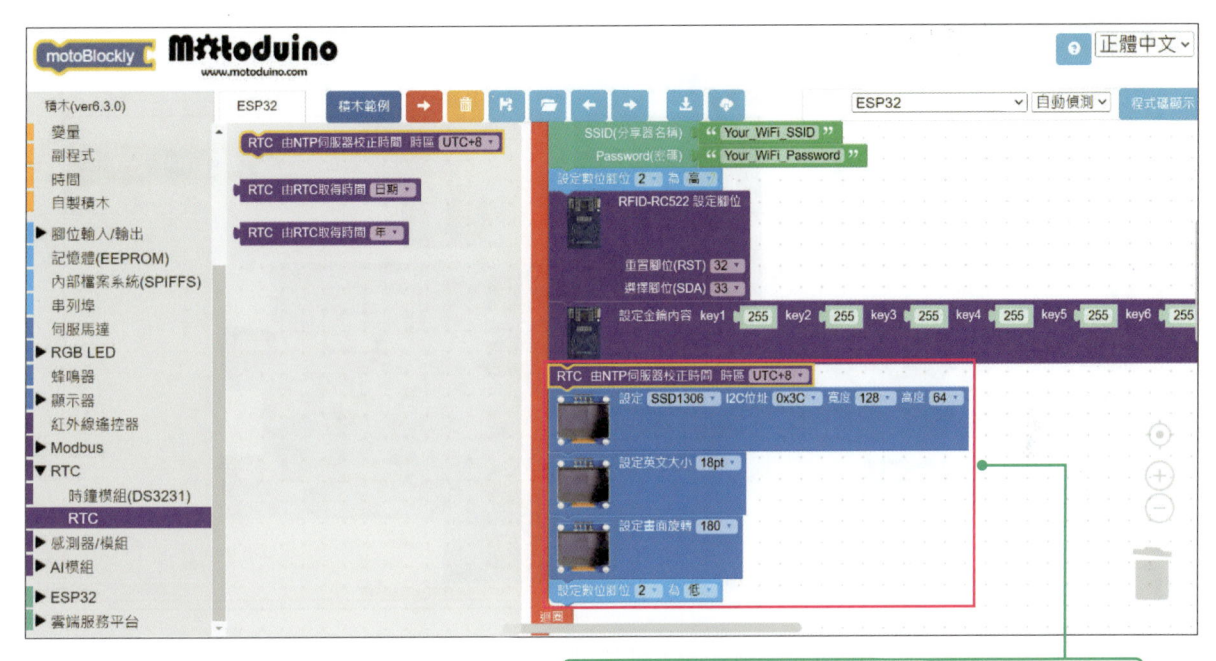

若以本範例所使用的 OLED 型號為例，請將上述各參數值分別設定為型號 SSD1306、位址 0x3C、寬度 128 與高度 64。另外 OLED 顯示的英文字體大小則依照螢幕解析度將其設為 18pt 即可。最後再將 OLED 的文字顯示角度設為 180 度。

SSD1306 OLED 所對應的顯示角度如下圖所示。

畫面旋轉：0 度 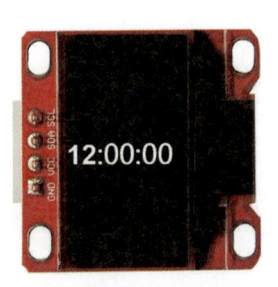　　畫面旋轉：90 度 　　畫面旋轉：180 度 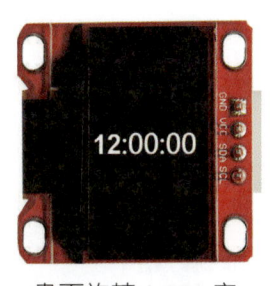　　畫面旋轉：270 度

Step 4 由於本系統的 OLED 顯示器會不停地顯示當下的日期與時間，因此需將 OLED 顯示文字的動作寫成一個副程式 fnShowCurrentTime()。當要更新時間顯示時，請先清除 OLED 螢幕的所有畫面，接著依序設定日期、時間的文字內容與顯示位置（其中的「行」、「列」參數分別代表 OLED 的 X、Y 軸顯示座標），最後記得呼叫「OLED 顯示」程式積木來把之前所設定的 OLED 畫面展示出來。

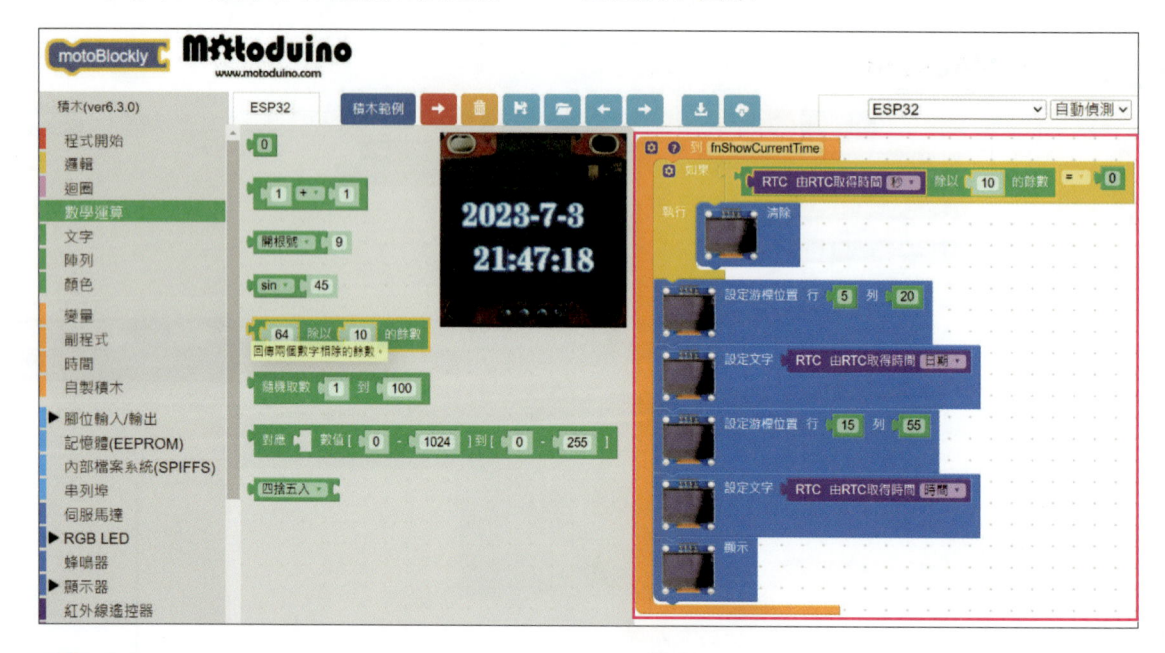

Step 5 建立一個副程式 fnCheckRFIDCard() 來偵測是否有人刷卡。一旦有人刷卡，系統會分別將 RFID 卡片第 15 號區段的第 0、第 1 號區塊的資料讀出，以此來取得持卡者姓名與持卡者相片連結。再以「自訂積木」的程式積木（兩處的「程式碼」參數內容均為「(char*) byRFIDData」）來讓持卡者姓名與持卡者相片連結的內容分別存放於 szEmployeeName 與 szEmployeePic 兩個變數中。

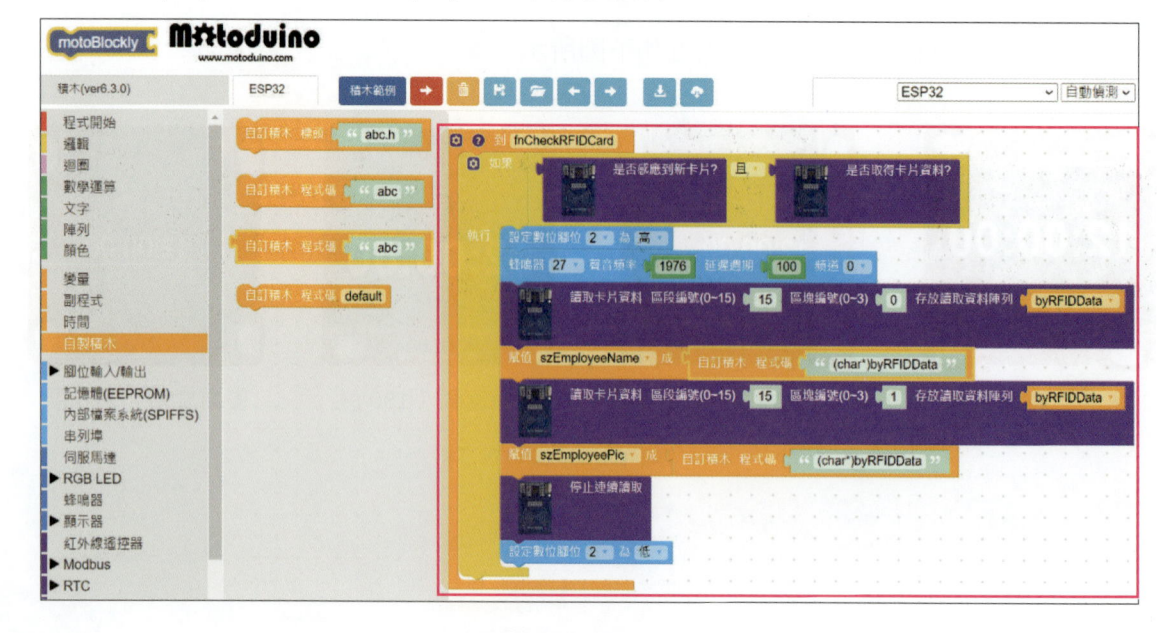

RTC 與 LINE Notify 服務的入門與實作

Step 6 在 fnCheckRFIDCard() 副程式中加入「LINE Notify 通知服務」程式積木，其中的「token（授權碼）」參數請填入在 5-3 節所取得備用的 LINE Notify 權杖授權碼。當 szEmployeeName 與 szEmployeePic 兩個變數長度大於 0 時，即代表有讀取到持卡者姓名與持卡者相片連結的內容，此時系統便會以 LINE 來發送持卡者的相片與「某某某（持卡者姓名）已於 HH：MM：SS 完成打卡！」的訊息給指定的對象。

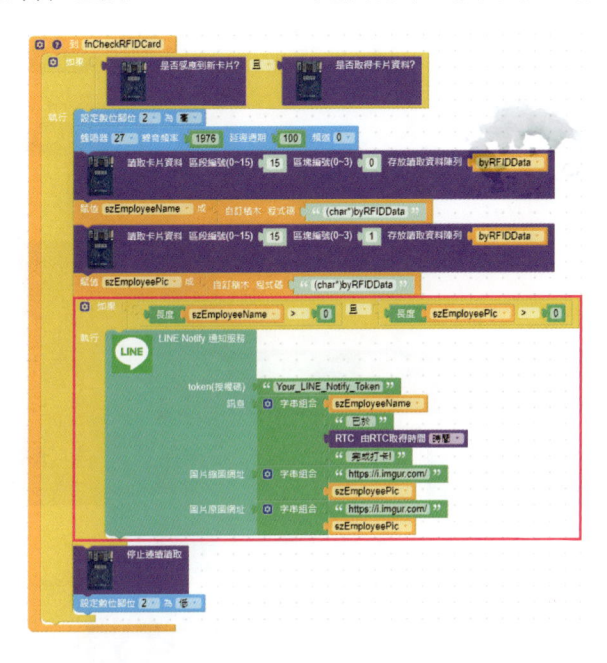

Step 7 由於此系統需要不斷更新 OLED 所顯示的時間，並且還要留意是否有人刷卡，因此需在主程式的迴圈（Loop）積木中呼叫前面所完成的 fnShowCurrentTime()、fnCheckRFIDCard() 兩個副程式，以此來進行 OLED 時間更新與刷卡資訊的比對以及後續的應對動作。至此，「打卡即時通系統」程式全部完成。

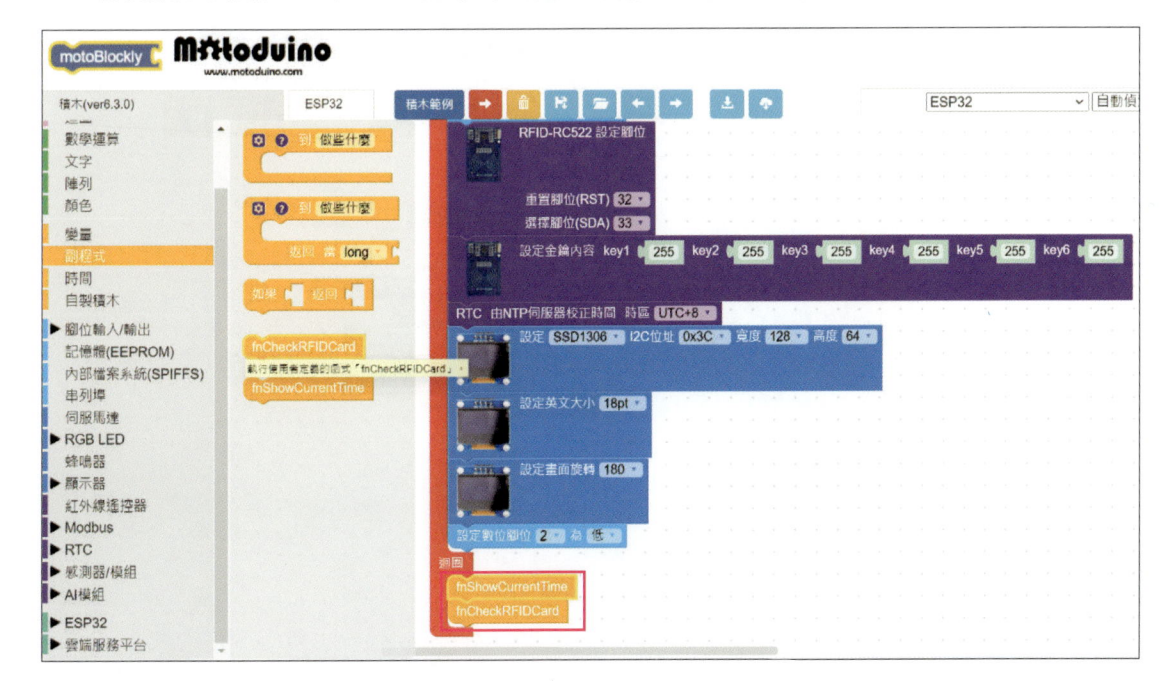

241

用 ESP32 輕鬆入門物聯網 IoT 實作應用

Step 8 完整的「ESP32 打卡即時通系統」motoBlockly 程式如下所示。請在紅框處填入自己對應的 WiFi 連線及 LINE Notify 相關資訊，程式才能正常的運作。另外由於此範例使用到的 OLED 顯示器函式庫程式碼較多，所以使用 motoBlockly 編譯上傳的時間也會比較久，程式上傳時請耐心等候。

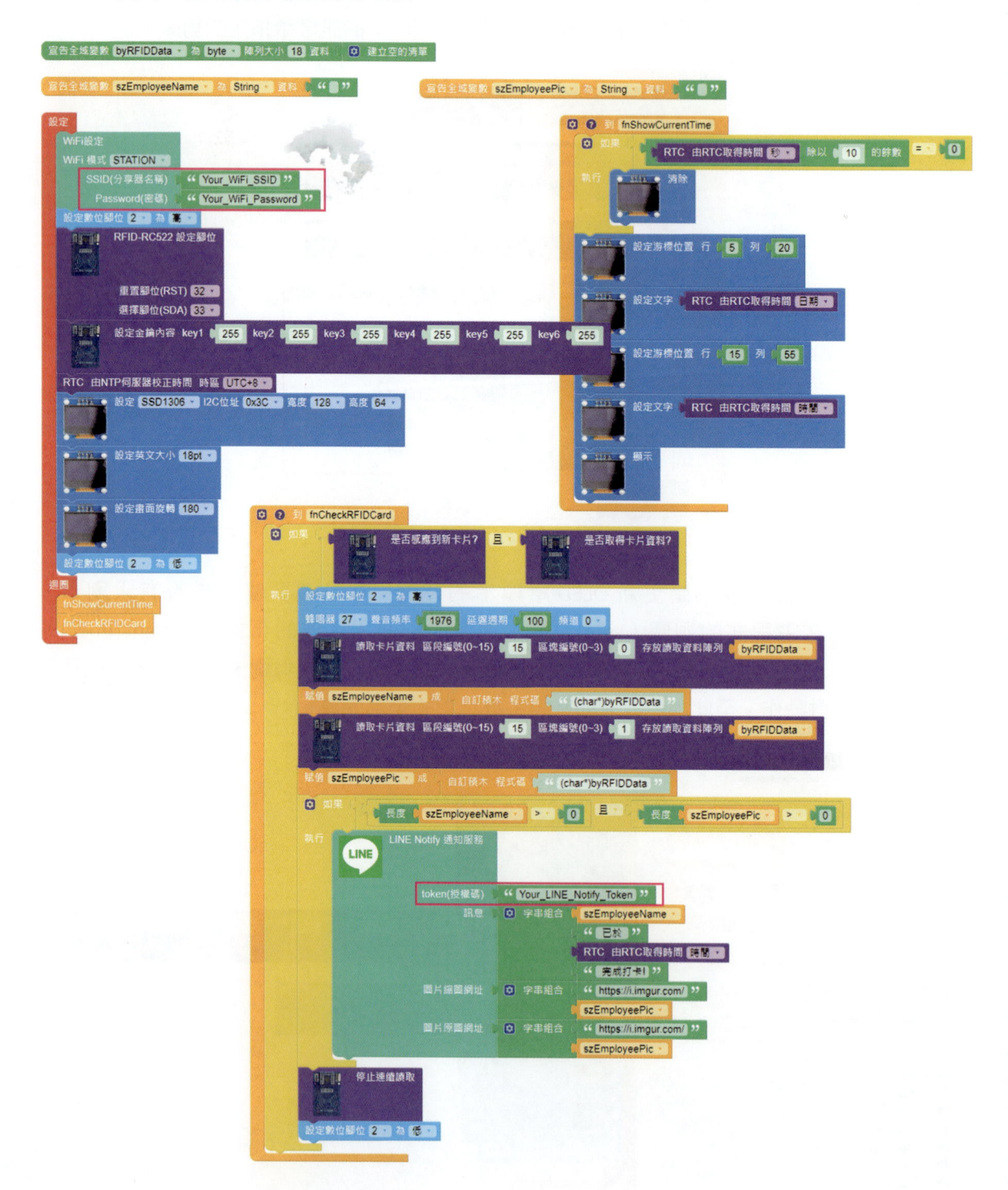

RTC 與 LINE Notify 服務的入門與實作 5

運作成果

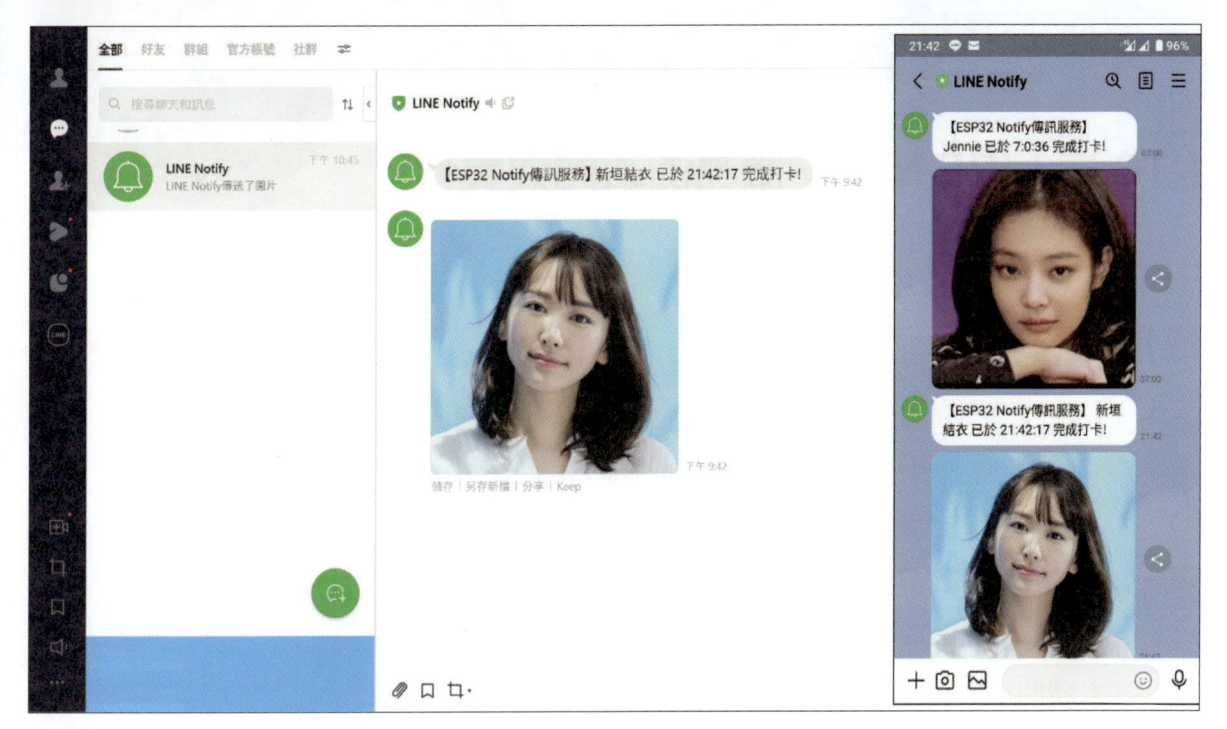

成果展示 https://youtu.be/StXnvX0DYMA

Chapter 5 課後習題

RTC 與 LINE Notify 服務的入門與實作

選擇題

(　　) 1. 請問下列何者對於 RTC（Real Time Clock）計時器的描述有誤？
　　　(A) 對時後的 RTC 時間就不會有誤差
　　　(B) 使用前須先進行對時
　　　(C) 斷電後需再重新對時
　　　(D) 為 ESP32 內建的功能

(　　) 2. 請問 LINE Notify 可以傳送何種訊息給指定對象？
　　　(A) 文字訊息　　　　　　　　(B) LINE 內建貼圖
　　　(C) 網路圖片　　　　　　　　(D) 以上皆可

(　　) 3. 請問若想讓 ESP32 同時執行 2 個以上的工作，可以使用 ESP32 的哪一個內建功能？
　　　(A) RTC（Real Time Clock）　(B) 雙核心
　　　(C) WiFi 連網　　　　　　　　(D) 藍牙遙控

(　　) 4. 請問一般的 RFID 卡內部具有多少個資料區段（Sector）？
　　　(A) 4　　　　　　　　　　　(B) 8
　　　(C) 16　　　　　　　　　　 (D) 32

(　　) 5. 承上題，請問一般的 RFID 卡中，每個資料區段（Sector）又包含幾個不同的資料區塊（Block）？
　　　(A) 4　　　　　　　　　　　(B) 8
　　　(C) 16　　　　　　　　　　 (D) 32

實作題

題目名稱：實作時問早系統系統

創客題目編號：A040027

題目說明：

請實作一個定時問早系統。讓 ESP32 在每天的早上 6：00 時就會自動送出「早安！」的 LINE 訊息。

30 mins

創客力指標

外形	機構	電控	程式	通訊	人工智慧	創客總數
0	0	3	3	2	1	9

綜合素養力指標

空間力	堅毅力	邏輯力	創新力	整合力	團隊力	素養總數
0	0	3	1	1	1	6

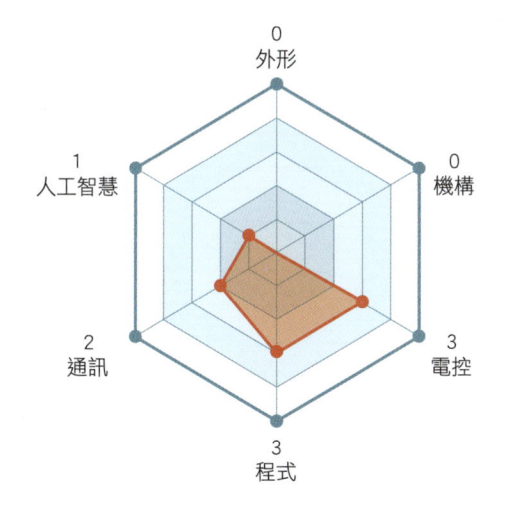

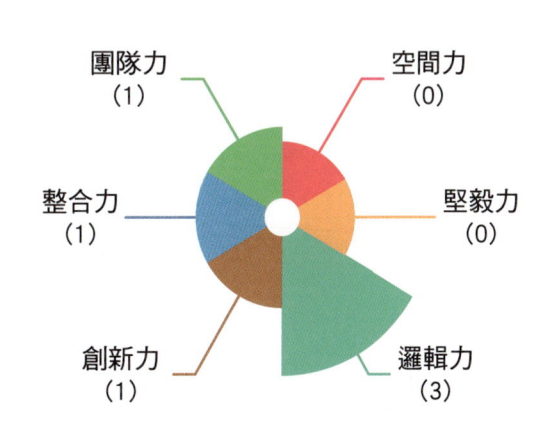

- 外形 0
- 機構 0
- 電控 3
- 程式 3
- 通訊 2
- 人工智慧 1

- 團隊力 (1)
- 空間力 (0)
- 整合力 (1)
- 堅毅力 (0)
- 創新力 (1)
- 邏輯力 (3)

Open Data 資訊開放平臺的入門與實作

　　在數位時代的浪潮中，大數據被譽為新時代的石油，而 ESP32 作為一款功能強大的微處理器，在結合雲端的大數據資料開放平臺後，便有了無限發展的可能性。不同的雲端資料開放平臺會提供不同的數據資料，從中便可衍生出不同的應用。從環境的監測數值到股市的即時資訊，從物聯網的應用到大數據的分析，本章將藉由實作不同的專題範例來展示 ESP32 與雲端資料開放平臺在不同領域的應用，並以此來探索資料開放平臺的優勢和重要性。

6-1　Open Data 簡介
6-2　Open Data 與 ESP32
6-3　Open Data 實作應用 I – 六都氣象查詢機
6-4　Open Data 實作應用 II – 空氣品質查詢系統
6-5　Open Data 實作應用 III – 股價查詢系統

6-1 Open Data 簡介

在現今資訊爆炸的時代，雖然許多資訊在網路上已垂手可得，不過仍有一些比較特別的專業資訊內容掌握在特定的人士或單位手中。即使這些資訊對於擁有者而言就像食之無味的雞肋，但它們卻有可能是社會大眾不可或缺的佳餚。

舉例來說：2015 年 10 月，台北市政府上線的「台北市住宅竊盜強度圖」，有助於提醒民眾注意自身居住區域的安全。2016 年農曆年前的台南大地震之後，「土壤液化」被歸咎為造成大樓倒塌導致重大傷亡的主要原因。數個月之後，行政院便公布了「土壤液化淺勢圖」讓民眾能夠提高警覺。這些在在都是與開放資料有著密切關聯的實際範例。

隨著世界這股資訊開放（Open Data）的浪潮，越來越多的政府資料被釋出給民眾查詢使用，普羅大眾不再需要擔心受到專利或著作權的箝制，便能自由地取用這些開放的資訊。在這股浪潮趨勢下，台灣不論是中央政府還是地方機關，慢慢地也把一些經過篩選許可的資料公布在自家的資訊開放平臺上（如下圖所示的「政府資料開放平臺」https://data.gov.tw/），民眾可經由這些公開的資訊開放平臺管道，獲取更多的資訊來衍生更多的應用。

6-2　Open Data 與 ESP32

　　雖然現今已有許多手機 APP 會取用資訊開放平臺的資料來做一些應用開發，但畢竟手機與平板這類高單價物品並不適合長期放置在公開場合中來進行展示（例如：學校要顯示目前的空氣品質時…），因此便宜又可連網的 NodeMCU-32S 便成了一個可取代手機、平板角色的絕佳替代方案。藉由 NodeMCU-32S 搭配網際網路上的資料開放平臺，我們便可做出一些長期監控或資訊顯示的實用案例了。

6-3　Open Data 實作應用 I – 六都氣象查詢機

　　OpenWeather 是一個提供全球即時和歷史天氣數據的雲端平臺，其提供了包括天氣概述、風速、風向角度、大氣壓力、溫度、體感溫度、濕度…等不同的天氣參數。由於更新頻率快，因此所提供的天氣資訊相當即時。

　　而 OpenWeather 收集天氣數據的方式非常多元，包括氣象站、雷達、衛星…等，所以經由整理統計後，便可提供最準確的天氣預報。最重要的是，OpenWeather 提供了一個簡單方便的 Web API，讓使用者可以輕鬆地以自己的應用程式或開發板來與其對接，並藉此來索取各種天氣的數據。該 API 支援多種程式語言，包括 Python、Java、JavaScript…等，也提供了說明文件和範例程式，讓開發者能夠快速地熟悉並使用之。

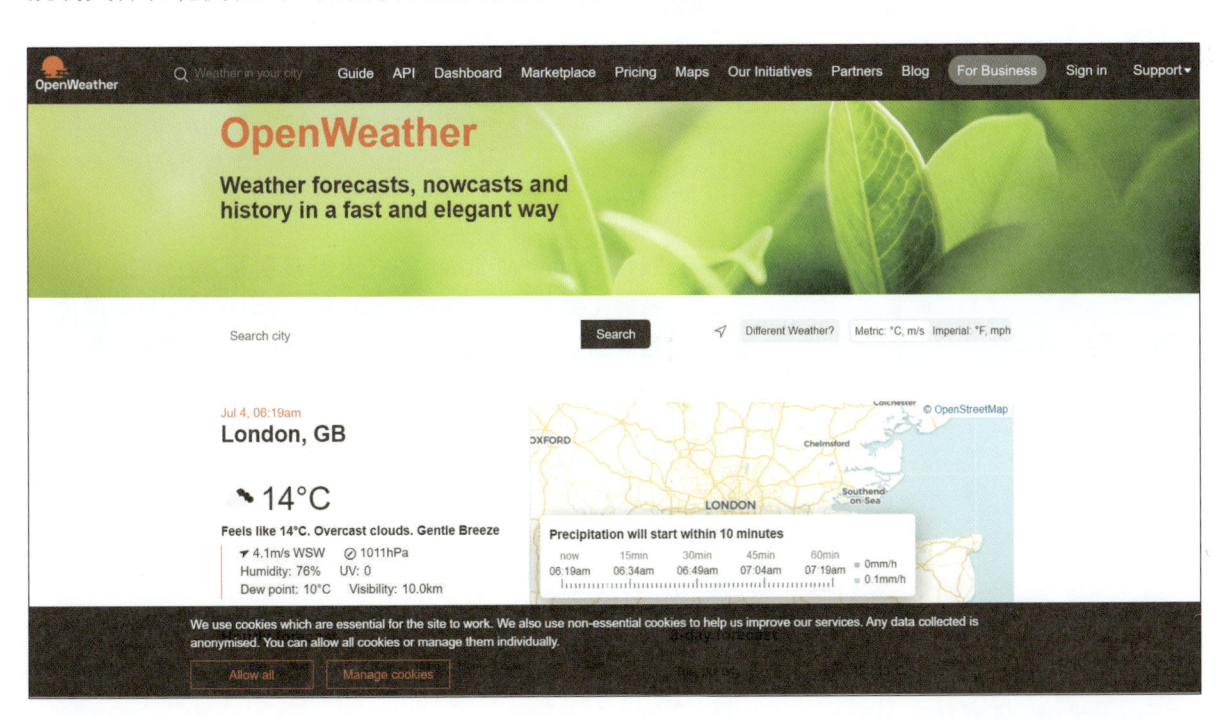

「六都氣象查詢機」的運作流程如下圖所示：❶ 將欲查詢的城市地點（台灣的六都）建立一個陣列存放。❷ 在 NodeMCU-32S 藉由 WiFi 與 OpenWeather 雲端平臺對接。❸ 使用者便可透過 ESP32 擴充板上不同的按鈕來選擇查詢陣列中各城市的溫度與濕度。❹ 將該城市的天氣資訊顯示在 OLED 上。

motoBlockly 與 OpenWeather 相關的程式積木放置在「雲端服務平臺」類別的「OpenWeather」群組中。詳細的 OpenWeather 程式積木功能介紹如下：

❶ OpenWeather 設定天氣資訊取得地點與授權碼的積木。

- **城市 ID**：OpenWeather 中代表各個城市的 ID 代碼。
- **金鑰**：由 OpenWeather 所提供的 API 授權碼，取得天氣資訊時必要的參數。

❷ OpenWeather 回傳指定天氣數據的積木。

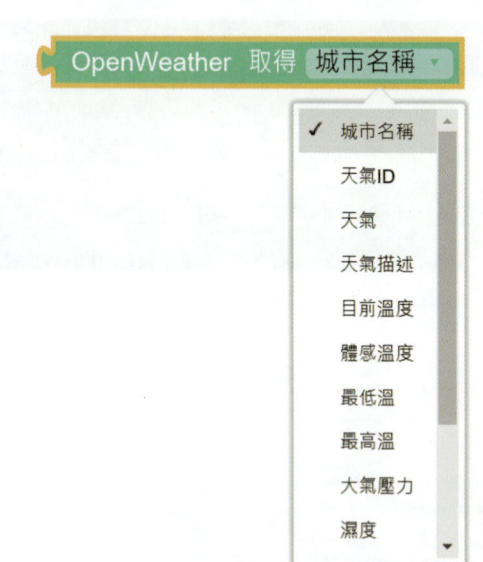

- **取得**：OpenWeather 各式天氣參數選項，包括：城市名稱（英文）、天氣 ID、天氣、天氣描述、目前溫度、體感溫度、最低溫、最高溫、大氣壓力、濕度、風速、風向角度、日出時間與日落時間⋯等。

Open Data 資訊開放平臺的入門與實作

❸ OpenWeather 回傳指定城市 ID 代碼的積木。

- 台灣城市 ID：OpenWeather 中代表台灣各個城市的 ID 代碼，包括：基隆市、臺北市、新北市、桃園市、新竹市、新竹縣、苗栗縣、臺中市、彰化縣、南投縣、雲林縣、嘉義市、臺南市、高雄市、屏東縣、臺東縣、花蓮縣、宜蘭縣、澎湖縣、金門縣、連江縣…等。

ESP32 硬體設定

六都氣象查詢機在硬體方面的需求有：

❶ 作為大腦來控制各項硬體的「NodeMCU-32S」。
❷ 內建按鈕與蜂鳴器的慧手科技「ESP32 IO Board 擴充板」。
❸ 負責顯示城市天氣資訊的 SSD1306 OLED 顯示器。

硬體組裝步驟

如下圖所示，將 OLED 顯示器接到 ESP32 擴充板 I2C 的插槽中，其中 OLED 的 GND 排針接到擴充板的 G 插槽、OLED 的 VCC 排針接到擴充板的 V 插槽、OLED 的 SDA 排針接到擴充板的 SDA 插槽、OLED 的 SCL 排針接到擴充板的 SCL 插槽。

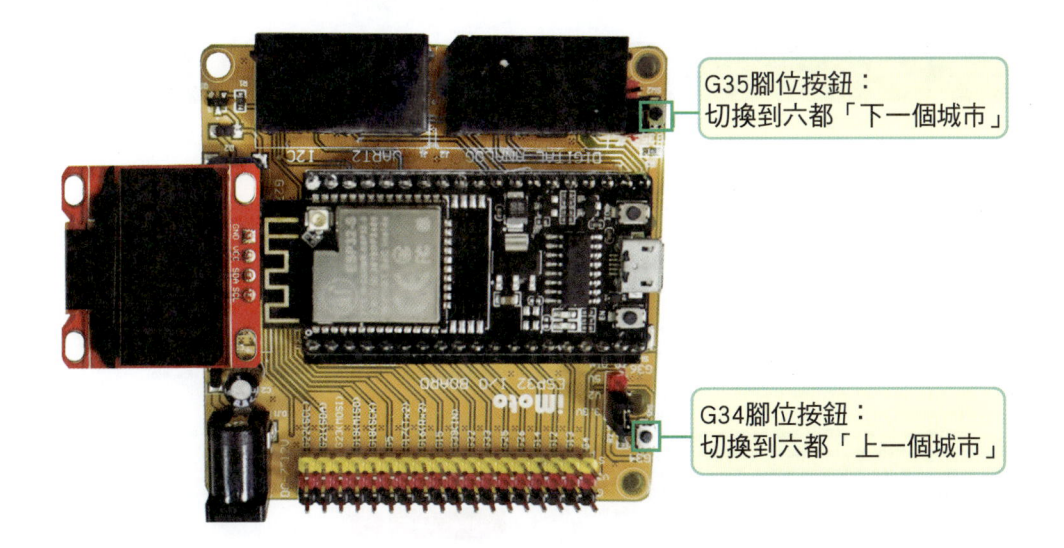

G35腳位按鈕：切換到六都「下一個城市」

G34腳位按鈕：切換到六都「上一個城市」

251

取得 OpenWeather 授權碼

因為向 OpenWeather 雲端平臺索取天氣數據的 Web API 需要使用到該平臺所提供的授權碼，因此使用者需先以如下的流程向 OpenWeather 進行註冊的動作才能取得必要的授權碼。

Step 1 如下圖所示：❶ 首先進入 OpenWeather 的首頁（https://openweathermap.org/），並選擇右上角的「Sign in」選項。❷ 選擇「Create an Account」選項建立新的 OpenWeather 帳號。

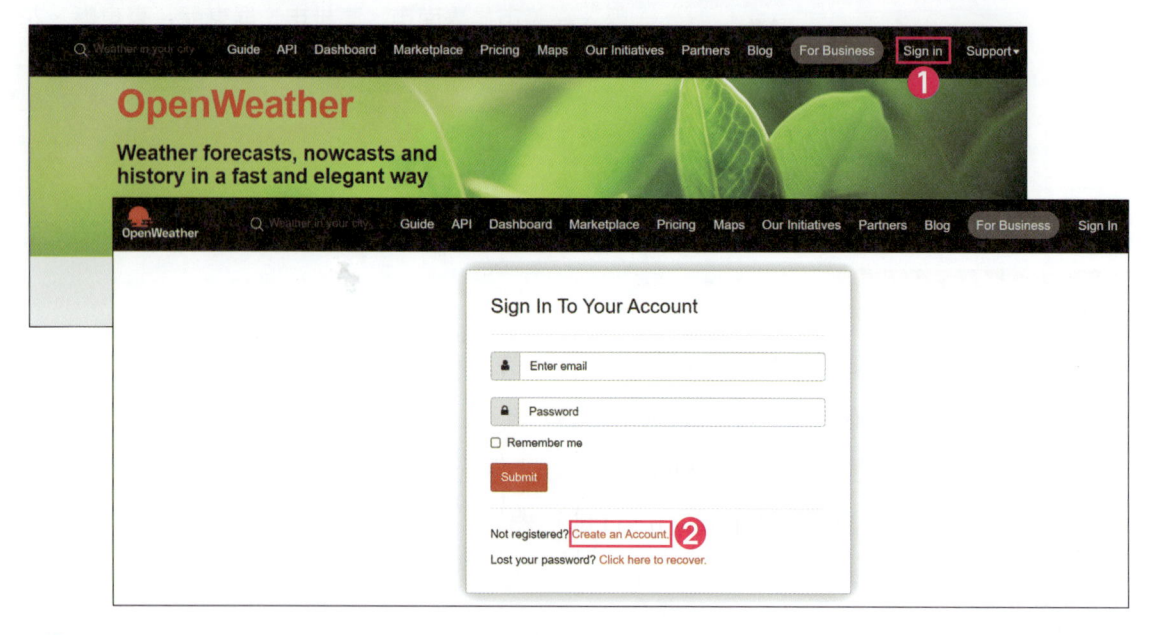

Step 2 請依下圖所示的註冊頁面設定。❶ 依照欄位需求填入對應的資訊。❷ 需勾選「I am 16 years old and over」、❸「I agree with Privacy Policy, Terms and conditions of sale and Websites terms and conditions of use」以及 ❹「我不是機器人」三個選項。❺ 最後再按下「Create Account」按鈕來完成註冊動作。

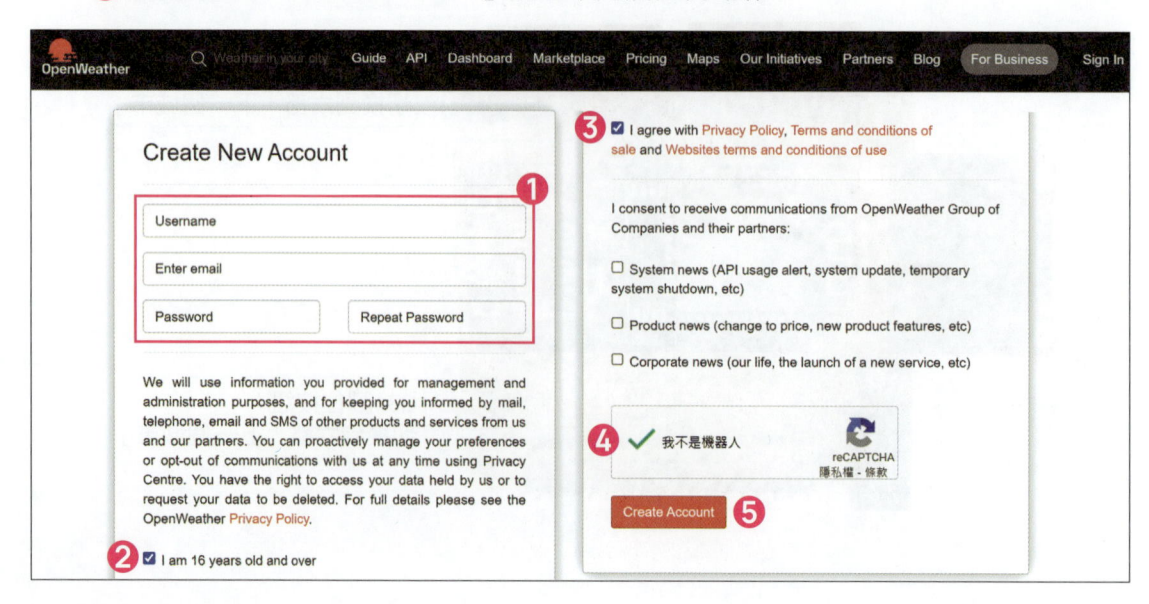

Open Data 資訊開放平臺的入門與實作

Step 3 如下圖所示，OpenWeather 會詢問使用者會如何及在何處使用它們所提供的 API，此時「Company」欄位可填入公司或學校英文簡稱，「Purpose（目的）」欄位則依自己的用途選擇即可（本例將其選擇「Other」）。完成後再按下「Save」按鈕儲存離開。

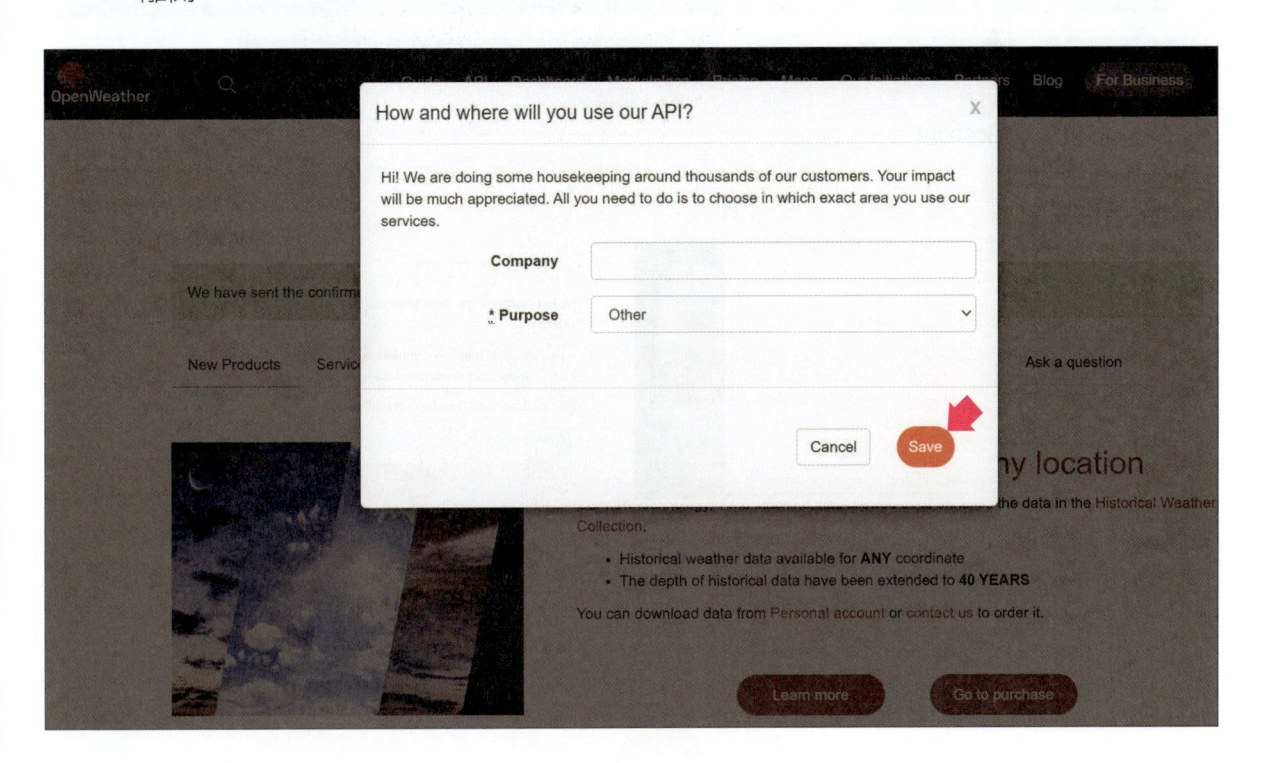

Step 4 當註冊頁面出現如下圖左紅框處所示的「We have sent the confirmation link to E-mail address. Please check your email.」字樣時，請至 OpenWeather 註冊時所輸入的 E-mail 信箱中收取確認信函，並點選該確認信函中的「Verify your email」按鈕。

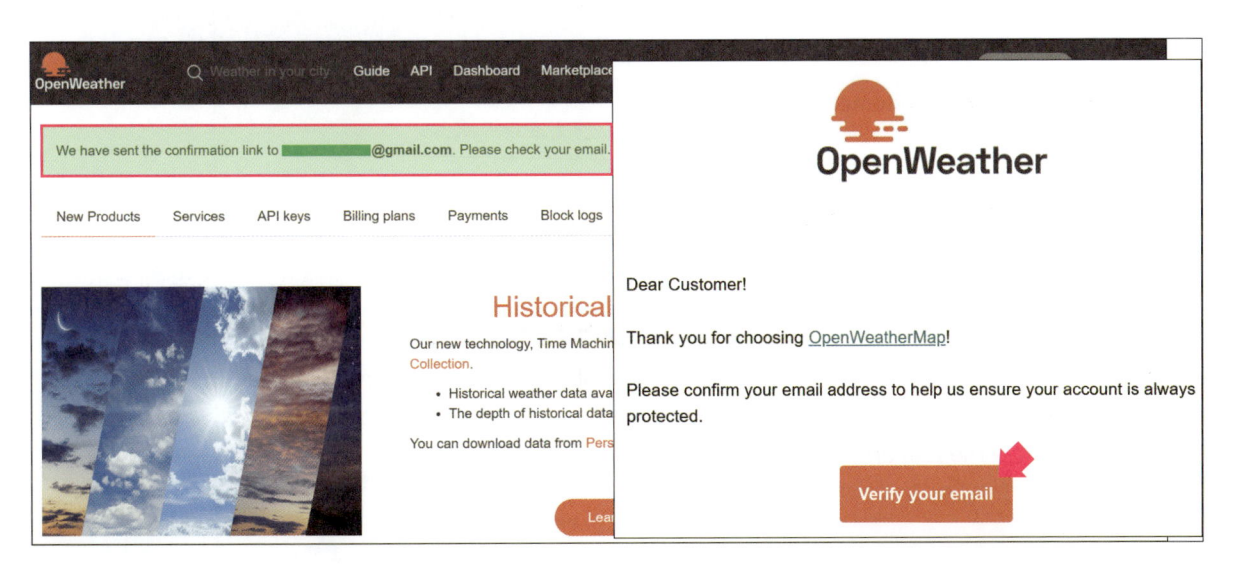

253

Step 5 重新以剛剛註冊成功的帳密登入 OpenWeather 雲端平臺。當出現如下圖右紅框處所示的「Signed in successfully.」字樣時，即代表登入成功。

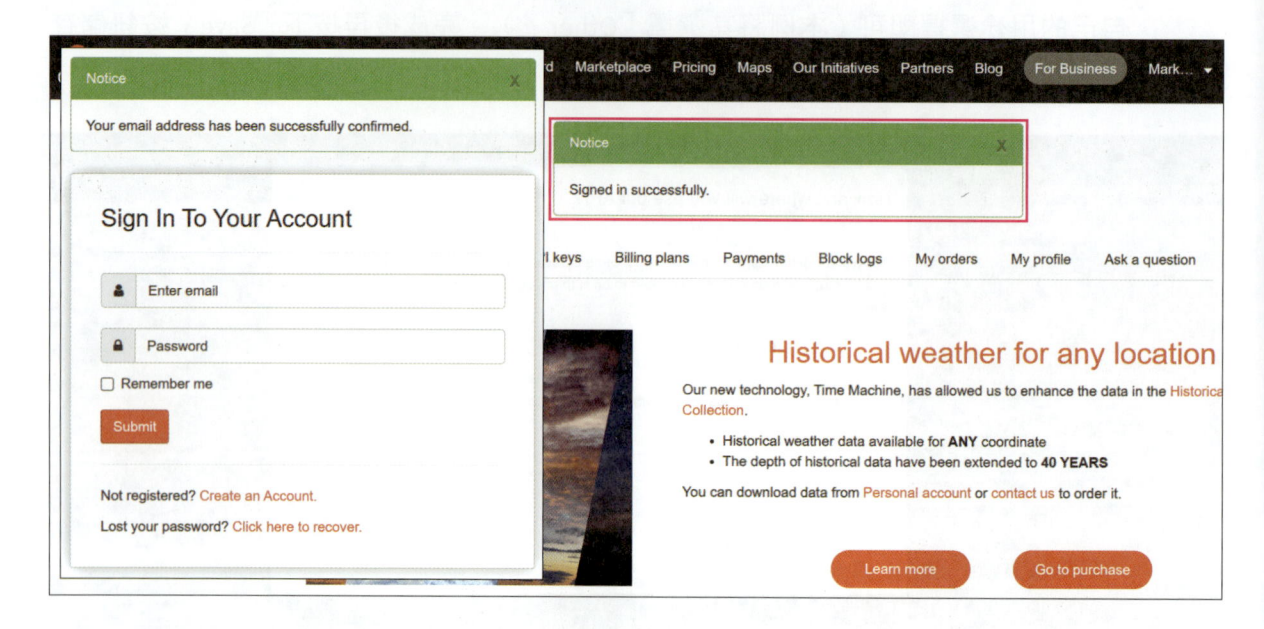

Step 6 如下圖紅框處所示，此時再回到註冊時所用的 E-mail 信箱中，即可收到如下圖紅框處所示的 OpenWeather API 授權碼。

ESP32 圖控程式

取得 OpenWeather 的 API 授權碼之後，就可以開始編寫「六都氣象查詢機」的 ESP32 程式。其程式的編寫流程如下：

Step 1
① 需將 motoBlockly 的開發板型號選擇為「ESP32」才能產生正確的 ESP32 程式碼。
② 建立兩個全域陣列變數，分別是存放「六都名稱」的 aryCityName，以及存放「六都 OpenWeather 代碼」的 aryCityID。
③ 宣告一個 int 型態的全域變數 nCurrentCityNum，用以存放目前顯示天氣資訊的城市陣列號次，其預設值設為 1（代表台北市、2 代表新北市…以此類推）。

Step 2 在設定（Setup）積木中完成 ESP32 連接網路的初始化設定。「WiFi 設定」積木中的「SSID（分享器名稱）」與「Password（密碼）」參數分別為 ESP32 準備連線的路由器或無線網路分享器的名稱與密碼，請依實際狀況來進行設定即可。

另外由於本系統需使用 OLED 來顯示六都個別的天氣，因此在使用 OLED 前需要進行一些初始化動作：包括設定 OLED 的「型號」、「I2C 位址」以及螢幕的「寬度」與「高度」解析度。

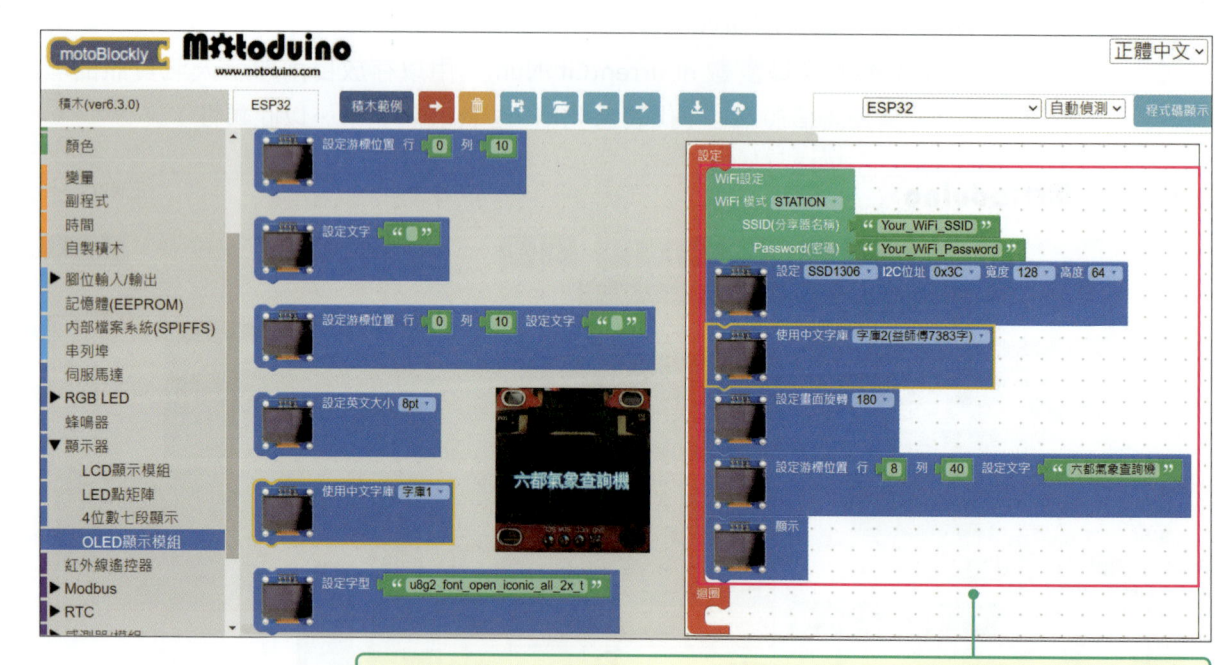

> 若以本範例所使用的 OLED 型號為例，請將上述各參數值分別設定為型號 SSD1306、位址 0x3C、寬度 128 與高度 64。也由於本系統需顯示中文字，因此需預先載入中文字庫備用（此處請務必選擇「字庫 2（益師傅 7383 字）」）。最後請將 OLED 的文字顯示角度設定為 180 度，並顯示本系統的名稱：「六都氣象查詢機」。

Step 3 由於本系統的 OLED 顯示器負責顯示使用者所選取的六都天氣資訊，因此需先將 OLED 顯示文字的動作寫成一個副程式 fnOLEDShowData()，其動作包括：先清除 OLED 螢幕緩衝區的所有內容，接著依序設定城市名稱、天氣狀態、溫度與濕度顯示的位置（其中的「行」、「列」參數分別代表的是 OLED 的 X 與 Y 軸顯示座標）以及文字內容，最後再呼叫「OLED 顯示」程式積木來把之前所設定的 OLED 畫面展示出來。

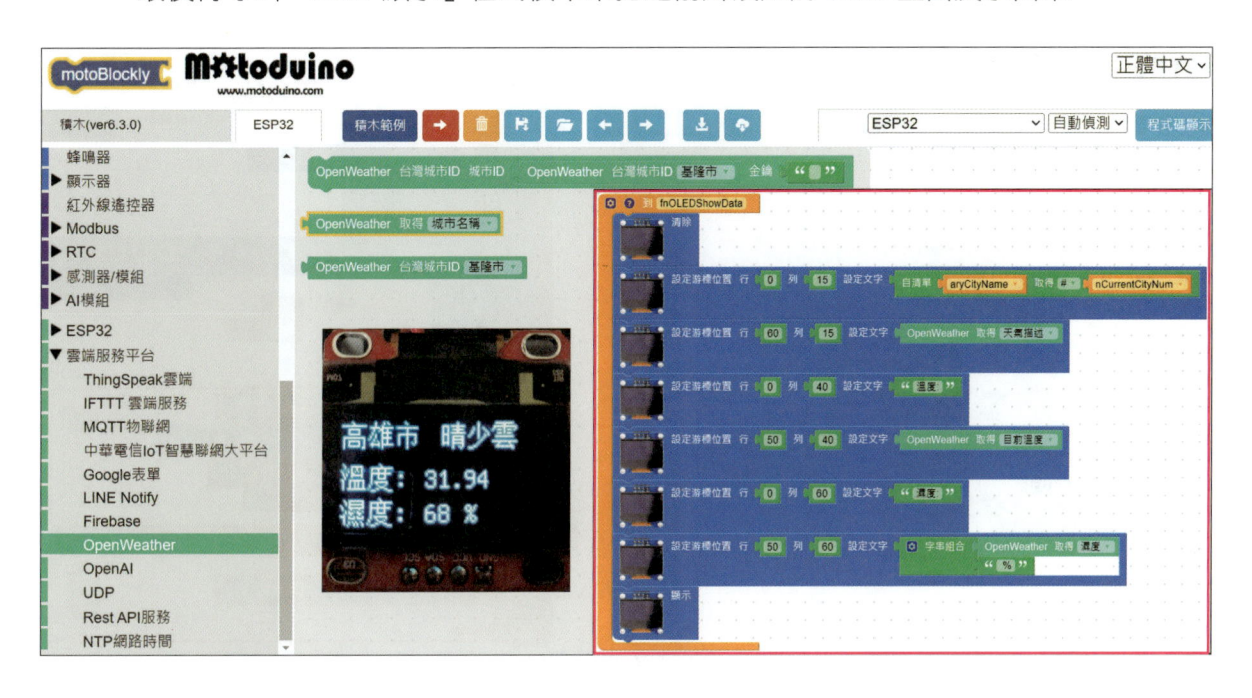

Step 4 回到主程式,在迴圈(Loop)積木中持續檢查是否有人按鈕來切換欲查詢的六都地點。當 G34 腳位按鈕被按下時,代表使用者想查詢「上一個」六都城市的天氣資訊。此時除了讓擴充板上 G27 腳位的蜂鳴器發出聲音來回應使用者之外,再把目前的城市陣列號次變數 nCurrentCityNum「減 1」,讓程式可以從預先宣告的兩個陣列中取得正確的城市地名及對應的 OpenWeather 城市 ID。

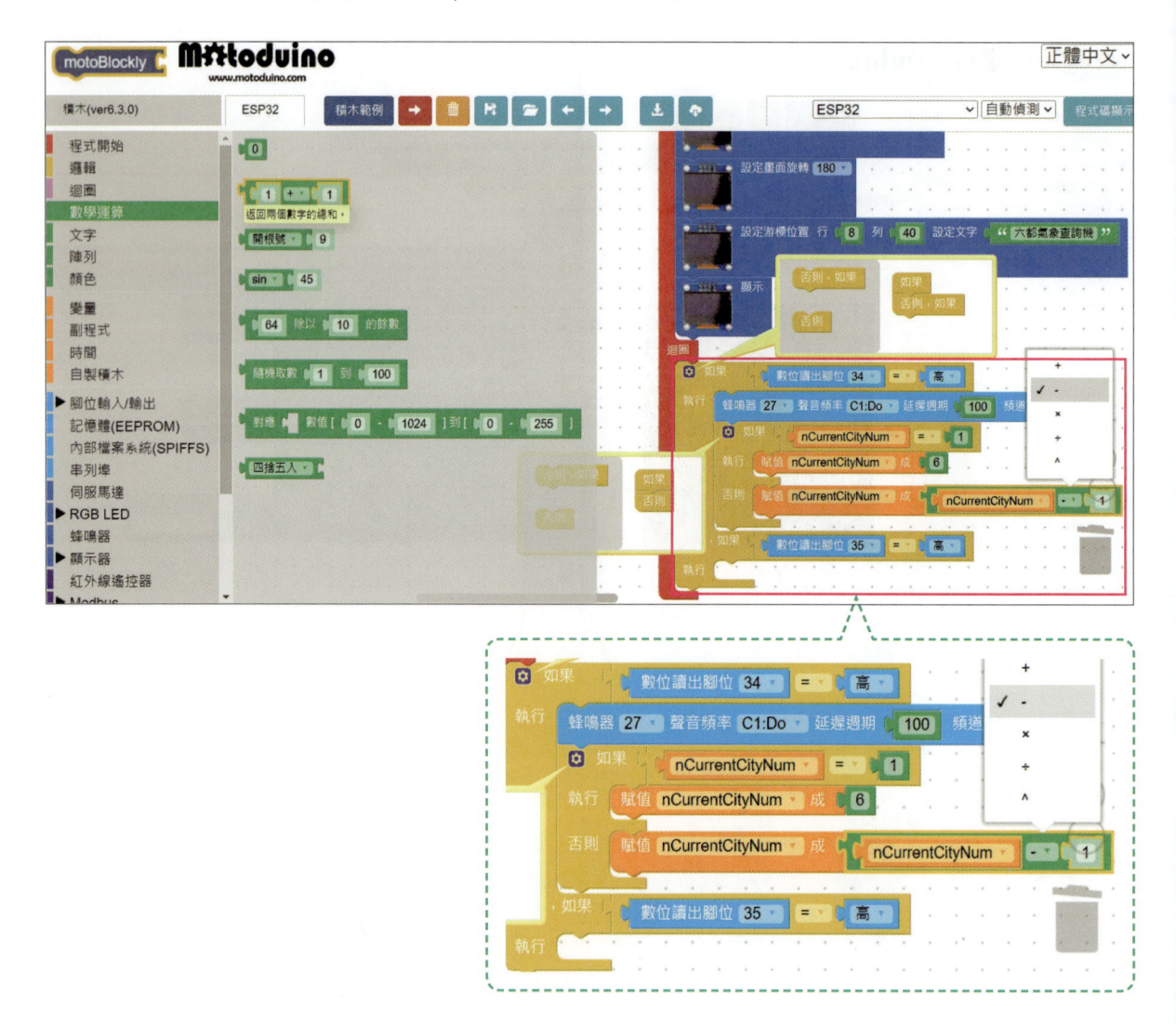

Open Data 資訊開放平臺的入門與實作

Step 5 使用 OpenWeather 程式積木來取得指定地點的天氣數據。其中的「城市 ID」參數可用城市陣列號次變數 nCurrentCityNum 從 aryCityID 陣列中取得對應的 ID 值,另外「金鑰」參數則輸入 OpenWeather 註冊成功時所取得的 API 授權碼即可。最後記得呼叫 fnOLEDShowData( ) 副程式來將天氣數據顯示出來。

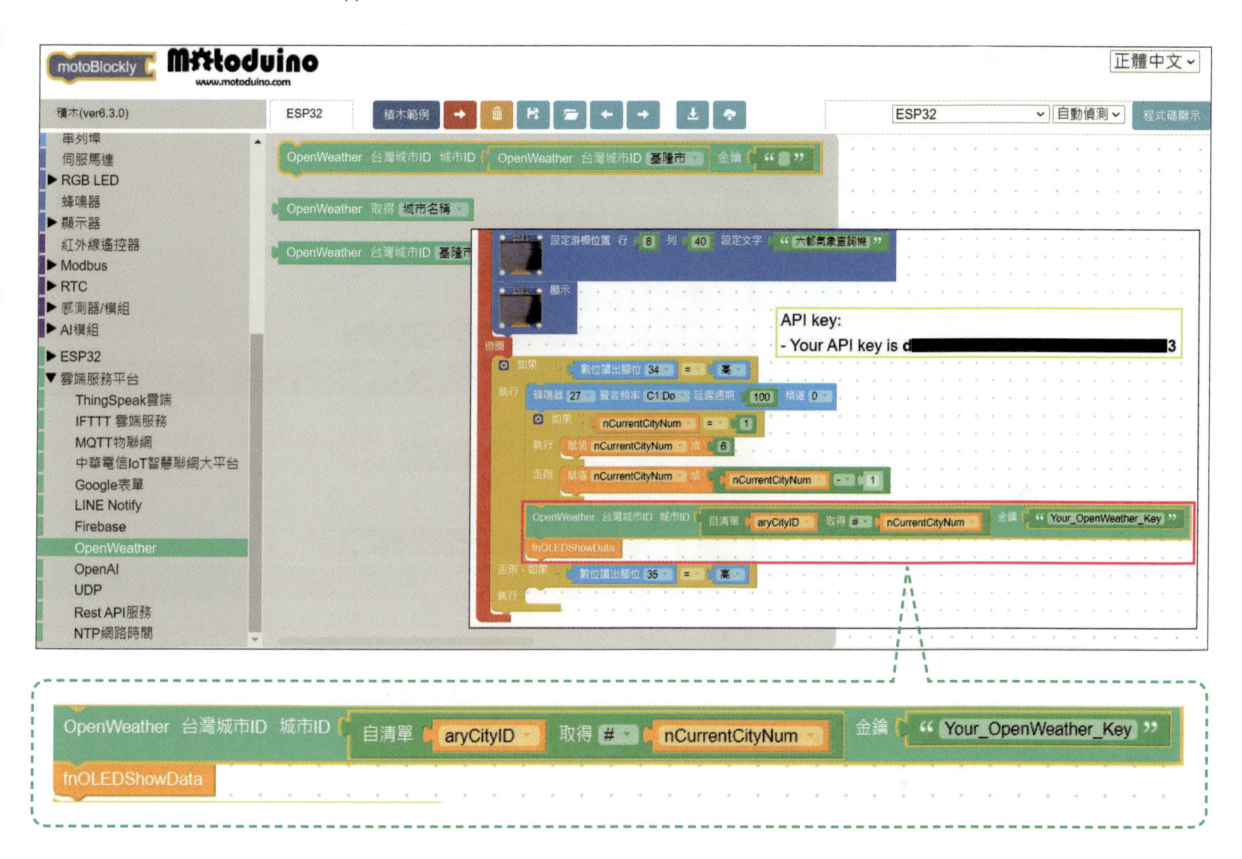

Step 6 與 G34 腳位按鈕被按下時的動作類似。當 G35 腳位按鈕被按下時，代表使用者想查詢「下一個」六都城市的天氣。此時除了讓 G27 腳位的蜂鳴器發出聲音來回應使用者之外，再把目前的城市陣列號次變數 nCurrentCityNum「加 1」，讓程式可以取得指定地點的天氣數據，並將該數據資訊顯示在 OLED 之中。

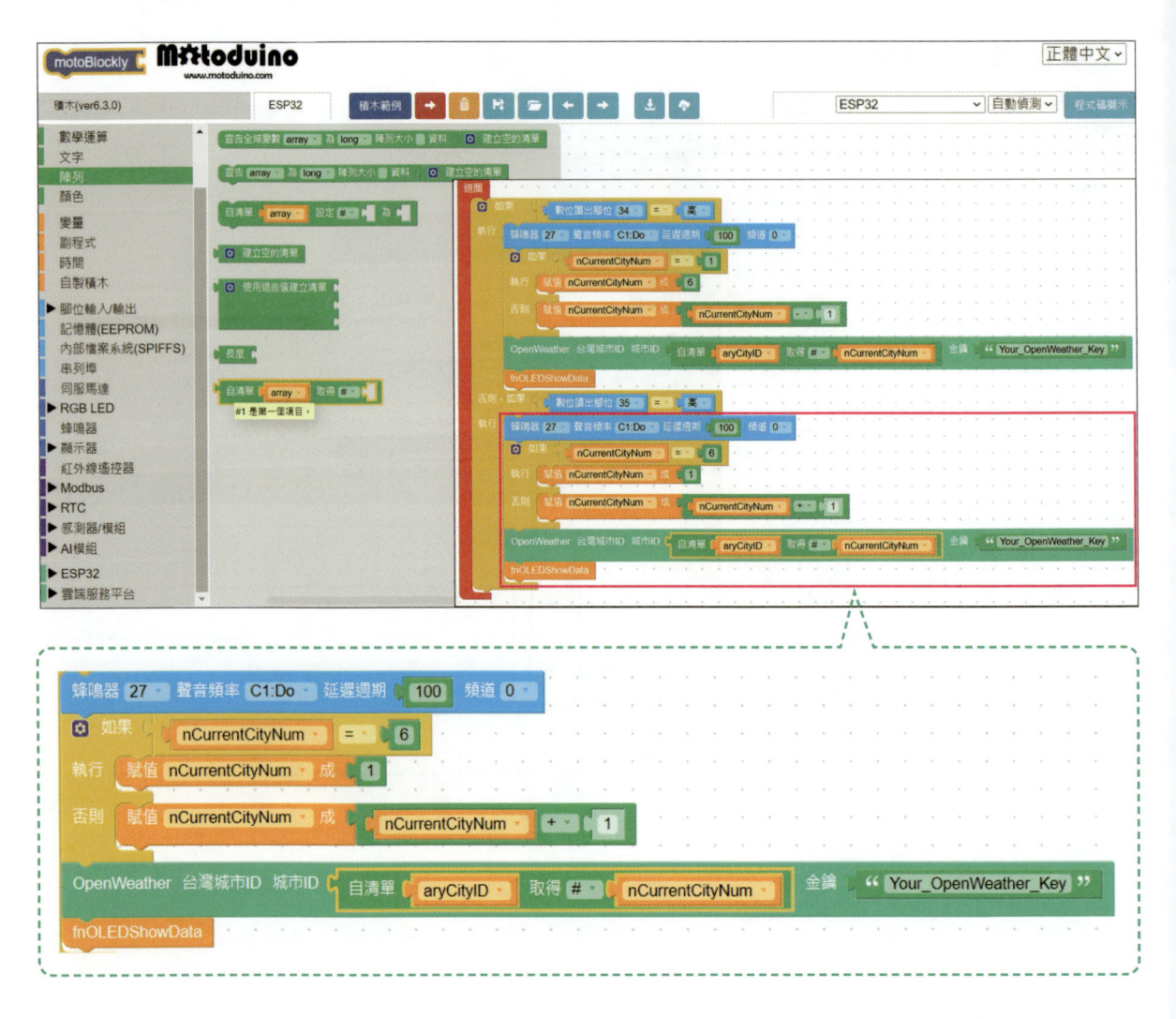

Open Data 資訊開放平臺的入門與實作

Step 7 完整的「ESP32 六都天氣查詢機」motoBlockly 程式如下所示。請在紅框處填入對應的 WiFi 連線及 OpenWeather 的 API 授權碼，程式才能正常的運作。

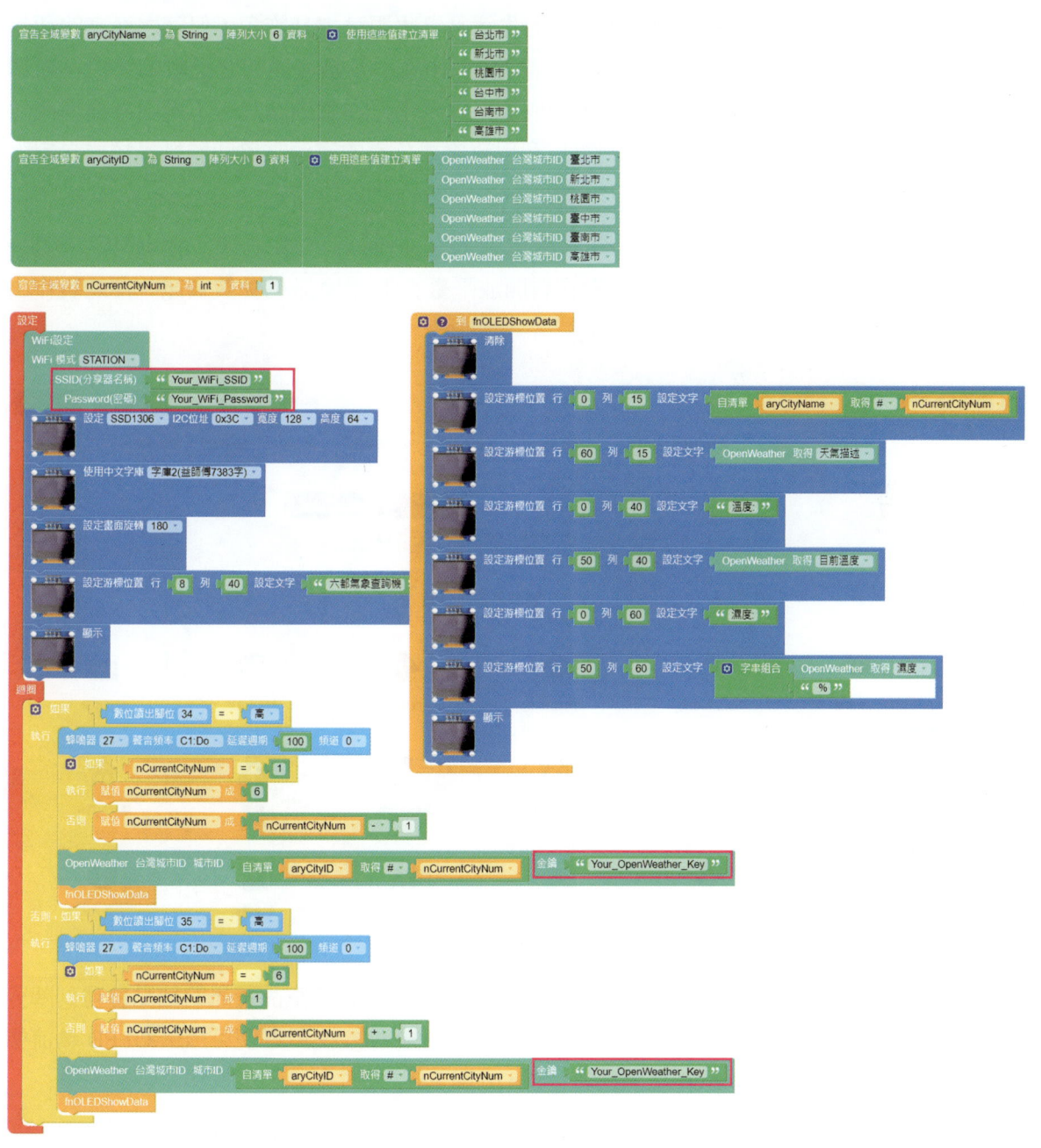

成果展示 ○ https://youtu.be/f1RcjMrWS-w

6-4 Open Data 實作應用 II – 空氣品質查詢系統

隨著全球工業化的腳步越來越快，人們的生活品質也跟著提升許多，但隨之而來的卻是空氣品質的逐年惡化。台灣每年空氣的細懸浮微粒（PM2.5）濃度與因之過敏的人口不斷攀升，因此隨時監控周遭環境的空氣品質，變成普羅大眾十分在意的課題。不過因為高準確性的 PM2.5 測量模組並不便宜，所以我們可以利用政府或公家的資源來協助監控學校或自家附近的空氣品質。

本節範例將使用與上一節「六都氣象查詢機」相同的硬體架構（NodeMCU-32S + SSD1306 OLED 顯示器），再搭配「政府資料開放平臺」中 環境部 的免費資訊，便能製作出一套既便宜又好用的「空氣品質查詢系統」。

「空氣品質查詢系統」的運作流程如下圖所示：❶ 將欲查詢空品資訊的地點整理到陣列之中。❷ 在 NodeMCU-32S 與「政府資料開放平臺」對接。❸ 使用者便可透過 OLED 輪流觀看（不需按鈕）每個地點的 AQI 空氣品質、PM10 與 PM2.5。

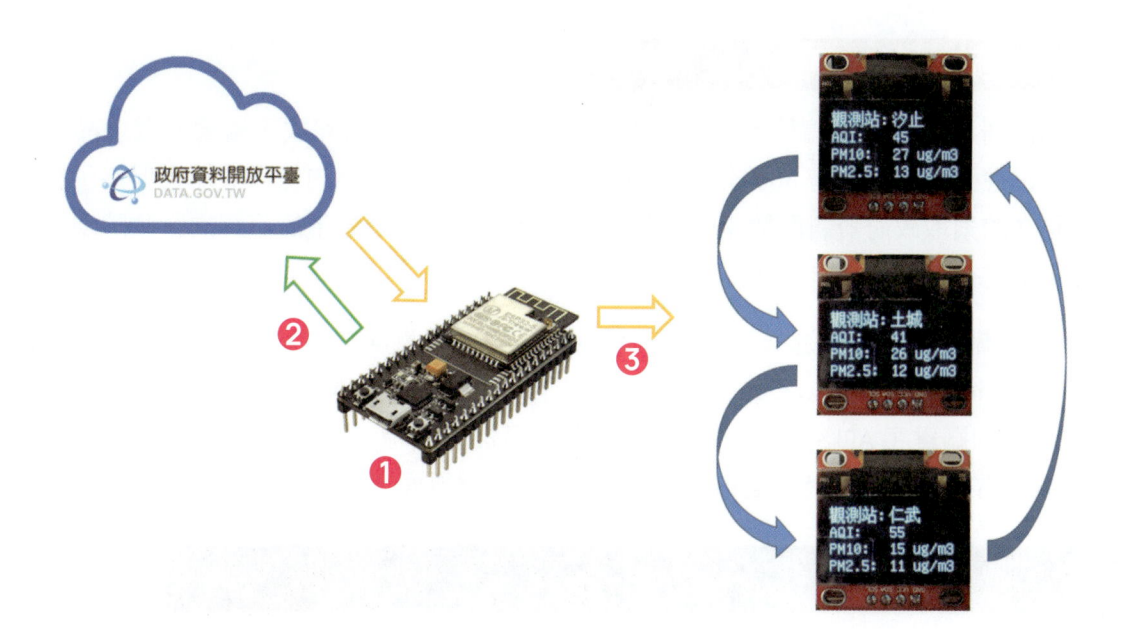

ESP32 硬體設定

空氣品質查詢系統在硬體方面的需求有：

❶ 作為大腦來控制各項硬體的「NodeMCU-32S」。

❷ 內建按鈕與蜂鳴器的慧手科技「ESP32 IO Board 擴充板」。

❸ 負責顯示指定區域空氣品質資訊的 SSD1306 OLED 顯示器。

硬體組裝步驟

如下圖所示，將 OLED 顯示器接到 ESP32 擴充板 I2C 的插槽中，其中 OLED 的 GND 排針接到擴充板的 G 插槽、OLED 的 VCC 排針接到擴充板的 V 插槽、OLED 的 SDA 排針接到擴充板的 SDA 插槽、OLED 的 SCL 排針接到擴充板的 SCL 插槽。

取得環境資料開放平臺 API 與金鑰

　　經過註冊取得會員金鑰後，每天便可有 5000 次向政府資料開放平臺索取環境品質資料的額度（沒註冊者每天只有 300 次額度），雖然該金鑰只有一年的使用效期，但為了讓大家能夠更自在的索取政府資料開放平臺內的資訊，建議大家先以如下的流程向行政院環境部資料開放平臺進行註冊的動作。

Step 1 如下圖所示，首先進入「環境部環境資料開放平臺開放資料 API」的頁面（https://data.moenv.gov.tw/swagger/）。接著 ❶ 按下 Ctrl+F 開始搜尋與空氣品質指標「AQI」相關的關鍵字 API。❷ 第一筆出現的「空氣品質指標」API（/aqx_p_432）便是我們要取得的目標，此時點選該 API 進入說明及測試頁面。

Step 2 點選畫面右上角的「Try it out」按鈕會跳出此 API 的測試頁面，所有需要輸入的欄位目前只有「api_key」API 金鑰欄位不知該如何輸入，此時請依該欄位的敘述到指定的網址 https://data.moenv.gov.tw/api-term 加入會員以取得對應的 API 金鑰。

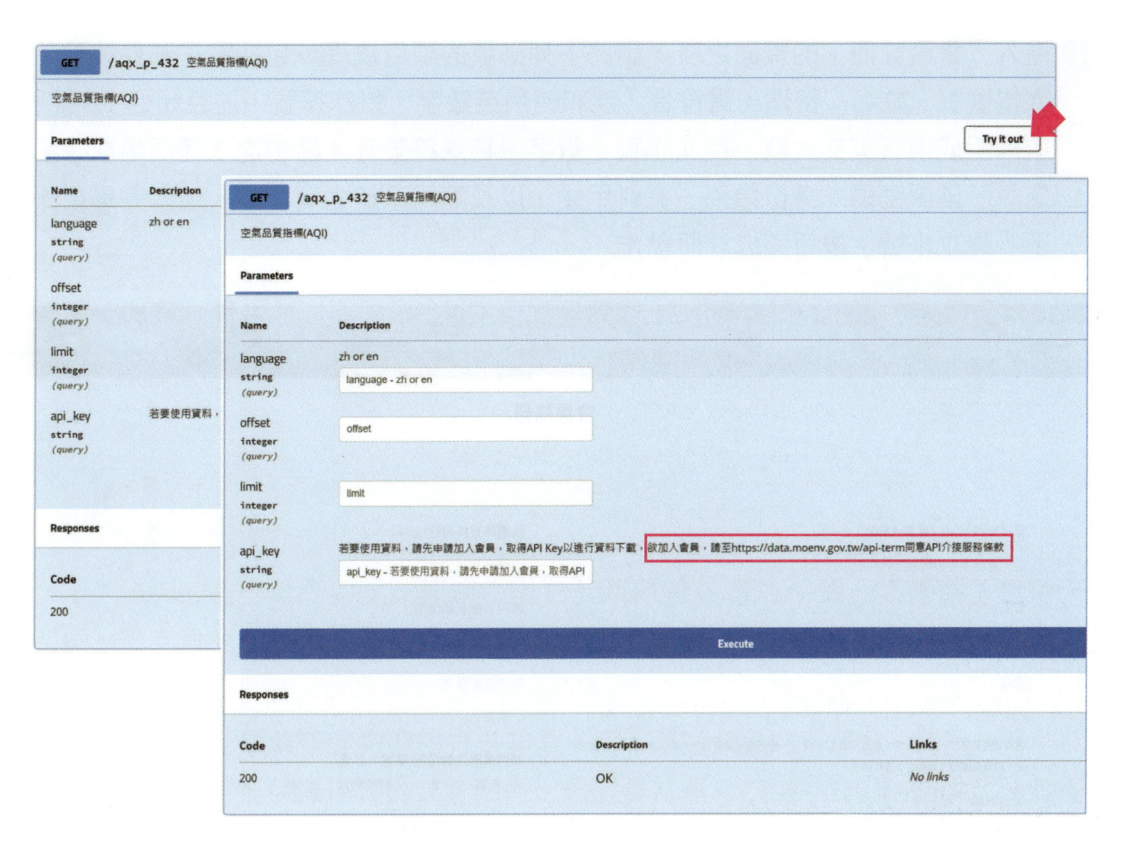

Step 3 進入上一步驟所指定的網址 https://data.moenv.gov.tw/api-term 中開始進行加入會員的動作。此時在「API 介接服務條款」頁面可以看到之前所提到的：此 API 金鑰有效日期僅有一年，以及會員單一 API 每日可提供 5000 次的介接服務…等注意事項。最後請勾選「我已閱讀上述說明，並將遵守上述規則使用平臺資料」選項後，再按下「下一步」按鈕繼續進行註冊的動作。

Step 4 進入「會員註冊」的頁面之後，請將下列必填的項目填妥，包括電子郵件地址（即登入帳號）、姓名、密碼（需符合「混和使用英數字、特殊符號，並且超過 12 個字元，密碼組成須有英文大寫、英文小寫、數字、特殊符號等 4 種中之 3 種所組成。」的規定）、確認密碼、身份類別、資料用途、以及應用系統名稱…等。輸入完畢後即可按下「建立帳號」按鈕完成註冊動作。

Step 5 回到註冊時所輸入的 Email 信箱中，即可收到如下圖紅框處所示，來自於「行政院環境部資料開放平臺」的 API 金鑰（Key）。

Step 6 回到 API 的測試頁面中。在「language」欄位輸入 zh 讓資料平臺可以回覆中文的內容，「offset」與「limit」欄位可以留空而不輸入，「api_key」欄位則請輸入在步驟 5 所取得 API 金鑰。輸入完畢後，請按下「Execute」按鈕觀看測試結果。

Step 7 如下圖所示，紅框部分為與「行政院環境部資料開放平臺」介接的 API 格式：https://data.moenv.gov.tw/api/v2/aqx_p_432?language=zh&api_key={Your_MOENV_API_Key}，橘框部分則為每個觀測站所量測到的 JSON 格式空氣品質數據。

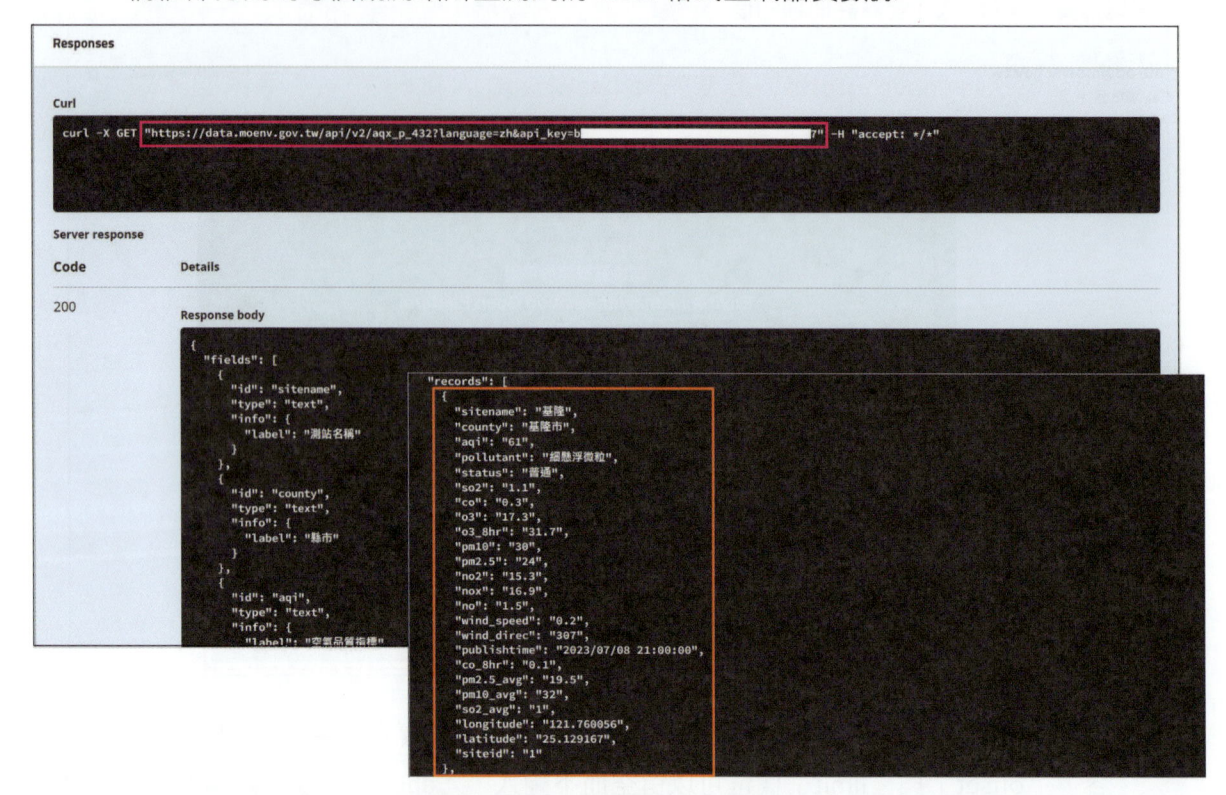

> 註 JSON（JavaScript Object Notation）是一種輕量級的數據交換格式，易於人類閱讀和編寫，也易於機器解析和生成。它是一種獨立於語言的文本格式，但使用了類似於 C 語言家族（如 C、C++、Java、JavaScript、Perl、Python 等）中的編程習慣。

以下是關於 JSON 的幾個關鍵點：
1. **數據結構**：JSON 主要支持兩種數據結構：
   (1) **物件（Object）**：無序的鍵 / 值（Key-Value）對集合。在各種編程語言中，這通常表示為對象、記錄、結構、字典、哈希表、鍵列表或關聯數組。
   (2) **數組陣列（Array）**：有序的值集合。在大多數語言中，這通常表示為數組、向量、列表或序列。
2. **語法**：
   (1) **物件**：用花括號（{}）包裹。每個名稱後面跟著冒號（:），鍵 / 值對之間用逗號（,）分隔。

```
{ "name": "John Doe",
  "age": 30,
  "isStudent": false,
  "courses": null
}
```

   (2) **數組陣列**：用方括號（[]）包裹，值之間用逗號（,）分隔。

```
[ "apple",
  "banana",
  "orange",
  { "fruit": "grape",
    "color": "purple"
  }
]
```

詳細 JSON 格式與說明請參考：https://www.json.org/json-zh.html

Open Data 資訊開放平臺的入門與實作

至此,讀者可先搜尋回傳的觀測站資料中是否有包含自家所在的鄉鎮市地名,再加上所取得的 Web API 格式、金鑰,以及回傳的 JSON 資料格式等各式資訊,接下來就可以開始使用 motoBlockly 來編寫相關程式了。

ESP32 圖控程式

Step 1
❶ 先將 motoBlockly 的開發板型號選擇為「ESP32」才能產生正確的 ESP32 程式碼。
❷ 建立一個全域的字串陣列變數 arySiteName,用來存放要輪流查詢顯示的「觀測站名稱」(例如:汐止、土城、仁武…等,可參考平臺回傳的 JSON 資料)。
另外宣告其他的全域變數,包括用來存放 API 金鑰的 szAPIKey、擷取字串起始與結束位置的 nSubDataStart 與 nSubEnd、擷取完成的字串 szSubData,以及目前顯示空氣品質觀測站名的陣列索引值 nSiteNameIndex。

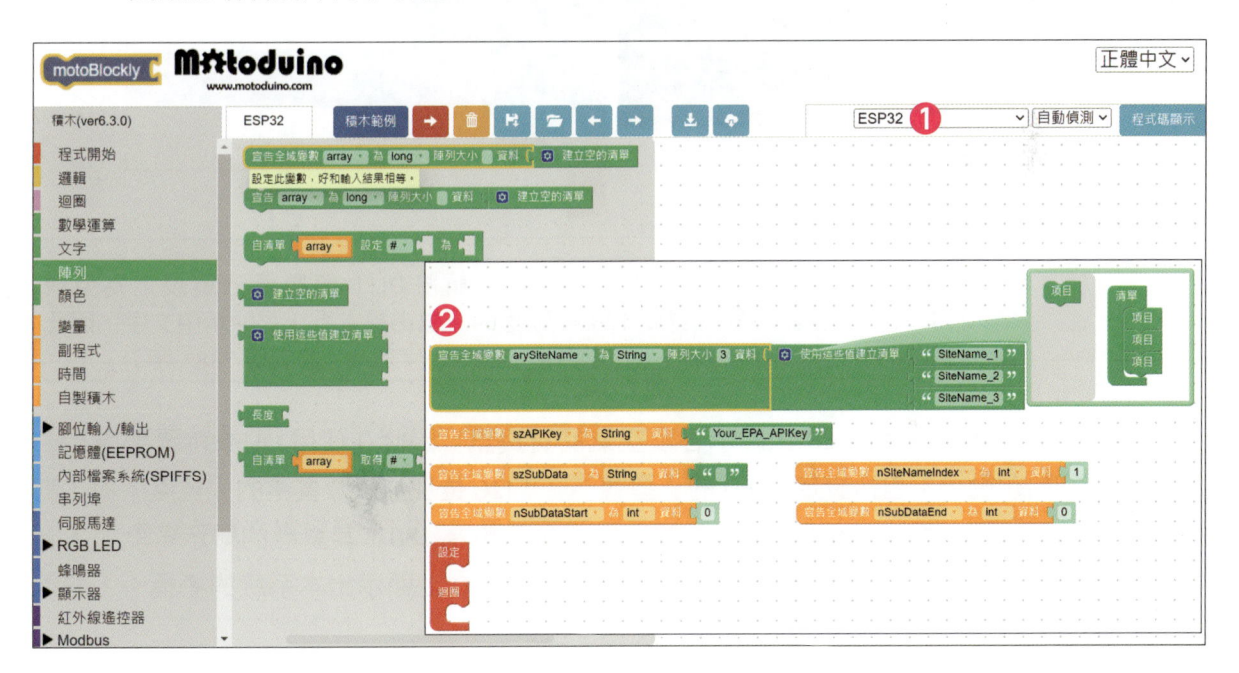

Step 2 在設定（Setup）積木中完成 ESP32 連接網路的初始化設定。「WiFi 設定」積木中的「SSID（分享器名稱）」與「Password（密碼）」參數分別為 ESP32 準備連線的路由器或無線網路分享器的名稱與密碼，請依實際狀況來進行設定即可。

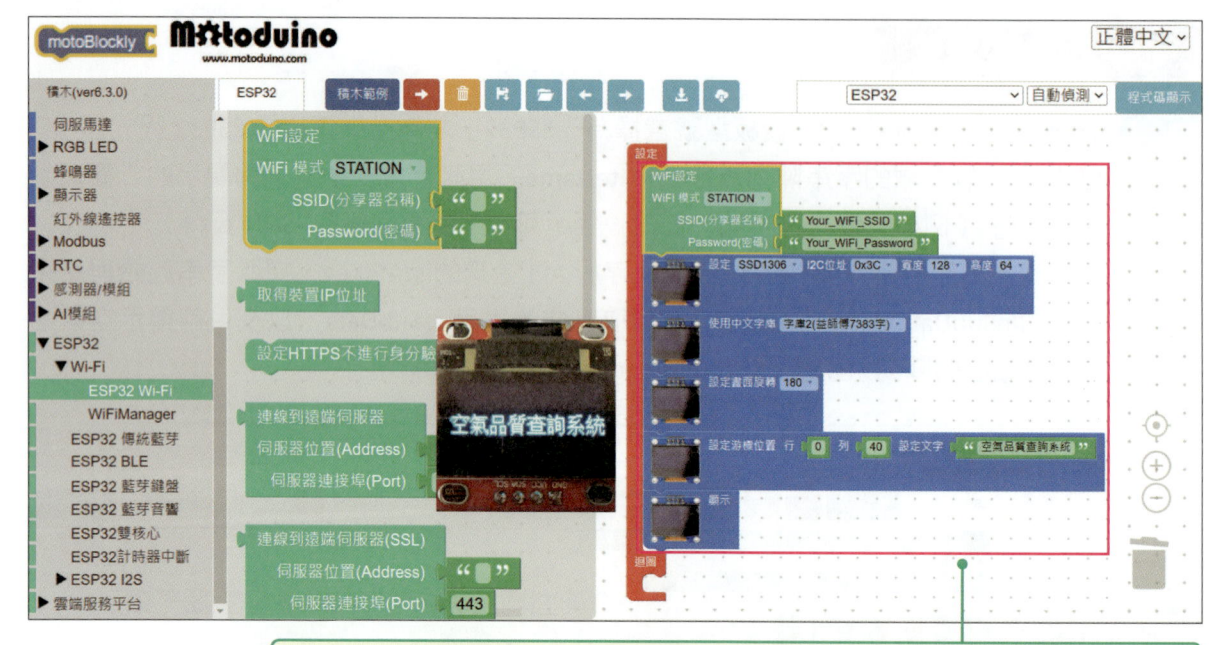

若以本範例所使用的 OLED 型號為例，請將 OLED 參數值分別設定為型號 SSD1306、位址 0x3C、寬度 128 與高度 64。也由於本系統需顯示中文字，因此需預先載入中文字庫備用（此處請務必選擇「字庫 2（益師傅 7383 字）」）。

由於本系統需使用 OLED 來顯示各項空氣品質資訊，因此在使用 OLED 前需要進行一些初始化動作：包括設定 OLED 的「型號」、「I2C 位址」以及螢幕的「寬度」與「高度」解析度。而本範例將 OLED 的文字顯示角度設為 180，其對應的顯示角度如下圖所示。最後當所有的初始化動作都完成時，在 OLED 上顯示出本系統的名稱：「空氣品質查詢系統」。

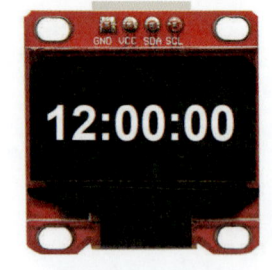

| 畫面旋轉：0 度 | 畫面旋轉：90 度 | 畫面旋轉：180 度 | 畫面旋轉：270 度 |

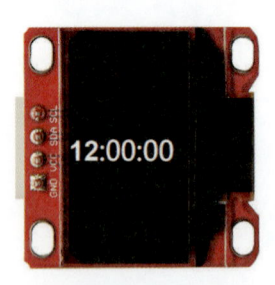

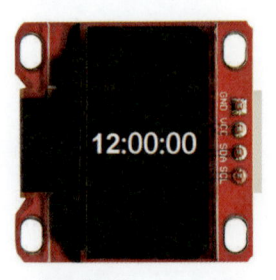

Open Data 資訊開放平臺的入門與實作

Step 3 由於本系統要顯示的 OLED 內容除了觀測站名稱之外，還有 AQI、PM10 以及 PM2.5…等不同的空氣品質數據，而這三筆數據必須從資料開放平臺回傳的 JSON 資料中將其過濾擷取出來，所以此處會將擷取字串資料的動作寫成一個副程式 fnSubStringGetVal()，並將擷取出來的資料以字串（String）格式回傳給呼叫者（如下圖紅框處所示）。

前面所述的三筆環境數據在 JSON 資料中的顯示格式分別為：「"aqi": "63",」、「"pm10": "37",」與「"pm2.5": "22",」，而這三個 JSON 資料均可用同一個副程式 fnSubStringGetVal() 將裡面的數值（63、37、22）抽取出來，其擷取流程程式如下圖所示。

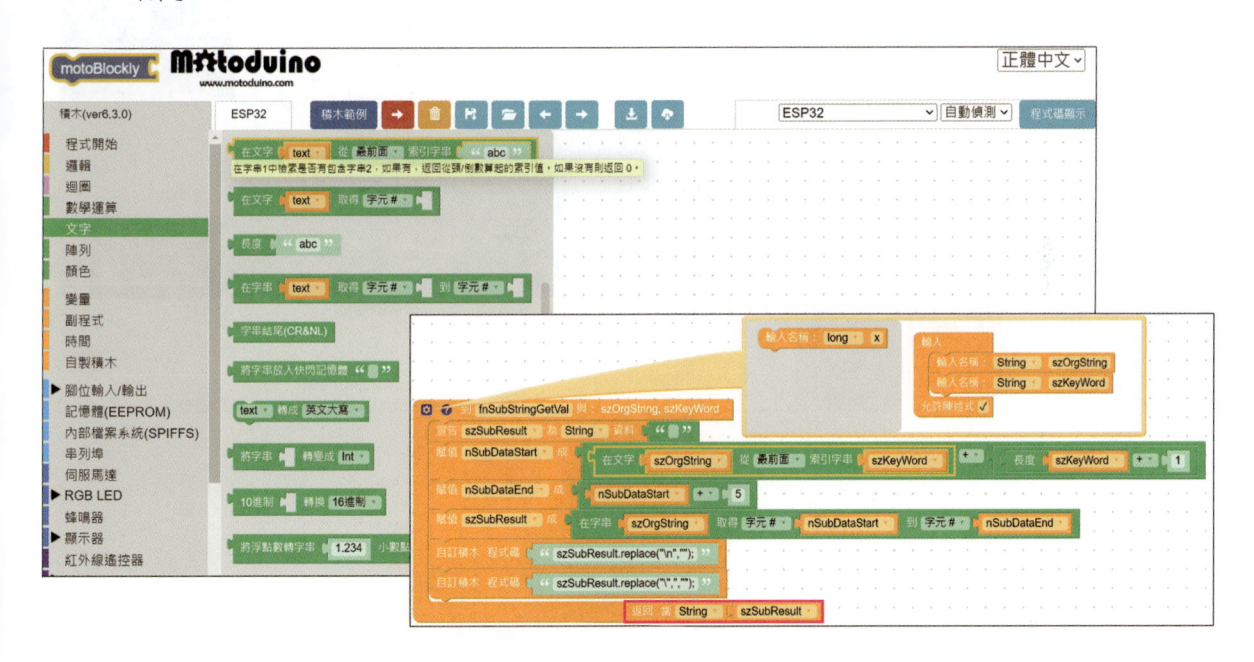

fnSubStringGetVal() 副程式中的兩個自訂積木程式碼及功能分別為：

以「szSubResult.replace（"\n",""）;」將 JSON 資料中的換行符號「\n」字串移除掉。

以「szSubResult.replace（"\"",""）;」將 JSON 資料中的結尾符號「",」字串移除掉。

Step 4 由於本系統的 OLED 顯示器會依序顯示觀測站名、AQI、PM10 和 PM2.5 空氣品質資訊，因此需將 OLED 顯示的動作寫成一個副程式 fnOLEDDisplay()，呼叫此副程式時需加入以下參數，包括：指定顯示內容的 Y 軸座標 nRow、數據名稱 szKey、顯示數據 szValue，以及顯示數據的單位 szUnit…等。

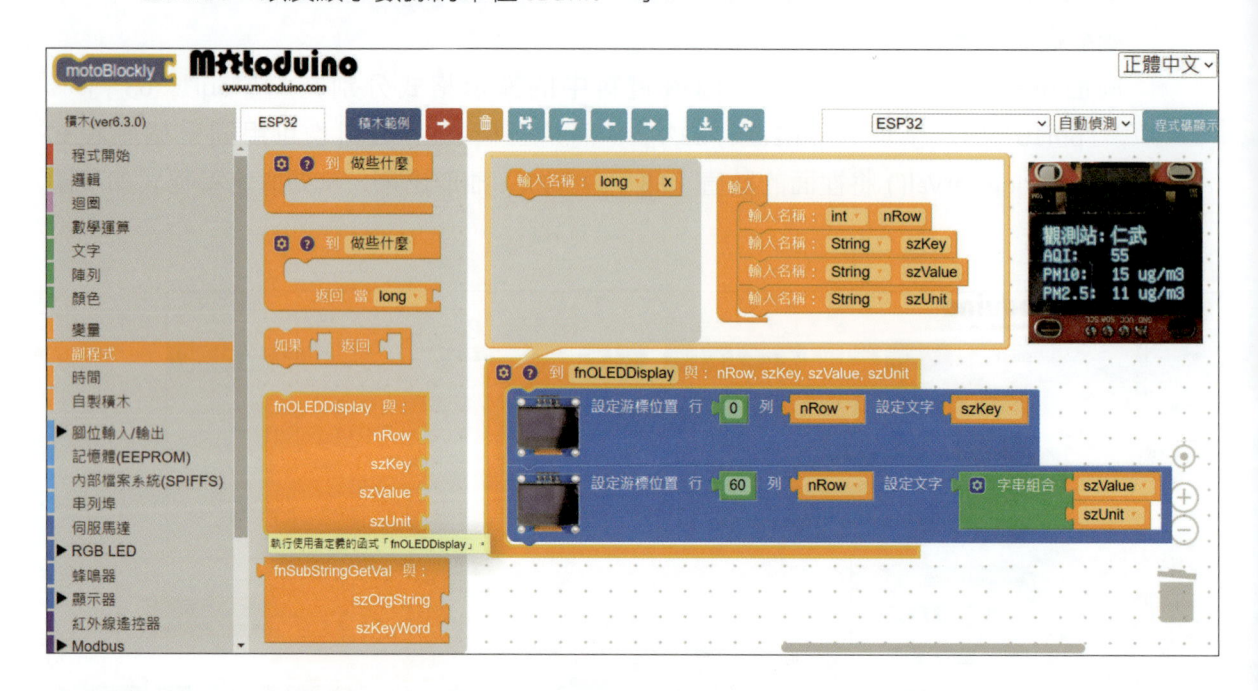

Step 5 由於 motoBlockly 目前並無提供可直接讀取環境部環境資料的積木，但其卻有提供一些手動可與開放式雲端平臺對接的積木，因此本範例便會使用這些基本的 WiFi 程式積木來完成與環境部資料開放平臺的對接，並藉此取得所需的空氣品質數據。

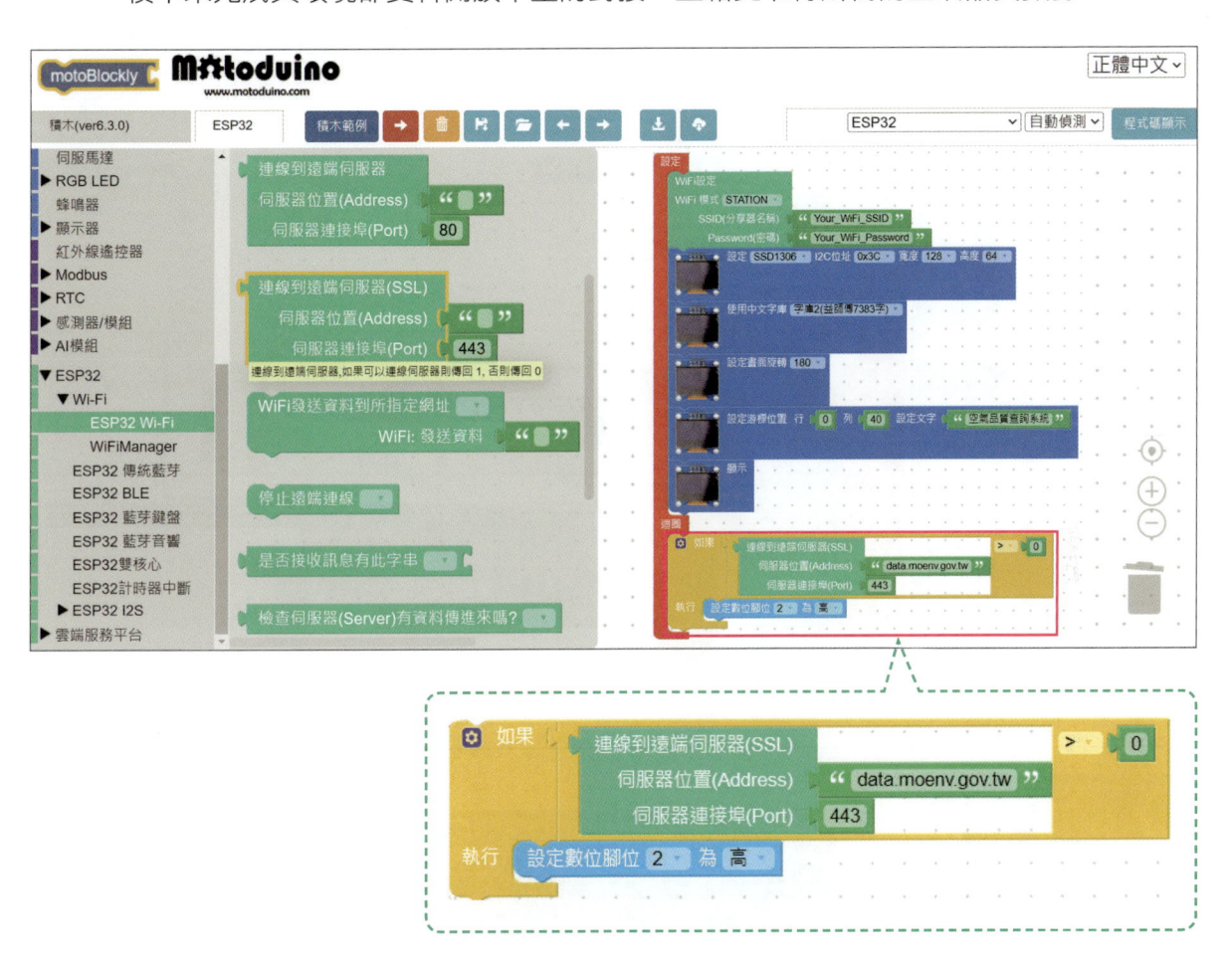

因為環境部資料開放平臺所提供的 API 格式為如下所示的型態：https://data.moenv.gov.tw/api/v2/aqx_p_432?language=zh&api_key={Your_MOENV_API_Key}，所以 NodeMCU-32S 必須使用「連線到遠端伺服器（SSL）」程式積木先連上環境部資料開放平臺，其中「伺服器位置（Address）」參數內容請填入資料開放平臺的網址 data.moenv.gov.tw，「伺服器連接埠（Port）」參數內容則請填入加密的 443 連接埠口。若與環境部網路平臺連線成功（當連線結果大於 0 時），NodeMCU-32S 便會點亮內建的 G2 腳位 LED 來告知使用者。

Step 6 同樣以環境部資料開放平臺所提供的 API 來取得所有地區的空氣品質 JSON 資料：https://data.moenv.gov.tw/api/v2/aqx_p_432?language=zh&api_key={Your_MOENV_API_Key}。請依上述 API 的紅色部分來設定下圖所示的「WiFi 發送資料到所指定網址 <SSL>」程式積木。

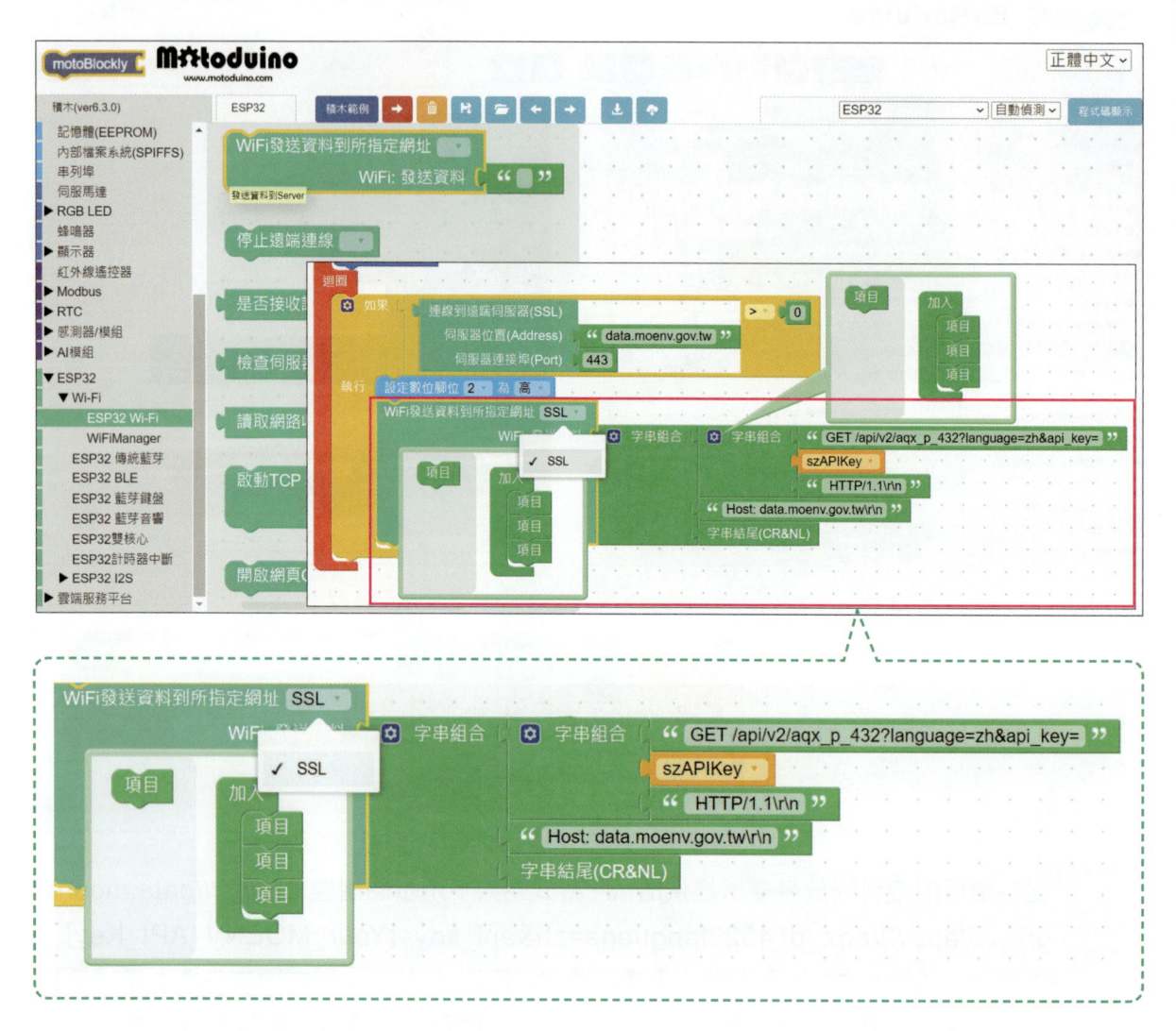

其中「WiFi 發送資料到所指定網址 <SSL>」程式積木的「WiFi 發送資料」參數的字串組合內容為：「GET（空一格）/api/v2/aqx_p_432?language=zh&api_key=」+ 變數 szAPIKey +「（空一格）HTTP/1.1\r\n」+「Host:（空一格）data.moenv.gov.tw\r\n」+「字串結尾（CR&NL）」程式積木。

Open Data 資訊開放平臺的入門與實作

Step 7 使用「是否接收訊息有此字串 <SSL>」程式積木來判斷是否已接收到指定觀測站的空氣品質資訊，此積木參數設為指定觀測站名稱。一旦確定收到指定地區的空氣品質資訊，便再使用「讀取網路收到的資料 <SSL>」程式積木來將環境部資料環境開放平臺回傳的資料存放至 szReceivedData 變數中。其中從網路一次讀取 700 bytes 的資料大約就是一個觀測站所量測的各種空氣品質數據的 JSON 資料長度。

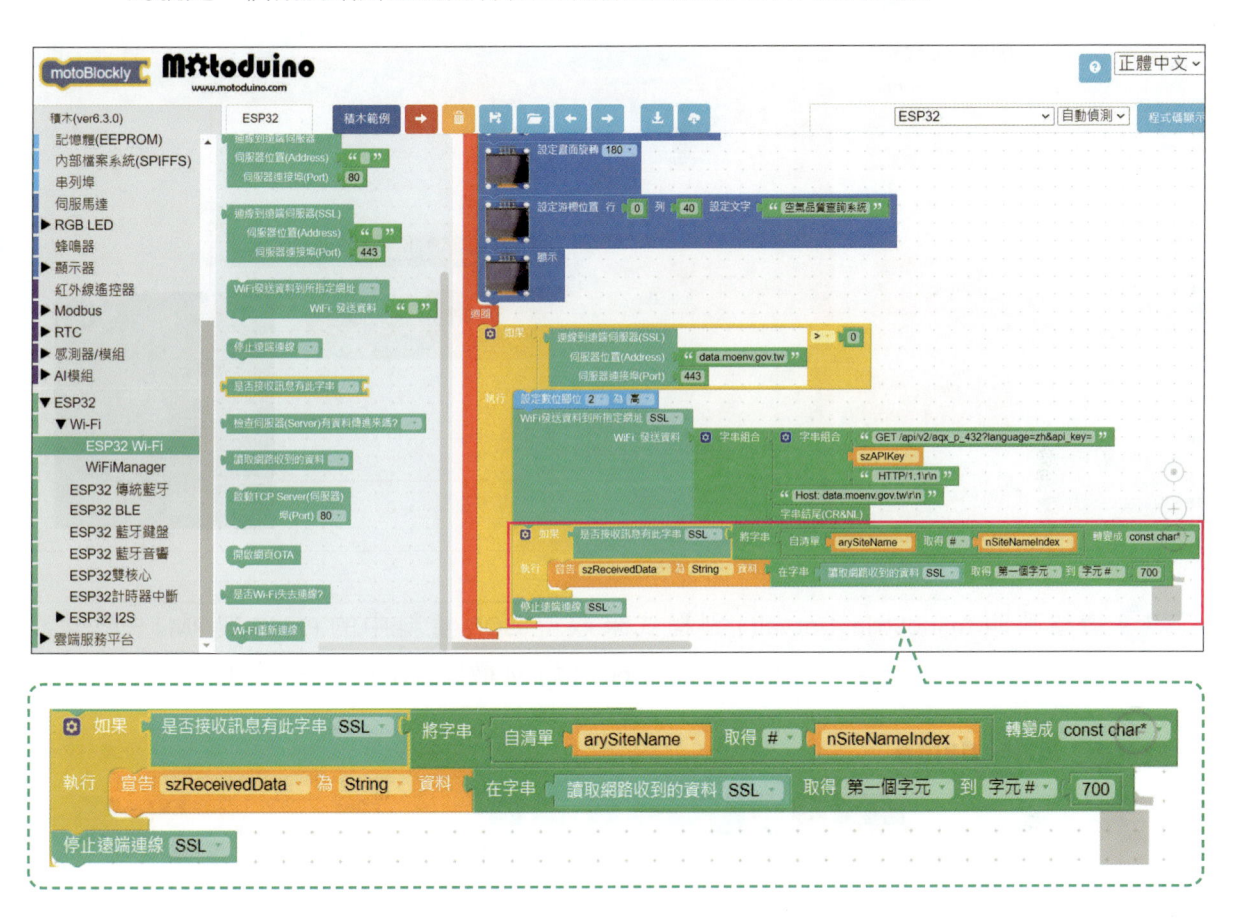

275

Step 8 清除 OLED 的所有畫面內容，接著開始呼叫 fnSubStringGetVal( ) 副程式來取得 JSON 資料中的 AQI 數據，並呼叫 fnOLEDDisplay( ) 副程式將觀測站名及取得的 AQI 數據顯示在 OLED 之上。

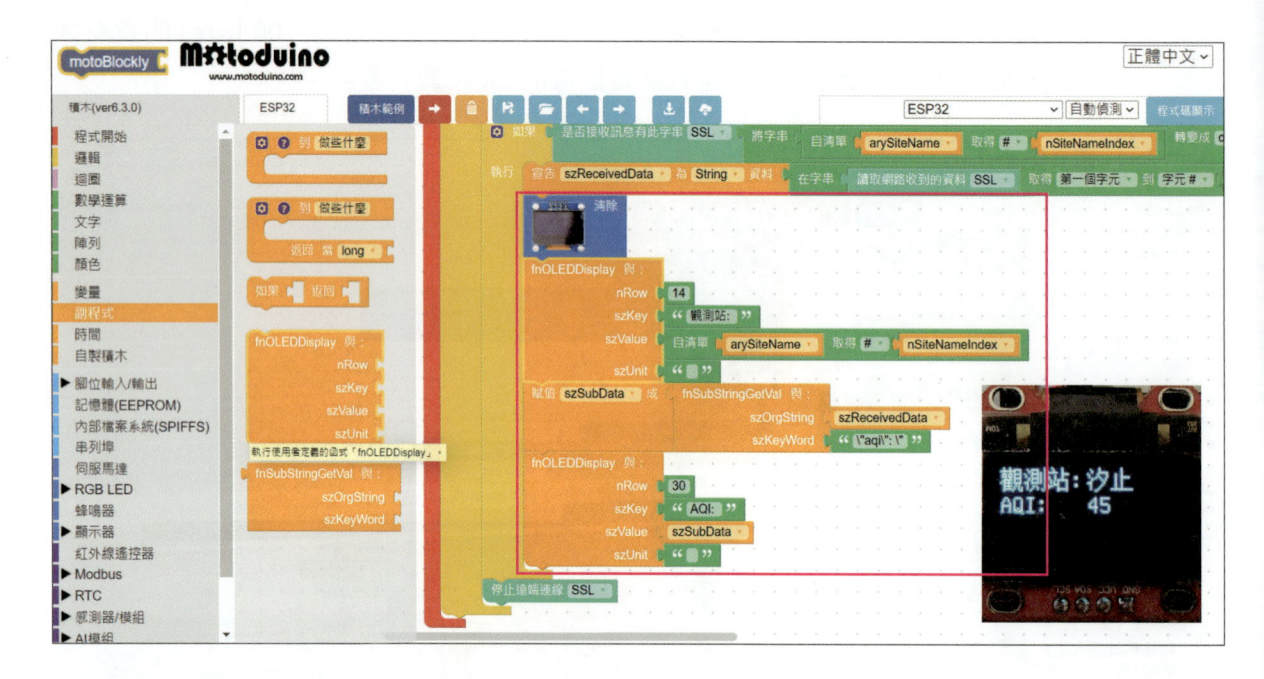

Step 9 繼續呼叫 fnSubStringGetVal( ) 副程式來取得 JSON 資料中的 PM10 與 PM2.5 數據，並呼叫 fnOLEDDisplay( ) 副程式將取得的兩個 PM 數據顯示在 OLED 之上。

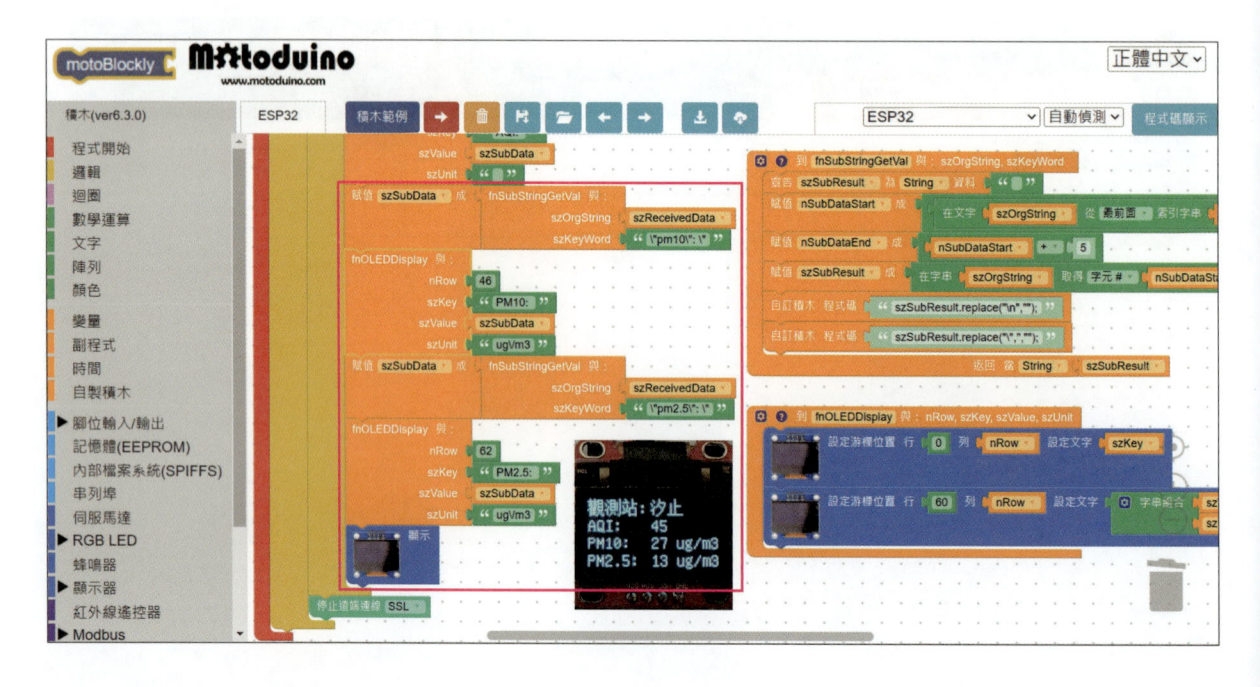

Step 10 最後讓系統休息 10000 毫秒（10 秒鐘）後，再把目前的觀測站名陣列索引值 nSiteNameIndex「加 1」，就可以讓此系統反覆取得下一個觀測站空品資訊，藉此達到輪流查詢及顯示的效果。

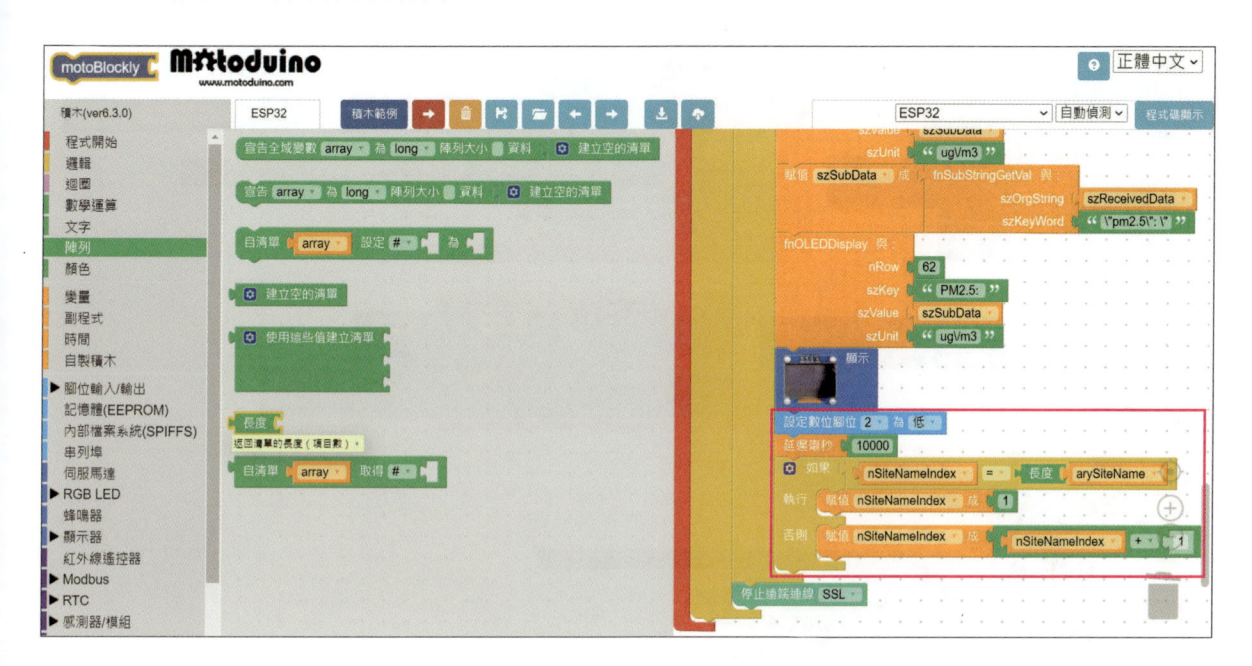

另外由於本系統每次跟環境部資料平臺索取資料前都要使用「連線到遠端伺服器（SSL）」程式積木與該平臺先連線，因此每次連線完畢請記得要使用「停止遠端連線 <SSL>」程式積木與資料平臺斷線，如此下次連線時才不會產生問題。

Step 11 完整的「ESP32 空氣品質查詢系統」motoBlockly 程式如下所示。請在紅框處填入自己對應的 WiFi 連線、API 金鑰，以及欲查詢的觀測站名，程式才能正常的運作。

成果展示 https://youtu.be/Xk3esMh81-U

6-5　Open Data 實作應用 III – 股票報價系統

　　受新冠疫情影響，全球物價直直升，許多上班族的薪水已不足以支應平日的生活所需。但生命自己會尋找出路，不少人可能會以斜槓打工或是投資理財的方式來增加自己的業外收入，而門檻最低的投資理財方式便是參與股票的買賣。不過因為股市開盤的時間也是大多數人上班的時間，若是在工作時直接使用電腦看盤而丟掉工作的話，那就本末倒置得不償失了。因此本範例將分享如何使用 NodeMCU-32S 與資料開放平臺來建構一個迷你的「股票報價系統」。

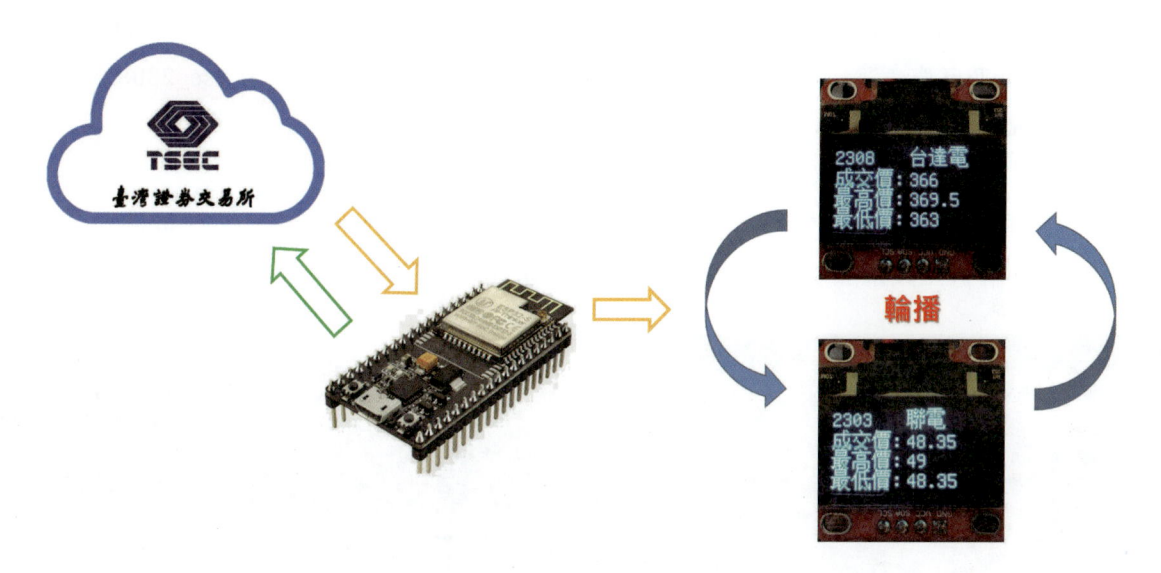

　　如圖所示，「ESP32 股票報價系統」的運作流程為：先將欲查詢的上市股票代號均放置於程式的陣列之中，接著在 NodeMCU-32S 透過 WiFi 與臺灣證券交易所提供的 API 對接之後，系統就可以將不同股票的股價資訊（包括：目前成交價、當日最高價以及當日最低價）不停地在 OLED 上輪播顯示。

臺灣證券交易所 API

　　想要從臺灣證券交易所取得指定上市股票的股價資訊，必須使用證交所雲端平臺所提供的 API，其格式為：https://mis.twse.com.tw/stock/api/getStockInfo.jsp?ex_ch=tse_{上市股價代號}.tw。若將 API 中的「{上市股價代號}」以「2308」來取代，就可以來查詢台達電當日的股價資訊。證交所雲端平臺回傳的訊息是以 JSON 的格式來排列，其股價資訊內容如下：

{"msgArray":[{"tv":"1172","ps":"1167","pz":"363.5000","bp":"0","fv":"13","oa":"366.0000","ob":"365.5000","a":"365.0000_365.5000_366.0000_366.5000_367.0000_","b":"364.0000_363.5000_363.0000_362.5000_362.0000_","c":"2308","d":"20230621","ch":"2308.tw","ot":"14:30:00","tlong":"1687329000000","f":"72_27_38_54_74_","ip":"0","g":"113_108_233_198_192_","mt":"000000","ov":"5700","h":"369.5000","i":"28","it":"12","oz":"365.5000","l":"360.5000","n":"台達電","o":"368.5000","p":"0","ex":"tse","s":"1172","t":"13:30:00","u":"405.5000","v":"14953","w":"332.5000","nf":"台達電子工業股份有限公司","y":"369.0000","z":"364.0000","ts":"0"}],"referer":"","userDelay":5000,"rtcode":"0000","queryTime":{"sysDate":"20230621","stockInfoItem":595,"stockInfo":258099,"sessionStr":"UserSession","sysTime":"15:49:40","showChart":false,"sessionFromTime":-1,"sessionLatestTime":-1},"rtmessage":"OK","exKey":"if_tse_2308.tw_zh-tw.null","cachedAlive":7031}

單以肉眼查看上述的證交所回覆訊息其實不好找出需要的股價訊息內容，此時可使用網路上的 JSON 解析工具來加以整理分析，其結果便會如下圖所示。

注意：若要查詢上櫃股票資訊，證交所雲端平臺所提供的 API 格式為：
https://mis.twse.com.tw/stock/api/getStockInfo.jsp?ex_ch=otc_{上櫃股票代號}.tw

證交所雲端平臺回傳的 JSON 字串中包含非常多的股價資訊，其中比較重要且又常用的數據例如：

Key 值	代表意義
c	股票代號
n	公司簡稱
h	當日最高價
l	當日最低價
o	當日開盤價
y	昨日收盤價
z	目前成交價

ESP32 硬體設定

股票報價系統在硬體方面的需求有：

① 作為大腦來控制各項硬體的「NodeMCU-32S」。
② 內建蜂鳴器的慧手科技「ESP32 IO Board 擴充板」。
③ 負責顯示股票股價的 SSD1306 OLED 顯示器。

硬體組裝步驟

同 6-4 節範例：空氣品質查詢系統。

ESP32 圖控程式

Step 1 ❶ 首先需將 motoBlockly 的開發板型號選擇為「ESP32」才能產生正確的 ESP32 程式碼。
❷ 接著建立一個全域的陣列變數 aryStockID，用來存放要輪流查詢股價的「上市股票代碼」（例如聯電的 2303、台積電的 2330）。另外還要宣告多個全域變數，包括用以存放「上市股票代碼」的 szStockID、「公司簡稱」的 szStockName、「目前成交價」的 szCurrentVal、「當日最高價」的 szMaxVal、「當日最低價」的 szMinVal，以及目前的顯示股價的股票代碼陣列索引值 nStockIndex。

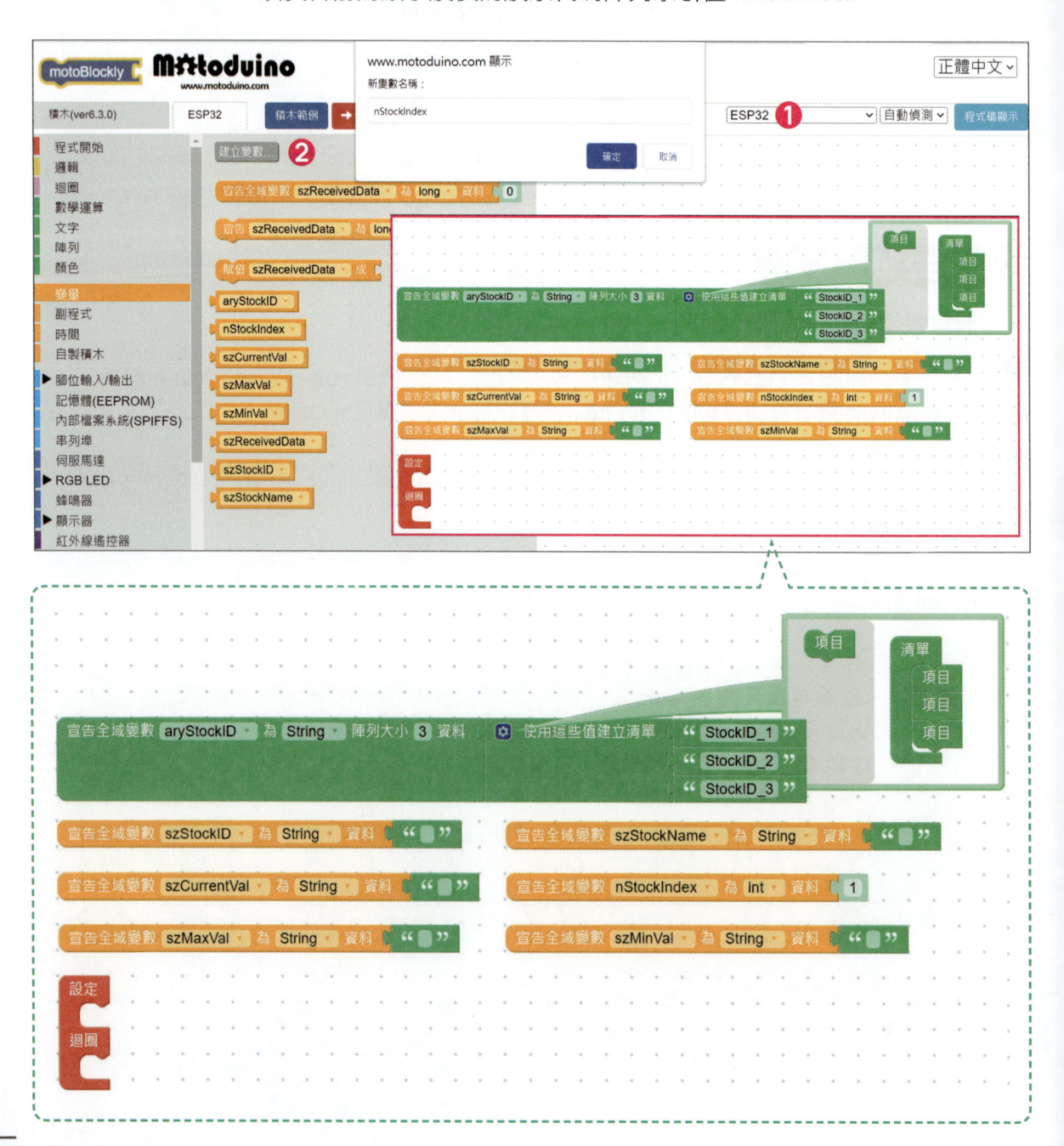

Open Data 資訊開放平臺的入門與實作

Step 2 在設定（Setup）積木中完成 ESP32 連接網路的初始化設定。「WiFi 設定」積木中的「SSID（分享器名稱）」與「Password（密碼）」參數分別為 ESP32 準備連線的路由器或無線網路分享器的名稱與密碼，請依實際狀況來進行設定即可。由於本系統需使用 OLED 來顯示各項股價資訊，因此在使用 OLED 前需要進行一些初始化動作：包括設定 OLED 的「型號」、「I2C 位址」以及螢幕的「寬度」與「高度」解析度。

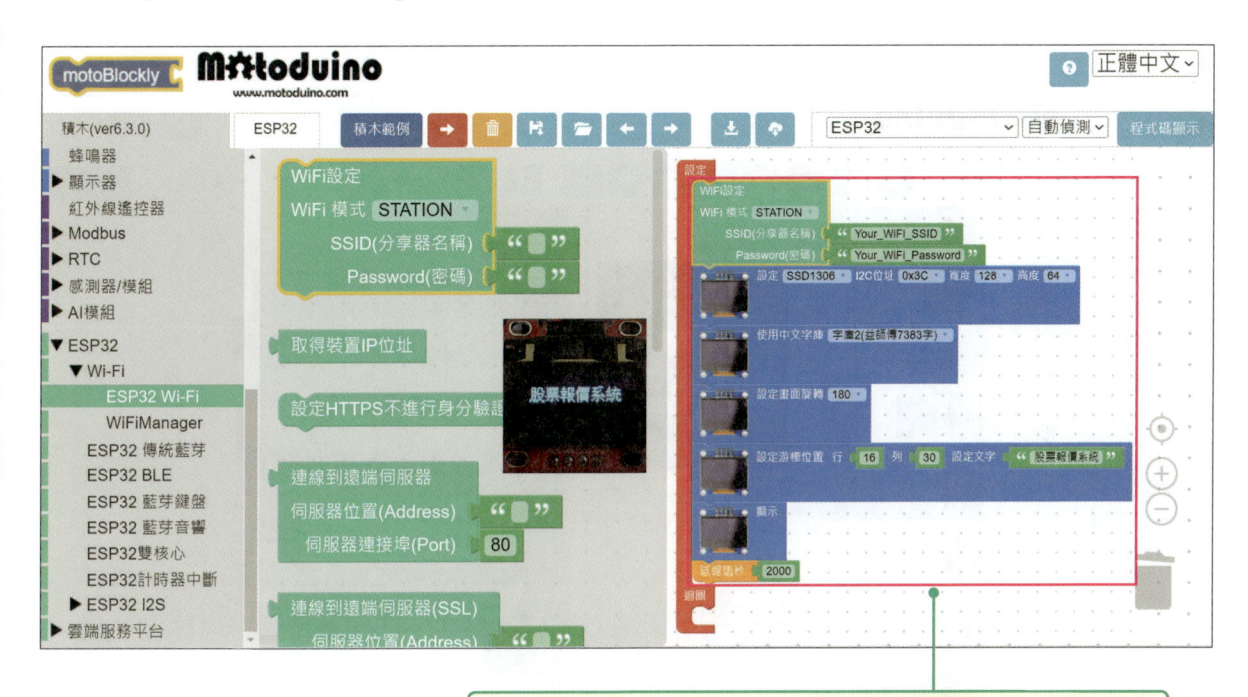

若以本範例所使用的 OLED 型號為例，請將上述各參數值分別設定為型號 SSD1306、位址 0x3C、寬度 128 與高度 64。由於本系統需顯示中文字，因此需預先載入中文字庫備用（此處請務必選擇「字庫 2（益師傅 7383 字）」）。

而本範例將 OLED 的文字顯示角度設為 180，其對應的顯示角度如下圖所示。最後當所有的初始化動作都完成時，在 OLED 上顯示出本系統的名稱：「股票報價系統」。

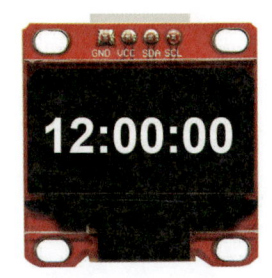

畫面旋轉：0 度 　　畫面旋轉：90 度 　　畫面旋轉：180 度 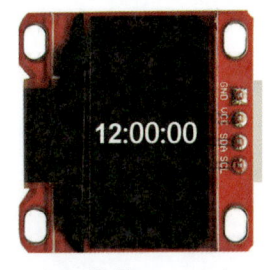　　畫面旋轉：270 度

283

Step 3 由於本系統的 OLED 顯示器負責顯示目前股票代碼陣列索引 nStockIndex 所在位置的股票股價資訊，因此需先將 OLED 顯示股價的動作寫成一個副程式 fnShowStockInfo()，其動作包括：先清除 OLED 螢幕的所有畫面，接著依序設定股票代碼、公司簡稱、目前成交價、當日最高與最低價顯示的位置（其中的「行」、「列」參數分別代表的是 OLED 的 X 與 Y 軸顯示座標）以及文字內容，最後再呼叫「OLED 顯示」程式積木來把之前所設定的 OLED 畫面展示出來。

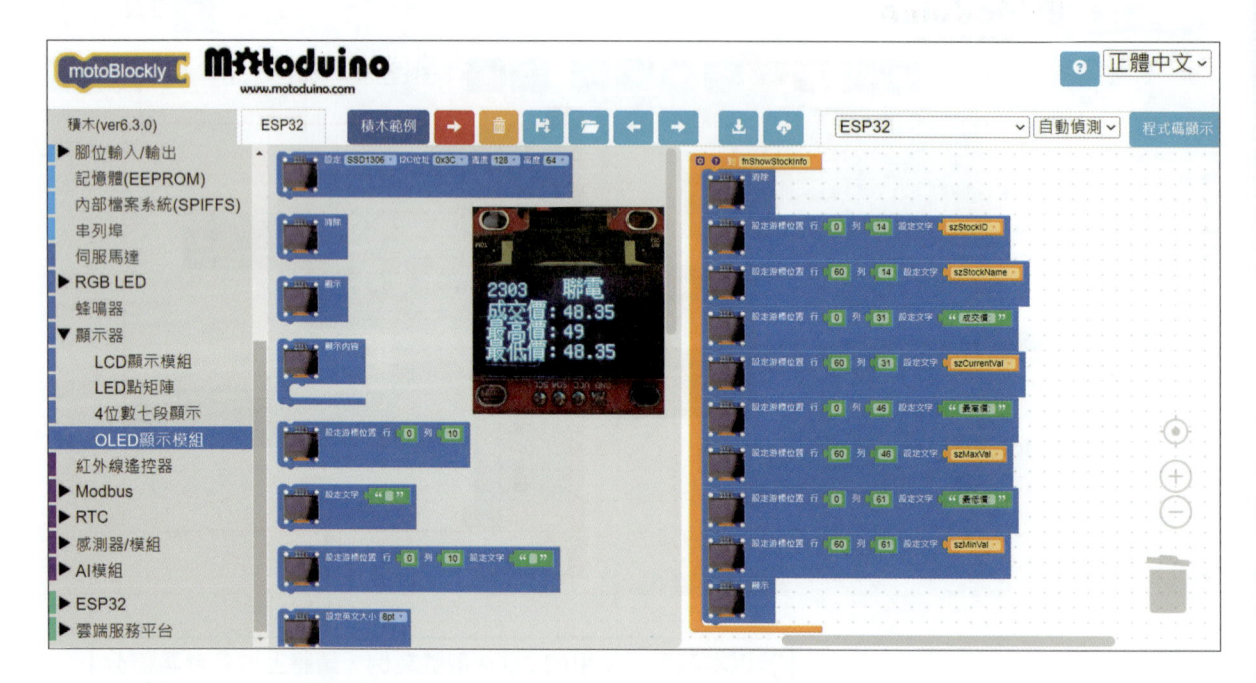

Open Data 資訊開放平臺的入門與實作

Step 4 由於 motoBlockly 目前並無提供可直接讀取證交所股票股價的積木，不過其仍有提供一些手動可與開放式雲端平臺對接的積木，因此本範例便會使用這些 WiFi 基本的程式積木來完成本系統取得股價資訊的需求。

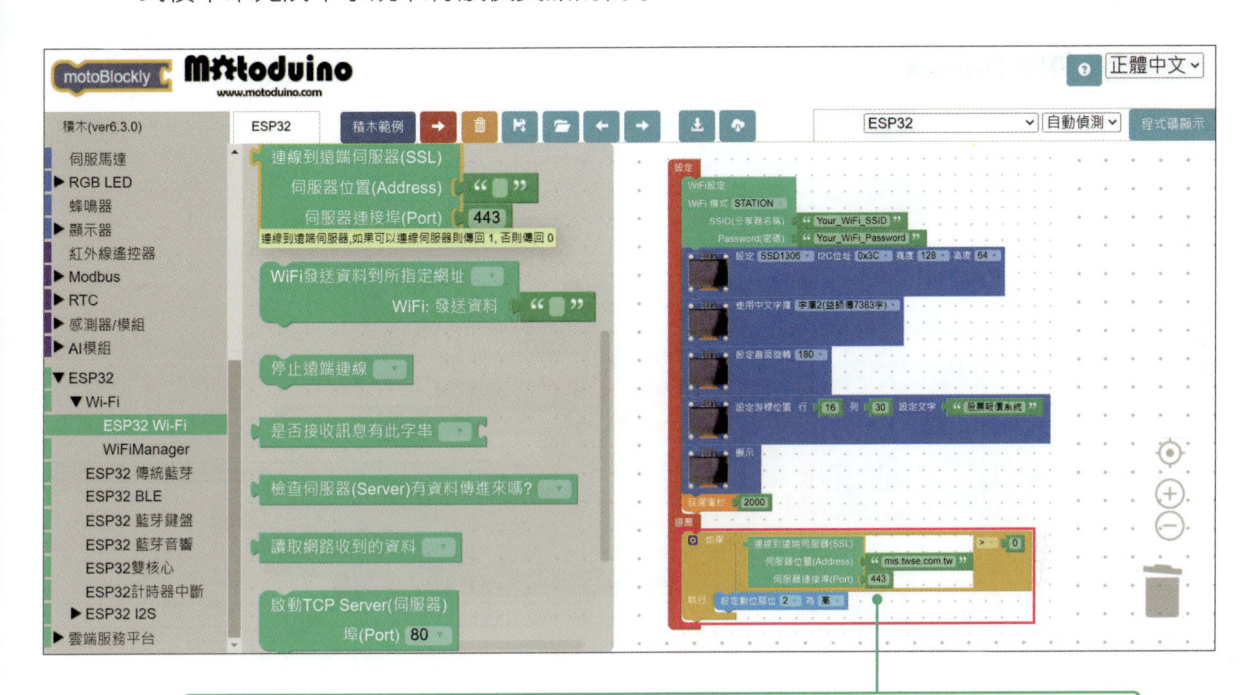

- 「伺服器位置（Address）」參數：填入證交所網址 mis.twse.com.tw。
- 「伺服器連接埠（Port）」：填入加密的 443 連接埠。
- 若與證交所網站連線成功（連線結果大於 0 時），NodeMCU-32S 便會點亮內建的 LED 來告知使用者。

因為證交所雲端平臺所提供的 API 格式為如下所示的樣態：

https://mis.twse.com.tw/stock/api/getStockInfo.jsp?ex_ch=tse_{股價代號}.tw

所以 NodeMCU-32S 必須使用「連線到遠端伺服器（SSL）」程式積木先連上證交所的網站。

Step 5 同樣以證交所雲端平臺所提供的 API 來取得指定股票的股價：

https://mis.twse.com.tw/stock/api/getStockInfo.jsp?ex_ch=tse_{股價代號}.tw

請依下圖所示的方式來設定「WiFi 發送資料到所指定網址 <SSL>」程式積木。

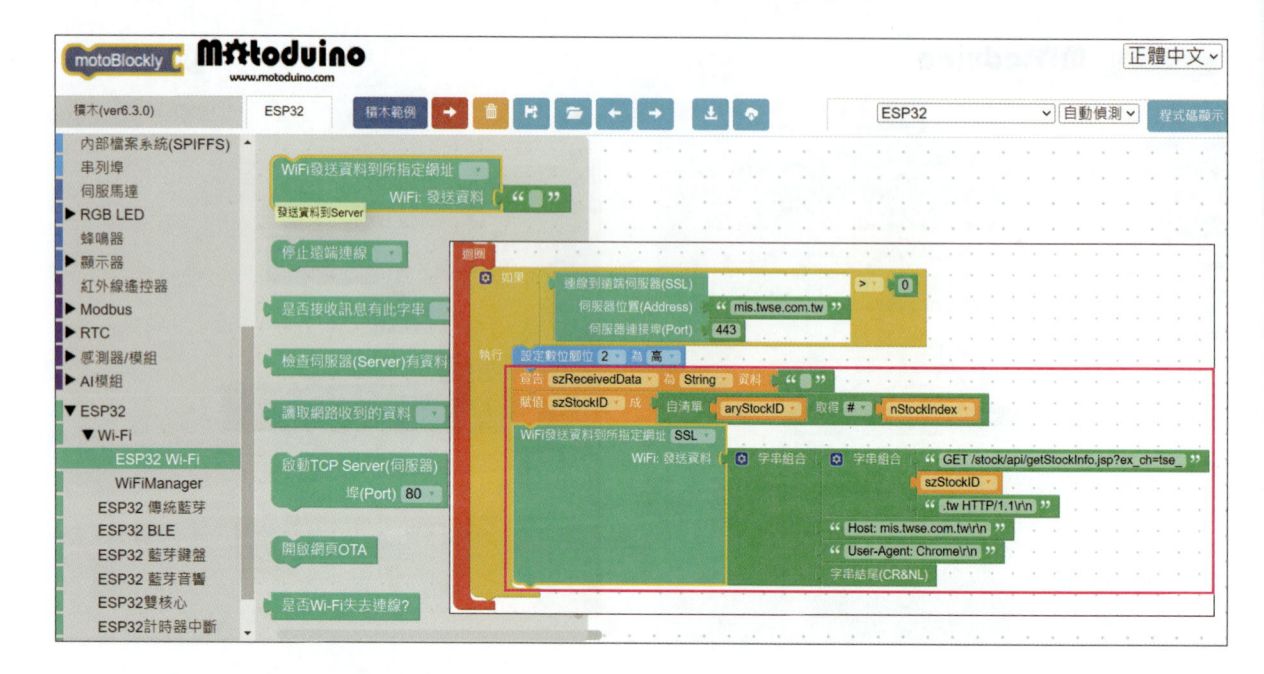

其中「WiFi 發送資料到所指定網址 <SSL>」程式積木的「WiFi 發送資料」參數的字串組合內容為：

「GET（空一格）/stock/api/getStockInfo.jsp?ex_ch=tse_」+

變數 szStockID +

「.tw（空一格）HTTP/1.1\r\n」+

「Host:（空一格）mis.twse.com.tw\r\n」+

「User-Agent:（空一格）Chrome\r\n」+

「字串結尾（CR&NL）」程式積木。

Open Data 資訊開放平臺的入門與實作

Step 6 使用「是否接收訊息有此字串 <SSL>」的程式積木來判斷是否已接收到股票相關資訊，此積木參數設為「\r\n\r\n」。一旦確定收到股價資訊，便再使用「讀取網路收到的資料 <SSL>」程式積木來將證交所網站所回傳的資料存放至 szReceivedData 變量中。

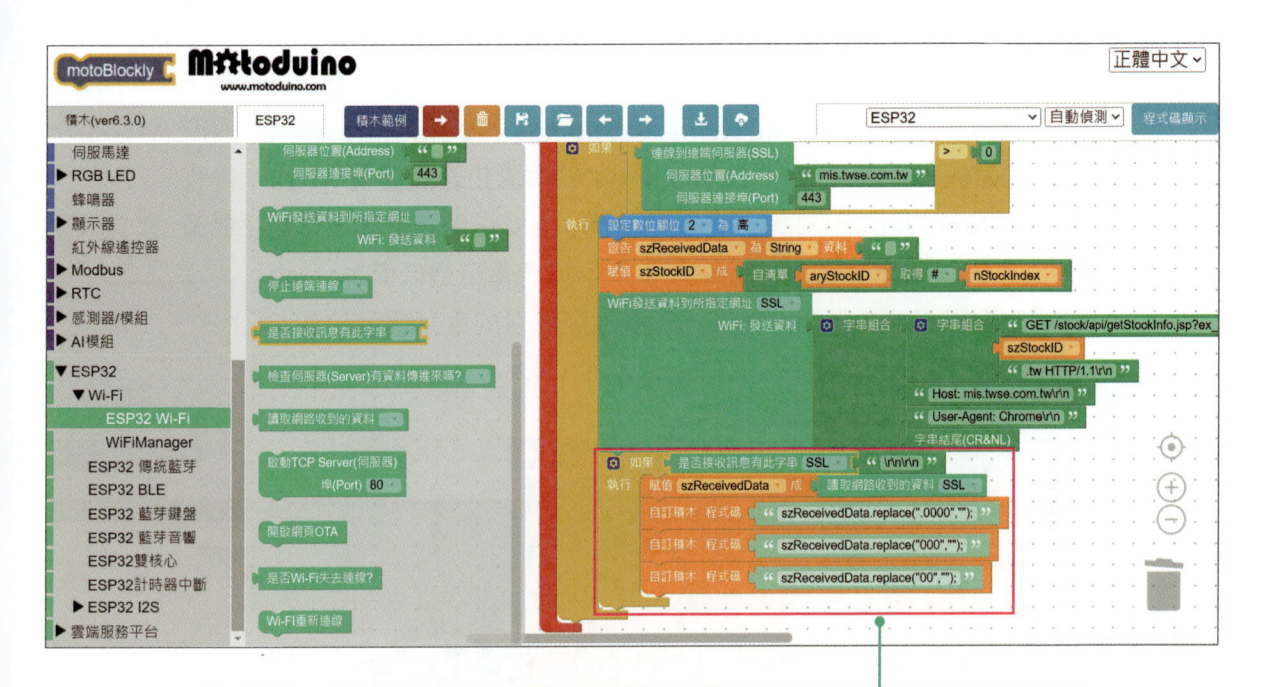

最後再用「自製積木」以自行輸入程式碼的方式，將回傳訊息中多餘的 0 給清除掉，「自製積木」的程式內容包括：
- 以「szReceivedData.replace（".0000",""）;」將「.0000」字串移除掉。
- 以「szReceivedData.replace（"000",""）;）;」將「000」字串移除掉。
- 以「szReceivedData.replace（"00",""）;」將「00」字串移除掉。

Step 7 因為 motoBlockly 目前也沒有提供可以解析 JSON 格式字串的積木，不過仍可用字串擷取的方式將所需的資料從漫長的回覆訊息中提取出來。

- 以「szReceivedData.substring（szReceivedData.indexOf（"\"n\":\""）+5, szReceivedData.indexOf（"\",\"o\""））」取得股票公司簡稱 szStockName。
- 以「szReceivedData.substring（szReceivedData.indexOf（"\"z\":\""）+5, szReceivedData.indexOf（"\",\"ts\""））」取得目前成交價 szCurrentVal。
- 以「szReceivedData.substring（szReceivedData.indexOf（"\"h\":\""）+5, szReceivedData.indexOf（"\",\"i\""））」取得當日最高價 szMaxVal。
- 以「szReceivedData.substring（szReceivedData.indexOf（"\"l\":\""）+5, szReceivedData.indexOf（"\",\"n\""））」取得當日最低價 szMinVal。
- 再呼叫副程式 fnShowStockInfo（）將上述取得的資訊顯示在 OLED 上。

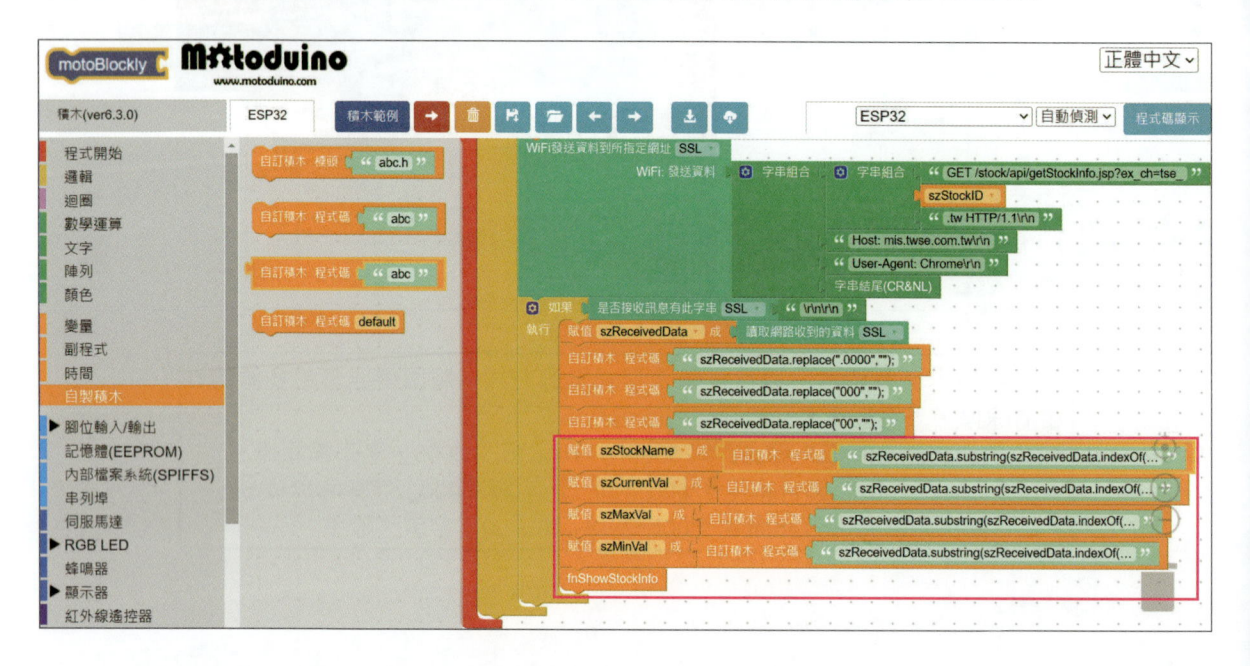

此處擷取字串的方式在之前就有說明，在證交所回覆的 JSON 格式訊息中，Key 值為「n」、「z」、「h」、「l」的內容分別為「公司簡稱」、「目前成交價」、「當日最高價」以及「當日最低價」。

Step 8 由於本系統每次跟證交所資料平臺索取資料前都要使用「連線到遠端伺服器（SSL）」程式積木與該平臺先連線，因此每次連線完畢請記得要使用「停止遠端連線 <SSL>」程式積木與資料平臺斷線，如此在下次連線時才不會產生問題。

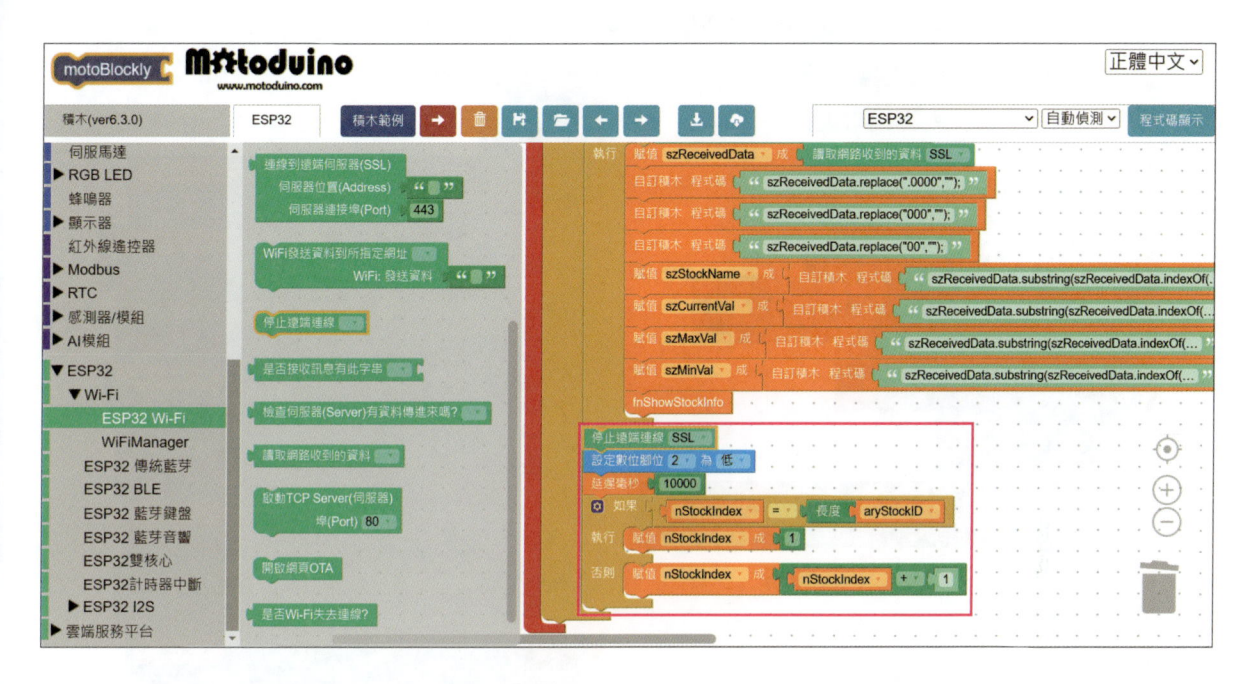

最後讓系統休息 10000 毫秒（10 秒鐘）讓使用者有時間看完股價後，再把目前的股票代碼陣列索引值 nStockIndex「加 1」，就可以讓此系統反覆取得不同股票的股價資訊，達到輪流查詢及顯示的效果。

Step 9 完整的「ESP32 股價查詢系統」motoBlockly 程式如下所示。請在紅框處填入自己對應的 WiFi 連線及欲查詢的上市股票代碼，程式才能正常的運作。另外由於此範例程式需載入 OLED 顯示器的 7000 字中文字庫，所以使用 motoBlockly 編譯上傳的時間會比較久，程式上傳時請耐心等候。

注意：當證交所繁忙時，股票成交價有時回傳的數值會為「+」，此為正常狀態。

用 ESP32 輕鬆入門物聯網 IoT 實作應用

成果展示 https://youtu.be/wsYeEiFimc0

Chapter 6 課後習題

Open Data 資訊開放平臺的入門與實作

選擇題

( ) 1. 請問下列哪個雲端資料開放平臺有提供「全球即時和歷史天氣」的公開資訊？
 (A) OpenWeather (B) 中華民國行政院環境部
 (C) 臺灣證券交易所 (D) 以上皆是

( ) 2. 請問下列哪個雲端資料開放平臺有提供「台灣各鄉鎮空氣品質」的公開資訊？
 (A) OpenWeather (B) 中華民國行政院環境部
 (C) 臺灣證券交易所 (D) 以上皆是

( ) 3. 請問下列哪個雲端資料開放平臺有提供「台股即時和歷史交易價格」的公開資訊？
 (A) OpenWeather (B) 中華民國行政院環境部
 (C) 臺灣證券交易所 (D) 以上皆是

( ) 4. 請問型號為 SSD1306 的 OLED 顯示器必須安裝在 ESP32 的何種型式的接口中？
 (A) UART (B) SPI
 (C) USB (D) I2C

( ) 5. 承上題，請問型號為 SSD1306 的 OLED 顯示器解析度是多少？
 (A) 64×32 (B) 128×64
 (C) 256×128 (D) 512×256

實作題

題目名稱：實作氣象播放器

創客題目編號：A040028

題目說明：
請實作一個氣象播放器。讓 ESP32 每隔 60 秒鐘就會將讀者目前所在縣市的天氣狀態更新到 OLED 上。（解答以作者所在縣市 - 高雄市為例）

30 mins

創客力指標

外形	機構	電控	程式	通訊	人工智慧	創客總數
0	0	3	4	2	0	9

綜合素養力指標

空間力	堅毅力	邏輯力	創新力	整合力	團隊力	素養總數
0	0	3	1	1	1	6

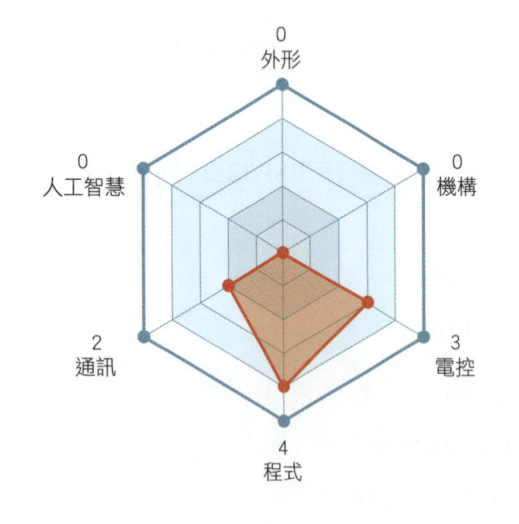

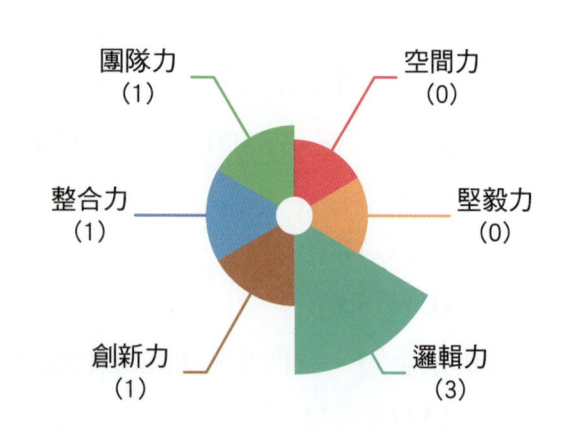

7

ChatGPT 與 DALL·E 的入門與實作

　　2022 年底，由 OpenAI 公司推出的 ChatGPT 與 DALL·E 服務，由於擁有強大的人工智慧運算能力和無限的創造力，一推出後便讓整個 AI 風潮席捲全球，成為科技及教育界的新寵兒。也因為 OpenAI 有提供官方 API 讓第三方軟硬體可與之對接的服務，因此具備有連網功能的 ESP32 開發板自然也能與其搭配使用。本章除了介紹 ESP32 在使用 OpenAI 的 AI 服務前所需的註冊及設定流程外，也會利用 ESP32 與 DALL·E、ChatGPT 合作創造出獨特並有趣的應用範例，希望能藉此為大家帶來更多的驚喜和啟發。

7-1　ChatGPT 與 DALL·E 簡介
7-2　ChatGPT、DALL·E 與 ESP32
7-3　OpenAI API Key 取得流程
7-4　DALL·E 實作應用 I – 早安長輩圖產生器（Only DALL·E）
7-5　DALL·E 實作應用 II – 早安長輩圖產生器（搭配 ChatGPT）
7-6　DALL·E 實作應用 III – 早安長輩圖產生器（搭配 RTC）
7-7　ChatGPT 實作應用 – 故事創作播放機

7-1　ChatGPT 與 DALL·E 簡介

ChatGPT 簡介

　　OpenAI 公司推出的 ChatGPT 於 2022 年底時問世，是一種基於人工智能且又可與其對話的 GPT 模型〔GPT 全名為「Generative Pre-trained Transformer（生成型預訓練變換模型）」〕。使用者可用自然語言對話的方式與其互動，使其可以回答用戶的問題、提供資訊和執行特定的任務。ChatGPT 是 OpenAI GPT 系列的其中一種模型，是經由大量的數據訓練以及深度學習技術來實現的 AI 工具。

　　ChatGPT 屬於訓練有成的人工智慧工具，透過大量的文章數據（包括網絡上的網頁、書籍、文章和對話記錄…等）訓練，教導模型理解語言的結構、語義和上下文，藉此來達到自然、流暢且有效的對話體驗。它可以理解用戶的問題並生成相應的回答，這使得 ChatGPT 成為一個非常強大的工具，從常見的知識查詢到指導和生成文件，它都能提供非常有效的幫助。下圖為 ChatGPT 的範例，其所輸入的提示詞語（Prompt）為「請寫出一篇七言絕句來描述關於華人中秋節家人團聚的場景」。

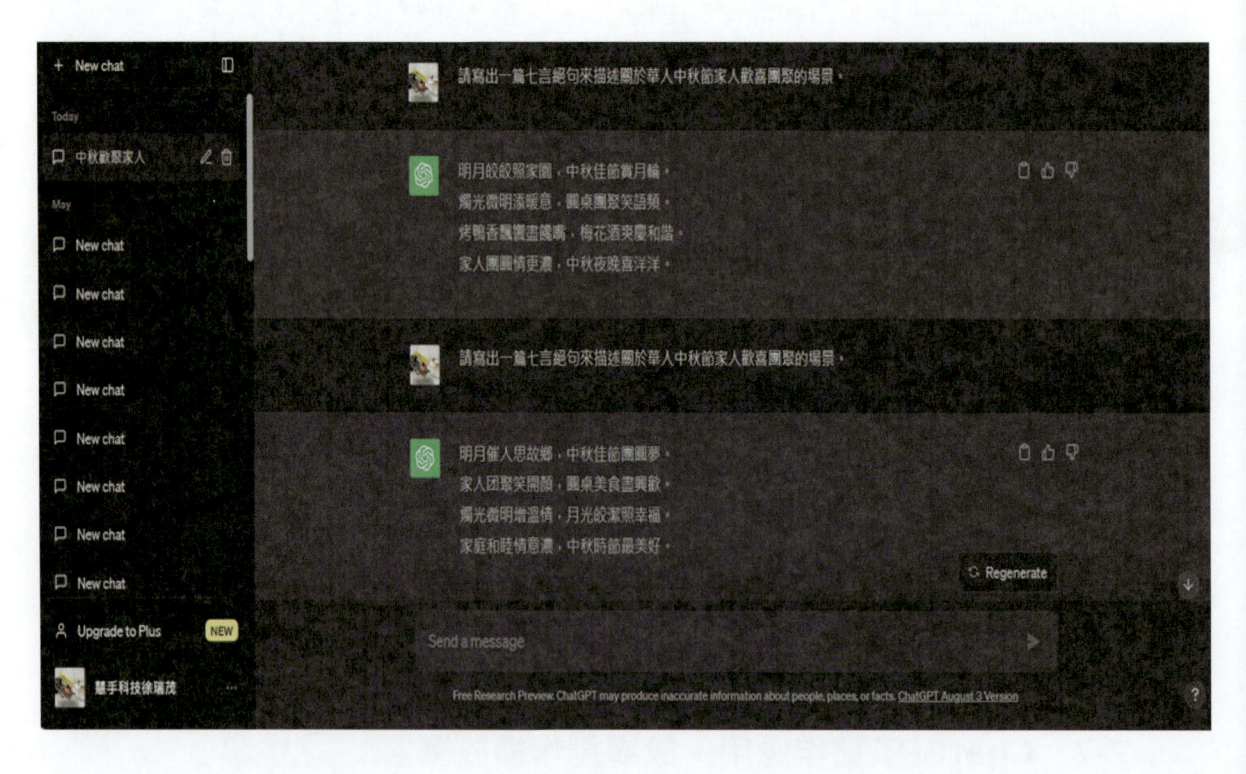

然而，目前的 ChatGPT 也有一些使用限制，可能會造成它產生不正確或模稜兩可的答案，也有可能因此對某些主題無法深入進行探討。此外，它也會受到語義和倫理等的多方限制，以致於無法提供法律或醫療等專業領域的準確建議，因此在使用 ChatGPT 時還是要將其回覆的內容再多加驗證才會比較保險。

總之，ChatGPT 是一個強大的對話模型，它可以回答用戶的問題並提供有用的資訊。儘管有所限制，但仍不失為一項能有效提供幫助且又方便好用的 AI 工具。

DALL·E 簡介

DALL·E 同樣是由 OpenAI 公司所推出的一個劃時代 AI 模型，以能動態生成使用者所描述的全新圖像而廣受好評。DALL·E 的名稱靈感來自於著名畫家 Salvador Dali 和漫畫家 Walt Disney 的合成，象徵著這個模型的創新和多樣性。

DALL·E 這個 AI 模型主要是通過學習大量的圖像資料，使其能夠創造出從未存在過且具有高度想像力的圖片。使用者可以透過提供文字描述，例如「兩隻黃貓在月球上坐著火箭飛行」的提示詞，DALL·E 便會生成數張符合提示內容的獨特圖像（如下圖所示）。這種以文字描述生成圖像的能力，讓 DALL·E 在藝術創作、視覺設計等領域很快地便占有一席之地。

總而言之，DALL·E 的功能不僅僅是一個圖像的生成模型，更是一個革命性的工具，使用者可以通過文字描述來創造出豐富多樣、創意無限的視覺內容，為藝術家、設計師和創作者提供了無限想像的創作可能性。

7-2　ChatGPT、DALL·E 與 ESP32

OpenAI 服務與 ESP32

OpenAI 所提供的 ChatGPT 與 DALL·E 服務，均是可以自然語言與之溝通的人工智能模型，它可以看懂使用者的問題或需求，進而動態生成對應的文字或圖片來回覆用戶。而 ESP32 則是可搭配各種感測元件的可程式控制開發板，與 OpenAI 所提供的服務強強聯手後就可以激盪出無限的創意火花。

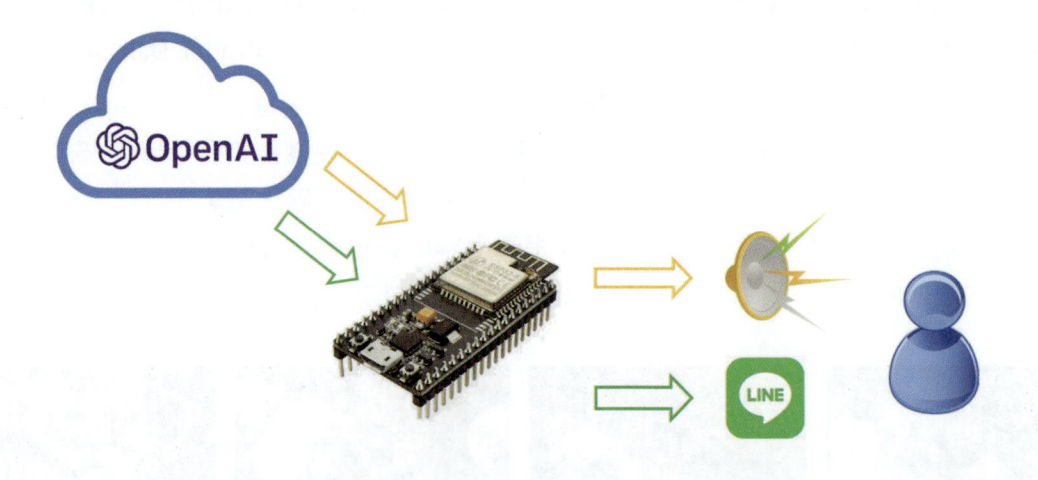

如上圖所示：ESP32 可以直接透過按鈕或環境監控的方式觸發 OpenAI 的服務，並將其所回覆的內容以 LINE 訊息或是語音的方式來告知使用者。本章後續將會以兩者搭配，再整合 LINE Notify、Google TTS 來做為應用範例的練習。

motoBlockly 與 ChatGPT、DALL·E 相關的程式積木放置在「雲端服務平臺」類別的「OpenAI」群組中。詳細的 ChatGPT 與 DALL·E 程式積木功能介紹如下：

❶ 回傳 ChatGPT 根據詢問內容所產生的文字資料積木。

- 模型：可選擇使用 gpt-3.5-turbo 或 gpt-3.5-turbo-instruct 的文字生成模型。
- 詢問內容：請 ChatGPT 產生的內容敘述提示詞（Prompt）。
- 生成隨機性（0～1）：ChatGPT 產生答案的隨機自由度。越低限制越多，答案越中規中矩；越高則越自由，答案越天馬行空。
- max_token（<=4097）：限制 ChatGPT 回覆內容的 token 數。這裡一個 token 並不一定等於一個單字，一個單字也可能會被劃分成多個 toten，有興趣者可至 OpenAI 官網查詢。
- szAPIKey：由 OpenAI 提供的授權碼。需註冊申請。

❷ 回傳 DALL·E 2 根據詢問內容所產生的圖片資料的積木。

`DALL-E 詢問內容 " " 生成數量(1~10) 1 圖片大小 256x256 szAPIKey " "`

- 256x256
- 512x512
- 1024x1024

- 詢問內容：請 DALL·E 2 產生的圖片描述提示詞（Prompt）。
- 生成數量（1～10）：根據詢問內容，DALL·E 2 要生成的圖片數量，最少 1 張、最多 10 張。
- 圖片大小：DALL·E 2 要生成的圖片尺寸。有 256x256、512x512 和 1024x1024 三種尺寸可選擇。
- szAPIKey：由 OpenAI 提供的授權碼。

❸ 回傳 DALL·E 3 根據詢問內容所產生的圖片資料的積木。

`DALL-E v3 詢問內容 " " 生成數量(1~10) 1 圖片大小 1024x1024 szAPIKey " "`

- 1024x1024
- 1792x1024
- 1024x1792

- 詢問內容：請 DALL·E 3 產生的圖片描述提示詞（Prompt）。
- 生成數量（1～10）：根據詢問內容，DALL·E 3 要生成的圖片數量。截稿前官方一次只支援生成 1 張圖片。
- 圖片大小：DALL·E 3 要生成的圖片尺寸。有 1024x1024、1792x1024 和 1024x1792 三種尺寸可選擇。目前官方只支援生成 1024x1024 的圖片。
- szAPIKey：由 OpenAI 提供的授權碼。

❹ 回傳 DALL·E 模型所產生的圖片網址的積木。

`DALL-E 生成圖片網址 第 0`

- 第：回傳第 N 張 DALL·E 產生的圖片網址。

7-3　OpenAI API Key 取得流程

　　ESP32 若想使用 OpenAI 公司所提供的 ChatGPT 或 DALL·E 服務，均需先註冊並取得 OpenAI 所提供的 API 授權碼（API Key）。至本書截稿為止，OpenAI 仍提供每位新註冊的使用者每人 5 美元的免費使用額度（其計費方式可參考 https://openai.com/pricing 官方說明），額度若不夠使用時可用信用卡來進行實支實付。詳細的 OpenAI API 授權碼取得流程如下：

Step 1 登入 OpenAI 的網站（https://openai.com/）後，❶ 請先點選「Login」按鈕。❷ 再點選「註冊」的選項後，便可開始進行 OpenAI 的註冊動作。

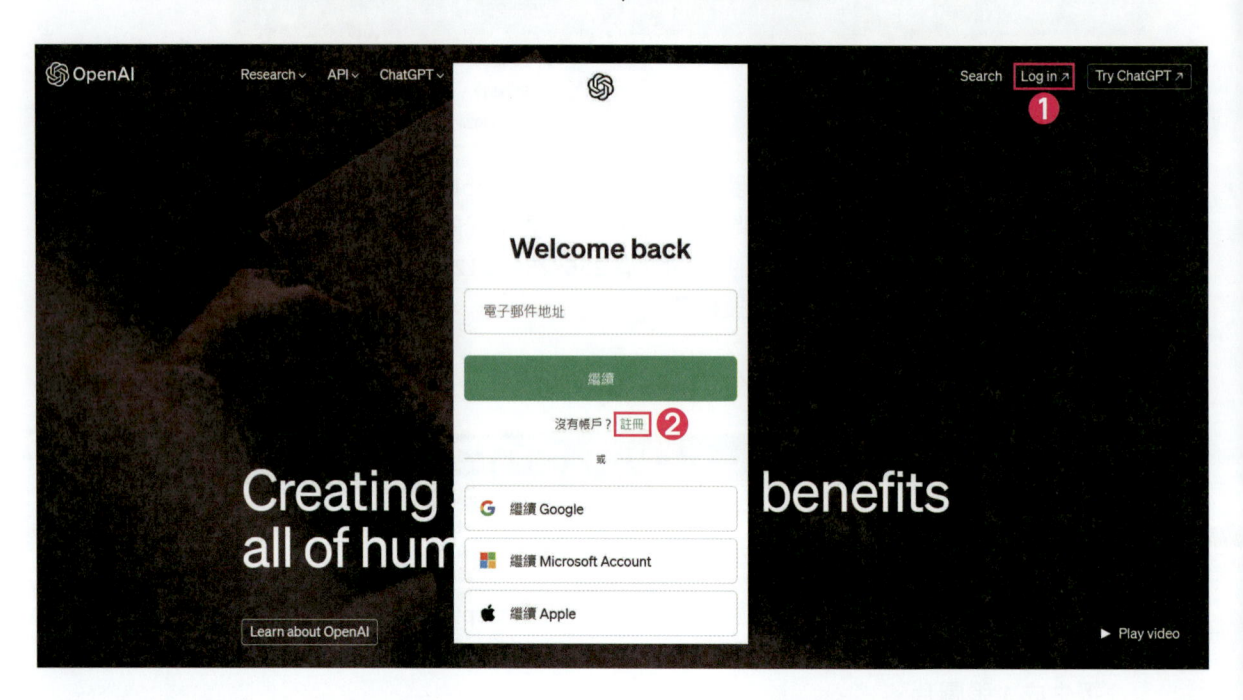

Step 2 如下圖所示，可以選擇使用既有的 Google 帳號直接來進行註冊即可。

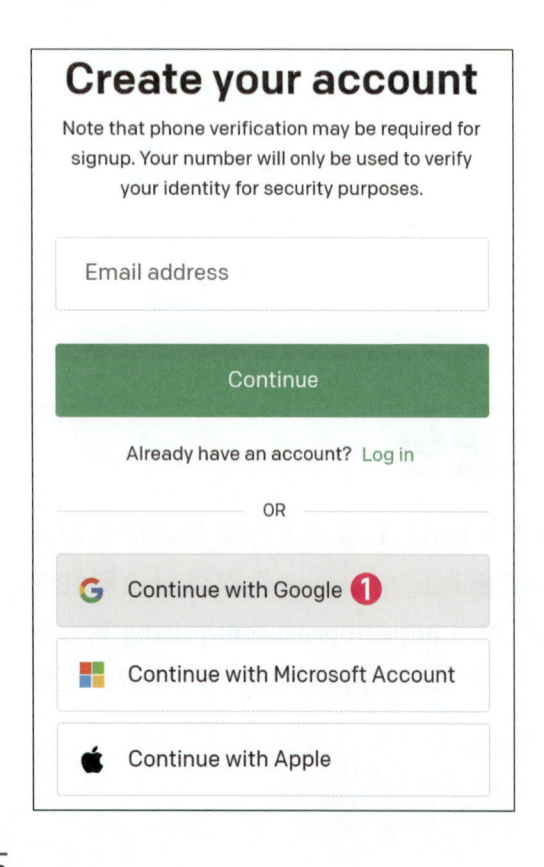

Step 3 註冊畫面會如下圖左所示，請依照欄位說明來輸入對應的資料，其中：「First name」欄位請輸入自己的英文「名」、「Last name」欄位請輸入英文「姓」，而下圖紅框處的「Organization name（optional）」的欄位，若是想有免費測試額度的話此處請「不要」輸入任何文字。

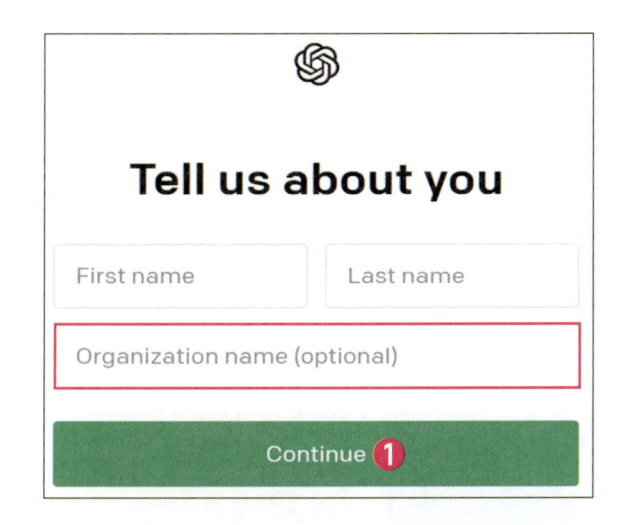

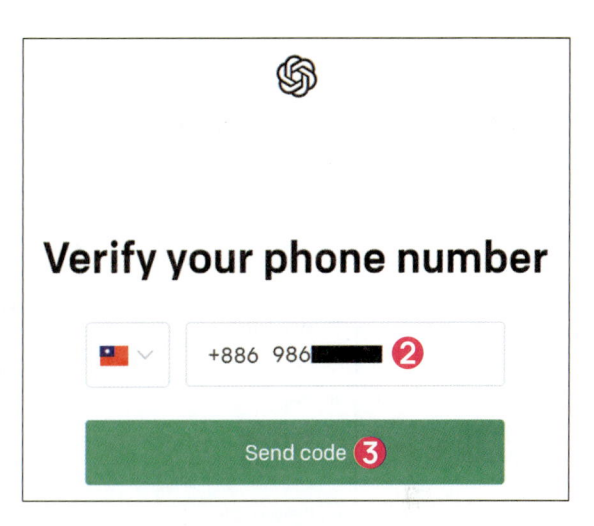

由於申請 OpenAI 的帳號需要綁定手機號碼，所以在上圖右處輸入自己的手機號碼，此處請把手機的第一個號碼 0 拿掉再輸入。若 OpenAI 回覆不接受該手機號碼的話，請把手機的第一個號碼 0 加入後再重新嘗試一遍。

Step 4 接下來 OpenAI 會根據使用者在上一步驟所註冊的電話號碼發出確認簡訊，請將該簡訊中所提供的「確認碼」輸入至下圖左的紅框處欄位中，接著點選下圖右的「Continue」按鈕繼續。

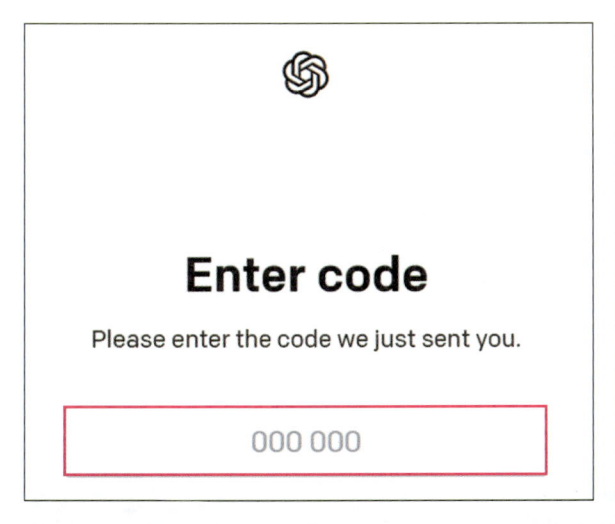

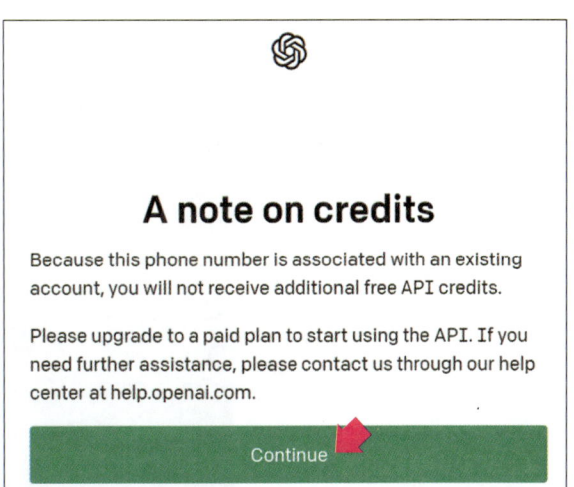

Step 5 當註冊流程跳到下圖左的「Organization settings」頁面時，同樣不要填寫該頁面的欄位問題，請直接點選該頁面的「Save」按鈕來完成註冊的動作。接著選取下圖右頁面的「API keys」選項來準備取得 OpenAI 的 API 授權碼。

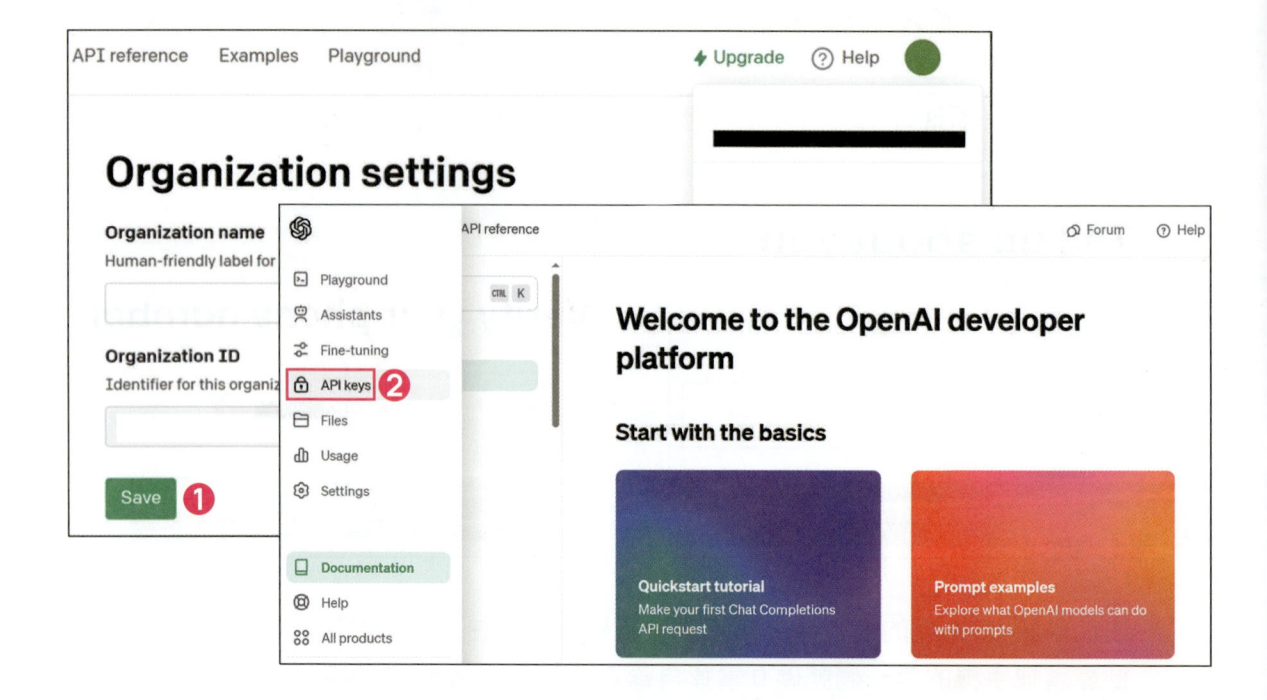

Step 6 進入 OpenAI 的 API keys 頁面後，請點選下圖左的「+ Create new secret key」按鈕來產生 API 授權碼。此處必須注意的是，OpenAI 的 API 授權碼產生後請務必將其複製並記錄儲存之，否則一旦離開此頁面，便無法再看到這次系統所提供的完整授權碼。此時若想要再取得 OpenAI 的 API 授權碼，就得再點選一次「+ Create new secret key」按鈕來重新創建。

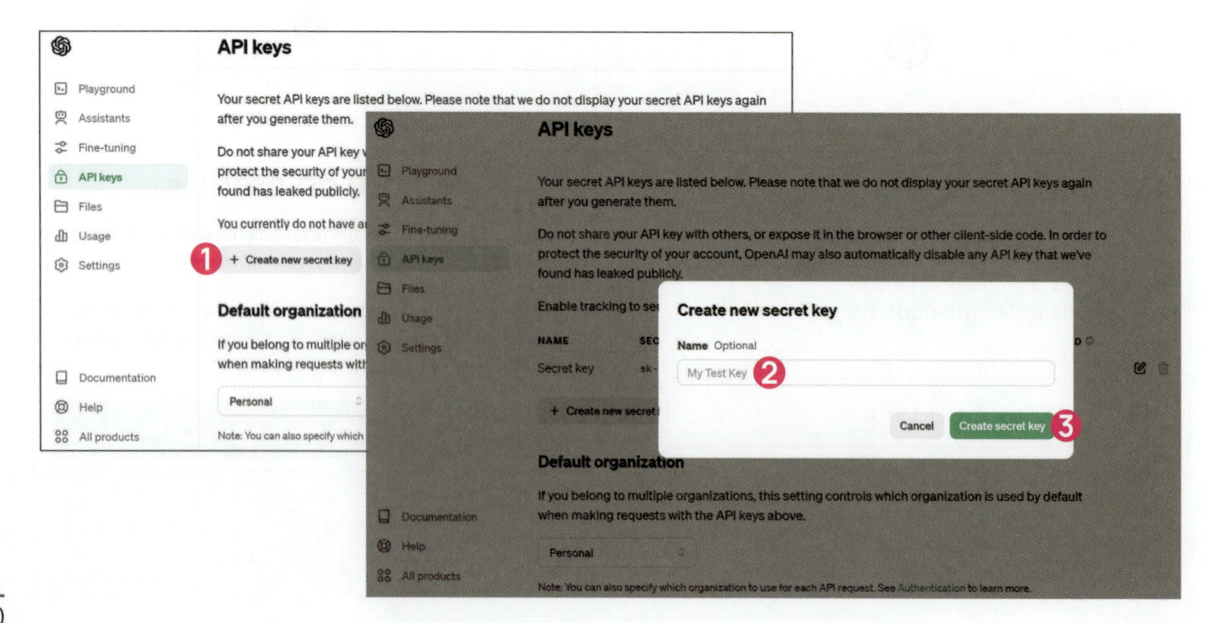

Step 7 由於 OpenAI 所提供的免費 API 授權碼是有額度及使用日期限制的,只要額度或使用期限的其中一個條件達標,此帳號即使申請新的 API 授權碼也無法使用,除非開始付費才能繼續使用。而使用 API 授權碼的剩餘額度與使用日期限制可至如下圖所示的「Useage」頁面紅框處查詢。由於使用不同的 OpenAI 模型會有不同的計費方式,有興趣的讀者可至 OpenAI 的官網中查詢(https://openai.com/pricing)。

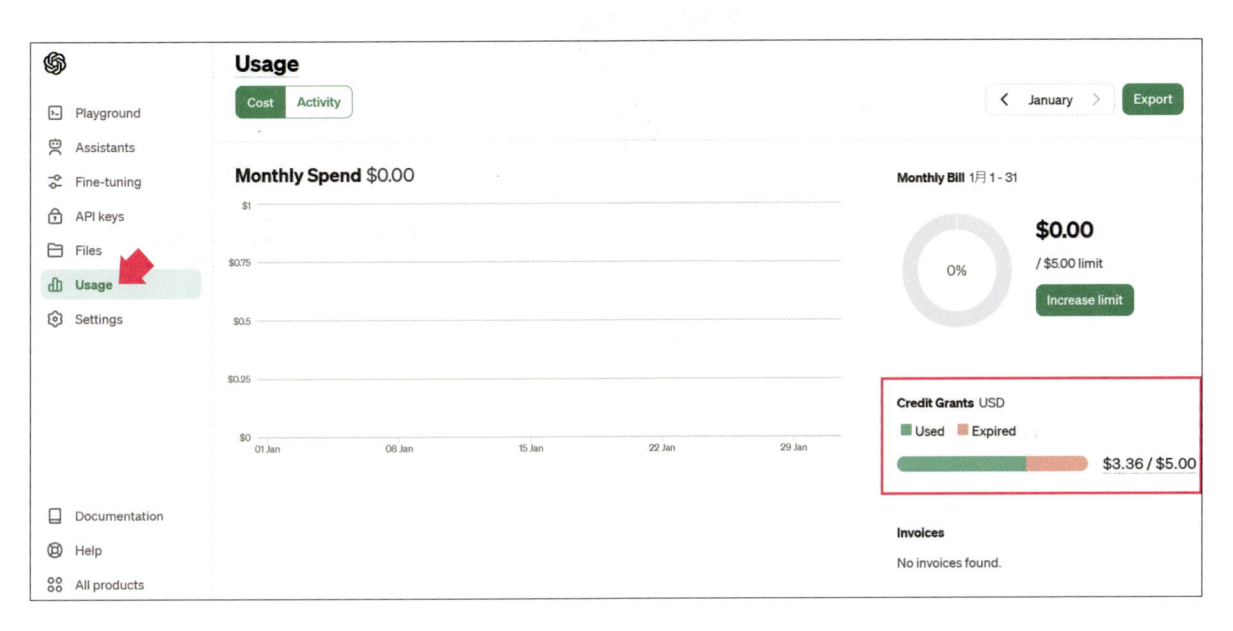

7-4 DALL·E 實作應用 I – 早安長輩圖產生器 (Only DALL·E)

在現今的工商社會中,年輕的一代平時都較為忙碌,因此對於家中的長輩就難免疏於關心陪伴,也因此造成長輩不得不透過 3C 產品來與自己的家人進行互動。而長輩為了以通訊軟體來問候或關懷家人,帶有祝福話語和風景圖片的早安長輩圖便隨著時代的變遷應孕而生了。

當收到長輩發送過來的問候時,為了讓長輩也能得到相對的回應,本節將使用 ESP32 搭配 DALL·E 與 LINE Notify 服務,讓使用者除了可以藉由 DALL·E 動態生成不同的早安長輩圖之外,也能透過 LINE Notify 主動地將產生的圖片再加上噓寒問暖的祝福吉祥話傳送給長輩。經由主動的問候,讓家中長輩不會再有被冷落忽視的感覺。

ESP32 單純搭配 DALL·E 的簡易版「早安長輩圖產生器」運作流程如下所示:使用者只需按下一個按鈕,ESP32 便會請 DALL·E 產生一張預先指定需求提示詞(Prompt)的長輩圖,最後 ESP32 再將該圖片連同簡單的早安問候透過 LINE Notify 傳送給指定的長輩。

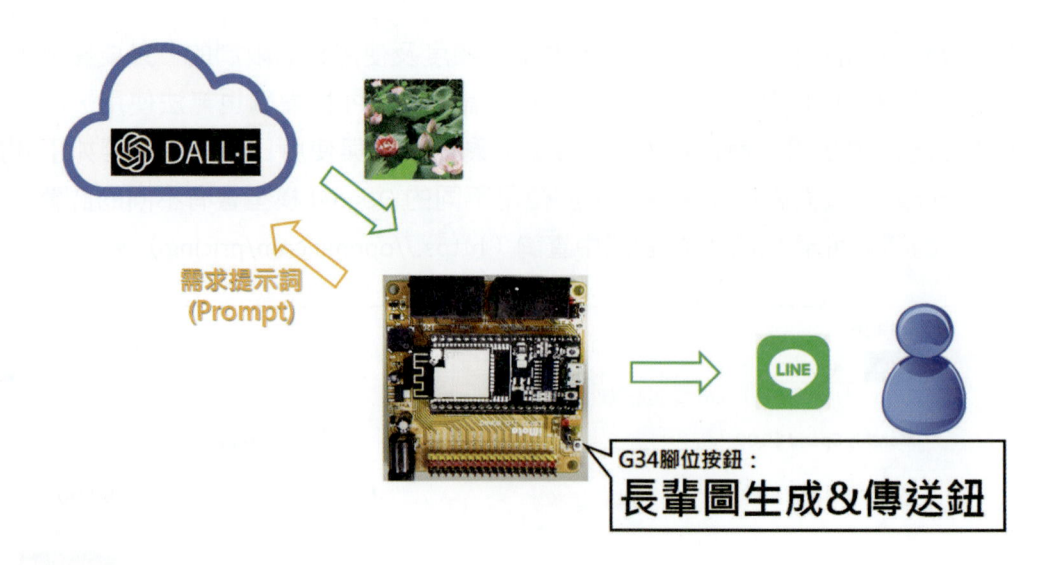

ESP32 硬體設定

早安長輩圖產生器在硬體方面的需求有：

❶ 作為大腦來控制各項硬體的「NodeMCU-32S」。
❷ 內建按鈕與蜂鳴器的慧手科技「ESP32 IO Board 擴充板」。

硬體組裝步驟

將 NodeMCU-32S 與 ESP32 IO Board 依下圖所示的方式接合在一起，完成。

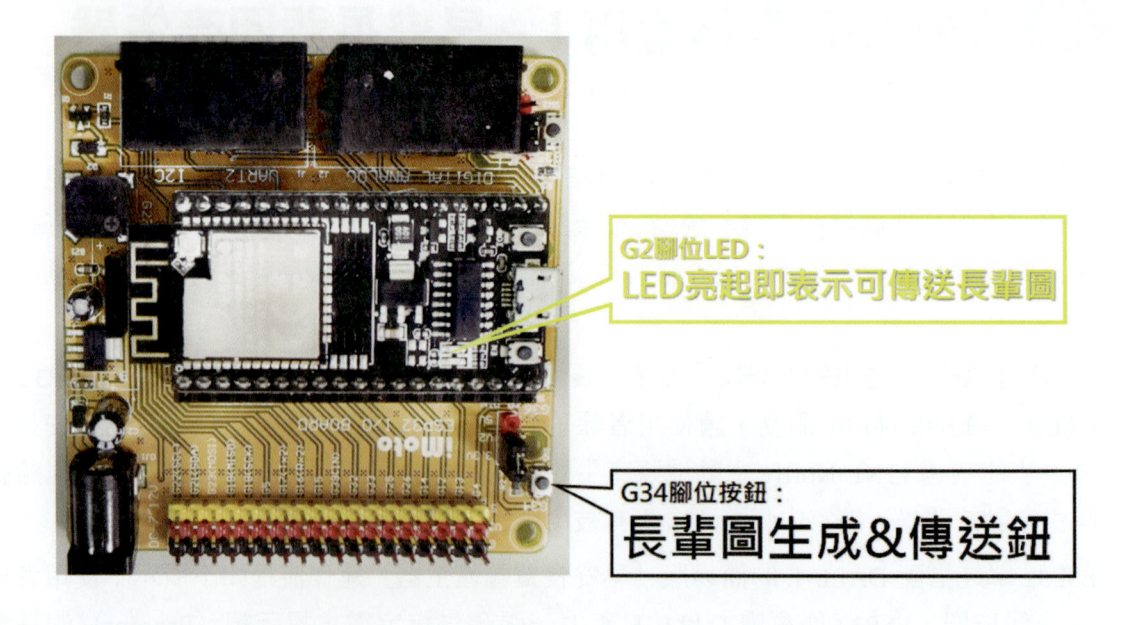

ESP32 圖控程式

完成 OpenAI 授權碼（Key）的取得及 ESP32 硬體組裝後，尚有 NodeMCU-32S 的程式需要編寫，由於慧手科技的圖控式軟體 motoBlockly 內含支援 DALL·E 服務的程式積木，因此可以簡單快速地完成本系統的 ESP32 程式。其流程如下：

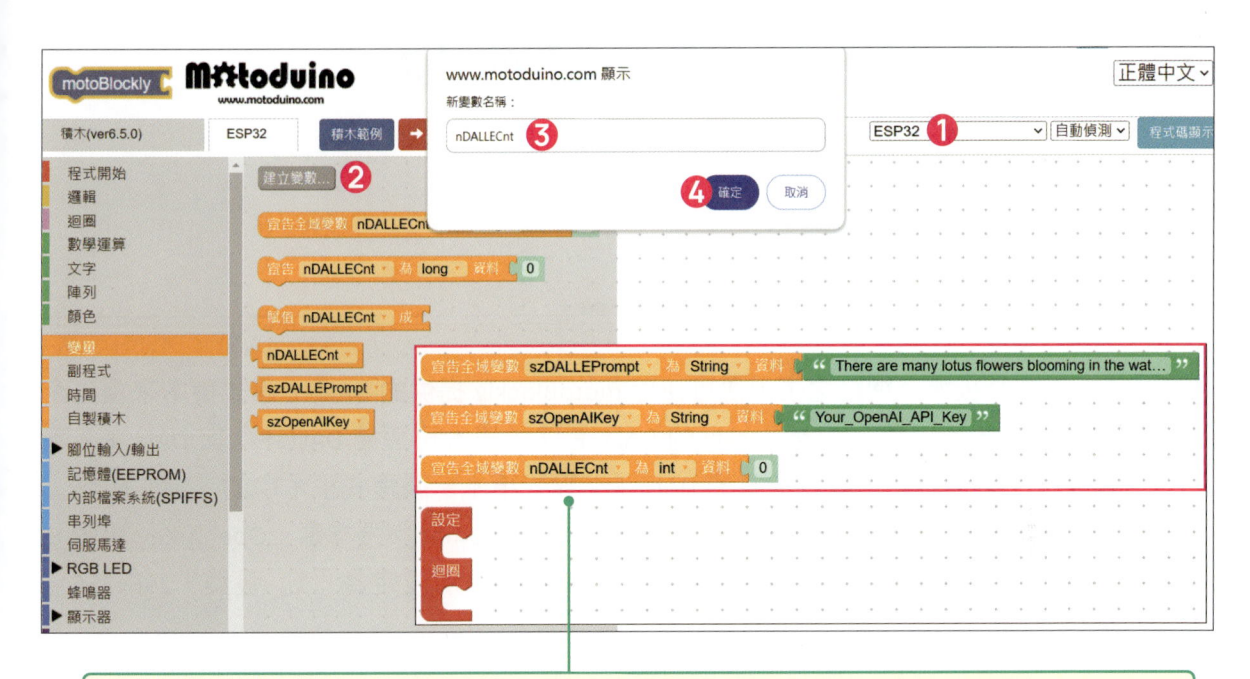

Step 1 ❶ 首先將 motoBlockly 的開發板型號選擇為「ESP32」才能產生正確的 ESP32 程式碼。

❷❸❹ 建立三個不同型態的全域變數，分別是記錄請求 DALL·E 生成圖片提示詞（Prompt）的 szDALLEPrompt 變數（String 字串型態）。另外還有記錄 OpenAI 授權碼（API Key）的 String 型態變數 szOpenAIKey，以及接收 DALL·E 生成圖片回傳數量的 int 型態變數 nDALLECnt。

由於本範例會使用對中文理解能力較差但較便宜的 DALL·E-2 模型，因此 szDALLEPrompt 變數的字串內容為英文提示詞：「There are many lotus flowers blooming in the water, and the green lotus leaves and pink lotus flowers are still covered with morning dew.」（水中有許多蓮花，綠色的荷葉與粉紅的荷花上仍帶有清晨的露珠）。

Step 2 在設定（Setup）積木中設定 Serial 串列埠的傳輸速率（本例設為 115200 bps），以利後續 ESP32 除錯訊息的傳送。接著進行 ESP32 連接網路的初始化設定：「WiFi 設定」積木中的「SSID（分享器名稱）」與「Password（密碼）」參數分別為 ESP32 準備連線的路由器或無線網路分享器的名稱與密碼，請依實際狀況來進行設定。

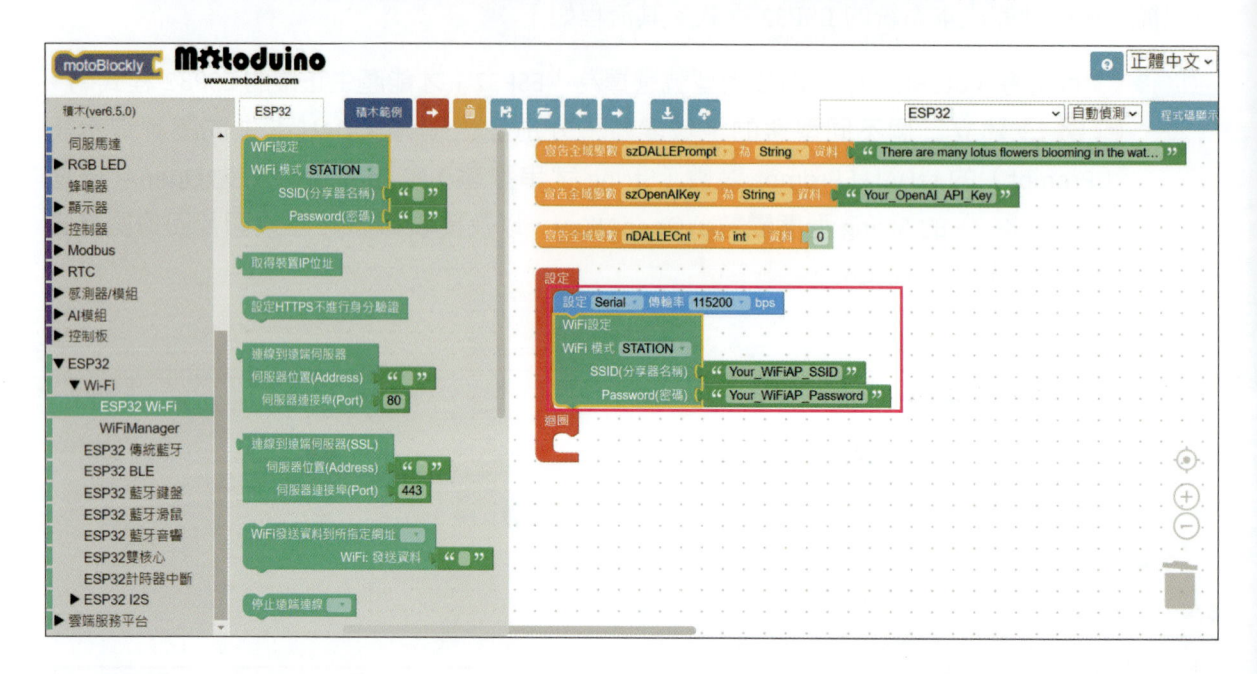

Step 3 ESP32 開發板連上網路之後，便可使用 motoBlockly 提供的 DALL·E 程式積木來預先產生早安長輩圖備用。motoBlockly 的 DALL·E 程式積木可連結 DALL·E-2 與 DALL·E-3 兩種模型，本例將使用較為便宜的 DALL·E-2 程式積木。該程式積木中的「詢問內容」與「szAPIKey」參數請分別設定為提示詞 szDALLEPrompt 與授權碼 szOpenAIKey 變數。另外的「生成數量」和「圖片大小」兩參數則分別設定為「1」張與「256x256」即可。

> **注意：** DALL·E-3 程式積木的「生成數量」和「圖片大小」目前 OpenAI 官方限定只能設定為「1」與「1024x1024」。

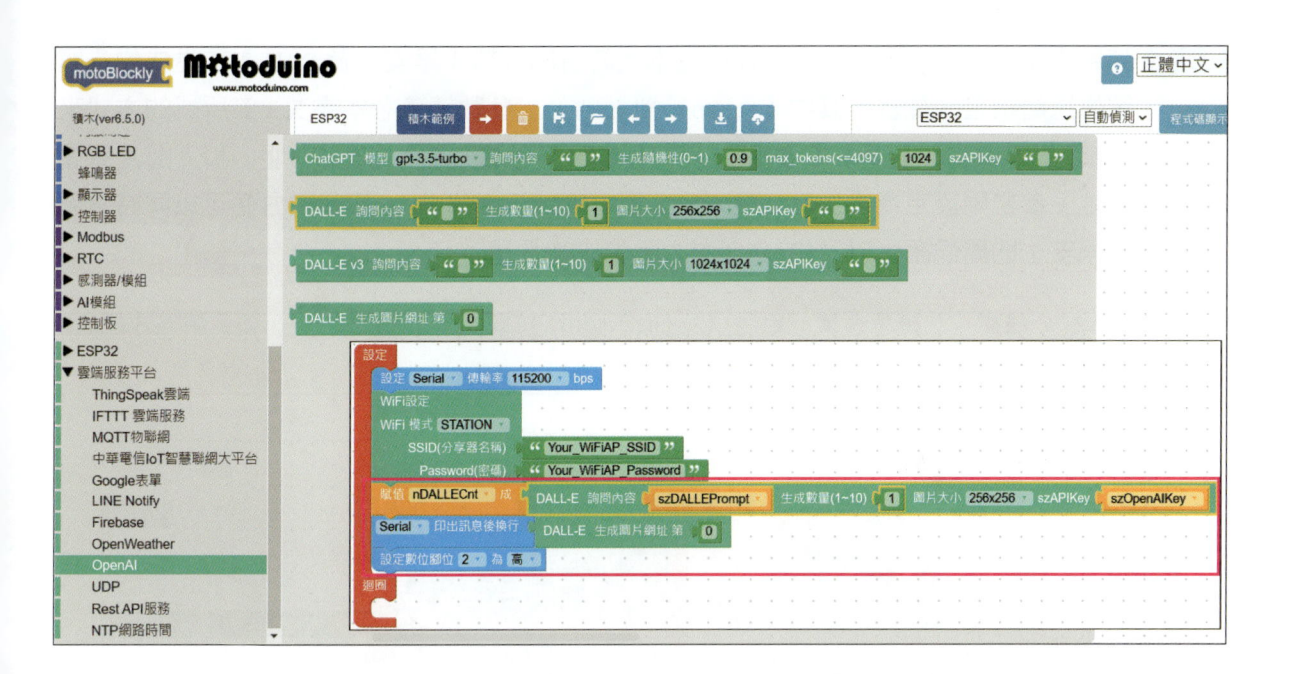

ChatGPT 與 DALL·E 的入門與實作

注意：當 ESP32 收到 DALL·E-2 回傳生成圖片的網址後，將該網址傳送至電腦的監控視窗中顯示，並點亮 NodeMCU-32S 內建的 G2 腳位 LED 來告知使用者。

Step 4 接著開始在迴圈（Loop）積木中不斷檢查是否有人按下擴充板上的 G34 腳位按鈕。當擴充板上的 G34 按鈕被按下時，NodeMCU-32S 便會關閉 G2 腳位的 LED，並發出「叮咚」的蜂鳴器聲音來告知使用者。

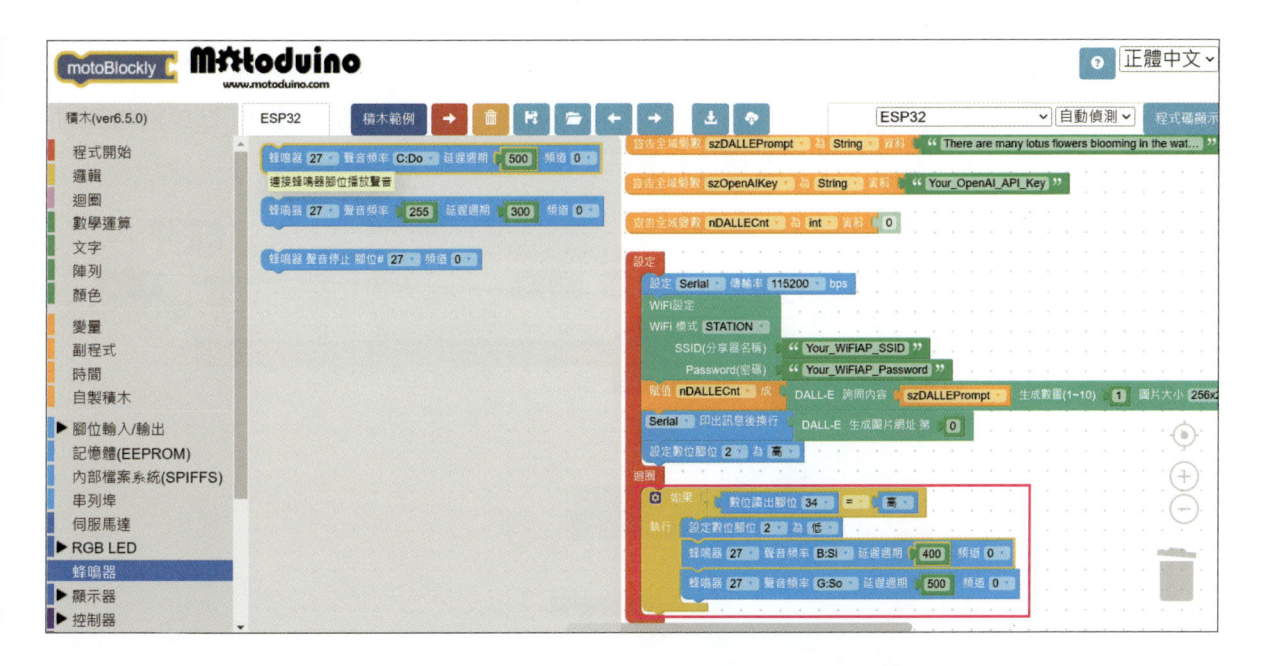

Step 5 使用「LINE Notify 通知服務」程式積木同時將問候語「早安」及 DALL‧E-2 生成的長輩圖傳送給指定的長輩。其中「token（授權碼）」參數請參考本書 5-3 節所述的方式來申請新 Token，「訊息」參數請設定為「早安！」。「圖片縮圖網址」和「圖片原圖網址」參數則設定為「DALL‧E 第『0』個 生成圖片網址」，如此對方便可以同時看到「早安」的問候語，以及由 DALL‧E-2 所生成的長輩圖。

> **注意：** 記得將長輩、自己以及 LINE Notify 拉到同一個 LINE 群中，如此對方才能收到由 ESP32 所發送出來的長輩圖。

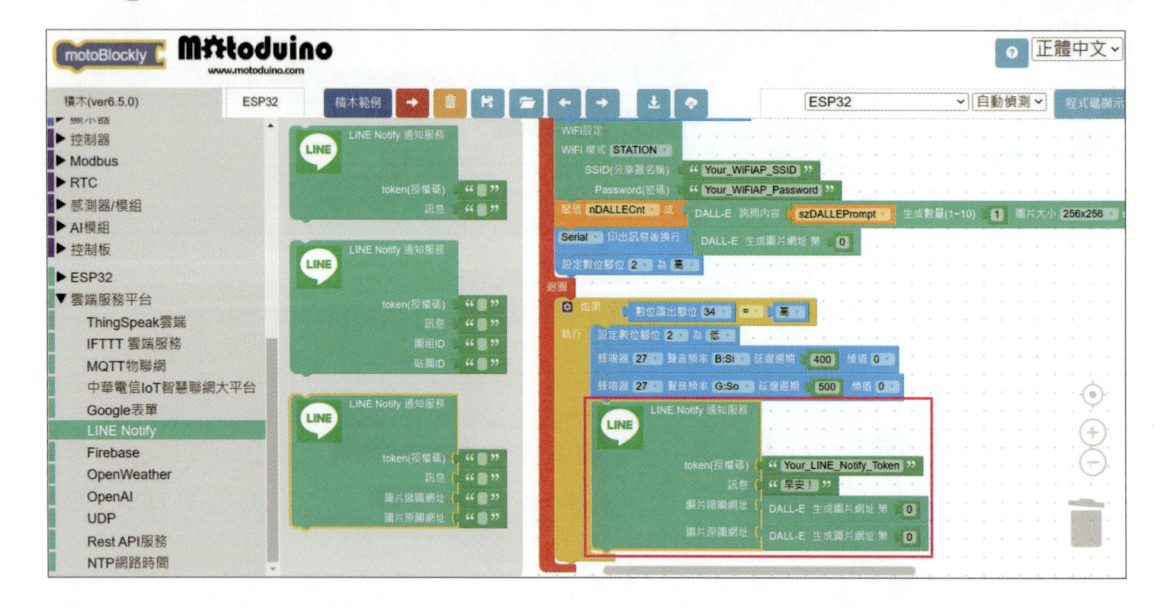

Step 6 早安長輩圖用 LINE 傳送完畢之後，便可再次呼叫 DALL‧E-2 程式積木來產生新的長輩圖備用。若新的圖片產生完畢，再點亮 NodeMCU-32S 內建的 G2 腳位 LED 來告知使用者（此時才可以再按下按鈕傳送新的早安長輩圖）。

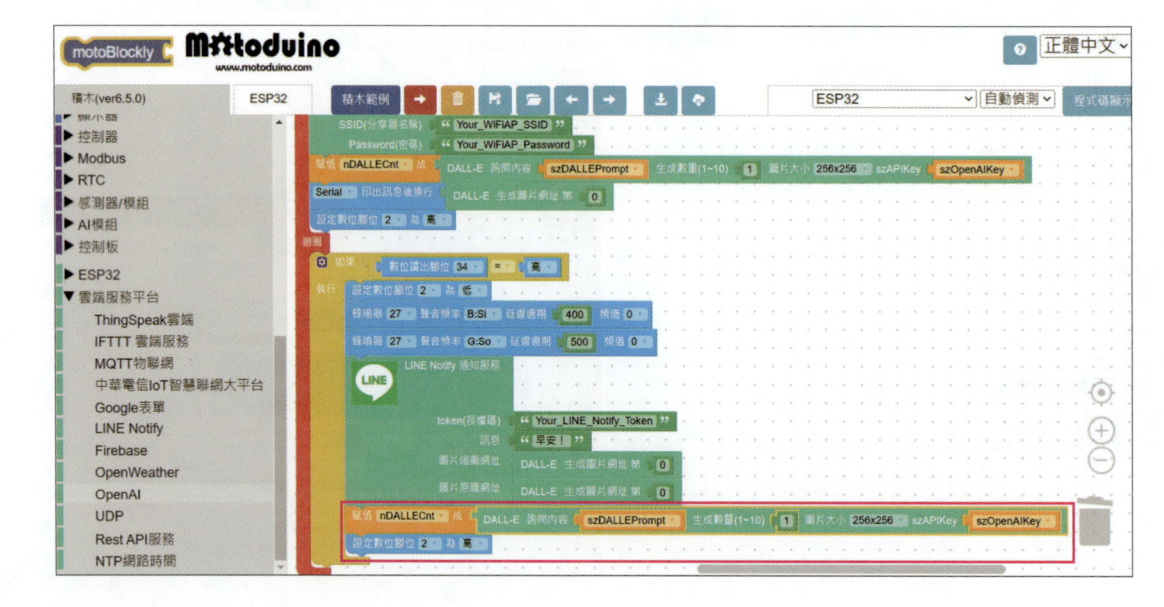

ChatGPT 與 DALL·E 的入門與實作

Step 7 完整的「ESP32 早安長輩圖產生器」motoBlockly 程式如下所示。請在紅框處填入自己對應的 WiFi 連線、DALL·E 以及 LINE Notify 的相關資訊，程式才能正常的運作。

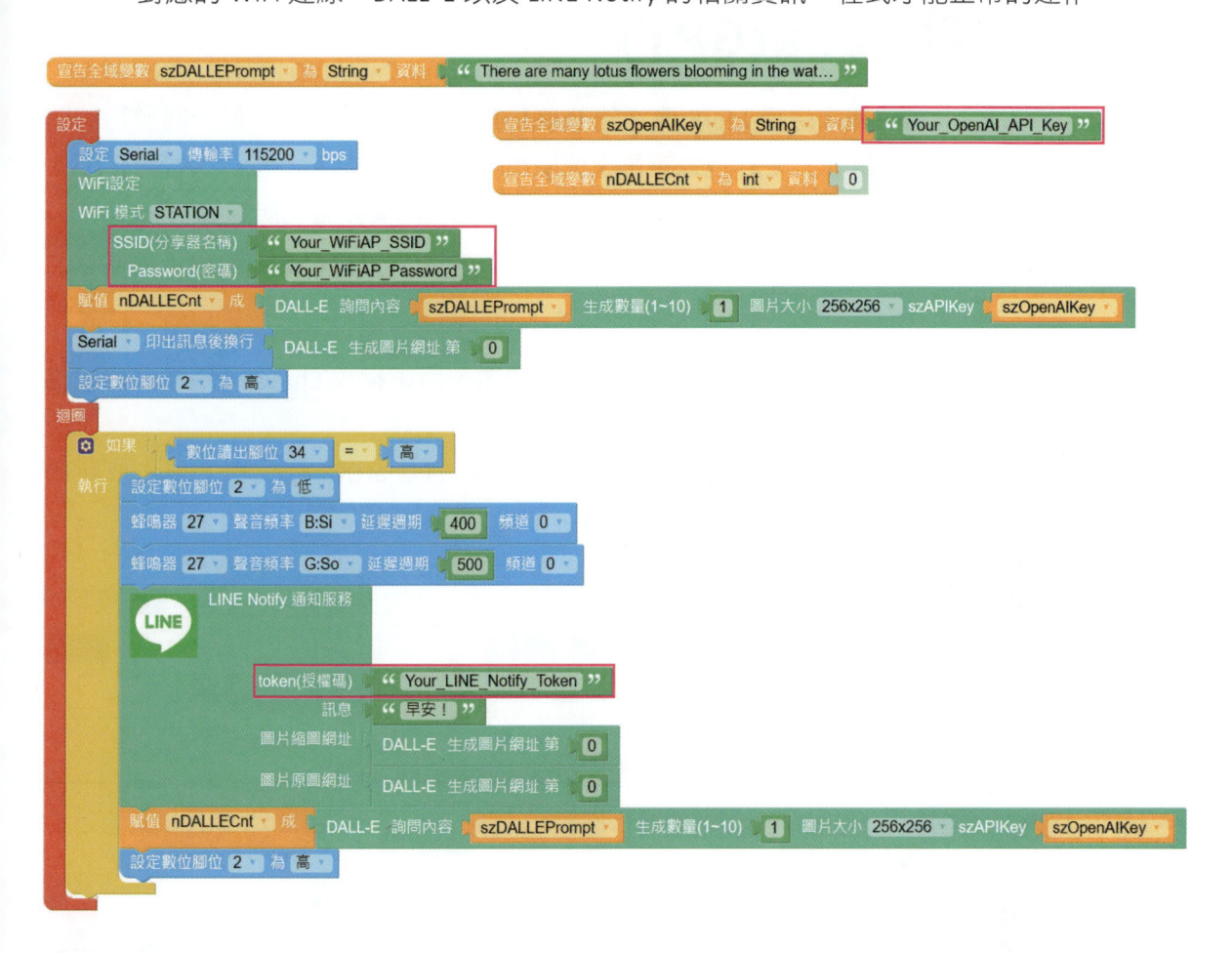

成果展示

7-5 DALL·E 實作應用 II – 早安長輩圖產生器（搭配 ChatGPT）

在上個範例中，雖然每次透過 LINE 傳送的 DALL·E 長輩圖都不一樣，但一同發送的問候語卻都是千篇一律的「早安」。若是想讓每次傳送出去的問候語都不一樣，則可再搭配使用 motoBlockly 的 ChatGPT 程式積木，讓每次搭配早安長輩圖的問候語也能夠獨一無二。

接下來會以上一個「早安長輩圖產生器」範例程式為基礎，繼續新增程式積木來擴充其功能。

Step 1
❶ 新增一個 String 字串型態的 szChatGPTMsg 變數，用來存放 ChatGPT 所生成的祝福吉祥話。
❷ 在 DALL·E-2 產生長輩圖之後，使用 motoBlockly 的 ChatGPT 程式積木來生成新的祝福吉祥話。

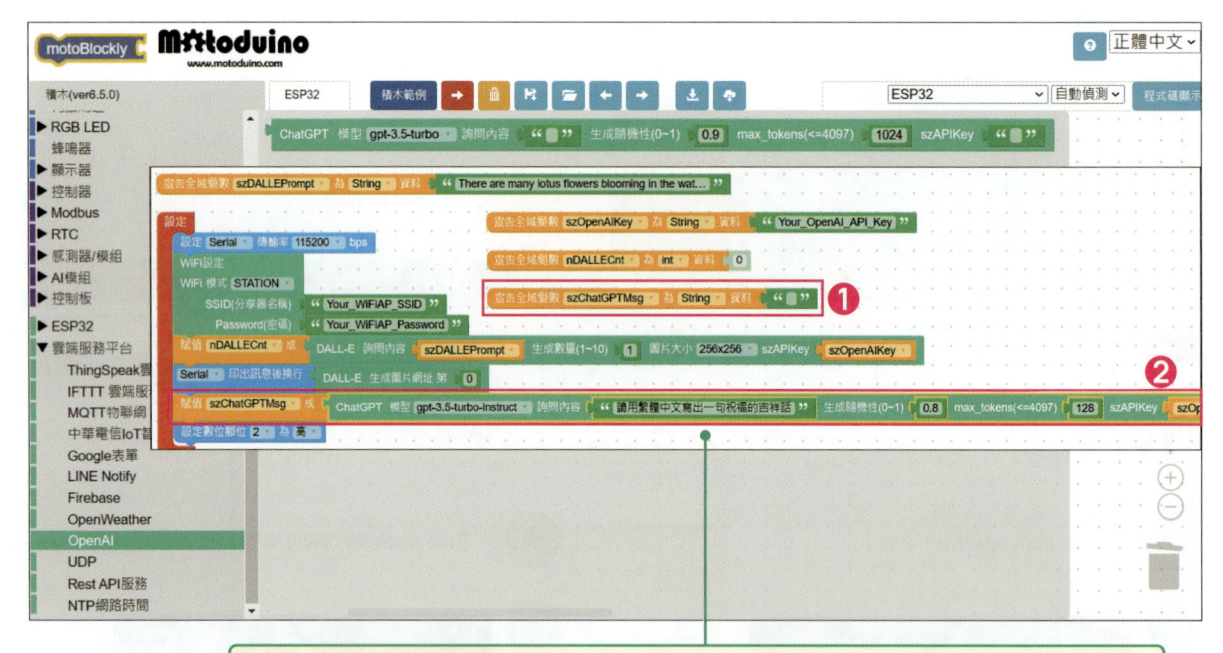

其中「模型」參數請選擇文字生成速度較快的「gpt-3.5-turbo-instruct」模型，「詢問內容」參數則設定為「請用繁體中文寫出一句祝福的吉祥話」。「生成隨機性（0〜1）」參數設為高隨機性的「0.8」以避免產生重複的文字。「max_tokens（<=4097）」參數為「128」，「szAPIKey」參數則為「szOpenAIKey變數」。

Step 2 早安長輩圖加入祝福吉祥話並用 LINE Notify 傳送，接著在 DALL‧E-2 產生新的長輩圖之後，使用 motoBlockly 的 ChatGPT 程式積木來再次生成新的祝福吉祥話。完成。

Step 3 完整搭配 ChatGPT 程式積木的「ESP32 早安長輩圖產生器」motoBlockly 程式如下所示。請在原本程式中加入下圖紅框處所標示的新程式積木即可正常運作。

成果展示

7-6 DALL·E 實作應用 III – 早安長輩圖產生器（搭配 RTC）

承上節，目前為止的「早安長輩圖產生器」程式已經可以每次都送出不同的問候及圖片，若是想要更進階地化被動為主動，讓系統可以每天在固定時間自動發送早安長輩圖的話，就得再把 ESP32 特有的 RTC 計時器功能加進來。本範例同樣以上一節的程式為基礎來進行修改。

Step 1 由於系統需要在使用者按下按鈕或到達設定時間時都要發送早安長輩圖，因此先將整個發送 LINE Notify 的流程寫成一個副程式 fnSendMorningPic()。該副程式中所有的動作不需做任何增減的動作。

Step 2 ❶ 建立兩個 int 整數型態的變數，分別代表定時發送長輩圖的時（nNotifyHour）與分（nNotifyMin），本例分別將其設定為代表早上 6:30 的「6」與「30」（此時間讀者可依自己的需求進行更改）。

❷ 在使用 RTC 的時間功能前、ESP32 連上網路後，呼叫「NTP 伺服器校正時間」程式積木先進行 ESP32 對時的動作。

Step 3 接著開始在迴圈（loop）函式積木中不斷地偵測 G34 腳位的按鈕是否有被按下，同時檢查排程發送的時間是不是已經到了。只要前述的兩個條件有一個成立，ESP32 都會以 LINE 發送出早安長輩圖。但是由排程時間發送出的長輩圖，則需再多休息 60 秒，以避免系統在同一分鐘內不斷地發送出早安長輩圖。

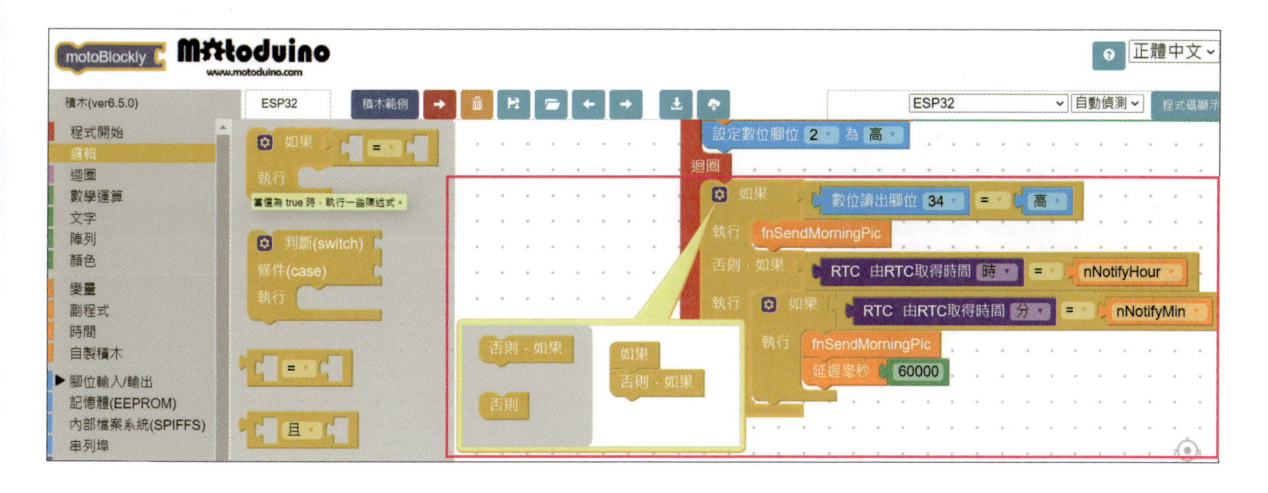

Step 4 完整搭配 RTC 定時程式積木的「ESP32 早安長輩圖產生器」motoBlockly 程式如下所示。請在紅框處填入自己對應的 WiFi 連線、定時發送時間、OpenAI API Key 以及 LINE Notify 的相關資訊，程式才能正常的運作。

7-7　ChatGPT 實作應用 – 故事創作播放機

很多家長在小孩開始識字之後，便會開始購買童話故事書籍來增進小孩的閱讀能力。不過為了避免造成小朋友閱讀的壓力，市面上的童書大多都只有寥寥幾頁，反而讓小朋友很快地就閱讀完畢。若要因此而不停地花錢購買新書，相信對多數家長而言都是一筆不小的經濟負擔。

OpenAI 的 ChatGPT 3.x 模型雖然在回答有正確答案的問題時準確度不高，但其天馬行空的想像力卻非常適合來創作新的童話故事，因此我們其實可以放手讓 ChatGPT 來生成新的故事，並由 ESP32 在收取故事內容之後再將其轉成語音播放出來。如此就可以在不用花費太多金錢的前提下，還能有源源不絕的原創童話故事可以聆聽了。

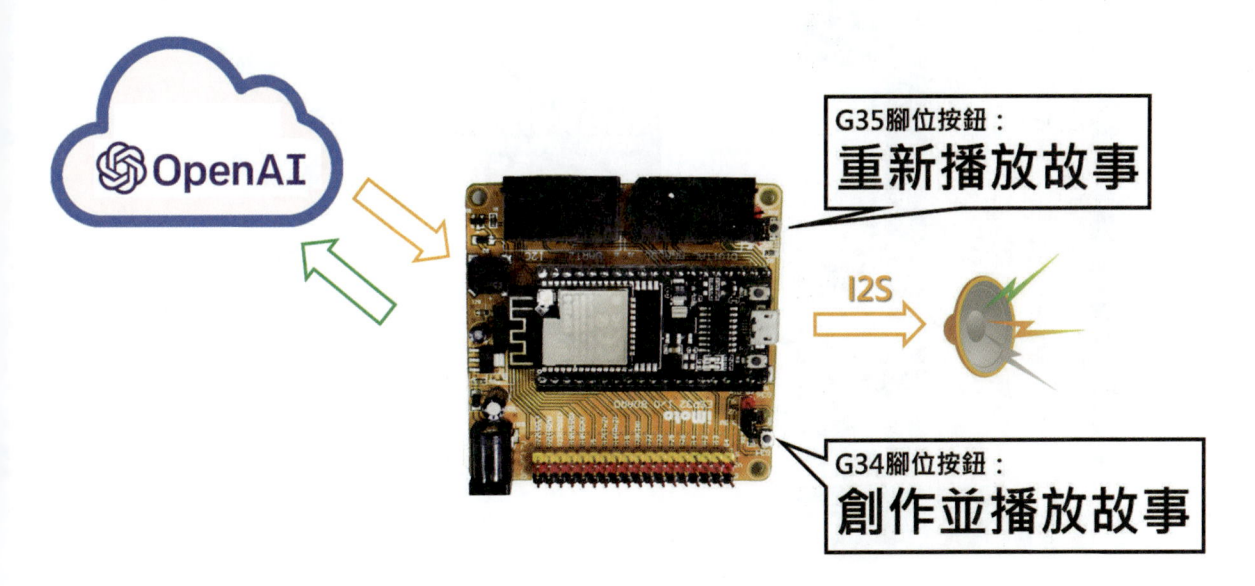

如上圖所示，故事創作播放機的運作流程是：❶ 當使用者按下 ESP32 擴充板上的 G34 腳位按鈕時，ESP32 便會請 ChatGPT 創作一個新的童話故事。❷ 得到 ChatGPT 的回覆之後，ESP32 便會將 ChatGPT 所回覆的內容轉成語音並透過 I2S 來進行播放。❸ 當使用者想反覆聆聽剛剛產生的童話故事時，可按下 ESP32 擴充板上的 G35 腳位按鈕來重新進行播放。

ESP32 硬體組裝

故事創作播放機在硬體方面的需求有：

❶ 作為大腦來控制各項硬體的「NodeMCU-32S」。
❷ 內建按鈕與蜂鳴器的慧手科技「ESP32 IO Board 擴充板」。
❸ I2S DAC 音訊解碼模組 MAX98357A、喇叭，以及 5 條 20 公分的母母杜邦線。

硬體組裝步驟

將 MAX98357A 模組依下圖所示的方式接到 ESP32 的擴充板上，完成。

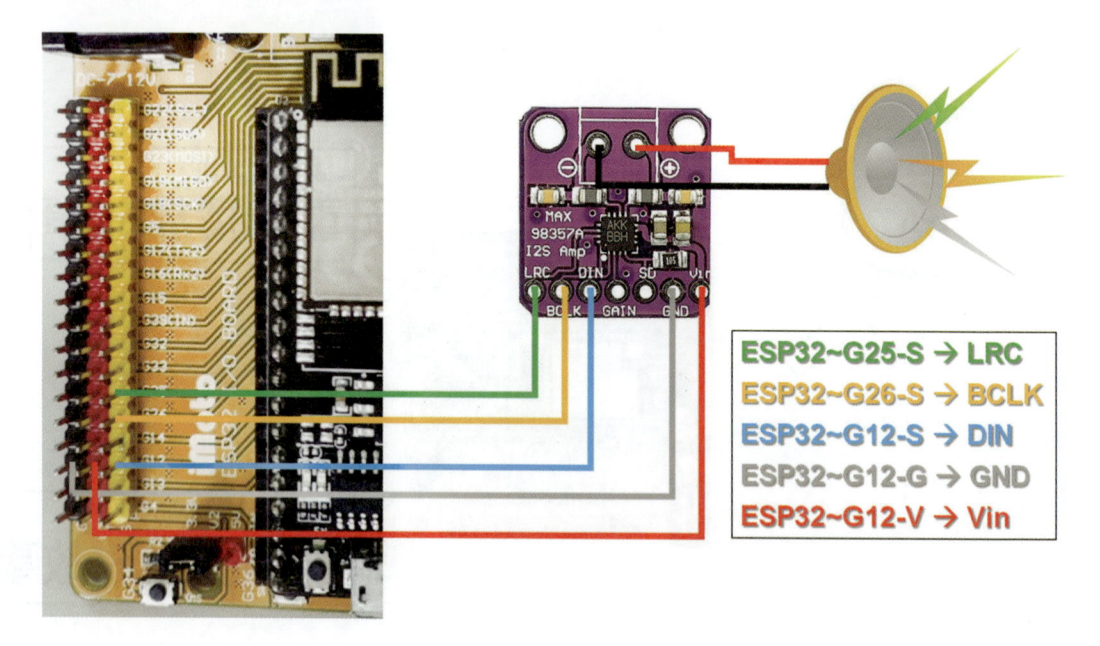

ESP32~G25-S → LRC
ESP32~G26-S → BCLK
ESP32~G12-S → DIN
ESP32~G12-G → GND
ESP32~G12-V → Vin

ESP32 圖控程式

Step 1 首先將 motoBlockly 的開發板型號選擇為「ESP32」才能產生正確的 ESP32 程式碼。接著建立四個 String 字串型態的全域變數，分別是用來存放 OpenAI API 授權碼的 szChatGPTAPIKey（請填入自己申請的 API 授權碼）；存放 ChatGPT 內容產生需求（Prompt）的變數 szGPTQuestion（由於本範例是要請 ChatGPT 創作新的童話故事，因此內容會填入「你是個說故事大師，請用中文創作一個 500 字左右的童話故事。」）；存放 ChatGPT 回覆內容的 szGPTAnswer；以及存放要轉換成故事語音的 szStoryData。

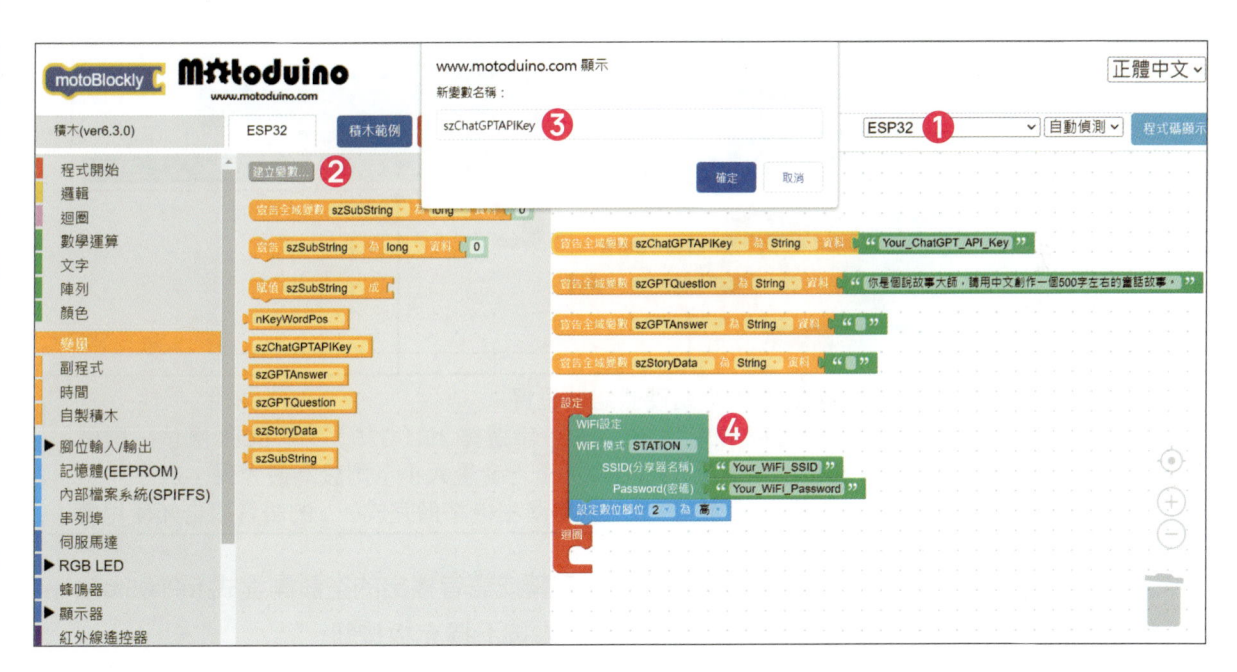

完成各個全域變數的宣告後，最後在設定（Setup）積木中完成 ESP32 連接網路的初始化設定。「WiFi 設定」積木中的「SSID（分享器名稱）」與「Password（密碼）」參數分別為 ESP32 準備連線的路由器或無線網路分享器的名稱與密碼，請依實際狀況來進行設定即可。

注意：若 WiFi 連線成功，NodeMCU-32S 會點亮內建的 G2 腳位 LED 來告知使用者。

Step 2 初始化 I2S DAC 模組。包括設定 MAX98357A 模組連接到 ESP32 的三個信號腳位，以及 MAX98357A 模組預設的音量大小。

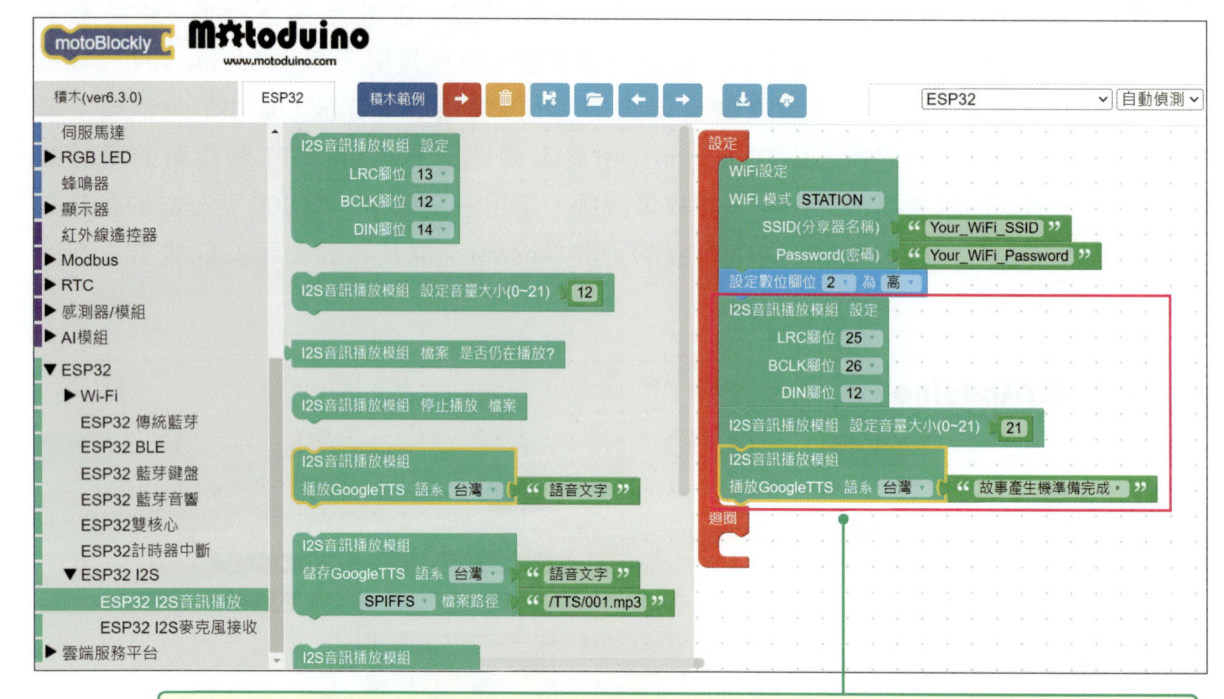

依照 P.304 建議的 MAX98357A 模組硬體組裝位置：
「I2S 音訊播放模組」設定積木的「LRC 腳位」請選擇 25（G25）、「BCLK 腳位」選擇 26（G26）、「DIN 腳位」則選擇 12（G12）；「音量大小」則設為最大聲：21。
初始化動作全部完成之後，以喇叭播放「故事產生機準備完成。」的語音來告知使用者。

Step 3 先建立一個將 ChatGPT 所創作的童話故事內容轉成語音播出的空殼副程式 fnPlayStory()。接著開始在迴圈（Loop）積木中檢查是否有人按下擴充板按鈕。

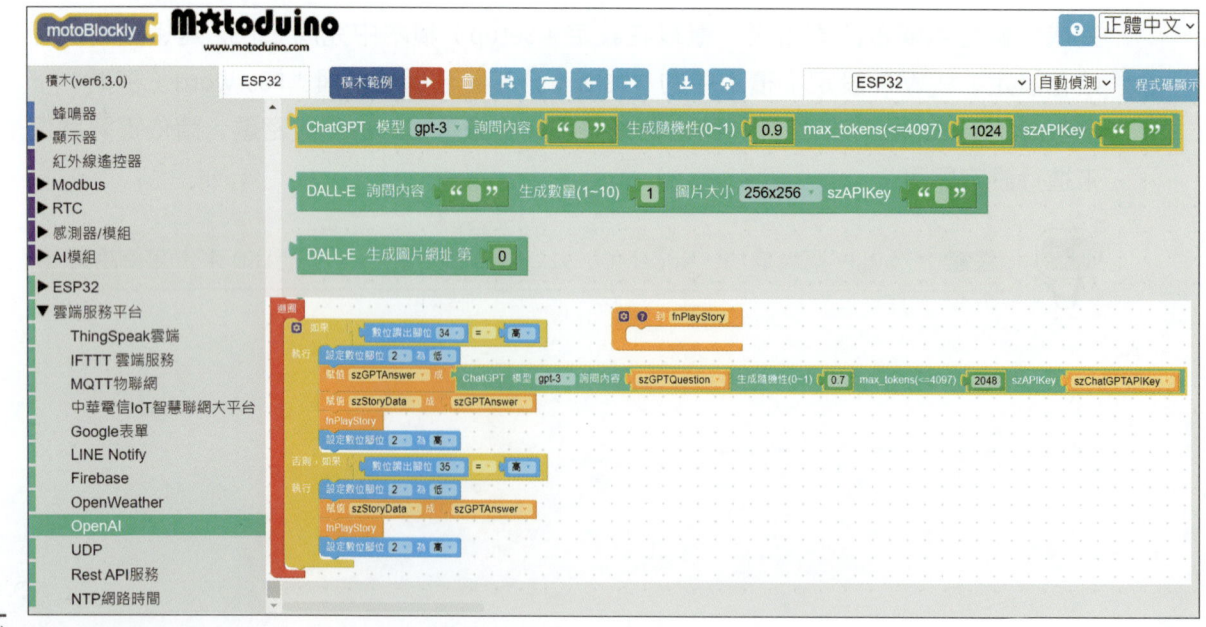

當擴充板上的 G34 腳位按鈕被按下時，NodeMCU-32S 便會請 ChatGPT 創作一個新的童話故事，並將 ChatGPT 回覆的內容轉存到變數 szStoryData 中，最後再呼叫 fnPlayStory( ) 副程式將故事內容轉成語音後播出。若被按下的是擴充板上的 G35 腳位按鈕，NodeMCU-32S 則會將剛剛產生的童話故事再重新播放一次。

Step 4 回到 fnPlayStory( ) 副程式中。當 ChatGPT 產生故事內容失敗時，其會回傳失敗的原因，不過因為該原因的長度不會超過 100 個 byte，所以可先檢查存放故事內容的變數 szStoryData 長度是否大於 100 bytes，再決定是否將變數 szStoryData 的內容轉換成語音播出。而當變數 szStoryData 長度小於 100 bytes 時（即故事內容產生失敗時），I2S 會播出「沒有故事內容可以播放。」的語音來告知使用者。

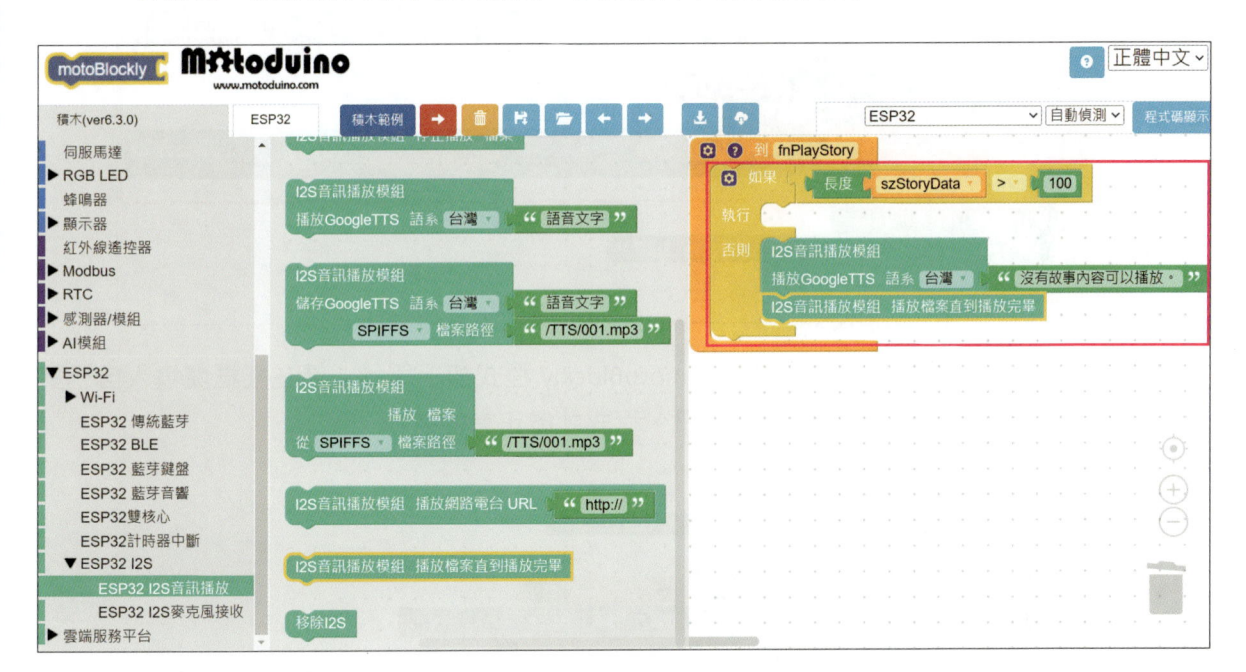

Step 5 由於 Google 的文字轉語音功能一次最多只能轉換 200 個中文字（包含標點符號，共 600 bytes），因此需要將故事內容分段再轉成語音的方式來進行轉換播出。而故事內容分割的斷點是以「。」為基準，再慢慢加以切割、轉換後依序播放。

Step 6 完整的「ESP32 故事創作播放機」motoBlockly 程式如下所示。請在紅框處填入自己對應的 WiFi 連線及 ChatGPT 相關資訊，程式才能正常的運作。

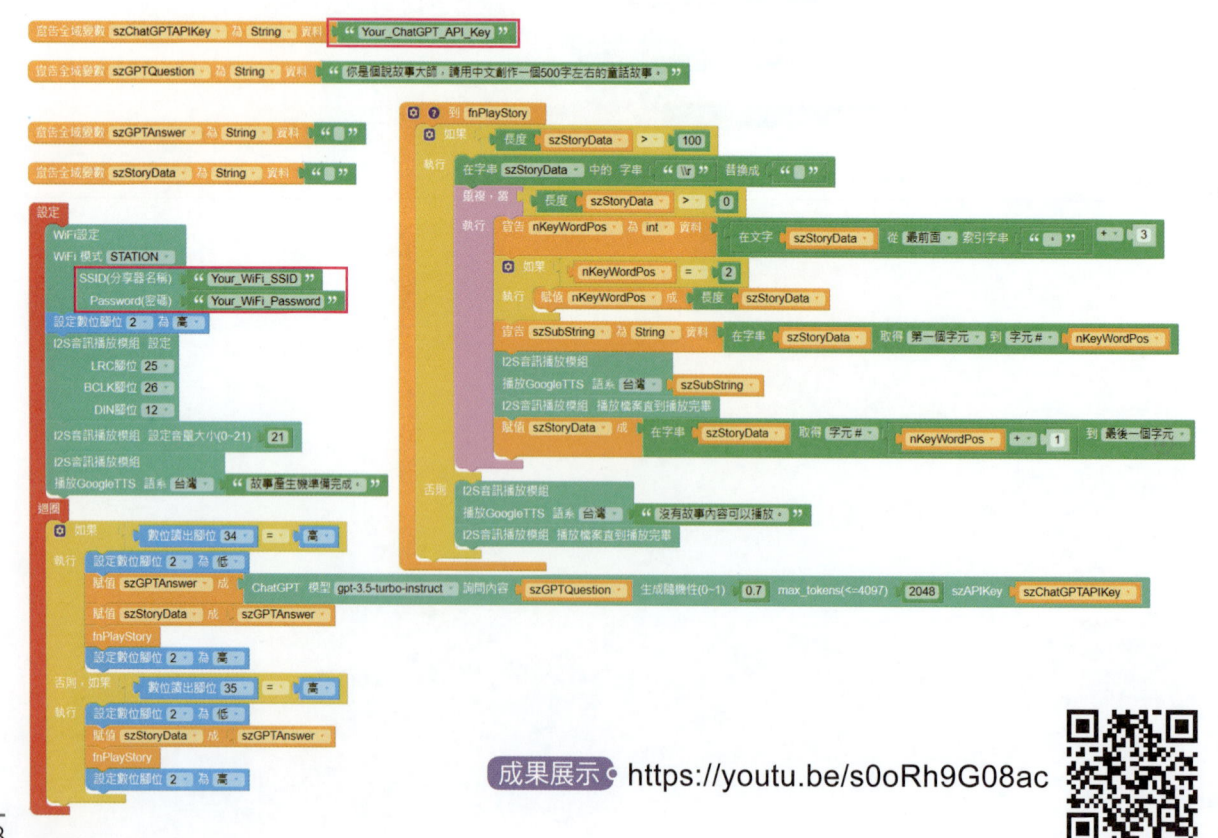

成果展示 https://youtu.be/s0oRh9G08ac

Chapter 7 課後習題

ChatGPT 與 DALL·E 的入門與實作

選擇題

(　) 1. 請問下列哪個雲端平臺可以提供「以文生圖」的服務？
　　(A) LINE-Notify　　　　　　　(B) DALL·E 2
　　(C) WALL-E 2　　　　　　　　(D) WELL-E 2

(　) 2. 請問下列哪個雲端平臺可以提供「以文生文」的服務？
　　(A) LINE-Notify　　　　　　　(B) DALL·E 2
　　(C) ChatGPT　　　　　　　　(D) ThingSpeak

(　) 3. 請問下列何者不是 ESP32 對接 DALL·E 時所需要的參數？
　　(A) OpenAI 授權碼（API Key）　(B) 圖片生成數量
　　(C) 隨機生成率（Temperature）　(D) 圖片生成尺寸

(　) 4. 請問下列何者不是 ESP32 對接 ChatGPT 時所需要的參數？
　　(A) OpenAI 授權碼（API Key）　(B) Token 數量
　　(C) 隨機生成率（Temperature）　(D) OpenAI 登入帳號（SSID）

(　) 5. 請問下列對於 ChatGPT 的描述何者有誤？
　　(A) 所回覆的內容一定是正確的　(B) 可動態生成文字內容
　　(C) 有多種不同的 AI 模型可使用　(D) 可支援以圖生文

實作題

題目名稱：實作心靈雞湯產生器

創客題目編號：A040029

題目說明：

請實作一個心靈雞湯產生器。請在每天 23：00 就寢前，讓 ESP32 可以 LINE Notify 自動傳送一句打氣鼓勵的話語與圖片給自己。

30 mins

創客力指標

外形	機構	電控	程式	通訊	人工智慧	創客總數
0	0	3	5	2	1	11

綜合素養力指標

空間力	堅毅力	邏輯力	創新力	整合力	團隊力	素養總數
0	0	3	2	1	1	7

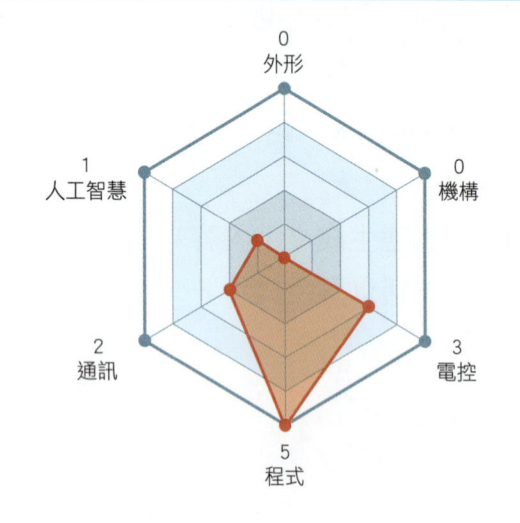

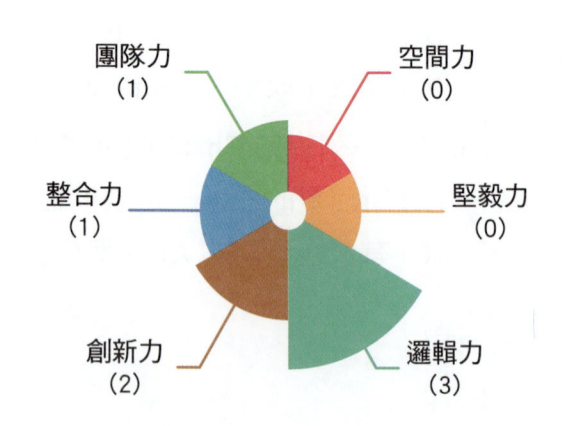

8

Bluetooth 藍牙傳輸的
入門與實作

　　與無線網路一樣，藍牙（Bluetooth）可以經由無線傳輸的方式在兩個不同的裝置中相互傳遞訊息及資料，從智能家居到穿戴式裝置，藍牙在現今已經成為生活中不可或缺的一部分。而 ESP32 內建的藍牙功能使其也能與其他的藍牙設備進行通訊，等於為 ESP32 的物聯網傳輸方式提供了一個新的選擇。本章將帶領讀者進入 ESP32 藍牙傳輸的世界，探索其在無線通訊中的各種應用。內容將從藍牙的基礎介紹開始，最後再以不同功能的圖控式藍牙積木來完成多種風格迥異的藍牙專題。

8-1　Bluetooth 藍牙傳輸協定簡介
8-2　Bluetooth 藍牙與 ESP32
8-3　藍牙實作應用 I – 家電遙控 & 數據接收器（傳統藍牙版本）
8-4　藍牙實作應用 II – 家電遙控 & 數據接收器（BLE 版本）
8-5　藍牙實作應用 III – ESP32 摸魚神器
8-6　藍牙實作應用 IV – 藍牙小喇叭

8-1 Bluetooth 藍牙傳輸協定簡介

藍牙（Bluetooth）是一種無線的傳輸技術，為短距離傳輸的通訊協定，其使用短波特高頻（UHF）無線電波，經由 2.4～2.485 GHz 的 ISM 頻段來進行通訊。手機或筆電在與其他裝置（例如：印表機、耳機、喇叭…等）進行無線資料或語音傳輸時，均是使用藍牙來達成其無線傳輸之目的。

藍牙的運作流程主要是基於「主 / 從」裝置相互連接的操作模式：

❶ 主裝置可以「主動地」發起連接請求。
❷ 從裝置則是「被動地」等待接收連接請求。

在此模式下兩者一旦建立連線，「主裝置」與「從裝置」便會建構起一個專用的通訊通道，兩裝置就可以在此通道間相互進行資料的傳遞動作。

另外，為了確保藍牙傳輸資料時的安全，藍牙會先進行如下的連線動作：首先，主裝置會搜尋周圍其他的藍牙裝置，在找到可連線的藍牙裝置之後，主裝置便可向這些裝置發送連線請求。而當被請求的裝置答應並完成連線之後，兩者間便會形成一個高安全性的個人專用區域網路（PAN），在此區域網路內傳輸的資料便能得到較好的保護。

藍牙的應用非常廣泛，可以支援各種平臺的應用。除了可以連接手機和耳機來進行語音通話之外，也可以應用在家用遊戲機的無線手柄或電腦的無線鍵盤上，還可以用於例如智慧眼鏡、智慧手表…等穿戴裝置之上。總而言之，藍牙是一種非常強大的無線通訊技術，它的主 / 從模式、高安全性的連線過程以及應用的多樣化，都讓它在短距離的傳輸協定中具有強大的競爭力，也是它能普及到各領域的主要原因。

8-2 Bluetooth 藍牙與 ESP32

ESP32 除了內建 Wi-Fi 無線上網的功能外，同時也具備了傳統藍牙和低功耗藍牙（Bluetooth Low Energy，BLE）的連線功能，等於是幫使用者的物聯網應用提供了一條龍式的解決方案。在 BLE 模式下，除了連線前不需先進行「配對」的動作之外，ESP32 也可以作為主裝置或從裝置與其他藍牙設備進行通訊。此模式非常適用於長時間且低功耗的通信應用，如健康監控、智能家居設備…等。

在傳統藍牙模式下，ESP32 則可以做到聲音播放、語音通話…等音訊串流傳輸的服務。此外，ESP32 也支援藍牙廣播模式（Becon），可以持續向周圍設備廣播如設備名稱、服務項目…等訊息，有助於藍牙裝置之間的尋找和配對。

ESP32 的藍牙功能也可與其他裝置的 Wi-Fi 功能來搭配使用，進而實現更複雜的物聯網應用。例如，ESP32 可以通過藍牙與手機連接之後，再通過手機的 Wi-Fi 功能連接到網際網路（Internet），藉此達成遠程遙控和數據上傳之目的。

總而言之，ESP32 的藍牙功能為物聯網設備提供了強大的通訊傳輸服務，透過 ESP32 的藍牙連線功能可以方便與其他藍牙裝置產生連結，進而創作出多樣化的物聯網應用。

motoBlockly 中與藍牙相關的程式積木依不同的功能分別被放置在「ESP32」類別的「ESP32 傳統藍牙」、「ESP32 BLE」、「ESP32 藍牙鍵盤」以及「ESP32 藍牙音響」群組中。詳細的 motoBlockly 藍牙程式積木功能介紹如下：

程式積木	功能說明
ESP32 傳統藍芽 設定藍芽名 "ESP32test"	使用傳統藍牙傳輸時，設定 ESP32 藍牙名稱的積木。 • **設定藍牙名**：ESP32 為傳統藍牙傳輸時的藍牙裝置名稱。
ESP32 傳統藍芽 藍芽輸入	使用傳統藍牙傳輸時，回傳 ESP32 所收到的藍牙資料積木。
ESP32 傳統藍芽 藍芽輸入字串	使用傳統藍牙傳輸時，回傳 ESP32 所收到的藍牙資料字串積木。
ESP32 傳統藍芽 是否藍芽有資料輸入？	使用傳統藍牙傳輸時，回傳 ESP32 的藍牙通道內是否有藍牙資料存在的積木。
ESP32 傳統藍芽 發送至藍芽	使用傳統藍牙傳輸時，要從 ESP32 送出藍牙資料的積木。 • **發送至藍牙**：要從 ESP32 以傳統藍牙傳輸發送出去的資料。
ESP32 BLE 設定 服務UUID "6E400001-B5A3-F393-E0A9-E50E24DCCA9E" 讀取UUID "6E400002-B5A3-F393-E0A9-E50E24DCCA9E" 寫入UUID "6E400003-B5A3-F393-E0A9-E50E24DCCA9E" 藍芽名稱 "ESP32UART"	使用 BLE 模式傳輸時，設定藍牙參數的積木。 • **服務 UUID**：用於識別 BLE 設備上特定服務的識別碼。 • **讀取 UUID**：「接收」特性的唯一識別碼。接收特性是 BLE 設備上的一種特性，它允許其他設備向其寫入數據。 • **寫入 UUID**：「傳輸」特性的唯一識別碼。傳輸特性是 BLE 設備上的一種特性，它允許設備將數據發送到其他設備。 • **藍牙名稱**：ESP32 為 BLE 模式傳輸時的藍牙名稱。 服務、讀取及寫入識別碼（UUID）可至 https://www.uuidgenerator.net/ 隨意產生。

程式積木	功能說明
ESP32 BLE 當藍芽連線 當藍芽離線	使用 BLE 模式傳輸時，設定藍牙連線與離線時應對動作的積木。 • **當藍牙連線**：藍牙連線時的對應動作。 • **當藍牙離線**：藍牙斷線時的對應動作。
ESP32 BLE 重新等待接收	使用 BLE 模式傳輸時，開啟 BLE 廣播讓自己能被其他藍牙設備掃描到的積木。
ESP32 BLE 當藍芽收到資料	使用 BLE 模式傳輸時，設定收到藍牙資料時的應對動作積木。 • **當藍牙收到資料**：ESP32 收到 BLE 藍牙資料時的應對動作。
ESP32 BLE 藍芽收到資料(必需放置在接收積木內)	使用 BLE 模式傳輸時，回傳 ESP32 所收到的藍牙資料積木。 注意：此積木僅能用於上一個「ESP32 BLE 當藍牙收到資料」的程式積木之中。
ESP32 BLE 藍芽發送字串	使用 BLE 模式傳輸時，要從 ESP32 送出藍牙資料的積木。 • **藍牙發送字串**：要從 ESP32 以 BLE 模式發送出去的資料。
ESP32藍芽鍵盤 設定 鍵盤名稱 " ESP32 Bluetooth Keyboard " 製造商名稱 " Espressif "	使用藍牙鍵盤時，設定 ESP32 藍牙鍵盤參數的積木。 • **鍵盤名稱**：藍牙鍵盤的名稱。 • **製造商名稱**：鍵盤製造商的名稱。
ESP32藍芽鍵盤 是否鍵盤已經連線	使用藍牙鍵盤時，回傳 ESP32 是否已被連線的積木。
ESP32藍芽鍵盤 鍵盤打出訊息後換行 " "	使用藍牙鍵盤功能時，ESP32 輸出鍵盤內容的積木。鍵盤內容輸出結束後「會換行」。 • **鍵盤打出訊息後換行**：要輸出的 ESP32 鍵盤內容。
ESP32藍芽鍵盤 鍵盤打出訊息到同一行 " "	使用藍牙鍵盤功能時，ESP32 輸出鍵盤內容的積木。鍵盤內容輸出結束後「不換行」。 • **鍵盤打出訊息到同一行**：要輸出的 ESP32 鍵盤內容。

程式積木	功能說明
 ESP32藍芽鍵盤 按住鍵盤 [左 CTRL ▼] 選項：✓ 左 CTRL／左 SHIFT／左_ALT／上方向鍵／下方向鍵／左方向鍵／右方向鍵／BACKSPACE／TAB／DELETE／CAPS LOCK	使用藍牙鍵盤功能時，模擬按住不放藍牙鍵盤上某顆功能鍵的積木。 • **按住鍵盤**：按住不放藍牙鍵盤上某顆功能鍵。 目前功能鍵的選擇有：左 CTRL（鍵盤左邊的 Ctrl 鍵）、左 SHIFT（鍵盤左邊的 Shift 鍵）、左 ALT（鍵盤左邊的 Alt 鍵）、上方向鍵、下方向鍵、左方向鍵、右方向鍵、BACKSPACE（空白鍵）、TAB（跳躍鍵）、DELETE（刪除鍵）、CAPS LOCK（英文大小寫切換鍵）。
 ESP32藍芽鍵盤 按住鍵盤 " a "	使用藍牙鍵盤功能時，模擬按住不放藍牙鍵盤上某顆字元按鍵的積木。執行時，該按鍵內容會連續輸出。 • **按住鍵盤**：按住不放藍牙鍵盤上的某顆字元按鍵。
 ESP32藍芽鍵盤 鬆開按住鍵盤的按鍵	使用藍牙鍵盤功能時，模擬鬆開藍牙鍵盤所有按鍵的積木。
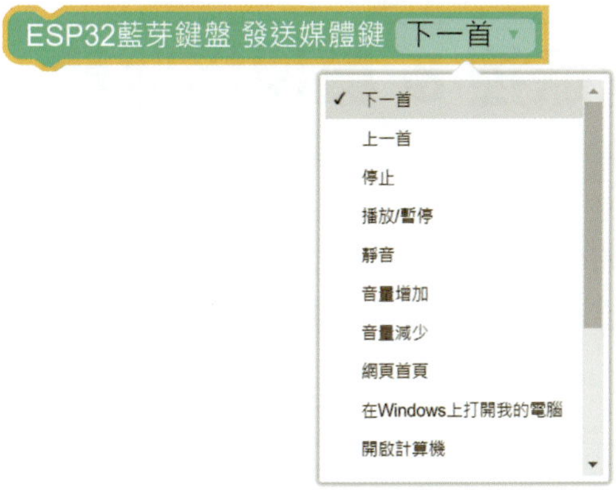 ESP32藍芽鍵盤 發送媒體鍵 [下一首 ▼] 選項：✓ 下一首／上一首／停止／播放/暫停／靜音／音量增加／音量減少／網頁首頁／在Windows上打開我的電腦／開啟計算機	使用藍牙鍵盤功能時，模擬按下藍牙鍵盤上某顆媒體鍵的積木。 • **發送媒體鍵**：按下藍牙鍵盤上的某媒體鍵。 目前媒體鍵的選擇有：下一首、上一首、停止、播放/暫停、靜音、音量增加、音量減少、網頁首頁、在 Windows 上打開我的電腦、開啟計算機、書籤、搜尋、停止、回上一頁、媒體選擇、Email。
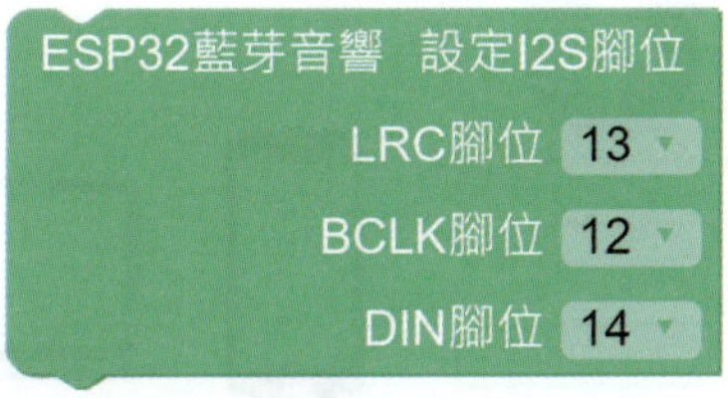 ESP32藍芽音響 設定I2S腳位 LRC腳位 [13 ▼] BCLK腳位 [12 ▼] DIN腳位 [14 ▼]	使用藍牙音響功能時，設定 I2S 三個信號腳位的積木。 • **LRC 腳位**：選擇 ESP32 連接至 I2S DAC 模組 LRCLK 的腳位。 • **BCLK 腳位**：選擇 ESP32 連接至 I2S DAC 模組 BCLK 的腳位。 • **DIN 腳位**：選擇 ESP32 連接至 I2S DAC 模組 DIN 的腳位。

程式積木	功能說明
ESP32藍芽音響 設定藍芽名稱 " MyMusic "	使用藍牙音響功能時，設定 ESP32 藍牙音響名稱的積木。 • **設定藍牙名稱**：ESP32 藍牙音響的名稱。
ESP32藍芽音響 是否播放藍芽音訊	使用藍牙音響功能時，回傳 ESP32 是否已在播放藍牙音訊的積木。
ESP32藍芽音響 發送媒體鍵 播放 ▼ ✓ 播放 暫停 停止 上一首 下一首 快轉 倒帶	使用藍牙音響功能時，模擬按下藍牙音響上某顆媒體控制鍵的積木。 • **發送媒體鍵**：按下藍牙音響上的某媒體鍵。 目前媒體鍵的選擇有：播放、暫停、停止、上一首、下一首、快轉、倒帶。
ESP32藍芽音響 設定音量大小(0~127) 50	使用藍牙音響功能時，設定藍牙音響音量的積木。 • **設定音量大小（0～127）**：藍牙音響的音量。

8-3 藍牙實作應用 I – 家電遙控 & 數據接收器（傳統藍牙版本）

隨著科技的進步，內建藍牙模組的家電設備（如：燈泡、音響、空氣清淨機…等）已經普及到每個家庭之中，使用者再也不必擔心找不到專屬的遙控器，只需透過簡單的設備配對綁定動作，就可以手機來遙控各種不同的藍牙設備了。

除了能以手機發送藍牙訊息來控制家電之外，家電也能將自身所量測到的數據，以反向發送藍牙訊息的方式來回饋給手機。因此在本範例中，我們將使用「傳統藍牙」的傳輸型態來實作一個雙向傳遞藍牙訊息的練習，讓手機除了可以遙控 ESP32 內建的 LED 外，也能接收並顯示來自於 ESP32 所量測到的溫度與溼度。

ESP32 硬體設定

傳統藍牙版本的家電遙控 & 數據接收器在硬體方面的需求有：

❶ 作為大腦來控制各項硬體的「NodeMCU-32S」及「ESP32 IO Board 擴充板」。
❷ 負責量測環境溫溼度的 DHT11 量測模組以及 RJ11 連接線。

硬體組裝步驟

將 DHT11 以 RJ11 連接線接到 ESP32 擴充板的 G32/G33 RJ11 插槽中，完成。

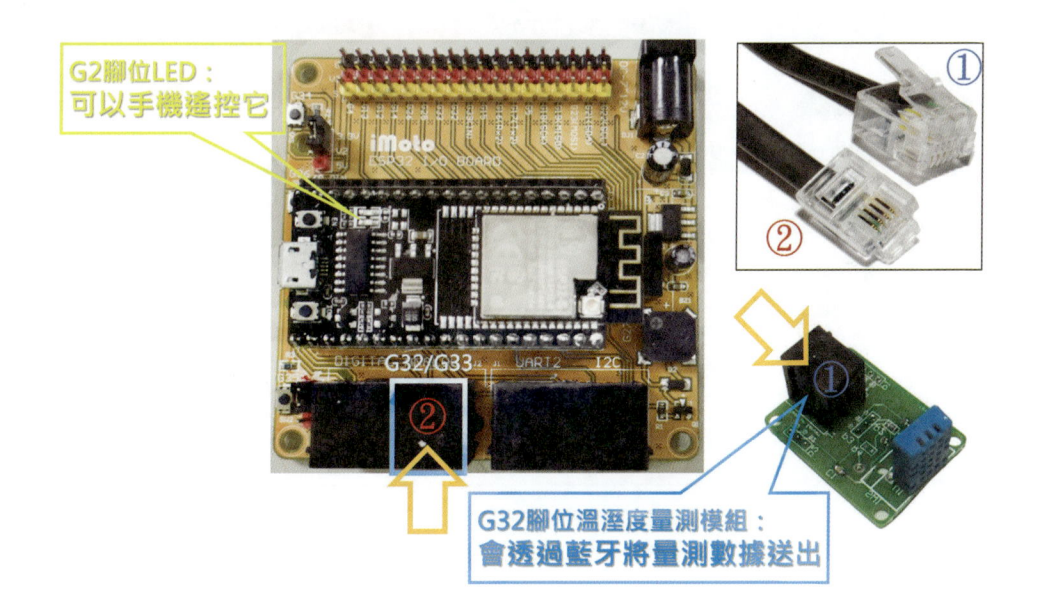

ESP32 圖控程式

由於本範例是以傳統藍牙的傳輸模式來進行操控，而 motoBlockly 內支援傳統藍牙的程式積木放置在「ESP32」類別的「ESP32 傳統藍牙」群組中，因此利用這些積木便可以快速地完成本範例的程式。其流程如下：

Step 1 ❶ 需將 motoBlockly 的開發板型號選擇為「ESP32」才能產生正確的 ESP32 程式碼。

❷ 建立兩個全域變數，分別用來存放 ESP32 所收到的藍牙訊息 szMsgTemp（型態為 String，預設值為空字串），以及存放目前時間的變數 ITimer（型態為 unsigned long，預設值請設為 0）。

❸ 在設定（Setup）積木中依自己的喜好來設定 ESP32 藍牙裝置名稱。

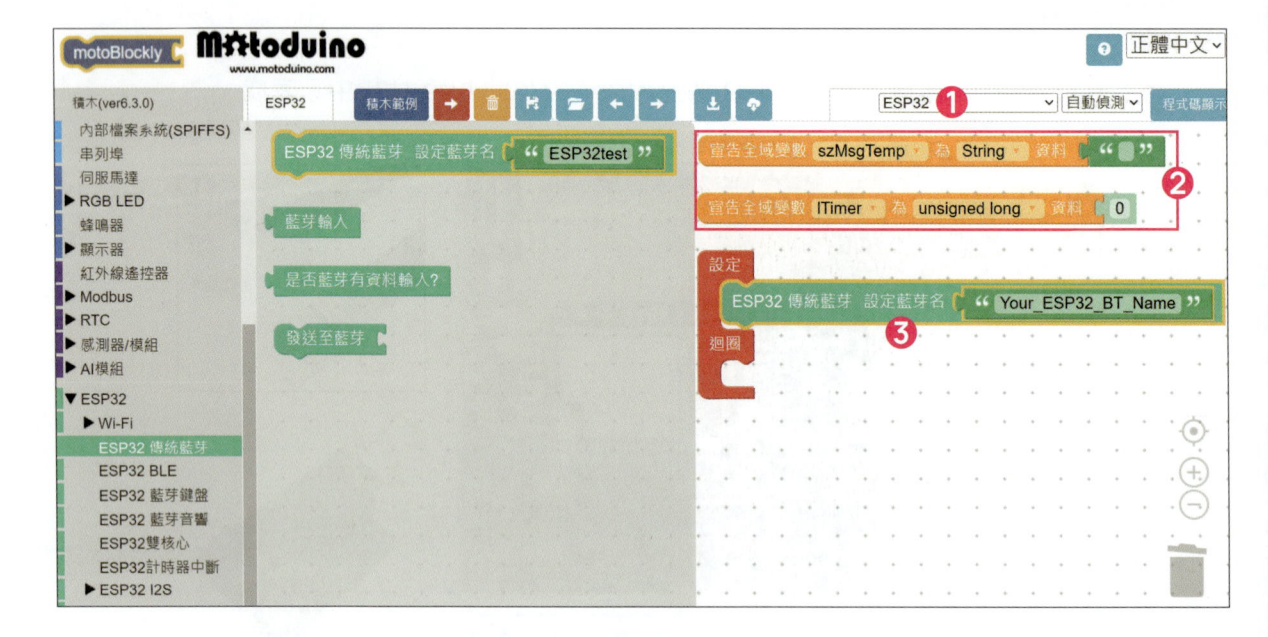

Step 2 在迴圈（Loop）積木中不斷檢查藍牙通道中是否存在任何的藍牙訊息。一旦發現藍牙通道出現藍牙訊息，便以自訂積木程式碼的方式將目前在藍牙通道中的訊息全部讀出，並將讀出的訊息存放到變數 szMsgTemp 中。其中「自訂積木」的程式碼內容為：『SerialBT.readString()』。

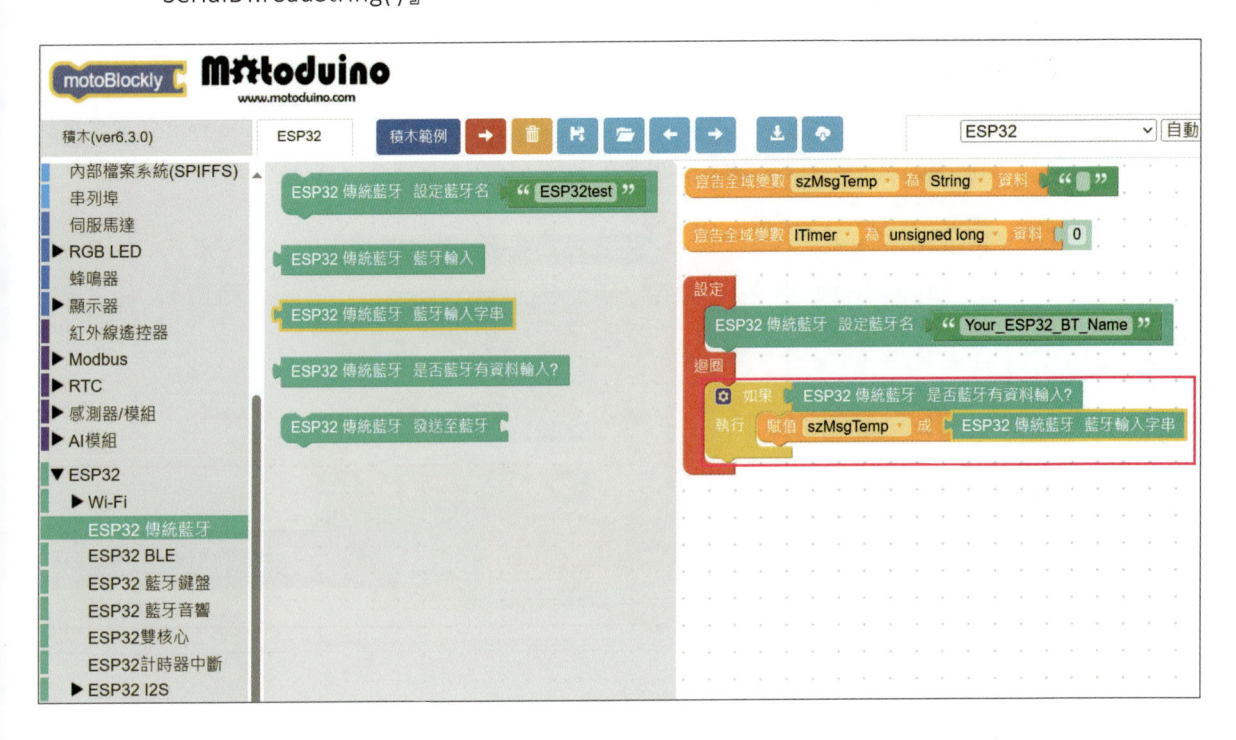

Step 3 比對上一步驟所讀出的藍牙訊息變數 szMsgTemp。若 szMsgTemp 的文字內容為「ON」，則點亮 NodeMCU-32S 內建的 G2 腳位 LED；反之若 szMsgTemp 的文字內容為「OFF」，則關閉同一顆 LED。

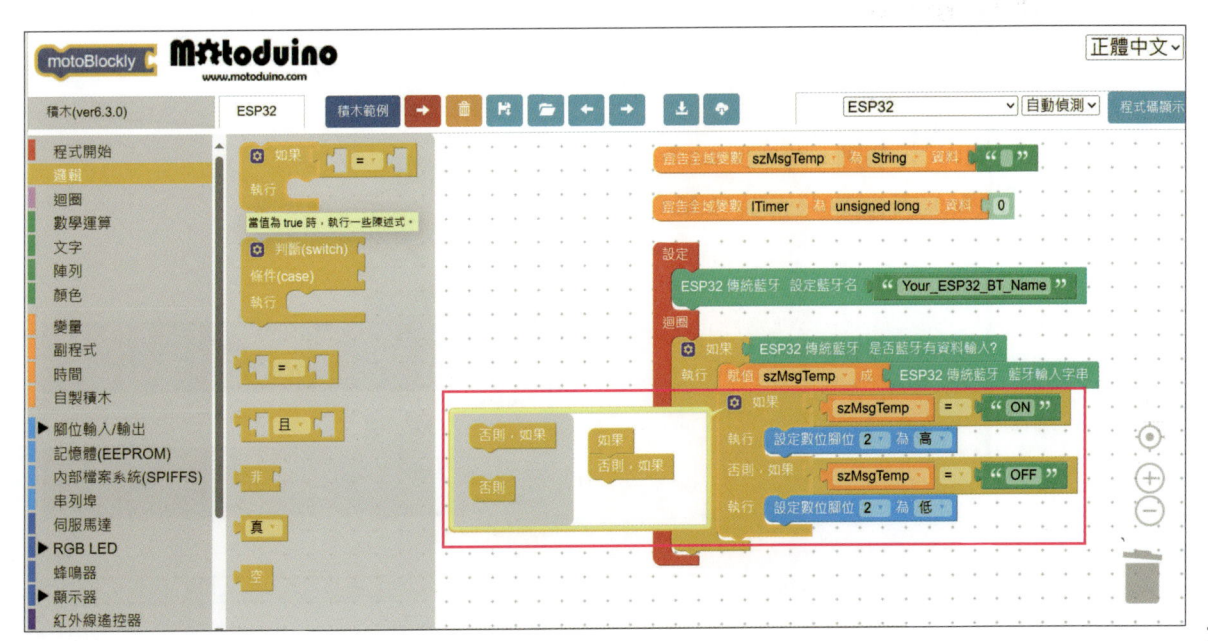

Step 4 如下圖紅框處所示，在迴圈（Loop）積木中不斷檢查時間間隔是否已經大於 5 秒鐘（5000 毫秒）。一旦間隔時間超過 5 秒，便將連接在 G32 腳位的 DHT11 溫溼度感測器所量測到的溫度從藍牙通道中送出，讓與此系統連接的手機可以從藍牙通道中取得 ESP32 所送出的數據資料。

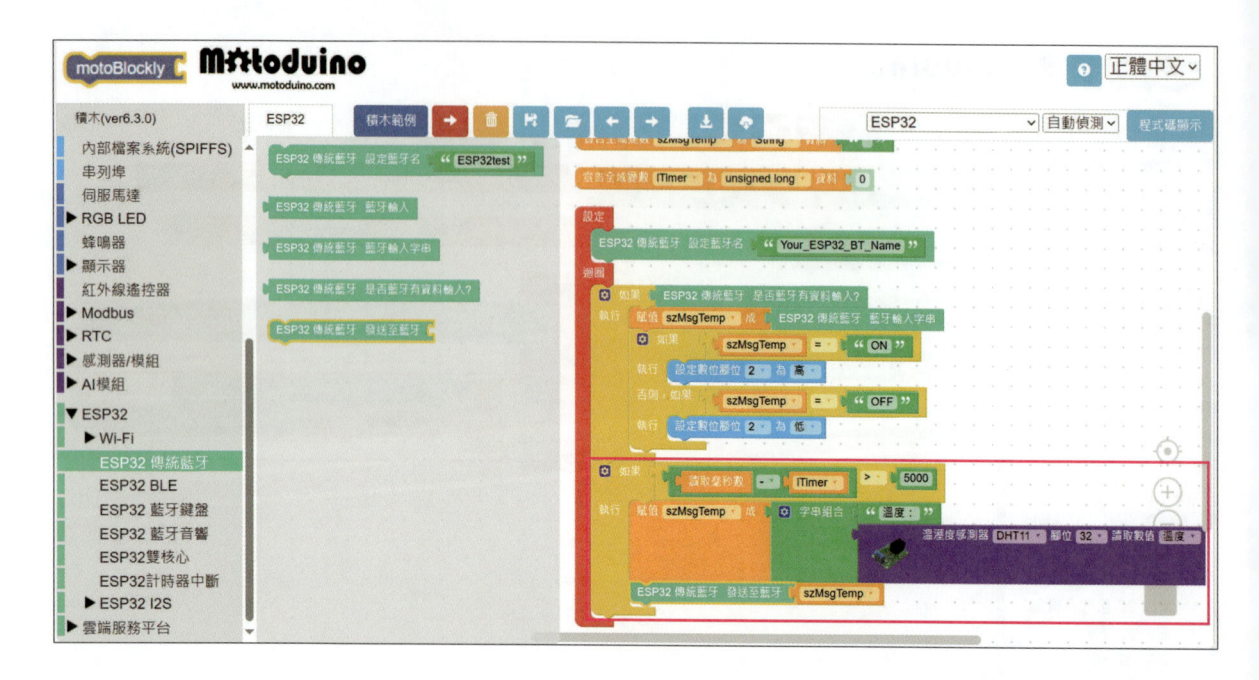

Step 5 如下圖紅框處所示，除了溫度之外，ESP32 也會將 DHT11 溫溼度感測器所量測到的溼度以每隔 5 秒的週期從藍牙通道中送出，讓與此系統連接的手機可以同時取得 ESP32 所量測到的溫度與溼度。

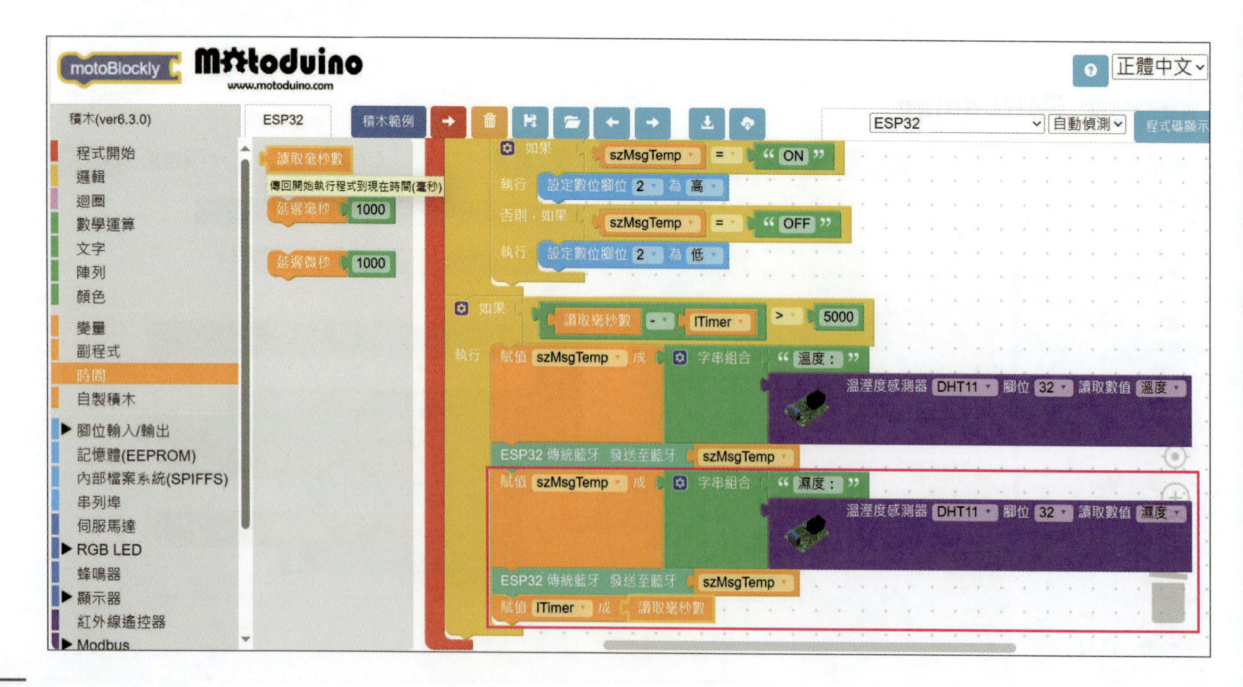

Step 6 傳統藍牙版本完整的「ESP32 家電遙控 & 數據接收器」motoBlockly 程式如下所示。請在紅框處填入自己的 ESP32 藍牙裝置名稱與開關 LED 的命令，程式才能正常的運作。

用 ESP32 輕鬆入門物聯網 IoT 實作應用

> **手機 APP 的設定**

因為當前的 iOS 行動裝置並不支援傳統藍牙的連線傳輸方式，因此本例將使用如上圖所示的 BlueDuino（Arduino Joystick）APP 來操控 ESP32，請讀者使用安卓（Android）系統的手機或平板掃描上方 QR Code 並安裝之。APP 的操作流程如下：

Step 1 如下圖 (a) 所示，進入 APP 後，先點選畫面下方的「Connection to Device」按鈕來準備與 NodeMCU-32S 進行藍牙連線。若手機是第一次與該藍牙裝置進行連線，請再點選圖 (b) 下方的「New Device」按鈕來與新裝置進行配對。

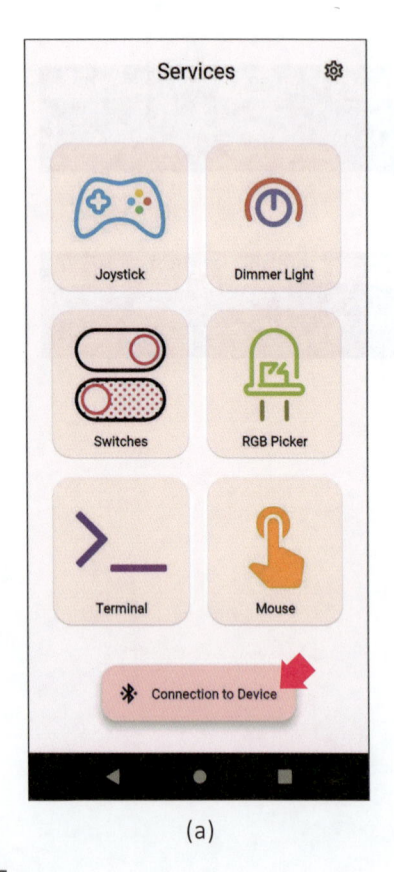

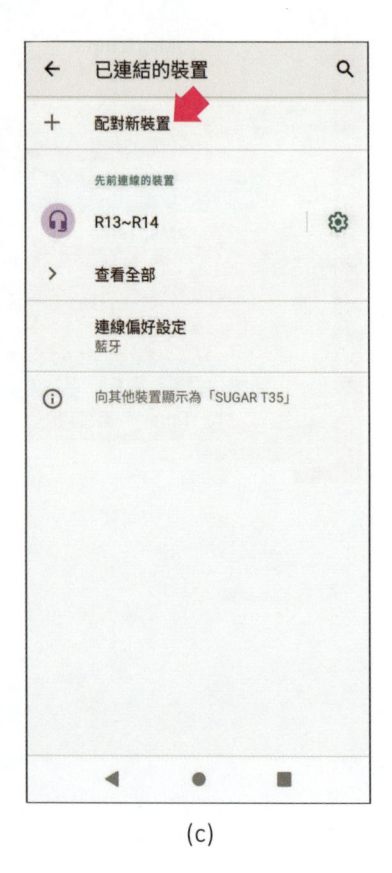

(a)　　　　　(b)　　　　　(c)

332

Step 2 如下圖 (a) 所示，找到代表 NodeMCU-32S 的藍牙裝置後便可點選該裝置與之配對。配對成功後即可回到 BlueDuino APP 再與之進行連線（如圖 (b) 中所示）。最後請點選圖 (c) 畫面中的「Switches」選項來進行 LED 遙控開關的設定。

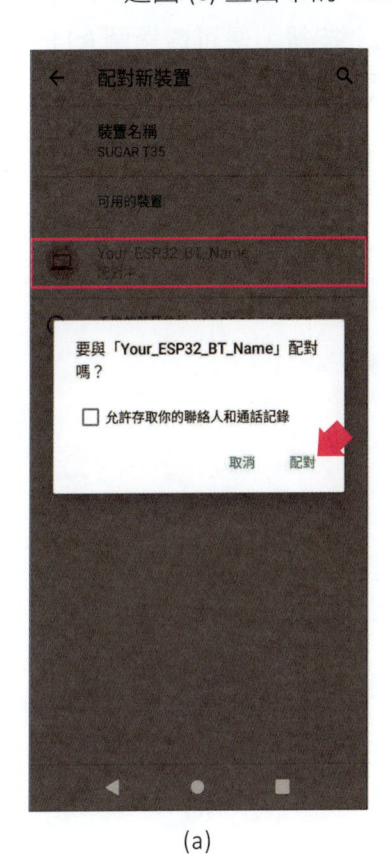

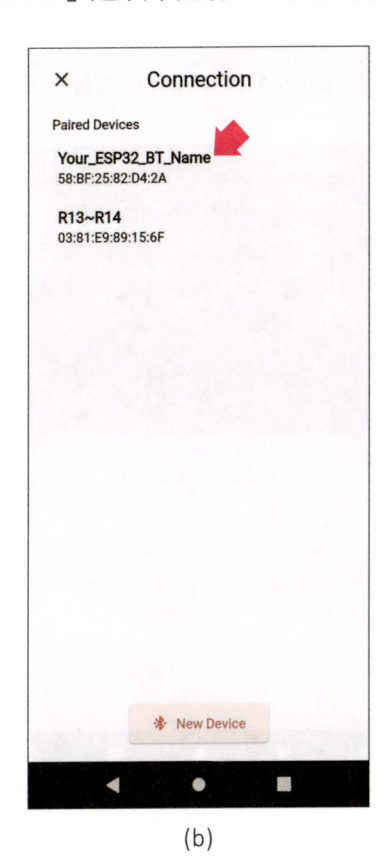

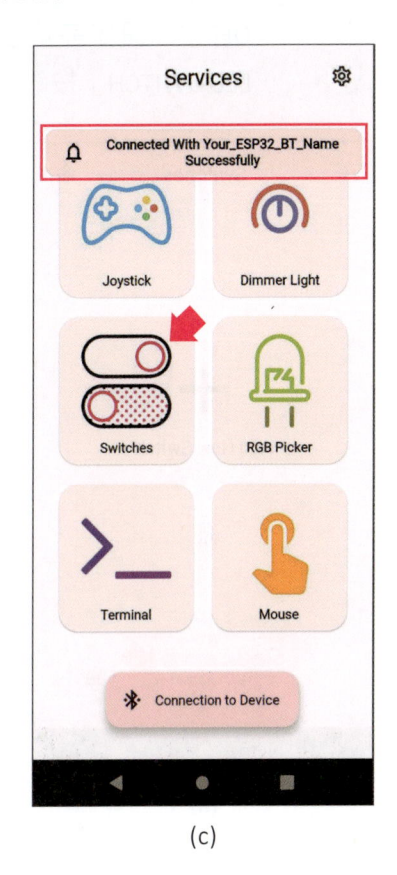

(a)　　　　　　　　　　(b)　　　　　　　　　　(c)

Step 3 如下圖 (a) 所示，進入「Switches」的設定頁面後，請點選畫面下方的「Add Switch」按鈕來建立 LED 開關。接著在圖 (b) 中設定 LED 開關會送出的藍牙訊息，此處設定的訊息需與 ESP32 程式碼相呼應，因此 On/Off Command 需分別設定為「ON」與「OFF」。設定完成後再按下畫面最下方的「Add Switch」按鈕，便可透過圖 (c) 的「LED SWITCH」按鈕來搖控 NodeMCU-32S 上內建的 LED 了。

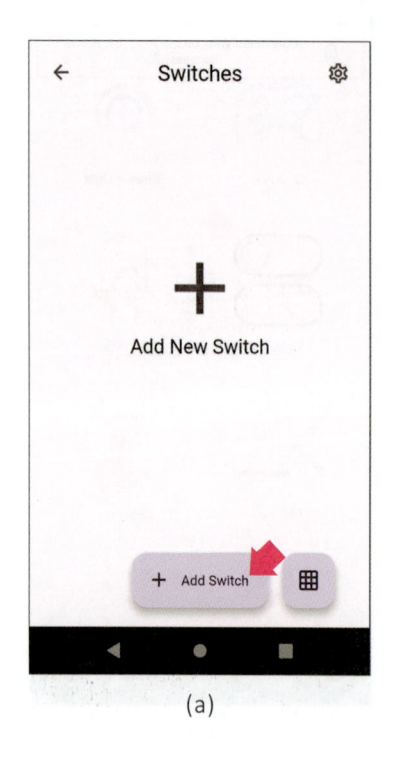

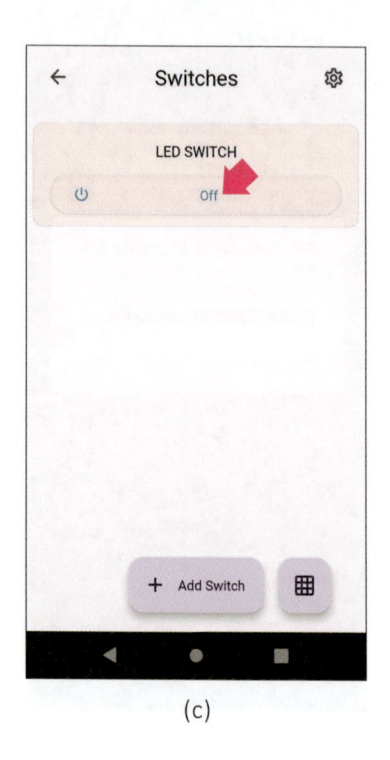

(a)   (b)   (c)

Bluetooth 藍牙傳輸的入門與實作

Step 4 回到 APP 主畫面並點選圖 (a) 的「Termainal」選項，不需另行設定即可收到來自 ESP32 藍牙裝置的溫溼度量測數值。另外透過圖 (b) 下方的「Send Data」欄位輸入「ON/OFF」命令，同樣也能達到遙控 NodeMCU-32S 上內建 LED 的效果。

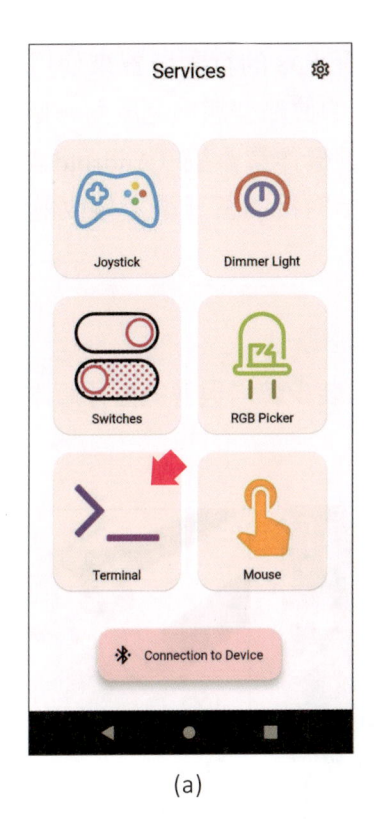

(a)　　　　　　　　　　(b)

成果展示 https://youtu.be/WrUsu7SvL3o

8-4 藍牙實作應用 II – 家電遙控 & 數據接收器（BLE 版本）

　　由於傳統藍牙傳輸版本的 ESP32 藍牙裝置無法搭配 iOS 的行動裝置來使用，因此本例將改用省電低功耗藍牙（BLE，Bluetooth Low Energy）的傳輸型態來完成同一個雙向傳遞藍牙訊息的練習。其運作流程與前一個範例相同：兩大手機作業系統（Android 與 iOS）均可以 BLE APP 遙控 ESP32 內建的 G2 腳位 LED，也能透過對接的藍牙通道接收並顯示來自於 ESP32 所量測到的溫溼度數據。

ESP32 硬體設定

　　BLE 版本的家電遙控 & 數據接收器所需的硬體和組裝步驟均與傳統藍牙版本相同，詳情請參考下圖。

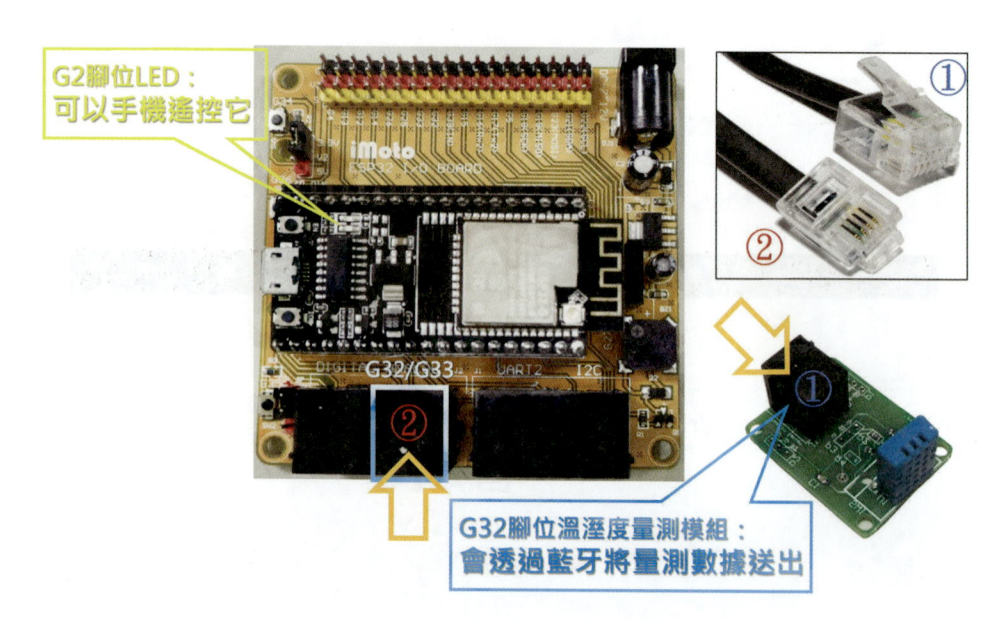

G2腳位LED：
可以手機遙控它

G32腳位溫溼度量測模組：
會透過藍牙將量測數據送出

Bluetooth 藍牙傳輸的入門與實作

ESP32 圖控程式

本範例是以 BLE 的連線模式來進行操控，而 motoBlockly 內支援 BLE 的程式積木放置在「ESP32」類別的「ESP32 BLE」群組中，因此利用這些積木便可以快速地完成本範例的程式。其流程如下：

Step 1　❶ 將 motoBlockly 的開發板型號選擇為「ESP32」才能產生正確的 ESP32 程式碼。

❷ 建立兩個布林（bool）型態的全域變數，分別是用來存放之前藍牙連線狀態的變數 bOldConnectedStatus，以及記錄當下藍牙連線狀態的變數 bConnectedStatus。兩個變數的預設值均設為『假（false）』。完成全域變數的宣告後，最後在設定（Setup）積木中進行將 ESP32 模擬成 BLE 裝置的設定。

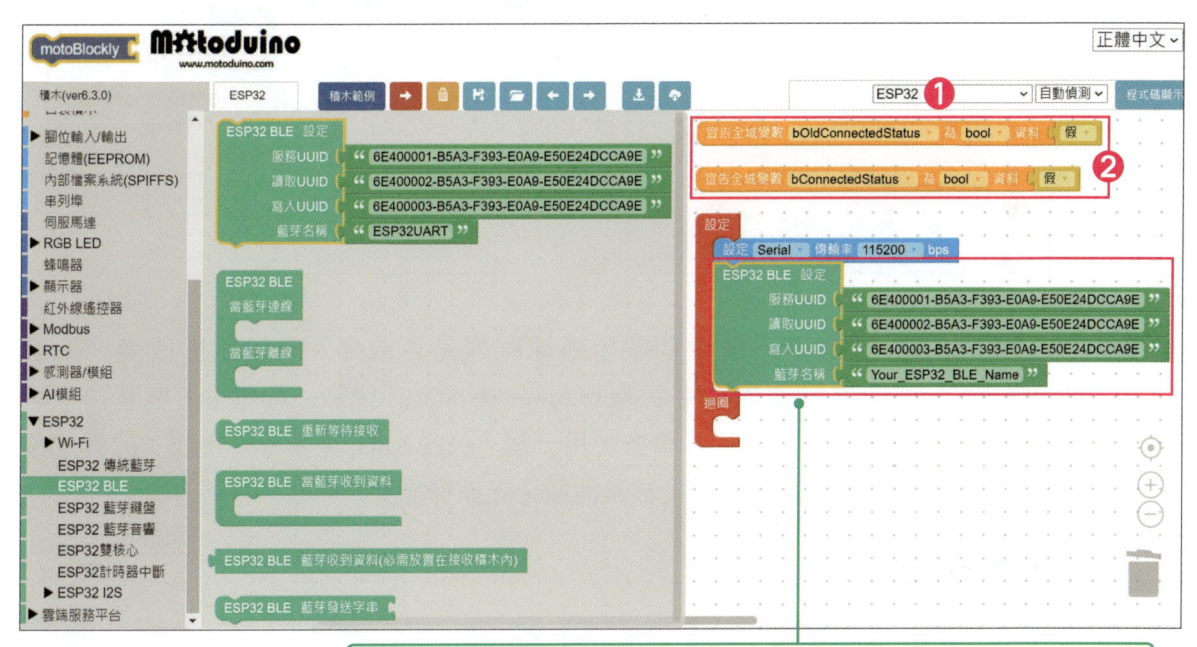

「ESP32 BLE 設定」程式積木中的「服務 UUID」參數為識別 BLE 設備上的服務編號；「讀取 UUID」及「寫入 UUID」則為「接收」與「傳輸」特性的唯一識別碼。以上三個 UUID 識別碼並不影響此範例的運作，請直接使用積木上的預設值即可。最後的「藍牙名稱」則為 ESP32 模擬成 BLE 裝置時的名稱，可依自己的喜好來進行設定。

Step 2 如下圖紅框處所示，建立一個 callback 函式來設定 ESP32 BLE 被連線與離線時的對應動作：當藍牙連線成功時將 bConnectedStatus 變數值設為『真』，離線成功時則將 bConnectedStatus 變數值設為『假』。

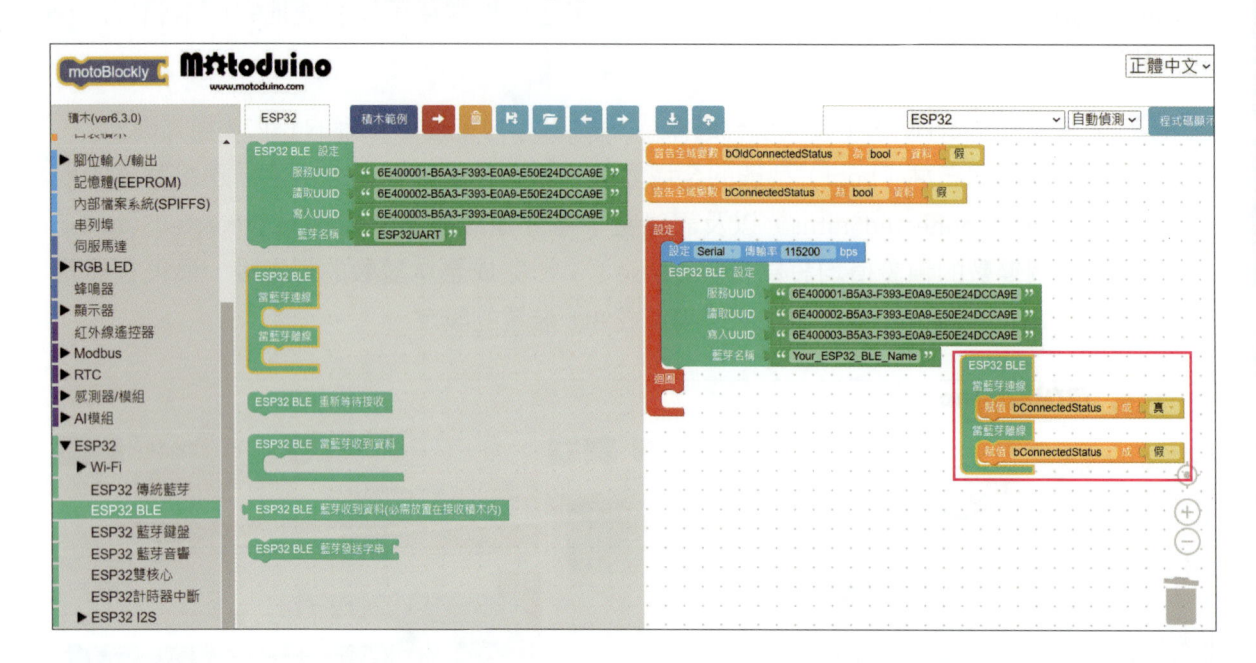

Step 3 在迴圈（Loop）積木中不斷檢查藍牙連線狀態是否改變。一旦狀態改變，便讓 bOldConnectedStatus 變數內容更新為 bConnectedStatus 變數。而當 BLE 裝置由「連線」狀態轉為「離線」狀態時，會多使用一個「ESP32 BLE 重新等待接收」的程式積木來開啟 BLE 廣播，藉此讓自己能被其他藍牙設備掃描到。

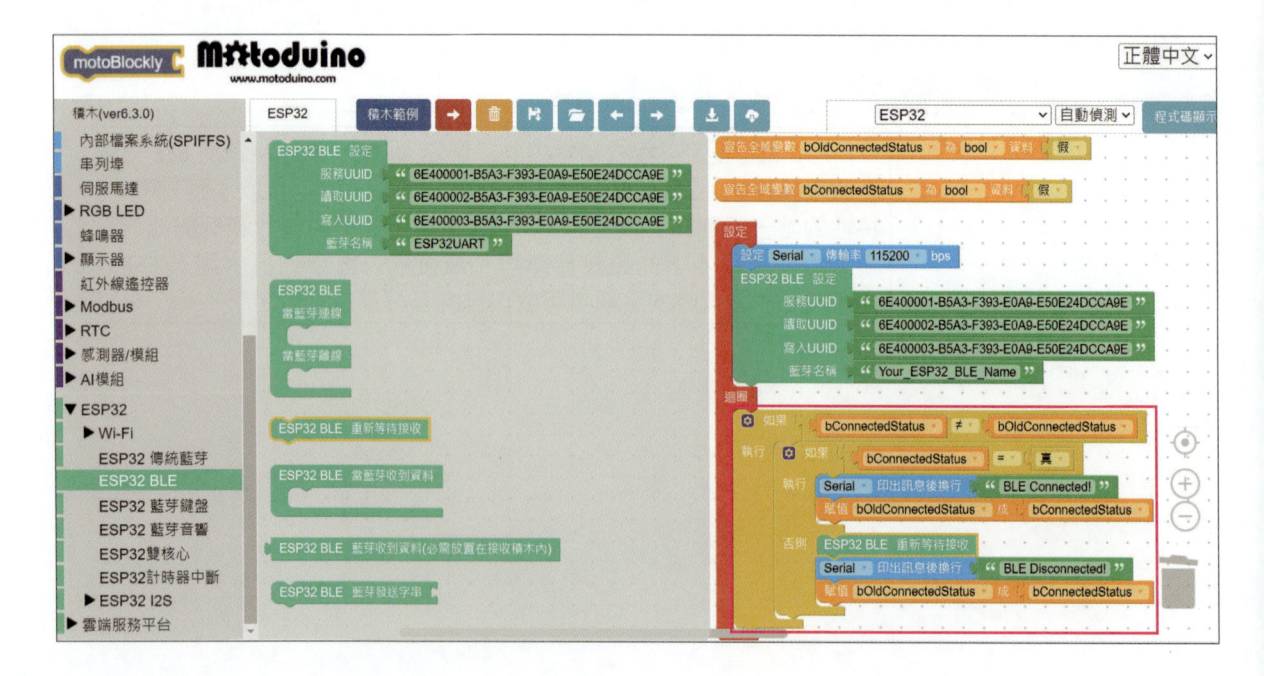

Bluetooth 藍牙傳輸的入門與實作

Step 4 當 ESP32 模擬的 BLE 裝置被連線時，每隔 10 秒鐘，便將連接在 G32 腳位的 DHT11 溫溼度感測器所量測到的溫度與溼度從藍牙通道中送出，讓與此系統連接的裝置可以從藍牙通道中取得 ESP32 所量測到的感測器數據。

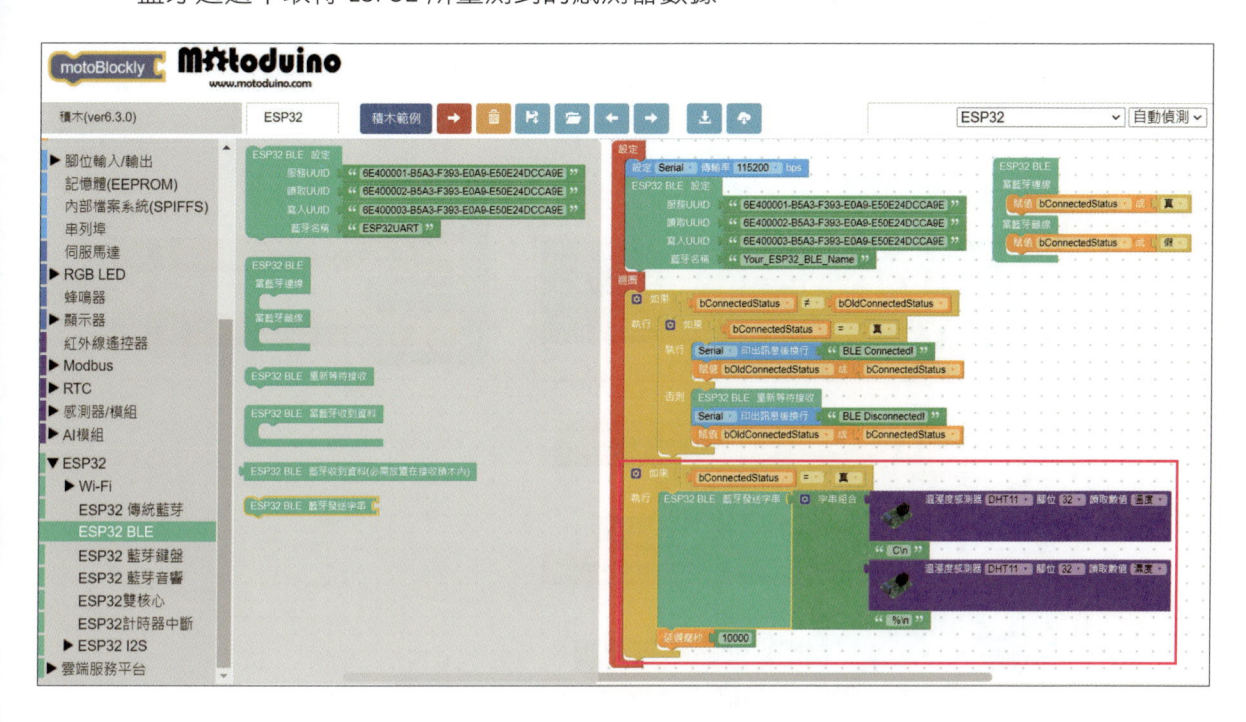

Step 5 最後再以「ESP32 BLE 當藍牙收到資料」程式積木建立一個 callback 函式，設定當 ESP32 BLE 收到特定命令時的應對動作：若藍牙通道所收到的文字內容有包含「ON」字樣，則點亮 NodeMCU-32S 內建的 G2 腳位 LED；反之，若所收到的文字內容包含「OFF」字樣，便關閉該顆 LED。

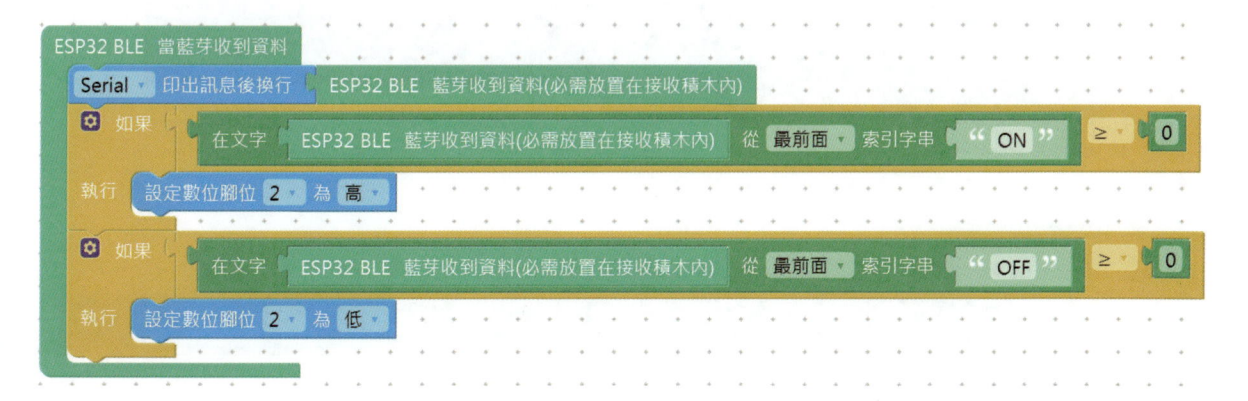

Step 6 BLE 版本完整的「家電遙控 & 數據接收器」motoBlockly 程式如下圖所示。請在紅框處填入藍牙裝置名稱與開關 LED 的命令，程式才能正常的運作。

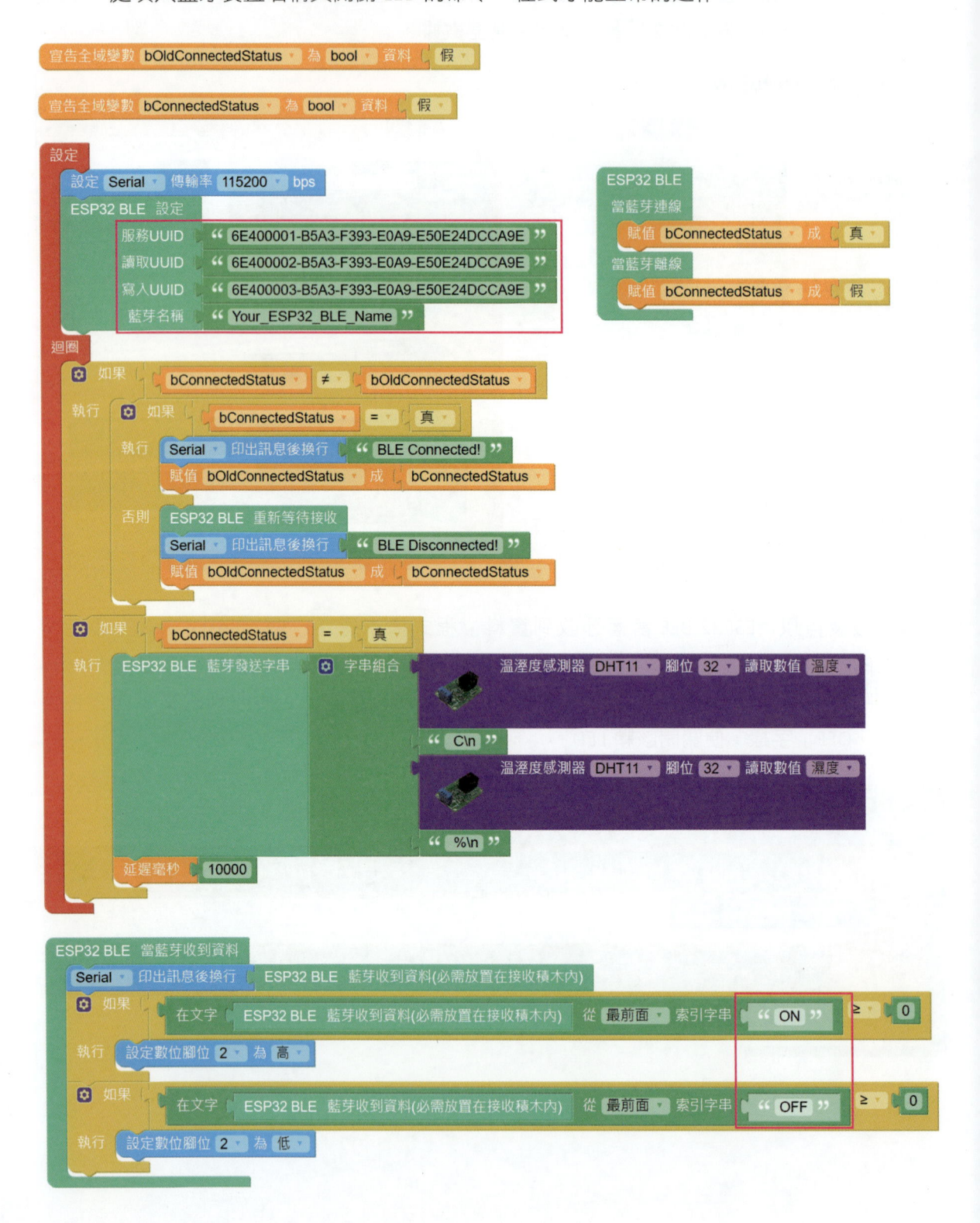

Bluetooth 藍牙傳輸的入門與實作　8

手機 APP 的設定

BLE Terminal　　　　　　BLE Terminal HM-10

　　因為 BLE 與傳統藍牙的 APP 無法共用，因此本範例以如上圖左所示的 BLE Termianl 為搭配展示的 APP，請讀者使用安卓（Android）系統手機掃描上圖的 QR Code 並安裝之。使用 iOS 行動裝置的讀者可以至 APP Store 下載安裝如圖右所示的 BLE Termianl HM-10 APP（須付費），其操作方式與 Android 版的「BLE Termianl」APP 大同小異。「BLE Termianl」APP 的操作設定流程如下：

Step 1 如圖 (a) 所示，進入 APP 後需先開啟手機藍牙開始掃描附近的 BLE 裝置。接著如圖 (b) 所示，直接點選 NodeMCU-32S 所模擬的 BLE 裝置名稱進行連線。連線成功後，APP 每隔 10 秒就可以收到來自 NodeMCU-32S 傳送過來的溫溼度量測數據，如下圖 (c) 紅框處所示。

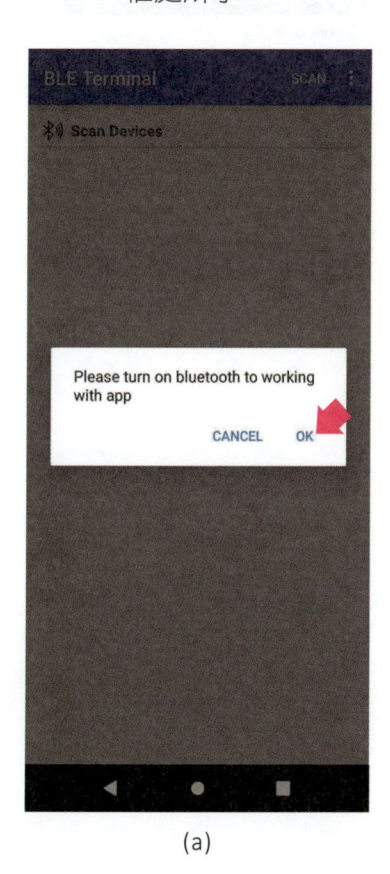

(a)　　　　　　　　　　　　(b)　　　　　　　　　　　　(c)

341

Step 2 如圖 (a)(b) 所示，長按 APP 下方的「Btn 1」與「Btn 2」按鈕來建立遙控 LED 的開關。此處設定的藍牙傳輸資料需與 ESP32 程式碼呼應，因此「Btn 1」與「Btn 2」按鈕的 Command 需分別設定為「ON」與「OFF」，Button Name 則可修改為「開燈」與「關燈」。設定完成後請記得按下設定視窗的「Save」按鈕儲存所有設定，這樣就可以透過圖 (c) 的「開燈」、「關燈」按鈕來遙控 NodeMCU-32S 上內建的 LED 了。

另外透過圖 (c) 紅框處的「Send ASCII」欄位輸入「ON」與「OFF」命令，也能藉此遙控開關 NodeMCU-32S 上內建的 LED。

(a)　　　(b)　　　(c)

成果展示 https://youtu.be/6cJqrv5RFfo

342

8-5 藍牙實作應用 III – ESP32 摸魚神器

當自己利用電腦開心地在網上購物、玩遊戲或看股票時，最害怕有長輩或長官突然出現在背後。因此本範例將利用 ESP32 支援藍牙鍵盤的功能，做出一套可以協助偵測並會自動切換電腦畫面的 ESP32 摸魚神器。有了此套系統，從此之後就可以高枕無憂地在工作或學習之餘忙裡偷閒了。

如下圖所示，「ESP32 摸魚神器」的運作流程為：先將 NodeMCU-32S 模擬成藍牙鍵盤，再外接一個超音波感測模組來偵測是否有人經過。當電腦連線到模擬的藍牙鍵盤之後，一旦超音波感測器偵測到有人經過，NodeMCU-32S 便會透過藍牙通道送出「Alt + Tab」的鍵盤指令。而當電腦收到藍牙鍵盤的「Alt + Tab」指令時，就會立即切換視窗來達到摸魚防窺的效果。

注意： 此時的電腦中至少需開啟兩個視窗（一摸魚、一工作），才有辦法自動進行視窗畫面的切換。

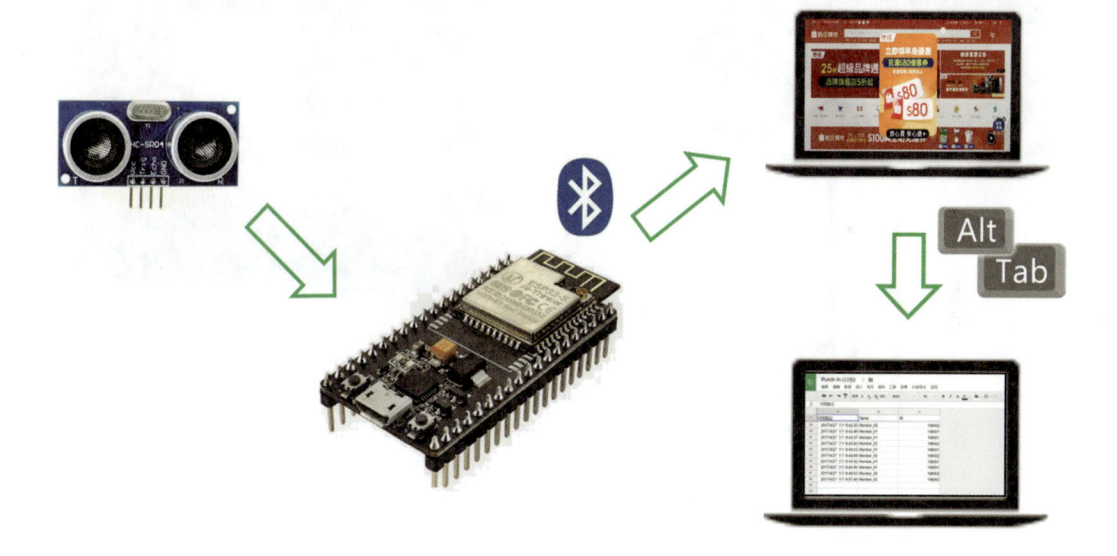

ESP32 硬體設定

ESP32 摸魚神器在硬體方面的需求有：

❶ 作為大腦來控制各項硬體的「NodeMCU-32S」及「ESP32 IO Board 擴充板」。
❷ 負責偵測人員進出的「超音波感測模組」及 4Pin 杜邦轉 RJ11 連接線。

> 硬體組裝步驟

如下圖所示，將超音波模組與 4 Pins 杜邦轉 RJ11 連接線對接：其中杜邦紅線接到超音波模組的 Vcc 腳位，杜邦黃線接到超音波模組的 Trig 腳位，杜邦綠線接到超音波模組的 Echo 腳位，杜邦黑線接到超音波模組的 Gnd 腳位。另一頭的 RJ11 接頭則與 ESP32 擴充板的 G13/G14 RJ11 埠口對接即完成。

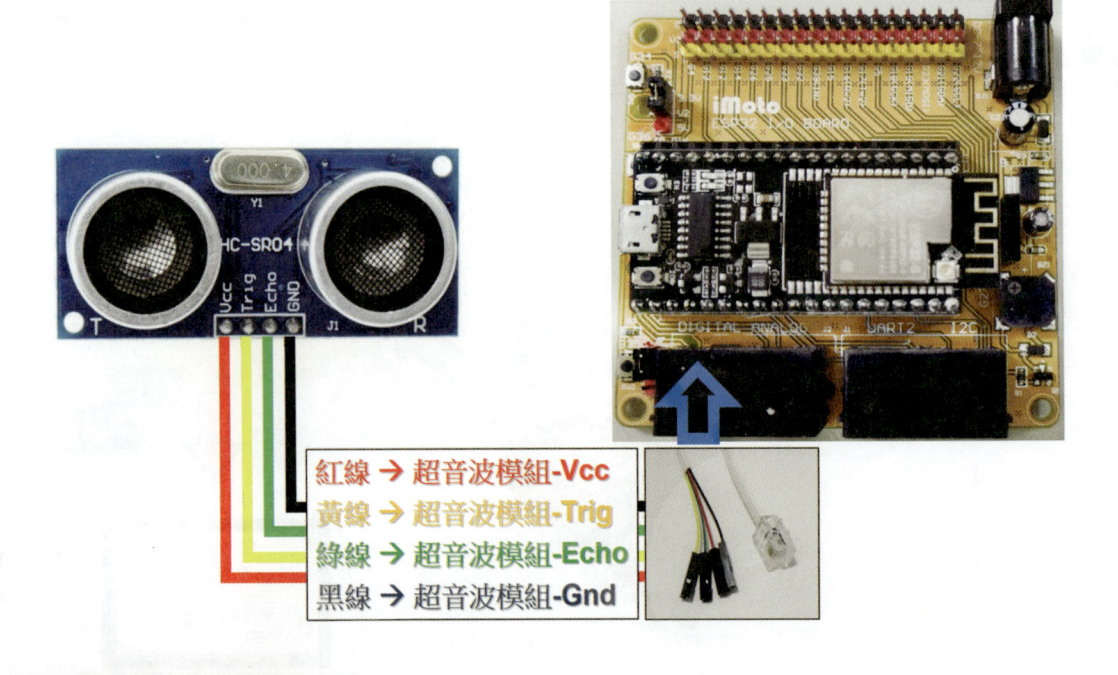

紅線 → 超音波模組-Vcc
黃線 → 超音波模組-Trig
綠線 → 超音波模組-Echo
黑線 → 超音波模組-Gnd

ESP32 圖控程式

完成上述硬體的組裝後，接下來便可開始編寫 motoBlockly 圖控程式來達到偵測及切換視窗的目的。「ESP32 摸魚神器」的程式積木堆疊流程如下：

Bluetooth 藍牙傳輸的入門與實作

Step 1 ❶ 將 motoBlockly 的開發板型號選擇為「ESP32」才能產生正確的 ESP32 程式碼。
❷ 在設定（Setup）積木中設定 ESP32 模擬的「藍牙鍵盤名稱」及「製造商名稱」。此處兩個名稱參數內容均不會影響後續的鍵盤運行功能，請依自己的喜好設定即可（中英文名稱皆可）。

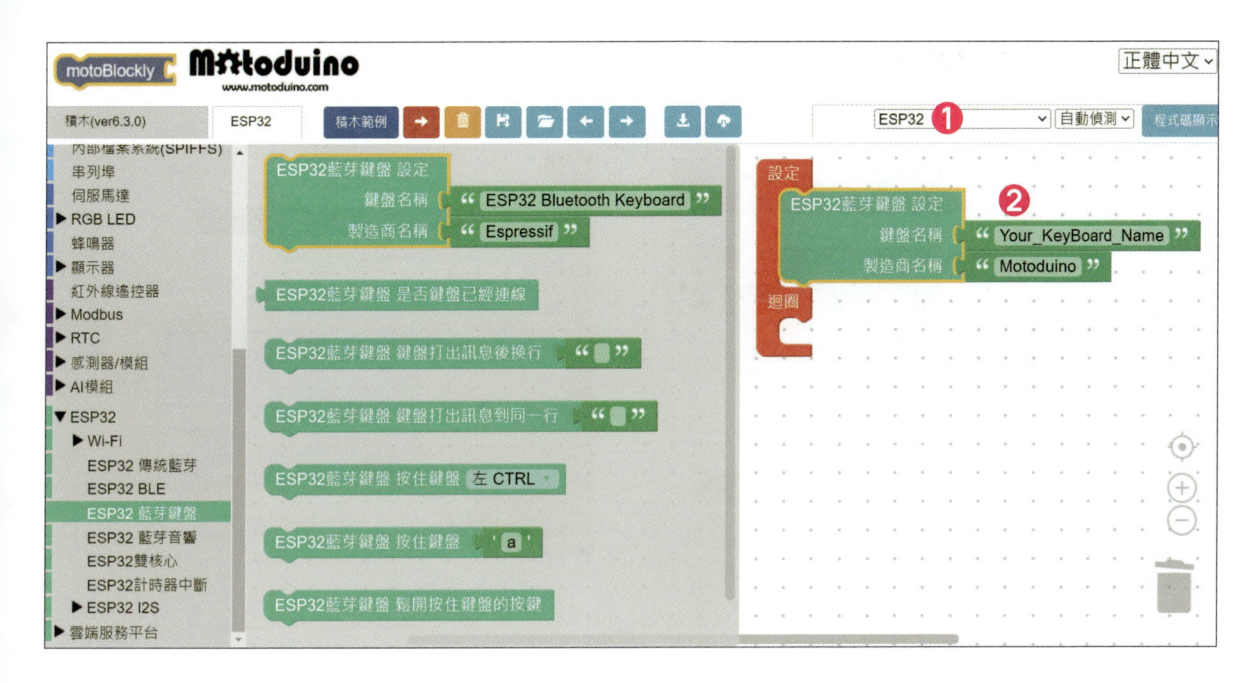

Step 2 如下圖所示，在迴圈（Loop）積木中以「ESP32 藍牙鍵盤 是否鍵盤已經連線」程式積木來判斷 NodeMCU-32S 所模擬的藍牙鍵盤是否已和電腦完成連線。

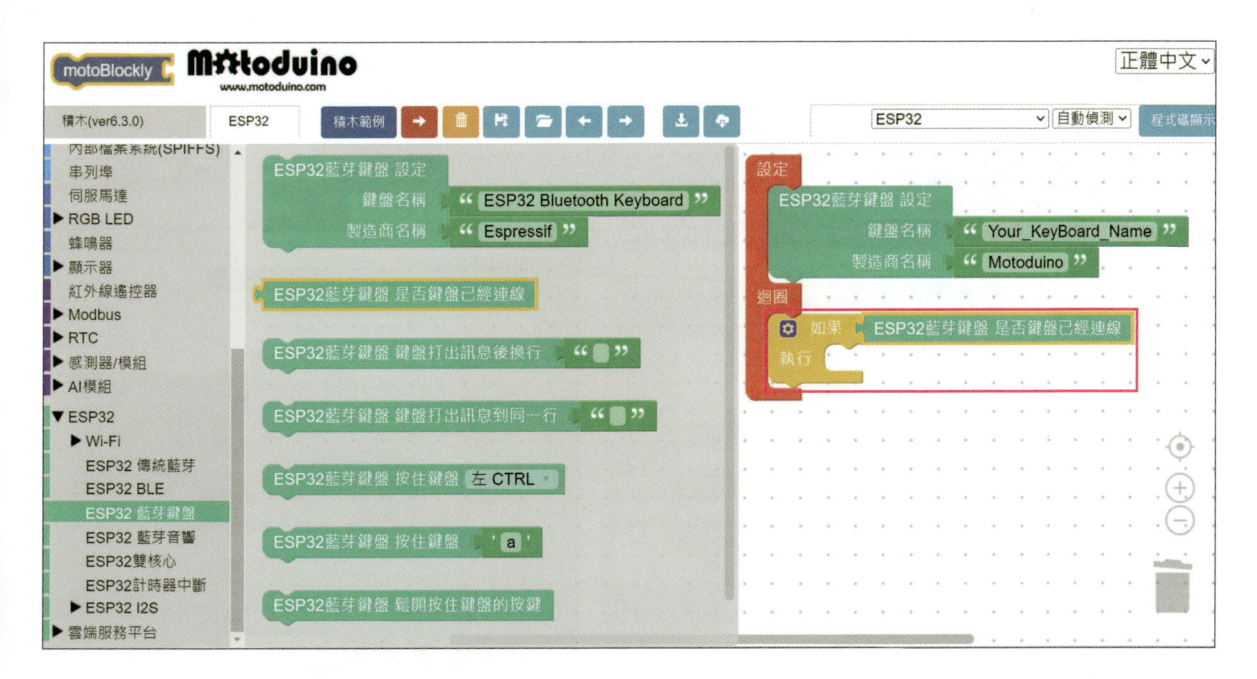

Step 3 在模擬的藍牙鍵盤已和電腦連線的狀態下,開始以超音波感測模組來偵測是否有人經過。其中超音波設定積木中的「Trig 腳位」與「Echo 腳位」參數,可依之前硬體接線的方式方別填入 13 與 14 腳位。而判斷是否有人經過的基準值,讀者可依自己的狀況進行調整,本例將其設為 20 公分(cm)。

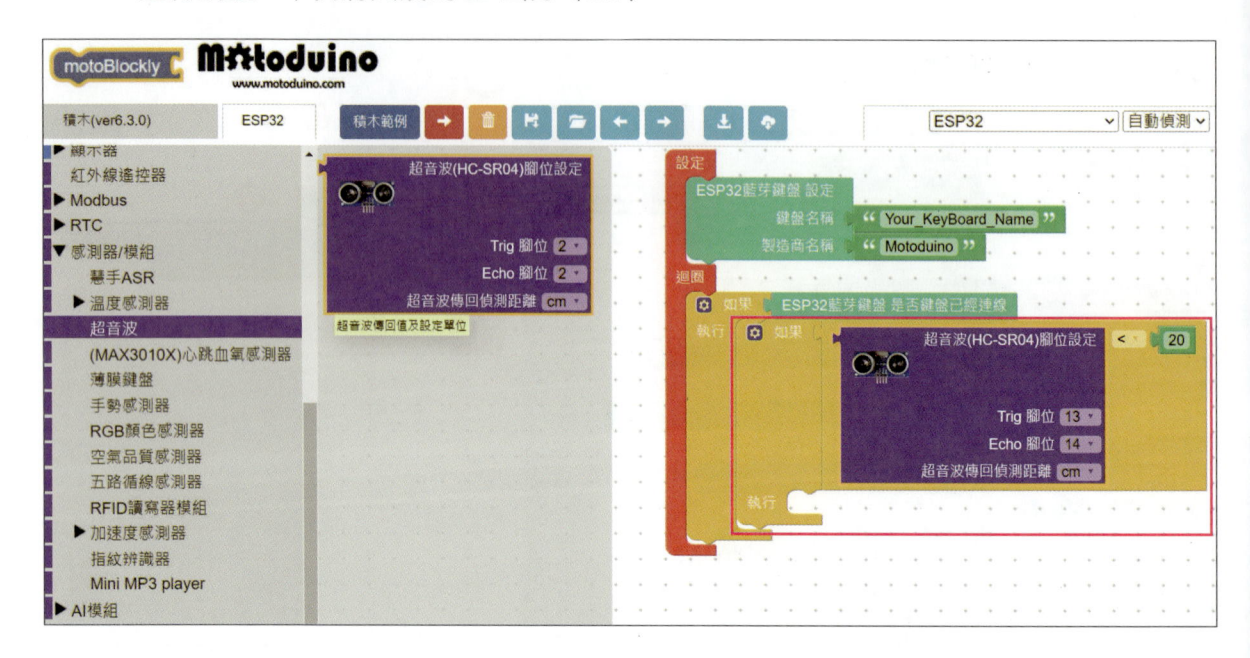

Step 4 當超音波感測模組偵測到有人經過時,NodeMCU-32S 便會透過藍牙通道送出「Alt + Tab」的鍵盤指令來通知電腦切換視窗畫面。而 ESP32 在送出「Alt + Tab」的鍵盤指令後,記得要呼叫「ESP32 藍牙鍵盤 鬆開按住鍵盤的按鍵」這個程式積木,否則 NodeMCU-32S 會不停地發送「Alt + Tab」的鍵盤指令,進而導致電腦的視窗也會因此不停地切換。

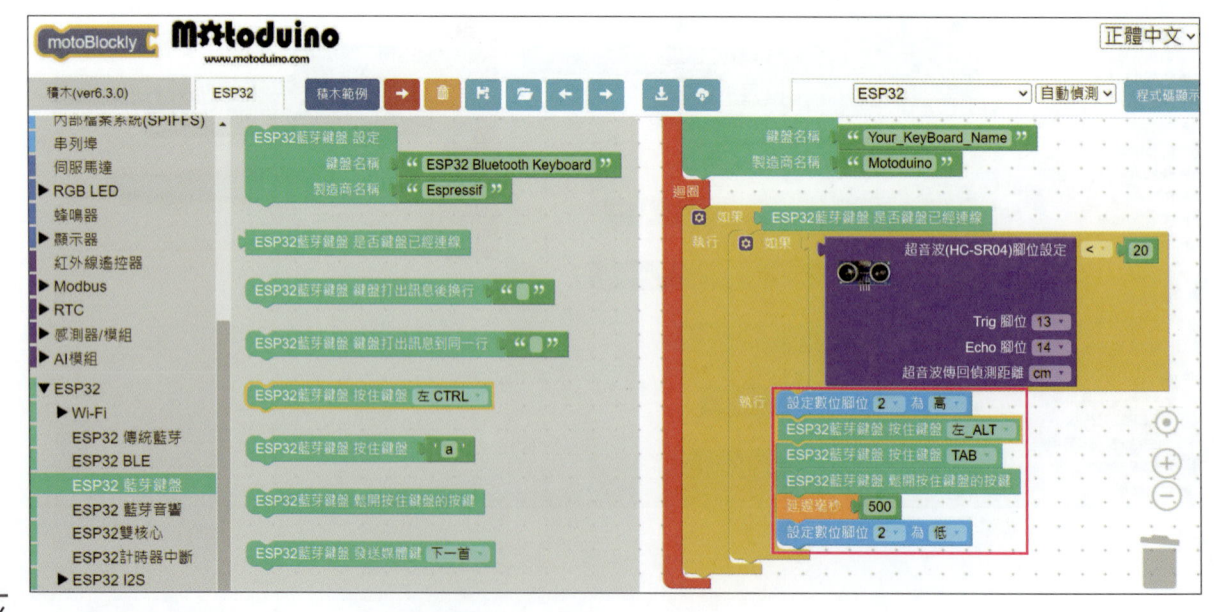

Bluetooth 藍牙傳輸的入門與實作　8

Step 5 完整的「ESP32 摸魚神器」motoBlockly 程式如下所示。請在紅框處填入自己喜好的藍牙鍵盤資訊，程式便能正常的運作。

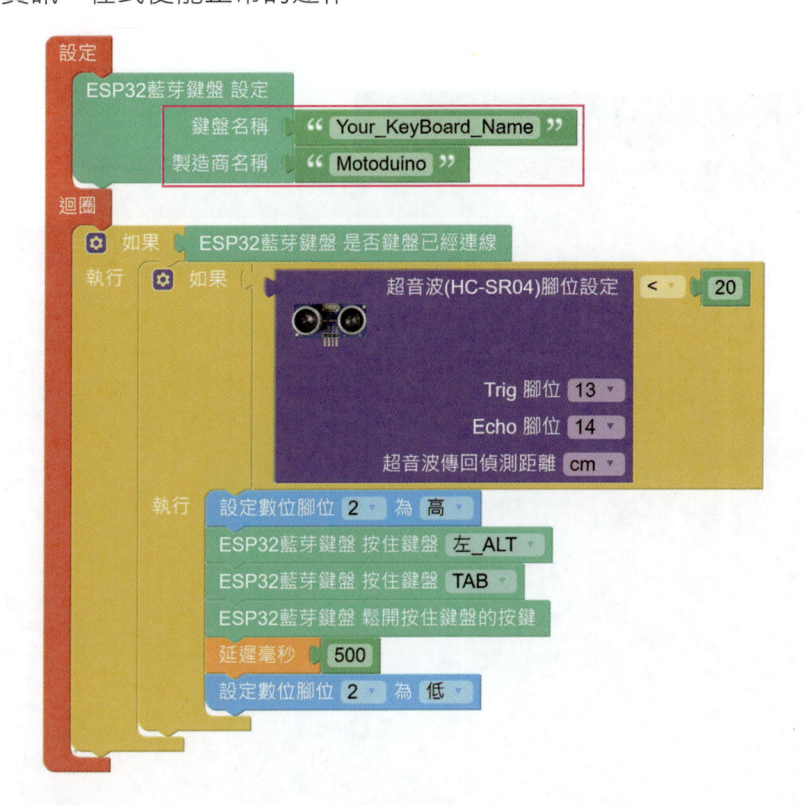

Step 6 如下圖所示，當 ESP32 的程式上傳完畢之後，便可使用支援藍牙功能的電腦（通常是筆電）或是插上藍牙 4.0 適配器來 ❶ 開啟「藍牙與其他裝置」設定頁面。❷ 啟動電腦的藍牙功能。❸ 搜尋並連接 NodeMCU-32S 所模擬的藍牙鍵盤裝置。

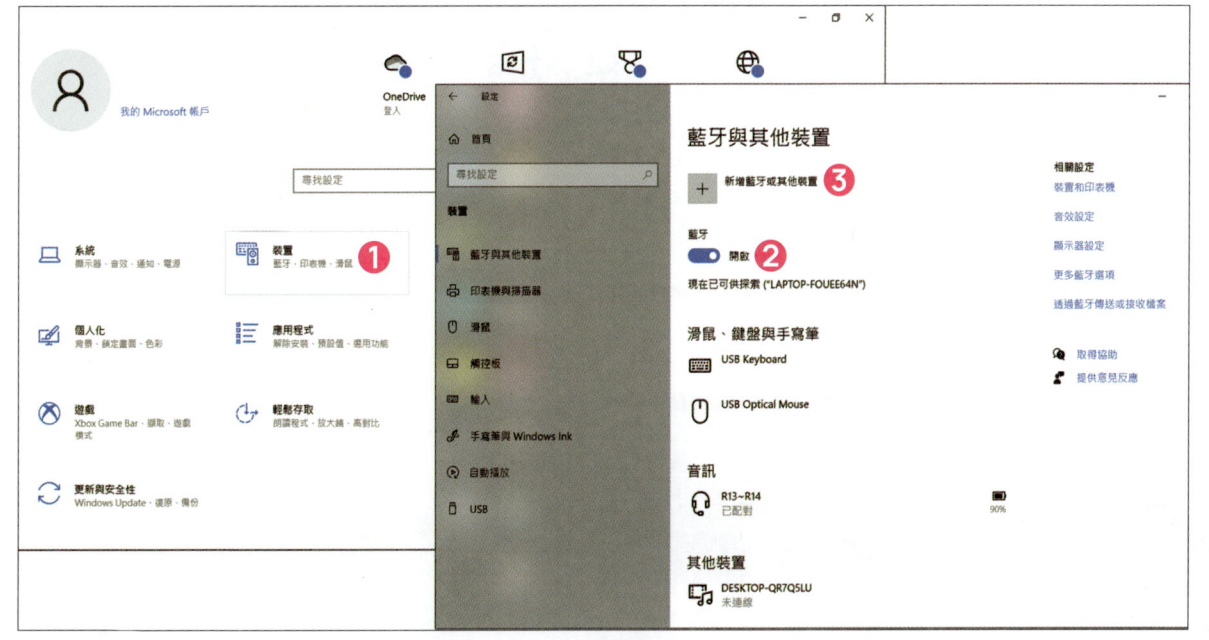

347

Step 7 如下圖所示，在「新增裝置」視窗中搜尋 NodeMCU-32S 所模擬的藍牙鍵盤，找到對應的鍵盤名稱後再點選與之進行連接，對接完成後「ESP32 摸魚神器」便會開始執行它的任務。

成果展示 ● https://youtu.be/uedTZPo852s

8-6 藍牙實作應用 IV – 藍牙小喇叭

在本章一開始介紹藍牙傳輸協定時便有提到，除了單純的文字資料或鍵盤指令之外，聲音資訊也能透過藍牙連線來進行傳遞，現在的藍牙耳機與喇叭，便是透過藍牙傳輸聲音資訊的實際應用。接下來本節範例將以內建藍牙模組的 ESP32 搭配 I2S 音訊模組（MAX98357A），實際來製作一台可以正常運作的藍牙小喇叭。

「ESP32 藍牙小喇叭」的運作流程為：先將 NodeMCU-32S 模擬成藍牙喇叭，接下來當電腦或手機連接到此 NodeMCU-32S 之後，電腦、手機的音效及音樂便會從這個已經連線的藍牙喇叭中播出。而此款藍牙喇叭除了可以透過外接在 G32 腳位的旋鈕可變電阻來調整音量大小之外，也能藉由 ESP32 擴充板上內建的 G34、G35 腳位按鈕來切換清單上播放的歌曲影片（按下 G34 按鈕：切換到清單的上一首；按下 G35 按鈕：切換到清單的下一首），還能以同樣內建的 G36 腳位按鈕來暫停或繼續播放影片、音樂。

ESP32 硬體組裝

藍牙小喇叭在硬體方面的需求有：

❶ 作為大腦來控制各項硬體的「NodeMCU-32S」。
❷ 提供控制聲音播放模式按鈕的「ESP32 IO Board 擴充板」。
❸ I2S DAC 音訊解碼模組 MAX98357A、喇叭，以及 5 條 20cm 母母杜邦線。
❹ 負責調整音量大小的「VR 可變電阻」及 RJ11 連接線。

硬體組裝步驟

Step 1 先將 MAX98357A 模組依下圖所示的方式接到 ESP32 的擴充板上。

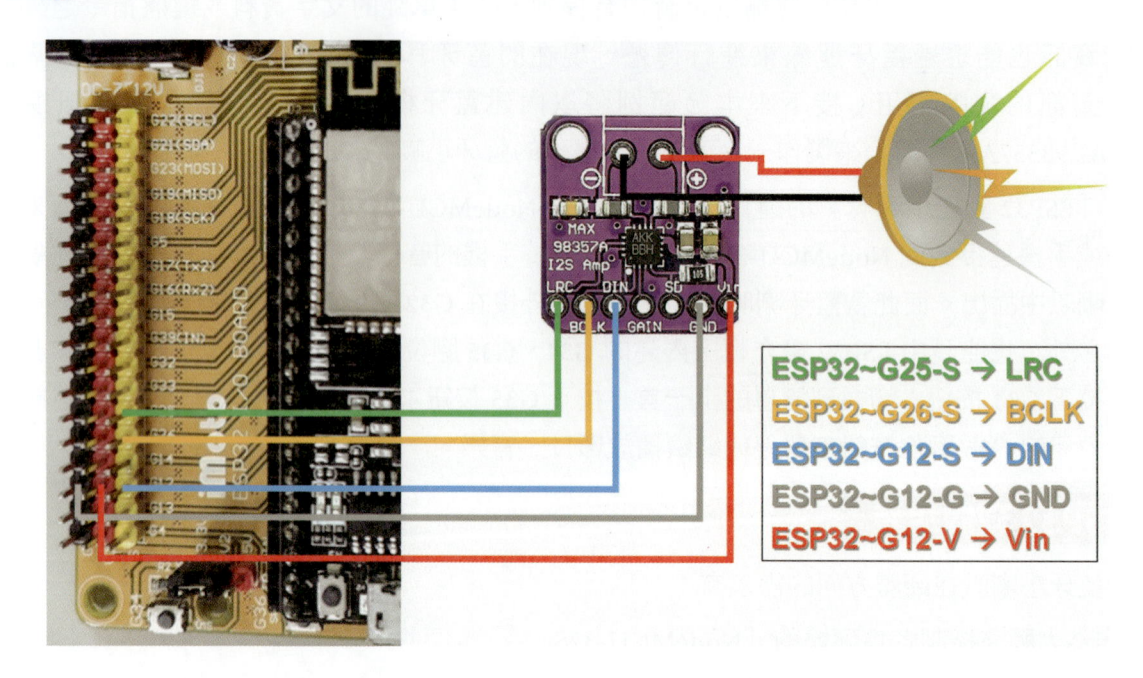

ESP32~G25-S → LRC
ESP32~G26-S → BCLK
ESP32~G12-S → DIN
ESP32~G12-G → GND
ESP32~G12-V → Vin

Step 2 如下圖所示，最後將 VR 可變電阻以 RJ11 連接線接到 ESP32 擴充板的 G32/G33 RJ11 插槽中即完成組裝。

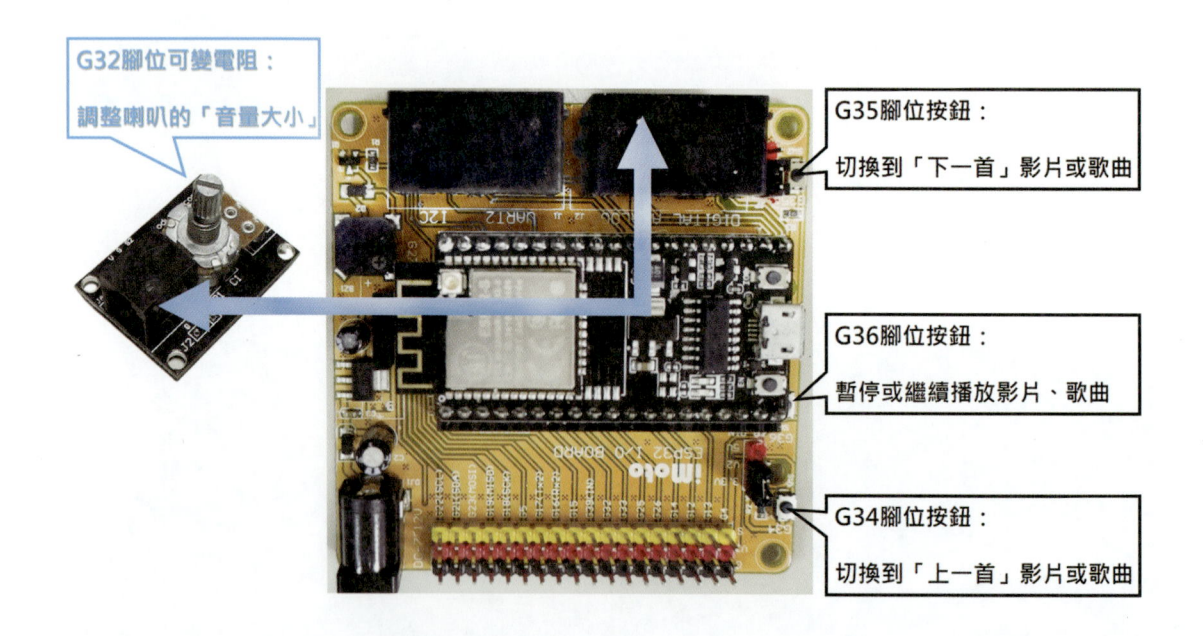

G32腳位可變電阻：調整喇叭的「音量大小」

G35腳位按鈕：切換到「下一首」影片或歌曲

G36腳位按鈕：暫停或繼續播放影片、歌曲

G34腳位按鈕：切換到「上一首」影片或歌曲

Bluetooth 藍牙傳輸的入門與實作

ESP32 圖控程式

完成上述硬體的組裝後，接下來便可開始利用 motoBlockly 圖控軟體來編寫「藍牙小喇叭」的 ESP32 程式。其程式積木堆疊流程如下：

Step 1 ❶ 將 motoBlockly 的開發板型號選擇為「ESP32」才能產生正確的 ESP32 程式碼。

❷ 建立一個 bool（布林）型態的全域變數 bIsActive，用來存放目前藍牙喇叭的播放狀態。bIsActive 變數的預設值請設為『真』。

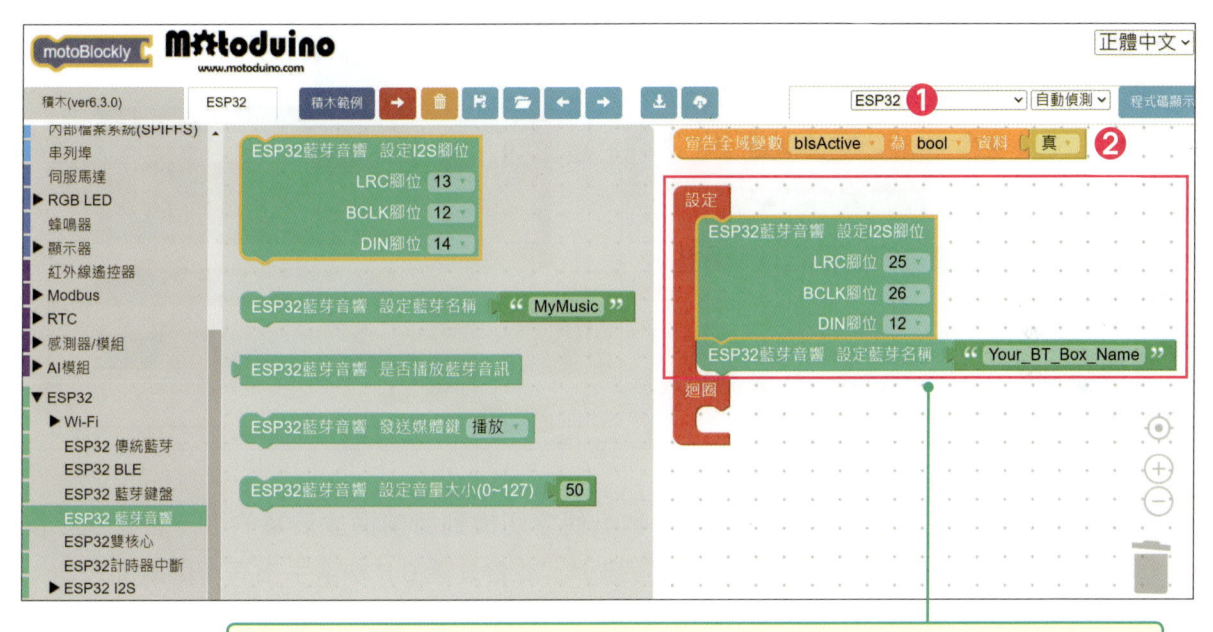

在設定（Setup）積木中使用「ESP32 藍牙音響 設定 I2S 腳位」程式積木來設定藍牙喇叭的 I2S 腳位，依照上一頁建議的硬體組裝位置：「LRC 腳位」參數請選擇 25（G25）、「BCLK 腳位」參數選擇 26（G26）、「DIN 腳位」參數則選擇 12（G12）。最後再依自己的喜好來設定 ESP32 藍牙小喇叭的名稱。

Step 2 在迴圈（Loop）積木中檢查藍牙喇叭是否已經開始播放音訊。若已在播放音訊，則需同時偵測 ESP32 擴充板上的 G34、G35、G36 腳位按鈕是否有被按下。不同腳位的按鈕將會有不同的應對動作。

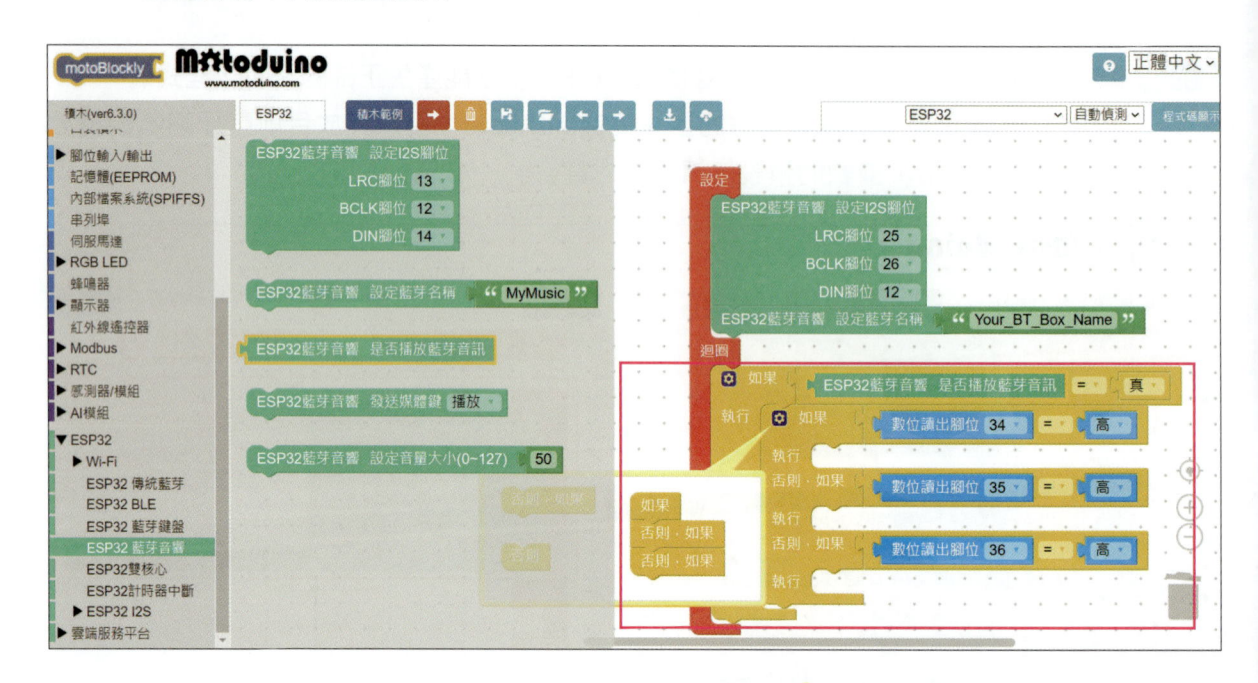

Step 3 當 G34 腳位的按鈕被按下時，藍牙喇叭便會切換到目前播放清單的上一首音訊（按下 G35 按鈕則是跳到清單的下一首音訊），並會延遲 0.5 秒讓手指有時間離開按鈕，避免造成連續切歌的後果。

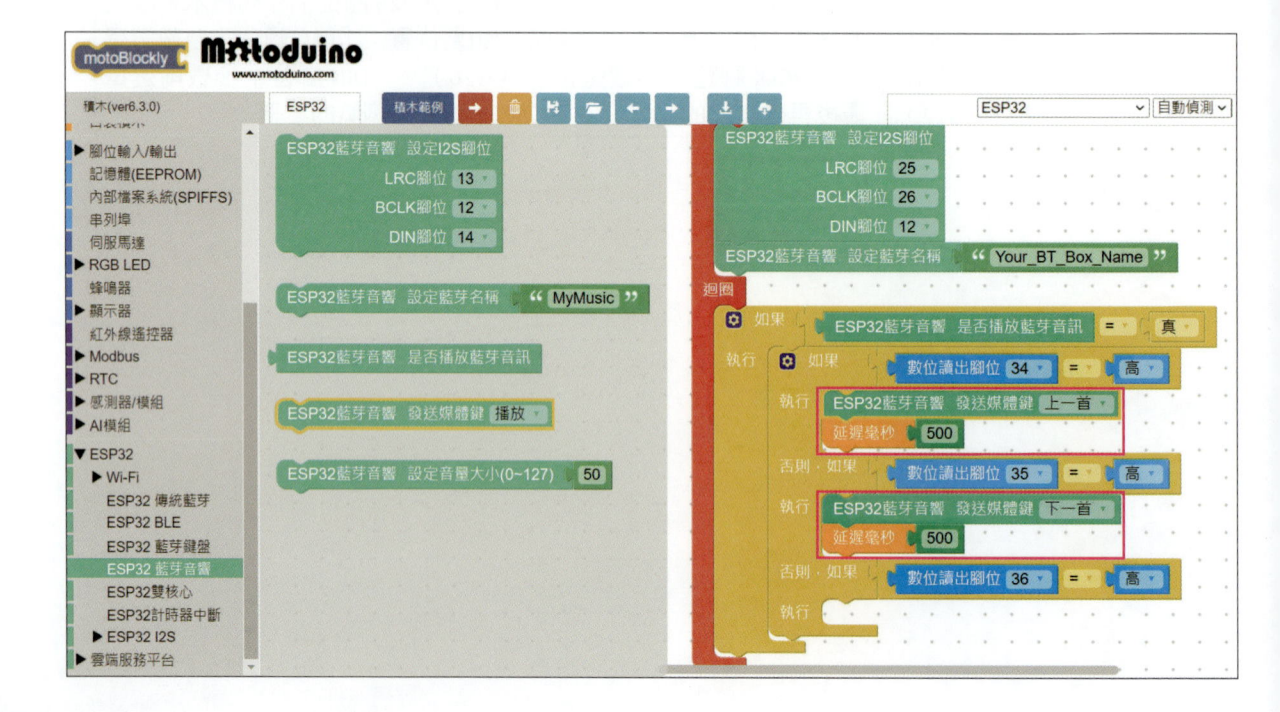

Bluetooth 藍牙傳輸的入門與實作

Step 4 當 G36 腳位按鈕被按下時，會將存放目前藍牙喇叭播放狀態的變數 bIsActive 設為反向（真變假、假變真），再依變數 bIsActive 反向後的狀態來決定是要暫停（當 bIsActive 為「假」時），還是繼續播放聲音（當 bIsActive 為「真」時）。

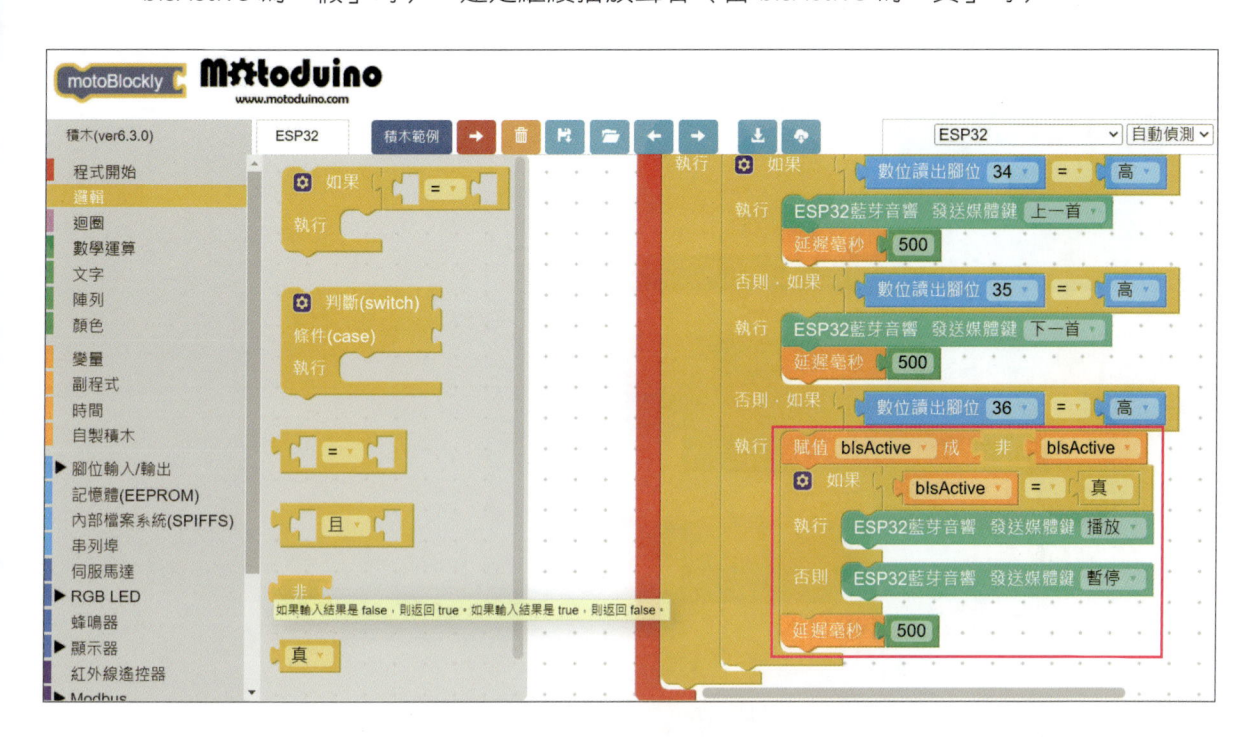

Step 5 因為藍牙喇叭使用的函式庫與單純的 I2S 不同，其音量區間為 0（最小聲）～ 127（最大聲）。因此可藉由 motoBlockly 的「數據對應」程式積木，將 G32 腳位可變電阻所回傳的 0～4095 數值換算成 0～127 的音量大小，再將其設定到藍牙喇叭中，藉此達成以可變電阻來調整藍牙喇叭音量大小的目標。

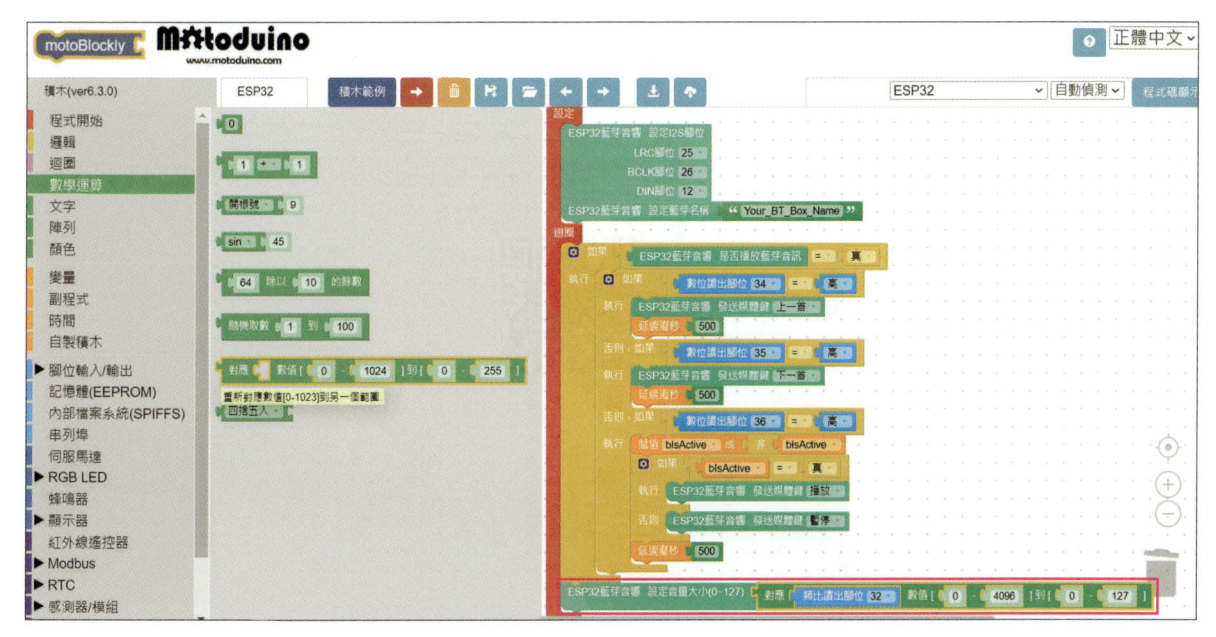

353

Step 6 完整的「ESP32 藍牙小喇叭」motoBlockly 程式如下所示。請在紅框處填入自己喜好的藍牙喇叭名稱資訊，程式便能正常的運作。

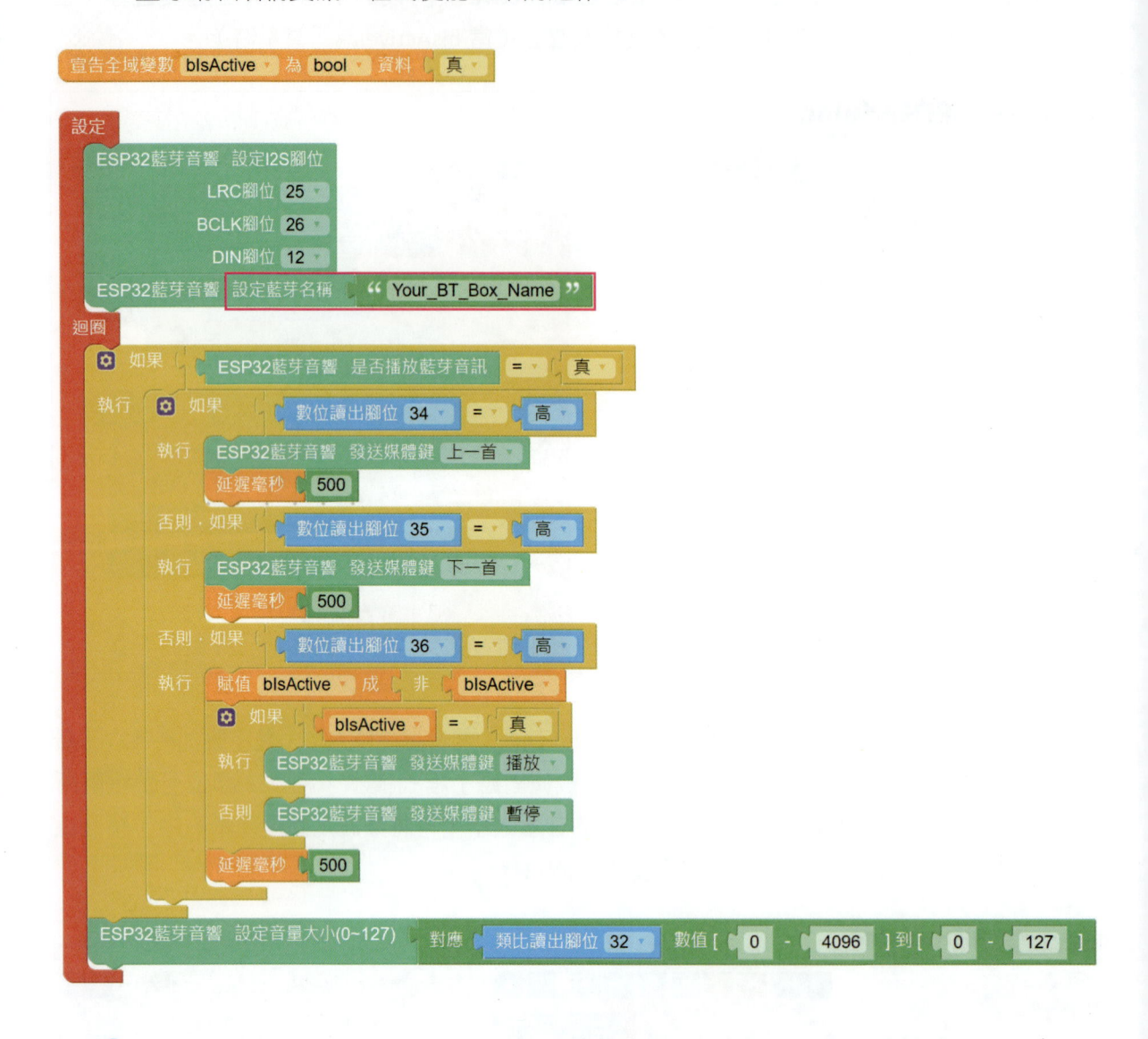

Step 7 手機或電腦與藍牙喇叭連線的方式和藍牙鍵盤相同，詳細步驟請參考前面 P.347 範例。

成果展示　https://youtu.be/eSQp1zlHoDI

Chapter 8 課後習題

Bluetooth 藍牙傳輸的入門與實作

選擇題

(　　) 1. 請問下列對於 Bluetooth 藍牙傳輸的描述有誤？
      (A) 是一種無線的傳輸技術
      (B) 基於「主 / 從」裝置相互連接的操作模式
      (C) 傳輸距離遠
      (D) 可用於耳機、喇叭…等裝置

(　　) 2. 請問下列哪個功能是 ESP32 無法做到的藍牙服務？
      (A) 遠端資料傳輸　　　　　　(B) 藍牙廣播（Becon）
      (C) 藍牙鍵盤　　　　　　　　(D) 藍牙喇叭

(　　) 3. 與傳統藍牙版本相比，請問下列何者不是 BLE 版本藍牙「獨有」的特色？
      (A) 可支援 iOS 行動裝置
      (B) 可支援 Android OS 行動裝置
      (C) 可直接在手機 APP 中進行掃描與配對
      (D) 較為省電

(　　) 4. 請問本章的「摸魚神器」範例中，ESP32 是透過何種傳輸模式來切換電腦螢幕？
      (A) WiFi　　　　　　　　　　(B) 藍牙
      (C) 紅外線　　　　　　　　　(D) 2.4G 無線電

(　　) 5. 請問本章的「藍牙小喇叭」範例中，ESP32 是透過哪個外接模組來播放聲音？
      (A) MAX30102　　　　　　　(B) MLX90614
      (C) SSD1306 OLED　　　　　(D) MAX98357A

實作題

題目名稱：實作藍牙電子琴

創客題目編號：A040030

題目說明：

請實作一個藍牙電子琴。透過手機 APP 的「傳統藍牙版本」遙控，讓 ESP32 上的蜂鳴器可以發出 Do、Re、Me、Fa、So、La、Si…等不同音階的聲音。

30 mins

創客力指標

外形	機構	電控	程式	通訊	人工智慧	創客總數
0	0	3	3	2	0	8

綜合素養力指標

空間力	堅毅力	邏輯力	創新力	整合力	團隊力	素養總數
0	0	3	1	1	1	6

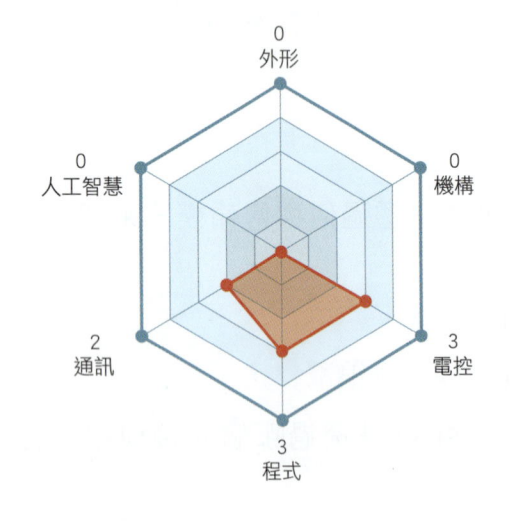

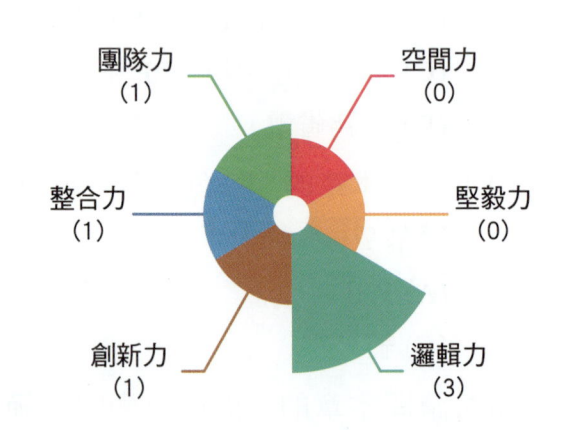

附 錄

課後習題解答

選擇題

Chapter 1　1. B　2. D　3. B　4. A　5. D

Chapter 2　1. B　2. B　3. A　4. D　5. C

Chapter 3　1. D　2. D　3. A　4. C　5. C

Chapter 4　1. D　2. D　3. A　4. B　5. C

Chapter 5　1. A　2. D　3. B　4. C　5. A

Chapter 6　1. A　2. B　3. C　4. D　5. B

Chapter 7　1. B　2. C　3. C　4. D　5. A

Chapter 8　1. C　2. A　3. B　4. B　5. D

實作題參考答案
Chapter 1

設定
- WiFi設定
  - WiFi 模式 STATION
  - SSID(分享器名稱) "Your_WiFi_SSID"
  - Password(密碼) "Your_WiFi_Password"
- I2S音訊播放模組 設定
  - LRC腳位 25
  - BCLK腳位 26
  - DIN腳位 12
- I2S音訊播放模組 設定音量大小(0~21) 21
- 內部檔案系統(SPIFFS) 格式化
- I2S音訊播放模組
- 儲存GoogleTTS 語系 韓國 "안녕하세요" SPIFFS 檔案路徑 /TTS/Welcome.mp3
- 設定數位腳位 2 為 高

迴圈
- 如果 超音波(HC-SR04)腳位設定 ≤ 20
  - Trig 腳位 13
  - Echo 腳位 14
  - 超音波傳回偵測距離 cm
- 執行
  - I2S音訊播放模組 播放 檔案 從 SPIFFS 檔案路徑 "/TTS/Welcome.mp3"
  - I2S音訊播放模組 播放檔案直到播放完畢

Chapter 2

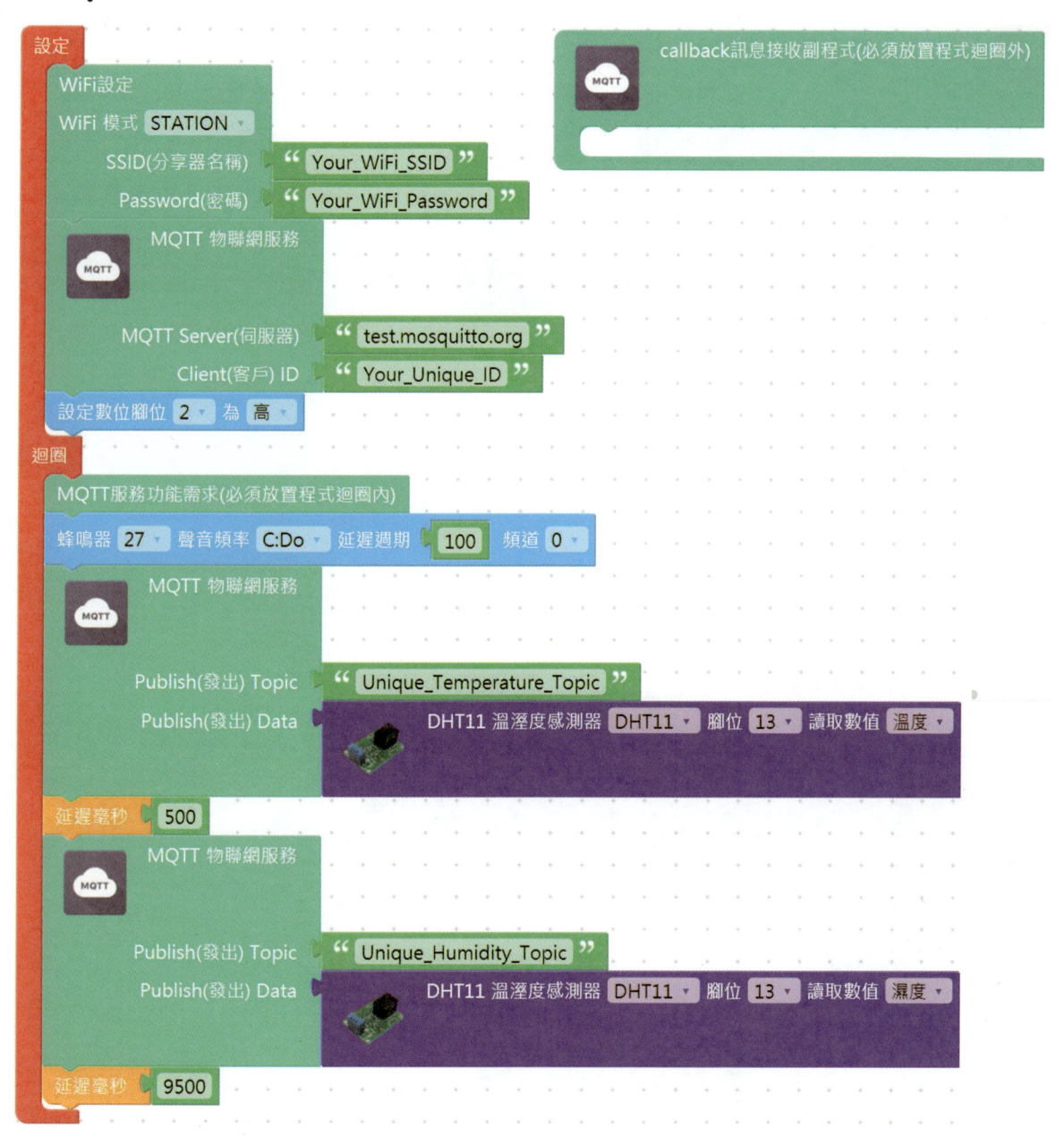

設定
- WiFi設定
  - WiFi 模式 STATION
  - SSID(分享器名稱) "Your_WiFi_SSID"
  - Password(密碼) "Your_WiFi_Password"
- MQTT 物聯網服務
  - MQTT Server(伺服器) "test.mosquitto.org"
  - Client(客戶) ID "Your_Unique_ID"
- 設定數位腳位 2 為 高

callback訊息接收副程式(必須放置程式迴圈外)

迴圈
- MQTT服務功能需求(必須放置程式迴圈內)
- 蜂鳴器 27 聲音頻率 C:Do 延遲週期 100 頻道 0
- MQTT 物聯網服務
  - Publish(發出) Topic "Unique_Temperature_Topic"
  - Publish(發出) Data DHT11 溫溼度感測器 DHT11 腳位 13 讀取數值 溫度
- 延遲毫秒 500
- MQTT 物聯網服務
  - Publish(發出) Topic "Unique_Humidity_Topic"
  - Publish(發出) Data DHT11 溫溼度感測器 DHT11 腳位 13 讀取數值 濕度
- 延遲毫秒 9500

Chapter 3

Chapter 4

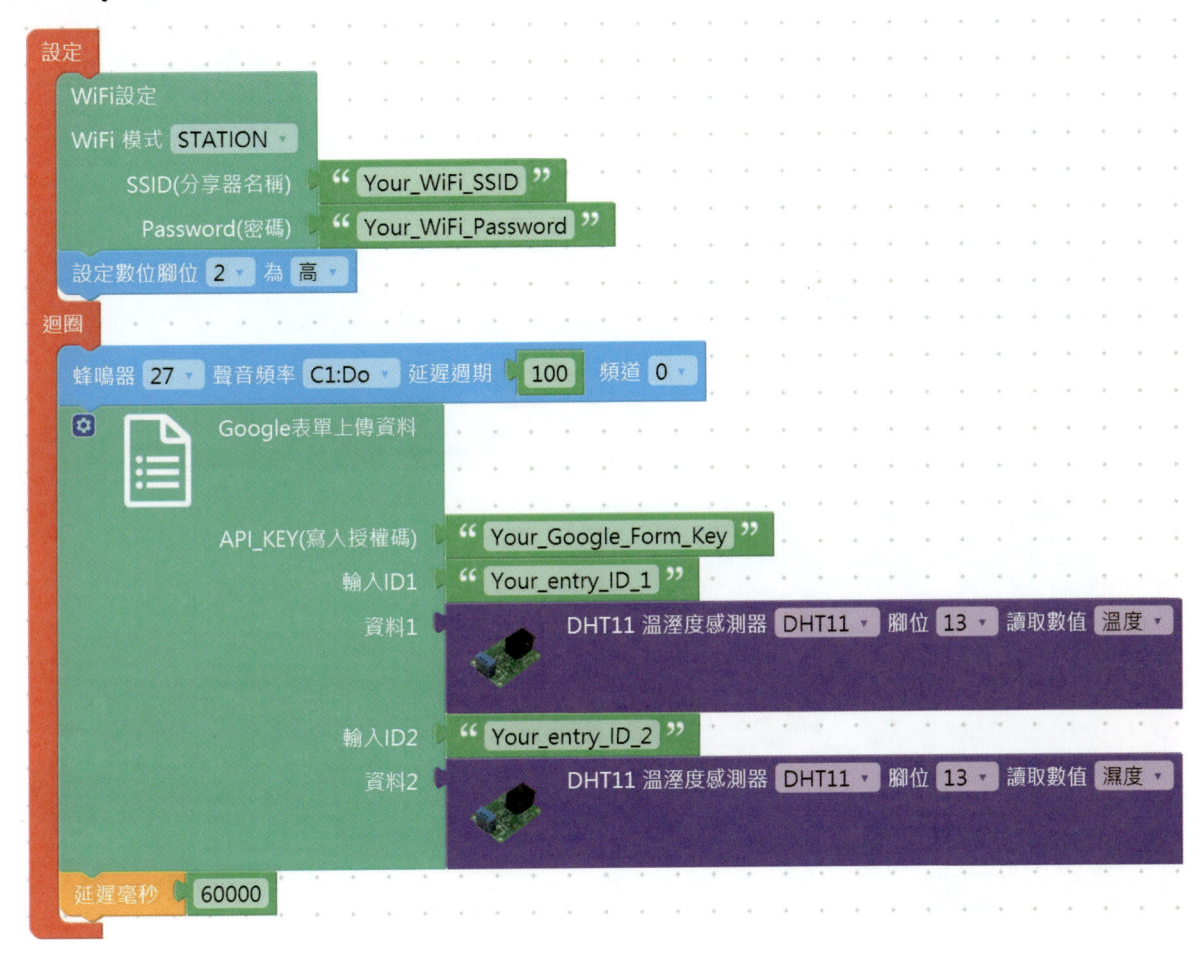

Chapter 5

宣告全域變數 nHour 為 int 資料 6　　　　宣告全域變數 nMinute 為 int 資料 0

設定
　WiFi設定
　　WiFi 模式 STATION
　　　SSID(分享器名稱) " Your_WiFi_SSID "
　　　Password(密碼) " Your_WiFi_Password "
　RTC 由NTP伺服器校正時間 時區 UTC+8
　設定數位腳位 2 為 高

迴圈
　如果　RTC 由RTC取得時間 時 = nHour 且 RTC 由RTC取得時間 分 = nMinute
　執行
　　設定數位腳位 2 為 低
　　蜂鳴器 27 聲音頻率 B:Si 延遲週期 400 頻道 0
　　蜂鳴器 27 聲音頻率 G:So 延遲週期 500 頻道 0
　　LINE Notify 通知服務
　　　token(授權碼) " Your_LINE_Notify_Token "
　　　訊息 " 早安! "
　　延遲毫秒 60000
　　設定數位腳位 2 為 高
　否則
　　延遲毫秒 5000

Chapter 6

Chapter 7

Chapter 8

```
設定
  ESP32 傳統藍芽 設定藍芽名 " Your_ESP32_BT_Name "
迴圈
  如果  ESP32 傳統藍芽 是否藍芽有資料輸入?
  執行  宣告 szMsgTemp 為 String 資料 ESP32 傳統藍芽 藍芽輸入
        如果  szMsgTemp = " Do "
        執行  蜂鳴器 27 聲音頻率 C:Do 延遲週期 200 頻道 0
        否則·如果  szMsgTemp = " Re "
        執行  蜂鳴器 27 聲音頻率 D:Re 延遲週期 200 頻道 0
        否則·如果  szMsgTemp = " Me "
        執行  蜂鳴器 27 聲音頻率 E:Me 延遲週期 200 頻道 0
        否則·如果  szMsgTemp = " Fa "
        執行  蜂鳴器 27 聲音頻率 F:Fa 延遲週期 200 頻道 0
        否則·如果  szMsgTemp = " So "
        執行  蜂鳴器 27 聲音頻率 G:So 延遲週期 200 頻道 0
        否則·如果  szMsgTemp = " La "
        執行  蜂鳴器 27 聲音頻率 A:La 延遲週期 200 頻道 0
        否則·如果  szMsgTemp = " Si "
        執行  蜂鳴器 27 聲音頻率 B:Si 延遲週期 200 頻道 0
        否則·如果  szMsgTemp = " C1Do "
        執行  蜂鳴器 27 聲音頻率 C1:Do 延遲週期 200 頻道 0
```

書　　　名	用ESP32輕鬆入門物聯網IoT實作應用 使用圖形化motoBlockly程式語言	
書　　　號	PN068	國家圖書館出版品預行編目(CIP)資料
版　　　次	2024年8月初版	用ESP32輕鬆入門物聯網IoT實作應用： 使用圖形化motoBlockly程式語言 /慧手科技編著
編　著　者	慧手科技　徐瑞茂・林聖修	-- 初版. -- 新北市：台科大圖書, 2024.08
責 任 編 輯	李翊綺	面；　公分
校 對 次 數	8次	ISBN 978-626-391-260-1（平裝）
版 面 構 成	楊惠慈	1.CST：系統程式　2.CST：電腦程式設計
封 面 設 計	楊惠慈	3.CST：物聯網
		312.52　　　　　　　　　　　113009529

出　版　者　台科大圖書股份有限公司
門 市 地 址　24257新北市新莊區中正路649-8號8樓
電　　　話　02-2908-0313
傳　　　真　02-2908-0112
網　　　址　tkdbooks.com
電 子 郵 件　service@jyic.net

版 權 宣 告　**有著作權　侵害必究**

本書受著作權法保護。未經本公司事前書面授權，不得以任何方式（包括儲存於資料庫或任何存取系統內）作全部或局部之翻印、仿製或轉載。

書內圖片、資料的來源已盡查明之責，若有疏漏致著作權遭侵犯，我們在此致歉，並請有關人士致函本公司，我們將作出適當的修訂和安排。

郵 購 帳 號　19133960
戶　　　名　台科大圖書股份有限公司
※郵撥訂購未滿1500元者，請付郵資，本島地區100元 / 外島地區200元

客 服 專 線　0800-000-599

網 路 購 書　勁園科教旗艦店 蝦皮商城　　博客來網路書店 台科大圖書專區　　勁園商城

各服務中心
總　　公　　司　02-2908-5945　　台中服務中心　04-2263-5882
台北服務中心　02-2908-5945　　高雄服務中心　07-555-7947

線上讀者回函
歡迎給予鼓勵及建議
tkdbooks.com/PN068

ESP32 IoT 物聯網實作應用課程

配合 Arduino 控制板的簡單易學，結合 Wi-Fi 無線模組，我們可以利用各式免付費的雲端服務，來完成各式的物聯網應用，讓物聯網成為學生生活的一部分，藉此激發學生創意來解決生活中遇到的難題。

ThingSpeak	MQTT	Google FORMS	LINE Notify	chatGPT	Bluetooth
農場大數據、雲端叫號系統	遠端遙控、傳訊系統	雲端點餐、打卡系統	定時開關、用藥提醒系統	DALL-E、故事創作	藍牙 BLE、藍牙小喇叭

Maker 指定教材

用 ESP32 輕鬆入門物聯網 IoT 實作應用 - 使用圖形化 motoBlockly 程式語言

書號： PN068
作者： 慧手科技－徐瑞茂‧林聖修
建議售價：$ 580

教材特色

1. 使用簡單易接的擴充元件：

   利用慧手獨有的 ESP32 RJ11 擴充板與各式的外接模組，即使是非相關專業背景的讀者，也能輕鬆完成硬體接線，快速進入實作階段。

2. 搭配容易上手的 motoBlockly 圖形化程式編輯軟體：

   透過 motoBlockly 來拖曳程式積木編寫相關的應用程式，讓程式也能變得簡單且充滿樂趣。

3. 提供豐富多樣的實用範例：

   提供了多種雲端服務平台的介紹和實例應用，從 thingspeak 大數據蒐集，MQTT, Line Notify, Google Form, 到 ChatGPT AIGC 日常科技，讓讀者能夠輕鬆實現並創造出屬於自己的物聯網服務。

主控板

iPOE E0 ESP32-S 相容板(含 USB 線)

產品編號：0119002
建議售價：$ 350

實驗模組

Motoduino ESP32 IoT 物聯網實作應用教具盒

產品編號：3008006
建議售價：$ 2350

- ESP32 擴充板
- 超音波模組
- 0.96 吋 OLED 顯示模組
- 音訊播放模組
- 小喇叭
- 旋鈕可變電阻
- 心率血氧感測器模組
- 溫溼度感測模組
- RFID Reader + RFID Card
- 母 - 母杜邦線 20cm 20p
- 繼電器模組
- 電源插座模組(110V-H 行插座)
- 電線 - 短路線 *2
- 電源線插頭 -80CM
- RJ11 線 *3
- RJ11- 杜邦線 *3
- 紅外線體溫感測器
- 收納盒 1

※ 價格 ‧ 規格僅供參考 依實際報價為準

勁園科教 www.jyic.net

諮詢專線：02-2908-5945 或洽轄區業務
歡迎辦理師資研習課程

MLC 創客學習力認證
Maker Learning Credential Certification

創客學習力認證精神

以創客指標 6 向度：外形（專業）、機構、電控、程式、通訊、AI 難易度變化進行命題，以培養學生邏輯思考與動手做的學習能力，認證強調有沒有實際動手做的精神。

MLC 創客學習力證書，累積學習歷程

學員每次實作，經由創客師核可，可獲得單張證書，多次實作可以累積成歷程證書。藉由證書可以展現學習歷程，並能透過雷達圖及數據值呈現學習成果。

創客師 → 核發 **創客學習力認證** → **學員**

學員收穫：
1. 讓學習有目標
2. 診斷學習成果
3. 累積學習歷程

創客學習力
雷達圖診斷 1.興趣所在與職探方向
2.不足之處

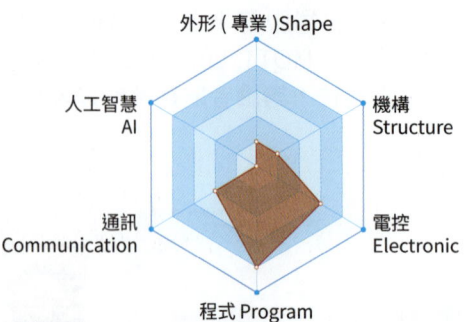

向度：外形(專業)Shape、機構Structure、電控Electronic、程式Program、通訊Communication、人工智慧AI

綜合素養力
各項基本素養能力

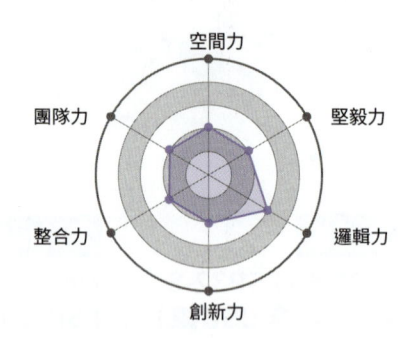

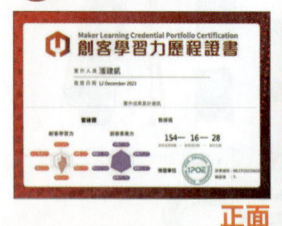

向度：空間力、堅毅力、邏輯力、創新力、整合力、團隊力

數據值診斷 1.學習能量累積
2.多元性(廣度)學習或專注性(深度)學習

100 — 10 — 10
創客指標總數 — 創客項目數 — 實作次數

100 — 1 — 10
創客指標總數 — 創客項目數 — 實作次數

單張證書

歷程證書
正面　　　反面

認證產品

產品編號	產品名稱	建議售價
PV151	申請 MLC 數位單張證書	$400
PV152	MLC 紙本單張證書	$600
PV153	申請 MLC 數位歷程證書	$600

產品編號	產品名稱	建議售價
PV154	MLC 紙本歷程證書	$600
PV159	申請 MLC 數位教學歷程證書	$600
PV160	MLC 紙本教學歷程證書	$600

※ 以上價格僅供參考 依實際報價為準

動圓科教 www.jyic.net ｜ 諮詢專線：02-2908-5945 或洽轄區業務
歡迎辦理師資研習課程